화학, 생활 속 비밀을 풀다

화학, 생활 속 비밀을 풀다

최호준, 하광수, 황재영

경상국립대학교출판부

저자의 말

화학은 우리의 일상과 환경에 깊숙이 스며들어 있는 과학으로, 물질의 본질과 상호작용을 탐구하여 자연계에서 일어나는 다양한 현상을 설명하고 예측하는 데 중요한 역할을 한다. 많은 사람들이 화학을 어렵고 복잡하게 느끼지만, 실제로 화학은 우리의 삶을 이해하고 개선하는 데 있어서 필수적인 도구이다. 우리가 호흡하는 공기, 마시는 물, 사용하는 화장품과 세제, 입는 옷 등 모두 화학의 원리와 연결되어 있다.

『화학, 생활 속 비밀을 풀다』는 독자들이 화학의 기본 개념을 쉽게 이해하고 실생활에서 화학이 어떻게 작용하는지를 탐구할 수 있도록 돕는 것을 목표로 한다. 화학은 단순한 이론이 아니라 우리의 일상을 더욱 더 풍요롭고 안전하게 만드는 실용적인 도구이기 때문이다.

제1부에서는 물질의 기본 성질과 원자, 분자, 그리고 화학 반응의 기본 개념을 다룬다. 이러한 기초적인 이해는 화학이 물질의 세계를 설명하는 데 매우 중요하며, 에너지와 화학의 관계, 유기 화합물과 고분자의 세계를 탐험하면서 화학의 다양한 분야를 알 수 있다.

제2부에서는 지구화학의 세계를 탐구한다. 대기, 물, 토양과 같은 자연 환경의 화학적 구성을 이해하고, 인간 활동이 환경에 미치는 영향을 다룬다. 이는 환경 문제의 화학적 원인과 해결 방안을 이해하여 지속 가능한 발전을 이루는 데 도움을 준다.

제3부에서는 일상 생활 속 화학의 적용을 살펴본다. 주거, 주방, 의류, 화장품, 의약품 등 다양한 측면에서 화학의 역할을 설명하며, 이는 화학이 단순히 실험실에만 존재하는 것이 아님을 보여준다. 이처럼 생활 속에서 일어나는 화학을 이해함으로써 독자들은 더 나은 선택을 하고, 건강과 환경을 보호할 수 있다.

이 책은 독자들에게 화학의 기본 개념을 이해하고, 이를 바탕으로 일상 생활 속에서 화학적 사고를 확장하는 데 도움이 되고자 한다. 또한, 화학이 우리 삶의 질을 향상시키고 환경을 보호하는 데 중요한 역할을 한다는 점을 알아 주기 바란다.

2025년 8월

최호준, 하광수, 황재영

목차

제2부 지구화학의 세계

제3부 생활 속 화학의 세계

제1부

화학은 생활 속의 물질을 다루는 학문으로서, 우리의 일상생활에 깊이 뿌리내리고 있으며, 사회의 발전과 개인의 삶의 질 향상에 기여하고 있다. 화학의 원리를 이해하고 응용하는 것은 현대 사회에서 필수적인 능력이며, 이를 통해 우리는 보다 나은 미래를 설계할 수 있다. 이러한 이유로 화학은 끊임없이 변화하고 발전하는 현대 사회에서 필수적인 학문으로 자리매김하고 있다.

물질의 세계

화학 들어가기

화학은 생활 속의 물질을 다루는 학문으로, 우리 주변의 모든 물질과 그 상호 작용을 이해하는 데 필수적인 역할을 한다. 이 학문은 단순히 실험실에서의 연구에 국한되지 않고, 우리의 일상생활 전반에 걸쳐 깊숙이 침투해 있다. 예를 들어, 우리가 매일 사용하는 비누와 세제, 의약품, 식품 첨가물, 그리고 심지어 우리가 숨 쉬는 공기까지도 화학의 원리로 설명될 수 있다.

화학은 물질의 구성, 구조, 성질, 변화를 연구하며, 이를 통해 다양한 물질의 특성과 그 활용법을 이해하게 된다. 이러한 이해는 새로운 물질의 개발, 에너지의 효율적인 사용, 환경 보호, 식품 안전, 건강 관리 등 다양한 분야에서 혁신적인 해결책을 제시한다. 예를 들어, 의약품 개발은 화학적 합성과 분석을 통해 이루어지며, 이는 질병 치료와 예방에 중요한 역할을 한다. 또한 농업 분야에서는 화학 비료와 살충제의 개발을 통해 식량 생산성을 높이고 있다.

화학은 또한 자연 현상을 설명하는 데 필수적인 도구이다. 산소와 이산화탄소의 교환이 이루어지는 호흡 과정, 식물이 태양 에너지를 화학 에너지로 전환하는 광합성 과정 등은 모두 화학 반응의 결과이다. 이러한 자연 현상의 이해는 환경 문제를 해결하고 지속 가능한 발전을 위한 기초를 제공한다.

더 나아가, 화학은 과학적 사고와 문제 해결 능력을 기르는 데 기여한다. 실험을 통해 가설을 검증하고 데이터를 분석하며 결론을 도출하는 과정은 논리적 사고를 요구한다. 이는 화학이 단순한 학문적 지식을 넘어 삶의 다양한 문제를 창의적으로 해결하는 데 필요한 사고 방식을 제공한다는 것을 의미한다.

화학은 생활 속의 물질을 다루는 학문으로서, 우리의 일상생활에 깊이 뿌리내리고 있으며, 사회의 발전과 개인의 삶의 질 향상에 기여하고 있다. 화학의 원리를 이해하고 응용하는 것은 현대 사회에서 필수적인 능력이며, 이를 통해 우리는 보다 나은 미래를 설계할 수 있다. 이러한 이유로 화학은 끊임없이 변화하고 발전하는 현대 사회에서 필수적인 학문으로 자리매김하고 있다.

1.1 물질이란?

화학은 물질과 그 변화를 연구하는 학문으로 자주 정의된다. 우주가 물질과 에너지로 구성되어 있으므로 화학의 연구 범위는 미세한 원자부터 거대한 별, 암석, 생명체에 이르기까지 광범위하게 걸쳐 있다. 이제 물질을 조금 더 자세히 살펴보자.

물질은 모든 물리적 사물을 이루는 요소로서, 질량과 공간을 갖는 모든 것을 의미한다. 과학적으로 질량은 물체의 관성을 나타내는 척도이다. 물체의 질량이 클수록 관성이 커지며, 이는 물체의 속도를 변화시키기 더 어렵다는 것을 의미한다. 예를 들어, 30 m/sec의 속도로 날아오는 테니스공은 간단히 방향을 바꿀 수 있지만 같은 속도로 움직이는 대포알을 멈추기는 훨씬 어렵다. 이는 대포알이 테니스공에 비해 질량이 더 크기 때문이다. 우리 주변에 있는 나무, 모래, 물, 공기, 사람 등은 모두 공간을 차지하고 질량을 가지고 있기 때문에 물질이라고 한다.

우리는 일상에서 질량과 무게를 혼돈해서 사용하는 경우가 많다. 질량과 무게는 서로 다른 물리적 개념으로, 질량은 물체에 들어 있는 물질의 양을 나타내며 위치에 상관없이 일정한 값을 갖는다. 예를 들어, 우주 비행사의 질량이 70 kg이라면, 그는 지구, 달, 또는 우주 공간 어디에 있든지 그 질량은 변하지 않는다. 반면에 무게는 중력에 의해 물체에 작용하는 힘으로, 중력의 크기에 따라 변할 수 있다. 같은 우주비행사가 지구에서는 약 686 뉴턴(kg-중)의 무게를 가지지만, 달에서는 중력이 지구의 약 1/6밖에 되지 않기 때문에 그의 무게는 약 114 뉴턴(kg-중)으로 줄어든다. 이러한 예를 통해 질량은 변하지 않지만, 무게는 중력에 따라 달라질 수 있음을 알 수 있다.

물리적 성질과 화학적 성질

화학 지식을 활용하면 물질을 더 유용한 형태로 변화시킬 수 있다. 예를 들어 화학자들은 천연 고무를 가공하여 내구성이 뛰어난 합성 고무를 만들어 타이어, 신발, 고무 밴드 등 다양한 제품에 활용한다. 이러한 물질의 변화는 항상 에너지 변화를 수반한다. 종종 우리는 물질을 변화시켜 그 과정에서 에너지를 추출하기도 한다. 예를 들어, 전기 발전소에서 석탄을 연소시켜 전기를 생산하는 과정에서 에너지를 추출하여 다양한 전기 기기를 작동시킨다.

우리가 물질을 구별할 때 가장 손쉽게 사용하는 방법은 그들이 가진 특정 성질, 즉 물리적, 화학적 성질을 비교하는 것이다. 물질의 물리적 성질은 물질의 유형을 변화시키지 않고 관찰하거나 측정할 수 있는 특성이다. 예를 들어, 색깔, 냄새, 온도 등은 물리적 성질에 해당한다. 반면에 물질의 화학적 성질은 물질이 화학 반응을 통해 새로운 물질로 변할 수 있는 능력을 나타낸다. 이러한 화학 반응에서는 원자 간의 결합이 깨지고 새로운 결합이 형성되어 원래의 물질과는 다른 조성과 특성을 가진 새로운 물질이 생성된다. 예를 들어 나무를 연소시키면, 이산화탄소, 물, 그리고 재(주로 산화칼슘)와 같은 새로운 물질들이 생성된다. 반응성, 산화 상태, 산도 또는 염기도 등이 화학적 성질에 해당한다.

이러한 물질의 성질들은 변화를 수반한다. 물리적 변화는 물질의 외형이나 상태가 변하지만 그 물질의 화학적 조성이나 본질은 변하지 않는 변화이다. 예를 들어 분필에 힘을 가해 부서뜨리면 분필이 작은 조각으로 나뉠 수 있지만, 그것은 여전히 원래의 분필과 같은 화학적 조성을 가진 탄산칼슘($CaCO_3$)이다. 이처럼 얼음 조각이 녹아 액체가 될 수 있지만, 여전히 물이다. 녹는 것은 물리적 변화이며, 녹는 온도, 즉 녹는점은 물리적 성질이다.

화학적 변화 또는 화학 반응은 물질의 본질이 화학적으로 다른 물질로 변하는 과정을 포함한다.

(a) (b)

그림 1.1 (a) 물리적 변화, (b) 화학적 변화

화학적 성질이 나타날 때 물질은 화학적 변화를 겪으며, 원래의 물질 중 적어도 하나가 하나 이상의 새로운 물질로 바뀐다. 예를 들어, 철(Fe)은 공기 중의 산소(O_2)와 물(H_2O)이 반응하여 붉은색의 산화철수화물($Fe_2O_3 \cdot H_2O$)을 만든다. 우리는 이것을 철이 녹슨다고 표현한다.

$$4Fe + 3O_2 + 2H_2O \rightarrow \underbrace{2Fe_2O_3 \cdot H_2O}_{\text{붉은 녹}}$$

또한 식초(아세트산)와 베이킹 소다(탄산수소소듐, $NaHCO_3$)를 혼합하면, 이산화탄소(CO_2) 기포가 형성되면서 새로운 물질인 아세트산소듐(CH_3COONa)과 물(H_2O)이 생성된다. 이 과정은 기체가 발생하고 새로운 화합물이 형성되는 화학적 변화를 보여 준다.

$$CH_3COOH + NaHCO_3 \rightarrow CH_3COONa + H_2O + CO_2\uparrow$$

1.2 물질의 분류

물질의 상태

물질의 상태는 고체, 액체, 기체의 세 가지로 잘 알려져 있다. 이러한 상태들은 물질의 거시적 관점이나 구성 입자의 배열(분자적, 미시적 관점)에 따라 구분된다. 고체는 위치에 관계없이 고유의 모양과 부피를 유지한다. 예를 들어, 얼음 조각은 그릇에 담기든, 손에 들리든 그 모양과 부피를 유지한다. 액체는 고유의 부피를 갖지만, 담긴 용기의 모양에 따라 변한다. 예를 들어, 500 mL의 물은 컵에 있든 병에 있든, 혹은 실수로 바닥에 쏟아지든 500 mL라는 부피는 변하지 않는다. 또한 이는 액체가 쉽게 흐르는 특성을 갖고 있음을 보여 준다. 기체는 고유의 모양이나 부피를 유지하지 않고, 용기를 완전히 채우도록 팽창한다. 기체는 액체처럼 흐르지만, 고체나 액체와 달리 쉽게 압축된다. 예를 들어, 헬륨 풍선을 생각해 보면, 많은 양의 헬륨 기체가 풍선 안에 압축되어 들어 있다.

물질과 혼합물

물질은 크게 순물질과 혼합물로 분류할 수 있다. 순물질은 일정하고 고정된 조성을 가지고 있으며, 모든 시료가 동일한 구성 요소를 갖는다. 예를 들어, 순수한 구리 조각은 모두 구리 원자로만 구성되어 있다. 순수한 에탄올(CH_3CH_2OH)은 모든 시료가 동일하게 탄소, 수소, 산소 원자로 구성된 분자들로 이루어져 있다.

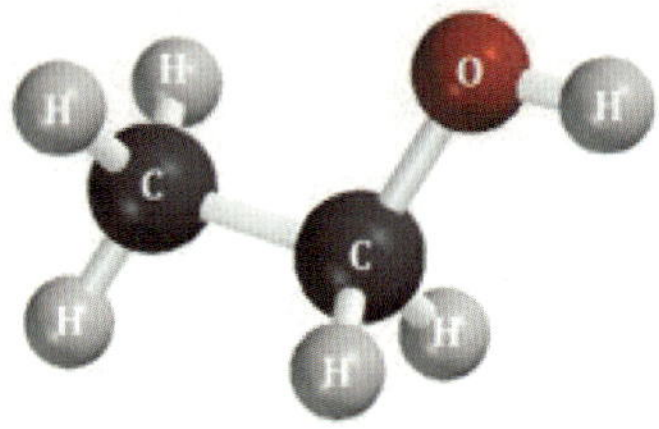

그림 1.2 에탄올 분자의 3차원 구조(공-막대 모형)

혼합물은 두 개 이상의 물질로 이루어진 가변적인 조성을 가지고 있다. 혼합물 내의 각 물질은 그 본질을 유지하며, 화학적으로 변하지 않고 단순히 섞여 있다. 혼합물은 물리적인 방법으로 분리될 수 있다. 혼합물은 균일 혼합물과 불균일 혼합물로 나눌 수 있다.

균일 혼합물은 혼합물의 모든 부분이 동일한 조성을 가지고 있으며, 외관이 균일하다. 이는 용액에서 흔히 볼 수 있다. 소금이 물에 완전히 녹아 형성된 소금물은 균일 혼합물이다. 소금과 물이 섞여 용액을 이루며, 어느 부분을 보더라도 조성과 외관이 동일하다. 소금물은 물리적 방법으로 성분을 분리할 수 있다. 소금물을 끓여 물을 증발시키면 소금만 남게 된다.

불균일 혼합물은 혼합물의 각 부분이 서로 다른 조성을 가지며, 외관이 균일하지 않다. 샐러드는 불균일 혼합물이라 할 수 있다. 상추, 토마토, 오이 등 각 재료가 명확히 구별되기 때문이다. 이처럼, 우리가 일상에서 접하는 많은 것들은 불균일 혼합물들이다. 피자는 치즈, 소스, 도우 등으로 구성되어 있으며, 각 부분이 다른 조성을 가지고 있다. 천연 상태의 원유의 경우, 다양한 탄화수소와 불순물이 섞여 있는 불균일 혼합물이다. 원유의 각 부분은 서로 다른 종류와 양의 탄화수소를 포함하고 있으며, 정제 과정을 통해 성분별로 분리된다. 정제 과정에서는 원유를 증류하여 휘발유, 등유, 디젤 등 여러 제품으로 분리하며, 각 성분은 고유의 화학적 성질을 가진다.

원소와 화합물: 순물질

원소는 모든 물질의 기본적인 구성 요소로, 화학적 방법으로 더 단순한 물질로 분해할 수 없는 순수한 물질이다. 현재 알려진 원소는 총 118개이며, 이 중 약 1/3을 일반적인 화학 교재에서 다룬다. 원소의 전체 목록은 주기율표에 나와 있다. 산소(O), 탄소(C), 황(S), 알루미늄(Al), 철(Fe)은 일상에서 자주 접하는 대표적인 원소들이다.

화합물은 두 개 이상의 원소가 일정한 비율로 화학적으로 결합한 물질이다. 예를 들어, 이산화탄소는 탄소(C)와 산소(O)가 일정한 비율로 결합하여 형성된 화합물이다. 또 다른 예로는 염화소듐(NaCl), 즉 식탁에서 흔히 사용하는 소금을 들 수 있다. 염화소듐은 소듐(Na)과 염소(Cl) 원자가 결합하여 형성된다. 수백만 개의 화합물이 118개의 원소로부터 만들어질 수 있는 이유는, 마치 알파벳의 26개 문자로 무수히 많은 단어를 형성할 수 있는 것과 같다. 화합물의 독특한 특징은, 그 구성 원소로 분해하려면 화학적 변화가 필요하다는 것이다. 예를 들어, 물(H_2O)은 전기 분해라는 화학적 변화를 통해 수소(H_2)와 산소(O_2)로 분리할 수 있다. 이 과정은 전기 에너지를 사용하여, 물 분자를 구성하는 화학 결합을 끊어 수소 기체와 산소 기체로 분리하는 것이다. 이러한 과정은 화합물의 중요한 특징 중 하나로, 혼합물과 비교할 때 화합물의 고유한 성질이라 할 수 있다. 혼합물은 물리적 방법으로 구성 성분을 분리할 수 있지만, 화합물은 화학적 방법이 필요하다.

원소는 화학 연구에 매우 기본적이기 때문에 이를 단축된 형태로 참조하는 것이 유용하다. 각 원소는 원소의 이름에서 유래한 하나 또는 두 개의 문자로 구성된 화학 기호로 나타낼 수 있다. 원소 기호는 원소 주기율표에 나와 있다. 화학에서 기호의 표기는 대소문자 사용에 따라 중요한 의미를 가진다. 원소의 화학 기호는 첫 글자를 항상 대문자로 표기하며, 두 번째 글자가 있을 경우에는 소문자로 표기한다. 이는 각 원소를 명확하게 식별하는 데 도움을 준다. 예를 들어, 'Co'는 금속 원소인 코발트를 나타내지만, 'CO'는 탄소와 산소로 이루어진 유독성 화합물인 일산화탄소를 나타낸다. 따라서, 대소문자의 정확한 사용은 화학 기호와 화학식을 통해 물질을 올바르게 식별하는 데 필수적이다.

화학식에서의 화학 기호는 원소의 한 원자를 나타낸다. 화학식에 한 원자 이상이 포함된 경우, 기호 뒤에 아래 첨자 숫자를 사용해서 표기한다. 예를 들어, 화학식 H_2는 두 개의 수소 원자를 나타내며, 화학식 CH_4는 한 개의 탄소 원자와 네 개의 수소 원자를 포함하는 분자로 이루어진 화합물을 나타낸다. 혼합물은 고정된 조성이 없기 때문에 이러한 화학식을 가지지 않는다.

원소의 기호는 화학의 알파벳이다. 대부분은 원소의 영어 이름을 기반으로 하지만, 일부는 라틴어와 그리스어 이름을 기반으로 한다. 예를 들어, 금의 기호는 라틴어 "aurum"에서 유래한 Au이며, 납의 기호는 라틴어 "plumbum"에서 유래한 Pb이다.

원자와 분자

원자는 원소의 가장 작은 입자이며, 다른 원소는 다른 종류의 원자로 구성되어 있다. 예를 들어,

구리 원소는 구리 원자로 이루어져 있고, 금은 금 원자로 이루어져 있다. 모든 구리(Cu) 원자는 기본적으로 동일하며, 금(Au) 원자와는 다르다.

일반적으로 화합물에서 가장 작은 특성 단위는 분자로, 이는 여러 원자가 결합하여 형성된 단위이다. 특정 화합물의 모든 분자는 동일한 원자 비율로 구성되어 있어 그 화합물의 고유한 특성을 나타낸다. 예를 들어, 물의 경우, 모든 분자는 두 개의 수소 원자와 한 개의 산소 원자가 결합한 형태로, 이는 화학식 H_2O로 표현된다. 원자에 대한 보다 상세한 논의는 2장에서 다루게 될 것이다.

1.3 물질의 측정

물질의 질량, 부피, 시간, 온도와 같은 특성의 정확한 측정은 신뢰할 수 있는 과학 데이터를 수집하는 데 필수적이다. 이러한 데이터는 모든 과학 관련 분야에서 매우 중요하다. 환경 과학에서는 대기 중 오염 물질의 농도를 정확하게 측정하여 공기 질을 관리하고, 인체 건강에 미치는 영향을 최소화하기 위한 규제를 설정하는 데 사용된다. 농업에서는 토양의 pH와 영양분 함량을 측정하여 비료의 적절한 사용과 토양 개량을 통해 수확량을 최적화한다. 천문학에서는 별과 행성의 거리를 측정하여 천체의 움직임을 추적하고, 우주의 구조를 연구하는 데 활용한다. 재료 공학에서는 신소재의 강도, 탄성, 열 전도율 등의 물리적 특성을 측정하여 재료의 적합성을 평가하고, 안전하고 효율적인 제품을 설계하는 데 기여한다. 식품 산업에서는 식품의 수분 함량, 영양 성분, 그리고 유통기한을 정확하게 측정하여 품질 관리와 소비자 안전을 보장한다. 이러한 다양한 분야에서의 정확한 측정은 데이터의 신뢰성을 높이는 데 큰 도움을 준다.

우리는 측정 결과를 보다 명확하게 표현하는 방법으로 종종 숫자와 단위로 표현한다.

$$\text{측정 결과} \Rightarrow \text{숫자} + \text{단위}$$

단위의 표준화는 국제적인 의사소통과 협력을 위해 매우 중요하다. 이를 통해 각기 다른 문화와 지역에서 동일한 단위를 사용하여 명확하고 효율적인 거래와 연구가 가능해진다. 예를 들어, "1 파운드(lb.)"가 서로 다른 지역에서 다르게 해석된다면 무역은 혼란에 빠질 것이다. 이러한 이유로

1960년 이후 과학자들은 국제 단위계(SI 단위계)를 채택하여 전 세계적으로 통일된 측정 시스템을 사용하고 있다. SI 단위는 1791년 프랑스에서 시작된 미터법을 현대화한 것이다. 7개의 SI 기본 단위는 표 1.1과 같다.

표 1.1 7개의 SI 기본 단위

물리적 양	단위의 이름	약자
질량	킬로그램	kg
길이	미터	m
온도	켈빈(절대온도)	K
물질의 양	몰	mol
시간	초	s
전류	암페어	A
빛의 세기	칸델라	cd

대부분의 국가에서는 미터법 단위를 일상생활에서 사용하고 있으며, 이는 교육, 산업, 과학 등 다양한 분야에서 표준으로 자리 잡고 있다. 미국에서는 전통적으로 야드-파운드법을 사용해 왔으나, 과학 실험실에서는 주로 SI 단위를 사용한다. 또한, 국제 무역이나 글로벌 비즈니스 환경에서는 미터법 단위의 사용이 점점 더 늘어나고 있다. 예를 들어, 병에 든 음료는 500 mL, 1000 mL, 1800 mL 용기에 들어 판매되며, 스포츠 경기에서는 100 m 달리기와 같은 미터법에 기반한 측정이 일반적이다. 이러한 표준화된 단위의 사용은 글로벌 시대에 필수적이며, 과학적 연구의 정확성을 높이고, 무역과 경제 활동의 효율성을 증대하며, 국제적 협력과 의사소통을 원활하게 하는 데 중요한 역할을 한다. SI 단위의 통용은 또한 신기술 개발과 국제적인 문제 해결에서도 중요한 기반이 되고 있다.

또한, 국제 단위계(SI 단위)는 10진법에 기반하고 있어, 단위 간의 변환이 매우 간단하다. 각 단위가 10의 거듭제곱으로 구성되어 있기 때문이다. 예를 들어, 1 킬로그램(kg)은 1000 그램(g)이고, 1 미터(m)는 100 센티미터(cm)이다. 단위 변환 시 단순히 10의 거듭제곱을 곱하거나 나누기만 하면 되므로 계산이 용이하다.

과학적 표기법: 10의 거듭제곱

과학적 표기법은 매우 큰 숫자나 매우 작은 숫자를 간단하고 명확하게 표현하는 데 사용된다. 이는 숫자를 10의 거듭제곱 형태로 나타내는 방식으로, 숫자의 크기를 쉽게 비교할 수 있게 해 주며 특히 계산에서 유용하다. 예를 들어, 지구에서 태양까지의 거리는 약 149,600,000,000 m

인데, 이를 과학적 표기법으로 나타내면 1.496 × 10^{11} m가 된다. 반면에, 수소 원자의 크기는 약 0.000000000053 m로, 과학적 표기법으로 표현하면 5.3 × 10^{-11} m가 된다. 과학적 표기법의 장점은 숫자를 간결하게 표현할 수 있다는 점, 숫자의 크기를 쉽게 비교할 수 있다는 점, 거듭제곱의 덧셈과 뺄셈을 통해 곱셈과 나눗셈을 쉽게 수행할 수 있다는 점이다. 이러한 이유로 과학적 표기법은 화학, 물리학 등 다양한 과학 및 공학 분야에서 널리 사용된다.

기본 SI 단위를 사용하는 측정이 불편할 정도로 클 경우, 우리는 종종 과학적 표기법을 사용한다. 그러나 때로는 접두어를 사용하여 기본 단위보다 크거나 작은 단위를 나타내는 것이 더 편리한다. 표 1.2에서 보인 것과 같은 배수 표시 접두어를 표준 단위와 함께 사용한다.

표1.2 **10의 거듭제곱**

10의 지수승	배수	접두어	기호
10^{18}	1,000,000,000,000,000,000	exa	E
10^{15}	1,000,000,000,000,000	peta	P
10^{12}	1,000,000,000,000	tera	T
10^{9}	1,000,000,000	giga	G
10^{6}	1,000,000	mega	M
10^{3}	1,000	kilo	k
10^{2}	100	hecto	h
10^{1}	10	deca	da
10^{-1}	0.1	deci	d
10^{-2}	0.01	centi	c
10^{-3}	0.001	milli	m
10^{-6}	0.000001	micro	m
10^{-9}	0.000000001	nano	n
10^{-12}	0.000000000001	pico	p
10^{-15}	0.000000000000001	femto	f
10^{-18}	0.000000000000000001	atto	a

이러한 과학적 표기법의 재미나는 예로 구글을 종종 이야기한다. "구글"이라는 단어는 사실 수학적 의미를 가진 "구골"이라는 용어에서 유래되었다. "구골"은 1938년에 수학자 에드워드 카스너의 조카인 밀턴 시로타에 의해 만들어졌으며, 10^{100}을 의미하는 수학 용어이다. 구글(Google)이라는 회사 이름은 이 "구골"이라는 개념을 변형한 것으로, 방대한 양의 정보를 조직화하고자 하는 목표를 반영한 것이다. 따라서 "구글"은 10^{100}을 의미하지는 않지만, 그 이름은 이 수학적 개념에서 영감을 받았다고 한다.

질량

질량에 대한 SI 기본 단위는 킬로그램(kg)으로, 약 2.2 파운드(lb.)에 해당한다. 이는 약 1 L 우유팩의 질량과 같다. 이 기본 단위는 이미 접두사를 가지고 있다는 점에서 특이하다. 대부분의 실험실 작업에 더 편리한 질량 단위는 그램(g)으로, 이는 포도 한 알의 질량 정도이다.

$$1\ \text{kg} = 1000\ \text{g} = 10^3\ \text{g}$$

밀리그램(mg)은 약물 복용량이나 요리할 때 첨가하는 향신료와 같은 소량의 물질에 적합한 단위이다. 우리가 섭취하는 다른 약물이나 비타민은 매우 적은 양이 필요하며, 이는 일반적으로 표지에 mcg로 표기되는 마이크로그램(μg) 단위이다.

$$1\ \text{mg} = 10^{-3}\ \text{g} = 0.001\ \text{g} \qquad 1\ \mu\text{g} = 10^{-6}\ \text{g} = 0.000001\ \text{g}$$

첨단 기술의 발달로 화학자들은 이제 나노그램(ng), 피코그램(pg), 심지어 펨토그램(fg) 범위의 질량도 감지할 수 있게 되었다.

길이, 면적, 그리고 부피

길이에 대한 SI 기본 단위는 미터(m)로, 이는 1야드 (yd.)보다 약간 더 긴 단위이다. 킬로미터(km)는 일반적으로 고속도로를 따라 거리를 측정하는 데 사용된다.

$$1\ \text{km} = 1000\ \text{m}$$

실험실에서는 일반적으로 미터보다 작은 길이가 더 편리하다. 예를 들어, 우리는 보통 계산기 버튼의 너비 정도인 센티미터(cm)나, 메모장 뒷면의 두께 정도인 밀리미터(mm)를 사용한다.

$$1\ \text{cm} = 0.01\ \text{m},\ 1\ \text{mm} = 0.001\ \text{m}$$

원자 및 분자 수준의 측정을 위해서는 마이크로미터(μm), 나노미터(nm), 피코미터(pm)를 사용한다. 예를 들어, 거의 구형인 헤모글로빈 분자는 지름이 5.5 nm 또는 5500 pm이며, 소듐 원자의 지름은 372 pm이다.

면적이나 부피의 단위는 길이의 기본 단위에서 파생된 단위이다. 면적의 SI 단위는 제곱미터(m^2)이지만, 실험실 작업에서는 제곱센티미터(cm^2)나 제곱밀리미터(mm^2)가 더 편리하게 사용된다.

마찬가지로, 부피의 SI 단위는 세제곱미터(m^3)이지만, 실험실에서 더 자주 사용되는 단위는 세제곱센티미터(cm^3 또는 cc)와 세제곱데시미터(dm^3)이다. 1 cm^3는 설탕 한 조각의 부피 정도이며, 이 부피는 1쿼트(qt)보다 약간 크다.

세제곱데시미터는 일반적으로 리터라고 부른다. 1리터(L)는 1 세제곱데시미터, 또는 1000 세제곱센티미터에 해당한다.

$$1\ \text{L} = 1\ \text{dm}^3 = 1000\ \text{cm}^3$$

밀리리터(mL) 또는 세제곱센티미터(cm^3)는 실험실에서 자주 사용하는데, 1 mL는 액체 시약병에서 스포이드로 한 번 짜낼 때 나오는 양과 거의 같다고 한다.

$$1\ \text{mL} = 1\ \text{cm}^3$$

영국식 단위계와 미터법 단위계 사이의 공통적인 환산 관계는 표 1.3에 나타내었다.

표 1.3 몇 가지 유용한 단위 환산 관계

측정	영국식 단위계를 미터법 단위계로	미터법 단위계를 영국식 단위계로
길이	1 in. = 2.54 cm 1 yd = 0.9144 m 1 mile = 1.609 km	1 m = 39.37 in. 1 km = 0.6215 mile
질량	1 lb = 453.6 g 1 oz = 28.35 g	1 kg = 2.205 lb
부피	1 gal = 3.785 L 1 qt = 946.4 mL	1 L = 1.057 qt

시간

시간 간격을 측정하는 SI 기본 단위는 초(s)이다. 매우 짧은 시간은 SI 접두어를 사용하여 표현하는데, 밀리초(ms), 마이크로초(μs), 나노초(ns), 피코초(ps) 등이 있다.

$$1\ \mathrm{ms} = 10^{-3}\ \mathrm{s} \qquad 1\ \mu\mathrm{s} = 10^{-6}\ \mathrm{s} \qquad 1\ \mathrm{ns} = 10^{-9}\ \mathrm{s} \qquad 1\ \mathrm{ps} = 10^{-12}\ \mathrm{s}$$

반면에 긴 시간 간격은 보통 전통적인 비-SI 단위로 표현한다. 분(min), 시간(hr), 일(day), 년(yr) 등이 그것이다.

$$1\ \mathrm{min} = 60\ \mathrm{s} \qquad 1\ \mathrm{hr} = 60\ \mathrm{min} \qquad 1\ \mathrm{day} = 24\ \mathrm{hr} \qquad 1\ \mathrm{yr} = 365\ \mathrm{day}$$

1.4 밀도와 비중

우리는 일상생활에서 납과 알루미늄을 비교할 때, 납은 "무겁다"거나 알루미늄을 "가볍다"고 말할 수 있지만, 이러한 표현법은 정확하지 않다. 실제로 의미하는 바는, 납은 그 "크기"나 차지하는 공간에 비해 무겁다는 것이고, 알루미늄은 가볍다는 것이다. 이러한 개념을 설명할 때, 밀도(density)와 더불어 비중(specific gravity)을 이용한다. 이들은 물질의 물리적 특성을 설명하는 데 사용되는 기본적인 개념으로, 다양한 과학 및 공학 분야에서 중요한 역할을 한다.

물질의 밀도(d)는 부피(V) 단위당 질량(m)의 양으로 정의하며, 다음과 같이 나타낸다.

$$d = \frac{m}{V}$$

몇 가지 일반적인 물질의 밀도는 표 1.4에 제시했으며, 밀도의 단위는 관례적으로 액체의 경우 g/mL, 고체의 경우 g/cm^3 로 나타낸다.

표 1.4 특정 온도에서 몇 가지 일반적인 물질의 밀도

물질	밀도	온도
백금(Pt)	21.4 g/cm³	20 ℃
금(Au)	19.3 g/cm³	25 ℃
마그네슘(Mg)	1.738 g/cm³	20 ℃
얼음	0.917 g/cm³	0 ℃
에탄올(CH_3CH_2OH)	0.789 g/mL	20 ℃
헥세인($CH_3CH_2CH_2CH_2CH_2CH_3$)	0.616 g/mL	20 ℃
수은(Hg)	13.534 g/mL	25 ℃
물	0.9998 g/mL	0 ℃
물	1.0000 g/mL	4 ℃
물	0.998 g/mL	20 ℃
공기	0.0012 g/cm³	20 ℃

기름과 물처럼 섞이지 않는 물질의 경우, 밀도의 개념을 통해 어느 것이 다른 것 위에 뜰지를 예측할 수 있다. 결과를 결정하는 것은 각 물질의 질량이 아니라, 단위 부피당 질량, 즉 밀도이다. 그림 1.3에서 보듯이, 이탈리아 샐러드 드레싱 병에 든 기름이 물위에 떠 있는 것을 확인할 수 있다. 이는 밀도가 왜 이탈리아 샐러드 드레싱 병에서 기름(밀도가 낮음)이 물(밀도가 높음) 위에 뜨는지를 설명하는 특성이다.

그림 1.3 이탈리아 샐러드 드레싱에 오일이 층이 진 모습

이처럼 주어진 물의 밀도의 상대적 비율로 표현하는 것을 비중(specific gravity)이라고 한다. 즉, 어떤 물질의 비중은 같은 온도에서 기준 물질에 대한 해당 물질의 밀도 비로 정의한다.

$$\text{비중} = \frac{d_{\text{해당물질}}}{d_{\text{기준물질}}}$$

비중은 어떤 물질이 기준 물질보다 얼마나 더 무거운가를 알려 준다. 비중은 무(無) 차원 수치로, 단위가 없고 주로 상대적인 비교를 위해 사용된다. 기준 물질로는 액체와 고체의 경우 물을, 기체의 경우 공기를 사용한다. 예를 들어, 금의 비중은 약 19.3으로, 이는 금의 밀도가 물의 밀도의 19.3배에 해당함을 의미한다. 비중은 물질의 부력, 안정성, 혼합물 내의 분리 가능성 등을 평가하는 데 유용하다.

그러므로, 밀도는 물질의 절대적 특성을 나타내며, 물질의 질량과 부피에 직접적으로 의존하지만, 비중은 비교하는 기준 물질과의 상대적인 비율로, 주로 물질의 상대적 무거움이나 가벼움을 이해하는 데 사용된다. 예를 들어, 물과 기름을 비교할 때, 기름의 밀도는 물보다 낮기 때문에 기름은 물 위에 뜬다. 이는 기름의 비중이 1보다 작다는 것을 의미한다. 또 다른 예로, 알루미늄과 철을 비교할 때, 알루미늄의 밀도는 약 2.7 g/cm^3, 철의 밀도는 약 7.8 g/cm^3이다. 같은 부피일 경우, 철은 알루미늄보다 더 무거우며, 이는 철의 비중이 알루미늄보다 크다는 것을 나타낸다.

1.5 온도와 열

물질이 겪는 물리적 및 화학적 변화는 거의 항상 에너지의 변화를 수반한다. 자발적으로 일어나지 않는 일을 일으키기 위해서는 에너지가 필요하다. 에너지는 물질을 물리적 또는 화학적으로 변화시킬 수 있는 능력이다.

과학에서 온도와 열은 서로 관련이 있으나 때로는 혼동되는 두 가지 중요한 개념이다. 서로 다른 온도의 두 물체가 접촉하면, 열은 더 따뜻한 물체에서 더 차가운 물체로 흐르며, 두 물체가 동일한 온도에 이를 때까지 계속된다. 열은 이동하는 에너지로, 더 따뜻한 물체에서 더 차가운 물체로 흐르는 에너지이다. 온도는 물체가 얼마나 뜨겁거나 차가운지를 측정하는 척도이다. 또한, 열이 흐르는 방향을 알려 주며, 열은 자발적으로 고온 영역에서 저온 영역으로 흐른다.

온도의 SI 기본 단위는 켈빈(K)이다.

섭씨온도는 이 세상에 사는 대부분의 사람들과 과학 정보를 이용하는 사람들에게 널리 사용되는 온도 척도이다. 이 척도는 물의 어는점을 0 ℃로, 끓는점을 100 ℃로 정의하여, 이 두 점 사이를 100등분하는 방식으로 설계되었다. 이러한 정의는 물의 상태 변화를 기준으로 하여, 섭씨 온도계가 직관적이고 사용하기 쉬운 특성을 갖도록 했다.

켈빈(Kelvin) 눈금은 절대 온도를 측정하는 척도로 0 K를 절대 영도(-273.15 ℃)로 설정하는데 켈빈 척도는 절대 영도를 기준으로 하기 때문에 "절대 눈금"이라고도 부른다. 이는 이론적 고찰에 의해 결정되고 실험에 의해 확인되었다. 켈빈 척도에서는 온도의 차이를 측정할 때, 섭씨 온도와 동일

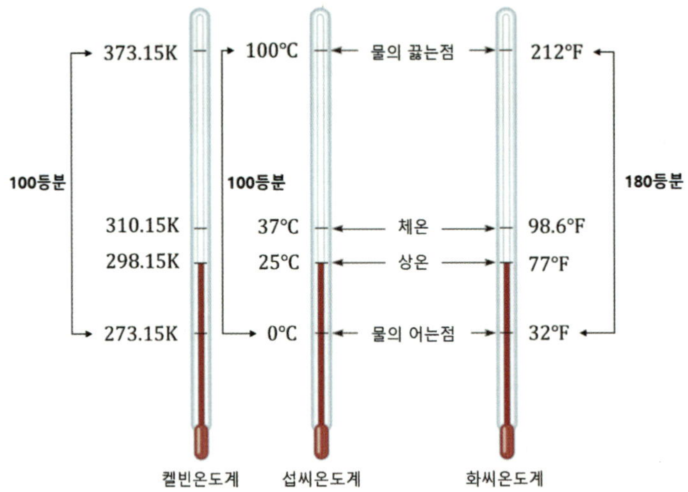

그림 1.4 켈빈 온도, 섭씨 온도, 그리고 화씨 온도의 비교

한 방법을 사용했으며, 물의 어는점은 273.15 K, 물의 끓는점은 373.15 K로 정하고, 이 온도 사이를 100 등분했다. 그러므로, 섭씨 온도에 273.15를 더하면 켈빈 온도가 된다. 이로 인해 과학적 연구에서는 종종 켈빈 척도를 선호한다.

$$\text{켈빈 온도} = \text{섭씨 온도} + 273.15$$

화씨(Fahrenheit) 온도는 주로 미국에서 사용되는 온도 측정 척도이다. 화씨 온도계는 물의 어는점을 32 °F로, 끓는점을 212 °F로 정의하고, 물의 어는점과 끓는점 사이를 180등분하여 만든 온도계이다. 그림 1.4에서는 세 가지 온도를 비교하여 나타내었다.

✖ 화학 에피소드: 화씨 온도와 섭씨 온도

화씨 온도와 섭씨 온도의 문화적 차이로 인한 재미있는 에피소드 중 하나는 여행자나 외국인들이 날씨를 이해하는 데 혼란을 겪는 상황이다.

예를 들어, 미국은 화씨 온도를 주로 사용하기 때문에, 미국을 방문한 외국인 여행자들은 종종 날씨를 이해하는 데 어려움을 겪는다. 특히, 섭씨 온도를 사용하는 국가에서 온 사람들은 기상 방송이나 온도 표지판을 볼 때 혼란스러울 수 있다. 예를 들어, 미국에서 여름날 기온이 90 °F라고 하면, 이는 섭씨로 약 32 ℃에 해당하지만, 처음에는 매우 높은 숫자로 보일 수 있어 사람들이 깜짝 놀라거나 무더위를 상상하게 된다.

반대로, 미국인들이 섭씨 온도를 사용하는 국가를 방문할 때도 마찬가지이다. 예를 들어, 유럽이나 아시아에서 여행할 때, 기온이 30 ℃라고 표시되면, 이는 화씨로 약 86 °F이다. 그러나 처음에 30이라는 숫자만 보고 춥다고 착각할 수도 있다.

또한, 영화나 TV 프로그램에서도 이러한 차이가 재미있는 상황을 만들 수 있다. 미국 드라마나 영화에서 "It's 100 degrees outside!"라고 말할 때, 이를 섭씨로 이해하는 시청자는 "세상이 불타고 있나?"라고 착각할 수 있다. 이러한 문화적 차이는 종종 코미디의 소재로 사용되며, 사람들 간의 대화를 더욱 흥미롭게 만들어 주기도 한다.

이러한 온도 체계의 차이는 단순한 숫자의 차이일 뿐이지만, 문화적 배경과 일상생활의 관점에서는 재미있는 오해와 에피소드를 만들어 낸다.

에너지

에너지의 SI 유도 단위는 줄(J)이지만, 일상생활에서 더 익숙한 단위는 칼로리(cal)이다.

$$1 \text{ cal} = 4.184 \text{ J}$$

1 cal는 1 g의 물의 온도를 1 ℃ 올리는 데 필요한 열량이다.

식품의 에너지 함량을 나타낼 때 사용하는 "칼로리(Cal)"는 실제로는 킬로칼로리(kcal)이다.

$$1000 \text{ cal} = 1 \text{ kcal} = 4184 \text{ J}$$

일반적으로 일상생활에서 사용하는 "칼로리"라는 용어는 실제로는 킬로칼로리(kcal)를 의미한다. 즉, 1 "칼로리(Cal)"는 1,000 칼로리(cal)와 같으며, 이는 에너지를 측정하는 단위이다.

식품 영양학에서 음식의 에너지 함량을 표시할 때, 보통 kcal를 사용하지만, 이를 간단히 "칼로리(Cal)"라고 부른다. 따라서 초콜릿 케이크 한 조각에 500 "칼로리(Cal)"가 포함되어 있다는 것은 500

킬로칼로리, 즉 500,000 칼로리(cal)를 의미한다. 이러한 관점에서 보면, "칼로리(Cal)"의 실제 수치를 깨닫는 것은 다이어트를 하는 사람에게 심리적으로 더 큰 영향을 줄 수 있다. 500이라는 숫자가 500,000으로 보일 때, 케이크를 섭취하는 데 대한 에너지 부담이 더 크게 느껴질 수 있으며, 이는 음식을 선택할 때 더 신중해지는 계기가 될 수 있다.

1. 화학이 일상생활에 미치는 영향은 무엇인지 설명하시오.

2. 질량과 무게의 차이점은 무엇인지 설명하시오.

3. 물리적 성질과 화학적 성질의 차이는 무엇인지 설명하시오.

4. 화합물과 혼합물의 차이는 무엇인지 설명하시오.

5. 과학적 표기법은 왜 중요한지 설명하시오.

6. 원소와 화합물의 정의와 예를 들어 설명하시오.

7. 에너지의 정의와 역할은 무엇인지 설명하시오.

8. 켈빈 온도 척도의 특징은 무엇인지 설명하시오.

9. 물리적 변화와 화학적 변화의 차이는 무엇인지 설명하시오.

10. 밀도의 정의와 그 예를 설명하시오.

11. 혼합물의 두 가지 유형을 설명하시오.

12. 화학적 변화를 통해 물질을 분리하는 방법은 무엇인지 설명하시오.

13. 온도와 열의 차이를 설명하시오.

14. 화학적 성질을 설명하시오.

15. 물질의 상태와 그 특징은 무엇인지 설명하시오.

원자에서 화학 반응까지

이 장에서는 화학의 기본 원리와 개념을 심도 있게 탐구하며, 물질과 에너지가 상호 작용할 때 발생하는 변화를 연구하는 화학의 본질을 설명하는 것을 목표로 한다. 화학의 기초는 19세기 초 존 돌턴(John Dalton)의 원자론에서 출발하는데, 그의 이론은 모든 물질이 더 이상 분해할 수 없는 작은 단위인 원자로 구성되어 있다는 개념이다. 이러한 개념은 화학 반응의 본질을 이해하는 데 중요한 기초를 제공하며, 돌턴의 원자론은 이후의 과학적 발전을 통해 더욱 정교화되었다.

이 장에서는 화학반응식과 주기율표의 중요성도 강조한다. 화학반응식은 반응물과 생성물 간의 관계를 명확히 하여 화학 반응의 양적 균형을 설명하는 데 필수적인 도구로 사용된다. 주기율표는 원소들이 화학적 성질에 따라 배열된 표로, 원소의 성질을 예측하고 화학 반응을 이해하는 데 중요한 역할을 한다. 따라서 이 장에서는 원자 구조, 주기율표, 화학 반응식 등 화학의 기본 개념을 다루며, 이를 통해 화학의 언어와 물질 변화를 설명하는 방식을 보다 잘 이해할 수 있도록 돕는다.

2.1 원자론

고대 그리스 철학자들은 우리 행성을 문자 그대로는 아니지만, 네 가지 주요 구성 요소 또는 원소인 공기, 물, 흙, 불로 나누었다(그림 2.1).

원자에 대해 처음 기술한 사람은 기원전 그리스 철학자인 레우키포스(Leucippus)와 그의 제자 데모크리토스(Democritus, 약 기원전 460년~약 기원전 370년)는 물 웅덩이를 바라보며 물이 물방울로 나누어지고, 각각의 방울이 더 작고 더 작은 방울로 나누어지는 것을 상상했다고 한다. 비록 그것들이 너무 작아서 보이지 않게 되었더라도 말이다. 물은 무한히 나눌 수 있을까? 결국에는 더 이상 물이 아닌 방울이나 입자를 얻게 될까? 레우키포스는 궁극적으로 더 이상 나눌 수 없는 아주 작은 물 입자가 있어야 한다고 추론하게 되었다. 데모크리토스는 레우키포스의 아이디어를 확장하여 이러한 입자를 아토모스(atomos, "나눌 수 없다"는 뜻)라고 불렀고, 여기서 현대의 이름인 원자(atom)가 유래되었다. 데모크리토스는 각각의 원자가 모양과 크기가 뚜렷하다고 생각했다. 그는 실제 물질들이 다양한 종류의 원자 혼합물이라고 생각했다. 불행히도 데모크리토스를 위해, 유명한 그리스 철학자 아리스토텔레스(Aristotle, 약 기원전 384년~기원전 322년)는 물질이 연속적(무한히 나눌 수 있다)이라고 선언했으며, 이는 불연속적(작고 나눌 수 없는 입자로 구성된다)인 것이 아니라고 했다. 그 당시 사람들은 어떤 견해가 옳은지 판단할 방법이 없었다. 그러나, 당시 대부분의 사람들은 아리스토텔레스의 연속적인 물질관이 더 논리적이고 합리적이라고 보았다. 이는 아리스토텔레스가 많은 분야에서 권위자로 여겨졌고, 권위자의 아이디어는 "그냥 아무나"의 아이디어보다 훨씬 더 쉽게 받아들여졌기 때문이다. 그래서 이 견해는 약 2000년 동안 지속되었다. 비록 그것이 틀렸음에도 불구하고 말이다.

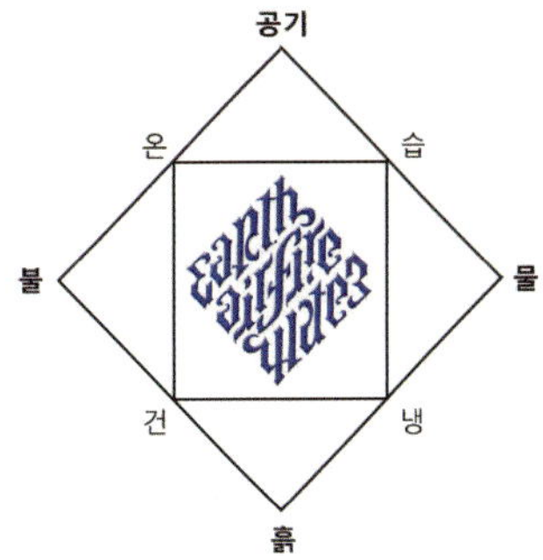

그림 2.1 고대 그리스의 4 원소설

19세기 초에 영국의 과학자 존 돌턴에 의해 제안된 원자론은 물질이 원자로 구성되어 있다는 개념을 중심으로 전개되었다. 그의 원자론은 당시 화학과 물리학의 발전에 큰 영향을 미쳤다. 돌턴의 원자론에 대한 주요 개념을 몇 가지 요약하면, 다음과 같다.

- 모든 물질은 분해할 수 없는 작은 단위인 원자로 구성되어 있다. 원자는 더 이상 쪼갤 수 없는 기본 입자로 간주했다.
- 같은 원소의 모든 원자는 동일한 크기와 질량을 가지고 있다. 즉, 탄소 원자는 모두 같은 질량과 크기를 가지는데 산소 원자도 마찬가지이다. 이 개념은 후에 동위 원소의 발견으로 수정되었다.
- 서로 다른 원소의 원자는 서로 다른 질량과 성질을 가진다. 예를 들어, 수소 원자와 산소 원자는 질량과 성질이 다르다.

- 화합물은 두 개 이상의 원자가 결합하여 형성되며, 일정한 정수비로 결합한다. 예를 들어, 물(H_2O)은 두 개의 수소 원자와 한 개의 산소 원자가 결합하여 형성된다.
- 화학 반응은 원자의 재배열을 통해 일어나며, 원자 자체는 반응 과정에서 생성되거나 소멸되지 않는다. 이는 현대 화학의 기본 원리인 질량 보존의 법칙과 일맥상통한다.

돌턴의 원자론은 이후 발전된 원자 모형(톰슨의 전자 발견, 러더퍼드의 원자핵 발견, 보어의 원자 모형 등)과 양자 역학의 발전으로 보완되고 수정되었다. 하지만 그의 기본 개념은 여전히 화학의 중요한 기초 이론으로 남아 있다.

✖ 보다 쉽게 이해하기: 돌턴의 원자론과 쿠키 만들기

돌턴의 원자론을 이해하기 위해 쿠키 만들기를 예로 들어 설명해 보자. 그는 모든 물질이 원자라고 불리는 작은 입자로 구성되어 있다고 주장했다. 이 원자들은 각각 고유한 종류와 특징을 가지고 있다. 이는 쿠키를 만들 때 사용하는 밀가루, 설탕, 버터와 같은 각기 다른 재료에 비유할 수 있다. 또한, 쿠키 레시피에는 재료들이 정해진 비율로 사용된다. 마찬가지로, 돌턴은 화합물이 일정한 비율로 결합된 원자로 이루어져 있다고 설명했다. 예를 들어, 물(H_2O)은 항상 2개의 수소 원자와 1개의 산소 원자로 구성되어 있다.

다양한 조합의 예를 들어보면, 쿠키의 재료 비율을 바꾸면 전혀 다른 디저트가 될 수 있다. 돌턴은 동일한 원소들이 다른 비율로 결합하여 전혀 다른 화합물을 형성할 수 있다고 설명했다. 예를 들어, 일산화탄소(CO)와 이산화탄소(CO_2)는 모두 탄소와 산소로 이루어져 있지만, 비율이 다르기 때문에 성질이 다른 물질이다. 마지막으로, 돌턴은 원자가 더 이상 나눌 수 없는 기본 단위라고 생각했다. 이는 쿠키를 더 작은 조각으로 나누더라도 여전히 쿠키의 성질을 유지하는 것과 유사하다. 이처럼 쿠키 만들기의 비유는 돌턴의 원자론의 기본 개념을 쉽게 이해할 수 있도록 도와준다.

돌턴 이후, 원자론은 과학의 발전과 함께 여러 중요한 발견과 이론을 통해 발전했다. 1897년, 조셉 존 톰슨(Joseph John Thomson)은 음극선 실험을 통해 전자를 발견하면서 원자를 더 작은 입자로 나눌 수 있다는 사실을 밝혀 냈다. 전자는 음전하를 가진 입자로, 이 발견은 원자론에 큰 변화를 가져왔다. 이후 1911년, 어니스트 러더퍼드(Ernest Rutherford)는 금박 실험을 통해 원자의 중심에 양전하를 가진 핵이 존재하며, 대부분의 원자 공간이 비어 있다는 사실을 발견했다. 이는 톰슨의 '건포도 푸딩 모형'을 대체하는 새로운 원자 모형을 제안하는 계기가 되었다. 1913년에는 닐스 보어(Niels Bohr)가 전자가 일정한 궤도를 따라 원자핵 주위를 돌고 있으며, 특정 에너지를 흡수하거나 방출할 때만 다른 궤도로 이동할 수 있다고 제안했다. 보어의 모형은 특히 수소 원자의 스펙트럼을 설명하는 데에 성공적이었다. 1920년대에는 에르빈 슈뢰딩거(Erwin Schrödinger)와 베르너 하이젠베르크(Werner Heisenberg) 등의 과학자들이 양자역학을 발전시켰다. 양자역학은 전자를 파동 함수로 설명하며, 전자의 위치는 확률적으로만 예측할 수 있다는 것을 제안하여 원자 구조에 대한 보다 정교한 이해를 가능하게 했다.

1932년, 제임스 채드윅(James Chadwick)은 중성자를 발견했으며, 중성자는 전하가 없는 입자로, 원자핵의 질량을 구성하는 중요한 요소로 밝혀졌다. 이러한 연구 결과는 원자핵 구조에 대한 이해를 크게 향상시켰다.

2.2 원자의 구조

돌턴은 원자를 나눌 수 없다고 생각했지만, 1800년대 후반의 연구자들은 그렇지 않다는 것을 증명했다. 과학의 발전으로 물질에 대한 더 깊은 탐구가 가능해짐에 따라 원자는 실제로 더 작은 입자로 구성되어 있으며, 원자 내에서 이러한 입자의 수와 배열이 원자의 화학적 특성을 결정한다는 것이 분명해졌다. 따라서 오늘날 우리는 원자를 해당 원소의 화학적 특성을 유지하는 원소의 가장 작은 입자로 정의한다.

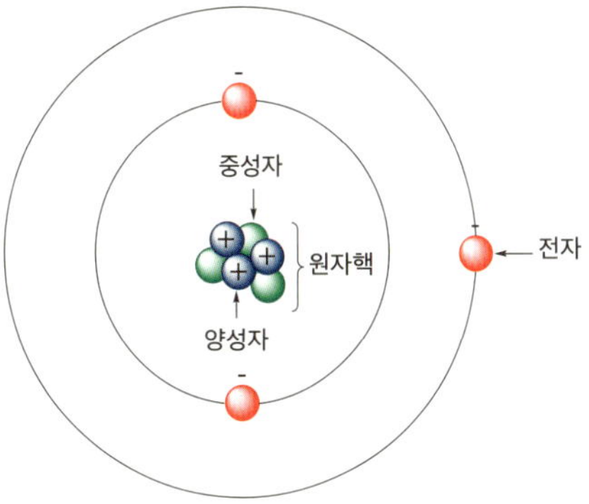

그림 2.2 원자의 구조

그림 2.2에서처럼, 모든 원자는 크게 두 영역으로 구성되어 있다고 볼 수 있다. 핵(nucleus)은 원자의 중심에 위치한 매우 작은 영역이다. 모든 원자에서 핵(nucleus)은 적어도 하나의 양전하(positive charge)를 띠는 입자인 양성자(proton)와 전기적으로 중성을 띠는 입자인 하나 이상의 중성자(neutrons)로 구성되어 있다. 다른 하나의 영역은 음전

하(negative charge)를 띤 입자가 차지하는 영역으로서 그것을 전자(electron)라고 한다. 이 영역은 핵의 크기에 비해 매우 큰 영역을 차지하고 있다. 양성자, 중성자 및 전자를 아원자 입자(subatomic particles)라고 한다. 이러한 아원자 입자에 대한 실험적인 발견은 1800년 대 후반부터 이루어졌다.

전자의 발견

아원자 입자의 존재에 대한 첫 번째 검정 실험은 조셉 존 톰슨(J. J. Thomson)이 음극선관 실험을 통해 음전하를 띤 전자의 존재를 증명한 것이다. 톰슨의 실험은 또한 전자 1 개의 전하-대-질량비(e /m) 1.76×10^8 C/g 를 밝혔다.

1909년 미국의 물리학자 로버트 밀리컨(Robert A. Millikan, 1868-1953)이 수행한 기름방울 낙하실험에서 전자 한 개의 전하가 1.6022×10^{-19} C 임을 측정했다. 과학자들은 이 정보와 전자의 전하-대-질량비(e /m)를 사용하여, 전자의 질량이 알려진 가장 작은 원자인 가장 간단한 유형의 수소 원자 질량의 약 2/1000임을 결정했다.

$$\text{전자 질량} = \frac{1.6022 \times 10^{-19}\ \text{C}}{1.76 \times 10^{8}\ \text{C/g}} = 9.10 \times 10^{-28}\ \text{g}$$

그 이후에 수행된 더 정확한 실험에서 전자의 질량으로 알려진 9.109×10^{-28} g과 잘 일치한다. 이 값은 가장 단순한 유형의 수소 원자 질량의 1/1837에 해당하는 작은 값이다.

원자핵의 발견

톰슨은 원자에서 음전하를 띤 입자(전자)를 발견한 후 음전하를 띤 전자가 그 구에 박혀 있는 양전하를 띤 구체에 박혀 있는 구조로 되어 있다고 제안했다. 이 모델은 당시 '푸딩 모델'로 알려졌으나, 오늘날에는 '건포도 푸딩 모델(plum pudding model)'로 불린다. 여기서 건포도는 양전하를 띤 빵 내에 분포된 전자를 의미한다.

1911년, 어니스트 러더퍼드(Ernest Rutherford)는 알파(α)-입자 산란 실험 결과를 통해 원자 구조에 대한 새로운 모형을 설명하고자 했다. 그는 알파 입자를 얇은 금박에 쏘아 형광 스크린을 통해 알파 입자가 산란되는 정도를 관찰했다(그림 2.3). 이 실험에서 대부분의 입자는 방향을 바꾸지 않고 금박을 통과했으나, 일부는 각도를 가지고 산란되었다. 이는 당시 유행하던 원자 모델과 일치하지 않

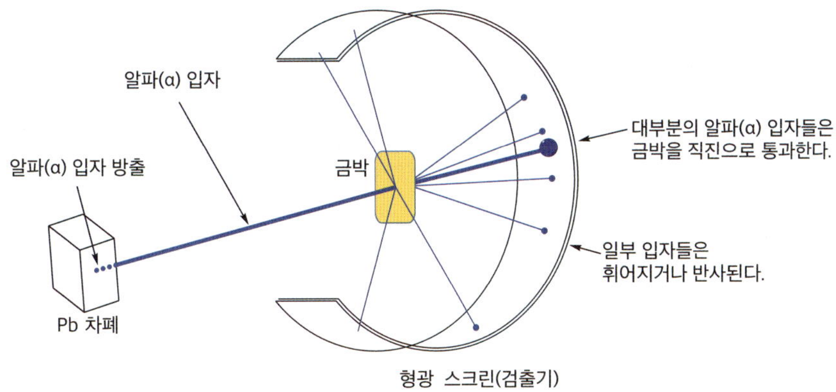

그림 2.3 Rutherford의 알파(α) 입자 산란 실험

는 완전히 예상치 못한 결과였다. 러더퍼드는 이를 "마치 당신이 휴지 조각에 15 in. 포탄을 발사했는데, 그것이 되돌아와 나와 당신을 맞추는 것처럼 믿을 수 없는 일"이라고 표현했다.

러더퍼드는 α-입자 산란을 연구하면서, 금 원자의 중심에 위치한 작고 양전하를 띤 핵에 의해 발생한다고 제안했으며 이 핵에 있는 양전하를 띤 입자를 "양성자(proton)"라고 명명했다. 러더퍼드 모델에서 원자 질량 대부분이 핵에 집중되어 있는데 핵은 음전하를 띤 전자 구름으로 둘러싸여 있다. 러더퍼드는 이 모델을 전자가 핵 주위를 도는 구조로 묘사했으며, 이를 태양 주위를 도는 행성처럼 비유했다. 또한, 원자의 중심 영역을 설명하기 위해 "핵(nucleus)"이라는 용어를 도입했다.

1932년, 제임스 채드윅(James Chadwick)은 원자핵 구조에 대한 중요한 발견을 했다. 그는 α-입자로 베릴륨을 충격하는 실험을 통해 미지의 방사선이 방출되는 것을 관찰했다. 채드윅은 이 방사선이 양성자와 비슷한 질량을 가진 중성 입자로 이루어져 있음을 확인했다. 이러한 입자는 전하가 없어 "중성자(neutron)"라고 명명했다. 이 발견은 원자핵의 구성 요소 중 하나로서 중성자의 존재를 입증하게 된 것이다.

가장 단순한 형태의 수소 원자의 핵을 제외하면, 모든 원자핵은 양성자와 중성자라는 두 종류의 입자로 구성되어 있으며, 양성자는 전자의 음전하와 같은 크기의 양전하를 갖고 있다. 원자는 양성자와 전자의 수가 같아서 전체적으로 전기적으로 중성이다. 중성자는 전하가 없기 때문에 전기적으로 중성이다.

가장 단순한 형태의 수소 원자는 단일 양성자로 구성된 핵 주위를 단일 전자가 움직이는 구조를 가지고 있다. 양성자의 질량은 약 1.673×10^{-24} g으로, 이는 전자의 질량보다 1836배 더 크다. 따라서, 가장 단순한 수소 원자의 전체 질량은 거의 양성자에 의해 결정되며, 그 비율은 1836/1837이다. 가장 단순한 수소 원자를 제외한 모든 원자에는 중성자가 존재한다. 중성자의 질량은 약 1.675×10^{-24} g으로, 이는 양성자보다 약간 더 크다.

서로 다른 원소의 원자핵은 포함된 양성자 수에 따라 구분되며, 이는 원소의 화학적 정체성을 결정한다. 양성자의 수는 원소의 고유한 특성을 정의하는 데 핵심적인 역할을 한다. 물리학자들은 다양한 아원자 입자를 발견했지만, 전자, 양성자, 중성자 외의 다른 입자들은 물질의 화학적 특성에 크게 영향을 미치지 않는 것으로 간주했다. 표 2.1에서는 이러한 아원자 입자인 전자, 양성자 및 중성자의 특성을 요약했다.

표 2.1 **아원자 입자의 성질**

입자	전하량(C)	상대적인 전하	질량(u)	질량(g)
양성자	$+1.602 \times 10^{-19}$	+1	1.00727	1.67262×10^{-24}
중성자	0	0	1.00866	1.67493×10^{-24}
전자	-1.602×10^{-19}	-1	0.00055	0.00091×10^{-24}

1 amu(u) = 1.66054×10^{-24} g

모든 원자는 전자, 양성자, 중성자라는 같은 종류의 아원자 입자를 포함한다. 그러나 각각의 원자가 동일한 개수의 아원자 입자를 가지지는 않는다. 같은 원소의 원자는 동일한 수의 양성자를 포함하고 있으며, 이는 그 원소의 정체성을 결정한다. 반면, 다른 원소의 원자는 서로 다른 양성자 수를 가지고 있다.

원소의 원자 번호(Z)는 해당 원소의 원자에 포함된 양성자의 수를 나타낸다. 이는 원소의 고유한 특성을 결정하는 중요한 요소이다. 원자는 일반적으로 화학 기호(원소 기호), 원자 번호, 질량수로 표현된다. 모든 원소의 원자는 핵 속에 양성자를 포함하고 있으며, 이 양성자의 수는 원소의 기본 성질로서 원자 번호로 정의된다.

중성 원자에서는 핵 속의 양성자 수가 핵 외부에 존재하는 전자의 수와 동일하다. 이는 원자가 전기적으로 중성을 유지하기 때문이다. 양성자는 전자보다 약 2,000배 무겁기 때문에, 전자의 질량은 원자의 전체 질량에 거의 영향을 미치지 않는다. 따라서, 원자의 질량은 주로 핵의 질량에 의해 결정된다.

질량수(A)는 양성자 수와 중성자 수의 합으로 정의된다. 이는 원자의 전체 질량을 측정하는 데 사용된다. 원소 X의 원자에 대해, 원자 번호(Z)와 질량수(A)의 관계는 다음과 같다.

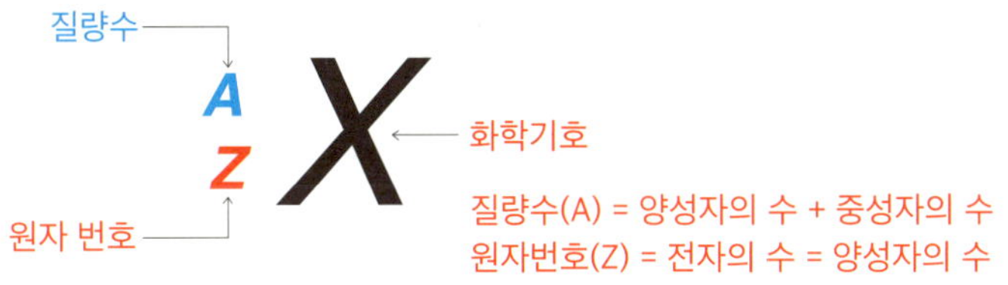

이 관계는 원자의 구조와 질량을 이해하는 데 중요한 역할을 한다.

예를 들어, 납 원자는 다음과 같이 나타낼 수 있다.

$${}^{208}_{82}\mathrm{Pb}$$

납 원자는 82개의 양성자와 126개의 중성자를 가지며, 질량수는 208이다. 다른 방식으로 원소를 표현할 때, 질량수를 이용해서 Pb - 208로 표현하기도 한다.

2.3 원소들의 집합: 주기율표

원소 이름의 유래

모든 원소는 고유의 이름을 가지고 있으며, 이러한 이름에서 유래한 고유의 기호를 사용한다. 각 원소의 기호는 대개 한 두 글자로 이루어져 있는데, 첫 글자는 항상 대문자로 시작하고, 두 번째 글자가 있을 경우 소문자로 표기한다. 예를 들어, 헬륨의 기호는 'He'로 표기한다. 오래 전에 발견된 원소들은 주로 라틴어나 다른 고대 언어에서 그 이름과 기호가 유래되었다. 예를 들어, 금의 기호는 'Au'인데, 이는 라틴어 'aurum'에서 유래하며 'aurum'은 '밝은 새벽'이라는 의미를 지닌다. 반면, 최근에 발견된 원소들은 종종 발견된 장소, 발견자, 또는 중요한 역사적 인물이나 장소에서 이름이 유래되었다.

표 2.2 **몇몇 화학 원소 이름의 유래**

유래 근거	해당 원소
그리스어, 라틴어	금(Au=aurum), 구리(Cu=cuprum), 철(Fe=ferrum), 수은(Hg=hydrargyrum)
그리스, 로마 신화	헬륨(He, 태양신 helios), 세륨(Ce, 농업의 여신 세레스 Ceres), 탄탈룸(Ta, 탄탈루스 Tantalus), 니오븀(Nb, 탄탈루스의 딸 니오베 Niobe)
대륙 이름	유로퓸(Eu), 아메리슘(Am)
나라 이름	게르마늄(Ge, 독일), 프랑슘(Fr, 프랑스), 폴로늄(Po, 폴란드), 갈륨(Ga, 프랑스), 루테늄(Ru, 러시아)
도시 이름	홀뮴(Stockholm, Ho), 이테르븀(Ytterby, Yb), 버클륨 (Berkeley, Bk), 마그네슘(Magnesia, Mg)
행성 이름	우라늄(U, 천왕성=Uranus), 플루토늄(Pu, 명왕성=Pluto=그리스로마 신화에 나오는 저승신의 이름을 딴 것), 넵투늄(Np, 해왕성=Neptune=그리스 로마 신화에 나오는 바다의 신 이름을 딴 것)
색	프라세오디움(녹색, Pr), 루비늄(붉은색, Rb), 세슘(하늘색, Cs)
과학자	퀴륨(Marie Curie, Cm), 멘델레븀(Dmitri Mendeleev, Md), 페르뮴(Enrico Fermi, Fm), 아인시타늄(Albert Einstein, Es)

고대 인류는 금(Au), 은(Ag), 구리(Cu), 주석(Sn), 납(Pb), 수은(Hg), 철(Fe), 황(S) 그리고 탄소(C)와 같은 9개의 원소를 알았다. 이러한 원소들은 주로 자연 상태에서 비교적 쉽게 발견할 수 있는 것들로, 금속이나 비금속으로 분류되었다. 이들 원소는 다양한 용도로 사용되었으며, 주로 금속성 광택과 전도성 등의 물리적 특성 때문에 금속으로서 가치가 있었다.

1800년대에 들어서면서, 과학이 발전함에 따라 많은 새로운 원소들이 발견되었다. 이들 원소는 주로 지구의 대기나 표면의 광석에서 하나씩 확인되었다. 이 시기에 이루어진 원소의 발견은 주로 화학적 분석 기법과 실험 장비의 발전 덕분이었다.

현재까지 알려진 원소의 수는 총 118개이다. 이 중 90개는 자연계에 존재하며, 자연적으로 발견되었다. 나머지 원소들은 합성된 것으로, 이는 자연 상태에서는 존재하지 않지만 실험실에서 인위적으로 만들어진 것들이다. 예를 들어, 테크네튬(Tc), 넵투늄(Np), 멘델레븀(Md)과 같은 원소들은 1930년대 이후 다양하게 정교한 방법으로 합성되었다. 1994년 이후에도 새로운 원소들이 합성되어 현재는 총 118개의 원소가 존재한다.

각 원소의 존재량은 다양하다. 지구의 껍질(지각)은 주로 산소(O), 규소(Si), 알루미늄(Al), 철(Fe), 칼슘(Ca)의 다섯 가지 원소로 구성되어 있으며, 이들 원소가 지구 껍질의 90% 이상을 차지한다. 이는 지구의 광물과 암석 구성에 큰 영향을 미친다.

한편, 사람의 인체는 주로 탄소(C), 수소(H), 산소(O)의 세 가지 원소로 이루어져 있으며, 이들 원소가 인체 질량의 90% 이상을 차지한다. 이는 인체가 물(주로 수소와 산소로 구성)과 유기화합물(탄소를 기본 골격으로 하는 화합물)로 주로 구성되어 있기 때문이다. 이러한 원소들은 생명체의 구조와 기능에 필수적인 역할을 한다.

원소 주기율표

주기율표는 화학 원소들을 원자 번호(양성자의 수)에 따라 배열한 표로, 원소들의 화학적 성질이 주기적으로 반복되는 특성을 반영한다. 또한 주기율표는 행과 열로 구성되어 있으며, 행은 주기(period)라고 하고, 열은 족(group)이라고 부른다. 주기율표의 주기적 배열은 원소들이 가진 전자 배치의 주기성을 나타내며, 이는 원소의 화학적 성질에 큰 영향을 미친다.

원소 주기율표는 19세기 러시아의 화학자 드미트리 멘델레예프(Dmitri Ivanovich Mendeleev, 1834-1907)에 의해 처음 제안되었다. 1869년에 멘델레예프가 주기율표를 발표하기 전까지 알려진 원소는 약 60개였다. 그는 이 원소들을 원자 질량 순서대로 정리했지만, 단순한 나열로는 원소들의 화학적 성질을 제대로 설명할 수 없다는 것을 깨달았다. 그러던 중, 그는 원소들이 주기적인 성질을 보인다는 사실을 발견하게 되었다. 이는 전해지는 이야기로, 멘델레예프가 주기율표를 완성하기 위해 며칠 밤낮으로 몰두하던 중 잠이 들었는데, 꿈속에서 원소들이 자신에게 우리는 주기적으로 배열되어 나타난다고 말했다고 한다. 잠에서 깨어난 멘델레예프는 꿈에서 본 배열을 바탕으로 주기율표를 완성했다고 전해진다.

멘델레예프는 그의 주기율표에서 빈칸을 남겨 두고, 아직 발견되지 않은 원소들의 존재를 예측했다. 또한, 이 빈칸에 들어갈 원소들의 성질도 예측했다. 실제로 이후에 발견된 원소들이 그의 예측과 일치하면서, 그의 주기율표는 더욱 큰 신뢰를 얻게 되었다. 예를 들어, 그는 저마늄(현재의 게르마늄)과 에카실리콘의 존재를 예측했는데, 이러한 예측이 정확하게 들어맞아 그의 주기율표는 과학계에서 혁신적인 발견으로 인정받았다.

멘델레예프의 주기율표 이후, 현대 주기율표는 과학의 발전과 함께 여러 중요한 수정과 발전을 거쳤다. 멘델레예프는 원소들을 원자 질량 순서에 따라 배열했지만, 현대 주기율표는 원자 번호(양성자의 수)에 따라 배열되었다. 이러한 변화는 헨리 귄 제프리스 모즐리(Henry Gwyn Jeffreys Moseley, 1887-1915)의 연구로 가능해졌다. 모즐리는 1913년에 X선 스펙트럼을 연구하면서 원소의 원자 번호가 물리적으로 측정 가능한 특성임을 밝혀 냈다. 이로 인해 주기율표는 원자 번호 순서로 배열되었고, 이는 원소들의 화학적 성질이 주기적으로 반복된다는 사실이 정확하게 반영된 것이다. 또한, 현대 주기율표는 원소들이 주기와 족으로 나뉘어 배열되어 있다. 주기는 수평 행을 의미하며, 각 주기는 해당 주기의 원소들이 같은 수의 전자 껍질을 가지고 있음을 나타낸다. 족은 수직 열을 의미하며, 같은 족에 속한 원소들은 서로 유사한 화학적 성질과 같은 수의 최외각 전자를 가진다.

주기율표는 새로운 원소의 발견과 인위적으로 합성된 원소로 인해 확장되었으며, 원소의 성질을 예측하고 화학 반응을 이해하는 데 중요한 도구로 사용된다. 주기율표는 18개의 족과 7개의 주기로

Reihen	Gruppe I. — R^2O	Gruppe II. — RO	Gruppe III. — R^2O^3	Gruppe IV. RH^4 RO^2	Gruppe V. RH^3 R^2O^5	Gruppe VI. RH^2 RO^3	Gruppe VII. RH R^2O^7	Gruppe VIII. — RO^4
1	H=1							
2	Li=7	Be=9,4	B=11	C=12	N=14	O=16	F=19	
3	Na=23	Mg=24	Al=27,3	Si=28	P=31	S=32	Cl=35,5	
4	K=39	Ca=40	— =44	Ti=48	V=51	Cr=52	Mn=55	Fe=56, Co=59, Ni=59, Cu=63
5	(Cu=63)	Zn=65	— =68	— =72	As=75	Se=78	Br=80	
6	Rb=85	Sr=87	?Yt=88	Zr=90	Nb=94	Mo=96	— =100	Ru=104, Rh=104, Pd=106, Ag=108
7	(Ag=108)	Cd=112	In=113	Sn=118	Sb=122	Te=125	J=127	
8	Cs=133	Ba=137	?Di=138	?Ce=140	—	—	—	— — — —
9	(—)	—	—	—	—	—	—	
10	—	—	?Er=178	?La=180	Ta=182	W=184	—	Os=195, Ir=197, Pt=198, Au=199
11	(Au=199)	Hg=200	Tl=204	Pb=207	Bi=208	—	—	
12	—	—	—	Th=231	—	U=240	—	— — — —

그림 2.4 멘델레예프의 원소 주기율표

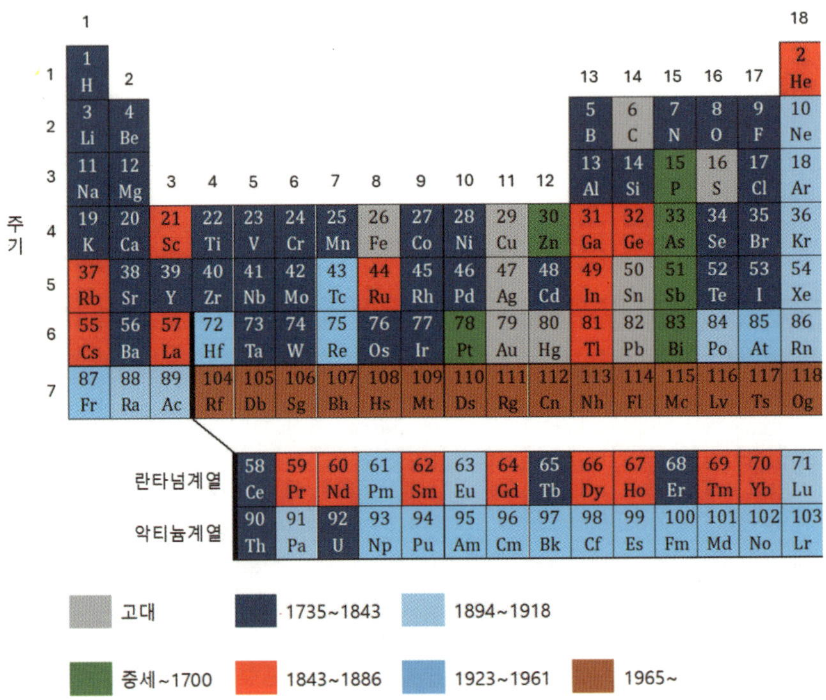

그림 2.5 현대 원소 주기율표

구성되며, 란타넘 계열과 악티늄 계열 원소들은 표 아래에 별도로 배열했다.

현대 주기율표는 화학 교육과 연구에서 없어서는 안 될 역할을 하며, 원소 간의 관계를 이해하는 데 중요한 기초를 제공한다.

원소 주기율표의 각 족들의 특성

원소 주기율표에서 각 족의 원소들은 그들의 전자 배치와 이에 따른 화학적 성질로 인해 고유한 특성을 가지고 있다.

1족에 속하는 알칼리 금속 원소들은 리튬(Li), 소듐(Na), 포타슘(K), 루비듐(Rb), 세슘(Cs), 프랑슘(Fr)이다. 이들 알칼리 금속 원소들은 1개의 최외각 전자를 가지고 있는데 이를 쉽게 잃어 양이온이 되기 때문에 반응성이 매우 크다. 이들은 특히 물과 반응하여 수소를 방출하고 강염기를 형성한다. 2족의 알칼리 토금속 원소들은 베릴륨(Be), 마그네슘(Mg), 칼슘(Ca), 스트론튬(Sr), 바륨(Ba), 라듐(Ra)으로, 2개의 최외각 전자를 가지고 있다. 1족보다는 반응성이 약하지만 여전히 반응성이 높아 물과 반응하여 수산화물을 형성한다.

3족부터 12족까지의 원소들은 전이 금속으로, 다양한 산화 상태를 가지며 높은 강도와 내식성을 보여 산업에서 중요한 역할을 한다. 13족의 붕소족 원소들은 붕소(B), 알루미늄(Al), 갈륨(Ga), 인듐(In), 탈륨(Tl), 니호늄(Nh)이다. 이들 원소들은 가볍고 강한 구조 재료로 사용되며, 붕소는 반도체로서 중요한 역할을 한다. 14족의 탄소족 원소들은 탄소(C), 규소(Si), 게르마늄(Ge), 주석(Sn), 납(Pb), 플레로븀(Fl)이다. 탄소와 규소를 포함하여 생명체의 기본 구성 요소로서, 다양한 형태의 화합물을 형성한다.

15족의 질소족 원소들은 질소(N), 인(P), 비소(As), 안티모니(Sb), 비스무트(Bi), 모스코븀(Mc)으로, 질소와 인을 포함하기 때문에 생물학적으로도 매우 중요하다. 질소는 대기 중에 풍부하게 존재하고 비료를 생산할 때 필수적인 요소이다.

16족의 산소족 원소들은 산소(O), 황(S), 셀레늄(Se), 텔루륨(Te), 폴로늄(Po), 리버모륨(Lv)인데, 특히 산소는 생명 유지에 필수적이고, 황은 화학 공업에서 널리 사용된다. 그리고 셀레늄은 전자 산업에 사용된다.

17족의 할로겐 원소들은 플루오린(F), 염소(Cl), 브로민(Br), 아이오딘(I), 아스타틴(At), 테네신(Ts)으로, 매우 반응성이 크다. 소금이나 화합물을 형성하고 소독제 및 살균제로 사용된다.

마지막으로, 18족의 비활성 기체들은 헬륨(He), 네온(Ne), 아르곤(Ar), 크립톤(Kr), 제논(Xe), 라돈(Rn), 오가네손(Og)인데, 매우 안정적이며 반응성이 거의 없다. 헬륨은 냉각제나 풍선에, 네온은 조명에 사용된다. 그리고 라돈은 방사성을 띠고 있다. 이러한 족별 특성은 원소들의 화학적 및 물리적 성질을 이해하고 예측하는 데 중요한 정보를 제공한다.

2.4 화학식: 화합물을 나타내는 식

화학식은 화합물이나 원소의 구성 성분을 기호와 숫자로 표현하는 중요한 도구이다. 이는 물질의 화학적 조성을 간결하고 명확하게 나타내어, 물질의 성질과 화학 반응을 이해하는 데 필수적인 요소이다. 화학식은 주로 원소 기호와 첨자를 사용하여 구성된다. 원소 기호는 주기율표에서 정해진 고유의 기호로, 예를 들어 수소는 'H', 산소는 'O'로 표시된다. 이러한 기호 옆에 붙는 첨자는 그 화합물 내에서 해당 원소의 원자 수를 나타내는데, 예를 들어, 물의 화학식 H_2O에서 '$_2$'는 물 분자에 수소 원자 두 개가 존재함을 의미한다. 첨자가 1일 경우에는 보통 생략한다.

화학식은 또한 화학 반응식에서 계수로 사용되기도 하는데, 이는 특정 화합물의 분자 수를 나타낸다. 예를 들어, $2H_2O$는 물 두 분자를 의미한다.

화학식은 분자식과 구조식으로 나눈다. 분자식은 물질의 원자 종류와 수를 간단히 표시한다. 반면에, 구조식은 원자의 배치와 결합을 더 자세히 보여 주어, 분자의 구조적 배열에 대한 정보를 제공한다. 예를 들어, 에탄올의 분자식과 구조식은 다음과 같이 나타낸다.

CH_3CH_2OH

분자식

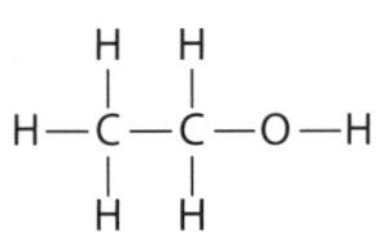

구조식

거의 모든 원소는 다른 원소들과 결합하여 화합물을 형성할 수 있는 능력을 지니고 있다. 이러한 결합 능력은 원소의 화학적 성질에서 매우 중요한 부분을 차지하는데, 이를 이해하기 위해서는 주기율표와 화학적 성질을 체계화한 이론적 모형이 필요하다. 주기율표는 원소들이 화학적 성질에 따라 배열된 표로, 원소들이 반응할 때 원자들 사이에 실제로 어떤 일이 일어나는지를 설명하는 데 도움을 준다.

화학결합 이론에서 주로 두 가지 방식으로 결합한다.

첫 번째는 공유결합으로, 두 원자가 전자를 공유하여 결합하는 방식이다. 이 과정에서 생성된 입자는 전기적으로 중성인 분자로 불리는데, 예를 들어 물(H_2O)은 두 개의 수소 원자와 하나의 산소 원자가 전자를 공유하여 형성된 분자이다. 이러한 공유결합을 통해 형성된 화합물을 분자성 화합물이라고 하며, 주로 비금속 원소들 간의 결합에서 나타낸다.

두 번째 방식은 이온결합으로, 한 원자로부터 다른 원자로 전자가 이동하여 결합하는 것이다. 이로 인해 양전하를 띤 양이온과 음전하를 띤 음이온이 생성되고, 이들 이온 간의 정전기적 인력에 의해 결합이 형성된다.

염화소듐(NaCl)은 소듐 원자에서 전자 1개가 염소 원자로 이동하면, 각각 Na^+(양이온)와 Cl^-(음이온)을 형성하고, 이들 사이의 정전기적 인력으로 결합된 이온성 화합물을 형성한다. 주로 금속과 비금속 원소 간의 결합에서 나타난다.

$$Na \rightarrow Na^+ + e^-$$

$$Cl + e^- \rightarrow Cl^-$$

$$Na^+ + Cl^- \rightarrow NaCl$$

또한, 금속결합은 금속 원자들이 여러 개의 이웃 원자들과 전자를 공유하여 결합하는 방식이다.

금속결합은 금속 원자의 자유 전자가 전체 금속 구조를 형성하는데, 이는 금속의 전기 전도성과 관련이 있다. 이러한 금속성 화합물은 전자들이 금속 격자 내에서 자유롭게 이동할 수 있어 금속 특유의 연성과 전도성을 부여한다.

화학식량: 화학식의 물리적 양

화학식(Chemical equation or Formula)을 설명할 때, 물질을 구성하는 원자나 분자를 표현하는 방법으로 실험식과 분자식으로 나눌 수 있다.

- **실험식**(Empirical formula)은 화합물에 포함된 원소들의 수를 가장 간단한 정수 비율로 나타낸 것이고, 이는 화합물의 기본적인 조성 비율을 보여 주지만, 실제 분자 내 원자들의 총 수를 나타내지는 않는다. 예를 들어, 포도당($C_6H_{12}O_6$)의 경우, 실험식은 CH_2O이다. 이는 포도당 분자 내에서 탄소, 수소, 산소의 비율이 1:2:1임을 의미한다.
- **분자식**(Molecular formula)은 화합물의 실제 분자에서 각 원소의 정확한 수를 나타내고, 분자의 구체적인 조성과 구조를 더 정확하게 반영한 화학식이다. 예를 들어, 포도당의 분자식은 $C_6H_{12}O_6$이다. 이는 포도당 분자가 6개의 탄소 원자, 12개의 수소 원자, 6개의 산소 원자로 이루어져 있음을 나타낸다.

화학식은 정량적 중요성을 갖는다. 즉 화학식의 아래 첨자는 정확한 양을 나타낸다. C_2H_5OH

는 C_2H_5OH 분자 1개가 정확하게 2개의 탄소 원자, 6개의 수소 원자 그리고 1개의 산소 원자를 포함하고 있다. 이처럼 화합물 내 원소의 개수는 화학식을 통해 파악할 수 있지만 단지 개수만으로 그 양적인 관계를 해석하는 것은 모호하다. 그러나 각 원소의 질량(원자량)을 알고 있다면, 간접적인 방법을 통해 화합물 내 구성 원소의 수와 각각의 질량 개념을 바탕으로 화합물의 양적 관계를 해석할 수 있을 것이다. 화학식이 가지는 양적인 관계를 표현하는 정량적인 값을 화학식량(Formula weight, F.W.)이라고 한다. 이 값은 화학식에 포함된 모든 원소의 원자량 총합으로, 분자 하나의 질량을 원자 질량 단위로 표현한 것이다. 우리가 주방에서 피자를 만들 때, 화학식과 화학식량의 관계를 보다 쉽게 이해할 수 있다.

화학식은 마치 피자를 만드는 데 필요한 레시피와 같다고 할 수 있다. 피자를 만들 때, 우리는 피자 도우, 소스, 치즈, 그리고 다양한 토핑(페퍼로니, 버섯, 올리브 등)을 선택한다. 이때, 피자의 레시피는 각 재료의 종류와 개수를 알려 준다. 예를 들어, "치즈 피자"라는 레시피에는 도우 한 장(D), 소스 한 스푼(S), 그리고 치즈 두 줌(C_2)이 들어간다고 하자. 이 레시피는 치즈 피자가 어떻게 구성되어 있는지를 보여 주며, 화학식과 유사하게 치즈 피자의 기본 구성 성분을 나타낸다.

화학식량은 그 레시피로 만들어진 피자의 총 질량과 같다. 피자를 만들 때, 각 재료의 질량을 더하면 피자의 전체 질량을 알 수 있다. 예를 들어, 도우(D)가 200 g, 소스(S)가 50 g, 치즈 한 줌(C)이 30 g이라고 한다면, 치즈 피자의 총 질량은 다음과 같이 계산된다.

$$\text{도우(D) } 200\text{ g} + \text{소스(S) } 50\text{ g} + \text{치즈 두 줌}(C_2)\ 60\text{ g} = 310\text{ g}$$

마찬가지로, 화학식량은 화학식에 포함된 각 원소의 원자량을 더해서 구한다. 이는 화학 반응에서 물질의 양을 계산하고 조절하는 데 매우 중요하다.

2.5 아보가드로 수와 몰

지금부터 우리는 가상 세계의 마트에서 쇼핑을 한다고 상상하자. 이 마트에는 아주 특별하고 거대한 쇼핑 카트가 있는데, 이 카트는 "아보가드로 카트"라고 불리며, 한 번에

6.022×10^{23}개의 물건을 담을 수 있는 놀라운 용량을 자랑한다. 이 숫자는 너무 커서 우리가 일상에서 상상할 수 없을 정도이다. 이제 가상 세계 마트에서 물건을 살 때, 우리는 이 거대한 쇼핑 카트 하나에 담긴 물건의 수를 기준으로 "몰(mol)"이라는 단위를 사용하기로 한다. 예를 들어, 1 몰(mol)의 애플 망고는 아보가드로 수만큼, 즉 6.022×10^{23}개의 애플 망고를 의미한다. 하지만 이 수는 너무 커서 실제로 물리적으로 애플 망고를 담는 것은 불가능하다. 대신 이 숫자는 원자나 분자처럼 매우 작은 입자들의 수를 세는 데 사용할 수 있다. 이렇게 1 몰(mol)의 개념은 마치 쇼핑 카트 한 대에 담을 수 있는 물건의 수를 기준으로, 마트에서 물건을 효율적으로 계산하고 거래하는 것과 같다.

그러므로, 몰에 대한 정의는 어려운 개념이 아니라는 것을 꼭 기억하기 바란다.

1 mol 어떤 것 = 6.022×10^{23} 개의 어떤 것

예를 들어, 우리가 1 mol의 물(분자)이나 1 몰의 탄소(원자)를 가지고 있다고 하면, 이는 각각 6.022×10^{23} 개의 물 분자나 탄소 원자를 가지고 있다는 뜻이다.

그러므로, 아보가드로 수와 몰의 개념은 물질의 양을 측정하고, 그 양을 다른 물질과 비교하는 데 매우 유용한 도구임을 알 수 있다.

몰질량

몰질량(molar mass)은 화학에서 물질의 양을 측정하는 중요한 개념으로, 어떤 물질 1 mol 당 해당 질량(g)으로 나타낸다(g/mol). 다시 말하면, 몰질량은 어떤 물질 1 mol, 즉 6.022×10^{23} 만큼의 입자를 포함하고 있는 양을 질량 단위로 나타낸 것이다. 몰질량의 단위는 g/mol이다. 일반적으로 원자량과 화학식량을 지칭할 때, 몰질량이고 한다. 탄소(C)의 원자량, 즉 몰질량은 약 12 g/mol이다. 이는 탄소 원자 6.022×10^{23} 개가 모여 있을 때 그 집합의 질량이 12 g이라는 뜻이다.

예를 들어, 물(H_2O)의 경우를 살펴보자. 물 분자 하나는 산소 원자 하나(O)와 수소 원자 두 개(2H)로 구성되어 있다.

- 수소(H)의 원자량은 약 1 g/mol이므로, 수소 원자 두 개의 몰질량은 2 g/mol이다.
- 산소(O)의 원자량은 약 16 g/mol이다.

따라서 물의 몰질량은 두 수소와 한 산소의 몰질량을 합치면, 2 g/mol + 16 g/mol = 18 g/mol 이다.

어떤 화학종의 몰질량을 사용하면, 그 화학종의 몰수나 화학종을 구성하는 입자 수도 구할 수 있다. 예를 들어 36 g의 물에는 몇 몰의 물 분자가 있는지를 알 수 있다.

$$36\ \text{g}\ H_2O \times \left(\frac{1\ \text{mol}\ H_2O}{18\ \text{g}\ H_2O}\right) = 2\ \text{mol}\ H_2O$$

36 g의 물속에는 2 mol, 즉 $2 \times 6.022 \times 10^{23}$ 개의 물 분자가 존재한다는 것을 의미이다.

이처럼 몰질량은 화학에서 물질의 양을 계산하고 이해하는 데 중요한 역할을 한다.

2.6 화학적 언어: 화학 반응식

과학, 특히 화학을 공부하는 것은 새로운 언어를 배우는 것과 비슷하다. 언어를 배우기 위해서는 먼저 그 언어의 어휘와 문법을 이해해야 한다. 처음 시작하는 사람은 바로 그 언어로 말을 할 수 없다. 화학은 물질과 에너지가 상호 작용할 때 일어나는 변화를 연구하는 학문이다. 화학에서는 원소와 화합물을 나타내기 위해 기호와 화학식을 사용한다. 원소 기호는 화학 언어의 글자와 같고, 화학식은 단어와 같다. 우리는 이러한 기호와 화학식을 사용하여 문장에 해당하는 화학 반응식을 작성할 수 있다. 하지만 화학 언어를 제대로 사용하려면 그 규칙을 이해해야 한다. 화학 반응식은 변화를 일으키는 원소와 화합물을 나타내기 위해 이러한 기호와 화학식을 사용한다.

화학 반응식을 화학적인 문장으로 좀 더 자세히 설명하자면, 여러 가지 측면에서 문법적 구조와 유사하다. 특히, 각 요소가 어떤 의미를 가지며 어떻게 상호 작용하는지를 파악하는 것이 중요하다.

- **반응물**(Reactants): 반응물은 화학 반응의 시작점이며, 문장에서 주어나 주체에 해당한다. 이 물질들은 반응이 시작되기 전의 상태를 나타내며, 변화를 겪어 생성물로 변환된다. 반응물은 반응식의 왼쪽에 표기한다. 예를 들어, A + B → C에서 A와 B가 반응물이다.
- **화살표** (→): 화살표는 반응의 방향을 나타낸다. 이는 반응물이 어떻게 변하여 생성물이 되는지를 보여 준다. 문장에서 동사에 해당하며, 사건의 전환을 나타낸다. 반응물과 생성물 사이에

위치한다. 이는 '변화하여' 혹은 '반응하여'라는 의미로 해석될 수 있다. 그리고, 수학적 의미로는 "등호(=)"의 의미를 나타낸다.

- **생성물**(Products): 생성물은 반응의 결과로 생성되는 물질들이다. 이는 문장에서 목적어 또는 결과에 해당한다. 반응 이후의 상태를 나타내며, 반응물의 변환된 결과이다. 생성물은 반응식의 오른쪽에 표기한다. 예를 들어, A + B → C에서 C가 생성물이다.
- **계수**(Coefficients): 계수, 화학양론 계수는 각 화학 물질의 분자나 원자의 개수를 나타내어, 반응의 양적 균형을 맞춘다. 이는 문장에서 주어와 서술어의 수 일치처럼, 화학적 변화의 균형을 유지한다. 각 화학 물질 앞에 위치한다. 예를 들어, $2H_2 + O_2 \rightarrow 2H_2O$에서 '2'는 수소와 물의 계수이다.
- **상태 기호**(State symbols): 화학 반응식에서는 각 물질의 물리적 상태를 나타낸다. 이는 문장에 부가적인 정보를 제공하여, 물질이 고체(*s*), 액체(*l*), 기체(*g*), 또는 수용액(*aq*) 상태인지를 명확히 한다. 화학식의 오른쪽 괄호 안에 표기한다. 예를 들어, $2H_2O(l)$, $CO_2(g)$이다.
- **추가적인 요소인 촉매**(Catalysts): 촉매는 반응 속도를 증가시키지만, 반응식에 직접적으로 나타나지 않는다. 이는 문장에서 생략된 주어처럼, 반응의 배경에서 작용한다.

이산화질소(NO_2)는 적갈색 기체로 공해가 심한 도시에서 연무 형태로 보이기로 한다. 일산화질소(NO)는 공기 중의 산소 기체(O_2)가 반응하여 이산화질소(NO_2)를 형성한다. 이를 반응식으로 나타내면, 다음과 같다.

$$2NO(g) + O_2(g) \rightarrow 2NO_2(g)$$

이 반응식은 두 개의 일산화질소 분자와 한 개의 산소 분자가 결합하여 두 개의 이산화질소 분자를 생성한다는 의미이다. 여기서 일산화질소와 산소 기체는 반응물이고 이산화질소는 생성물이다. 각 물질 앞의 숫자는 반응의 균형을 맞추기 위한 화학양론 계수이고, (g)는 기체 상태를 나타낸다.

화학 반응식으로부터 얻을 수 있는 정보

화학 반응식은 화학 반응에서 어떤 물질들이 어떤 비율로 반응하여 어떤 새로운 물질들이 생성되는지를 서술적으로 보여 준다. 이를 통해 여러 가지 중요한 정보를 얻을 수 있다.

예를 들어, 수소 기체와 산소 기체가 반응하여 물을 생성하는 화학반응식은 다음과 같다.

$$2H_2(g) + O_2(g) \rightarrow 2H_2O(l)$$

이 반응식으로부터 우리는 여러 가지 정보를 얻을 수 있다.

첫째, 어떤 물질들이 반응에 참여하는지를 알 수 있다. 여기서는 수소 기체와 산소 기체가 반응하여 물이 생성된다는 것을 보여 준다. 수소와 산소는 반응물이고, 물은 생성물이다.

둘째, 반응에 참여하는 각 물질의 비율을 알 수 있다. 이 반응에서는 수소 2몰이 산소 1몰과 반응하여 물 2몰이 생성된다. 이는 반응물 간의 비율이 2:1이라는 것을 의미한다.

셋째, 반응 전후의 질량 보존을 이해할 수 있다. 반응에 사용된 수소와 산소의 총 질량은 반응 후에 생성된 물의 총 질량과 같다. 이는 화학 반응에서 질량은 보존된다는 질량 보존 법칙을 보여 준다.

$$\underbrace{2(2\ \text{g/mol}) + (32\ \text{g/mol})}_{\text{반응물의 몰질량}} = \underbrace{2[2(1\ \text{g/mol}) + (16\ \text{g/mol})]}_{\text{생성물의 몰질량}}$$

마지막으로, 이 반응이 발열 반응인지 흡열 반응인지를 통해 에너지 변화도 알 수 있다. 수소와 산소의 결합에서 물이 생성되면서 에너지가 방출되므로, 이 반응은 발열 반응이다.

화학 반응식은 물질의 변화를 이해하는 데 필수적인 도구로, 물질의 양적 관계와 에너지 변화를 명확하게 설명해 준다.

1. 화학 반응식에서 반응물과 생성물의 개념을 설명하시오.

2. 화학 반응식에서 계수의 역할은 무엇인지 설명하시오.

3. 몰질량이란 무엇이며, 화학에서 어떻게 사용되는지 설명하시오.

4. 돌턴의 원자론의 주요 개념을 설명하시오.

5. 아보가드로수의 개념을 설명하시오.

6 보어의 원자 모형의 핵심 개념은 무엇인지 설명하시오.

7. 화학식의 중요성에 대해 설명하시오.

8. 이온결합과 공유결합의 차이점을 설명하시오.

9. 주기율표가 화학에서 가지는 역할은 무엇인지 설명하시오

10. 중성자의 역할과 발견에 대해 설명하시오.

11. 몰 개념이 화학에서 중요한 이유는 무엇인지 설명하시오.

12. 화학 반응식의 상태 기호는 어떤 정보를 제공하는지 설명하시오.

13. 물의 화학반응식에서 반응물과 생성물의 비율은 어떻게 되는지 설명하시오.

14. 전자의 발견은 어떻게 이루어졌는지 설명하시오.

15. 화학 반응식에서 촉매의 역할은 무엇인지 설명하시오.

6. 원자의 구조를 설명하시오.

17. 기체 상태의 물질을 나타내는 화학식의 예를 드시오.

18. 현대 화학에서 돌턴의 원자론이 가지는 의미는 무엇인지 설명하시오.

19. 화학반응에서 질량 보존 법칙이란 무엇인지 설명하시오.

20. 주기율표의 족의 특성으로부터 얻을 수 있는 정보는 무엇인지 설명하시오.

분자 간의 힘과 용액의 이해

물질을 구성하는 기본 단위인 분자들은 서로 다양한 힘을 통해 상호 작용하며, 이러한 분자 간의 힘은 물질의 물리적 및 화학적 특성에 결정적인 영향을 미친다. 분자 간의 힘은 크게 반데르발스 힘, 쌍극자-쌍극자 힘, 이온-쌍극자 상호 작용, 수소 결합 등으로 나눌 수 있으며, 각각의 힘은 물질의 상태, 끓는점, 용융점, 점성도 등 여러 성질에 영향을 미친다. 이러한 힘들은 특히 용액 상태에서 두드러지게 나타나며, 용액의 특성 및 그 거동에 중요한 역할을 한다.

용액은 두 개 이상의 물질이 균일하게 섞인 혼합물로, 용매와 용질의 상호 작용에 의해 결정된다. 분자 간의 힘은 용질이 용매에 용해되는 과정에서 중요한 역할을 하며, 이는 화학, 생물학, 환경과학 등 다양한 분야에서 주목받고 있다. 예를 들어, 소금이 물에 용해되는 과정에서 이온-쌍극자 상호 작용이 어떻게 작용하는지, 그리고 이러한 과정이 생체 내에서 어떻게 응용되는지를 이해하는 것은 매우 중요하다. 이 장에서는 분자 간의 힘이 물질의 다양한 성질에 미치는 영향을 시작으로, 이러한 힘이 용액에서 어떻게 작용하는지를 심도 있게 탐구할 것이다. 이를 통해 분자간 상호 작용의 기본 개념을 확립하고, 나아가 용액의 복잡한 거동을 설명할 수 있는 기반을 마련하고자 한다.

3.1 물질의 상태: 고체, 액체, 기체

물질은 일반적으로 고체, 액체, 기체라는 세 가지 기본 상태로 존재하며, 각 상태는 입자들의 배열과 운동 방식에 따라 독특한 특성을 지닌다.

고체는 원자, 분자, 또는 이온이 매우 밀접하게 정렬된 형태로 존재하는 상태이다. 이 정렬된 구조는 고체를 매우 단단하게 만들며, 압축하기 어렵게 한다. 고체의 입자들은 주로 일정한 위치에서 진동 운동을 하며, 이러한 구조는 염화소듐(NaCl)과 같은 결정체에서 잘 나타난다. 여기서는 이온 결합이 Na^+와 Cl^- 이온을 특정 위치에 고정하여 고체의 질서를 유지한다.

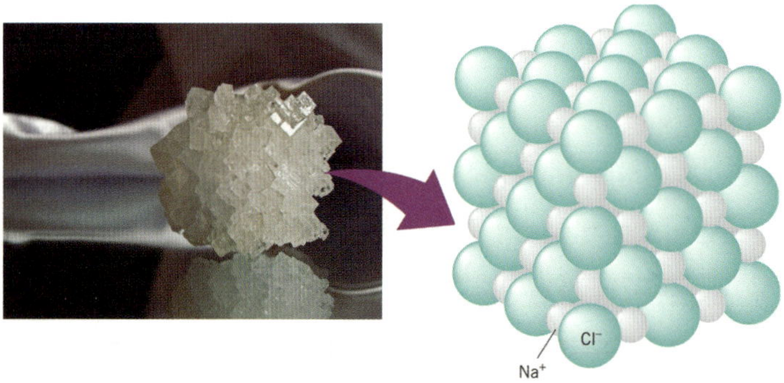

그림 3.1 NaCl의 결정 모양

반면에, 액체는 입자들이 여전히 밀접하게 접촉해 있지만, 고체와는 달리 무작위로 배열되어 자유롭게 움직일 수 있다. 이러한 자유로운 움직임 때문에 액체는 흐를 수 있으며, 용기의 형태에 맞춰 자신의 모양을 바꿀 수 있다. 액체의 입자들은 서로 가까이 있지만, 고체처럼 고정되어 있지 않으며, 서로 구르듯이 움직인다. 이 상태에서도 입자들은 인력에 의해 서로 끌어당겨져 있어, 입자들이 서로 가까이 유지된다.

기체 상태에서는 입자들이 서로 먼 거리에 떨어져 있으며, 매우 빠르게 무작위 방향으로 움직인다. 이로 인해 기체는 쉽게 압축될 수 있고, 용기를 완전히 채우는 성질을 가진다. 기체에서는 입자 간의 상호 작용이 거의 없으며, 각 입자는 독립적으로 행동한다.

물질의 상태 변화는 열 에너지(ΔH)의 흡수와 방출에 따라 일어나며, 이는 입자들 간의 상호 작용과 운동에 큰 영향을 미친다. 이러한 변화 과정을 좀 더 자세히 살펴보면 다음과 같다.

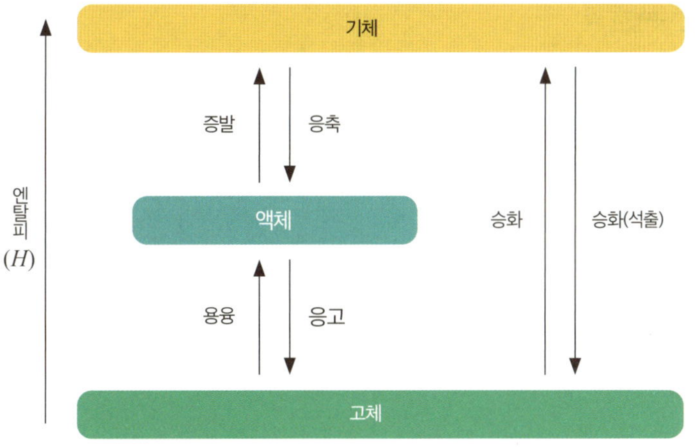

그림 3.2 열 에너지 변화에 따른 상 변화

고체에서 액체로: 융융

고체가 액체로 변하는 과정은 융융(fusion)라고 한다. 고체에 열을 가하면, 이 열 에너지가 고체의 입자들에게 전달되어 입자들이 더 활발하게 진동하게 된다. 이 진동이 강해지면, 입자들을 고정된 위치에 두었던 인력이 약해져, 입자들이 더 자유롭게 움직일 수 있게 된다. 이로 인해 고체는 액체로 변한다. 이 과정이 발생하는 특정 온도를 녹는점(melting point)이라고 하며, 녹는점이 높다는 것은 고체 입자들 사이의 결합이 강하다는 것을 의미한다. 예를 들어, 철과 같은 금속은 높은 녹는점을 가진다.

액체에서 기체로: 기화

액체가 기체로 변하는 기화는 증발과 끓음, 두 가지 형태로 나타난다. 증발은 액체의 표면에서 일어나는 기화이며, 모든 온도에서 발생할 수 있다. 반면에, 끓음은 액체 전체에서 일어나는 현상으로, 특정 온도인 끓는점에서 발생한다. 액체가 열을 흡수하면, 입자들이 더 빠르게 움직이고, 이 운동이 입자들 사이의 인력을 극복할 수 있을 때 기체로 변한다. 끓는점에서는 액체의 증기압이 외부 압력과 같아져 액체 전체가 기체로 변한다. 물의 경우, 일반적으로 100 ℃에서 끓는다.

기체에서 액체로: 응결

기체가 액체로 변하는 과정은 응결이라고 한다. 기체가 열을 잃으면, 입자들의 운동이 느려지고, 이로 인해 입자들 사이의 인력이 다시 작용하여 액체로 변하게 된다. 예를 들어, 차가운 음료수 병 표면에 물방울이 맺히는 현상에서 볼 수 있다. 이는 공기 중의 수증기가 차가운 표면에 닿아 열을 잃고 액체로 변하게 되는 현상이다.

액체에서 고체로: 응고

액체가 고체로 변하는 과정은 응고이다. 이 과정에서 액체는 열을 방출하며, 입자들의 운동이 느려지고 서로 강하게 결합하여 고체 구조를 형성하게 된다. 물이 얼어 얼음이 되는 과정이 이에 해당하며, 이는 일반적으로 0 ℃에서 일어난다. 응고점은 물질이 고체로 변하기 시작하는 온도로, 녹는점과 동일한 경우가 많다.

고체에서 기체로: 승화

고체가 직접 기체로 변하는 승화는 특정 조건에서 일어나는 현상이다. 이는 고체의 입자들이 충분한 에너지를 얻어, 액체 상태를 거치지 않고 직접 기체로 변할 수 있을 때 발생한다. 드라이 아이스(고체 이산화탄소)는 승화의 대표적인 예로, 대기압에서 액체 상태 없이 고체에서 기체로 변한다.

기체에서 고체로: 승화(석출)

기체가 직접 고체로 변하는 과정은 승화(석출)라고 한다. 예를 들어, 겨울철에 창문에 서리가 끼는 현상이다. 이는 공기 중의 수증기가 차가운 표면에 바로 고체 형태로 변하여 서리를 형성하는 현상이다. 이러한 상태 변화는 물질의 종류와 외부 조건에 따라 달라지며, 다양한 물리적 현상을 통해 관찰할 수 있다. 상태 변화는 물질의 열역학적 특성과 에너지 변화를 이해하는 데 중요한 역할을 한다.

3.2 분자 간의 힘

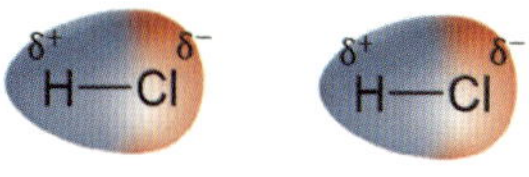

분자 간의 힘은 개별 분자들 사이에서 작용하는 힘으로, 물질의 물리적 특성과 거동에 큰 영향을 미친다. 이러한 힘은 상대적으로 약하지만, 물질이 고체, 액체, 기체 상태로 존재하는지, 그리고 그 물질의 끓는점, 녹는점, 용해도 등과 같은 물리적 성질을 결정하는 데 중요한 역할을 한다. 분자 간의 힘, 즉 분자들 사이의 힘의 여러 유형을 살펴보자.

쌍극자-쌍극자 힘

쌍극자-쌍극자 힘은 극성 분자들 사이에서 발생하는 분자 간 힘으로, 분자들이 영구 쌍극자를 가지고 있을 때 나타난다. 극성 분자는 전기음성도가 서로 다른 원자들로 구성되어 있으며, 이로 인해 전자가 한쪽 원자 쪽으로 치우쳐 있다. 예를 들어, 염화수소(HCl) 분자에서는 염소 원자가 수소보다 전기음성도가 높아 전자들이 염소 쪽으로 이동하며, 염소 쪽은 부분적으로 음전하를, 수소 쪽은 부분적으로 양전하를 띠게 된다. 이러한 전하의 불균형은 두 분자 사이에 전기적 인력을 발생시킨다. 한 분자의 음전하 부분이 다른 분자의 양전하 부분을 끌어당기면서, 분자들이 서로 정렬되고 쌍극자-쌍극자 상호 작용이 형성된다.

두 쌍극자의 반대 전하를 띠는 끝이 서로 가까이 있을 때, 그들은 서로를 끌어당긴다. 고체 상태의 HCl에서는, 분자들이 정렬되어 한 분자의 부분 양전하 끝이 이웃한 분자의 부분 음전하 끝을 끌어당기는 방식으로 배열되며, 이때 각각의 상호 작용에 의한 쌍극자-쌍극자 힘이 형성된다. 고체를

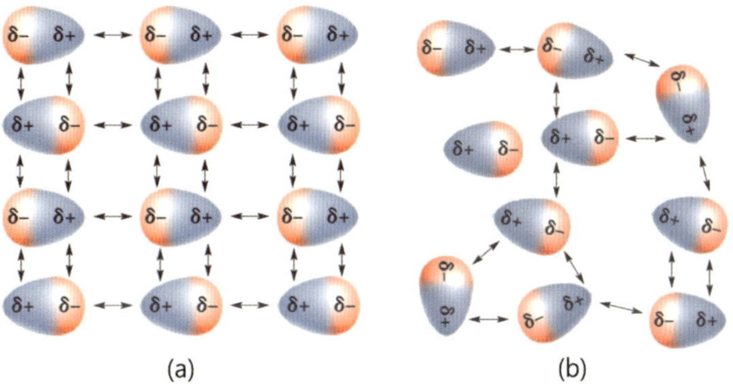

그림 3.3 (a) 고체와 (b) 액체의 쌍극자-쌍극자 상호 작용

충분히 가열하면, 이러한 질서 있는 배열이 무너지고 고체가 녹는다. 액체 상태에서는, 액체 내의 반대 전하를 띠는 쌍극자들이 여전히 서로를 끌어당기지만, 더 무작위적으로 배열된다.

이러한 쌍극자-쌍극자 힘은 두 극성 분자 사이에서 발생한다. 일반적으로, 이러한 힘은 이온 결합보다는 훨씬 약하지만, 비극성 분자들 사이의 힘보다는 강하다. 분자가 더 극성일수록, 쌍극자-쌍극자 힘은 더 강해진다.

이처럼, 쌍극자-쌍극자 힘은 극성 분자의 물리적 특성에 큰 영향을 미친다. 예를 들어, 극성 분자는 비극성 분자보다 높은 끓는점과 녹는점을 가지는 경향이 있으며, 이는 쌍극자-쌍극자 힘이 분자들 간에 강한 인력으로 작용하기 때문이다. 또한, 극성 분자는 극성 용매에서 잘 용해되며, 이는 극성 용매와의 쌍극자-쌍극자 상호 작용이 용해도를 높이기 때문이다.

즉, 쌍극자-쌍극자 힘은 극성을 가진 분자들 사이에 발생하는 전기적 인력으로, 실생활에서 다양하고 중요한 역할을 한다. 물은 대표적인 극성 분자로, 각 물 분자 사이에 쌍극자-쌍극자 힘이 작용한다. 이 힘 때문에 물은 높은 끓는점과 녹는점을 가지며, 이는 수소 결합을 통해 물 분자들이 서로 강하게 결합되어 있는 상태를 유지하기 때문이다. 이러한 물의 특성은 생명체에 필수적인 환경을 제공하며, 물이 액체 상태에서 강한 응집력을 가지게 한다. 암모니아는 또 다른 극성 분자로, 물과 잘 섞인다. 이는 암모니아와 물 분자 사이에 쌍극자-쌍극자 힘이 작용하여 암모니아가 물에 쉽게 용해되기 때문이다. 이러한 특성은 암모니아를 청소 용제로 사용하는 이유 중 하나이다. 또한, 염화수소 기체, $HCl(g)$은 극성이 강한 분자로, 다른 극성 분자들과의 상호 작용으로 인해 물에 잘 녹는다. 이로 인해 염산, $HCl(aq)$을 형성하며, 이러한 성질 때문에 염화수소는 다양한 산업적 및 실험실적 용도로 사용된다.

단백질의 경우, 쌍극자-쌍극자 상호 작용이 단백질의 3차 구조를 안정화시키는 데 중요한 역할을 한다. 단백질 내의 극성 아미노산 잔기들이 서로 상호 작용하여 특정한 접힘을 유도하고, 이는 단백질이 그 기능을 수행하는 데 필수적이다.

분산력

분자 간의 분산력은 비극성 분자들 간의 상호 작용을 설명하는 중요한 개념으로, 이를 통해 물질의 다양한 물리적 특성을 이해할 수 있다. 이 힘의 메커니즘은 전자 구름의 변동에서 시작된다(그림 3.4a). 일반적으로 분자 내의 전자들은 끊임없이 움직이며, 이로 인해 전자 구름의 분포가 시간에 따라 변화하게 된다. 이러한 움직임은 순간적으로 전하의 비대칭적 분포를 일으켜 특정 순간에 한

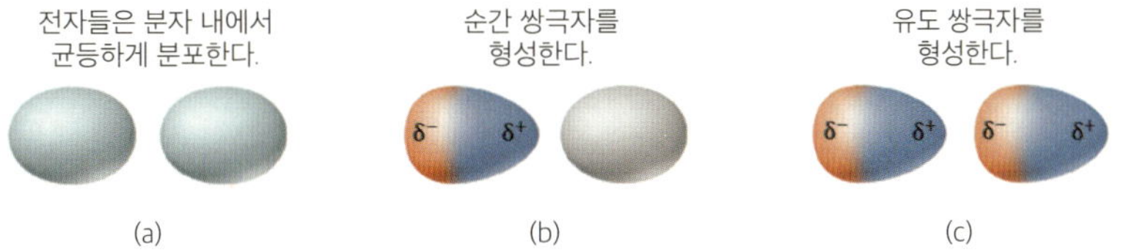

그림 3.4 분산력 형성 메커니즘

쪽에 전자가 더 많이 몰리면서 순간적인 쌍극자가 형성된다(그림 3.4b). 이러한 순간 쌍극자가 형성되면, 이는 인접한 분자의 전자 구름에 영향을 미치게 된다. 인접한 분자의 전자 구름은 이 영향으로 인해 일시적으로 왜곡되어 유도 쌍극자가 형성된다(그림3.4c). 이러한 과정은 인접한 분자들 사이에 약한 정전기적 인력을 발생시킨다. 비록 이 상호 작용이 매우 짧은 시간 동안 지속되지만, 이러한 과정이 끊임없이 발생하면서 분자들 간에 약한 인력이 꾸준히 존재하게 되는데, 이러한 인력을 분산력(dispersion force)이라고 한다.

분산력은 두 분자 사이 거리의 6제곱에 반비례하여 급격히 감소하므로 매우 짧은 범위에서 작용한다. 또한, 분산력의 크기는 분자의 크기와 전자 구름의 분극성에 크게 의존한다. 큰 분자는 전자 구름이 더 넓게 퍼져 있어 변동이 더 쉬워지며, 그 결과 더 강한 분산력을 가질 수 있다.

분산력은 모든 분자 간에 존재하는 보편적인 힘으로, 특히 비극성 및 약한 극성 분자들 사이에서 중요한 상호 작용으로 작용한다. 이러한 분산력은 비극성 물질들이 액체 상태를 유지하게 하며, 물질의 끓는점, 녹는점, 점성 등 물리적 성질에 큰 영향을 미친다. 따라서 분자 간의 분산력은 실생활에서 여러 가지 형태로 나타나며, 물질의 물리적 특성과 행동에 중요한 역할을 한다.

비극성 기체의 액화(액체로의 응축)에 대한 그 대표적인 예로, 아르곤, 네온, 헬륨과 같은 기체들이 매우 낮은 온도에서 액화된다는 것을 들 수 있다. 이 과정에서 분산력은 분자들 간에 작용하여 기체를 액체 상태로 변하게 한다. 이러한 원리는 액체 헬륨과 같은 극저온 냉각제를 만들 수 있다.

또한, 플라스틱이나 고무 같은 비극성 고분자 물질에서도 분산력은 중요한 역할을 한다. 이들 물질의 형태와 강도는 분자 간의 분산력에 의해 유지되며, 이는 재료의 유연성, 강도, 내구성에 영향을 미친다.

지방과 기름과 같은 비극성 물질은 물과 잘 섞이지 않으며, 이들 사이의 상호 작용은 주로 분산력에 의해 이루어진다. 이는 식품 과학과 요리에서 중요한 역할을 하며, 소스의 농도나 크림 같은 에멀젼의 안정성을 결정짓는 요소가 된다.

또한, 분산력은 물질의 응집성과 접착성에 기여한다. 또한 비극성 분자들 사이의 분산력은 물질을 서로 결합시키는 데 사용되며, 이 원리는 다양한 접착제의 작용 원리 중 하나이다. 접착제는 이러한 분산력을 이용하여 서로 다른 재료를 효과적으로 결합할 수 있게 한다.

마지막으로, 생체 분자에서도 분산력은 중요한 역할을 한다. 단백질이나 DNA와 같은 복잡한 생체 분자들은 비극성 아미노산이나 염기의 상호 작용을 통해 구조를 유지한다. 이러한 상호 작용은 분자의 3차원적 구조를 안정화시키는 데 필수적이며, 생명체의 다양한 기능을 가능하게 한다.

이처럼, 분산력은 일상생활과 산업에서 광범위하게 나타나고 물질의 특성과 상호 작용을 이해하는 데 핵심적인 역할을 한다.

수소 결합

질소(N), 산소(O), 또는 플루오린(F)과 결합한 수소(H) 원자를 포함하는 극성 분자 사이의 분자 간 힘은 일반적인 쌍극자-쌍극자 상호 작용보다 훨씬 강하다. 이러한 분자 간의 힘은 대단히 세고, 수소 결합(hydrogen bond)이라는 특별한 이름으로 불린다. 그러나 수소 결합은 실제로는 화학적 결합이 아니라 분자 간 인력이다. 이 이름이 오해를 불러일으킬 수 있는 이유는 이 상호 작용에 참여하는 두 원자 중 하나인 수소 원자만을 강조하고 있기 때문이다.

수소 결합이 형성되기 위해서는 특정 조건이 필요하다. 먼저, 수소 원자는 작고 전기음성도가 매우 높은 원자, 즉 질소(N), 산소(O), 또는 플루오린(F)에 공유 결합되어 있어야 한다. 이러한 원자들은 전기음성도가 매우 높기 때문에 수소와의 결합에서 전자를 강하게 끌어당긴다. 이로 인해 수소 원자는 큰 부분적인 양전하를 띠게 된다. 수소 결합은 이러한 양전하를 띤 수소 원자가 다른 극성 분자의 질소, 산소 또는 플루오린 원자 근처에 있을 때 형성된다. 이러한 상황에서 양전하를 띤 수소 원자는 음전하를 띤 N, O, 또는 F 원자에 강하게 끌리게 되어, 분자 간의 상호 작용인 수소 결합을 형성한다.

예를 들어, 플루오린화수소(HF)에서 수소-플루오린 결합은 극성 분자 간의 상호 작용을 이해하는 데 좋은 예이다. HF 분자에서 플루오린은 매우 높은 전기음성도를 가지며, 이는 수소와의 결합에서 전자를 강하게 끌어당겨 플루오린 쪽에 부분 음전하(δ^-)를 형성한다. 수소 쪽에는 부분 양전하(δ^+)를 형성한다. 이러한 극성으로 인해, 한 HF 분자의 플루오린 끝의 전자 구름이 인접한 HF 분자의 수소 끝에 매우 가깝게 접근할 수 있다. 이로 인해 두 분자 사이에 강한 전기적 인력이 발생하며, 이렇게 형성된 강한 상호 작용을 수소 결합이라고 한다. 수소 결합은 그 강도가 다른 일반적인 분자 간 힘보다 훨씬 크다는 점을 강조하기 위해 종종 점선으로 표현된다.

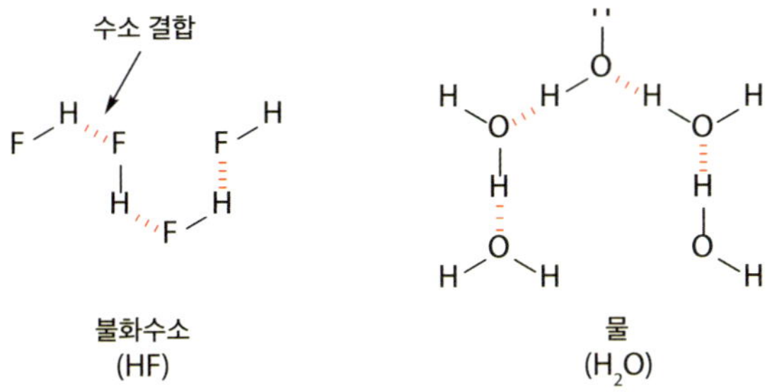

그림 3.5 플루오린화수소와 물의 수소 결합

물(H_2O) 분자에서도 수소 결합이 중요한 역할을 한다. 물은 작은 분자임에도 불구하고 비정상적으로 높은 녹는점(0 ℃)과 끓는점(100 ℃)을 가지고 있다. 이는 물 분자들이 수소 결합을 형성할 수 있는 능력 때문이다. 물 분자에서 산소는 수소보다 전기음성도가 높아 부분적으로 음전하를 띠고 수소는 부분적으로 양전하를 띤다. 이로 인해 물 분자들 사이에 수소 결합이 형성되는데 이러한 결합은 물의 높은 끓는점과 같은 독특한 물리적 특성을 설명할 수 있다. 녹거나 끓는 동안에는 물 분자들 사이의 수소 결합만이 극복된다. 각 물 분자 내의 수소 원자와 산소 원자 사이의 공유 결합은 여전히 유지되며, 이는 화학적 변화가 아닌 물리적 상태 변화임을 의미한다. 이는 공유 결합이 수소 결합보다 훨씬 강하기 때문이다.

수소 결합은 또한 생물학적 분자에서도 중요한 역할을 한다. 단백질의 3차원 구조와 효소의 기능, 그리고 DNA의 이중 나선 구조는 모두 수소 결합의 존재와 강도에 크게 의존한다. 수소 결합은 이러한 분자 구조를 안정화시키며, 생명체의 다양한 기능을 가능하게 한다.

분자 간 힘의 분류 방법

분자 간 힘을 분류할 때, 먼저 두 분자가 극성인지 여부를 판단한다. 극성이 없는 분자의 경우, 존재할 수 있는 유일한 힘은 분산력이다. 그러나 극성 분자의 경우, 수소 결합이 발생할 수 있는지를 판단하게 된다. 수소 결합이 형성되기 위해서는 한 분자의 수소가 질소(N), 산소(O), 또는 플루오린(F)에 공유 결합되어 있어야 하고 인접한 분자의 극성 결합에 N, O, 또는 F가 존재해야 한다. 이러한 조건이 충족되면 수소 결합이 발생한다. 그렇지 않으면, 극성 분자들 사이에는 쌍극자-쌍극자 힘이 작용하게 된다.

분자 간 힘의 세기

비슷한 크기와 모양을 가진 분자들 사이에서, 분자 간 힘은 분산력, 쌍극자-쌍극자 힘, 그리고 수소 결합의 순서로 강도가 증가한다. 각각의 힘은 분자 간의 상호 작용을 조절하며, 이 상호 작용의 세기는 물질의 물리적 특성, 특히 녹는점과 끓는점에 큰 영향을 미친다.

- **분산력**: 가장 약한 분자간 힘으로, 주로 비극성 분자들 사이에서 작용한다. 전자 구름의 일시적인 변동에 의해 순간적인 쌍극자가 형성되고, 이로 인해 약한 인력이 발생한다. 분산력은 분자의 크기와 전자 수가 많을수록 증가한다.
- **쌍극자-쌍극자 힘**: 극성 분자들 사이에서 작용하는 중간 강도의 힘이다. 영구적인 쌍극자를 가진 분자들이 서로 정전기적으로 끌어당기며, 이로 인해 분자 간의 인력이 증가한다.
- **수소 결합**: 가장 강력한 분자간 힘으로, 수소 원자가 질소(N), 산소(O), 또는 플루오린(F)과 같은 전기음성도가 높은 원자에 결합되어 있을 때 발생한다. 이러한 결합은 매우 강한 극성을 띠며, 분자 간의 상호 작용을 크게 증가시킨다.

분자 간의 강한 인력은 녹는점과 끓는점에 직접적인 영향을 미친다. 녹는 과정에서는 분자들 사이의 인력이 약화되어야 하고 끓는 과정에서는 분자들이 완전히 분리되어야 한다. 따라서 분자 간 힘이 강할수록, 물질이 녹거나 끓기 전에 더 높은 온도의 형태로 더 많은 에너지가 필요하다.

예를 들어, 14족 화합물(CH_4부터 SnH_4까지)은 비극성이며, 이들의 끓는점은 분자량이 증가할수록

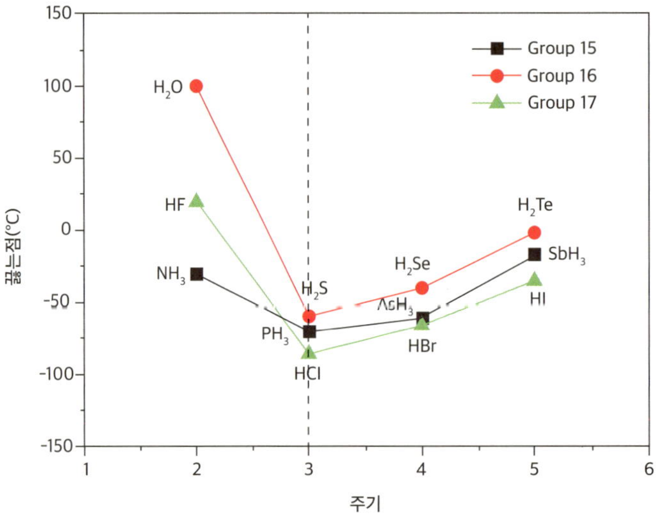

그림 3.6 15, 16, 17족 원소들의 수소화물의 끓는점

증가한다. 이는 분산력이 분자의 크기와 무게에 따라 강해지기 때문이다. 반면에, 15, 16, 17 족의 극성 화합물들은 쌍극자-쌍극자 힘을 가지기 때문에 14 족 화합물보다 높은 끓는점을 보인다.

그러나 H_2O, HF, NH_3와 같은 화합물은 수소 결합을 형성할 수 있어 같은 주기의 다른 화합물보다 훨씬 높은 끓는점을 가진다. 특히, 물의 수소 결합은 매우 강력하여 끓는점을 약 100 ℃까지 올릴 수 있다. 이는 수소 결합이 물질의 상 변화를 방해하는 강한 인력으로 작용하기 때문이다. 이러한 수소 결합의 존재는 물의 독특한 물리적 특성을 설명하며, 생물학적 분자의 구조와 기능에 중요한 역할을 한다.

3.3 용액이란?

용액(solution)은 두 가지 이상의 순수한 물질이 서로 균일하게 섞여 있는 혼합물로, 한 물질이 다른 물질에 녹아 있는 상태를 의미한다. 이때 녹는 물질을 용질(solute)이라고 하며, 용질을 녹이는 역할을 하는 물질을 용매(solvent)라고 한다.

$$\text{Solution} = \text{Solute} + \text{Solvent}$$

용질은 일반적으로 용액에서 적은 양을 차지하며, 용매에 의해 균일하게 분산되어 용액을 형성한다. 용질은 고체, 액체, 또는 기체 형태일 수 있으며, 용매에 녹으면서 그 성질을 용액에 부여한다.

용매는 용질을 녹이는 역할을 하는 물질로써, 용액의 가장 큰 비중을 차지하는 성분이다. 용매는 용질을 균일하게 분산시켜 용액을 만들고, 용질의 화학적 성질을 변화시키지 않으면서 혼합된다. 물은 가장 흔한 용매로, 수많은 용질을 녹일 수 있어서 '만능 용매'로 불리기도 한다. 용매는 대부분 액체 형태이지만, 특정 조건에서는 기체나 고체도 용매 역할을 할 수 있다.

용액의 입자 크기는 매우 작아서, 일반적인 필터로는 용질과 용매를 분리할 수 없다. 또한, 용액은 대체로 투명하게 보이는 경우가 많으며, 이는 용질 입자가 빛을 산란시키지 않을 만큼 작기 때문이다. 용액은 시간이 지나도 용질이 용매에서 가라앉거나 분리되지 않고 안정적으로 유지된다.

용액은 화학에서 중요한 역할을 하며, 다양한 화학 반응이 용액 상태에서 진행된다. 또한, 생명체 내의 많은 생화학적 과정도 용액 상태에서 일어난다. 용액의 농도, 즉 용질의 양과 용매의 양의 비율은 용액의 성질과 반응성을 결정하는 중요한 요소로 작용한다.

일상생활에서 우리는 다양한 용액을 접하며, 이들은 우리의 삶에 필수적인 역할을 한다. 소금물은 물에 소금이 녹아 있는 용액으로, 요리에서 음식의 맛을 내거나 보존하는 데 자주 사용된다. 또한, 소금물은 인체의 전해질 균형을 유지하는 데 중요한 역할을 하며, 감기나 목의 통증을 완화하기 위해 가글용으로 사용되기도 한다. 설탕물은 물에 설탕이 녹아 있는 용액으로, 다양한 음료와 디저트를 만드는 데 사용된다. 설탕물은 커피나 차에 단맛을 더하기 위해 사용되며, 시럽과 같은 형태로도 활용된다.

식초는 주로 물과 아세트산으로 구성된 용액으로, 요리에서 조미료나 방부제로 사용되며, 청소나 살균 목적으로도 널리 활용된다. 특히, 식초는 기름때를 제거하거나 냄새를 중화하는 데 효과적이다.

공기는 여러 기체들이 균일하게 섞여 있는 용액으로, 우리에게 가장 친숙한 용액이다. 공기의 주요 성분은 질소와 산소인데 이 외에도 아르곤, 이산화탄소, 수증기 등의 기체가 포함되어 있다. 공기는 우리가 숨쉬는 데 필수적이며, 지구상의 생명체에 필요한 산소를 공급한다.

가정용 세제는 물에 다양한 화학 물질이 녹아 있는 용액으로, 주방 세제나 세탁 세제 등으로 사용된다. 세제는 기름이나 오염 물질을 제거하는 데 효과적이고 물의 표면 장력을 낮춰 세척력을 높인다.

알코올 음료는 물과 에탄올이 주요 성분인 용액이다. 맥주, 와인, 소주 등 다양한 종류의 알코올 음료는 사회적 활동이나 문화적 행사에서 흔히 소비된다. 알코올 음료의 농도는 각 음료의 종류에 따라 다르다.

이와 같이, 용액은 일상 생활에서 매우 흔하게 접할 수 있으며, 우리의 삶에 다양한 방식으로 기여하고 있다. 용액의 특성과 응용은 각기 다르지만, 모두 물질의 혼합과 성질을 이해하는 데 중요한 예시가 된다.

3.4 용액 내 힘

용액에서의 분자 간 상호 작용을 이해하기 위해, 먼저 용액이 무엇인지 살펴보아야 한다. 용액은 두 개 이상의 물질이 균일하게 혼합된 상태로, 이때 용질과 용매가 개별 이온이나 분자 수준에서 섞여 있는 혼합물이다. 예를 들어, 설탕이 물에 녹아 있는 용액은 어떤 부분을 맛보아도 같은 정도의 단맛을 느낄 수 있다. 이는 용액이 균일하다는 특징을 잘 보여 준다.

화학에서 흔히 쓰이는 격언인 "비슷한 것이 비슷한 것을 용해시킨다(like dissolves like)"는 용해의 원리를 설명하는 말이다. 이 말은 극성 용질은 극성 용매에 잘 녹고, 비극성 용질은 비극성 용매에 잘 녹는다는 것을 의미한다. 이는 용질과 용매 사이의 분자 간 힘이 유사할 때 용해가 더 잘 일어난다는 것을 보여준다.

비극성 물질의 예로는 기름과 휘발유를 들 수 있다. 이들은 모두 비극성이어서 서로 잘 섞인다. 그러나 기름과 식초는 잘 섞이지 않는다. 식초는 대부분 물로 구성되어 있으며, 물의 강한 수소 결합은 비극성 기름 분자가 쉽게 섞일 수 없게 만든다. 반대로, 에탄올(CH_3CH_2OH)과 물(H_2O)은 모두 극성 분자로 수소 결합을 형성할 수 있어, 에탄올은 물에 잘 용해된다.

NaCl의 용해는 이온성 고체의 용해를 보여 주는 좋은 예이다. NaCl은 강한 이온 결합에 의해 결합되어 있지만, 상온에서도 물에 쉽게 용해된다. 이는 물이 소금의 이온 결합을 극복할 수 있는 매력적인 대안을 제공하기 때문이다. NaCl 결정이 물에 들어가면, 물 분자가 NaCl 결정 주위를 둘러싸게 된다. 물의 양전하를 띤 수소 끝은 염화 이온(Cl^-) 쪽으로, 음전하를 띤 산소 끝은 소듐 이온(Na^+) 쪽으로 향하게 된다. 이때 여러 개의 물 분자가 각각의 이온을 둘러싸며 형성되는 이온-쌍극자

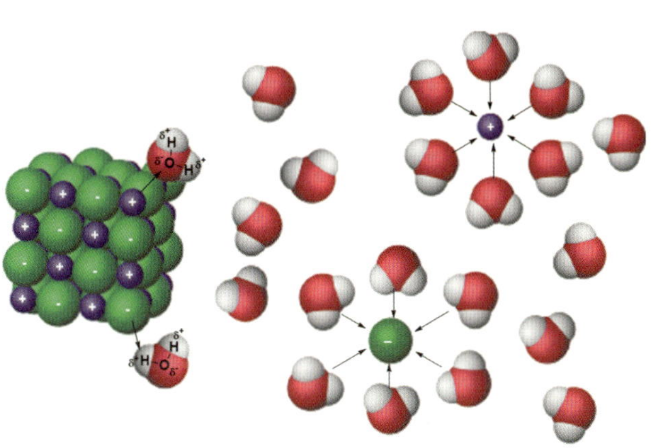

그림 3.7 물에서의 이온성 고체 NaCl의 용해

상호 작용이 이온 결합을 극복하여 NaCl을 용해시킨다. 이러한 용질과 용매 분자 사이의 상호 작용을 용매화(solvation)라고 하며, 물이 용매일 때, 이 상호 작용을 수화(hydration)라고 한다.

물은 이러한 특성 때문에 많은 이온 화합물과 극성 공유 결합 분자를 용해할 수 있는 뛰어난 용매이다. 이러한 용해 원리는 영양소가 혈액에 용해되어 우리 몸의 세포에 도달하는 방법과 다양한 오염 물질이 수자원에 들어가는 방법을 설명하는 데 사용된다. 물은 이러한 과정을 통해 생명체의 생리학적 과정과 환경 내의 물질 이동에 중요한 역할을 한다.

3.5 액체의 특별한 성질

액체는 고체와 기체의 중간 성질을 가지며, 그 특성은 다양한 물리적 현상과 응용을 이해하는 데 중요하다. 여기서는 액체의 몇 가지 특별한 성질 중 점성도, 표면장력, 모세관 현상에 대하여 알아보자.

점성도

점성도는 액체의 흐름에 대한 저항을 나타내는 중요한 물리적 성질로, 분자 간의 인력과 상호 작용에 의해 결정된다. 점성도가 높은 액체는 흐르는 속도가 느리고, 점성도가 낮은 액체는 빠르게 흐르는 경향이 있다. 이는 액체의 분자 구조와 온도에 크게 영향을 받는다. 예를 들어, 복잡한 구조의 분자나 큰 분자량을 가진 물질은 높은 점성도를 가진다. 일반적으로 온도가 상승하면 액체의 점성도는 감소한다. 이는 높은 온도에서는 분자의 평균 운동 에너지가 커서 분자 간의 인력을 쉽게 극복할 수 있기 때문이다. 혼합물의 조성 또한 점성도에 영향을 미치는데, 물에 설탕을 용해시킬 때, 설탕의 양이 증가할수록 점성도가 증가한다.

✖ 알아 두기: 혈액의 점성도

혈액의 점성도는 혈액이 혈관을 통해 흐르는 데 저항하는 정도를 나타내는 중요한 물리적 성질이다. 혈액의 점성도는 여러 요인에 의해 결정되며, 이는 순환계의 효율성과 심혈관 건강에 중요한 영향을 미친다.

혈액 점성도의 주요 구성 요소

- **혈장 점성도**: 혈장은 주로 물로 구성되어 있지만, 단백질, 전해질, 포도당 등이 포함되어 있어 일정한 점성을 가진다. 혈장 단백질, 특히 피브리노겐과 알부민의 농도는 혈장 점성도에 영향을 미친다.
- **적혈구 농도**(헤마토크릿): 적혈구는 혈액의 점성도에 가장 큰 영향을 미친다. 혈액 내 적혈구의 비율을 헤마토크릿이라고 하며, 이 비율이 높을수록 혈액의 점성도도 증가한다. 높은 헤마토크릿은 혈액이 더 끈적하게 만들어 혈관을 통한 흐름을 어렵게 할 수 있다.
- **온도**: 체온이 변화하면 혈액의 점성도도 변한다. 일반적으로, 체온이 낮아지면 점성도가 증가하고, 체온이 높아지면 점성도가 감소한다. 이는 온도에 따라 혈액 내 분자의 운동성이 달라지기 때문이다.
- **혈액 내 세포의 변형성**: 적혈구의 변형 능력도 점성도에 영향을 미친다. 건강한 적혈구는 혈관을 쉽게 통과할 수 있도록 변형될 수 있지만, 변형 능력이 저하되면 점성도가 증가할 수 있다.

혈액 점성도의 생리적 및 병리적 의미

- 적절한 점성도는 혈액이 원활하게 순환하여 산소와 영양소를 효과적으로 운반하게 해 준다. 점성도가 너무 높으면 혈류 저항이 증가하여 혈압이 상승할 수 있고, 심장에 부담을 줄 수 있다.
- 또한, 고점성 혈액은 심혈관 질환, 당뇨병, 고지혈증 등과 연관될 수 있다. 이러한 상태는 혈전 형성의 위험을 증가시켜 심장마비나 뇌졸중의 위험을 높일 수 있다.
- 혈액 점성도 측정은 특정 질병의 진단 및 진행 상태를 평가하는 데 사용될 수 있다. 예를 들어, 고점도는 탈수, 다혈구증, 또는 특정 혈액 질환을 시사할 수 있다.
- 혈액의 점성도는 혈액 순환과 전반적인 건강에 중요한 영향을 미치는 요소로, 다양한 생리적 및 병리적 상태를 반영할 수 있다.

표면 장력

액체는 표면 장력이라는 독특한 성질을 가진다. 이는 액체 표면에서 입자들이 내부로 끌려가는 힘으로 인해 발생하며, 액체가 가능한 작은 표면적을 유지하려고 하는 경향을 나타낸다. 표면 장력은 물방울이 구형을 유지하는 이유이기도 하다.

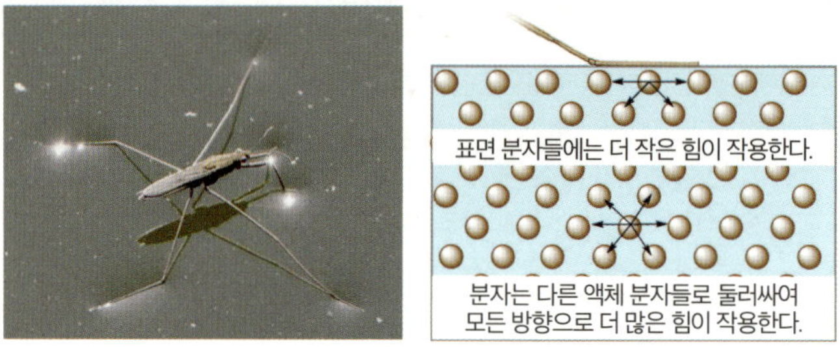

그림 3.8 분자 수준에서 본 표면 장력

예를 들어, 물방울이 잎사귀 위에서 구 형태를 유지하는 것은 물의 표면 장력 때문이고, 소금쟁이가 물 위를 걷는 현상 또한 물의 표면 장력과 밀접한 관련이 있다. 표면 장력은 액체 표면이 수축하여 최소 면적을 유지하려는 경향을 나타내는 힘으로, 주로 액체 분자들 간의 인력에 의해 발생한다.

표면 장력은 또한 모세관 현상과 같은 현상에서 중요한 역할을 하여, 액체가 좁은 관을 따라 상승할 수 있게 해 준다.

모세관 현상

모세관 작용은 액체가 좁은 관이나 다공성 물질을 통해 이동하는 현상을 말한다. 이 현상은 주로 액체와 고체 표면 간의 상호 작용에 의해 발생하며, 표면 장력과 깊은 관련이 있다. 액체의 분자들 간에 작용하는 응집력과 고체 표면과의 부착력 간의 균형에 따라 모세관 작용이 결정된다. 비슷한 분자들을 서로 묶어 주는 분자 간의 힘, 즉 물의 수소 결합 같은 것을 응집력이라고 한다. 어떤 물질을 묶어 주는 분자 간의 힘을 부착력이라고 한다. 부착력이 응집력보다 클 경우, 액체는 모세관 내에서 상승하며, 이는 물이 유리관을 따라 오르는 현상에서 볼 수 있다. 물과 유리 사이의 경우, 부착력이 물 분자 사이의 응집력보다 더 크기 때문에 유리관 속의 물은 유리관에 부착되어 물의 메니스커스는 아래로 오목한 모양을 나타낸다. 반대로 응집력이 부착력보다 강하면 액체는 모세관에서 내려가게 되며, 수은 원자들은 원자들끼리 결합할 수 있으나 유리와는 결합할 수 없다. 그 결과 수은의 메니스커스는 위로 볼록한 모양을 나타낸다.

이러한 모세관 작용은 식물이 뿌리로부터 물을 흡수하거나, 지하수가 토양을 통해 이동하는 자연 현상에서 중요한 역할을 한다. 또한, 잉크가 종이에 스며드는 과정이나 여러 산업적 응용에서도 이 원리가 활용된다.

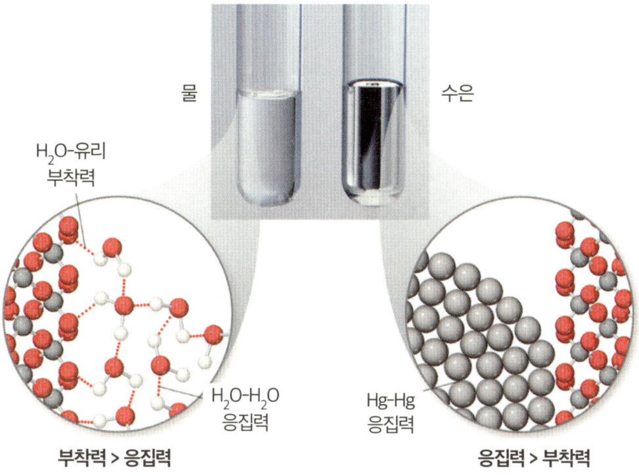

그림 3.9 유리관에 든 물과 수은의 메니스커스 모양

3.6 용해와 용해도

용해와 용해도는 용액을 형성하는 과정과 용액의 특성을 이해하는 데 중요한 개념이다. 이 두 개념은 용질이 용매에 얼마나 잘 녹는지를 설명한다.

용해는 용질이 용매에 녹아 균일한 용액을 형성하는 과정이다. 이 과정은 물질의 분자 간 상호 작용에 의해 결정되는데, 용해가 일어날 때, 용질 입자들은 용매 입자들 사이로 고르게 분산되어 섞인다. 용해는 일반적으로 물리적 변화로 간주되며, 용질과 용매의 성질에 따라 가역적일 수 있다.

예를 들어, 설탕의 용해 과정을 살펴보면, 설탕을 물에 넣었을 때 설탕 분자가 물 분자 사이에 분산되면서 설탕물이 형성된다. 이 과정에서 설탕 분자와 물 분자 사이의 상호 작용이 설탕 분자 간의 인력보다 강해져 설탕이 물에 녹는다. 물의 온도가 높아질수록 설탕의 용해 속도가 빨라지는 이유는 분자 운동이 활발해지면서 상호 작용이 더 빠르게 일어나기 때문이다.

용해도(solubility)는 특정 온도에서 일정량의 용매에 녹을 수 있는 최대 용질의 양을 의미한다. 용액은 용매에 녹아 있는 용질의 양에 따라 포화, 불포화 및 과포화 용액으로 표현된다. 포화 용액(saturated solution)은 일정한 온도에서 용매에 최대한의 용질이 녹아 있는 상태를 의미한다. 이 상태에서는 더 이상의 용질이 용해되지 않으며, 추가로 넣은 용질은 용액에 녹지 않고 그대로 남는다. 예를 들어, 소금을 물에 녹이다가 보면 어느 순간부터 소금이 더 이상 녹지 않고 바닥에 남아 있는데, 이 소금물은 포화 용액이라고 한다. 포화 상태의 농도는 온도에 따라 변하며, 일반적으로 온도가 높아지면 용질이 더 많이 녹을 수 있다.

반면에 불포화 용액(unsaturated solution)은 용매에 아직 용질이 더 녹을 수 있는 상태를 말한다. 즉, 포화 상태에 도달하지 않았으므로 용질을 더 넣어도 계속해서 녹을 수 있다. 예를 들어, 약간의 설탕이 녹아 있는 물은 불포화 상태이며, 이 물에 설탕을 더 넣으면 계속 녹아 설탕물이 된다.

과포화 용액(supersaturated solution)은 포화 상태를 넘어 용질이 용액에 녹아 있는 불안정한 상태이다. 이를 만들기 위해서는 보통 용액을 가열하여 용질을 더 많이 녹인 다음, 천천히 냉각시키는 방법을 사용한다. 과포화 상태는 매우 불안정하여 작은 충격이나 불순물이 들어가면 용질이 갑자기 석출될 수 있다. 예를 들어, 따뜻한 물에 다량의 설탕을 녹인 후 천천히 식히면 과포화 설탕 용액이 되며, 여기에 작은 설탕 알갱이를 넣으면 설탕이 빠르게 결정으로 석출될 수 있다.

이러한 용액의 상태는 화학 실험 및 다양한 실생활 응용에서 중요한 개념으로, 용액의 농도와 온도를 조절하여 원하는 결과를 얻는 데 활용된다.

용해도는 용질과 용매의 특성, 온도, 압력에 따라 달라질 수 있다. 고체 용질의 용해도의 경우, 온도가 증가하면 대부분의 고체 용질의 용해도가 증가한다. 이는 온도가 높아짐에 따라 용매 분자의 운동 에너지가 증가하고, 용질 입자와의 상호 작용이 강화되어 용질이 더 쉽게 용매에 분산되기 때문이다. 예를 들어, 설탕이나 소금과 같은 고체 용질은 온도가 높아질수록 물에 더 많이 녹는다. 이는 용해 과정이 흡열 반응인 경우가 많아서, 온도가 증가하면 반응이 더 잘 진행되기 때문이다.

일상생활에서 용해와 용해도의 개념은 다양한 상황에서 관찰되며, 이는 우리의 일상적인 경험과 실생활에 여러 가지 영향을 미친다. 예를 들어, 차나 커피에 설탕을 넣고 저을 때 설탕이 녹아 단맛을 내는 음료가 된다. 이 과정에서 설탕은 물이라는 용매에 녹아 용해되는 것이다. 설탕이 물에 얼마나 잘 녹는지는 설탕의 용해도로 설명할 수 있으며, 물의 온도가 높아질수록 설탕이 더 빨리 녹고 더 많은 양이 용해될 수 있다. 이는 물 분자의 운동이 활발해져 설탕 분자를 더 효과적으로 분산시키기 때문이다.

일반적으로 온도가 증가하면 고체의 용해도는 증가하지만, 기체의 용해도는 감소한다. 다시 말하면 기체 용질의 경우, 온도가 증가하면 용해도가 감소하는 경향이 있다. 이는 온도가 높아지면서 용매 표면에서 기체 분자의 운동 에너지가 증가하여, 더 많은 기체 분자가 용매를 빠져나와 기체 상태로 돌아가기 때문이다. 예를 들어, 탄산 음료에서 병이나 캔을 열면 온도와 압력 변화로 인해 이산화탄소의 용해도가 감소하여 기체가 빠져나와 기포가 형성된다. 따뜻한 날에 음료를 마실 때 기포가 더 빨리 생기는 것은 온도가 높아지면 기체의 용해도가 감소하여 이산화탄소가 더 쉽게 빠져나오기 때문이다. 요리할 때 소금을 물에 녹여 소금물을 만드는 과정에서도 소금은 물에 용해된다.

소금의 용해도는 온도에 따라 변할 수 있으며, 뜨거운 물에서는 소금이 더 잘 녹아 고농도의 소금물을 만들 수 있다. 이는 요리할 때, 소금 농도를 조절하여 맛을 맞추는 데 유용하다.

또한, 바다는 소금이 물에 용해되어 있는 커다란 용액으로, 해수의 염분 농도는 용해도와 관련이 있으며, 다양한 기후 조건과 지역에 따라 염분 농도가 달라질 수 있다. 이는 해양 생태계에 큰 영향을 미치며, 다양한 해양 생물의 생존에 필수적인 요소이다. 이러한 사례들은 일상 생활에서 용해와 용해도가 어떻게 작용하는지를 잘 보여 주며, 화학적 원리를 이해하는 데 도움을 준다. 용해도는 우리가 음식을 준비하거나 음료를 소비할 때, 그리고 자연 현상을 이해할 때 중요한 역할을 한다.

3.7 용액의 농도

농도는 용액에서 용질이 용매에 녹아 있는 정도를 나타내는 척도로, 진하고 묽은 정도를 나타낸다. 또한, 용액의 성질과 반응성을 이해하는 데 중요한 역할을 한다. 농도는 용액의 조성을 정량적으로 표현하여, 다양한 화학적 계산과 실험에서 필수적인 요소로 사용된다. 농도의 종류는 여러 가지가 있으며, 각각의 용도와 특성에 따라 다르게 사용된다.

몰 농도(Molarity, M)

몰 농도는 용액 1 L 당 녹아 있는 용질의 mol 수를 나타낸다. 이는 가장 일반적으로 사용되는 농도의 형태로, 화학 반응의 계산에서 자주 사용된다.

$$\text{몰 농도[M]} = \frac{\text{용질의 몰수(mol)}}{\text{용액의 부피(L)}}$$

몰 농도의 개념은 요리에서도 흥미롭게 적용될 수 있다. 예를 들어, 완벽한 레몬에이드를 만들기 위해서는 적절한 비율로 레몬즙, 설탕, 물을 혼합해야 한다. 이때 레몬즙과 설탕의 농도를 맞추는 것이 중요한데, 이를 화학적으로 설명하자면 레몬즙과 설탕의 몰 농도를 조절하는 것과 같다. 올바른 몰 농도를 찾으면 최고의 맛을 내는 레몬에이드를 만들 수 있다.

또 다른 예로는 스포츠 음료의 설계가 있다. 스포츠 음료는 운동 중이나 운동 후에 전해질과 수분을 빠르게 보충하기 위해 만들어진다. 이런 스포츠 음료에는 Na^+, Ca^{2+} 이온과 같은 전해질이 일정 농도로 포함되어 있는데, 이때 적절한 몰 농도를 유지하는 것이 중요하다. 이는 체액의 농도와 비슷하게 맞춤으로써, 체내 흡수를 최적화하고 탈수를 방지하는 데 도움을 주기 때문이다.

당뇨병 환자의 경우, 혈당(포도당의 몰 농도)이 비정상적으로 높아지는데, 이는 몸이 인슐린을 제대로 사용하지 못하거나 충분히 생산하지 못해서 발생한다. 따라서, 몰 농도 개념은 단순히 화학 실험실에서뿐만 아니라 일상 생활과 건강 관리에서도 중요한 역할을 한다.

몰랄 농도(Molality, *m*)

몰랄 농도는 용매 1 kg 당 녹아 있는 용질의 mol 수를 나타낸다. 온도 변화에 영향을 받지 않는 장점이 있어, 특히 온도에 민감한 실험에서 유용하다.

$$\text{몰랄 농도}[m] = \frac{\text{용질의 몰수(mol)}}{\text{용매의 질량(kg)}}$$

겨울철에 눈이 내리면 도로에 염화칼슘($CaCl_2$)이나 염화소듐(NaCl) 같은 제설제를 뿌려서 눈을 녹인다. 이때 제설제의 작용은 몰랄 농도와 관련이 있다. 제설제는 눈에 녹아 물과 혼합되면서 몰랄 농도를 변화시켜 어는점을 낮춘다. 즉, 물이 얼어붙는 온도를 낮추어 도로 위의 눈을 더 빨리 녹이는 것이다. 또 다른 적용 예로, 고산지대에서는 기압이 낮아 물의 끓는점이 낮아지게 된다. 이로 인해 음식을 끓이는 데 시간이 더 오래 걸리거나 제대로 익지 않을 수 있다. 이를 해결하기 위해 소금을 추가하는 방법이 있는데, 이는 소금이 물에 녹아 몰랄 농도를 증가시키고, 끓는점을 높이는 효과를 주기 때문이다. 이렇게 하면 고산지대에서도 물이 더 높은 온도에서 끓어 음식을 더 효율적으로 조리할 수 있다.

퍼센트 농도(Percent concentration)

퍼센트 농도는 용액에서 용질의 양을 전체 용액의 양에 대한 백분율로 나타내는 방법이다. 퍼센트 농도는 질량 퍼센트, 부피 퍼센트 등으로 구분된다.

$$\text{질량 퍼센트(질량\%)} = \frac{\text{용질의 질량}}{\text{용액의 질량}} \times 100\%$$

$$\text{부피 퍼센트(부피\%)} = \frac{\text{용질의 부피}}{\text{용액의 부피}} \times 100\%$$

화장품 제조에서는 각 성분의 질량 퍼센트 농도가 매우 중요하다. 예를 들어, 보습 크림이나 로션에는 글리세린, 시어 버터, 에센셜 오일 등 다양한 성분이 포함되어 있다. 이런 경우 성분들의 질량 퍼센트 농도를 정확하게 조절하여 피부에 최적의 효과를 발휘할 수 있도록 해야 한다. 만약 특정 성분의 농도가 지나치게 높거나 낮다면, 제품이 피부에 자극을 주거나 원하는 효과를 내지 못할 수 있다. 따라서 화장품 회사들은 제품 개발 과정에서 성분의 질량 퍼센트 농도를 엄격히 관리한다.

또한, 자동차 연료에는 다양한 첨가제가 포함되어 있는데, 이 때에는 이들의 부피 퍼센트 농도가 중요한 역할을 한다. 예를 들어, 에탄올을 휘발유에 혼합하여 사용하는 경우, 에탄올의 부피 퍼센트 농도가 연료의 연소 효율과 배출 가스 성분에 영향을 미친다. 일반적으로 에탄올 혼합 비율이 10%인 E10 연료는 일반 휘발유에 비해 청정 연소가 가능하며, 이는 환경 보호 측면에서 장점이 있다. 그러나 에탄올의 비율이 너무 높아지면 엔진 성능에 부정적인 영향을 미칠 수 있으므로, 적절한 부피 퍼센트 농도를 유지하는 것이 중요하다.

몰 분율(Mole fraction, (x))

몰 분율은 용액의 전체 몰 수에서 특정 성분(용질 또는 용매)의 몰 수가 차지하는 비율을 나타낸다. 이는 농도를 무차원 수로 표현하는 방법이다.

$$\text{몰 분율}(x) = \frac{\text{특정 성분의 몰수}}{\text{전체 몰수}}$$

몰 분율은 혼합물에서 특정 성분의 비율을 나타내는 중요한 개념으로, 다양한 생활 속 상황에서 활용된다. 예를 들어, 대기는 질소(N_2)와 산소(O_2)를 포함한 여러 기체로 구성된 혼합물로, 질소의 몰 분율은 약 78%, 산소의 몰 분율은 약 21%이다. 이러한 몰 분율은 대기의 성질을 이해하는 데 중요한 역할을 하며, 공기 중 오염 물질의 농도를 평가하는 데 사용된다.

또한, 스쿠버 다이빙에서 다이버들이 사용하는 호흡 혼합물도 몰 분율의 실제 응용 사례이다. 다이버들은 특정 깊이에서 안전하게 호흡하기 위해 산소와 질소의 혼합 비율을 조절한 공기 탱크를 사용한다. 예를 들어, 나이트록스라는 혼합물은 산소의 몰 분율을 높여 다이빙 시간을 연장하고 잠수병의 위험을 줄이도록 설계되었다. 이러한 혼합물의 설계는 몰 분율을 고려하여 이루어진다.

마지막으로, 탄산 음료에서 이산화탄소의 몰 분율은 음료의 탄산화 정도를 결정한다. 이산화탄소가 음료에 얼마나 녹아 있는지는 몰 분율로 표현될 수 있으며, 이는 음료의 맛과 청량감을 크게 좌우한다. 또한 제조 과정에서 적절한 몰 분율을 유지함으로써 소비자에게 일관된 맛과 질감을 제공할 수 있다. 이처럼 몰 분율은 대기 조성, 호흡 혼합물, 음료의 탄산화 등 다양한 실생활 사례에서 혼합물의 성질과 특성을 이해하고 제어하는 데 중요한 역할을 한다.

ppm과 ppb(parts per million, parts per billion)

$$\text{ppm} = \frac{\text{용질의 양}}{\text{용액의 양}} \times 10^6$$

$$\text{ppb} = \frac{\text{용질의 양}}{\text{용액의 양}} \times 10^9$$

ppm과 ppb는 매우 낮은 농도를 표현하는 단위로, 다양한 생활 속에서 중요하게 사용된다. 예를 들면 수질 검사에서는 수돗물이나 자연수에 포함된 오염 물질의 농도를 ppm이나 ppb 단위로 측정하여, 납이나 수은 같은 중금속 이온의 농도를 확인한다. 이는 미량의 유해 물질도 건강에 영향을 미칠 수 있기에, 정확한 농도 측정과 규제가 필수적이다.

대기 오염 측정에서도 ppm과 ppb 단위가 활용된다. 대기 중에 존재하는 일산화탄소(CO), 이산화질소(NO_2), 오존(O_3) 등의 농도를 측정하여 대기 질을 평가하는데, 특히 ppb 단위는 오존이나 휘발성 유기화합물(VOCs)과 같이 극히 낮은 농도에서도 건강에 영향을 미치는 물질을 감지하고 관리하는 데 유용하다. 또한, 식품 첨가물의 농도도 ppm 단위로 표시된다. 식품의 안전을 보장하기 위해 방부제나 색소 같은 성분의 농도를 규제 기관이 정한 기준에 맞춰 엄격히 관리한다. 예를 들어, 아질산염과 같은 방부제는 식품에 사용될 때 그 농도가 ppm 기준에 의해 제한된다.

향수 제조에서도 ppm 단위가 사용된다. 향수는 특정 향료가 매우 낮은 농도에서도 강한 향을 발산할 수 있기 때문에, 향료의 농도를 ppm 단위로 조절하여 고유의 향을 유지하면서도 피부 자극을 최소화한다.

이처럼 ppm과 ppb는 환경, 건강, 안전과 관련된 다양한 분야에서 미세한 농도를 정확히 표현하고 관리하는 데 중요한 역할을 하며, 이를 통해 우리는 안전하고 건강한 생활 환경을 유지할 수 있다.

이러한 다양한 농도의 표현 방법은 각기 다른 실험적 요구와 조건에 맞추어 선택적으로 사용되며, 화학 반응의 정확한 분석과 이해를 위한 중요한 도구로 활용된다.

일상생활에서 농도의 개념은 다양한 상황에서 접할 수 있으며, 이는 우리가 사용하는 많은 제품과 환경에 직접적인 영향을 미친다. 커피나 차에 설탕을 타는 경우, 설탕의 양에 따라 농도가 달라지며, 이는 음료의 단맛 강도를 결정한다. 설탕이 많이 녹아 있을수록 농도가 높아져 더 달콤한 맛을 느끼게 된다. 요리할 때 사용되는 소금물도 농도의 개념이 중요한데, 물에 녹인 소금의 양이 많을수록 농도가 높아져 음식이 더 짜게 느껴진다. 식초는 주로 물과 아세트산으로 구성된 용액으로, 아세트산의 농도는 식초의 신맛 강도를 결정한다. 일반적으로 가정용 식초는 5% 정도의 아세트산 농도를 가지고 있어 요리와 식품 보존에 사용된다.

가정에서 흔히 사용하는 주방 세제나 세탁 세제는 물에 다양한 화학 물질이 녹아 있는 용액으로, 세제의 농도는 세척력에 영향을 미친다. 세제가 많이 녹아 있을수록 기름때나 오염 물질을 제거하는 데 효과적이다. 알코올 음료에서도 농도는 에탄올과 물로 구성된 용액의 에탄올 함량을 의미하며, 이는 음료의 도수를 결정한다. 예를 들어, 소주에 알코올이 20% 포함되어 있다면, 이는 에탄올 농도가 20%임을 의미하며, 음료의 강도(도수)를 나타낸다.

또한, 공기 중 이산화탄소 농도는 환경과 건강에 중요한 지표로 작용한다. 이산화탄소 농도는 ppm 단위로 측정되는데 이는 대기 질을 간접적으로 평가하는 데 주로 사용된다. 마지막으로, 액체 형태의 의약품에서는 특정 활성 성분의 농도가 약효에 영향을 미친다. 시럽 형태의 약은 용매인 물에 특정 약용 성분이 녹아 있는 농도로 제공되며, 이는 올바른 약용 효과를 보장하는 데 필수적이다.

3.8 총괄성에 대한 이해

총괄성(colligative properties)은 용액의 성질 중에서 용질의 종류가 아닌 용질 입자의 수에만 의존하는 성질을 말한다. 즉, 용액 내에 존재하는 용질의 입자 수가 많을수록 총괄성에 더 큰 영향을 준다. 이러한 성질은 용질의 화학적 성질과는 무관하며, 용액의 농도에 따라 달라진다. 총괄성은 주로 용액의 물리적 성질에 영향을 미친다. 몇 가지 총괄성에 대하여 살펴보자.

증기압 내림

용액의 증기압은 순수한 용매의 증기압보다 낮다. 이는 용질 입자가 용매 표면에 존재하여 용매 분자의 증발을 방해하기 때문이다.

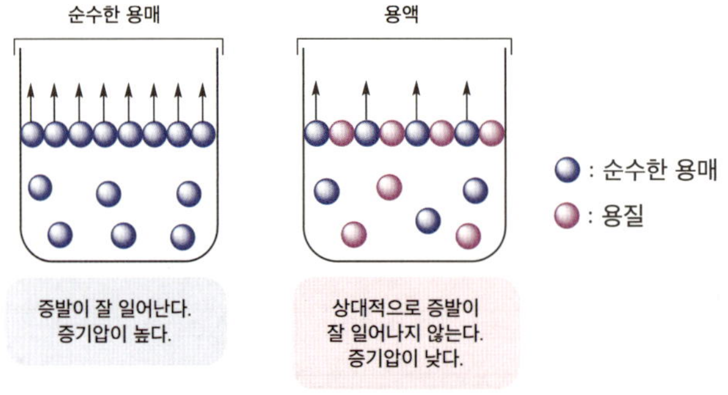

그림 3.10 순수한 용매와 용액의 증기압 비교

용질 입자가 많을수록 증기압 내림의 정도가 커진다. 이 현상은 용액의 농도가 높아질수록 용매 분자가 증발할 수 있는 빈자리가 줄어들기 때문에 나타난다.

설탕물과 소금물의 경우, 물에 설탕이나 소금을 녹이면 용액의 증기압이 순수한 물의 증기압보다 낮아진다. 이는 설탕이나 소금 입자가 물 분자 사이에 들어가 증발을 방해하기 때문이다. 결과적으로, 설탕물이나 소금물은 순수한 물보다 증발이 더디게 진행된다.

또 다른 예로, 보습 화장품의 경우, 보습 크림이나 로션은 피부 표면에 얇은 막을 형성하여 수분 증발을 줄인다. 이는 증기압 내림의 원리를 활용하여 피부의 수분 손실을 방지하는 효과이다.

끓는점 오름

용액의 끓는점은 순수한 용매의 끓는점보다 높다. 이는 증기압 내림으로 인해 같은 대기압에서 용액이 끓기 위해서는 더 높은 온도가 필요하기 때문이다. 용질 농도가 높아질수록 끓는점 오름의 정도도 커지며, 이는 물에 소금을 넣으면 물의 끓는점이 올라가는 현상으로 설명할 수 있다.

소금물로 요리하는 경우, 파스타나 감자를 삶을 때 물에 소금을 넣으면, 소금이 물의 끓는점을 약간 올려 더 높은 온도에서 조리할 수 있게 한다. 이는 요리 시간을 단축하거나 식재료의 식감을 조절하는 데 유용할 수 있다.

자동차 냉각수의 경우, 자동차의 냉각 시스템에서 사용하는 부동액은 물의 끓는점을 높여 엔진이 과열되는 것을 방지한다. 부동액은 물에 녹아 증기압을 낮추고 끓는점을 올림으로써, 더 높은 온도에서도 냉각 시스템이 효과적으로 작동하도록 한다.

어는점 내림

용액의 어는점은 순수한 용매의 어는점보다 낮다. 이는 용질이 용매의 결정 구조 형성을 방해하여 더 낮은 온도에서 고체 상태로 변화하게 하기 때문이다. 예를 들어, 겨울철에 도로에 소금을 뿌리면, 소금이 얼음에 녹아 물의 어는점을 낮춰 얼음이 녹게 된다. 이는 차량과 보행자의 안전을 확보하기 위한 일반적인 방법이다. 다른 예로써, 아이스크림을 만들 때 얼음과 소금을 섞어 혼합물을 냉각하는 방법은 어는점 내림을 이용한 것이다. 소금이 얼음의 어는점을 낮춰 더 차가운 환경을 제공하고, 이로 인해 아이스크림 혼합물이 더 빨리 얼어 부드러운 질감을 갖게 된다.

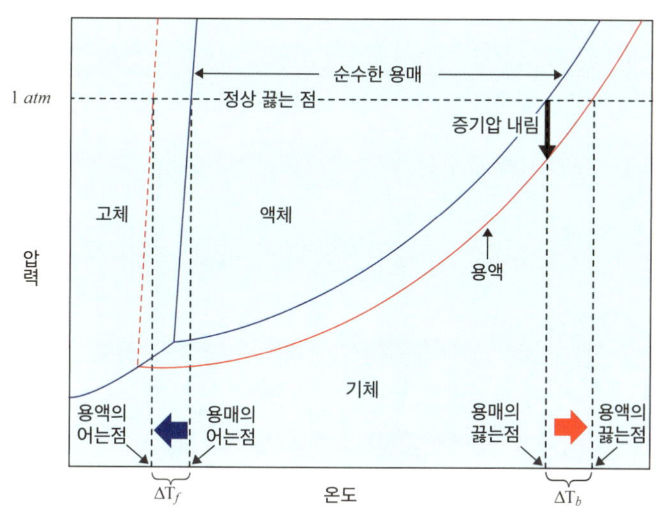

그림 3.11 증기압 내림, 끓는점 오름, 어는점 내림을 나타내는 상도표

삼투압

삼투압은 반투막을 통해 용매가 이동하는 현상에서 나타나는 압력 차이를 말한다. 농도가 다른 두 용액이 반투막으로 나뉘어 있을 때, 농도가 낮은 쪽에서 높은 쪽으로 용매가 이동하여 농도 균형을 맞추려는 경향이 있다. 이때 발생하는 압력을 삼투압이라고 하며, 용질의 농도가 높을수록 삼투압도 증가한다. 그림 3.12는 삼투 현상을 보여 주는 실험이다. 5%의 설탕 용액을 거꾸로 된 깔때기에 넣고, 입구 쪽을 반투막으로 밀봉한 다음 5% 설탕 용액을 포함하고 있는 깔때기를 순수한 물이 들어 있는 비이커에 넣고 적당한 시간이 지나면, 순수한 물은 비이커에서 반투막을 통해 깔때기 쪽으로 이동하여 유리관의 수위를 상승시킨다.

이를 좀 더 자세히 살펴보면, 깔때기가 처음 물에 잠기면 순수한 물 쪽에서 반투막의 단위 면적당 용매 분자들의 충돌이 용액 쪽에서 용매 분자들의 충돌보다 더 많이 일어난다. 그러므로 물 분자들은 진한 농도인 깔때기 안의 용액으로 이동하여 깔때기 안의 농도를 묽게 만든다. 이것이 연속적으로 진행되면, 용액 내의 물 분자의 수가 증가하여 용액 내의 물 분자들의 충돌 빈도는 높아지고 깔때기 안의 압력은 증가하게 되어 유리관의 수위는 계속 상승하게 된다. 깔때기 안의 압력과 삼투압이 같아져 물의 통과 속도가 양쪽 방향으로 같아지게 되면 동적 평형에 도달하게 된다. 일반적으로 삼투압(osmotic pressure, π)은 용액에 가해지면 삼투에 의한 흐름을 정지시키는 데 필요한 압력이다.

삼투압을 적용한 예들은 우리 일상생활에서 쉽게 접할 수 있다.

식물의 뿌리는 삼투압을 통해 토양에서 물을 흡수한다. 뿌리 세포 내의 용질 농도가 높아 삼투압이 발생하며, 이는 물이 토양에서 뿌리로 이동하도록 유도하게 되는 것이다.

의료용으로 사용하는 생리 식염수는 삼투압의 원리를 이용하여 체액과 동일한 농도로 조절된 용액이다. 이는 혈액과 같은 삼투압을 가지므로, 체내에 주입해도 세포에 손상을 주지 않고 안정적

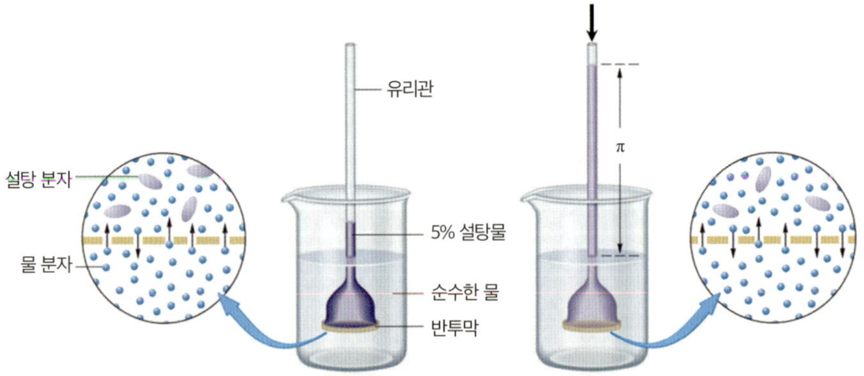

그림 3.12 삼투압 실험의 예

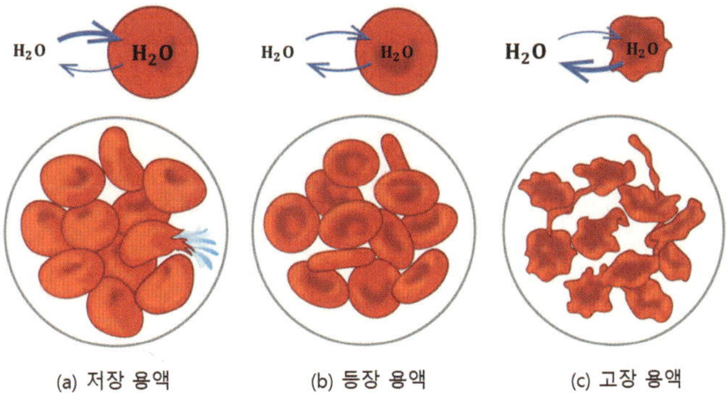

그림 3.13 적혈구의 세포벽을 통한 삼투 현상

으로 사용될 수 있다. 생체 세포에서 삼투 현상을 그림 3.13에 나타내었다. 탈수증 환자에게 종종 물과 영양소를 정맥 주사한다. 그러나 순수한 물은 환자에게 정맥 주사하지 않는다. 삼투압에 의해 적혈구 세포 안으로 물이 흘러 들어가서 세포를 터지게 하기 때문이다. 이러한 원인을 일으키는 용액을 저장 용액(hypotonic solution)이라고 한다. 저장 용액은 체액보다 삼투압이 낮은 용액으로, 순수한 물이 세포 안으로 흘러 들어가게 된다 . 즉, 사람의 세포를 순수한 물과 같은 저장 용액에 넣으면, 물이 세포안으로 들어가고 때로는 세포가 부풀어 올라 터지게 된다. 세포가 부풀어 올라 터지는 것을 막기 위해 정맥 주사액은 등장 용액(isotonic solution)을 사용한다. 등장 용액은 환자의 혈액과 같은 농도로 만들어지고, 같은 삼투압을 가져야 한다. 만약에 적혈구 세포안의 용액보다 높은 농도의 정맥 주사액을 혈액에 투여하면, 세포내에서 물이 빠져나와 수축하게 된다. 이러한 현상을 일으키는 용액을 고장 용액(hypertonic solution)이라고 한다. 야채나 육류를 염장하면 삼투 현상에 의해 세포는 수축하게 된다. 오이 피클을 만드는 원리가 고장 용액을 이용하는 좋은 예이다.

또한 건조 식품을 보관할 때도 삼투압의 원리를 적용한다. 소금이나 설탕을 이용한 식품 보관은 삼투압을 이용하여 미생물의 생존을 억제한다. 높은 농도의 소금이나 설탕은 미생물 세포 내외의 삼투압 차이를 발생시켜, 미생물의 수분이 빠져나가 생존이 어려워져 미생물의 번식을 억제한다.

이러한 총괄성들은 용액의 농도와 직접적으로 관련되어 있으며, 다양한 산업 및 생물학적 과정에서 중요한 역할을 한다. 예를 들어, 삼투압은 생물체의 세포 내외의 물질 교환에 중요한 영향을 미치며, 끓는점 오름과 어는점 내림은 다양한 응용 분야에서 활용된다.

연습 문제

1. 용해도란 무엇이며, 용액의 상태에 어떻게 영향을 미치는지 설명하시오.

2. 수소 결합이 물질의 녹는점과 끓는점에 미치는 영향은 무엇인지 설명하시오.

3. 삼투압은 생물체의 세포에 어떤 영향을 미치며, 이를 적용한 예를 설명하시오.

4. 용질과 용매 간의 분자 간 상호 작용은 어떻게 용해도를 결정하는지 설명하시오.

5. 총괄성이란 무엇이며, 이에 해당하는 성질을 하나만 설명하시오.

6. 용매화와 수화의 차이점을 설명하시오.

7. 모세관 현상은 어떤 원리에 의해 발생하는지 설명하시오.

8. 분산력이란 무엇이며, 어떻게 형성되는지 설명하시오.

9. 고체에서 액체로의 상태 변화는 어떻게 발생하며, 이 과정의 온도를 무엇이라고 하는지 설명하시오.

10. 혈액의 점성도가 인체에 미치는 영향은 무엇인지 설명하시오.

11. 표면 장력은 어떤 현상을 설명하고, 어떤 힘에 의해 발생하는지 설명하시오.

12. 포화 용액, 불포화 용액, 과포화 용액의 차이점을 설명하시오.

13. 몰 농도란 무엇이며, 어떻게 계산하는지 설명하시오.

14. ppm과 ppb는 어떤 상황에서 사용되며, 각각 어떤 의미를 나타내는지 설명하시오.

15. 용해도는 어떤 요인에 의해 변화할 수 있는지 설명하시오.

산-염기 반응

일상생활에서 산(acid)과 염기(base)는 다양한 형태로 존재하며, 우리는 이를 여러 용도와 상황에서 접하게 된다. 쉽게 접할 수 있는 산의 예로는 식초가 있다. 식초는 약 5% 아세트산(CH_3COOH)으로 구성되어 있으며, 주방에서 조미료로 자주 사용된다. 식초는 음식의 맛을 돋우고, 보존제로도 활용된다. 아세트산은 약산으로, 특유의 신맛을 가지고 있다. 레몬 주스는 구연산(시트르산)을 포함하고 있는데, 구연산이 신맛을 내는 주된 원인이다. 레몬 주스는 음료, 드레싱, 디저트 등에 사용되며, 구연산은 자연적인 방부제 역할을 한다. 탄산음료는 이산화탄소가 물에 녹아 탄산(H_2CO_3)을 형성하는데, 이로 인해 특유의 톡 쏘는 맛이 난다. 탄산은 음료에 약산성을 부여하여, 상쾌한 맛을 제공하는 데 기여한다.

우리가 일상생활에서 많이 접하는 염기에는 베이킹 소다가 있다. 베이킹 소다는 주방에서 베이킹의 팽창제로 사용되며, 염기로서 산과 반응하여 이산화탄소 기체를 발생시킨다. 또한, 베이킹 소다는 청소와 탈취제로도 널리 사용된다. 비누는 지방산의 염기성 염으로, 물과 기름을 잘 섞이게 하는 계면활성제 역할을 한다. 비누는 피부의 기름과 먼지를 제거하는 데 효과적이다. 또한, 암모니아수는 청소용으로 사용되는 흔한 염기성 용액이다. 강한 탈지력을 가지고 있어 주방과 욕실의 기름때나 얼룩을 제거하는 데 유용하다.

4.1 산-염기의 정의

산과 염기는 중요한 전해질이며, 몇 가지 간단한 특성으로 이를 인식할 수 있다. 산은 신맛이 나고, 염기 용액은 쓴맛과 비눗물 같은 느낌이 있다. 그러나 실험실의 화학 물질을 맛보는 것은 위험하므로 피해야 한다. 손쉽게 산과 염기를 구별할 때 이용하는 것이 리트머스 종이이다. 리트머스 종이는 산성에서 붉은색을 띠고, 염기성에서 푸른색을 띤다.

그림 4.1 리트머스 종이 (a) 산성인 레몬에서 붉은 색을 띠고, (b) 염기성인 비누에서는 푸른색을 띤다.

산과 염기의 중요한 화학적 특성 중 하나는 서로 반응하는 방식이다. 산-염기 반응을 이해하기 전에, 산과 염기의 정의를 알아두는 것이 유익하다. 여러 학자들이 산과 염기를 정의했지만, 우리는 아레니우스(Svante Arrhenius), 브뢴스테드-로우리(Brönsted-Lowry), 루이스(Gilbert Newton Lewis)의 세 가지 정의에 중점을 두고자 한다.

아레니우스(Arrhenius)의 정의

19세기 말 스웨덴의 화학자 아레니우스는 수용액 속에서 산-염기를 정의했다.

- 산(acid)은 물에 해리되었을 때, 물 속에서 수소 이온의 농도가 증가하는 화학종이다. 즉, 수용액에서 H^+를 내놓는 화학종이다.

$$HCl(aq) \rightarrow H^+(aq) + Cl^-(aq)$$

- 염기(base)는 물에 해리되었을 때, 물 속에서 수산화 이온의 농도가 증가하는 화학종이다. 즉, 수용액 속에서 OH^-를 내놓는 화학종이다.

$$NaOH(aq) \rightarrow Na^+(aq) + OH^-(aq)$$

그러나 아레니우스 정의에는 몇 가지 한계점이 있다. 첫째, 이 정의는 주로 물을 용매로 사용하는 수용액 상태의 반응에만 적용된다. 따라서 비수용성 용매에서 발생하는 산-염기 반응을 설명하기에는 적절하지 않다. 둘째, 아레니우스 정의는 염기를 수산화 이온(OH^-)을 내놓는 물질로 규정한다. 이로 인해, 수산화 이온을 생성하지 않는 염기인 경우, 예를 들어 암모니아(NH_3)와 같은 물질은 아레니우스 염기로 분류되지 않는다. 셋째, 아레니우스 이론은 양성자(H^+)의 이동을 고려하지 않으므로, 양성자를 받는 염기의 개념을 포함하지 못한다. 마지막으로, 이 정의는 수용액이 아닌 기체 상태에서의 산-염기 반응을 설명하는 데 한계가 있다. 이러한 이유들로 인해, 보다 포괄적이고 다양한 상황에 적용 가능한 새로운 개념의 산-염기 정의가 필요하게 되었다.

브뢴스테드-로우리(Brönsted-Lowry) 의 정의

1923년 브뢴스테드와 로우리는 산-염기 반응에서 H^+ 이온의 전달에 초점을 두고, 새로운 산-염기 정의를 도입했다. H^+이온은 양성자(proton)이므로, 양성자 주개(donor)와 양성자 받개(acceptor)라는 생각에 초점을 두었다.

- 산(acid)은 양성자 주개(proton donor)이다. 이것은 아레니우스의 정의와 비슷하다.

$$HCl(aq) + H_2O(l) \rightarrow H_3O^+(aq) + Cl^- (aq)$$

HCl은 용액 안에서 물에 양성자를 주기 때문에 산이다. H^+이온은 물과 결합하여, **H_3O^+이온(hydronium ion)**을 형성한다.

염기(base)는 양성자 받개(proton acceptor)이다. 브뢴스테드-로우리 정의는 OH^-이온을 생산하는 염기에도 잘 적용된다.

$$NH_3(aq) + H_2O(l) \rightarrow NH_4^+(aq) + OH^-(aq)$$

산-염기 반응은 양성자를 산에서 염기로 전달하여, 짝산(conjugated acid)과 짝염기(conjugated base)를 형성하는 것을 포함한다.

$$\overbrace{HCl(aq)}^{acid} + \underbrace{H_2O(l)}_{base} \rightarrow \overbrace{H_3O^+(aq)}^{conjugated\ acid} + \underbrace{Cl^-(aq)}_{conjugated\ base}$$

$$\overbrace{NH_3(aq)}^{base} + \underbrace{H_2O(l)}_{acid} \rightarrow \overbrace{NH_4^+(aq)}^{conjugated\ acid} + \underbrace{OH^-(aq)}_{conjugated\ base}$$

루이스(Lewis)의 정의

루이스의 산-염기 정의는 1923년에 미국의 물리화학자 루이스(Gilbert Newton Lewis)가 정의했다. 가장 확장된 개념의 산-염기 정의로써, 화학 반응에서 전자쌍을 받는 화학종과 전자쌍을 주는 화학종을 기반으로 정의했다.

- **산**(acid)는 전자쌍을 받아들여 새로운 공유결합을 형성할 수 있는 화학종이다. 즉 전자쌍 받개(electron pair acceptor)이다.
- **염기**(base)는 전자쌍을 내어 주어 새로운 공유결합을 형성할 수 있는 화학종이다. 즉 전자쌍 주개(electron pair donor)이다.

산-염기 반응에서 양성자의 이동은 굽은 화살표(curved arrow)를 이용하여 표시할 수 있다. 각 반응물과 생성물의 Lewis 구조를 그린 후, 굽은 화살표를 이용하여 반응하는 동안의 전자쌍의 위치 변화를 표시한다. 굽은 화살표는 전자의 이동만을 나타내는 것이지 원자의 이동을 나타내는 것은 아니며, 이동의 방향에 유의하여야 한다.

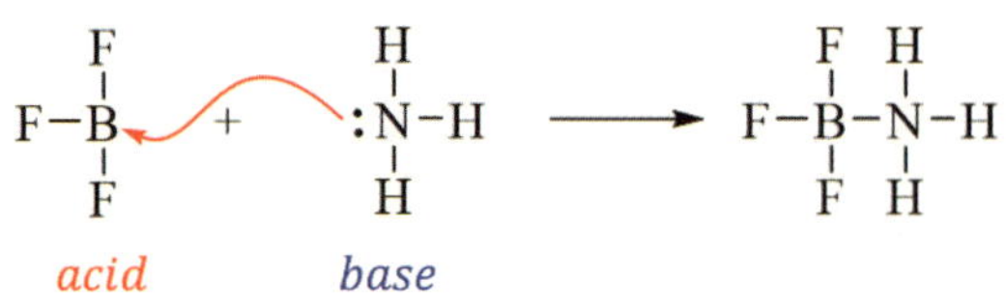

4.2 산-염기 반응

산이 염기와 반응할 때 생성물은 물과 염이다. 만약 H^+ 이온을 포함한 용액(산)이 정확히 같은 양의 OH^- 이온을 포함한 다른 용액(염기)이 반응하면, 더 이상 이 용액은 리트머스 시험지의 색을 변화시키지 않는다. 또한 아연이나 철을 용해시키지 않으며, 피부에 미끌거리는 느낌을 주지 않는다. 이는 더 이상 산성이나 염기성이 아닌 중성이 된다. 이는 산과 염기 속에 녹아 있는 H^+ 이온과 OH^- 이온이 결합하여 물을 만들기 때문인데 이를 산과 염기의 중화 반응(neutralization)이라고 한다.

$$H^+(aq) + OH^-(aq) \rightarrow H_2O(l)$$

예를 들어, 염산과 같은 산이 수산화소듐과 같은 염기와 중화 반응을 하면, 물 이외에 염화소듐과 같은 염(salt)이 생성된다.

$$HCl(aq) + NaOH(aq) \rightarrow H_2O(l) + NaCl(aq)$$

산-염기 중화 반응에 대한 다른 예로써, 화약이나 비료의 성분인 질산포타슘(KNO_3)은 중세 시대부터 19세기까지 소변에서 질산포타슘(KNO_3)을 충진시켜 얻었다. 초석이라고 불리는 이 침전물은 질산(KNO_3)과 수산화포타슘(KOH)을 반응시켜 얻을 수 있다.

$$HNO_3(aq) + KOH(aq) \rightarrow H_2O(l) + KNO_3(aq)$$

속쓰림에 왜 제산제를 복용하는가?

사람의 위벽에는 염산을 분비하는 수천 개의 세포가 있다. 이 염산은 미생물을 죽이거나 소화를 돕는 역할을 한다. 그러나 때때로 과식이나 감정적 스트레스는 과도한 위산 분비를 초래할 수 있다. 우리나라에서는 이러한 상태를 완화하기 위해 수백 가지 브랜드의 제산제가 판매되고 있다. 제산제는 속쓰림의 원인이 되는 위산을 중화하는 염기성 물질로 작용한다. 다양한 브랜드 이름에도 불구하고, 일반적인 제산제 성분으로는 탄산수소소듐, 탄산칼슘, 수산화알루미늄, 탄산마그네슘, 수산화마그네슘 등이 있다.

탄산수소소듐($NaHCO_3$)은 흔히 베이킹 소다로 알려져 있으며, 최초의 제산제 중 하나로 여전히 가끔 사용되고 있다. 이는 속쓰림 완화를 위한 대부분의 Alka-Seltzer® 제제에 주된 제산제이다. 탄산수소 이온은 위의 산과 반응하여 탄산을 형성하고, 이는 다시 이산화탄소와 물로 분해된다.

$$HCO_3^-(aq) + H^+(aq) \rightarrow H_2CO_3(aq)$$

$$H_2CO_3(aq) \rightarrow H_2O(l) + CO_2(g)$$

이산화탄소(CO_2) 가스는 탄산수소소듐을 포함한 제산제가 트림을 유발하게 하는 주요 원인이다. 탄산수소소듐의 과도한 사용은 혈액을 알칼리성으로 만들어 알칼리증을 유발할 수 있으며, 소듐 이온을 포함한 제산제는 고혈압 환자의 혈압을 높일 수 있다.

또 다른 제산제 성분인 탄산칼슘($CaCO_3$)은 소량에서는 안전하지만, 정기적인 사용은 변비를 유발할 수 있다. 또한, 탄산칼슘을 대량으로 복용하면 몇 시간 후 오히려 산 분비가 증가할 수 있다.

수산화알루미늄($Al(OH)_3$)도 탄산칼슘처럼 변비를 유발할 수 있다. 또한, 알루미늄 이온을 포함한 제산제는 신체의 필수 인산 이온(PO_4^{3-})을 고갈시킬 수 있다는 우려가 있다.

물에 현탁된 수산화마그네슘($Mg(OH)_2$)은 마그네시아유로 판매되며, 탄산마그네슘($MgCO_3$)도 제산제로 사용된다. 이러한 마그네슘 화합물은 소량일 때 제산제로 작용하지만 대량일 때는 완하제로 작용한다. 많은 제산제 제품은 여러 제산제가 혼합되어 있으며, 탄산칼슘과 수산화마그네슘을 포함하는 제산제, 수산화알루미늄과 수산화마그네슘을 포함하는 제산제 등이 있다. 이러한 제산제들은 마그네슘 화합물의 설사 유발 경향과 알루미늄 및 칼슘 화합물의 변비 유발 경향을 균형 있게 조절한다.

제산제는 일반적으로 가끔 사용할 때 안전하지만, 다른 약물과 상호 작용할 수도 있다. 심각하거나 반복되는 소화불량을 겪는 사람은 의사와 상담해야 하며, 자가 치료는 때때로 위험할 수 있다. 표 4.1에는 우리나라에서 시판되는 몇 가지 제산제의 주성분을 나타내었다. 제산제에 대한 보충 설명은 제15장 의약품에서 살펴보자.

표 4.1 시판되는 몇 가지 제산제의 성분

분류		성분	시판되는 제품
단일제제	알루미늄류	수산화알루미늄	암포젤®
	마그네슘류	수산화마그네슘	마그밀®
	알루미늄+마그네슘	알마게이트	알마겔®
복합제제	제산제+가스제거제	인산알루미늄 수산화마그네슘 시메트콘	겔포스엠®
	제산제+점막보호제	탄산칼슘 탄산수소소듐 알긴산소듐	개스콘더블액션®
	제산제+위산분비 억제제		잔트락틴®
	제산제+소화효소제+진경제		노루모에프® 카베진코아에스®

4.3 물의 자체이온화도

이제 용액의 산도를 표시하는 정량적 방법을 설명하기 전에 다시 한번 물 분자를 살펴볼 필요가 있다. 물의 자동이온화 평형은 평형에서 반응물에 매우 유리하다. 실험적인 결과, 25 ℃의 순수한 물에서는 10억 개의 물 분자 중 약 2개만이 순식간에 이온화된다고 한다. 이를 정량적으로 표현하기 위해 물의 자체이온화를 평형 상수식으로 표현하면, 다음과 같다.

$$H_2O(l) + H_2O(l) \rightleftarrows H_3O^+(aq) + OH^-(aq)$$
$$K_w = [H_3O^+][OH^-]$$

순수한 고체나 액체의 농도는 일정하므로, 평형 상수식에서 $[H_2O]$항은 평형 상수식에서 그 값을 1로 한다. 이 평형 상수식은 물의 자체이온화에 대한 것으로, 물의 이온화곱 상수(ion-product constant)라고 한다. 25 ℃에서 K_w는 1.0×10^{-14}으로 정의된다.

$$K_w = [H_3O^+][OH^-] = 1.0 \times 10^{-14} \text{ (at 25 ℃)}$$

수화된 $H^+(aq)$를 $H_3O^+(aq)$로 나타내기 때문에 물의 자체이온화 반응식은 다음과 같이 나타낼 수 있다.

$$H_2O(l) \rightleftarrows H^+(aq) + OH^-(aq)$$

마찬가지로, K_w를 표현할 때, $H_3O^+(aq)$를 $H^+(aq)$로 나타낼 수 있기 때문에, 물의 이온화곱 상수는 다음과 같이 나타낼 수 있다.

$$K_w = [H_3O^+][OH^-] = [H^+][OH^-] = 1.0 \times 10^{-14} \text{ (at 25 ℃)}$$

따라서, 25 ℃에서의 수용액에 대해서, $[H^+] = [OH^-]$인 용액을 중성이라고 하며, $[H^+] > [OH^-]$인 용액을 산성이라고 하고, $[H^+] < [OH^-]$인 용액을 염기성이라고 한다.

4.4 pH 척도

수용액에서 H^+나 OH^- 이온의 농도는 너무 작은 값을 나타내기 때문에 이 값을 그대로 나타내기는 불편하기에, 1909년 네덜란드의 화학자 Soren Sorensen(1868-1939)이 pH라는 실용적인 방법을 제안했다. 수용액의 pH는 H^+이온의 농도를 음의 상용 로그값으로 정의했다.

$$pH = -\log[H^+]$$

pH 값을 주고, H^+이온의 농도를 계산하면, 다음과 같다.

$$[H^+] = 10^{-pH}$$

중성 수용액에서 $[H^+] = 1.0 \times 10^{-7}$ M일 때, 중성 수용액의 pH를 계산하면, 다음과 같다.

$$pH = -\log(1.0 \times 10^{-7}) = 7.00$$

즉, 용액의 산성이 강할수록, 즉, $[H^+]$가 증가할수록 pH는 감소한다. 반대로, 용액의 산성이 약할수록, $[H^+]$는 감소하고, pH는 증가한다.

같은 방법으로, 수용액의 pOH는 OH^-이온의 농도를 음의 상용 로그값으로 정의했다.

$$pOH = -\log[OH^-]$$

pOH값을 주고, OH^-이온의 농도를 계산하면, 다음과 같다.

$$[OH^-] = 10^{-pOH}$$

만약에, 중성 수용액에서 $[OH^-] = 1.0 \times 10^{-7}$ M일 때, 중성 수용액의 pOH를 계산하면, 다음과 같다.

$$pOH = -\log(1.0 \times 10^{-7}) = 7.00$$

즉, 용액의 염기성이 강할수록, 즉, $[OH^-]$가 증가할수록 pOH는 감소하고, 용액의 염기성이 약할수록, $[OH^-]$는 감소하므로, pOH는 증가한다.

또한, 물의 이온화곱 상수식의 양변에 -log를 취하면, 또 다른 유용한 정보를 얻을 수 있다.

$$K_w = [H^+][OH^-]$$
$$-\log K_w = -\log(1.0 \times 10^{-14}) = -\log[H^+] + (-\log[OH^-])$$
$$pK_w = 14.00 = pH + pOH$$

25 ℃에서 산성, 중성, 염기성 용액의 $[H^+]$, $[OH^-]$, pH 및 pOH의 상관관계를 표 4.2에 요약했다.

표 4.2 **산성, 중성, 염기성 용액의 $[H^+]$, $[OH^-]$, pH 및 pOH의 상관관계**

	pH	$[H^+]$	$[OH^-]$	pOH
염기성	14.00	1.0×10^{-14}	1.0×10^{-0}	0.00
	10.00	1.0×10^{-10}	1.0×10^{-4}	4.00
중성	7.00	1.0×10^{-7}	1.0×10^{-7}	7.00
산성	4.00	1.0×10^{-4}	1.0×10^{-10}	10.00
	0.00	1.0×10^{-0}	1.0×10^{-14}	14.00

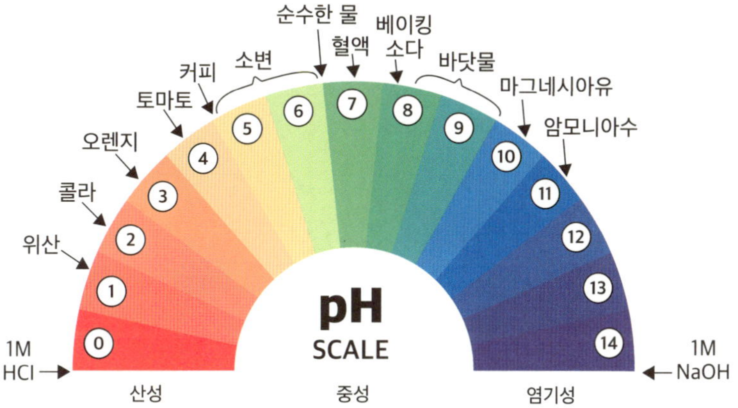

그림 4.2 pH 척도

pH는 우리 일상 생활에서 다양한 분야에 걸쳐 중요한 역할을 하며, 여러 사례를 통해 그 상관관계를 이해할 수 있다. pH가 우리 생활에 어떻게 영향을 미치는지를 보여 주는 몇 가지 사례를 살펴보자.

식품과 음료: pH는 식품의 맛, 안전성, 보존성에 큰 영향을 미친다. 예를 들어, 산성 식품(식초, 레몬주스 등)은 신맛을 내며, 미생물의 성장을 억제하여 식품의 보존성을 높인다. pH 조절은 잼이나 젤리와 같은 음식의 응고에도 영향을 미친다.

탄산 음료는 약산성으로 pH가 낮다. 이는 음료에 신맛을 부여하고, 보존성을 높이며, 청량감을 제공한다. 커피나 차의 pH는 그 맛과 향에 영향을 미치며, 물의 pH는 음료 제조 시 중요한 고려 사항이 된다.

건강과 위생: 피부의 자연적인 pH는 약산성(pH 4.5~5.5)이며, 이는 피부 장벽을 보호하고 세균의 성장을 억제하는 데 도움을 준다. 피부에 사용하는 제품의 pH는 피부 건강에 큰 영향을 미칠 수 있으며, 알맞은 pH의 제품을 선택하는 것이 중요하다.

구강 내 pH는 충치 발생과 관련이 있다. pH가 낮은 산성 환경은 치아 에나멜을 약화시켜 충치가 발생하기 쉽다. 이를 예방하기 위해서는 중성에 가까운 pH를 유지하는 것이 중요하며, 치약과 구강 세정제의 pH도 고려해야 한다.

농업과 원예: 식물이 잘 자라기 위해서는 적절한 토양 pH가 필요하다. 대부분의 식물은 pH 6~7의 중성 토양에서 잘 자라며, 토양의 pH가 너무 낮거나 높으면 영양소 흡수에 방해가 될 수 있다.

환경과 생태계: 강, 호수, 해양의 pH는 수생 생물의 생존과 생태계의 건강에 중요한 영향을 미친다. pH가 급격히 변하면 물고기와 다른 수생 생물에게 스트레스를 주거나 죽음에 이르게 할 수 있다. 산성비는 대기의 오염 물질이 물과 반응하여 산성화된 비를 형성하는 것으로, 이는 pH가 낮아져 토양과 수질에 부정적인 영향을 미친다. 산성비는 건축물과 식물에 피해를 줄 수 있어 그 영향은 광범위하다.

이와 같은 사례들은 pH가 우리의 일상 생활과 환경에 어떻게 중요한 영향을 미치는지를 보여 준다. pH는 다양한 분야에서 화학적 평형을 이해하고 조절하는 데 필수적인 요소로 작용하며, 우리의 건강과 환경을 보호하는 데 중요한 역할을 한다.

✖ 실험: 간단한 실험으로 산-염기 확인하기

간단한 실험을 통해 산과 염기를 확인하는 방법 중 하나는 천연 지시약을 사용하는 것이다. 붉은 양배추 지시약을 이용한 실험에 대하여 알아보자.

준비물

- 붉은 양배추
- 뜨거운 물
- 여러 개의 투명한 컵 또는 작은 유리병
- 다양한 가정용 액체(예: 식초, 레몬 주스, 베이킹 소다 용액, 비누 용액, 탄산 음료, 물 등)
- 체 또는 거즈(액체를 걸러 내는 용도)

실험 과정

1. 붉은 양배추 지시약 만들기

- 붉은 양배추를 잘게 썬 후, 그릇에 담고 뜨거운 물을 부어 준다.
- 약 10-15분 동안 우려 내어 붉은 색소가 물에 충분히 배어 나오도록 한다.
- 체나 거즈를 사용하여 양배추 조각을 걸러 내고, 붉은색 액체만 남긴다. 이 액체가 천연 pH 지시약이 된다.

2. 산-염기 확인 실험

- 준비된 투명한 컵이나 유리병에 다양한 가정용 액체를 각각 소량씩 따로 담는다.
- 각 컵에 붉은 양배추 지시약을 몇 방울씩 떨어뜨린다.
- 액체의 색 변화를 관찰한다.

결과 해석

- 산성 용액: 붉은 양배추 지시약이 빨간색 또는 분홍색으로 변하면, 그 용액은 산성이다. 예를 들어, 식초나 레몬 주스는 산성으로 반응할 것이다.
- 중성 용액: 붉은 양배추 지시약이 보라색을 유지하면, 그 용액은 중성이다. 일반적인 물은 중성으로 반응할 수 있다.
- 염기성 용액: 붉은 양배추 지시약이 녹색이나 푸른색으로 변하면, 그 용액은 염기성이다. 예를 들어, 베이킹 소다 용액이나 비누 용액은 염기성으로 반응할 것이다.

이 실험은 붉은 양배추의 안토시아닌 색소가 pH에 따라 색이 변하는 특성을 이용한 것이다. 이 방법은 간단하면서도 효과적으로 산과 염기를 구별할 수 있게 해 주며, 일상적인 재료를 사용하기 때문에 안전하게 수행할 수 있다.

4.5 산-염기의 세기

강산(Strong acid)은 물에서 완전히 또는 거의 완전히 이온화되는 강전해질(strong electrolyte)이다. 예를 들어, 염산(HCl), 황산(H_2SO_4), 질산(HNO_3), 과염소산($HClO_4$) 등이 강산에 해당한다.

$$HCl(aq) \xrightarrow{100\%\ 해리} H^+(aq) + Cl^-(aq)$$
$$HNO_3(aq) \xrightarrow{100\%\ 해리} H^+(aq) + OH^-(aq)$$
$$HClO_4(aq) \xrightarrow{100\%\ 해리} H^+(aq) + ClO_4^-(aq)$$

황산(H_2SO_4)은 이양성자산으로, 두 단계에 걸쳐 수소 이온(H^+)을 방출하는 이온화 과정을 겪는다. 첫 번째 단계에서는 황산이 거의 완전히 이온화되어 첫 번째 수소 이온을 방출한다.

$$H_2SO_4(aq) \xrightarrow{100\%\ 해리} H^+(aq) + HSO_4^-(aq)$$

이 단계는 거의 100% 이온화가 이루어지며, 황산이 강산으로 간주되는 이유이다.

두 번째 단계에서는 생성된 황산 수소 이온(HSO_4^-)이 추가로 수소 이온을 방출하지만, 이 과정은 일부만 이온화가 진행된다.

$$HSO_4^-(aq) \rightleftarrows H^+(aq) + SO_4^{2-}(aq)$$

이 단계는 완전한 이온화가 이루어지지 않으며, 비교적 약한 산으로 작용한다. 따라서, 황산은 첫 번째 단계에서는 강산으로, 두 번째 단계에서는 약산으로 거동한다.

강산들은 매우 위험하기 때문에 취급에 주의해야 한다. 염산이나 황산과 같은 강산은 피부에 닿으면 심각한 화상을 입힐 수 있다. 이러한 산은 단백질을 변성시키고 조직을 파괴하여 통증과 부종을 유발한다. 눈이나 점막에 노출되면 더욱 심각한 손상을 입힐 수 있으며, 즉각적인 응급 처치가 필요하다.

또한, 강산의 증기를 흡입하면 호흡기 점막을 자극하여 기침, 호흡 곤란, 심하면 폐 손상을 초래할 수 있다. 특히, 염산의 증기는 눈과 호흡기에 강한 자극을 주기 때문에 적절한 환기가 없는 환경에서는 위험할 수 있다.

일상생활에서 강산은 금속, 섬유, 종이 등의 물질을 부식시킬 수 있다. 예를 들어, 황산이 금속 표면에 닿으면 금속을 빠르게 부식시켜 구조적 손상을 초래할 수 있다.

또한 강산은 다른 화학 물질과 반응하여 폭발성 기체를 생성할 수 있다. 예를 들어, 염산과 표백제(하이포아염소산소듐)를 혼합하면 염소 기체(Cl_2)가 발생하여 심각한 호흡기 손상을 초래할 수 있다.

$$2HCl(aq) + NaClO(aq) \rightarrow NaCl(aq) + H_2O(l) + Cl_2(g)$$

약산(Weak acid)은 묽은 용액에서 일부만 이온화되는 약전해질(strong electrolyte)이다. 대표적인 약산은 아세트산(CH_3COOH)이다. 아세트산은 물에서 다음과 같이 이온화된다.

$$CH_3COOH(aq) \rightleftarrows H^+(aq) + CH_3COO^-(aq)$$

시판되는 식초는 5% 아세트산 수용액이다.

또 다른 일반적인 약산은 탄산(H_2CO_3)이다. 이것은 CO_2를 물에 녹일 때, 형성된다.

$$H_2CO_3(aq) \rightarrow H_2O(l) + CO_2(g)$$

사람의 혈액이나 탄산 음료는 H_2CO_3를 포함한다.

강산과 마찬가지로, 강염기는 물에서 완전히 또는 거의 완전히 이온화되는 강전해질(strong electrolyte)이다. 수산화소듐(NaOH), 수산화포타슘KOH) 등이 강염기에 해당한다.

$$NaOH(aq) \xrightarrow{100\%\ 해리} Na^+(aq) + OH^-(aq)$$

$$KOH(aq) \xrightarrow{100\%\ 해리} K^+(aq) + OH^-(aq)$$

수산화소듐(가성 소다)이나 수산화포타슘과 같은 강염기는 피부에 닿으면 심각한 화상을 입힐 수 있다. 이들 염기는 단백질을 변성시키고 지방을 비누화하여 조직을 심각하게 손상시킨다. 눈에 들어가면 시력을 손상시킬 수 있다. 강염기의 분진이나 증기를 흡입하면 호흡기 점막을 자극하여 기침, 인후통, 호흡 곤란을 유발할 수 있다. 특히, 농도가 높은 환경에서는 심각한 폐 손상을 초래할 수 있다.

또한, 산업 현장에서 강염기는 유리, 알루미늄, 아연 등의 물질을 부식시킬 수 있다. 예를 들어, 수산화소듐이 알루미늄과 반응하면 수소 기체를 방출하며, 이는 폭발 위험성을 가진다.

$$2Al(s) + 2NaOH(aq) + 2H_2O(l) \rightarrow 2NaAlO_2(s) + 3H_2(g)$$

약염기(Weak base)는 물에서 부분적으로만 이온화되는 약전해질(weak electrolyte)이다. 약염기는 강염기에 비해 염기성이 약하며, 대부분의 분자가 이온화되지 않고 분자 상태로 존재한다. 암모니아(NH_3)는 대표적인 약염기로, 물에서 부분적으로만 이온화되어 암모늄 이온(NH_4^+)과 수산화 이온(OH^-)을 형성한다.

$$NH_3(aq) + H_2O(l) \rightleftarrows NH_4OH(aq)$$

4.6 완충 용액: pH 변화에 저항하는 용액

사람의 혈액에 소량의 산이나 염기를 가하면, 혈액의 pH는 거의 변하지 않는다. 반면에 순수한 물에 소량의 산이나 염기를 가하면, 물의 pH는 급격하게 변한다. 이때, 혈액은 완충되어 있다고 표현한다. 이처럼, 어떤 용액(약산이나 약염기, 또는 그 염을 포함하는 용액)에 산 또는 염기를 첨가했을 때 pH 변화에 저항하는 능력을 가진 용액을 완충 용액(buffer solution)이라고 한다.

완충 용액의 요구 조건은 (1) 첨가된 OH^- 이온과 반응할 수 있는 비교적 높은 농도의 산을 포함해야 하며, 또한 첨가된 H_3O^+ 이온과 반응할 수 있는 충분한 농도의 염기를 포함해야 한다. (2) 산과 염기 성분들은 서로 반응하지 않아야 한다. 즉, 중화 반응으로 소비되면 안 된다. 이러한 요구 조건은 짝산-짝염기 쌍(약산과 그 짝염기 또는 약염기와 그 짝산)에 의해서 충족된다.

완충 용액 만들기

일반적으로 완충 용액을 만들기 위해서는 다음 두 가지 방법을 이용한다.

- 약산 또는 약염기를 그 산 또는 염기를 포함하는 염과 섞는 방법이다. 예를 들면, CH_3COOH 용액에 CH_3COONa 용액을 첨가하여, CH_3COOH/CH_3COO^- 완충 용액을 만들 수 있다. 비슷하게, NH_3 용액에 NH_4Cl 용액을 첨가하여, NH_4^+/NH_3 완충 용액을 만들 수 있다.
- 약염기나 약산을 강산이나 강염기와 반응시켜, 짝산 또는 짝염기를 얻을 수 있다. 예를 들면, CH_3COOH 용액에 일정량의 NaOH를 첨가하면, 주어진 반응처럼, CH_3COOH의 절반 정도를 중화할 수 있는 정도의 CH_3COOH/CH_3COO^- 완충 용액을 만들 수 있다.

$$CH_3COOH(aq) + OH^-(aq) \rightarrow CH_3COO^-(aq) + H_2O(l)$$

결과적으로 얻은 용액은 CH_3COOH 용액에 CH_3COONa 용액을 첨가한 경우와 같을 것이다.

적당한 화학종과 상대적인 농도를 조절함으로써, 적당한 pH에 해당하는 완충 용액을 만들 수 있다.

완충 용액의 pH 계산

완충 용액의 pH는 두 가지 방법으로 계산할 수 있다. 첫 번째, 짝산-짝염기 쌍에서 공통 이온을 공유하는 경우, pH를 구하기 위해서는 초기 산의 농도와 그 짝염기의 농도(또는 초기 염기의 농도와 그 짝산의 농도)를 모두 포함하는 평형 문제를 풀이하면, 그 결과로부터 pH를 계산할 수 있다. 두 번째, Henderson-Hasselbalch 식을 이용하는 경우이다. 일반적인 약산 HA와 짝염기 A^-를 포함하는 완충 용액을 생각해 보자.

$$HA(aq) + H_2O(l) \rightleftarrows H_3O^+(aq) + A^-(aq)$$

이에 상응하는 산 해리 상수식은

$$K_a = \frac{[H_3O^+][A^-]}{[HA]}$$

이 식에서 $[H_3O^+] = [H^+]$이므로, $[H^+]$에 대하여 풀면,

$$[H^+] = K_a \frac{[HA]}{[A^-]}$$

이 식의 양변에 -log를 취하면,

$$-\log[H^+] = -\log K_a + \left(-\log \frac{[HA]}{[A^-]}\right)$$

이 식에서 $-\log[H^+] = pH$이고, $-\log K_a = pK_a$이므로,

$$pH = pK_a + \log \frac{[A^-]}{[HA]}$$

이 방정식을 Henderson-Hasselbalch 식이라고 한다. 이 식을 일반화하면 다음과 같이 표현할 수 있다.

$$pH = pK_a + \log \frac{[\text{짝염기}]}{[\text{산}]}$$

완충 작용의 메커니즘

어떤 용액에 산 (H^+)또는 염기(OH^-)를 가했을 때, $[H^+]$의 변화를 억제하는 작용을 완충 작용(buffer action)이라고 한다. 즉, 완충 작용은 급격한 pH의 변화를 막아 주는 역할을 한다. 그렇지만 약간의 pH 변화는 존재한다.

어떻게 완충 용액이 작용하는가를 이해하기 위해서 약산 HA와 짝염기를 포함하는 MA염으로 된 완충 용액에 약간의 강산이나 약간의 강염기를 가했을 때를 생각해 보자.

이 완충 용액의 산 해리 평형에는 산과 그 짝염기가 모두 관여한다.

$$HA(aq) + H_2O(l) \rightleftarrows H_3O^+(aq) + A^-(aq)$$

이에 상응하는 산 해리 상수식은 다음과 같다.

$$K_a = \frac{[H_3O^+][A^-]}{[HA]}$$

1. 이 완충 용액에 OH^-를 첨가하는 경우. 이 완충 용액의 산 성분과 반응하여, 물과 A^-를 생성한다.

$$HA(aq) + \underbrace{OH^-(aq)}_{add\ base} \rightarrow H_2O(l) + A^-(aq)$$

이 중화 반응은 [HA]를 감소시키고, $[A^-]$를 증가시킨다. 그러나, 완충 용액 중 HA와 A^-의 양이 첨가된 OH^-의 양에 비해 많으면, $[A^-]/[HA]$는 크게 변하지 않는다. 따라서, pH 변화는 작다.

2. 이 완충 용액에 H^+(H_3O^+)를 첨가하는 경우. 이 완충 용액의 짝염기 성분과 반응하여, 약산과 물을 생성한다.

$$\underbrace{H_3O^+(aq)}_{add\ acid} + A^-(aq) \rightarrow H_2O(l) + HA(aq)$$

이 반응에서는 $[A^-]$는 감소하고, [HA]는 증가한다. 그러나, 완충 용액 중 HA와 A^-의 양이 첨가된 H_3O^+의 양에 비해 많으면, $[A^-]/[HA]$는 크게 변하지 않는다. 따라서, pH 변화는 작다.

완충 범위는 완충 용액이 효과적으로 pH 변화를 저항할 수 있는 pH의 범위를 의미한다. 이는 완충 용액이 산이나 염기가 첨가되었을 때, pH의 급격한 변화를 억제할 수 있는 능력을 유지하는 범위로, 일반적으로 약산과 그 짝염기(또는 약염기와 그 짝산)의 pK_a 값 주위에서 가장 효과적이다. 완충 용액은 약산과 그 짝염기의 농도가 비슷할 때 가장 효과적으로 pH를 조절할 수 있으며, 이 상태에서 용액은 산이나 염기의 첨가에 대해 가장 큰 저항성을 발휘한다. 일반적으로 완충 범위는 약산의 pK_a 값 ± 1의 pH 범위로 정의된다. 예를 들어, 아세트산의 pK_a가 약 4.76이라면, 아세트산-아세

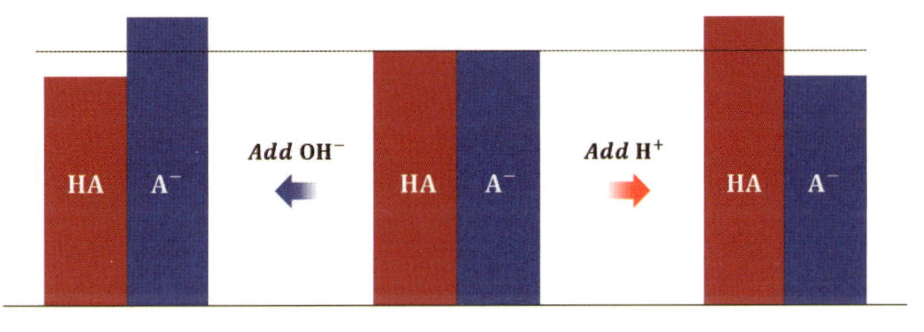

$$H_2O(l) + A^-(aq) \leftarrow \underbrace{OH^-(aq)}_{add\ base} + HA(aq) \qquad A^-(aq) + \underbrace{H_3O^+(aq)}_{add\ acid} \rightarrow H_2O(l) + HA(aq)$$

그림 4.3 완충 작용

트산 소듐 완충 용액의 효과적인 완충 범위는 대략 pH 3.76에서 5.76 사이이다.

완충 용액의 농도도 완충 범위에 영향을 미치며, 더 높은 농도의 완충 용액은 더 많은 산이나 염기를 중화할 수 있어, 더 큰 외부 변화에 저항할 수 있다. 완충 용량은 완충 용액이 외부로부터 산이나 염기가 첨가되었을 때, pH 변화를 저항할 수 있는 능력을 나타내는 척도로, 용액의 pH를 안정적으로 유지할 수 있는 최대 능력을 의미한다. 이는 주로 완충 용액을 구성하는 약산과 그 짝염기, 또는 약염기와 그 짝산의 농도에 의해 결정된다. 농도가 높을수록 완충 용량이 커지며, 이는 더 많은 양의 산이나 염기를 중화할 수 있는 능력을 갖게 됨을 의미한다. 완충 용액은 일반적으로 약산의 pK_a 값 또는 약염기의 pK_b 값 주변에서 최대 완충 용량을 가지며, 이때 용액 내 약산과 짝염기의 농도가 비슷하게 유지된다.

완충 용량은 무한하지 않으며, 완충 용액에 산이나 염기가 과량으로 첨가되면 결국 pH가 급격히 변할 수 있다. 따라서 완충 용액은 특정 범위 내에서만 효과적으로 작용한다.

4.7 생체 완충계의 완충 작용

우리 몸에서 완충 작용은 체내의 pH를 안정적으로 유지하는 데 중요한 역할을 하며, 이는 생명 유지에 필수적이다. pH의 급격한 변화는 생리적 기능에 심각한 영향을 미칠 수 있기 때문에, 다양한 완충계가 존재하여 이러한 변화를 억제하고 조절한다. 몇 가지 주요 완충계는 혈액, 세포 내 및 세포 외액에서 활동한다.

혈액 내 완충계: 탄산-중탄산 완충계

탄산-중탄산 완충계는 탄산(H_2CO_3)과 중탄산 이온(HCO_3^-)으로 구성된 체계로, 주로 혈액의 pH를 안정적으로 유지하는 역할을 한다. 이 완충계는 산과 염기의 첨가에 따라 다양한 방식으로 작용한다.

산이 첨가될 때, 탄산으로 전환되어 수소 이온을 중화함으로써 pH 변화를 최소화한다.

염기가 첨가될 때, 중탄산 이온이 수산화 이온과 반응하여 물과 탄산을 형성하여 pH를 조절한다.

이러한 작용 때문에 혈액의 pH는 약 7.4로 유지될 수 있으며, 이는 생명 유지에 매우 중요한 역할을 한다.

단백질 완충계

단백질 완충계는 생물체 내에서 pH를 조절하는 중요한 역할을 하며, 단백질은 아미노산 잔기의 작용기를 통해 이 기능을 수행한다. 단백질은 다양한 아미노산으로 구성되어 있으며, 각 아미노산의 작용기는 H^+ 이온을 받아들이거나 방출할 수 있는 능력을 가지고 있다. 이러한 특성 때문에 단백질은 주변 환경의 pH 변화를 감지하고 이에 대응하여 수소 이온의 농도를 조절함으로써 pH를 안정적으로 유지할 수 있다.

이 완충계는 특히 세포 내외의 pH 조절에 중요한 역할을 하며, 혈장 내 단백질은 혈액의 pH 변화에 민감하게 반응한다. 혈액 내 pH가 변할 경우, 단백질은 즉각적으로 수소 이온을 받아들이거나 방출하여 pH를 적정 수준으로 되돌리려는 작용을 한다. 이러한 단백질의 완충 작용 때문에 생체 내의 효소와 기타 단백질 구조가 안정적으로 유지될 수 있으며, 이는 정상적인 생리적 기능을 수행하는 데 필수적이다. 이렇게 단백질 완충계는 생체 내 다양한 화학 반응이 적절한 pH에서 효율적으로 이루어지도록 하는 데 기여한다.

인산 완충계

인산 완충계는 생체 내 특히 세포 내부에서 중요한 pH 조절 역할을 담당한다. 이 완충계는 이수소인산($H_2PO_4^-$)과 일수소인산(HPO_4^{2-})의 두 가지 형태로 구성되어 있다. 이러한 두 형태는 서로 간의 전환을 통해 pH를 조절한다.

- 산이 첨가될 때, 일수소인산(HPO_4^{2-})은 수소 이온(H^+)을 받아들여 이수소인산($H_2PO_4^-$)으로 전환된다. 이 과정은 수소 이온 농도의 증가를 억제하여 pH가 급격히 떨어지는 것을 방지한다.
- 염기가 첨가될 때, 이수소인산($H_2PO_4^-$)은 수산화 이온(OH^-)과 반응하여 일수소인산(HPO_4^{2-})과 물(H_2O)을 형성한다. 이는 수산화 이온 농도의 증가를 억제하여 pH가 급격히 상승하는 것을 방지한다.

이와 같은 인산 완충계의 작용은 세포 내부의 pH를 안정적으로 유지하는 데 중요하며, 이는 세포 내 효소의 최적 작동과 생화학적 반응의 효율성을 보장하는 데 필수적이다. 세포 내 환경이 적절한 pH 범위 내에 유지됨으로써, 세포는 정상적인 기능을 수행하고, 생명 유지에 필요한 다양한 반응을 효과적으로 진행할 수 있다.

호흡과 신장의 역할

호흡과 신장은 체내 pH 균형을 유지하는 데 중요한 역할을 한다. 호흡은 폐를 통해 혈액 내 이산화탄소(CO_2) 농도를 조절함으로써 혈중 pH에 직접적인 영향을 미친다. 혈액 내 CO_2 농도가 높아지면, 이는 혈액의 산성을 증가시키는 방향으로 작용한다. 이를 감지한 신체는 호흡 속도를 증가시켜 과도한 CO_2를 빠르게 배출한다. 이 과정은 혈중 pH를 상승시키고 정상 범위로 되돌리는 데 도움을 준다.

신장은 소변을 통해 체내 수소 이온(H^+)과 중탄산 이온(HCO_3^-)의 농도를 조절하여 pH 균형을 유지한다.

- 혈액의 pH가 떨어져 산성이 높아질 경우, 중탄산 이온을 재흡수하여 혈중 중탄산 농도를 높임으로써 완충 작용을 강화한다.
- 혈액의 pH가 높아져 알칼리성이 증가할 경우, 신장은 수소 이온을 적극적으로 배출하여 산도를 조절한다.

이러한 신장의 조절 메커니즘은 체내 환경을 최적의 pH 상태로 유지하여 신체의 정상적인 생리적 기능을 지원한다.

1. 완충 용액이란 무엇이며, 그 작용 원리를 설명하시오.

2. Henderson-Hasselbalch 식을 설명하고, 이를 이용하여 pH를 계산하는 방법을 서술하시오.

3. 생체 내 완충계의 역할과 종류를 설명하시오.

4. Arrhenius의 산-염기 정의를 설명하시오.

5. pH의 의미와 중요성을 설명하시오.

6. 산-염기 중화 반응의 예를 들고 설명하시오.

7. 강산과 약산의 차이점을 설명하시오.

8. 완충 용액의 농도가 pH 변화에 미치는 영향을 설명하시오.

9. 생리적 pH의 중요성과 이를 유지하기 위한 메커니즘을 설명하시오.

10. 인산 완충계의 작용을 설명하시오.

11. 브뢴스테드-로우리의 산-염기 정의를 설명하시오.

12. 탄산-중탄산 완충계의 중요성과 작용 원리를 설명하시오.

13. 물의 자체이온화와 관련된 평형 상수를 설명하시오.

14. 단백질 완충계의 기능을 설명하시오.

15. 약산-짝염기 쌍을 이용한 완충 용액의 예를 들고 설명하시오.

산화-환원 반응

산화-환원 반응은 우리 삶의 여러 측면에서 중요한 역할을 하는 화학적 과정이다. 이 반응은 산화와 환원이 동시에 일어나는 것으로, 하나의 물질이 전자를 잃으면(산화) 다른 물질이 그 전자를 얻는(환원) 과정을 의미한다. 이러한 반응은 일상적인 활동부터 생명 유지에 이르기까지 다양한 영역에서 핵심적인 역할을 한다.

햇빛을 음식으로 전환하는 광합성 과정은 산화-환원 반응의 대표적인 예이다. 이 과정에서 식물은 태양 에너지를 이용해 이산화탄소와 물을 포도당과 산소로 변환한다. 또한 우리는 스마트폰을 충전하고, 음식을 요리하며, 에너지를 얻기 위해 음식을 대사화하고, 호흡을 통해 산소를 들이마시고 이산화탄소를 내뱉는 과정에서도 산화-환원 반응에 의존한다.

산화-환원 반응은 에너지의 저장과 방출과 깊은 관련이 있다. 환원된 형태의 물질, 예를 들어 음식이나 석탄, 휘발유 같은 것들은 높은 에너지를 갖고 있다. 이러한 물질들이 산화되면서 에너지가 방출되는데, 이는 생명체가 생존하고 활동하는 데 필요한 에너지를 제공한다. 반면에 산화된 형태의 물질, 예를 들어 이산화탄소나 물은 낮은 에너지를 가진다.

이 외에도 산화-환원 반응은 산업, 환경, 의료 분야에서 다양한 응용을 가지고 있다. 철이 녹슬거나 표백제가 얼룩을 제거하는 것, 하이브리드 자동차 배터리가 충전 및 방전되는 과정, 오염 정화, 폐수 처리, 당뇨병 환자의 혈당 수치 측정 등 다양한 분야에서 활용된다.

이처럼, 산화-환원 반응은 우리 일상과 생명 유지에 필수적이며, 문명의 발전에도 중요한 기여를 하고 있다. 이 반응을 이해함으로써 우리는 다양한 화학적 과정을 더 깊이 이해하고, 이를 통해 삶의 질을 향상시킬 수 있다.

5.1 산화-환원 반응

가장 대표적인 산화-환원 반응 중 하나는 연소 반응이다. 즉 과량의 산소 속의 물질이 연소되는 것이다. 산화(oxidation)는 연소 중에 산소가 첨가된다는 관찰에서 비롯되었으며, 반대 과정은 산소의 제거를 요구하기 때문에 환원(reduction)이라고 부른다.

원래 산화라는 것은 산소와의 결합을 포함하는 반응으로 제한되었다. 화학자들은 염소 또는 다른 활성 비금속과의 결합이 산소와의 결합과 매우 유사하다는 것을 깨닫게 됨에 따라 이러한 다른 물질과 관련된 반응을 포함하도록 산화의 정의를 확장하게 되었다.

가장 간단한 연소 반응인 물을 형성하기 위한 수소의 연소 반응를 살펴보자.

$$2H_2 + O_2 \rightarrow 2H_2O$$

이 반응에서 수소에 산소가 첨가되어 산화된다. 동시에 산소가 감소한다. 산화가 발생할 때마다 환원도 정확히 동일한 양으로 발생해야 하며 그 반대의 경우도 마찬가지이다. 그래서, 일련의 화학 반응에서 산화 반응이 일어나면, 환원 반응도 동시에 일어난다고 한다.

즉, 산화 반응과 환원 반응은 화학적으로 서로 반대 개념으로 해석되며, 특정 화학종에 의해서 그 정의를 연결시킬 수 있다. 표 5.1에서는 산화-환원에 대한 정의를 특정 화학종에 따라 분류했다.

표 5.1 **산화-환원에 대한 4가지 견해**

특정 화학종(소스)	산화	환원
산소	얻으면	잃으면
수소	잃으면	얻으면
전자	잃으면	얻으면
산화수	증가하면	감소하면

산화-환원을 정의할 때, 그 추진력으로 이용되는 특정 화학종으로는 산소, 수소, 전자, 그리고 산화수(oxidation number)가 이용된다. 이 중에서 산화수를 이용하여, 산화-환원 반응을 해석하는 것이 여러 측면에서 매우 유리한다.

첫째, 산화수는 원자가 전자를 잃거나 얻은 정도를 명확하게 수치로 나타내기 때문에, 반응 전후의 산화수 변화를 통해 어떤 원자가 전자를 잃고 얻었는지를 쉽게 파악할 수 있다. 이는 전자 이동의 경로를 명확히 추적하는 데 큰 도움이 된다.

둘째, 산화수의 변화를 통해 반응에 참여하는 전자의 수를 알 수 있어, 반응식을 균형 잡는 과정이 훨씬 간단해진다. 산화수는 산화제와 환원제를 구분하는 데도 유용하다. 전자를 잃어 산화수가 증가하는 물질은 환원제이며, 전자를 얻어 산화수가 감소하는 물질은 산화제로 작용한다. 이러한 구분은 반응 메커니즘을 이해하는 데 필수적인 요소이다.

셋째, 산화수를 이용하면 다양한 화학 반응에서 산화-환원 과정이 발생할 가능성을 예측할 수 있다. 이는 새로운 화학 반응을 설계하거나 실험을 계획할 때 매우 유용한 정보가 된다.

마지막으로, 산화수 개념은 복잡한 반응을 단순화하여 이해하는 데 도움을 준다. 많은 원자가 관여하는 복잡한 반응에서도 각 원소의 산화수 변화를 통해 주요 반응 경로를 쉽게 파악할 수 있다.

예를 들어, 독성이 강한 $Cr_2O_7^{2-}$ 화학종은 일련의 반응을 거치면, 훨씬 독성이 적은 Cr^{3+} 화학종으로 변화할 수 있다. 이 반응은 특정 화학종의 독성을 줄일 수 있다는 점에서 환경적으로 매우 중요한 반응이다.

산화

+6 → +3

$$Cr_2O_7^{2-}(aq) + 3Sn^{2+}(aq) + 14H^+(aq) \rightarrow 2Cr^{3+}(aq) + 3Sn^{4+}(aq) + 7H_2O(l)$$

+2 → +4

환원

이 반응에 참여한 모든 화학종에 대하여, 산화수 변화를 살펴보면,

- $3Sn^{2+}(aq) \rightarrow 3Sn^{4+}(aq)$: Sn^{2+}의 산화수는 +2에서 Sn^{4+}로 변하면서 산화수가 +4로 증가했다. 그러므로, 주석(Sn) 화학종은 이 반응에서 산화되었다.
- $Cr_2O_7^{2-}(aq) \rightarrow 2Cr^{3+}(aq)$: 이 반응에서 $Cr_2O_7^{2-}$ 화학종에서 크롬(Cr)의 산화수는 +6에서 생성물 크롬인 Cr^{3+}의 산화수는 + 3으로 산화수가 감소했다. 그러므로, 이 반응에서 크롬(Cr) 화학종은 환원되었다.

5.2 전기화학 전지

✖ 어떤 교수님의 전기화학 강의 내용입니다.

전기와 화학의 만남은 마치 두 다른 세계의 협력과 같다고 할 수 있습니다. 이 둘이 만나면, 우리에게 아주 흥미롭고 유용한 결과물을 만들어 냅니다.

전기와 화학의 첫 만남:

한때, 전기는 하늘을 가르는 번개처럼 우리에게 신비롭고 두려운 존재였습니다. 반면에 화학은 불과 같이, 물질의 변화를 통해 우리에게 따뜻함과 새로운 물질을 선사해 줍니다. 이 둘이 함께 작용하면, 아주 놀라운 일이 벌어집니다.

전기와 화학이 함께 만드는 마법:

전기와 화학의 첫 번째 협력은 "배터리"입니다. 배터리는 전기 에너지를 저장했다가 필요할 때 꺼내 쓸 수 있게 해 줍니다. 마치 마법의 주머니처럼, 필요한 순간에 무엇인가 꺼내 쓰는 것처럼, 전력을 꺼내 쓰는 거죠. 우리가 사용하는 스마트폰, 노트북, 심지어 전기차도 이 마법 덕분에 작동한다고 할 수 있답니다.

물의 변신:

전기와 화학이 만나면 물을 수소와 산소로 분해할 수도 있습니다. 이 과정은 마치 물을 두 가지 다른 기체로 변신시키는 마술과 같습니다. 최근에 이 수소는 미래의 청정 에너지원으로 주목받고 있습니다.

금속의 새로운 모습:

전기 도금이라는 기술을 통해 금속 표면을 아름답고 강하게 변신시킬 수 있습니다. 오래된 금속에 새로운 생명을 불어넣어 주는 마법 같은 과정이죠.

전기와 화학의 지속적인 파트너십:

전기와 화학은 이제 우리의 일상에서 떼려야 뗄 수 없는 파트너가 되었습니다. 이들의 만남은 에너지 저장과 변환, 신소재 개발 등 여러 분야에서 혁신을 이루고 있습니다. 그 결과 우리는 더 효율적이고 지속 가능한 세상을 꿈꿀 수 있게 되었습니다.

결국, 전기와 화학의 만남은 서로의 장점을 극대화하여 우리에게 무한한 가능성을 열어 줍니다. 전기와 화학의 협력은 과학의 경이로움을 보여 주는 최고의 예시 중 하나라 할 수 있습니다.

전기 화학은 화학 반응과 전기 에너지의 상호 작용을 연구하는 과학의 한 분야이다. 쉽게 말해서, 전기화학은 화학 에너지를 전기 에너지로 변환하거나 전기 에너지를 화학 에너지로 변환하는 방법을 다룬다. 전기 화학을 설명할 때, 가장 일반적인 예로 설명하는 것이 배터리이다. 배터리(battery)는 화학 반응을 통해 저장된 에너지를 전기 에너지로 변환하여 전자기기를 작동시킨다. 반대로, 물을 전기 분해하여 수소와 산소로 분리하는 과정도 전기 화학의 한 예이다. 이 과정에서는 전기 에너지를 사용하여 화학적 변화를 일으킨다.

볼타 전지(Voltaic cell)는 전기 화학 전지의 일종으로, 화학 에너지를 전기 에너지로 변환하는 장치이다. 이 전지는 두 가지 다른 금속을 전해질 용액에 담가서 전류를 생성하는 원리를 기반으로 하며, 최초로 연속적인 전류를 생성한 전지이다.

볼타 전지는 현대의 전지 기술의 기초가 되었으며, 오늘날 우리가 사용하는 다양한 형태의 전지로 발전해 왔다. 일반적으로 전지는 한 개의 전지로 구성될 수 있으며, 예를 들어 손전등에 사용되는 전지가 이에 해당한다. 그러나 더 큰 용량이나 전압이 필요한 경우, 여러 개의 전지를 직렬 또는 병렬로 연결하여 구성된 배터리가 사용된다. 자동차 배터리가 이러한 예로, 여러 개의 전지를 조합하여 높은 전압과 전류를 형성한다.

전기 화학의 중요한 개념 중 하나는 전지(또는 배터리)이다. 전지(cell)는 일반적으로 두 개의 전극(양극과 음극)과 전해질로 구성된다.

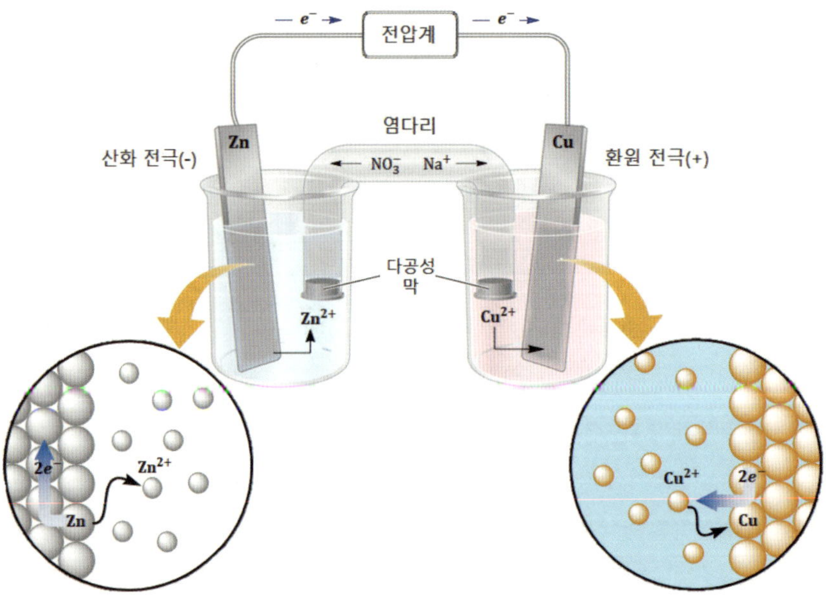

그림 5.1 전기 회로를 완결하기 위해 염다리를 사용한 볼타 전지

• **양극**(anode)은 전기화학 반응에서 산화가 일어나는 전극으로 산화 전극(oxidation electrode)이라고도 한다. 전자는 산화 전극에서 빠져나간다.
• **음극**(cathode)는 전기 화학 반응에서 환원이 일어나는 전극으로 환원 전극(reduction electrode)이라고도 한다. 전자는 환원 전극으로 들어간다.
• **전해질**(electrolyte)은 이온을 전도하는 매개체로, 전극 간의 이온 이동을 가능하게 한다.

전지가 작동할 때, 산화 전극에서 환원 전극으로 전자가 이동하며, 이 과정에서 전류가 발생한다. 전지의 종류와 사용된 재료에 따라 전지의 전압, 용량, 에너지 밀도 등이 달라진다.

일반적으로 전지는 산화 전극과 환원 전극에서 일어나는 화학 반응의 가역성에 따라 1차 전지와 2차 전지로 나눈다.

1차 전지(Primary battery)

1차 전지는 한 번 사용한 후에 다시 충전할 수 없는 전지이다. 이러한 전지는 제조 시에 이미 내부에 저장된 화학 에너지를 전기 에너지로 변환하여 사용하고, 에너지가 모두 소모되면 더 이상 사용할 수 없게 된다. 즉 이러한 원리를 화학적으로 설명하면, 1차 전지는 내부에서 발생하는 화학 반응이 한 방향으로만 진행하는 비가역적이어서 방전 후에 다시 충전하여 사용할 수 없다. 일반적으로 1차 전지는 긴 저장 수명을 가지며, 장기간 보관 후에도 사용할 수 있는 특성이 있다. 또한 1차 전지는 높은 에너지 밀도를 가지고 있기 때문에 소형 전기 장치에서 장시간 사용이 가능하다.

건전지와 알칼리 전지

일반적인 가정용 배터리는 1866년 프랑스의 George Leclanché(조르주 르클랑셰)가 특허를 낸 Leclanché 전지이다. 아연(Zn)은 양극 역할을 하고, 음극은 장치 중앙에 배치된 흑연(C) 막대이다. 이 전지는 눈에 보이는 액체가 없기 때문에 종종 "건전지(dry cell)"라고 불린다(그림 5.2). 그러나 전지에는 NH_4Cl, $ZnCl_2$ 및 MnO_2의 촉촉한 반죽(paste)

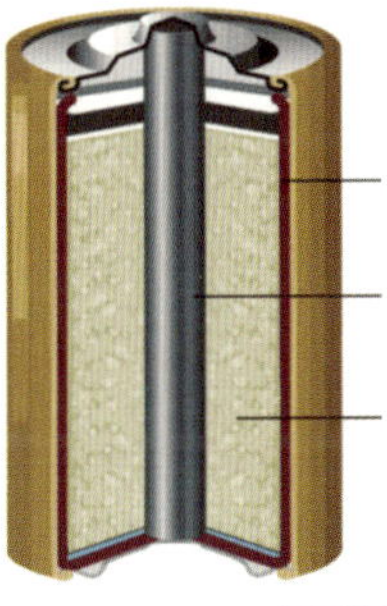

그림 5.2 건전지

이 포함되어 있으므로 물이 존재한다. 존재하는 이온이 한 전극에서 다른 전극으로 이동할 수 있어야 하기 때문에 수분이 필요하다.

Zn/MnO_2 전지는 다음과 같은 반쪽 반응을 사용하여 1.5 V(볼트)의 전위를 생성한다.

산화 전극: $Zn(s) \rightarrow Zn^{2+}(aq) + 2e^-$

산화 전극: $2MnO_2(s) + 2NH_4^+(aq) + 2e^- \rightarrow Mn_2O_3(s) + 2NH_3(g) + H_2O(l)$

Zn/MnO_2 건전지는 저렴한 비용으로 널리 사용되었지만, 몇 가지 단점이 있다. 배터리에서 전류가 빠르게 유입되면 기체 생성물이 충분히 빠르게 소모되지 않아 전지 저항이 상승하고, 전압이 떨어진다. 또한 아연 전극과 NH_4^+ 이온은 전지에서 접촉하며, 이러한 화학 물질은 천천히 반응한다. 즉, 음극의 아연은 쉽게 부식되는 단점을 가지고 있다. 또 아연 외피가 열화되면, 배터리의 내용물이 누출되어 배터리가 들어 있는 기기가 손상될 수 있다. 이상은 산성 배터리에 대한 설명이다.

이와 대조적인 1차 전지로 알칼리 전지도 존재한다. 현재 카메라나 손전등에 알칼리 전지를 사용하는데, 그 이유는 같은 크기의 건전지보다 최대 50% 더 긴 양의 전류를 생성하기 때문이다. 알칼리성 전지의 화학적 성질은 전지 내부의 물질이 염기성(알칼리성)이라는 점을 제외하면 Zn/MnO_2 건전지와 유사하다. 알칼리 전지는 아연의 산화와 MnO_2의 환원을 사용하여 전류를 생성하지만, 산성 염인 NH_4Cl 대신 NaOH 또는 KOH를 사용한다. 전지 반응은 복잡하지만, 대략 다음과 같이 나타낼 수 있다.

산화 전극: $Zn(s) + 2OH^-(aq) \rightarrow ZnO(s) + H_2O(l) + 2e^-$

환원 전극: $2MnO_2(s) + H_2O(l) + 2e^- \rightarrow Mn_2O_3(s) + 2OH^-(aq)$

1.54 V를 생성하는 알칼리 전지는 기체가 형성되지 않기 때문에 높은 전류 부하에서 전지 전위가 감소하지 않는다는 장점이 있다.

리튬 전지

리튬 전지는 리튬 금속이나 리튬 화합물을 사용하여 에너지를 저장하고 공급하는 1차 전지이다. 이 전지는 주로 일회용으로 설계되어 방전 후에는 재충전할 수 없다. 리튬 전지는 다른 유형의 1차 전지보다 에너지 밀도가 높아 같은 크기에서 더 많은 에너지를 저장할 수 있다. 리튬은 금속 원소들 중에서 가장 가벼운 금속 원소 중 하나로, 리튬 전지는 무게가 가벼워서 휴대가 용이하다. 리튬 전지는 장기간의 저장 후에도 방전이 적어 긴 유효 수명을 가지고 있고 극한의 온도 조건에서도 안정적으로 작동하며, 일반적으로 1.5 V에서 3.7 V 사이의 고전압을 발생시킨다.

리튬 전지의 기본 작동 원리는 리튬 금속이 산화 전극에서 산화되어 리튬 이온과 전자를 방출하고, 리튬 이온은 전해질을 통해 환원 전극으로 이동하여 MnO_2와 반응하게 된다. 이 과정에서 전자가 외부 회로를 통해 이동하며 전류를 생성한다.

산화 전극: $x\mathrm{Li}(s) \rightarrow x\mathrm{Li}^+ + x\mathrm{e}^-$

환원 전극: $\mathrm{MnO_2}(s) + x\mathrm{Li}^+ + x\mathrm{e}^- \rightarrow \mathrm{Li}_x\mathrm{MnO_2}(s)$

리튬 전지는 소형 전자기기, 카메라, 시계, 의료 기기 등에서 널리 사용된다. 특히 높은 에너지 밀도가 요구되는 장치에 적합하다. 리튬 전지는 고성능과 경량화가 요구되는 현대 전자기기에서 중요한 역할을 하며, 다양한 산업 분야에서 필수적인 에너지원으로 자리 잡고 있다.

수은 전지

수은 전지(mercury battery)는 수은 산화물 전지라고도 불리며 주로 1차 전지로 사용된다. 이 전지는 안정적인 전압을 제공하고 작은 크기에도 불구하고 높은 에너지 밀도를 가지기 때문에 다양한 소형 전자기기에 사용된다.

수은 전지에서는 아연(Zn)을 산화 전극으로, 산화 수은(II)(HgO)를 환원 전극으로 이용한다. 산화 전극에서는 아연이 산화되어 전자를 방출하고 수산화 이온과 반응하여 산화아연과 물을 생성한다. 환원 전극에서는 수은 산화물이 환원되어 금속 수은과 수산화 이온을 생성한다.

산화 전극: $\mathrm{Zn}(s) + 2\mathrm{OH}^-(aq) \rightarrow \mathrm{ZnO}(s) + \mathrm{H_2O}(l) + 2\mathrm{e}^-$

환원 전극: $\mathrm{HgO}(s) + \mathrm{H_2O}(l) + 2\mathrm{e}^- \rightarrow \mathrm{Hg}(s) + 2\mathrm{OH}^-(aq)$

수은 전지는 시계, 계산기, 보청기 등의 소형 기기에 적합한 작은 크기와 긴 저장 수명을 가지고 있다. 방전 시까지 일정한 전압을 유지하여 정밀한 전압이 필요한 기기에 특히 유리하다. 그러나 수은 전지는 계산기, 시계, 보청 장치, 사진기 및 소형 장치에 사용된다. 그러나 수은과 수은 화합물은 독성을 가지고 있으며, 수은 전지의 부주의한 처리는 지하수의 오염이나 대기 중의 수은 증기와 같은 환경 문제를 야기한다.

2차 전지(Secondary battery)

2차 전지는 충전하여 여러 번 사용할 수 있는 전지이다. 이러한 전지는 화학 반응이 가역적이어서 방전 후 다시 충전하여 사용할 수 있다. 그래서 전지라는 명명보다는 일반적으로 배터리라고 명명한다. 이는 전기 에너지를 화학 에너지로 저장했다가 필요할 때 다시 전기 에너지로 변환하는 과정을 반복할 수 있음을 의미한다. 즉, 2차 전지는 내부 화학 반응이 가역적이어서 방전 후 외부 전원을 통해 다시 충전할 수 있다. 여러 번 충전 및 방전 사이클을 견딜 수 있도록 설계되어 긴 사용 수명을 가진다. 또한 높은 에너지 밀도와 긴 수명 덕분에 다양한 전자 기기, 차량, 에너지 저장 시스템 등에 사용된다.

납-축전지

납-축전지는 가장 오래된 재충전이 가능한 2차 전지로, 충전식 배터리 중 하나이다. 주로 자동차의 시동 배터리, 산업용 전원 공급 장치, 비상 전원 공급 장치 등에 사용된다.

이 배터리는 납으로 구성된 산화 전극과 이산화납으로 구성된 환원 전극, 그리고 황산 수용액으로 이루어진 전해질로 구성되어 있다.

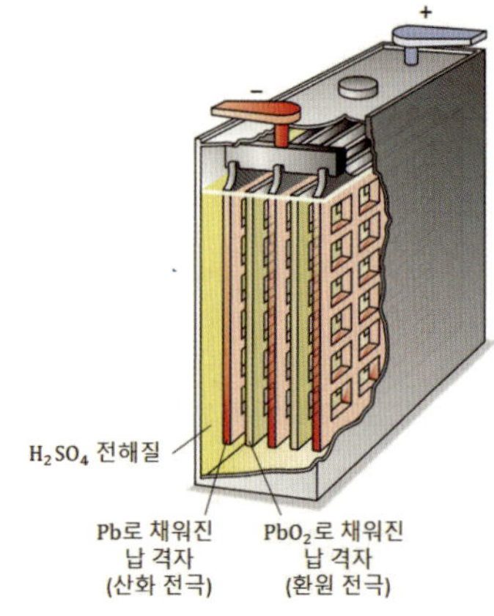

그림 5.3 자동차용 납 축전지

배터리가 작동될 때, 각각의 전극 반응은 다음과 같이 일어난다.

산화 전극: $Pb(s) + SO_4^{2-}(aq) \rightarrow PbSO_4(s) + 2e^-$

환원 전극: $PbO_2(s) + SO_4^{2-}(aq) + 4H^+(aq) + 2e^- \rightarrow PbSO_4(s) + 2H_2O(l)$

$$Pb(s) + PbO_2(s) + 2H_2SO_4(aq) \rightarrow 2PbSO_4(s) + 2H_2O(l)$$

방전 시 산화 전극의 납(Pb)과 환원 전극의 산화납(PbO_2)이 황산과 반응하여 황산납($PbSO_4$)과 물

(H_2O)을 생성하며 이 과정에서 전류가 발생한다.

$$Pb(s) + PbO_2(s) + 2H_2SO_4(aq) \xrightarrow{\text{방전}} 2PbSO_4(s) + 2H_2O(l)$$

충전 시 외부 전원으로부터 전류를 공급받아 황산납이 다시 산화납과 납으로 환원되며 전해질 내의 황산 농도가 회복된다.

$$Pb(s) + PbO_2(s) + 2H_2SO_4(aq) \xleftarrow{\text{충전}} 2PbSO_4(s) + 2H_2O(l)$$

납-축전지는 제조 비용이 비교적 저렴하고 높은 전류를 짧은 시간 동안 제공할 수 있어 자동차 시동에 적합하며 오랜 역사를 통해 그 안정성과 신뢰성이 검증되었다. 그러나 상당히 무겁고 과도한 방전과 충전이 반복되면 수명이 단축될 수 있으며 납과 황산은 환경 오염 물질로 적절한 처리가 필요하다. 이러한 이유로 납-축전지는 자동차 배터리나 비상 전원 공급 장치, 산업용 장비 등에서 여전히 널리 사용되지만 무게와 환경 문제로 인해 리튬 이온 전지 등 다른 종류의 배터리로 대체되는 추세도 있다.

리튬 이온 전지

리튬 이온 전지는 충전이 가능한 2차 전지로, 휴대폰, 노트북, 전기 자동차 등 다양한 전자 기기에 널리 사용된다. 이 전지는 리튬 이온의 이동을 통해 에너지를 저장하고 방출하는 방식으로 작동한다. 리튬 이온 전지는 같은 크기의 다른 전지보다 더 많은 에너지를 저장할 수 있고 다른 전지에 비해 상대적으로 가벼운 경량 금속인 리튬을 사용하기 때문에 휴대용 전자 기기에 적합하다. 이 전지는 여러 번 충전과 방전이 가능하여 경제적이며 환경적으로도 유리하다. 또한 사용하지 않을 때 에너지 손실이 적어 저장 수명이 길다.

리튬 이온 전지는 리튬 원자가 탄소 원자의 층 사이에 삽입된 흑연 산화 전극을 사용한다. 이른바 리튬 처리된 흑연(Li_xC_6)은 리튬 금속을 포함하고 있지 않기 때문에 이러한 리튬 이온 전지는 리튬 전지라고 명명하지 않는다. 리튬 이온 전지에서 보편적인 환원 전극은 Li^+ 이온을 구조 안에 흡수할 수 있는 MnO_2와 다른 금속 산화물인 이산화코발트(CoO_2)이다. 전해질은 유기용매에 리듐염이 녹아 있는 용액이거나 Li^+ 이온을 이동시킬 수 있는 고체 상태 고분자 전해질이다.

리튬 이온 배터리에서 일어나는 반응은 지금까지 논의된 알칼리나 다른 2차 전지에 비해 훨씬 복잡하다. Li^+ 이온은 충전과 방전하는 동안 두 전극 사이를 왕복한다. 리튬 이온 전지의 특정 반쪽 반응은 다음과 같다. 여기서, 정반응일 때 충전, 역반응일 때 방전이 일어난다.

산화 전극: $x\,Li^+ + x\,e^- + 6C(s) \rightleftarrows Li_xC_6(s)$

환원 전극: $LiCoO_2(s) \rightleftarrows Li_{1-x}CoO_2(s) + x\,Li^+ + x\,e^-$

리튬 이온 전지는 스마트폰, 노트북, 태블릿, 전기차, 드론 등 다양한 전자 기기에 사용되며, 충전 속도가 빠르고 수명이 길어 경제적인 장점도 많다. 이처럼, 리튬 이온 전지는 현대 생활에서 필수적인 에너지원으로 자리 잡고 있으며 기술의 발전에 따라 그 성능과 안전성이 지속적으로 향상되고 있다.

✖ 알아 두기: 열폭주 현상

열폭주(thermal runaway)는 전지, 특히 리튬 이온 전지에서 발생할 수 있는 심각한 현상으로, 내부 온도가 급격하게 상승하는 상태를 의미한다. 이 현상은 전지 내부의 화학 반응이 통제 불가능한 발열 반응으로 전환될 때 발생하는데, 열폭주는 다양한 원인에 의해 촉발될 수 있으며, 이러한 원인에는 전지의 과충전, 과방전, 내부 단락, 물리적 손상 등이 포함된다.

전기자동차의 열폭주 발생 사례들은 1) 전기차 배터리 셀 내의 전극이 손상되거나 외부 압력으로 인해 서로 접촉할 경우, 전류가 급격히 증가하면서 열이 발생할 수 있다. 2) 배터리가 과충전되거나 과방전될 경우, 전지 내부의 전해질이 분해되면서 열이 발생한다. 3) 교통사고나 도로 위의 장애물에 의해 배터리 팩이 물리적으로 손상되면 내부 셀이 파괴되어 단락 및 열폭주가 발생할 수 있다.

리튬 이온 전지에서 열폭주가 시작되면 전지의 온도는 급격히 상승하게 된다. 이는 전지 내부에서 다른 발열 반응을 촉발하며, 이러한 연쇄 반응은 온도를 더욱 가속적으로 상승시킨다. 이러한 과정에는 전해질의 분해, 전극 재료의 분해, 그리고 전지 내 SEI(Solid Electrolyte Interphase) 층의 파괴 등이 포함된다. 결국, 온도가 특정 수준 이상으로 올라가면 전지 내부의 압력이 급격히 증가하고 가연성 가스가 방출된다. 이 상태에서는 작은 점화원에도 불이 붙거나 폭발이 발생할 수 있다.

열폭주는 전지의 화재나 폭발의 주요 원인으로, 특히 전기자동차, 휴대용 전자기기 등에서 큰 안전 위험을 초래할 수 있다. 이러한 위험성을 줄이기 위해 전지 설계 및 관리에서 다양한 기술적 조치가 필요하다. 배터리 관리 시스템(BMS)은 전지의 온도, 전압, 전류를 지속적으로 모니터링하여 이상 상태를 감지하고 열폭주를 방지하기 위한 조치를 취한다. 또한 전지의 열을 효과적으로 방출하기 위한 냉각 시스템과 외부 충격으로부터 보호하기 위한 강화된 케이스와 구조물이 설계에 포함되고 있다. 열폭주는 전지 기술에서 매우 중요한 안전 문제로, 이를 제어하기 위한 기술적 발전이 지속되고 있다.

니켈-카드뮴(NiCd) 전지

니켈-카드뮴(Ni-Cd) 전지는 충전 가능한 2차 전지로, Ni-Cd 전지는 양극으로 수산화니켈(NiOOH), 음극으로 카드뮴(Cd)을 사용하는 충전식 배터리이다. 이 전지에서의 방전(→)과 충전(←) 과정의 알짜 반응식은 다음과 같다.

$$\mathrm{Cd}(s) + 2\mathrm{NiO(OH)}(s) + 2\mathrm{H_2O}(l) \rightleftarrows \mathrm{Cd(OH)_2}(s) + 2\mathrm{Ni(OH)_2}(s)$$

이 전지는 다양한 용도에서 사용되며 특히 높은 전류가 필요한 상황에서 유용하다. Ni-Cd 전지는 여러 번 충전과 방전이 가능하여 재사용이 가능하며 높은 전류 방전이 가능하여 전동 공구, 무선 통신 기기 등과 같이 전력이 많이 필요한 기기에 적합하다. 또한 극한의 온도 조건에서도 안정적으로 작동할 수 있다. 한편, Ni-Cd 전지는 반복적인 부분 방전과 충전 시 전지의 용량이 감소하는 메모리 효과가 발생할 수 있다.

Ni-Cd 전지는 고전류가 필요한 전동 공구, 무선 전화기, 카메라 플래시 등에서 널리 사용된다. 또한 넓은 온도 범위에서 안정적으로 작동하기 때문에 항공 우주 및 군사 분야에서도 사용된다. 그러나 카드뮴의 독성으로 인해 환경에 미치는 영향을 줄이기 위해 사용이 점차 감소하고 있으며, 니켈-수소(NiMH) 전지나 리튬 이온 전지로 대체되고 있다.

니켈-수소(NiMH) 전지

니켈-수소 전지(NiMH 전지)는 재충전이 가능한 2차 전지로, 니켈과 금속 수소화물을 이용하여 전기를 저장한다. 이 전지는 환원 전극에 니켈(III) 산화물 수화물(NiOOH)을 사용하고 산화 전극에는 금속 수소화물 합금(MH)을 사용한다. 이 전지에서의 방전(→)과 충전(←) 과정의 알짜 반응식은 다음과 같다.

$$MH(s) + NiO(OH)(s) \rightleftarrows M(s) + Ni(OH)_2(s)$$

NiMH 전지는 높은 에너지 밀도를 가지고 있어 동일한 크기의 니켈-카드뮴(Ni-Cd) 전지보다 더 많은 에너지를 저장할 수 있다. 또한 메모리 효과가 적어 완전 방전 없이도 충전할 수 있다는 장점이 있다. 환경 측면에서도 카드뮴과 같은 유해 물질을 사용하지 않기 때문에 상대적으로 친환경적이다. 그러나 이 전지는 자기 방전율이 높아 사용하지 않아도 시간이 지나면 충전량이 감소할 수 있으며, 충전 속도가 느리고 극한의 온도에서 성능이 저하될 수 있다는 단점도 있다. 이러한 특성 때문에 NiMH 전지는 가정용 전자 기기, 무선 전화기, 카메라, 그리고 하이브리드 자동차와 같은 다양한 분야에서 사용된다. 특히, 하이브리드 자동차에서는 고용량 전지가 필요하기 때문에 많이 사용된다. NiMH 전지는 리튬 이온 전지와 같은 최신 기술에 의해 점차 밀리고 있지만 여전히 많은 곳에서 사용되고 있는 신뢰할 수 있는 전지 기술이다.

5.3 전기 분해

전기 분해는 전기 에너지를 이용하여 화합물을 분해하는 과정으로, 전기 에너지를 화학 에너지로 변환하여 화합물의 결합을 끊고 새로운 물질을 생성한다. 이 과정은 전해질 용액 또는 용융 상태의 이온 화합물에서 이루어지며 양극과 음극이라는 두 개의 전극을 필요로 한다. 전해질은 수용액 상태의 이온 화합물이나 용융 상태의 이온 화합물로, 전류가 흐를 수 있게 해 준다. 양극에서는 산화 반응이 일어나 금속이 전자를 잃고 양이온이 되며 음극에서는 환원 반응이 일어나 음이온이 전자를 얻는다. 외부 전원으로부터 전압을 공급하여 전류를 흐르게 하면 이온들이 각각 음극과 양극으로 이동하여 화학 반응이 진행된다.

전기 분해는 다양한 산업 분야에서 활용되며 그중 몇 가지 대표적인 예로는 물의 전기 분해, 금속의 정제, 금속 도금, 염소 및 수산화소듐 생산, 그리고 알루미늄 생산이 있다. 물의 전기 분해는 물을 수소와 산소로 분해하여 수소 연료를 생산하는 친환경 에너지 기술로 사용된다. 금속의 정제에서는 전기 분해를 통해 구리와 같은 금속에서 불순물을 제거하고 순수한 금속을 얻는다. 금속 도금은 전기 분해를 통해 금속 표면에 다른 금속을 입혀 부식 방지와 미적 효과를 얻는 과정이다. 소금물의 전기 분해를 통해 염소와 수산화소듐을 생산하며 이들은 각각 소독제와 화학 공업, 비누 및 세제 제조에 사용된다. 또한 알루미늄 생산에서는 보크사이트로부터 알루미늄을 추출하는 데 전기 분해가 사용되며 이는 알루미늄 산업의 핵심 공정이다. 전기 분해는 이러한 다양한 산업 분야에서 중요한 역할을 하며 화합물을 분해하고 새로운 물질을 생성하는 데 필수적인 기술로 자리 잡고 있다.

5.4 산화-환원 반응의 응용

금속의 부식과 방지

산화-환원 반응은 금속의 부식과 이를 방지하는 방법에 중요한 역할을 한다. 금속 부식은 금속이 산화되어 원래의 형태나 특성을 잃는 과정으로 주로 환경의 산소와 수분에 의해 촉진된다. 예를 들어 철의 부식은 아주 쉽게 일어나며 방지하기가 어렵다. 철이 부식되면 녹이라고 하는 적갈색의 $Fe_2O_3 \cdot xH_2O$ 화합물이 생성된다(그림 5.4). 부식 과정에서 산화-환원 반응을 수반한다. 전자는 산화가 일어나는 부분에서 환원이 일어나는 부분으로 금속을 통해 이동한다.

산화 반응(철의 산화): $Fe(s) \rightarrow Fe^{2+}(aq) + 2e^-$

환원 반응(산소의 환원): $O_2(g) + 4H^+(aq) + 4e^- \rightarrow 2H_2O(l)$

$$2Fe(s) + O_2(g) + 4H^+(aq) \rightarrow 2Fe^{2+}(aq) + 2H_2O(l)$$

초기 반응에서 생성된 Fe^{2+} 이온은 대기 중의 공기나 흐르는 물에 노출되면 충분한 물과 산소에

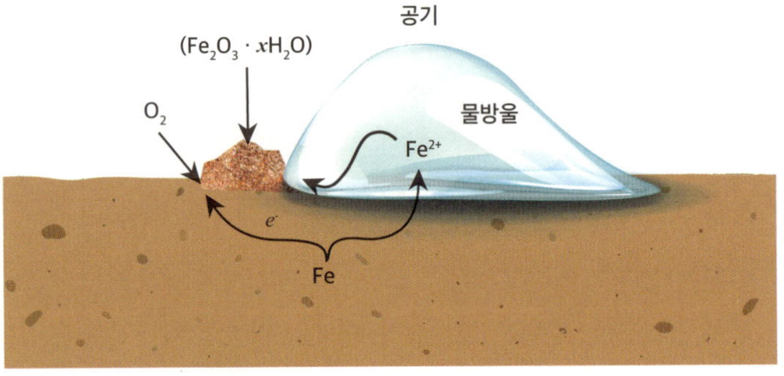

그림 5.4 물과 접촉하고 있는 철의 부식

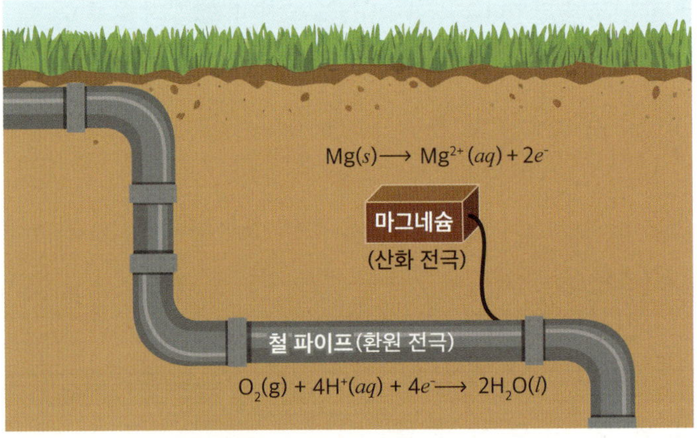

그림 5.5 철 파이프의 음극화 보호

의해 산화되어 다음 반응식과 같이 Fe^{3+} 를 포함하는 불용성 수화 산화물을 생성한다.

$$4Fe^{2+}(aq) + O_2(g) + 4H_2O(l) + xH_2O(l) \rightarrow 2Fe_2O_3 \cdot xH_2O(s) + 8H^+(aq)$$

물 분자의 수는 가변적이므로 x로 표시된다. 이러한 부식은 구조물의 강도를 약화시키고 산업 설비의 수명을 단축시키며 경제적 손실을 초래할 수 있다. 따라서 부식을 방지하기 위한 다양한 방법이 개발되어 응용되고 있다.

금속의 부식을 방지하기 위해 다양한 방법이 사용된다. 첫째, 금속 표면에 페인트나 방청유를 발라 외부 환경과의 접촉을 차단하는 도장 및 코팅 방법이 있다. 이는 물리적으로 산화-환원 반응을 억제하여 금속의 부식을 방지한다. 둘째, 양극 보호 방법이 있다. 이는 부식이 일어나기 쉬운 금속을 보호하기 위해 더 쉽게 산화되는 금속인 희생 양극을 연결하는 방식이다. 예를 들어, 철 구조물에 아연을 연결하면 아연이 먼저 산화되어 철의 부식을 방지하게 된다.

셋째, 부식에 강한 합금을 사용하는 방법도 있다. 스테인리스강과 같이 크롬이나 니켈 등의 원소를 포함한 합금은 산화 방지층을 형성하여 내구성을 증가시킨다. 넷째, 환경 조절을 통해 부식을 억제할 수 있다. 이는 습도와 산소 농도를 조절하거나, 밀폐된 공간에서 부식 억제제를 사용하고 탈산소 처리를 통해 산소 농도를 줄이는 방식이다. 마지막으로, 전기적 보호 방법이 있다. 금속에 전기를 공급하여 산화 반응을 억제하는 이 방법은 주로 산업 설비, 특히 배관에서 사용되며 전류를 통해 금속이 산화되지 않도록 보호한다.

연료 전지의 이해

연료 전지(Fuel cell)는 화학 에너지를 전기 에너지로 직접 변환하는 장치로 주로 수소와 산소의 산화-환원 반응을 이용한다. 이 장치는 양극, 음극, 전해질로 구성되어 있으며 수소가 음극에 공급되면 촉매에 의해 수소 분자가 수소 이온과 전자로 분리된다. 이때 생성된 수소 이온은 전해질을 통과

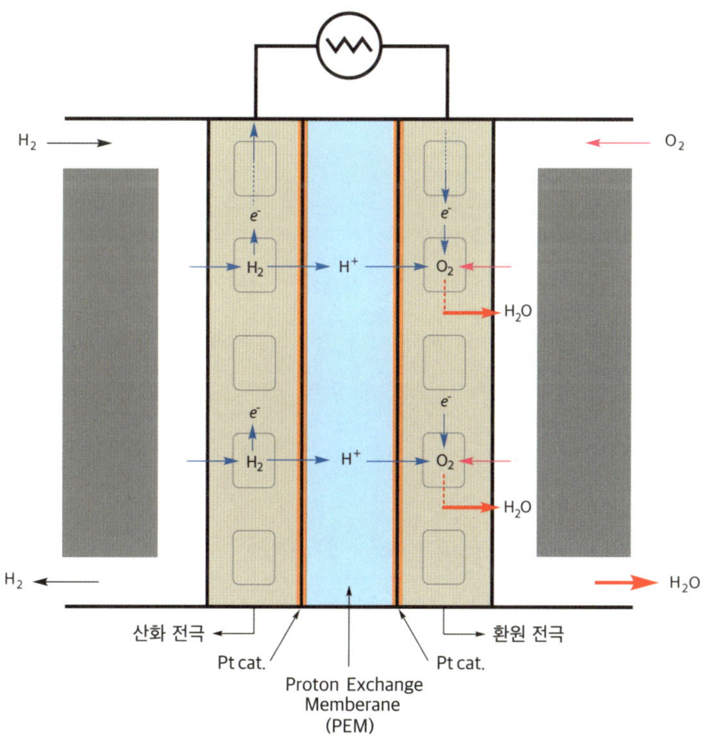

그림 5.6 수소-PEM 연료 전지

하여 양극으로 이동하고 전자는 외부 회로를 통해 이동하면서 전류를 생성한다. 양극에서는 산소가 외부에서 공급되고 전해질을 통해 이동한 수소 이온과 외부 회로를 통해 온 전자가 결합하여 물을 생성한다. 이 과정에서 발생하는 전기 에너지는 외부 회로를 통해 다양한 전기 장치에 공급된다.

가장 대표적인 연료 전지는 수소-산소 연료 전지(hydrogen-oxygen fuel cell)이다. 일명 수소-양성자 교환 막 전지(Hydrogen-Proton-Exchange Membrane cell, Hydrogen-PEM cell)이다. 그림 5.6에서는 수소-PEM 연료 전지의 개략도를 나타내었다.

수소-PEM 연료 전지(수소-산소 연료 전지)에서 수소는 전지의 산화 전극에서 불어넣고, O_2(또는 공기)는 환원 전극에서 불어넣는다. 흑연 전극은 백금 촉매로 둘러싸여 있다. 이 두 개의 전극은 반투막-양성자 교환 막(PEM)인 얇은 고분자 막으로 분리되어 있다. 이 막은 H^+는 통과하지만, 전자는 통과하지 않는다. 대신 전자는 외부 도선을 통해 흐르고 일을 하는 데 이용될 수 있다. 이 연료 전지의 두 반쪽 반응은 다음과 같다.

산화 전극: $2H_2(g) \rightarrow 4H^+(aq) + 4e^-$

환원 전극: $O_2(g) + 4H^+(aq) + 4e^- \rightarrow 2H_2O(l)$

$$2H_2(g) + O_2(g) \rightarrow 2H_2O(l)$$

이 연료 전지는 약 1 V의 전압을 생산한다. 또한 약 80 ℃에서 구동하는 수소-PEM 연료 전지의 경우, 전지 화학 반응이 보통 매우 느리게 일어나기 때문에 각 전극에 백금 촉매를 입혀서 반응을 촉진한다. 이러한 고가의 촉매 사용으로 발생하는 경제적 문제점으로 인하여 수소-PEM 연료 전지의 사회 전반에 대한 확장성은 떨어진다고 할 수 있다. 또 다른 대표적인 연료 전지는 메탄올과 산소를 이용하여 구동 온도를 120 ℃로 높인 직접 메탄올 연료 전지(direct methanol fuel cell)이다. 연료 전지의 두 반쪽 반응은 다음과 같다.

산화 전극: $3/2O_2(g) + 6H^+(aq) + 6e^- \rightarrow 3H_2O(l)$

환원 전극: $CH_3OH(l) + H_2O(l) \rightarrow CO_2(g) + 6H^+(aq) + 6e^-$

$$CH_3OH(l) + 3/2O_2(g) \rightarrow CO_2(g) + 2H_2O(l)$$

직접 메탄올 연료 전지는 수소-PEM 연료 전지보다 Pt 촉매의 양이 많이 필요하고 CO_2가 물보다 친환경적이지 못하다는 단점을 가지고 있다.

연료 전지는 높은 효율과 친환경성을 지니고 있어 다양한 응용 분야에서 주목받고 있다. 자동차 분야에서는 수소 연료 전지 차량이 개발되어 친환경 이동 수단으로 자리 잡고 있으며 발전 분야에서는 대규모 또는 소규모 발전소에서 전력 생산에 사용된다. 또한 가정용으로도 소형 연료 전지가 개발되어 가정 내 전기와 열을 동시에 공급할 수 있는 시스템에 활용되고 있다. 연료 전지는 지속 가능한 에너지원으로, 그 잠재력을 지니고 있다.

✖ 읽을 거리: 생소하지만 친근한 생물 전기학 분야

생물 전기학은 생물체의 전기적 현상을 이해하려는 노력에서 비롯된 학문으로, 다양한 과학적 발견과 기술적 진보에 의해 발전해 왔다. 고대에는 전기 가오리와 같은 생물의 전기적 특성이 관찰되었으며, 이는 생체 전기의 존재를 확인하는 초기 연구로 이어졌다. 18세기와 19세기에는 전기에 대한 과학적 관심이 증가하면서 루이지 갈바니와 같은 과학자들이 개구리의 다리에서 전기적 반응을 관찰하여 생물 전기학의 기초를 마련했다. 이후 19세기 말과 20세기 초에는 신경계와 근육의 전기적 활동에 대한 연구가 심화되었고, 에밀 뒤부아-레몽 등의 연구자들이 활동 전위와 같은 개념을 확립했다. 20세기 중반에는 전기 측정 기술의 발전으로 생체 전기 신호를 정밀하게 측정할 수 있게 되었으며 이는 신경과 근육의 전기적 활동을 더 깊이 이해하는 데 기여했다. 최근에는 분자생물학과 유전체학의 발전이 생물 전기학에 새로운 통찰을 제공하며 이온 채널과 수용체의 구조와 기능에 대한 이해를 심화시켰다.

생물 전기학과 전기 화학은 모두 전기적 현상을 연구하는 학문으로, 서로 밀접한 관계를 가지고 있다. 전기 화학은 화학 반응을 통해 전기를 생성하거나 전기를 이용해 화학 반응을 촉진하는 과정을 연구하며 이온의 이동과 산화-환원 반응이 그 핵심이다. 반면에, 생물 전기학은 이러한 전기 화학적 원리를 생명체가 전기를 생성하고 사용하는 방식으로 탐구한다. 예를 들어, 전기뱀장어는 전기세포에서 이온의 이동을 통해 전위를 형성하여 전기를 생성하는데 이는 기본적으로 전기 화학적 과정이다. 또한 생물 전기학은 신경 세포의 활동 전위와 같은 생체 전기 신호를 연구하며 이는 근육 수축과 신경 신호 전달 등 다양한 생리적 기능의 기초가 된다. 전기 화학적 원리는 배터리나 연료전지와 같은 기술적 응용에 활용되는 반면에 생물 전기학은 이를 생명체의 기능 이해와 의료 기술 개발에 적용한다. 결과적으로, 생물 전기학은 생명체 내에서 전기 화학적 원리를 활용하는 방식을 탐구하며, 전기 화학은 이러한 원리 자체를 연구하는 두 분야는 상호 보완적이다.

생물 전기학의 다양한 사례는 생물체가 전기를 생성하고 사용하는 방법을 보여 준다. 전기뱀장어는 높은 전압을 생성하여 방어와 사냥에 사용하며, 심해어류는 전자기장을 감지하여 환경을 탐색하거나 먹이를 찾는다. 전기메기는 전기 방출로 먹이를 기절시키며, 전기가오리는 포식자를 방어하고 먹이를 기절시키는 능력을 가지고 있다. 또한 인간을 포함한 동물의 신경계와 근육은 생체 전기 신호를 통해 정보를 전달한다. 이러한 사례들은 생물 전기학이 생명체의 전기적 특성을 이해하고, 이를 기반으로 한 다양한 기술적 응용 가능성을 탐구하는 데 중요한 기여를 하고 있음을 보여 준다.

1. 산화-환원 반응이란 무엇이며, 이 반응이 화학적으로 어떻게 정의될 수 있는지 설명하시오.

2. 산화수란 무엇이며, 산화수 변화를 통해 산화-환원 반응을 분석하는 방법을 설명하시오.

3. 전기화학 전지가 어떻게 작동하는지 설명하시오.

4. 연료 전지의 작동 원리와 그 응용 분야를 설명하시오.

5. 금속의 부식 방지 방법을 설명하시오.

6. 리튬 전지의 작동 원리와 그 특성을 설명하시오.

7. 산화–환원 반응이 에너지 저장 및 방출과 어떻게 관련되는지 설명하시오.

8. 니켈–수소(NiMH) 전지의 장점과 단점을 설명하시오.

9. 수소–PEM 연료 전지의 장점과 한계를 설명하시오.

10. 산화–환원 반응이 환경 문제 해결에 어떻게 기여할 수 있는지 설명하시오.

11. 전기 분해의 산업적 응용 사례를 설명하시오.

12. 납-축전지의 장점과 그 사용의 제한 사항을 설명하시오.

13. 메탄올 연료 전지의 장단점을 설명하시오.

14. 산화-환원 반응이 생명체의 에너지 대사에 미치는 영향을 설명하시오.

15. 수은 전지의 특성과 그 사용의 주의사항을 설명하시오.

에너지와 화학

에너지(Energy)는 현대 사회의 핵심적인 요소로, 우리의 삶과 밀접하게 연결되어 있다. 1988년 "환경(Environment)" 잡지는 에너지 부족이 1990년대에 중요한 문제가 될 것이라고 경고했다. 실제로 1991년 Gulf 전쟁은 에너지원과 연료 공급 문제와 관련이 깊었다. 에너지는 단순히 경제적 측면뿐만 아니라 환경적 측면에서도 중요한 문제를 제기한다. 예를 들어, 석탄을 연소하는 발전소와 내연 기관은 유황 산화물(SOx)과 질소산화물(NOx) 같은 오염 물질을 배출한다. 이러한 산화물들은 대기 오염의 주원인이며, 산성비를 초래하고 인간의 건강 및 생태계에 악영향을 미친다. 따라서 에너지 정책은 지속 가능성을 고려하여 설계되어야 하며 청정 에너지원의 개발과 사용이 중요하다. 이를 통해 에너지 공급의 안정성을 확보하고 환경 보호를 동시에 실현할 수 있다. 태양광, 풍력, 수소 등과 같은 재생 가능한 에너지원은 이러한 문제를 해결할 수 있는 대안으로 주목받고 있다.

성층권의 오존층은 자외선(UV) 복사를 흡수하여 지구의 생명체를 보호하는 중요한 역할을 한다. 그러나 냉방 장치와 냉장고의 냉매제로 사용되는 특정 화학 물질인 염화플루오린화탄소(chlorofluorocarbons, CFCs)는 오존층을 파괴할 수 있다. 이로 인해 오존층이 얇아지면 자외선이 지구 표면에 더 많이 도달하게 되어 생태계와 인간의 건강에 해로운 영향을 미친다.

한편 화석 연료의 연소로 생성되는 이산화탄소(CO_2)는 대기 중에서 적외선을 흡수하고 재방출하여 지구 온난화를 유발한다. 이러한 현상은 지구의 기후 변화를 가속화하고 있으며, 에너지 사용과 관련된 중요한 문제로 대두되고 있다.

에너지 문제를 자세히 조사하기 위해서는 에너지, 일, 열과 같은 기본 개념을 이해하는 것이 필요하다. 열역학 제1법칙은 에너지 보존의 법칙으로, 에너지의 총량은 변하지 않으며, 에너지는 일과 열로 변환될 수 있음을 설명한다. 이러한 개념을 바탕으로 과거, 현재, 미래의 에너지원과 그 사용 방식을 고찰해야 한다.

현재 대부분의 에너지는 화석 연료에 의존하고 있으므로 석탄, 석유, 천연가스에 대해 깊이 있는 탐색이 필요하다. 이를 통해 지속 가능한 에너지 전환과 환경 보호를 위한 방안을 모색할 수 있다. 재생 가능한 에너지원의 개발과 효율적인 에너지 사용이 미래의 중요한 과제가 될 것이다.

열역학 제2법칙은 에너지가 한 형태에서 다른 형태로 변환될 때 일부가 유용한 일로 전환되지 않고 열로 방출된다는 점을 설명한다. 이는 에너지 변환 과정에서 비효율성이 필연적이라는 것을 의미한다. 이 과정에서 엔트로피, 즉 무질서도는 증가하는데 이는 자연적 변화가 더 큰 무질서로 진행된다는 사실을 나타낸다.

태양은 지구에 도달하는 주요 에너지원으로, 대기와 해양을 가열하며 기후와 생태계 형성에 중요한 역할을 한다. 태양광 발전과 같은 기술을 통해 우리는 태양 에너지를 전기 에너지로 변환할 수 있으며, 이는 지속 가능한 에너지 생산에 기여한다.

전지는 화학 에너지를 전기 에너지로 변환하는 장치로, 에너지 저장과 이동식 전원 공급에 필수적이다. 전지는 1차 전지(일회용)와 2차 전지(재충전 가능)로 구분되며 각각의 특성에 따라 다양한 용도로 활용된다. 이러한 개념들은 에너지원의 효율적인 사용과 지속 가능한 에너지 시스템 설계에 중요한 기초를 제공한다.

6.1 에너지란 무엇인가?

에너지는 물리학에서 일을 할 수 있는 능력 또는 잠재력을 의미한다. 에너지는 다양한 형태로 존재하며 서로 변환될 수 있다. 즉 에너지는 물리적 및 화학적 변화를 일으킬 수 있는 근본적인 원천으로 작용할 수 있다. 우리의 일상 생활에서 경험하는 거의 모든 활동에는 에너지가 필수적이다. 예를 들어, 전기를 사용하여 집을 밝히고, 난방을 통해 따뜻함을 유지하며, 자동차를 운전하는 데 필요한 힘을 얻는 등 에너지는 현대 사회의 기본적 편의를 유지하는 데 없어서는 안 될 요소이다.

우리 삶에 에너지가 중요한 이유는 매우 다양하다. 첫째, 에너지는 일상 생활의 필수적인 부분이다. 우리가 사용하는 전기, 난방, 조명 등은 모두 에너지에 의존하며, 에너지가 없으면 이러한 기본적인 생활 편의 시설을 유지할 수 없다. 둘째, 에너지는 산업과 경제의 기반이다. 모든 생산 활동, 교통, 통신 등 인간의 경제 활동은 에너지를 필요로 하며, 이는 경제 성장과 산업 발전을 가능하게 한다. 셋째, 에너지는 기술 발전을 촉진시킨다. 컴퓨터와 인터넷, 전기차와 같은 현대 기술과 혁신은 모두 에너지 사용에 기반하고 있다. 마지막으로, 에너지는 환경과 기후에 큰 영향을 미친다. 특히 화석 연료의 사용은 기후 변화의 주요 원인 중 하나로 꼽히며 지속 가능한 에너지 사용은 환경 보호와 기후 변화 완화를 위한 중요한 과제이다.

에너지는 일과 열로써 나타낼 수 있다

에너지는 일(work)과 열(heat)이라는 두 가지 주요 형태로 나타낼 수 있다.

$$E = w + q$$

여기서, w는 일이고, q는 열을 나타낸다. 일은 물체에 힘을 가해 이동시키는 과정에서 발생하는 에너지이다. 물리학적으로 일은 힘(F)과 이동한 거리(d)의 곱으로 정의되며, 이를 통해 물체에 에너지를 전달하거나 변형을 일으킬 수 있다. 예를 들어, 책을 들어 올리는 행위는 중력에 대항하여 힘을 사용해 물체를 이동시키는 것으로, 일을 수행하는 과정이다. 열은 온도가 높은 물체에서 낮은 물체로 이동하는 에너지의 형태이다. 즉, 온도는 열과 관련이 있지만 두 가지는 서로 다른 개념이다. 온도는 물체가 열을 주고받을 때 그 방향을 결정하는 특성이다. 열은 두 물체가 접촉하면 항상 더 높은 온도의 물체에서 더 낮은 온도의 물체로 이동한다. 분자 수준에서 보면 열은 분자의 움직임으로 인해 발생한다. 예를 들어, 팬에 담긴 물이 열을 받으면 그 물 분자들이 더 빠르게 움직이게 된다. 온도는 이러한 분자 운동의 평균 속도를 나타내는 통계적 척도이다. 따라서 물체에 열 에너지가 더해지면 온도가 상승한다. 열과 온도는 이와 같이 분자 운동과 에너지 흐름을 통해 서로 연결되어 있다.

이 두 형태의 에너지는 열역학 법칙에 따라 서로 변환될 수 있으며 자연의 다양한 과정에서 중요한 역할을 한다. 열역학 제1법칙은 에너지 보존의 법칙으로, 에너지가 일과 열 간에 전환될 수 있음을 설명한다. 이러한 에너지의 변환은 물리적, 화학적 과정에서 필수적인 요소로 작용한다.

에너지 측정의 단위는 다양한 분야에서 에너지를 표현하는 데 사용되는 기본적인 개념이다. 에너지의 단위는 그 특성과 적용 분야에 따라 다르게 선택되며 가장 일반적으로 사용되는 단위가 줄(Joule, J) 단위이다. 줄은 국제 단위계(SI)에서 에너지의 기본 단위로 사용되며 이학과 공학 전반에 걸쳐 널리 활용된다. 1 J은 1 뉴턴(N)의 힘이 물체를 1 m 이동시키는 데 필요한 에너지의 양으로 정의된다. 예를 들어 인간의 심장이 한 번 박동하는 데 약 1 J의 에너지가 필요하다. 다음으로 킬로와트시(kWh)는 주로 전기 에너지를 측정하는 데 사용되는 단위이다. 1 kWh는 1 kW의 일률로 1 시간 동안 하는 일의 양에 해당한다. W(와트)는 1초 동안 1 J의 일을 하는 일률의 단위이고, 여기에 3,600초(1시간)를 곱한 것이 전력량 와트시(Wh)이다. 이는 가정이나 산업의 전기 소비량을 계산하는 데 자주 사용된다.

칼로리(cal)의 경우 열 에너지를 측정하는 전통적인 단위로 물 1 g의 온도를 1 ℃ 증가시키는 데 필요한 에너지를 의미한다. 식품의 에너지 값을 표현할 때는 kcal를 주로 사용하는데 1 kcal는 1,000 cal에 해당한다. 마지막으로 전자-볼트(electron-volt, eV)는 원자 및 소립자 물리학에서 주로 사용되는 단위로 전자가 1 V의 전위 차이를 통과할 때 얻는 에너지를 나타낸다. 이는 매우 작은 에너지 수준을 다루는 데 적합하다. 1 eV는 1.60218×10^{-19} J에 해당된다.

이러한 다양한 에너지 단위들은 각각의 특성과 적용 분야에 따라 적절히 선택되어 사용된다. 각 단위는 특정 상황에서 상호 변환됨으로써 에너지의 양을 정확하게 표현하는 데 적합하며, 이를 통해 다양한 과학적, 산업적 응용에서 에너지를 효율적으로 관리할 수 있다.

에너지는 새롭게 생성되거나 소멸되지 않고, 단지 다른 형태로 전환될 뿐이다

석탄, 오일, 가솔린이나 쓰레기 같은 모든 연료들은 근본적으로 연소 과정을 통해서 에너지를 방출한다. 연소 과정에서 방출되는 에너지는 열(q)의 형태로 방출된다. 대부분의 경우 방출되는 열은 전적으로 사용할 수 있는 에너지의 형태는 아니다. 다만 열은 에너지가 전달되는 한 형태로 다양한 상황에서 중요한 역할을 할 뿐이다. 추운 겨울 날씨에는 열이 주위를 따뜻하게 하는 데 유용하게 사용되는데, 난방 시스템을 통해 열을 생성하고 이를 통해 실내 온도를 적절하게 유지함으로써 쾌적한 생활 환경을 제공한다. 그러나 열은 에너지 전환 과정에서 종종 "성가신" 형태로 간주될 수 있다. 이는 주로 열이 에너지원에서 최종 에너지 형태로 변환될 때 효율 손실의 형태로 나타나기 때문이다. 예를 들어, 화력 발전소나 내연기관 자동차에서 연료를 태울 때 생성되는 열에너지의 일부는 유용하게 전기나 운동 에너지로 변환되지만 상당 부분은 폐열(사용할 수 없는 열)로 손실된다. 이러한 이유로 열은 에너지를 효율적으로 이용하는 데에 폐열을 줄이는 것이 도전 과제가 되기도 한다.

18세기 후반의 산업 혁명은 증기 기관의 발전과 함께 시작되었으며, 이는 세계 경제의 산업화를 촉진하는 중요한 계기가 되었다. 증기 기관은 석탄을 태워 발생하는 열을 이용하여 물을 증발시키고 그 수증기로 피스톤과 터빈을 움직이는 원리가 된다. 이러한 과정에서 열 에너지를 역학적 에너지로 변환하여 다양한 기계 장치를 구동할 수 있게 되었다. 증기 기관은 펌프, 분쇄기, 직조기(직물을 짜는 기계), 그리고 선박과 기차와 같은 운송 수단에 널리 사용되었다. 이는 생산성과 효율성을 크게 향상시켜 인류의 노동력과 동물의 힘을 대신하는 중요한 동력원이 되었다. 특히 영국 중부 지역에서는 이러한 증기 기관이 대규모로 사용되면서 산업화의 중심지로 발전하게 되었고, 이는 서구 세계 전체의 산업화와 경제 발전에 큰 영향을 미치게 되었다.

제2의 에너지 혁명은 일반적으로 재생 가능하고 지속 가능한 에너지 자원의 개발과 활용을 의미한다. 이는 1900년대 초 전력을 상업화하면서 시작되었다고 할 수 있다. 이는 화석 연료에 의존하던 기존의 에너지 체계에서 벗어나 재생 가능 에너지(예: 태양광, 풍력, 수력, 지열 등)와 같은 지속 가능한 자원을 활용하는 체계로의 변화를 포함한다. "제2의 에너지 혁명"이 갖는 함의(含意)는 에너지가 새롭게 창조되거나 소멸되지 않고 단지 변환 과정 동안 보존된다는 열역학 제1법칙을 잘 설명하고 있다.

미래를 살아가는 우리의 입장에서 이러한 전환은 기후 변화 대응, 환경 보호, 에너지 안보 강화, 경제적 지속 가능성 등을 목표로 한다. 제2의 에너지 혁명은 기술 혁신, 정책 지원, 사회적 인식 변화 등을 통해 추진되며 에너지 저장 기술의 발전, 스마트 그리드의 도입, 전기차의 보급 확대 등이 주요 요소로 포함된다. 이 혁명은 에너지 생산 및 소비 방식의 근본적인 변화를 가져오며 장기적으로는 글로벌 경제와 사회에 큰 영향을 미칠 것으로 예상된다.

6.2 화학 반응과 에너지

화학 반응에서 에너지는 매우 중요한 역할을 하며, 이는 반응물의 화학 결합이 깨지고 새로운 결합이 형성되는 과정에서 나타난다. 이 과정에서 에너지는 주로 두 가지 형태로 나타나는데 바로 발열 반응(exothermic reaction)과 흡열 반응(endothermic reaction)이다.

발열 반응은 반응이 진행되는 동안 에너지를 방출하는 반응이다.

이러한 경우, 생성물의 결합 에너지가 반응물의 결합 에너지보다 크기 때문에, 그 차이만큼의 에너지가 주위 환경으로 방출된다. 일반적인 예로는 연소 반응을 들 수 있다. 우리가 석탄이나 나무를

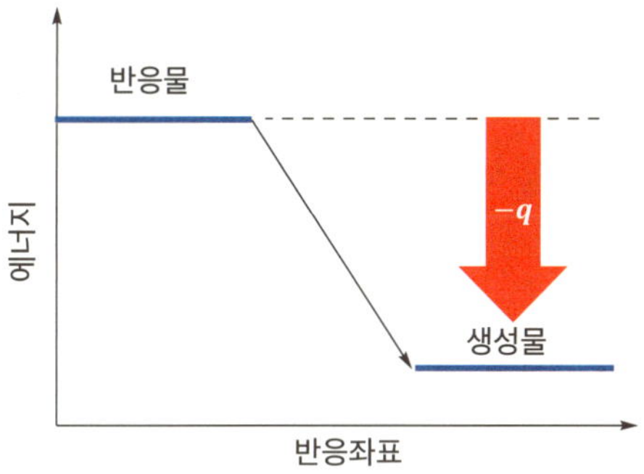

그림 6.1 발열 반응

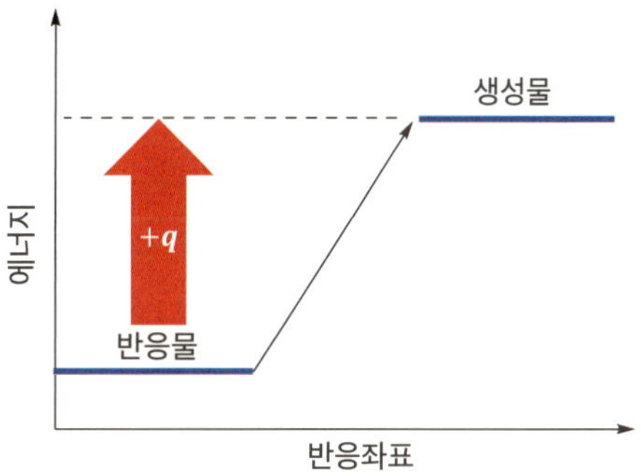

그림 6.2 흡열 반응

태울 때 열과 빛이 방출되는데 이는 발열 반응의 전형적인 예이다. 이 과정에서 방출된 에너지는 주로 열의 형태로 나타나며 이를 통해 난방이나 요리와 같은 활동을 수행할 수 있다.

반면에 흡열 반응은 반응이 진행되는 동안 에너지를 흡수하는 반응이다.

이 경우 반응물의 결합 에너지가 생성물의 결합 에너지보다 크기 때문에 외부로부터 에너지를 흡수해야 반응이 진행된다. 흡열 반응의 대표적인 예로는 식물의 광합성을 들 수 있다. 식물은 태양 에너지를 흡수하여 이산화탄소와 물로부터 포도당과 산소를 생성한다. 이 반응은 외부 에너지, 즉 태양광을 필요로 하는 전형적인 흡열 반응이다.

화학 반응에서의 에너지는 이러한 과정들을 통해 물질의 상태나 온도를 변화시키고, 생명체의 대사 과정, 다양한 산업적 화학 공정 등 여러 영역에서 핵심적인 역할을 한다.

특히 음식이 소화되는 과정에서 에너지가 방출되는 것은 주로 화학 반응을 통해 이루어진다. 음식물 속의 탄수화물, 단백질, 지방 등의 영양소는 우리 몸에서 소화 과정을 거쳐 작은 분자로 분해된다. 이 과정에서 일어나는 주요 메커니즘은 다음과 같다.

소화는 입에서 시작되어 위와 소장을 거치는 일련의 과정으로, 음식물은 점차적으로 더 작은 분자로 분해된다. 이 과정에서 음식물의 분자들은 효소에 의해 분해되며 이러한 화학 반응 중에 화학 에너지가 방출된다.

가장 중요한 과정은 세포 내에서 일어나는 대사 작용이다. 특히 포도당과 같은 단당류는 세포 내 미토콘드리아에서 산화되어 에너지를 방출한다. 이 과정은 주로 세포 호흡이라고 하며 산소를 사용하여 포도당을 이산화탄소와 물로 변환하면서 에너지를 방출한다. 이 에너지는 아데노신삼인산(ATP) 형태로 저장되며 ATP는 세포의 에너지 화폐로서 다양한 생리적 기능을 수행하는 데 사용된다.

예를 들어 근육이 수축하거나 세포가 분열하는 등의 활동을 수행하기 위해 ATP가 필요하다. 즉, 음식이 소화되어 영양소가 흡수되고, 그것이 세포 호흡을 통해 에너지로 전환됨으로써 우리의 몸은 필요한 에너지를 얻는다. 이러한 과정 덕분에 우리는 움직이고, 생각하고, 체온을 유지하며 생명 활동을 지속할 수 있다.

화학 반응이 발열인지 흡열인지는 반응의 에너지가 어떻게 변화하는지를 결정하며, 이는 화학적 변화의 방향성과 가능성을 이해하는 데 중요한 요소이다. 이러한 에너지 변화는 우리 주변에서 일어나는 많은 자연 및 인공 현상을 설명하는 데 필수적이다.

6.3 화석 연료로부터 얻는 에너지

화석 연료는 지구의 지하에 매장되어 있는 석유, 석탄, 천연가스 등을 포함한 에너지원으로, 수백만 년 전에 살았던 식물과 동물의 유기물질이 지질학적 조건에 의해 변형되면서 형성된다. 화석 연료는 현대 산업 사회의 주요 에너지원으로 사용되며 전기 생산, 난방, 교통, 산업 공정 등 다양한 분야에서 활용된다. 이러한 화석 연료의 주요 장점은 높은 에너지 밀도를 가지고 있어 상대적으로 적은 양으로도 많은 에너지를 생산할 수 있다는 점이다. 또한 기술적 기반이 잘 확립되어 있어 현재의 에너지 수요를 충족시키기에 효율적이다.

그러나 화석 연료는 연소 과정에서 이산화탄소(CO_2), 메테인(CH_4), 아산화질소(N_2O) 등의 온실가스를 배출하여 지구 온난화와 기후 변화의 주요 원인으로 지목된다. 또한 환경오염, 대기오염, 산성비, 해양 산성화 등을 초래할 수 있다. 이러한 문제점 때문에 세계 각국은 재생 가능한 에너지원으로의 전환을 모색하고 있으며 에너지 효율 개선 및 배출 저감 기술 개발에도 많은 노력을 기울이고 있다.

석탄

화석 연료의 대량 개발은 산업혁명과 함께 본격적으로 시작되었다. 산업혁명 당시 새롭게 개발된 증기기관은 산업과 운송 분야에서 혁신적인 변화를 이끌었지만 많은 양의 연료를 필요로 했다.

이 시기에 영국에서는 이미 대부분의 숲이 벌목되어 나무를 연료로 사용하는 것이 어려워졌다. 이러한 상황에서 석탄은 나무를 대체하는 에너지원으로 부상했다. 석탄은 단위 질량(g)당 더 많은 열을 발생시키기 때문에 에너지 효율 면에서 나무보다 유리한 점이 있었다. 이러한 이유로 석탄은 산업혁명 당시 주요 에너지원으로 사용되었고, 이는 영국뿐만 아니라 전 세계적으로 산업화를 촉진시키는 데 중요한 역할을 했다. 석탄의 사용은 철강 생산, 기계 작동, 증기기관의 연료 등 다양한 산업 분야에 영향을 미쳤으며, 이는 결국 현대 산업 사회의 기초를 형성하는 데 기여하게 되었다.

석탄과 나무의 경우 모두 탄소를 포함하고 있으며 연소 과정에서 탄소가 산소와 결합하여 이산화탄소로 변하면서 에너지를 방출한다.

$$C(s) + O_2(g) \rightarrow CO_2(g) + \text{에너지}$$

그러나 이 두 연료 간의 에너지 효율 차이는 주로 화학 성분의 차이에서 비롯된다. 석탄은 나무보다 탄소 함량이 높고 산소와 수분 함량이 낮다. 이러한 특성 때문에 석탄은 연소 시 더 많은 에너지를 방출할 수 있다. 1 g의 석탄을 태울 때 10~14 kJ의 열량을 방출하는데 이는 석탄의 높은 탄소 함량 덕분이다. 반면에 나무는 상대적으로 수분과 산소 함량이 높아 연소 시 방출되는 에너지가 적다. 결과적으로 이러한 차이로 인해 석탄은 나무보다 더 효율적인 연료로 간주되었으며 산업혁명 당시 주된 에너지원으로 사용되었다. 이는 특히 증기기관과 같은 고에너지 요구 장치에서 중요한 역할을 하게 된 것이다.

석탄은 다양한 화합물의 혼합물로 단순한 물질이 아니다. 석탄은 일반적으로 탄소(C), 수소(H), 산소(O), 질소(N), 황(S)와 같은 원소들로 구성되어 있으며 화학식은 $C_{135}H_{96}O_9NS$로 표현한다. 이 화학식은 대략 85%의 탄소 함량을 나타내며, 이러한 원소들은 원래 식물에서 유래한 것이다. 석탄에는 또한 소량의 다른 원소들이 포함되어 있다. 예를 들어 실리콘, 소듐, 칼슘, 알루미늄, 니켈, 구리, 아연, 비소, 납, 수은 등이 있다. 이러한 원소들은 석탄의 특성과 연소 시 배출되는 물질에 영향을 미칠 수 있다.

석탄의 등급은 그 품질과 에너지 함량에 따라 나누는데, 갈탄(lignite)이나 이탄(peat)은 품질이 낮은 석탄으로 화학적 변화가 적어 나무나 이탄과 유사한 성분을 가지고 있다. 따라서 갈탄의 열량은 나무보다 약간 더 높다. 반면에, 품질이 좋은 석탄인 역청탄(bituminous coal)과 무연탄(anthracite)은 높은 탄소 함량과 낮은 유황 함량을 가지고 있다.

석탄기화와 석탄액화: 석탄을 가스나 액체 형태의 연료로 변환하는 두 가지 주요 기술이다. 이들

은 석탄을 더 유용하고 다양한 방식으로 사용할 수 있게 해 주며, 특히 석유나 천연가스의 대체품으로 활용할 수 있다.

석탄기화(Coal Gasification)는 석탄을 고온에서 산소와 수증기와 반응시켜 합성가스(syngas)를 생성하는 과정이다. 합성가스는 주로 수소와 일산화탄소로 구성되어 있으며 화학 공정에서 다양한 화학물질 및 연료(예: 수소, 메탄올, 디젤 등)를 제조하는 데 사용할 수 있다. 이 과정은 석탄의 에너지를 보다 효율적으로 활용할 수 있게 하며 이산화탄소 포집 및 저장(CCS) 기술과 결합하여 탄소 배출을 줄일 수 있는 잠재력을 가지고 있다.

석탄액화(Coal Liquefication)는 석탄을 액체 연료로 전환하는 과정이다. 이 과정에는 직접 액화와 간접 액화 두 가지 방법이 있다. 첫 번째, 직접 액화는 석탄을 용매와 함께 고온, 고압에서 처리하여 액체 탄화수소를 생산하는 방법이고, 두 번째, 간접 액화는 석탄을 먼저 가스화하여 합성가스를 만들고 이를 화학 촉매를 사용하여 액체 연료로 변환하는 방법이다. 석탄액화는 석유 기반 연료의 대체제로 활용될 수 있으며, 특히 석유 자원이 부족한 지역에서 중요한 역할을 할 수 있다.

이 두 기술은 석탄의 활용 범위를 넓히고 에너지 안보를 강화하며 다양한 연료 옵션을 제공할 수 있는 가능성을 가지고 있지만 경제성과 환경적 영향을 고려한 신중한 접근이 필요하다.

석유

원유는 다양한 탄화수소 화합물의 복잡한 혼합물로 구성되어 있으며 그 조성은 발견된 지역에 따라 크게 다르다. 예를 들어, 펜실베이니아산 원유는 주로 곧은 사슬 탄화수소를 포함하고 있고 캘리포니아산 원유는 방향족 탄화수소의 비율이 더 높다. 이러한 차이는 원유의 물리적 및 화학적 특성에 영향을 미쳐 정제 과정에서의 처리 방식이나 최종 제품의 종류에 영향을 줄 수 있다. 석유가 에너지원과 다양한 생산품의 출발물질로 얼마나 오래 지속될 것인지는 중요한 문제이다. 현재 추정에 따르면 세계 석유 매장량은 2060년경에 고갈될 수 있다고 추정한다. 그러나 이러한 예측은 다양한 변수, 예를 들어 새로운 유전의 발견, 기술의 발전, 대체 에너지원의 개발 및 사용, 에너지 효율성 개선, 경제 및 정치적 요인 등에 따라 달라질 수 있다. 따라서 장기적으로 지속 가능한 에너지 체계로 전환하기 위한 노력이 요구된다. 이는 재생 가능 에너지의 확대, 에너지 효율성의 향상, 그리고 에너지 소비 패턴의 변화 등을 포함할 수 있다. 이러한 변화는 기후 변화의 완화와 에너지 안보 강화에도 기여할 수 있다.

석유에 대한 세계 사용 비율이 감소하고 있다는 예측은 세계 에너지 경제의 변화를 시사한다.

2030년까지 매년 1인당 석유 소비가 1.5배럴씩 감소할 것으로 예상되는 이러한 변화는 석유가 탄화수소의 주요 원천으로 사용되는 방식에 대한 재고를 요구한다. 석유 소비의 감소는 여러 요인에 의해 촉진될 수 있다. 예를 들어, 대체 에너지원의 개발과 확대, 에너지 효율성의 향상, 전기차와 같은 새로운 기술의 보급, 그리고 기후 변화에 대한 대응 조치 등이 포함된다. 이러한 변화 속에서 천연가스와 석탄은 중요한 탄화수소 자원으로 계속해서 역할을 할 수 있다. 특히 석탄은 석유가 고갈됨에 따라 더 중요한 에너지원으로 자리 잡을 수 있다. 석탄은 전 세계적으로 풍부하게 매장되어 있으며 다양한 에너지 및 화학 제품의 생산에 활용될 수 있다. 그러나 석탄 사용의 증가는 환경 문제, 특히 이산화탄소 배출과 관련된 기후 변화 문제를 야기할 수 있다. 따라서 청정 석탄 기술, 이산화탄소 포집 및 저장(CCS) 기술 등의 개발과 적용이 중요해질 것이다. 결론적으로 이러한 에너지 전환은 지속 가능한 에너지 체계로의 전환을 가속화하는 동시에 에너지 안보와 경제적 안정성을 유지하는 균형 잡힌 접근이 필요하다.

석유의 정제 과정에서 분별 증류는 매우 중요한 역할을 한다. 이 과정은 석유에 포함된 다양한 탄화수소 화합물들을 끓는점의 차이를 이용하여 분리하는 방법이다. 석유는 수천 가지의 탄화수소를 포함하고 있기 때문에 완전히 순수한 화합물로 분리하는 것은 기술적으로 어렵고 경제적으로도 불필요하다. 대신에 분별 증류를 통해 비슷한 끓는점을 가진 화합물들을 그룹으로 묶어 분리한다. 이렇게 분리된 생성물들은 여전히 수백 개의 탄화수소 혼합물로 이루어져 있다. 분별 증류로 얻어지는 주요 생성물에는 다음과 같은 것들이 포함된다.

- LPG(액화석유가스): 가장 가벼운 구성 요소로, 주로 요리 및 난방에 사용된다.
- 나프타: 화학 공업의 원료로 많이 사용된다.
- 휘발유(가솔린): 자동차 연료로 사용된다.
- 등유 및 제트 연료: 항공기 연료로 사용되며 난방용 연료로도 사용된다.
- 경유(디젤): 디젤 엔진 연료로 사용된다.
- 중유 및 윤활유: 선박 연료 및 윤활유로 사용된다.
- 아스팔트 및 타르: 도로 포장 및 방수재로 사용된다.

이러한 생성물들은 추가적인 화학적 처리 과정을 통해 특정 용도에 맞게 조정되거나 개선될 수 있다. 분별 증류는 석유 정제의 첫 번째 단계로 이후의 화학적 변환 과정을 위한 기초를 제공한다.

그림 6.3은 석유 정제 과정에 사용되는 분별 증류탑을 나타낸 것이다.

분별 증류탑은 석유 정제 과정에서 핵심적인 역할을 하는 장치이다. 이 과정은 원유를 구성하는

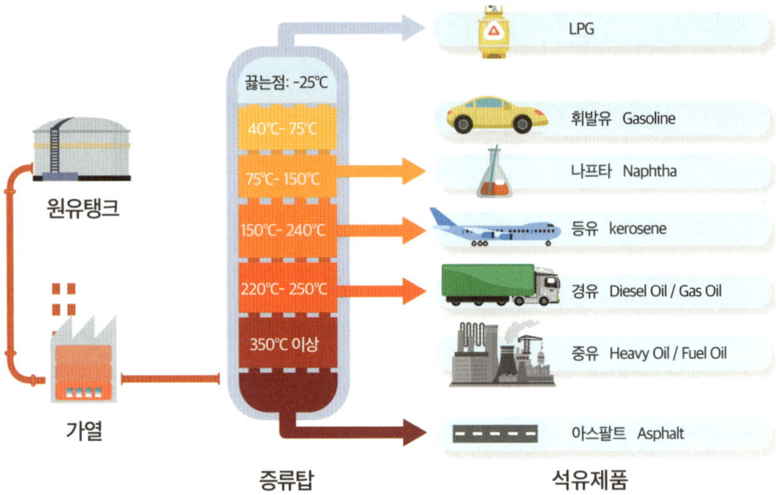

그림 6.3 끓는점 차이에 의한 석유 정제

다양한 탄화수소 화합물들을 끓는점 차이를 이용하여 분리하는 역할을 한다.

1. **가열 단계**: 원유는 먼저 약 400 ℃로 가열한다. 이 과정에서 원유는 뜨거운 증기와 액체의 혼합물이 된다.
2. **분별 증류탑 내의 이동**: 생성된 뜨거운 증기와 액체 혼합물은 분별 증류탑의 하부로 주입된다. 증기는 탑을 따라 위로 이동하면서 서서히 온도가 낮아지게 된다.
3. **응축 과정**: 각 층에서 증기는 해당 층의 온도에 맞는 끓는점을 가진 탄화수소들이 응축되어 액체로 변하게 된다. 높은 끓는점을 가진 무거운 탄화수소는 탑 하부에서 응축되고 낮은 끓는점을 가진 가벼운 탄화수소는 탑 상부에서 응축된다.
4. **생성물 수집**: 분별 증류탑의 각 층에서는 특정 범위의 끓는점을 가진 탄화수소 그룹들이 수집된다. 이는 다양한 제품으로 가공될 수 있는 기초가 된다.

이 과정에서 수집된 각 탄화수소 혼합물들은 휘발유, 디젤, 등유 등 다양한 용도로 사용되며 추가적인 처리 과정을 통해 더욱 정제되거나 특정 특성을 개선시킬 수 있다. 분별 증류는 석유 정제의 첫 단계이며 이후의 화학적 변환 및 처리 과정의 기초를 형성한다.

끓는점의 차이는 석유의 다양한 성분을 분리하는 데 사용되는 기본 원리 중 하나이다. 낮은 끓는점을 가지는 성분은 더 쉽게 증발하여 증기 단계에 오래 남아 있는 반면, 높은 끓는점을 가지는 성분은 더 빨리 응축된다. 이러한 특성을 이용하여 증류 과정을 통해 석유를 여러 성분으로 분리할 수 있다. 이 과정은 원유 정제에서 핵심적인 역할을 하며 각각의 성분은 다양한 용도로 사용된다. 예를 들어, 휘발유와 같은 경질 유분은 낮은 끓는점을 가지며 디젤유와 같은 중질 유분은 더 높은 끓는점을 가진다. 이와 같은 분리는 석유의 효율적인 활용을 가능하게 한다. 표 6.1은 석유의 탄화수소 성분에 대하여 요약한 것이다.

표 6.1 **석유의 탄화수소 성분**

성분	탄소의 수	끓는점 범위(℃)
액화 석유 기체	$C_1 \sim C_4$	0 ~ 30
가솔린	$C_5 \sim C_{12}$	30 ~ 200
등유	$C_{10} \sim C_{15}$	180 ~ 300
경유	$C_{15} \sim C_{20}$	200 ~ 350
중유	$C_{20} \sim C_{30}$	> 350
파라핀 왁스	$C_{20} \sim C_{40}$	끓는점이 낮은 고체
아스팔트	$C_{40} \sim$	점성이 큰 잔유물

옥탄가(octane rating)

가솔린과 같은 연료가 내연기관에서 노킹(knocking) 없이 연소할 수 있는 능력을 나타내는 척도이다. 이는 헵테인(heptane)과 아이소옥테인(2,2,4-trimethylpentane)의 혼합물과 비교하여 결정한다. 헵테인은 옥탄가 0으로 설정되며 노킹에 매우 취약한 특성을 가지고 있어 연소 시 쉽게 노킹 현상을 일으킨다. 아이소옥테인은 옥탄가 100으로 설정되며 노킹 저항성이 매우 높아 부드럽게 연소되고 노킹 없이 안정적으로 연소하는 특성을 지니고 있다.

가솔린의 옥탄가는 표준 시험 엔진에서 가솔린을 연소시켜 노킹 성질을 평가한 후 이 성질이 헵테인과 아이소옥테인 혼합물 중 어느 것과 유사한지를 비교하여 결정된다.

예를 들어, 옥탄가 87은 해당 연료가 87%의 아이소옥테인과 13%의 헵테인 혼합물과 동일한 노킹 저항성을 가진다는 의미이다. 이는 일반적으로 무연 가솔린에 해당한다. 주유소에서는 일반적으로 옥탄가 89(중상급)에서 92(고급)의 휘발유를 제공하는데 이러한 등급은 엔진의 성능과 효율성을 보장하기 위해 선택된다. 높은 옥탄가의 연료는 고성능 엔진에서 특히 중요한데 이는 엔진의 보호와 성능 최적화에 기여한다.

가솔린의 옥탄가는 가지사슬 탄화수소와 방향족 탄화수소의 비율이 증가하거나 옥탄가 증진제를 첨가해 높일 수 있다. 가지사슬 탄화수소와 방향족 탄화수소는 직선형 탄화수소보다 연소 시 노킹현상을 줄이는 데 효과적이기 때문에 이러한 성분의 비율이 높아질수록 옥탄가도 증가한다. 또한 기술의 발전으로 아이소옥테인보다 더 우수한 노킹 저항성을 가진 연료가 개발되면서 옥탄가의 범위가 100 이상으로 확장되었다. 옥탄가 증진제는 화학적으로 옥탄가를 높여 주는 첨가제로 이를 통해 연료의 성능을 향상시키고 엔진의 효율성을 증가시킬 수 있다. 이러한 첨가제는 주로 고성능 차량이나 특별한 엔진 요구 조건을 만족시키기 위해 사용된다.

표 6.2 **몇 가지 탄화수소와 가솔린 첨가제의 옥탄가**

이름	옥탄가
옥테인	-20
헵테인	0
헥세인	25
펜테인	62
펜타-1-엔	91
부타-1-엔	97
2,2,3-삼메틸펜테인(아이소옥테인)	100
벤젠	106
o-자일렌	107
메탄올	107
에탄올	108
삼차-부틸알코올	113
메틸-삼차-부틸에터(MTBE)	116
p-자일렌	116
m-자일렌	118
톨루엔	118

옥탄가 증가제

가솔린의 옥탄가는 노킹 억제제(anti-knock)나 옥탄가 증가제를 첨가하여 높일 수 있다. 과거에는 가솔린의 옥탄가를 높이기 위해 사에틸납($(C_2H_5)_4Pb$)이 널리 사용되었다. 이 첨가제는 옥탄가를 10~15 정도 증가시킬 수 있었지만, 대기 오염 문제로 인해 사용이 제한되었다. 특히 납은 배출가스를 줄이기 위해 사용된 백금 촉매를 손상시키는 문제가 있었기 때문에 1975년 이후 생산된 자동차에서는 무연 가솔린을 사용해야 했다. 이후 가솔린의 옥탄가를 높이기 위한 대체물로 톨루엔, 2-메틸-2-프로판올, 메틸-삼차-부틸에터(MTBE), 메탄올, 에탄올 등이 사용되기 시작했다. 이 중 MTBE는 높은 옥탄가와 함께 산소 함량을 증가시켜 배출가스를 줄이는 데 효과적이어서 가장 일반적으로 사용되었다.

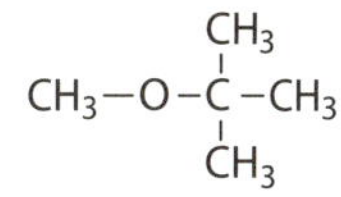

methyl *tert*-butyl ether
(MTBE)

가솔린의 옥탄가를 높이는 또 다른 방법으로는 촉매 개량 과정이 있다. 이 과정에서는 곧은 사슬 탄화수소를 가지사슬 탄화수소나 방향족 탄화수소로 변환하여 벤젠, 톨루엔, 자일렌 같은 화합물을 첨가하여 옥탄가를 증가시킨다. 이러한 변화는 연료의 성능을 향상시키고 환경에 미치는 영향을 줄이는 데 기여했다.

최근에는 탄화수소와 유독한 화합물의 배출을 줄이기 위해 산소화 및 개량된 가솔린이 사용된다. 산소화 가솔린(oxygenated gasolines)은 MTBE, 메탄올, 에탄올, 2-메틸-2-프로판올(삼차-부틸 알코올)과 같은 산소를 포함하는 유기화합물을 가솔린에 혼합한 것이다.

개량된 가솔린(reformulated gasolines)은 올레핀, 방향족 탄화수소, 휘발성 성분, 황 등의 함량을 줄이고 MTBE와 같은 산소화 첨가물을 추가하여 조성을 변화시킨 것이다. 이러한 개량된 가솔린은 대기오염을 줄이고 엔진 성능을 유지하는 데 기여한다.

천연 가스

천연 가스 연료는 주로 메테인(CH_4)으로 구성된 화석 연료로 지하에서 채취되는 가연성 가스이다. 이 연료는 청정 연료로 간주되며 다른 화석 연료에 비해 환경에 미치는 영향이 적다. 천연 가스는 연소 시 상대적으로 적은 양의 이산화탄소(CO_2)와 질소산화물(NOx), 황산화물(SOx) 그리고 미세먼지를 배출하여 대기 오염을 줄이는 데 기여한다. 또한 높은 에너지 밀도를 가지고 있어 전력 생산, 난방, 산업 공정 등에서 에너지 효율이 높다. 천연 가스는 가정용, 상업용, 산업용 및 발전용으로 널리 사용되며 압축 천연 가스와 액화 천연 가스 형태로 운송 및 저장할 수 있다. 경제적으로도 많은 지역에서 저렴한 연료로 에너지 비용 절감에 기여할 수 있는데 이는 에너지 전환 과정에서 탄소 배출을 줄이는 중요한 역할을 한다.

6.4 바이오 연료

바이오 연료는 식물이나 미생물 등의 생물체로부터 얻어지는 연료로 화석 연료의 대안으로 주목받고 있다. 바이오 연료는 주로 바이오매스에서 추출되는데 이 바이오매스는 곡물, 작물, 나무, 해조류 등 다양한 생물 원료를 포함한다. 바이오 연료는 크게 액체, 고체, 기체 형태로 나뉠 수 있으며 각각의 형태는 다양한 용도로 사용된다.

액체 바이오 연료는 주로 두 가지 형태로 존재한다. 첫째, 바이오 에탄올은 옥수수, 사탕수수, 밀 등 전분과 당분이 풍부한 작물을 발효하여 생산되며 자동차 연료로 사용된다. 이는 가솔린과 혼합하여 사용될 수 있어 기존의 연료 시스템과 호환성을 유지한다. 둘째, 바이오 디젤은 식물성 기름이나 동물성 지방에서 추출한 기름을 화학적으로 변환하여 얻는 연료로 디젤 엔진에 적합하다. 주로 콩기름, 팜유, 해바라기씨 기름 등이 원료로 사용된다.

고체 바이오 연료는 목재 펠릿과 숯을 포함한다. 목재 펠릿은 목재 찌꺼기 등을 압축하여 만든 작은 원통형 연료로 주로 난방용 보일러 등에 사용된다. 숯은 목재를 고온에서 열분해하여 얻는 고체 연료로 전통적인 요리 및 난방에 널리 사용된다.

기체 바이오 연료로는 바이오 가스가 있다. 이는 유기 폐기물이나 농업 부산물의 혐기성 소화에 의해 생성되며 메테인과 이산화탄소가 혼합된 가스로 구성된다. 바이오 가스는 주로 전기 생산과 난방에 사용되는데 폐기물의 재활용 측면에서도 중요한 역할을 한다.

이러한 바이오 연료 중에서 가장 대표적인 것이 바이오 알코올이다. 주로 메탄올과 에탄올 같은 알코올 형태로 존재하며 식물성 원료를 발효하여 생산한다. 이들 알코올은 화석 연료의 대체 에너지원으로 주목받고 있으며, 특히 교통 수단의 연료로 널리 사용된다.

바이오 메탄올

메탄올(CH_3OH), 또는 메틸 알코올은 합성가스(synthesis gas)로 알려진 일산화탄소(CO)와 수소(H_2) 혼합물로부터 합성할 수 있다. 이 과정에서는 고압, 고온, 그리고 촉매를 사용하여 수율을 증가시킨다.

$$C(s) + H_2O(g) \longrightarrow \underbrace{CO(g) + H_2(g)}_{\text{합성 가스}}$$

$$CO(g) + 2H_2(g) \xrightarrow{\text{ZnO, Cr}_2\text{O}_3\text{, 300 ℃}} CH_3OH(g)$$

과거 메탄올의 합성 방법은 공기가 없는 조건에서 너도밤나무, 히코리나무, 단풍나무, 자작나무와 같은 굳은 활엽수를 가열하여 얻었다.

메탄올은 독성이 매우 강하다. 약 30 mL의 소량만 섭취해도 치명적일 수 있으며, 10~15 mL 정도를 마셔도 실명이 될 수 있다. 따라서 메탄올은 취급 시 인체에 노출되지 않도록 각별한 주의가 필요하다.

바이오 에탄올

에탄올(C_2H_5OH)은 에틸 알코올 또는 곡물 알코올로 불리며 주로 탄수화물(전분, 설탕)의 발효를 통해 얻을 수 있다. 이 과정에서 효모는 발효 공정의 촉매 역할을 하는 효소들을 포함하고 있어 탄수화물을 에탄올과 이산화탄소로 변환한다. 발효 후에는 생성된 혼합물을 증류하여 95% 에탄올과 5% 물로 이루어진 혼합물을 얻을 수 있다. 이러한 혼합물은 주로 산업용이나 연료로 사용되는데 추가적인 공정을 통해 무수 에탄올(99% 이상의 에탄올)을 얻을 수 있다. 에탄올은 음료, 연료, 소독제 등 다양한 용도로 사용된다.

$$C_6H_{12}O_6 \xrightarrow{\text{효모}} 2C_2H_5OH + 2CO_2$$

에탄올은 알코올 음료의 활성 성분일 뿐만 아니라, 대체 연료 및 산소-주입 연료의 첨가제로서도 주목받고 있다. 1980년대 중반까지 브라질에서는 신차 판매의 90%가 에탄올 전용 차량이었을 정도로 에탄올 사용이 활발했다. 그러나 1990년대에 에탄올 부족 사태가 발생하면서 많은 사람들이 다시 가솔린 동력 자동차로 돌아갔다. 그럼에도 불구하고, 현재 브라질에서 판매되는 모든 가솔린은 25%의 에탄올을 함유하고 있다. 또한 85% 에탄올과 15% 가솔린으로 구성된 혼합물은 E85 또는 gashol(gasoline과 alcohol의 합성어)로 알려져 있으며, 이는 가솔린과 알코올을 결합한 대체 연료로 사용된다. E85는 주로 유연 연료 차량(flex-fuel vehicles)에서 사용되는데 이는 에탄올과 가솔린의 다양한 혼합물을 연료로 사용할 수 있는 차량이다.

6.5 태양 에너지는 무한한 대체에너지원이다

태양 에너지는 무한한 대체 에너지원으로 지구에 도달하는 태양의 방대한 에너지를 활용할 수 있는 잠재력을 가지고 있다. 태양은 지속적으로 에너지를 방출하는데 이는 인류가 사용하는 에너지를 훨씬 초과하는 양이다. 이러한 이유로 태양 에너지는 미래의 지속 가능한 에너지원으로 주목받고 있으며 화석 연료 고갈 문제와 환경 오염 문제를 해결할 수 있는 대안으로 여겨진다.

태양 에너지는 다양한 방법으로 활용될 수 있다. 예를 들어, 태양광 발전은 태양광 패널을 사용하여 전기를 생산하며 태양열 발전은 태양열을 이용해 물을 가열하여 증기를 생성하고 이를 통해 전기를 생산한다. 또한 태양열을 이용한 난방 시스템도 개발되어 있다. 이러한 기술의 발전은 태양 에너지를 보다 효율적으로 활용할 수 있도록 도와주며 에너지 전환을 가속화할 수 있는 중요한 역할을 한다.

태양은 수소의 핵융합 반응을 통해 막대한 양의 열과 빛 에너지를 방출하는데 이러한 활동은 약 45억 년 동안 지속되어 왔다. 현재 태양에는 이러한 에너지를 향후 약 10억 년 동안 더 지속할 수 있을 만큼 충분한 수소가 남아 있다. 따라서 태양 에너지가 줄어들거나 없어질 걱정은 없다.

태양에서 방출된 에너지의 대부분은 태양계 밖으로 빠져나가지만 일부는 태양계의 위성들에 도달하여 빛과 열을 제공한다. 지구에 도달하는 태양 에너지는 약 2 $cal/min \cdot cm^2$이며 지구의 반지름이 약 6.4×10^6 m이고 단면적이 1.24×10^{14} m^2이므로 지구에 도달하는 태양 에너지의 총량은 약 $1{,}400 \times 1.24 \times 10^{14}$ W이다.

그러나 이 모든 에너지가 지구에 흡수되는 것은 아니다. 일부는 대기 중의 구름이나 먼지에 의해 반사되며 지표면에 도달하는 태양 에너지의 약 1/3(5×10^{14} W)이 반사된다. 북극이나 남극에서는 더 많은 에너지가 반사되고 열대 및 밀림 지역에서는 더 많은 에너지가 흡수된다.

지구에 도달한 태양 에너지 중 약 47%(8×10^{14} W)는 지구를 따뜻하게 하여 온도를 유지하는 데 사용되며 약 23%(4×10^{14} W)는 바다, 호수, 강의 물을 증발시켜 비를 만들어 순수한 물을 공급하는 데 사용된다. 단지 0.02%(40×10^{12} W)만이 식물의 광합성에 필요한 에너지로 사용된다. 또한 달과 지구, 태양 사이의 중력에 의해 생성되는 지열 에너지의 총량은 태양 에너지의 약 5천분의 1에 불과하다.

태양 에너지는 지속 가능한 에너지원으로서 두 가지 주요 장점을 가지고 있다. 첫째, 태양 에너지는 수억 년 이상 지속적으로 공급될 수 있는 무한한 자원이다. 둘째, 태양 에너지는 화석 연료나 원자력과 달리 공해를 발생시키지 않아 환경 친화적이다. 그러나 이러한 장점을 효과적으로 활용하기 위해서는 몇 가지 기술적인 문제가 해결되어야 한다. 첫 번째 문제는 태양 에너지가 매우 광범위하게 분산되어 있다는 것이다. 이 분산된 에너지를 경제적으로 수집하고 집중시키는 방법을 찾는 것이 중요하다. 두 번째 문제는 태양 에너지가 항상 존재하지 않는다는 점이다. 날씨에 따라, 특히 비가 오거나 구름이 낀 날, 그리고 밤에는 태양 에너지를 사용할 수 없다. 따라서 태양 에너지 이용 연구는 에너지를 어떻게 효과적으로 수집하고 저장할 것인가에 초점을 맞추고 있다. 많은 연구자들에 의해 태양열 주택이나 태양 전지에 대한 여러 연구 결과가 창출되고 있지만 아직 널리 실용화되지는 않고 있다. 이러한 기술을 실용화하기 위해서는 에너지 수집과 저장 효율을 높이는 연구와 개발이 필요하다.

6.6 수소는 미래의 연료이다

수소는 매우 유용한 연료로 사용될 수 있으며, 여러 면에서 장점을 가지고 있다. 첫 번째, 수소를 연료로 사용할 때는 연소의 부산물로 물만 생성되므로 온실가스나 대기오염 물질을 배출하지 않는다. 이로 인해 환경친화적인 청정 에너지원으로 주목받고 있다. 두 번째, 수소는 단위 질량당 매우 높은 에너지를 가지고 있어 효율적인 에너지원이 될 수 있다. 이는 특히 수송 분야에서 중요한 장점으로 작용한다. 세 번째, 수소는 물의 전기분해를 통해 생산할 수 있는데 이 과정에서 태양광, 풍력 등의 재생 가능한 에너지를 사용할 수 있다. 이를 통해 지속 가능한 에너지 체계를 구축할 수 있다. 네 번째, 수소는 연료전지 차량, 발전소, 산업 공정 등 다양한 분야에서 사용될 수 있다. 연료전지는 수소와 산소의 화학 반응을 통해 전기를 생성하는데 이는 전기 자동차나 이동식 전원 공급 장치에 활용될 수 있다.

그러나 수소 연료의 상용화를 위해 해결해야 할 몇 가지 과제가 있다. 첫 번째, 생산 비용 측면에서 수소를 경제적으로 대량 생산하는 것은 아직 많은 비용이 소요된다. 특히 재생 가능한 에너지를 이용한 수소 생산은 초기 투자 비용이 높다. 두 번째, 저장 및 운송 측면에서 수소는 가볍고 부피가 크기 때문에 저장과 운송이 어렵다. 이를 해결하기 위해 고압 저장, 액화 수소, 금속 수소화물 등 다양한 기술이 연구되고 있다. 세 번째, 인프라 구축 측면에서 수소 연료를 효과적으로 활용하기 위해서는 충전소 등 관련 인프라의 구축이 필요하다. 수소 에너지는 이러한 도전 과제들이 해결된다면 미래의 중요한 에너지원으로 자리 잡을 가능성이 크다. 수소는 여러 면에서 매우 유용한 연료로 사용될 수 있는데 물과 태양 에너지는 수소 연료 생산과 밀접한 관계가 있다.

물은 수소 생산의 주요 원천이다. 물의 전기분해 과정에서 물(H_2O)을 수소(H_2)와 산소(O_2)로 분해할 수 있다. 이 과정에 필요한 전기를 태양 에너지로부터 얻을 수 있다. 즉, 태양광 발전을 통해 생성된 전기로 물을 분해하여 수소를 생산할 수 있다. 이렇게 생성된 수소는 청정 에너지로 사용될 수 있다. 또한, 태양 에너지를 이용한 수소 생산은 재생 가능한 에너지를 기반으로 하기 때문에 지속 가능한 에너지 체계를 구축할 수 있다. 이는 화석 연료 의존도를 줄이고 장기적으로 에너지 자립을 가능하게 할 수 있다.

결론적으로 수소는 청정하고 효율적인 연료로 사용할 수 있으며 태양 에너지는 수소를 생산하는 데 중요한 역할을 한다. 이러한 관계는 지속 가능한 에너지 미래를 위한 중요한 요소이다.

6.7 화학 에너지를 생산하는 전지

우리는 제5장 산화-환원 반응에서 전지에 대한 세부적인 내용은 학습했다. 한번 더 부연해서 설명하자면 전지는 화학 에너지를 전기 에너지로 변환하는 장치이다. 내부에 저장된 화학 물질이 전기화학적 반응을 통해 전자를 생성하고, 이 전자가 외부 회로를 통해 이동하면서 전기를 공급한다.

전지는 크게 1차 전지와 2차 전지로 분류할 수 있다. 1차 전지(primary battery)는 전기화학적 반응이 비가역적이므로 한 번 방전되면 재충전이 불가능하다. 이 전지에서는 전기화학적 역반응이 쉽게 일어나지 않기 때문에 내부의 화학 반응물들이 모두 소모되면 전지는 더 이상 전기를 생성할 수 없게 되어 수명이 다하게 된다. 따라서 이러한 전지는 에너지가 고갈되면 폐기해야 하며 주로 알칼리 전지, 리튬 전지와 같은 일회용 전자기기에서 사용된다. 1차 전지는 주로 장기간 사용하지 않거나 낮은 전력 소모가 필요한 기기에서 유용하다. 2차 전지(secondary battery)는 전기화학 반응이 가역적이므로 방전 후에도 재충전이 가능하다. 2차 전지는 에너지를 저장했다가 필요할 때 방출할 수 있고 다시 충전하여 반복적으로 사용할 수 있다. 이러한 특성 때문에 2차 전지는 축전지 또는 재충전 배터리라고도 불린다. 2차 전지는 리튬 이온 전지, 니켈-수소 전지, 납-산축전지 등 다양한 종류가 있으며 스마트폰, 노트북, 전기차, 재생 에너지 저장 시스템 등에서 널리 사용된다. 2차 전지는 초기 비용이 다소 높을 수 있으나 장기적으로 사용 시 경제적이고 환경 친화적이다.

6.8 우리 생활과 에너지

에너지는 우리의 일상에서 필수적인 요소로, 다양한 방식으로 우리의 생활에 영향을 미친다. 먼저, 에너지 효율이 높은 가전제품을 사용하는 것은 전기 요금을 절약하는 효과적인 방법이다. 많은 제품에는 에너지 효율 등급이 표시되어 있기 때문에 소비자는 이를 통해 에너지 소비량을 쉽게 비교하고 효율이 높은 제품을 선택할 수 있다.

조명에서는 LED 전구가 주목받고 있는데, 기존의 백열등이나 형광등에 비해 훨씬 적은 에너지를 소비하면서도 긴 수명을 자랑한다. 이를 통해 전기 사용량을 줄이고 전기 요금을 절감할 수 있다. 또한, 집의 단열을 잘하면 겨울철 난방과 여름철 냉방에 필요한 에너지를 절약할 수 있다. 또한 이중 유리를 사용하거나 벽과 천장에 단열재를 추가하는 것이 에너지 효율을 높이는 방법이 될 수 있다.

이동 수단으로는 대중교통을 이용하는 것이 자동차에 비해 연료 소비를 줄이고 개인의 탄소 발자국을 감소시키는 데 효과적이다. 이는 환경 보호에도 기여하게 된다. 또한 재활용은 에너지를 절약하는 중요한 방법으로, 예를 들어 알루미늄 캔을 재활용하면 새 캔을 만드는 데 필요한 에너지의 95%를 절약할 수 있다.

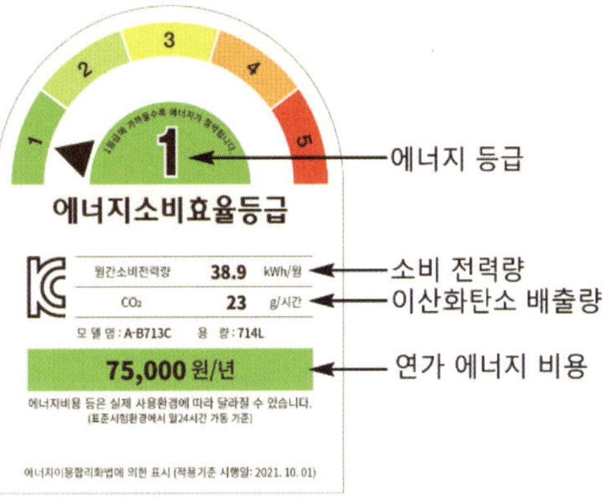

그림 6.4 에너지 효율 등급 라벨

또한 태양열을 이용하여 온수를 데우거나 전기를 생산하는 시스템을 설치하면 장기적으로 에너지 비용을 절감할 수 있기 때문에 이는 친환경적인 에너지원으로 각광받고 있다. 스마트 홈 기술을 활용하면 에너지 사용을 모니터링하고 최적화할 수 있다. 스마트 온도 조절기, 스마트 전구, 스마트 플러그와 같은 기술은 필요할 때만 에너지를 사용하도록 도와주어 에너지 절약을 가능하게 한다.

마지막으로 단거리 이동 시 자전거를 사용하는 것은 연료 소비를 줄이고 건강에도 좋은 방법이다. 이는 환경 친화적인 이동 수단으로 에너지 절약에 기여할 수 있다. 이러한 생활 속 작은 변화들이 모이면 개인의 에너지 소비를 크게 줄일 수 있고 환경 보호에도 긍정적인 영향을 미친다.

1. 수소 연료의 상용화를 위해 해결해야 할 주요 과제 세 가지를 설명하시오.

2. 물의 전기분해 과정을 설명하고, 이 과정이 에너지 자립에 어떻게 기여할 수 있는지를 설명하시오.

3. 1차 전지와 2차 전지의 차이점을 설명하시오.

4. 에너지가 일상생활에서 필수적인 이유를 세 가지 이상 설명하시오.

5. 태양 에너지가 무한한 대체 에너지원인 이유를 설명하시오.

6. 발열 반응과 흡열 반응의 차이점을 설명하고 각각의 예를 드시오.

7. 옥탄가가 무엇인지 설명하고, 가솔린에서의 옥탄가의 중요성을 설명하시오.

8. 에탄올의 다양한 용도를 설명하시오.

9. 에너지 효율을 높이는 방법을 세 가지 이상 설명하시오.

10. 화석 연료의 대안으로 주목받는 재생 가능한 에너지원 세 가지를 설명하시오.

11. 석탄이 산업혁명 당시 에너지원으로 부상한 이유를 설명하시오.

12. 화석 연료 사용의 환경적 문제점과 이를 해결하기 위한 기술 두 가지를 설명하시오.

13. 전지는 어떻게 화학 에너지를 전기 에너지로 변환하는지 설명하시오.

14. 에너지의 단위 중 줄(Joule)과 킬로와트시(kWh)의 차이점을 설명하시오.

15. 화석 연료의 대량 개발이 시작된 산업혁명 당시, 영국의 연료 사용 상황을 설명하시오.

유기화합물과 고분자

유기화합물은 탄소(C)를 중심으로 하여 수소(H), 산소(O), 질소(N) 등과 결합한 화합물로서, 자연계에 매우 다양하게 존재하며 생명체의 기본 구성 요소를 이룬다. 유기화학은 이러한 유기화합물의 구조와 성질, 그리고 이들이 어떻게 반응하고 합성되는지를 연구하는 학문 분야이다.

고분자는 수백에서 수천 개의 반복 단위인 단량체(monomer)가 결합하여 형성된다. 이 단량체는 유기화합물의 특정한 유형으로, 단량체들은 유기화합물로 구성되어 있으며, 이들이 중합 반응을 통해 긴 사슬 구조를 이루면서 유기화합물 기반의 고분자(polymer)가 된다. 이러한 고분자는 다양한 상태로 존재할 수 있는데 플라스틱, 고무, 단백질, DNA 등과 같은 물질이 이에 속한다. 유기화합물은 의약품, 염료, 향료 등으로 사용되는 반면에 고분자는 플라스틱, 섬유, 생체물질 등으로 활용되어 일상생활과 산업에 크게 기여하고 있다. 따라서 유기화합물은 고분자의 기본 구성 단위로서, 고분자는 이러한 유기화합물들이 결합하여 형성된 거대 분자라는 점에서 유기화합물과 고분자는 긴밀하게 연결되어 있다고 할 수 있다.

7.1 탄화수소의 종류

탄화수소는 탄소와 수소 원자로만 구성된 화합물로, 가장 기본적인 유기화합물의 형태를 이룬다. 탄소 원자의 독특한 결합 특성으로 인해 다양한 형태의 탄화수소가 존재하며, 그 각각은 고유한 성질과 용도를 지닌다. 탄화수소는 주로 에너지원으로 사용되며, 일상생활에서 흔히 접하는 여러 소비재의 합성 원료로도 활용된다. 예를 들어 섬유, 비누, 염료, 화장품, 의약품, 플라스틱, 고무 등의 생산에 중요한 역할을 한다.

탄화수소는 크게 네 가지 종류로 구분된다. 알케인(alkane), 알켄(alkene), 알카인(alkyne), 방향족 탄화수소(aromatic hydrocarbon)이다. 이중 알케인, 알켄, 알카인은 지방족 탄화수소(aliphatic hydrocarbon)로 묶이며, 이들의 구분은 탄소 원자 사이의 결합 방식에 따라 이루어진다.

- **알케인**(Alkane): 탄소 원자 사이의 결합이 모두 단일 결합으로 이루어진 구조이며 포화 탄화수소라고도 불린다. 일반식은 C_nH_{2n+2}로 나타낼 수 있다.
- **알켄**(Alkene): 탄소 원자 사이에 최소 하나의 이중 결합이 포함된 구조이다. 이로 인해 알켄은 불포화 탄화수소로 분류되며, 일반식은 C_nH_{2n}이다.
- **알카인**(Alkyne): 탄소 원자 사이에 최소 하나의 삼중 결합이 포함된 구조이며, 알카인 또한 불포화 탄화수소에 속한다. 일반식은 C_nH_{2n-2}이다.
- **방향족 탄화수소**(Aromatic hydrocarbon): 이들은 특별한 종류의 결합을 포함한 고리형 구조로, 벤젠을 대표적인 예로 들 수 있다. 방향족 탄화수소는 고유의 안정성과 반응성을 가지고 있어 다양한 화학물질의 합성에 활용된다.

이러한 다양한 종류의 탄화수소는 각각의 고유한 화학적 성질과 구조적 특징으로 여러 산업 분야에서 활용되고 있다.

알케인

알케인은 탄소 원자들 사이에 단일 결합만을 가지는 가장 단순한 형태의 탄화수소이다. 이들은 모든 가능한 수소 원자들로 포화되어 있어 포화 탄화수소(saturated hydrocarbon)라고 불린다. 이러한 특징으로 인해 알케인은 상대적으로 반응성이 낮고 안정적인 성질을 보인다.

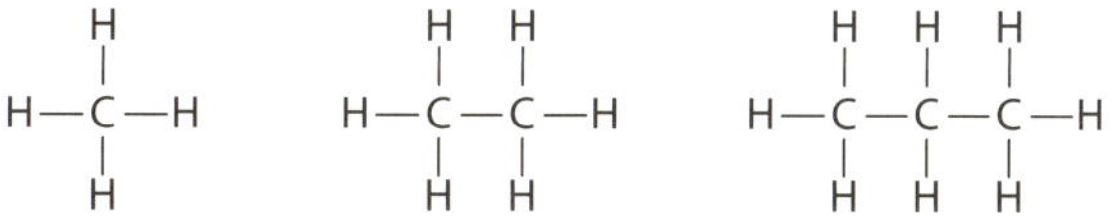

methane ethane propane

가장 간단한 형태의 알케인은 메테인(methane, CH_4)으로, 이는 천연 가스의 주성분이다. 그 다음 간단한 형태로는 에테인(ethane, C_2H_6)이 있으며, 이는 천연 가스의 부성분으로 존재한다. 프로페인(propane, C_3H_8)은 액화 프로판 가스의 주성분이다.

알케인의 특성 중 하나는 탄소 원자의 수가 네 개 이상일 때, 탄소 사슬에 가지를 만들어 다양한 구조를 형성할 수 있다는 점이다. 이로 인해 같은 화학식을 가지면서도 다른 구조를 가지는 이성질체(isomer)가 발생하게 된다. 곧은 사슬을 가지는 이성질체는 곧은 사슬 이성질체(straight-chain isomer)라고 하며, 일반적으로 알케인 또는 n-알케인이라고 부른다. 이들 n-알케인은 탄소 원자의 수가 증가함에 따라 끓는점이 높아지는 경향이 있다.

표7.1 처음 10개의 곧은 사슬 알케인

이름	분자식	축약 구조식	끓는점(℃)	가능한 이성질체의 수
메테인	CH_4	CH_4	-161	-
에테인	C_2H_6	CH_3CH_3	-89	-
프로페인	C_3H_8	$CH_3CH_2CH_3$	-44	-
뷰테인(butane)	C_4H_{10}	$CH_3CH_2CH_2CH_3$	-0.5	2
펜테인(pentane)	C_5H_{12}	$CH_3CH_2CH_2CH_2CH_3$	36	3
헥세인(hexane)	C_6H_{14}	$CH_3CH_2CH_2CH_2CH_2CH_3$	68	5
헵테인(heptane)	C_7H_{16}	$CH_3CH_2CH_2CH_2CH_2CH_2CH_3$	98	9
옥테인(octane)	C_8H_{18}	$CH_3CH_2CH_2CH_2CH_2CH_2CH_2CH_3$	125	18
노네인(nonane)	C_9H_{20}	$CH_3CH_2CH_2CH_2CH_2CH_2CH_2CH_2CH_3$	151	35
데케인(decane)	$C_{10}H_{22}$	$CH_3CH_2CH_2CH_2CH_2CH_2CH_2CH_2CH_2CH_3$	174	75

탄소 원자의 수가 1개에서 4개까지인 알케인, 즉 메테인에서 뷰테인까지는 상온에서 기체 상태로 존재한다. 그러나 탄소 원자가 5개인 펜테인은 상온에서 액체 상태로 존재한다. 일반적으로 탄소 원자의 수가 5개에서 약 50개까지인 알케인은 액체 상태를 유지하며, 탄소 원자의 수가 증가할수록 그 액체의 점성이 증가하는 경향이 있다. 이러한 점성 증가는 주로 탄소 사슬이 길어짐에 따라 분자 간 인력이 증가하기 때문이다.

이처럼 알케인은 그 구조와 물리적 성질에 따라 다양한 용도로 활용될 수 있으며, 특히 연료 및 산업적 원료로서 중요한 역할을 한다.

알켄과 알카인

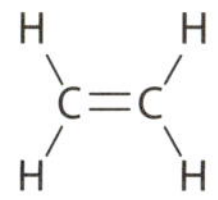
ethene

알켄(alkene)과 알카인(alkyne)은 각각 이중결합과 삼중결합을 포함하는 탄화수소로, 이러한 결합은 그들의 화학적 및 물리적 성질에 중요한 영향을 미친다. 이중결합과 삼중결합의 존재로 인해 알켄과 알카인은 알케인보다 적은 수의 수소 원자를 가지며, 이로 인해 불포화 탄화수소(unsaturated hydrocarbon)로 분류된다.

알켄은 탄소 원자들 사이에 하나 이상의 이중결합을 포함하며, 일반식은 C_nH_{2n}으로 나타낸다. 가장 간단한 형태의 알켄은 에텐(ethene, C_2H_4)으로, 이는 에틸렌이라고도 불린다. 에텐 분자의 구조는 평면 삼각형 모양을 이루고 있어, 분자 전체를 평평하고 경직된 형태로 만든다.

에텐은 과일의 성숙 과정에 중요한 역할을 하는 물질로, 과일이 익을 때 방출되어 다른 과일의 숙성을 촉진한다. 예를 들어, 바나나가 익기 시작하면 에텐을 방출하여 다른 바나나도 함께 익게 한다. 이러한 특성 때문에 바나나 농장에서는 초록색의 덜 익은 바나나를 출하한 후, 목적지에 도착할 때 에텐 가스를 공급하여 바나나를 익히는 방식으로 관리한다.

알카인은 탄소 원자들 사이에 하나 이상의 삼중결합을 포함하며, 일반식은 C_nH_{2n-2}로 나타낸다. 가장 간단한 형태의 알카인은 에타인(ethyne, C_2H_2)인데 아세틸렌(acetylene)으로도 불린다. 에타인 분자는 선형 구조를 가지며, 각 탄소 원자가 일직선으로 배열되어 있다.

ethyne

에타인의 가장 주목할 만한 용도는 용접 작업에서의 사용이다. 산소와 에타인(아세틸렌) 혼합 가스는 매우 높은 온도의 불꽃을 생성할 수 있으며, 이는 약 3200 K에 이른다. 이러한 높은 온도는 금속 용접과 같은 작업에 필수적이다.
알카인은 일반적으로 화학적 반응성이 매우 크기 때문에 자연계에서는 알켄만큼 널리 존재하지 않지만, 여러 화학 공정에서 중요한 중간체로 활용된다.

이처럼 알켄과 알카인은 그 독특한 결합 구조로 인해 다양한 산업적 및 생물학적 용도로 활용되며, 그들의 화학적 특성은 특정 응용 분야에 맞춰 최적화될 수 있다.

방향족 탄화수소

유기화합물의 구조를 결정하는 작업은 특히 과거에는 매우 도전적인 과제였다. 1800년대 중반에 화학자들은 벤젠(benzene, C_6H_6)이라는 특별히 안정된 화합물의 구조를 밝히려는 노력을 기울였다. 벤젠은 화학식으로 보아 불포화 탄화수소임에도 불구하고, 다른 불포화 탄화수소와는 달리 매우 안정한 특성을 보였다. 1865년, 화학자 프리드리히 아우구스트 케큘레(Friedrich August Kekulé)는 꿈에서 영감을 얻어 벤젠의 구조를 제안했다. 그의 꿈 속에서 뱀들은 춤을 추고 있었고, 일부 뱀들은 자신의 꼬리를 물고 고리 형태로 꼬여 있었다. 이 이미지에서 영감을 받아 케큘레는 벤젠의 구조를 고리 형태로 제안했다. 이 구조에서는 단일결합과 이중결합이 번갈아가며 존재한다고 보았다.

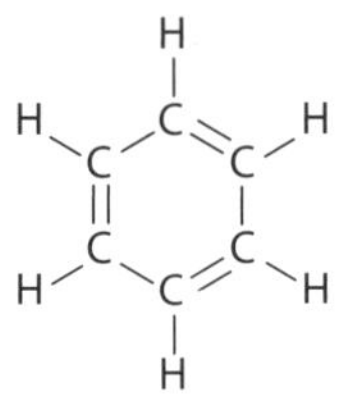

그러나 실제로 벤젠은 이중결합과 단일결합이 번갈아 있는 구조가 아닌, 모든 탄소-탄소 결합이 동일한 길이와 세기를 가지는 특별한 형태의 결합을 가지고 있다.

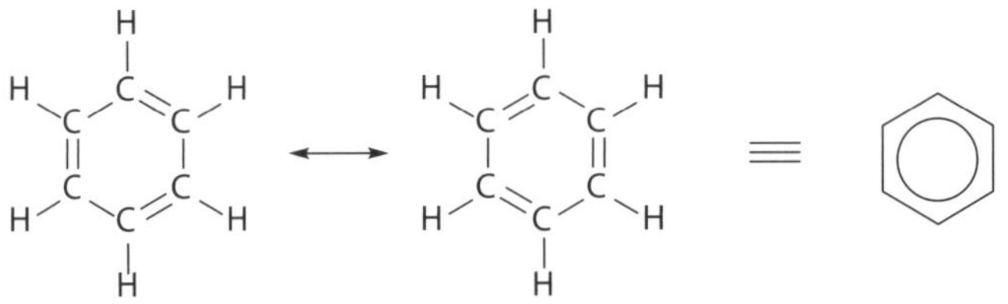

이는 벤젠의 π 전자들이 π 오비탈에서 비편재화(delocalization) 되어 있기 때문이다. 이러한 비편재화는 벤젠과 같은 방향족 탄화수소가 알켄이나 알카인보다 훨씬 더 안정하도록 만든다.

벤젠의 고리 구조는 많은 유기화합물에서 발견된다. 벤젠 고리의 수소 원자 하나 이상이 다른 원자나 원자단으로 치환되면, 치환 벤젠(substituted benzene)이 형성된다.

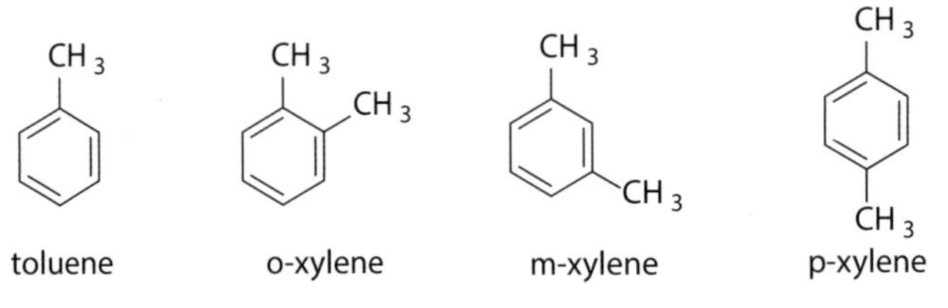

이러한 고리 구조는 화학적으로 독특하고 안정적일 뿐만 아니라, 많은 방향족 화합물들이 좋은 향기를 갖고 있어 방향족(aromatic)이라는 이름을 붙였다. 예를 들어, 계피, 바닐라, 아몬드의 일부 향기는 모두 방향족 화합물 때문이다.

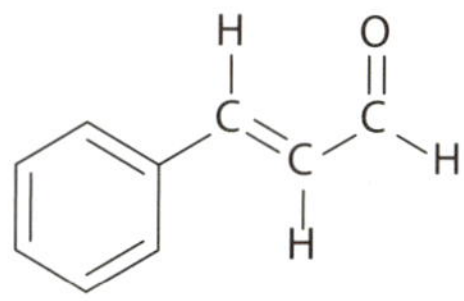

계피 향기

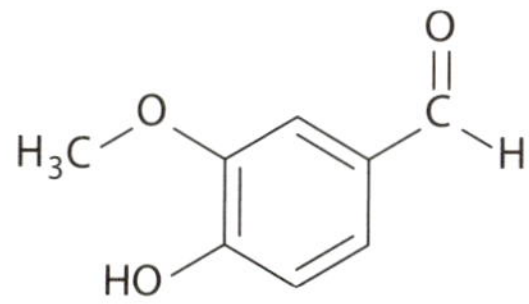

바닐라 향기

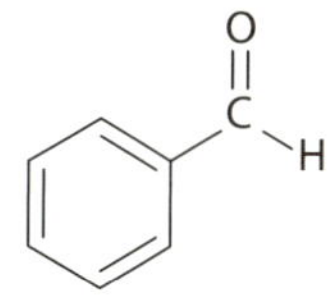

아몬드 향기

따라서 벤젠과 그 유도체들은 화학적 안정성과 독특한 향기로 인해 다양한 산업 및 자연계에서 중요한 역할을 담당하며, 이러한 방향족 화합물은 향수, 식품 첨가물, 그리고 약품 제조에 이르기까지 다양한 분야에서 활용되고 있다.

7.2 작용기

유기 작용기(Functional group)는 유기화합물 내에서 특정한 화학적 반응을 일으키는 원자 또는 원자단의 집합을 말한다. 작용기는 화합물의 물리적, 화학적 성질을 결정하는 데 중요한 역할을 하며, 같은 작용기를 가진 화합물들은 유사한 반응성을 보인다. 작용기의 종류와 배열은 유기 화학의 구조-활성 관계를 이해하는 데 핵심적인 요소이다. 작용기는 흔히 알킬기(R-)에 붙어 있다. 알킬기는 수소 원자가 하나 제거된 알케인이다. 여러 주요 유기 작용기를 소개하면 다음과 같다.

하이드록실기(-OH)

알킬기에 하이드록실기(-OH)가 붙은 분자를 알코올(R-OH)이라고 한다. 메탄올, 에탄올, 아이소프로판올은 잘 알려지고 널리 쓰이는 알코올이다.

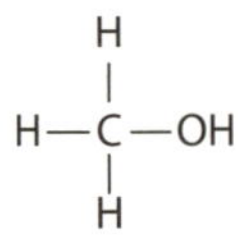

methanol

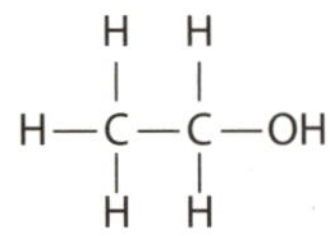

ethanol

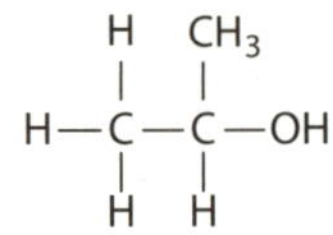

propan-2-ol
(isopropanol)

하나 이상의 -OH기를 가진 알코올은 부동액으로 쓰이는 에틸렌 글라이콜, 식품과 화장품의 첨가제로 쓰이는 글리세롤 등이 있다. 페놀은 벤젠 고리에 -OH기가 붙은 화합물이다. 약산성이며, 살균제로도 쓰인다.

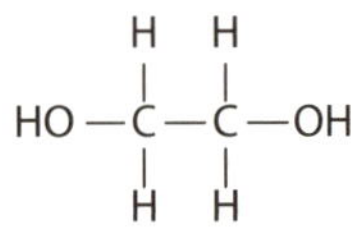

ethane-1,2-diol
(ethylene glycol)

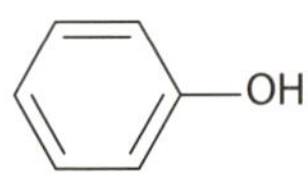

phenol

에터기(-O-)

2개의 알킬기가 같은 산소 원자에 붙어 있다. 에터는 용매로 사용되며 산소와 천천히 반응하여 폭발성이 있는 과산화물을 만들 수 있다. 다이에틸 에터 및 고리 에터인 테트라하이드로퓨란(THF)은 유기 반응에 사용하는 일반 용매이다.

$H_3CH_2C-O-CH_2CH_3$

ethoxyethane
(diethyl ether)

tetrahydrofuran
(THF)

다이에틸 에터는 예전에 마취제로 사용되었지만 심각한 부작용이 있었다. 또한 고리형 에터인 에틸렌 옥사이드는 에틸렌 글라이콜을 만들 때나 의료 기기를 소독할 때 쓰인다.

oxirane
(ethylene oxide)

카보닐기(C=O)

알데하이드(aldehyde)는 카보닐기의 탄소에 최소 한 개의 수소 원자가 결합되어 있다. 케톤(ketone)의 카보닐기는 탄소 양쪽으로 알킬기를 가진다. 폼알데하이드는 플라스틱을 만들 때나 소독약으로 쓰인다. 바닐라와 계피향은 자연계에 존재하는 알데하이드이다.

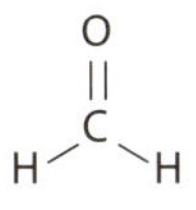

formaldehyde

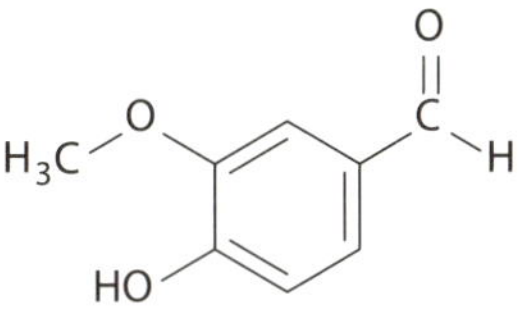

vanillin
(바닐라 향)

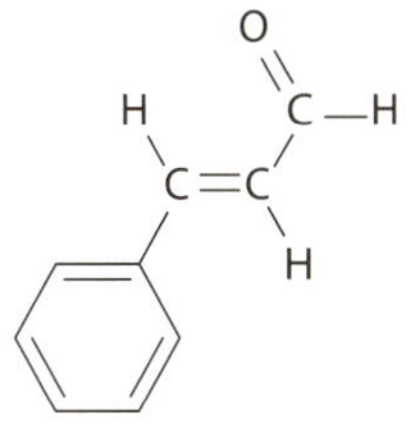

cinnamaldehyde
(계피 향)

가장 간단한 케톤인 아세톤은 매니큐어 제거제의 주성분으로 잘 알려져 있다. 많은 케톤의 경우, 좋은 향기를 낸다. 예를 들어, 카르본(carvone)은 스피아민트 향을 내며, 헵타-2-온(heptan-2-one)은 박하향을 내며, 이오논(ionone)은 산딸기향을 낸다.

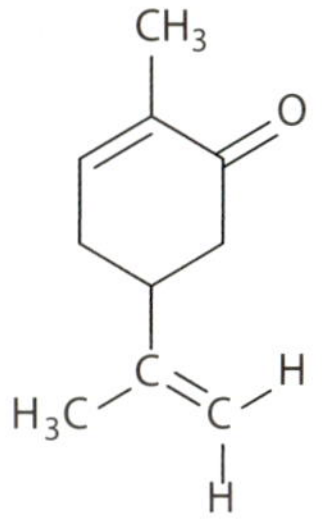

carvone

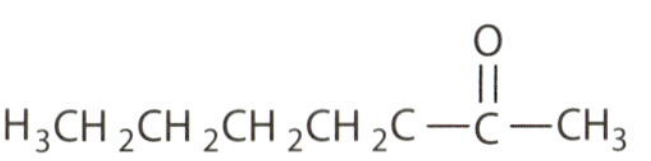

heptan-2-one

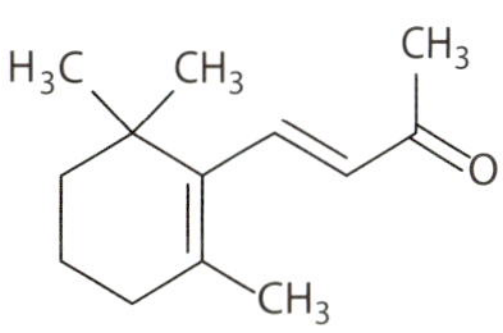

ionone

카복실기(-COOH)

카복실산(carboxylic acid)은 카복실기를 작용기로 갖는다. 폼산(HCOOH)은 개미, 벌 등의 침 속에 존재하는 화합물이다. 아세트산은 식초에 들어 있는 산이고, 부티르산은 상한 버터 냄새가 난다. 또한 아세트산염은 식품 보존재로 사용된다.

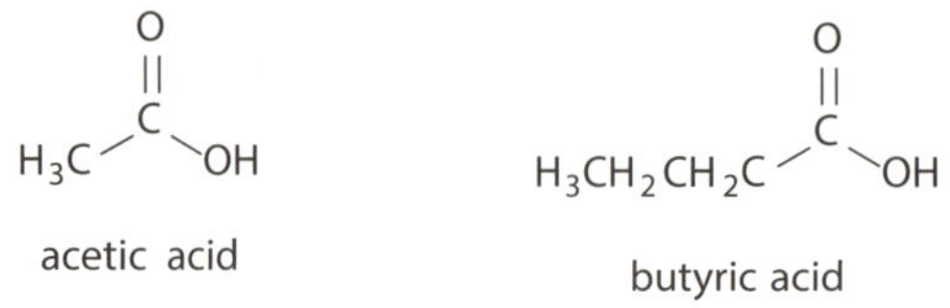

아미노기(-NH_2)

아민(amine)은 암모니아(NH_3)에서 한 개 이상의 수소가 알킬기로 치환된 화합물인데 고약한 냄새를 갖고 있다. 예를 들어 썩는 냄새는 트리메틸아민(trimethylamine) 때문이고, 동물의 살이 부패될 때 나는 냄새는 커더베린(cadaverine) 때문이다.

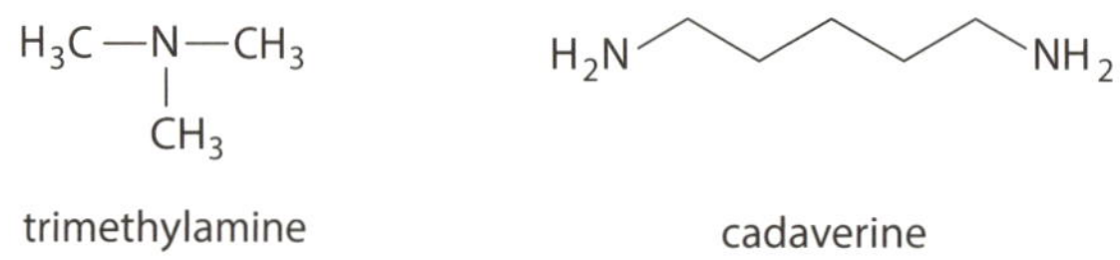

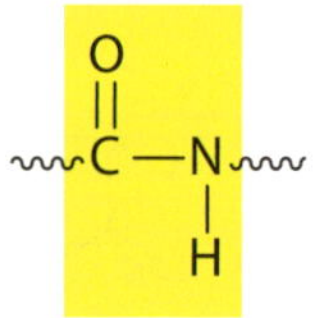

아민은 가장 잘 알려진 유기 염기이며, 약리 활성을 띠는 화합물들은 많은 경우 아민을 포함하는 아민 복합체이다.

아마이드(amide)는 질소 원자가 결합된 카보닐기를 갖는다. 단백질, 나일론, 비단, 모직 등이 아마이드기를 갖고 있다.

에스터기(-COOR)

에스터에서 발견되며, 카복실산과 알코올의 축합 반응에 의해 형성된다. 주로 향과 맛을 내는 화합물에서 발견된다.

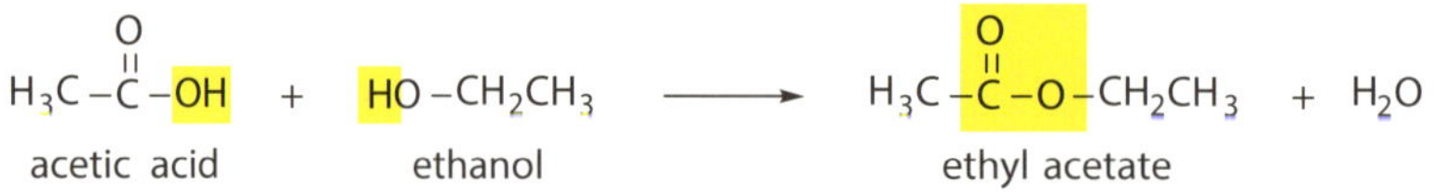

작용기는 화합물의 반응 경로를 예측하고, 합성 경로를 설계하는 데 필수적인 정보를 제공한다. 유기화학에서 작용기를 이해하는 것은 화합물의 특성과 반응성을 파악하는 기본적인 단계이다.

7.3 고분자: 길고 긴 사슬

인간은 역사적으로 재료를 더 강하고 가볍고 튼튼하게 만들어 필요와 욕구를 충족시키기 위해 사용하는 도구를 지속적으로 개선해 왔다. 우리의 생활을 편리하게 변화시킨 그 특별한 물질은 고분자이다. 일반적으로 고분자를 거대 분자라고 한다. 그러나, 거대 분자는 그 이름에서 느껴지듯 매우 큰 분자라고 생각할 수 있지만, 실제로는 그렇지 않다. 이들은 육안으로는 보이지 않지만, 다른 일반적인 분자들과 비교했을 때 상대적으로 크기 때문에 '거대'라는 수식어가 붙었다. 고분자(polymer)라는 용어는 그리스어에서 유래했으며, 여기서 'poly'는 '많은'을, 'mers'는 '부분'을 의미한다. 이 용어는 고분자가 여러 개의 작은 단위로 구성되어 있음을 나타낸다. 이러한 고분자는 단량체(monomer)라고 불리는 더 작은 분자 단위로부터 만들어진다. 단량체는 그리스어 'monos'에서 유래한 말로, '하나'를 의미한다. 수백에서 수천 개에 이르는 단량체들이 반복적으로 결합하여 하나의 고분자를 형성한다. 단량체는 고분자를 구성하는 기본적인 빌딩 블록(building blocks)이다.

천연 고분자

고분자는 인류 역사에서 중요한 역할을 해 왔으며, 우리의 삶에 필수적인 자원을 많이 제공한다. 하지만, 이러한 고분자들은 화학자들에 의해 만들어지지 않았다는 것을 명심해야 한다. 예를 들어, 고분자 형태로 존재하는 녹말과 단백질은 오랜 세월 동안 인류에게 중요한 식량 자원으로 기능해 왔다. 녹말은 포도당($C_6H_{12}O_6$)이라는 단순한 당의 단위들이 결합하여 형성된 고분자이다. 포도당은 여러 개의 단위가 결합하여 긴 사슬 형태를 이루며, 이를 통해 녹말 특유의 구조와 기능을 나타낸다.

또한, 우리가 일상적으로 사용하는 의류의 많은 부분도 고분자로 이루어져 있다. 면화는 셀룰로오스라는 고분자로 구성되어 있으며, 셀룰로오스 역시 포도당 단위들이 결합하여 만들어진다. 나무도 주로 셀룰로오스로 구성되어, 건축 자재나 종이의 원료로 사용된다.

단백질은 아미노산이라는 단량체들이 결합하여 형성된 고분자이다. 아미노산의 다양한 조합과 배열은 각기 다른 단백질을 만드는데 이는 생물체의 구조와 기능에 있어서 매우 중요하다. 양모와 실크는 자연에서 얻을 수 있는 단백질의 대표적인 예로, 각각의 특성에 따라 의류나 다른 용도로 사용된다.

생명체는 고분자가 없이는 생존할 수 없으며, 각 식물과 동물은 생리적 기능을 수행하는 데 필요한 특정한 유형의 고분자를 필요로 한다. 특히, DNA나 RNA와 같은 핵산은 유전 정보를 저장하고 전달하는 역할을 하는 놀라운 천연 고분자이다. 이러한 핵산은 생명체의 본질적인 부분을 차지하며, 생물학적 다양성과 유전적 특성을 결정하는 데 핵심적인 역할을 한다.

합성 고분자

합성 고분자는 화학 공정을 통해 인위적으로 만들어진 고분자 물질로, 주로 플라스틱으로 많이 알려져 있다. 이들은 자연에서 직접 얻어지는 물질이 아니라, 인간이 특정한 용도를 위해 설계하고 제조한 것이다. 기본적으로 합성 고분자는 여러 개의 작은 분자들(단량체)이 화학 결합을 통해 긴 사슬 모양을 이루며 연결된 구조이다. 이렇게 단량체가 결합하여 긴 사슬의 고분자를 형성하는 과정을 중합(polymerization)이라고 한다. 중합을 통해 만들어진 고분자는 그 자체로는 단량체와는 다른 물리적, 화학적 특성을 가진다. 이는 마치 작은 밀가루 알갱이와 그것들로 만들어진 긴 스파게티 면이 서로 다른 특성을 가지는 것과 유사하다. 이러한 구조적 특성 때문에 합성 고분자는 매우 다양한 물리적, 화학적 특성을 가진다.

또한 합성 고분자는 이러한 특성들 때문에 여러 산업 분야에서 필수적인 소재로 자리 잡고 있다. 또한 가볍고 내구성이 뛰어나며, 다양한 형태로 쉽게 가공할 수 있기 때문에 생활 용품부터 산업용 부품에 이르기까지 널리 사용된다. 그러나 합성 고분자는 자연 분해가 어려워 환경에 부정적인 영향을 미칠 수 있는 문제가 있다. 이러한 이유로 최근에는 합성 고분자의 재활용 및 생분해성 소재 개발 등 지속 가능성을 위한 노력이 중요시되고 있다.

✖ 읽을 거리: 셀롤로오스와 당구공

셀룰로이드는 천연 고분자를 화학적으로 변형하려는 최초의 시도 중 하나로, 천연 셀롤로오스를 기반으로 한 반합성 물질이다. 셀롤로오스와 당구공의 개발은 19세기 후반으로 거슬러 올라간다. 당시, 당구공은 주로 코끼리 상아로 만들어졌다. 그러나 코끼리 상아의 공급이 제한적이고 동물 보호와 윤리적 문제 때문에 대체 소재가 필요했다.

이러한 배경에서 1860년대 후반, 미국의 한 당구공 제조업체는 상아를 대체할 수 있는 소재를 찾기 위해 공모전을 열었다. 이 공모전은 새로운 소재를 개발하는 사람에게 상당한 상금을 제공하겠다는 것이었다. 이때, 미국의 발명가인 존 웨슬리 하얏트(John Wesley Hyatt)는 셀룰로이드를 개발했다. 셀룰로이드는 나이트로셀롤로오스와 장뇌를 혼합하여 만든 플라스틱으로, 당시에는 상아를 대체할 수 있는 훌륭한 소재로 평가받았다. 하얏트는 이를 이용해 당구공을 만들었고, 상아 대신 사용할 수 있는 충분히 매끄럽고 단단한 공 모양으로 성형하는 방법을 개발했다. 이로 인해 당구공은 보다 경제적으로 생산할 수 있게 되었고, 코끼리 보호에도 기여하게 되었다.

셀룰로이드는 상아, 호박, 거북이 껍질 등과 같은 고가의 천연 소재를 대체하여 널리 사용되었다. 또한, 영화 산업에서도 중요한 역할을 했다. 초기 영화 산업은 '셀룰로이드 산업'으로 불렸는데, 셀룰로이드는 영화 필름의 주요 소재이다. 셀룰로이드는 세탁과 다림질이 필요 없는 딱딱한 셔츠 칼라 제작에도 사용되었지만, 이 물질은 인화성이 매우 높고 시간이 지나면 불안정해져 폭발할 위험이 있었다. 이와 같은 이유로, 1950년대에는 더 안전한 대체 재료가 등장하면서 셀룰로이드 필름은 시장에서 퇴출되었다. 또한 셀룰로이드 필름의 분해와 보존의 어려움으로 인해, 많은 초기 영화가 손실되었다. 미국 의회도서관의 조사에 따르면, 1929년 이전에 제작된 약 11,000편의 무성 영화 중 단지 14%만이 여전히 감상 가능한 상태로 남아 있다고 한다. 현대의 영화 필름은 폴리에틸렌 테레프탈레이트(폴리에스터)로 만들어져, 과거의 문제들을 해결하고 있다. 또한 오늘날 남성 셔츠의 딱딱한 칼라는 유행에서 벗어났지만, 성직자 칼라는 여전히 플라스틱으로 제작되고 있다.

이러한 과정을 통해 셀룰로이드는 당구공 제조에서 중요한 전환점이 되었으며, 이는 플라스틱 산업의 서막을 알리는 중요한 사건 중 하나이다.

7.4 중합 방법에 따른 합성 고분자

긴 사슬 중합체는 작은 분자인 단량체(monomer)를 사용하여 합성된다. 합성 고분자는 두 가지 유형으로 나눌 수 있다. 첫째, 단량체 단위들이 직접 연결되어 형성되는 첨가 고분자(addition polymer)이고, 둘째, 물이 부산물로 생성되며 단량체들이 결합되는 축합 고분자(condensation polymer)이다.

첨가 고분자(Addition polymer)

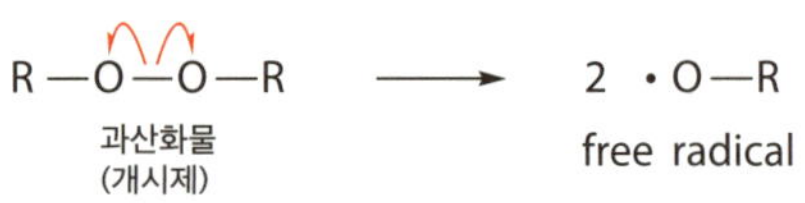

첨가 고분자를 합성하기 위해 사용되는 단량체는 보통 하나 또는 두 개의 이중결합을 가지고 있으며, 가장 간단한 예로는 에틸렌(ethylene)이 있다. 에틸렌을 합성하기 위해서는 촉매와 함께 1000~3000 atm의 압력을 가하고, 온도를 100~250 ℃로 높인다. 이 조건에서 에틸렌은 수백 만의 분자량을 갖는 고분자로 변환된다. 반응이 진행되기 위해서는 에틸렌의 탄소-탄소 이중결합이 부분적으로 깨지면서 홀전자로 구성된 반응 자리(reactive site)를 형성해야 한다. 이 과정은 고분자 형성의 개시단계라고 하며, 유기 과산화물(R-O-O-R)과 같은 매우 불안정한 물질이 개시제로 사용될 수 있다. 이러한 불안정한 개시제는 홀전자를 가진 조각, 즉 자유 라디칼(free radical)로 분해된다.

자유 라디칼은 홀전자에 대한 짝을 찾기 위해 탄소-탄소 이중결합을 포함한 분자와 쉽게 반응하며, 결과적으로 새로운 자유 라디칼을 형성한다.

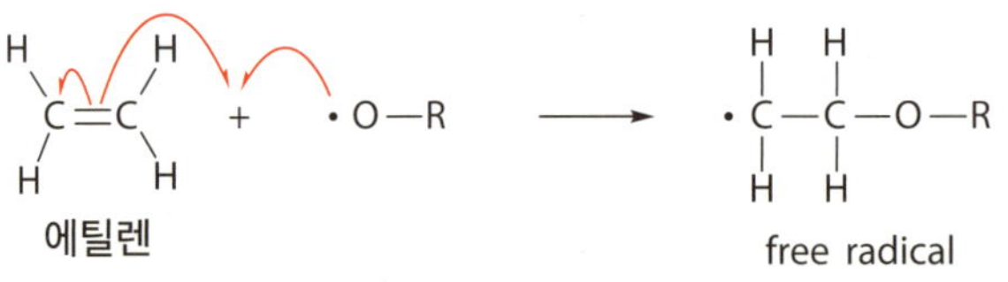

폴리에틸렌 사슬의 확장은 반응하지 않은 에틸렌 분자의 전자와 홀전자가 결합함으로써 시작된다. 이 결합으로 인해 남은 홀전자는 또 다른 에틸렌 분자와 결합하게 된다. 이러한 과정을 반복함으로써 불포화 탄화수소 단량체인 에틸렌은 포화 탄화수소로 이루어진 고분자인 폴리에틸렌(polyethylene)으로 변환된다(이때, n=1,000~50,000 사이이다).

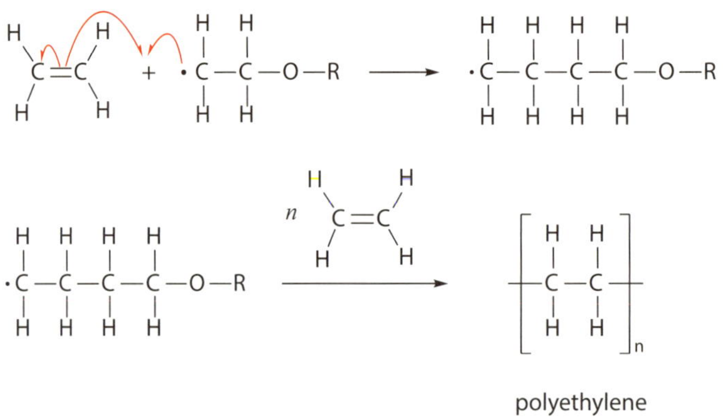

폴리에틸렌은 구조적 차이로 인해 고밀도 폴리에틸렌(HDPE)과 저밀도 폴리에틸렌(LDPE), 두 가지 주요 형태로 구분되는데, 이들은 서로 다른 특성과 용도를 지니고 있다.

고밀도 폴리에틸렌(HDPE)은 분자 사슬이 선형으로 배열되어 있으며, 가지가 거의 없는 구조를 가지고 있다. 이러한 선형 구조는 분자들이 밀집하게 배열될 수 있도록 하여, HDPE는 높은 밀도(d = 0.97 g/mL)를 갖게 된다. 이로 인해 HDPE는 강도와 강성이 뛰어나며, 내화학성과 내구성이 우수하다. 또한, HDPE는 내열성과 내한성이 좋아서 다양한 환경에서 안정적으로 사용될 수 있다. 이러한 특성 때문에 HDPE는 물탱크, 파이프, 플라스틱 병, 장난감, 비닐봉지 등과 같은 제품에 널리 사용된다.

반면에, 저밀도 폴리에틸렌(LDPE)은 분자 사슬에 많은 가지를 포함하고 있어, 사슬들이 덜 밀집하게 배열된다. 이로 인해 LDPE는 밀도(d = 0.92 g/mL)가 낮아지며, 유연성과 투명성이 높아진다. LDPE는 신축성이 좋고, 충격을 잘 흡수하는 특성을 가지고 있으며, 가공이 용이하다는 장점도 있다. 이러한 특성으로 LDPE는 주로 비닐봉지, 랩 필름, 압출 코팅, 전선 피복, 저압 전기 케이블 절연 등에 사용된다. 이처럼 HDPE와 LDPE는 구조적 차이로 인해 물리적 특성과 용도에서 명확한 차이를 보이며, 각각의 특성에 맞는 다양한 산업 분야에서 활용되고 있다.

에틸렌 유도체의 고분자들

다수의 첨가 고분자들은 에틸렌 유도체를 단량체로 사용하여 만들 수 있다. 에틸렌 유도체들은 에틸렌 분자의 구조에 다른 원자나 작용기를 도입하여 변형한 화합물로, 이들로부터 다양한 고분자를 만들 수 있다. 일반적인 반응식은 다음과 같다.

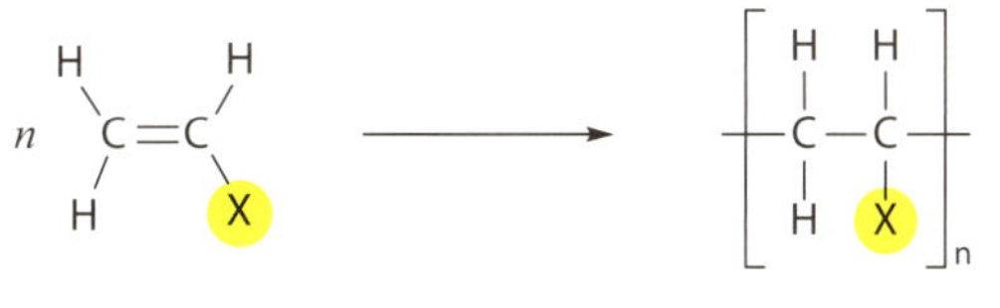

이러한 고분자들은 에틸렌의 기본 구조에 변화를 주어 특수한 물리적 및 화학적 특성을 부여할 수 있다. 몇 가지 주요 에틸렌 유도체 기반 고분자들에 대해 살펴보자.

폴리프로필렌(Polypropylene, PP)

PP는 에틸렌의 한 수소 원자가 메틸기(-CH_3)로 치환된 프로필렌을 단량체로 하여 형성된 고분자이다.

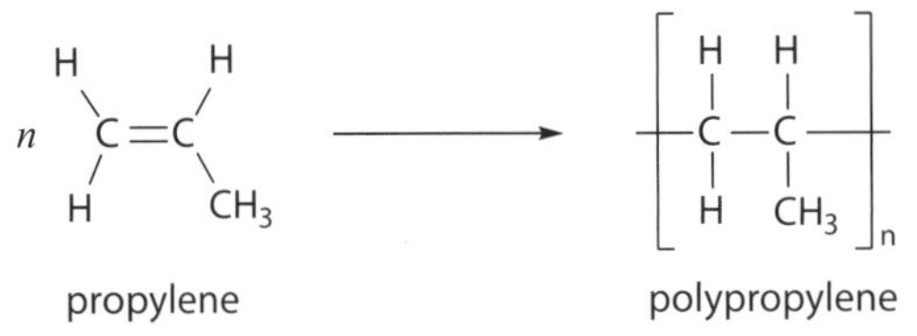

이 메틸기의 존재는 PP에 높은 결정성과 강도를 갖게 함으로써, 내열성과 내화학성을 증가시킨다. 따라서 PP는 고온에서도 형태를 유지할 수 있고, 다양한 화학 물질에 저항성을 갖는다. 또한, PP는 밀도가 낮아 가벼운 특성을 가지고 있으며, 반복적인 응력에도 잘 견디는 피로강도를 가진다. 이러한 특성 때문에 PP는 자동차 부품, 가전제품, 포장재, 섬유 등 다양한 산업 분야에서 널리 사용된다.

폴리염화비닐(Poly(vinyl chloride), PVC)

PVC는 염화 비닐을 단량체로 사용하는 고분자로, 이 단량체는 에틸렌의 한 수소 원자가 염소 원자로 치환된 구조를 가지고 있다.

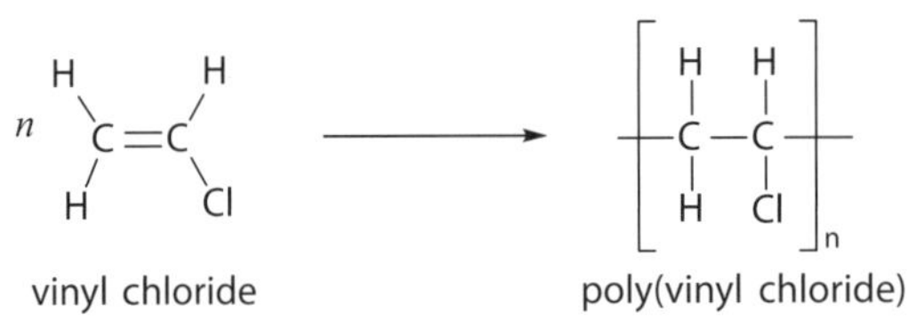

염소 원자의 도입은 고분자 구조에 여러 가지 중요한 특성을 부여한다. PVC는 우수한 내화학성을 가지며, 산, 염기 및 다양한 화학 물질에 대한 저항성이 높다. 또한, 염소 원자는 분자 구조를 안정화시켜 PVC에 뛰어난 내구성을 제공하고, 불에 잘 타지 않는 난연성 특성을 나타낸다. 이러한 특성 때문에 PVC는 건축 자재, 파이프, 전선 피복, 바닥재 등 다양한 분야에서 활용되며, 특히 외부 환경에 노출되는 제품에서, PVC의 내구성과 내화학성은 장기간 사용에 따른 손상을 줄여 주는 중요한 역할을 한다.

폴리아크릴로나이트릴(Polyacrylonitrile, PAN)

PAN은 아크릴로나이트릴 단량체가 반복적으로 결합한 선형 고분자로, 이 구조는 나이트릴기(-CN)를 포함하여 높은 극성을 나타낸다.

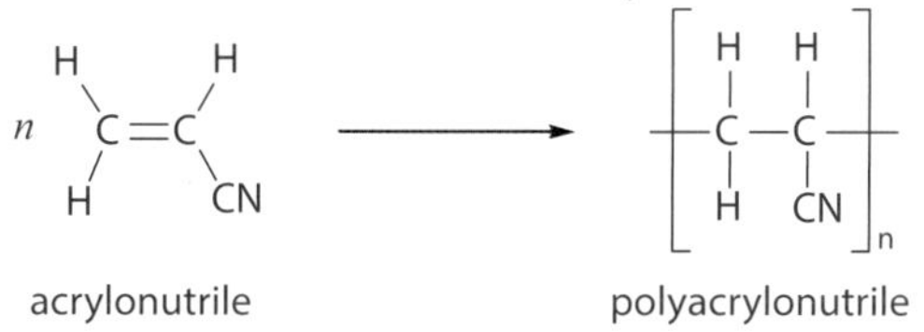

PAN은 뛰어난 인장 강도와 내구성을 가지며, 열 안정성이 높아 고온 환경에서도 안정적으로 사용할 수 있다. 또한 다수의 화학 물질, 특히 산과 염기에 대해 저항성을 보여 다양한 환경에서 활용이 가능하다. 나이트릴기의 존재로 인한 높은 극성은 PAN의 친수성과 염색성을 개선하는 데 기여하는데, 주로 아크릴 섬유의 제조에 사용된다. 이 섬유는 양모와 유사한 촉감을 제공하여 의류, 카펫, 담요 등의 제작에 널리 활용된다. 또한 PAN은 탄소 섬유의 주요 전구체로 사용되며, PAN 기반 탄소 섬유는 높은 강도와 경량성을 요구하는 항공우주, 자동차, 스포츠 장비 등에서 중요한 소재로 자리 잡고 있다. 더불어 PAN의 화학적 저항성과 물리적 강도는 필터 및 멤브레인 재료로도 활용 가능하다.

폴리스타이렌(Polystyrene, PS)

PS는 스타이렌 단량체가 중합하여 형성된 열가소성 고분자로, 에틸렌의 한 수소 원자가 페닐기($-C_6H_5$)로 치환된 구조를 가지고 있다.

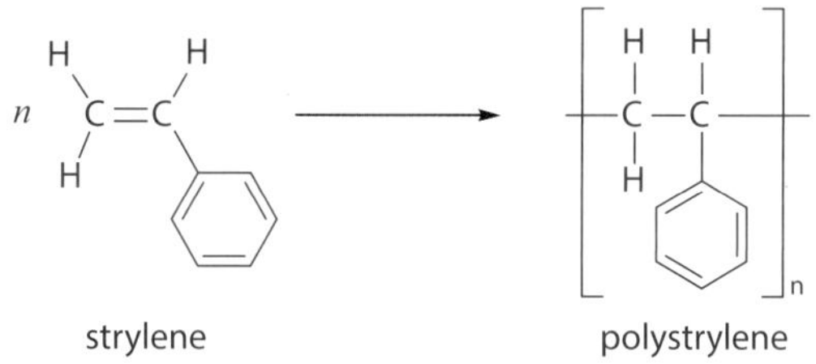

이 독특한 구조는 PS에 높은 투명성과 단단한 물성을 부여한다. PS는 가벼우면서도 충격 흡수력이 뛰어나 포장재로 널리 사용되며, 특히 일회용 식품 용기, 트레이, 컵 등의 제작에 많이 활용된다. 또한, PS 형태는 낮은 열 전도율 때문에 건축 및 냉장고 등의 단열재로 사용된다. 전기 절연성을 바탕으로 다양한 전기 및 전자 제품의 부품으로도 사용되며, 장난감, 사무용품, 가구 등 일상생활에서 사용하는 다양한 소비재에도 활용된다. 그러나 상대적으로 낮은 열 저항성을 가지고 있어 고온에서는 변형될 수 있는 단점이 있으며, 이를 보완하기 위해 고충격 폴리스타이렌(HIPS)과 같은 변형체가 개발되고 있다.

폴리테트라플루오로에틸렌(Polytetrafluoroethylene, PTFE)

PTFE는 테트라플루오로에틸렌 단량체가 중합하여 형성된 불소 기반의 열가소성 고분자로, 흔히 "테플론(Teflon)"이라는 상표명으로 잘 알려져 있다. PTFE는 테트라플루오로에틸렌(C_2F_4) 단위가 반복적으로 결합한 선형 고분자이다. 탄소 사슬에 모든 H 원자가 F 원자로 치환되어 있어 매우 안정적이고 비활성적인 구조를 형성한다.

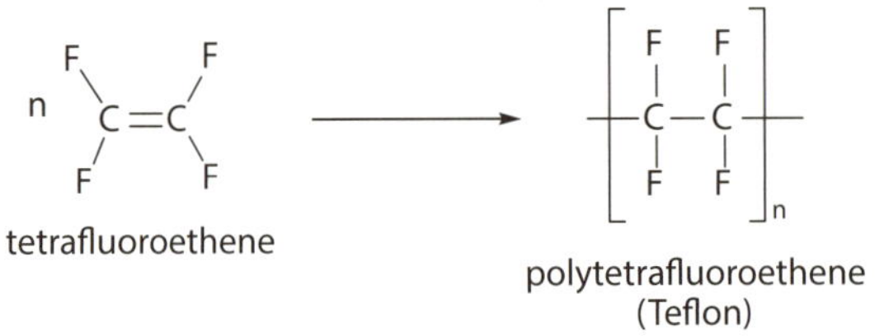

PTFE는 뛰어난 내열성을 가지고 있어 극저온부터 높은 온도까지 넓은 범위의 온도에서 안정성을 유지한다. 또한, 표면이 매우 매끄러워 낮은 마찰 계수를 가지며, 비점착성 특성을 갖추고 있다. 이로 인해 PTFE는 주방용품의 비점착 코팅, 특히 프라이팬과 냄비의 코팅으로 널리 사용된다. 더불어, PTFE는 뛰어난 전기 절연성을 가지고 있어 고주파 케이블, 절연체, 커패시터 등의 전기 및 전자 부품에 적합하며, 물을 거의 흡수하지 않아 뛰어난 방수성을 보인다. 산업용 부품으로서 PTFE는 내화학성과 내열성을 활용하여 화학 공정의 배관, 밸브, 개스킷, 씰 등의 소재로 사용되며, 의료 기기, 필터 및 멤브레인, 윤활제로도 사용된다. 이처럼 PTFE는 그 독특한 특성들로 인해 다양한 산업 분야에서 필수적인 재료로 자리 잡고 있으며, 극한의 환경에서도 안정적으로 사용할 수 있는 소재로 인정받고 있다.

✖ 읽을 거리: 천연 고무와 합성 고무

천연 고무와 합성 고무는 모두 다양한 산업 분야에서 필수적인 재료로 사용되며, 각기 다른 기원과 특성을 가지고 있다.

천연 고무는 주로 고무 나무(Hevea brasiliensis)에서 추출한 라텍스라는 유백색의 수액에서 얻어진다. 이 수액은 고무 나무의 껍질을 살짝 칼로 긁어내어 채취하며, 수액이 공기 중에서 자연스럽게 응고되도록 하거나 산(acid)을 첨가하여 응고시킨 후, 이를 세척하고 압착하여 고체 형태의 고무로 가공한다. 이 과정에서 황(S)을 첨가하여 가황(vulcanization) 과정을 거치게 되면 고무의 탄성이 크게 증가하고 내구성이 향상된다. 천연 고무는 뛰어난 탄성과 신축성을 자랑하며, 내마모성이 높고 마찰력이 커서 타이어, 신발 밑창, 고무 밴드, 의료용 장갑 등 다양한 제품에 사용된다. 또한, 자연 분해가 가능하다는 친환경적인 장점을 가지고 있다.

반면에, 합성 고무는 석유 화학물질을 원료로 하여 인공적으로 제조된다. 합성 고무의 생산 과정은 화학 반응을 통해 부타디엔, 스티렌 등의 단량체를 중합하여 고무 형태로 만드는 것으로 시작된다. 이러한 과정에서 다양한 화학 첨가제를 사용하여 특정 용도에 맞는 물리적, 화학적 특성을 조절했다. 합성 고무는 천연 고무에 비해 내화학성 및 내열성이 뛰어난 경우가 많아, 자동차 타이어, 산업용 호스, 전기 절연체, 신발, 방수용품 등 다양한 분야에서 그 유용성이 발휘된다.

천연 고무와 합성 고무는 각각의 장단점이 있으며 용도에 따라 사용된다. 예를 들어, 천연 고무는 그 특유의 높은 탄성과 내마모성 덕분에 자동차 타이어의 일부에 사용되지만, 합성 고무는 화학적 내성이 필요한 환경에서 더 유리하게 사용된다. 이러한 차이점들은 두 종류의 고무가 서로 보완적으로 사용될 수 있도록 한다.

축합 고분자(condensation polymer)

축합 고분자는 두 분자 간의 화학 반응을 통해 작은 분자를 제거하며 형성되는 고분자를 의미한다. 이와 관련된 화학 반응을 축합 반응(condensation reaction)이라고 부른다. 축합 반응의 대표적인 예로 아세트산과 에틸 알코올이 반응하여 물 분자가 제거되면서 에틸아세테이트, 즉 에스터를 형성하는 과정을 들 수 있다.

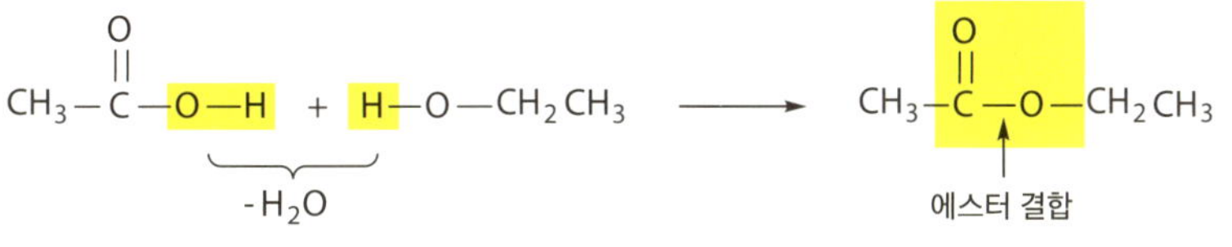

축합 반응은 이중 결합의 존재에 의존하지 않으며, 대신 두 분자 내에 서로 다른 두 종류의 작용기가 존재해야만 가능하다. 이는 각 분자가 반응할 수 있는 두 가지 작용기를 가지고 있을 때, 이들이 반응하여 작은 분자를 방출(제거)하고 긴 사슬 형태의 고분자를 생성할 수 있다는 것을 의미한다.

몇 가지 대표적인 축합 고분자들에 대해 살펴보자.

폴리에스터(Polyester)

폴리에스터 고분자는 에스터 결합을 포함하는 고분자로, 주로 다가 알코올과 다가 카복실산의 축합 반응을 통해 합성된다.

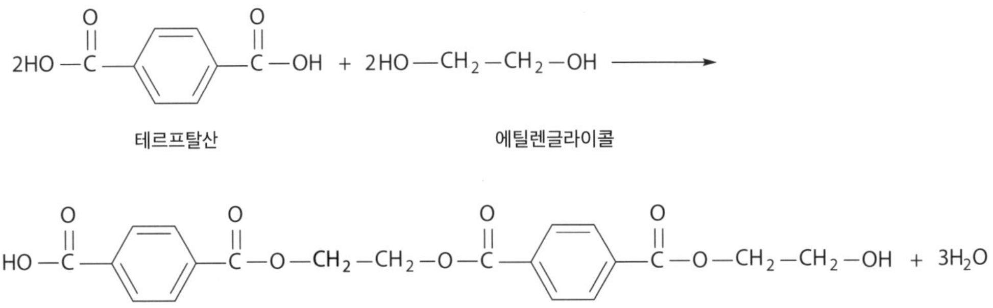

만약에 n 개의 산과 알코올이 이런 방식으로 계속 반응을 하게 되면, 폴리에스터로 알려진 아주 큰 고분자가 형성될 때까지 반응은 계속될 것이다. 가장 잘 알려진 폴리에스터 중 하나는 폴리에틸렌 테레프탈레이트(polyethylene terephthalate, PET)로, 이는 현대 사회에서 널리 사용되는 플라스틱의 한 종류이다.

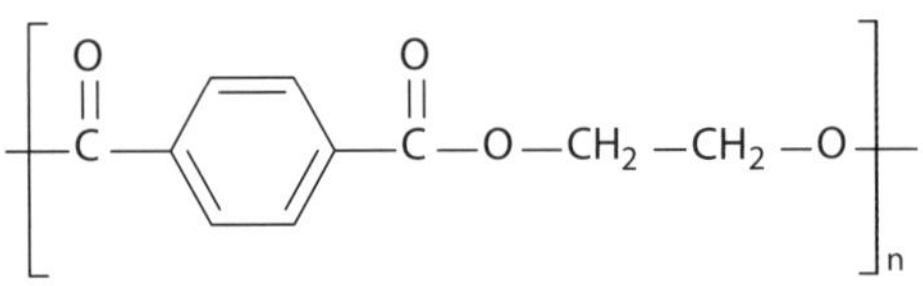

poly(ethlyene terephthalate)
(PET)

폴리에스터는 다양한 특성으로 인해 여러 산업 분야에서 폭넓게 활용된다. 폴리에스터는 높은 인장 강도와 내구성을 가지고 있어 물리적 충격이나 마모에 강한 특성을 보인다. 이는 폴리에스터가 다양한 용도에 적합한 이유 중 하나이다. 또한, 폴리에스터는 형태 안정성이 뛰어나며, 주름이 잘 생기지 않고 세탁 후에도 쉽게 변형되지 않는다. 이러한 특성은 특히 의류와 직물 산업에서 폴리에스터가 선호되는 이유이다. 화학적으로 폴리에스터는 대부분의 용매와 화학 물질에 대한 저항성이 우수하며, 내열성이 뛰어나 일정 온도까지 물리적 특성을 잘 유지한다. 이러한 화학적 안정성은 폴리에스터를 산업용 재료로 사용하기에 적합하도록 만든다. 또한, 폴리에스터 섬유는 부드럽고 가벼우며, 수분 흡수율이 낮아 건조가 빠르다는 장점을 가지고 있다. 이로 인해 스포츠웨어나 아웃도어 의류와 같은 기능성 의류에 자주 사용된다.

폴리에스터는 포장재로도 널리 사용된다. PET는 음료수 병, 식품 포장, 전자 제품 포장 등에 사용되며, 이는 투명성과 내구성, 그리고 재활용 가능성 때문이다. 이러한 특성은 소비자에게 시각적인 매력을 제공할 뿐만 아니라, 환경 친화적인 선택으로 자리 잡게 했다. 또한 폴리에스터는 자동차 부품, 전기 절연체, 산업용 필름 등 다양한 산업 분야에서도 사용된다. 내열성과 내화학성이 요구되는 환경에서 폴리에스터의 사용은 특히 유리하다.

의료 분야에서도 폴리에스터는 중요한 역할을 한다. 인체에 대한 안전성과 내구성을 바탕으로 수술용 실, 인공 혈관 등 의료용 제품에 사용되며, 이는 폴리에스터의 신뢰성을 보여 준다. 이러한 다양한 용도와 특성 때문에 폴리에스터는 현대 사회에서 필수적인 소재로 자리 잡고 있으며, 특히 재활용이 가능하다는 점에서 환경 친화적인 소재로 주목받고 있다.

폴리아마이드(Polyamide)

축합 반응의 또 다른 중요한 예는 카복실산과 1차 아민 간의 반응이다. 아민은 암모니아의 유도체로, 암모니아와 유사한 염기성을 가진 약염기이다. 아민은 카복실산과 반응하여 물 분자를 제거하고, 아마이드(amide)를 형성한다. 이 아마이드의 C-N 결합을 펩타이드 결합(peptide bond)라고 한다.

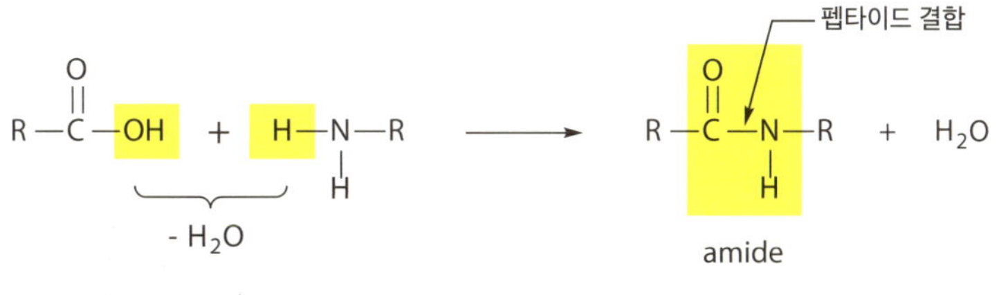

예를 들어, 다이아민과 다이카복실산의 반응을 통해 고분자가 생성되는데, 이러한 고분자는 폴리아미드(polyamide)로 알려져 있다. 가장 잘 알려진 폴리아마이드는 나일론(nylon)이다.

1928년, 듀폰(Du Pont Company)은 하버드대학교에서 이직한 웰리스 캐러더스(Wallace Carothers) 박사를 중심으로 기초적인 연구 프로그램을 시작했다. 캐러더스 박사는 고무, 단백질, 수지와 같은 고분자량 화합물과 이러한 화합물을 생성하는 반응 메커니즘에 흥미를 가지고 연구를 진행했다. 그의 연구는 1935년 2월, 아디프산(다이카르복실산)과 헥사메틸렌디아민(다이아민)으로부터 나일론 6,6

이라는 새로운 합성 섬유를 개발하는 성과를 이루었다.

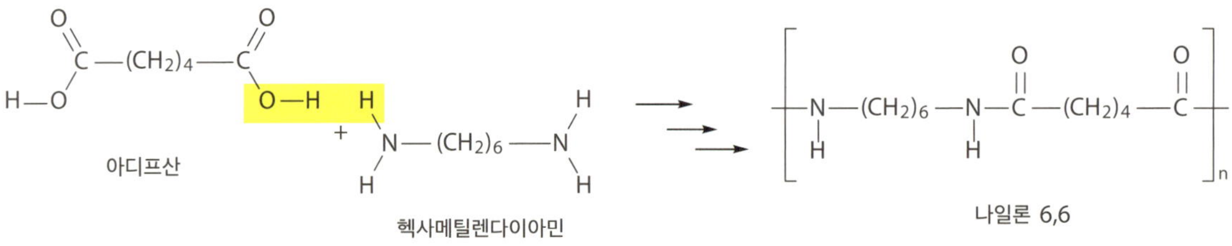

나일론 6,6이라는 이름은 두 가지 주요 원료인 아디프산과 헥사메틸렌디아민 각각에 포함된 탄소 원자의 개수가 6개임을 반영한 것이다. 나일론 6,6은 천연 섬유보다 훨씬 강하고 화학적으로도 안정적이었으며, 섬유로 쉽게 가공할 수 있었다. 이러한 특성 때문에 나일론의 발명은 직물 산업에 큰 변화를 가져왔다. 당시 사용되던 천연 섬유는 여러 한계가 있었는데, 비단은 내구성이 낮고 가격이 비쌌으며, 양모는 쉽게 긁히고, 아마포는 쉽게 부서졌고, 면은 고급 의상에는 적합하지 않았다. 또한, 이들 천연 섬유는 세탁 후 다림질이 필요했다.

1930년대 중반, 여성 패션의 변화로 인해 비단 스타킹에 대한 수요가 급증했으나, 비단은 비싸고 내구성이 낮았다. 나일론은 이러한 문제를 해결할 수 있는 대안으로, 더 튼튼하고 투명한 스타킹을 만들 수 있게 했다. 나일론 스타킹은 1939년 10월 24일, 델라웨어주(Delaware)의 윌밍턴(Wilmington)이라는 도시에서 처음 대중에게 판매되었다.

그러나 제2차 세계 대전의 발발로 인해 나일론 공장은 낙하산과 기타 군수품을 제조하는 곳으로 전환되어 1945년까지 민간용 나일론 제품은 거의 생산되지 않았다. 1952년에 이르러서야 나일론의 생산은 양말류 산업의 수요를 충족시킬 수 있게 되어 다양한 용도로의 활용이 가능해졌다.

이처럼 나일론의 개발은 섬유 산업에 혁신을 가져와 합성 섬유가 천연 섬유를 대체할 수 있는 가능성을 열어 주었다. 나일론은 특히 내구성과 경제성 면에서 기존의 섬유들을 능가하며, 그 이후로도 다양한 분야에서 필수적인 소재로 자리 잡았다.

그림 7.1 나일론 스타킹이 첫 출시되었던 1939년대 나일론 스타킹의 열풍

✖ 알아 두기: 케블라(Kevlar)

케블라(Kevlar)는 듀폰(DuPont)사가 개발한 고성능 합성 섬유로, 스테파니 콸렉(Stephanie Kwolek) 박사가 1965년에 처음 개발했다. 케블라는 그 뛰어난 물리적 특성 덕분에 다양한 산업 분야에서 널리 사용된다. 강철보다 약 5배 이상 강하면서도 밀도가 낮아 매우 가벼운 케블라는 방탄복과 같은 보호 장비에 주로 사용된다.

또한 고온에서도 물리적 특성을 잘 유지하며, 대부분의 화학 물질에 대한 내성이 뛰어나 소방용 보호복과 고온 환경에서의 산업용 장비에 적합하다. 케블라는 뛰어난 내마모성과 내충격성을 지니고 있어 험난한 환경에서도 우수한 성능을 발휘하며, 타이어 보강재, 케이블, 로프 등에 활용된다.

케블라는 주로 방탄복과 헬멧의 소재로 사용되며, 그 높은 강도와 가벼움 덕분에 착용자의 기동성을 유지하면서도 높은 수준의 방호력을 제공한다. 항공우주 및 자동차 산업에서도 경량화가 중요한 분야에서 연료 효율성을 높이고 성능을 향상시키는 데 기여하고 있으며, 스포츠 장비에서도 테니스 라켓, 자전거 프레임, 스키 장비 등에서 고강도와 경량성이 요구되는 분야에서 우수한 성능을 발휘하고 있다. 또한, 케이블과 로프 제작에 사용되어 높은 인장 강도와 내구성을 제공하며, 긴 수명과 신뢰성을 보장하고 있다.

그 독특한 물리적 특성으로 인해 다양한 분야에서 필수적인 소재로 자리 잡고 있으며, 특히 안전과 관련된 분야에서 그 중요성이 더욱 부각된다. 연구자들은 케블라의 응용 가능성을 넓히기 위해 지속적으로 연구를 진행하고 있으며, 새로운 복합재 개발에도 활용되고 있다.

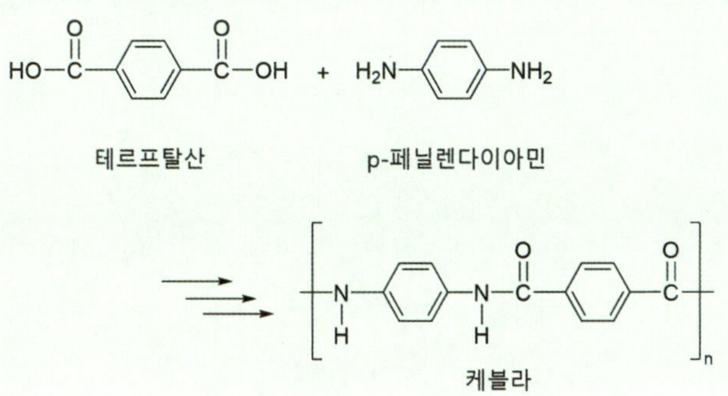

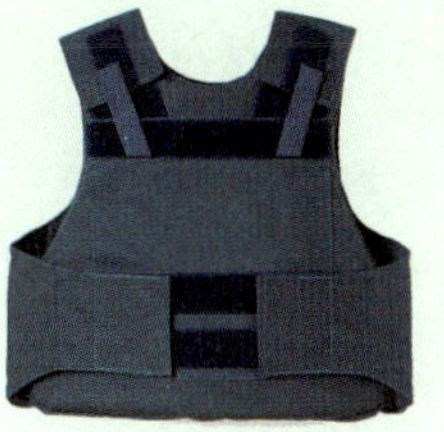

7.5 새로운 고분자 소재들

새로운 고분자 소재는 지속적인 연구와 개발을 통해 다양한 산업 분야에서 혁신적인 응용을 가능하게 하고 있다. 이러한 새로운 고분자는 주로 기능성, 지속 가능성, 그리고 특정 응용 분야에 적합한 특성을 제공하는 데 초점을 맞추고 있다. 몇 가지 주목할 만한 새로운 고분자 소재를 소개하면 다음과 같다.

바이오 기반 고분자

폴리락타이드(PLA)는 옥수수나 사탕수수와 같은 재생 가능한 자원에서 유래한 이 고분자는 생분해성이 뛰어나며, 포장재, 일회용 용기, 의료용 임플란트 등에 사용된다. 폴리히드록시알카노에이트(PHA)는 미생물에 의해 생성되는 바이오 플라스틱으로, 생분해성이 좋고 다양한 물리적 특성을 가질 수 있어 의료 및 농업 분야에서 응용된다.

그래핀 기반 고분자

그래핀은 탄소 원자들이 육각형의 2차원 구조를 이루고 있는 물질로, 전기 전도성, 열 전도성, 기계적 강도가 뛰어나다. 그래핀을 고분자 매트릭스에 첨가함으로써, 전기 전도성 및 강도가 향상된 복합재료를 만들 수 있다. 이러한 복합재는 전자기 차폐, 센서, 에너지 저장 장치 등에 활용된다.

자기 치유 고분자

외부의 물리적 손상에도 스스로 치유할 수 있는 능력을 가진 고분자로, 수소 결합, 이온 결합, 또는 가역적인 화학 결합을 통해 손상된 부분을 회복할 수 있다. 이러한 고분자는 코팅, 전자기기, 구조용 재료 등에서 수명을 연장시키고 유지 비용을 줄이는 데 기여할 수 있다.

나노구조 고분자

나노미터 크기의 구조를 가지는 고분자로, 나노 구조를 통해 향상된 기계적, 열적, 광학적 특성을 가질 수 있다. 나노구조 고분자는 고기능성 코팅, 센서, 촉매, 의료용 재료 등 다양한 분야에서 응용되고 있다.

이러한 새로운 고분자 소재들은 지속 가능성을 높이고 성능을 개선시키며 혁신적인 응용이 가능하게 하여, 미래 기술 발전에 중요한 역할을 하고 있다. 연구자들은 이러한 고분자 소재의 잠재력을 최대한 발휘하기 위해 다양한 합성 기술과 응용 가능성을 탐구하고 있다.

7.6 재활용 플라스틱

재활용 플라스틱은 현대 사회에서 환경 문제를 해결하기 위한 중요한 수단으로 떠오르고 있다. 플라스틱 폐기물은 분해되지 않고 자연에 남아 해양과 토양을 오염시키며, 이는 생태계와 인류에 심각한 위협을 가한다. 매년 수백만 톤의 플라스틱이 바다로 유입되어 해양 생물들이 플라스틱을 먹이로 착각하고 섭취하거나 플라스틱에 얽혀 피해를 입고 있다. 태평양의 '거대 태평양 쓰레기 지대'는 이러한 문제의 대표적인 사례로, 텍사스 주 크기의 면적을 차지하며 해양 오염의 심각성을 보여 준다. 또한 농업 지역에서 사용되는 플라스틱 하우스용 필름이 제대로 회수되지 않으면 토양 오염의 원인이 되어 식물 성장에 부정적인 영향을 미친다.

재활용은 이러한 플라스틱 폐기물 문제를 완화하는 효과적인 방법이다. 플라스틱 재활용을 통해 원유 사용을 줄이고, 새로운 플라스틱을 생산하는 데 필요한 에너지를 절약할 수 있다. 이는 탄소 배출량을 줄이고 기후 변화에 대응하는 데 기여할 수 있다. 또한, 플라스틱 재활용 산업은 새로운 일자리를 창출하고, 재활용 플라스틱을 활용한 제품 생산은 다양한 부가가치를 창출하여 경제 성장에 이바지할 수 있다.

재활용된 플라스틱은 건축 자재, 자동차 부품, 의류 등 다양한 산업에서 활용된다. 예를 들어, 재활용 플라스틱은 목재를 대체하는 건축 자재로 사용되며, 내구성과 방수성이 뛰어난 데크, 울타리, 벽 패널 등의 형태로 활용된다. 자동차 산업에서는 재활용 플라스틱을 사용하여 차량의 경량화를 실현하고, 연비 향상과 배출가스 감소에 기여하고 있다. 패션 산업에서는 재활용 폴리에스터를 활용한 의류가 인기를 끌고 있으며, 나이키와 아디다스 같은 브랜드는 재활용 플라스틱 병에서 추출한 섬유로 운동복과 신발을 제작하고 있다.

플라스틱 재활용 기술은 지속적으로 발전하고 있다. 인공지능과 머신러닝을 활용한 자동 분리 시스템은 플라스틱의 종류별 분리를 효율적으로 수행하여 재활용 효율성을 크게 향상시키고 있다. 또한, 화학적 재활용 기술은 플라스틱을 원료 단계로 분해하여 품질 손실 없이 재생산할 수 있게 하며, BASF 등 여러 기업들이 이 기술을 상용화하고 있다.

개인과 기업 모두가 재활용 플라스틱 확대에 기여할 수 있다. 개인은 올바른 분리배출을 통해 재활용을 촉진할 수 있으며, 스웨덴처럼 시민들의 높은 분리배출 의식은 재활용률을 높이는 데 큰 도움이 된다. 기업은 재활용 소재 사용을 늘리고, 제품 포장을 재활용 가능한 것으로 전환하며, 이를 통해 지속 가능한 경영을 실현하고 있다. 유니레버와 같은 글로벌 기업은 이러한 노력을 통해 환경 보호에 앞장서고 있으며, 스타벅스는 플라스틱 빨대 사용을 줄이기 위해 종이 빨대와 리드컵을 도입하는 등 다양한 시도를 하고 있다.

재활용 플라스틱은 단순히 폐기물을 줄이는 것을 넘어 지속 가능한 미래를 위한 중요한 자원이 될 수 있다. 이를 위해 기술 발전과 정책 지원, 그리고 사회 전반의 인식 변화가 필요하다. 모두가 함께 노력하여 플라스틱 폐기물 문제를 해결하고, 더 나은 환경을 후손에게 물려줄 수 있기를 기대한다.

✖ 알아 두기: 플라스틱 재활용 기호

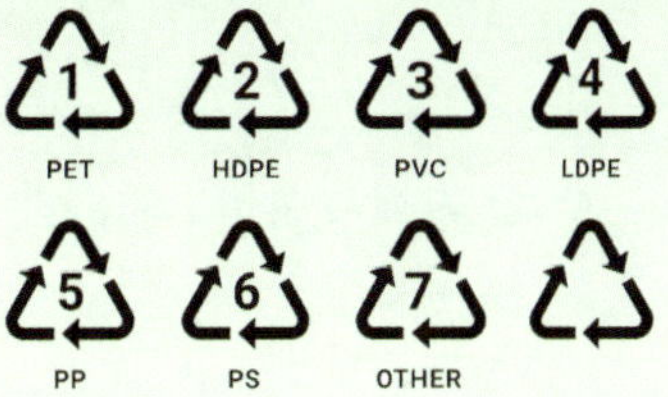

플라스틱 재활용 기호는 각 플라스틱 제품에 사용된 재료의 종류를 식별하고, 그 재활용 가능성을 알려주는 중요한 표시이다. 이 기호는 삼각형 모양의 화살표가 서로 연결된 형태로 이루어져 있으며, 그 안에 숫자와 약어가 명시되어 있다. 이러한 기호는 소비자와 재활용 산업 종사자에게 플라스틱의 종류와 특성, 재활용 방법에 대한 중요한 정보를 제공한다.

먼저 PET(Polyethylene Terephthalate)는 기호 숫자 1로 표시되며, 일반적으로 투명하거나 반투명한 음료수 병과 식품 용기에 사용된다. PET는 재활용이 용이한 플라스틱으로 분류되며, 수거된 후에는 새로운 음료수 병이나 섬유 제품으로 재탄생할 수 있다. HDPE(High-Density Polyethylene)는 기호 숫자 2로 나타나며, 우유 병, 세제 용기, 플라스틱 봉투 등 다양한 제품에 사용된다. 이 소재는 강도가 높고 내구성이 뛰어나며, 재활용 과정이 비교적 간단하여 새로운 플라스틱 제품으로 재사용된다.

반면에, PVC(Polyvinyl Chloride)는 기호 숫자 3으로 표시되며, 배관, 바닥재, 일부 장난감에 사용된다. PVC는 재활용이 까다롭고, 잘못 처리될 경우 환경에 유해한 물질을 방출할 수 있어 주의가 필요하다. LDPE(Low-Density Polyethylene)는 기호 숫자 4로 구분되며, 플라스틱 랩과 비닐봉지 등에서 발견된다. LDPE는 재활용이 어렵지만, 일부 지역에서는 이를 수거하여 재활용하는 노력을 기울이고 있다.

PP(Polypropylene)는 기호 숫자 5로 표시되며, 식품 용기, 빨대, 병뚜껑 등에 사용된다. 이 소재는 강하고 내열성이 뛰어나 다양한 제품으로 재활용될 수 있다. PS(Polystyrene)는 기호 숫자 6으로 분류되며, 일회용 컵, 식품 트레이, 포장재 등에 사용된다. PS는 재활용이 어렵고 분해되지 않으며, 환경에 해로운 영향을 미칠 수 있어 사용에 주의가 필요하다.

마지막으로 기호 숫자 7로 표시된 기타(Other) 플라스틱은 폴리카보네이트(PC), 나일론 등 다양한 종류의 플라스틱을 포함한다. 이 범주의 플라스틱은 서로 다른 물리적, 화학적 특성을 가져 재활용 방법이 복잡하고 다양하다.

이러한 플라스틱 재활용 기호는 플라스틱 제품의 재활용 가능성과 방법을 소비자에게 명확히 전달하여, 올바른 분리배출을 가능하게 하고 재활용률을 높이는 데 기여한다. 이를 통해 플라스틱 폐기물을 줄이고, 환경 보호에 한 걸음 더 나아갈 수 있다.

1. 플라스틱 재활용의 중요성에 대해 설명하시오.

2. 첨가 고분자와 축합 고분자의 차이점을 설명하시오.

3. 폴리프로필렌(PP)의 구조적 특성과 용도를 설명하시오.

4. 셀룰로이드의 역사적 중요성을 설명하시오.

5. 케블라의 주요 사용 분야를 설명하시오.

6. 나노구조 고분자의 특성과 응용 분야를 설명하시오.

7. PAN(폴리아크릴로나이트릴)의 특성과 주요 용도를 설명하시오.

8. 플라스틱 재활용 기호의 중요성을 설명하시오.

9. 폴리스타이렌의 구조적 특성과 용도를 설명하시오.

10. 그래핀 기반 고분자의 특성과 응용을 설명하시오.

11. 첨가 고분자의 합성 과정에서 자유 라디칼의 역할을 설명하시오.

12. 플라스틱 재활용의 기술적 발전에 대해 설명하시오.

13. 천연 고무와 합성 고무의 차이점과 각각의 용도를 설명하시오.

14. PVC의 특성과 주요 용도를 설명하시오.

15. 바이오 기반 고분자의 종류와 특징을 설명하시오.

제2부

지구의 대기는 얇고 취약한 보호막으로, 대부분의 대기 질량은 지표면으로부터 약 30km 이내에 집중되어 있다. 이는 지구가 사과 크기라고 가정할 때, 대기는 사과 껍질보다도 얇은 수준이라는 비유로 설명할 수 있다. 우주에서 지구를 바라보면 지구를 둘러싼 얇은 푸른 선이 대기임을 알 수 있다. 이 얇은 선이 바로 우리가 숨쉬며 살아가는 공기의 경계이다.

지구화학의 세계

우리가 살고 있는 지구는 다양한 요소와 화합물로 구성되어 있으며, 이는 지구의 구조, 대기, 수권, 그리고 생명체의 근본적인 부분을 형성하고 있다. 지구의 화학적 구성은 주로 지각, 맨틀, 외핵, 내핵으로 구분되는 지구 내부와, 대기와 수권으로 구분되는 지구 외부로 나눌 수 있다.

1. 지구의 구성 요소

- **지각**: 지구의 외곽층인 지각은 주로 규산염 광물로 구성되어 있으며, 화학적으로, 지각은 산소(O), 규소(Si), 알루미늄(Al), 철(Fe), 칼슘(Ca), 소듐(Na), 포타슘(K), 마그네슘(Mg) 등이 주요 성분이다. 이들 원소는 다양한 광물을 형성하며, 화강암과 현무암이 대표적인 암석이다.
- **맨틀**: 맨틀은 지각 아래에 위치하며, 주로 철과 마그네슘이 풍부한 규산염 광물로 이루어져 있으며, 페리도타이트와 같은 암석이 많으며, 높은 압력과 온도에서 고체 상태를 유지하고 있다.
- **핵**: 지구의 핵은 주로 철(Fe)과 니켈(Ni)로 구성되어 있으며, 외핵은 액체 상태, 내핵은 고체 상태로 존재하며, 핵의 운동은 지구 자기장을 생성하는 데 중요한 역할을 한다.

2. 지구의 대기

지구 대기는 주로 질소(N_2)와 산소(O_2)로 구성되어 있으며, 그 외에 아르곤(Ar), 이산화탄소(CO_2), 수증기(H_2O), 그리고 소량의 다른 기체들이 포함되어 있으며, 대기의 화학적 조성은 생명체의 호흡, 기후 변화와 지구 에너지 균형에 큰 영향을 미친다.

- **오존층**: 대기의 성층권에 존재하는 오존(O_3)은 자외선을 흡수하여 지구의 생명체를 보호하고, 오존의 생성과 분해 과정은 태양 복사와 화학 반응에 의해 이루어진다.
- **온실가스**: 이산화탄소(CO_2), 메테인(CH_4), 아산화질소(N_2O) 등은 온실효과를 유발하여 지구의 온도를 조절하며, 이들 가스들은 인간 활동에 의해 농도가 증가하며, 기후 변화의 주요 원인이 되고 있다.

3. 수권의 화학

지구의 수권은 해양, 호수, 강, 빙하 등으로 이루어져 있으며, 물(H_2O)이 주요 성분이다. 해수는 염분이 포함된 복잡한 화학적 혼합물로, 주로 염화소듐(NaCl)과 다른 염류가 포함되어 있다.

- **물의 순환**: 물은 증발, 응결, 강수, 침투, 하천 유출 등의 과정을 통해 지구 표면과 대기 사이를 순환하며, 이 순환 과정은 지구의 기후와 생태계에 중요한 역할을 한다.
- **해양 화학**: 해양은 지구 화학에서 중요한 역할을 하며, 이산화탄소를 흡수하고 저장하는 역할

을 하고, 해양의 산성화는 대기 중 이산화탄소의 증가로 인해 발생하며, 해양 생태계에 영향을 미친다.

4. 생명체와 화학

생명체는 주로 탄소(C)를 기반으로 하며, 수소(H), 산소(O), 질소(N), 인(P), 황(S) 등의 원소로 구성되어 있다. 이들 원소는 탄수화물, 단백질, 지질, 핵산 등의 생체 분자를 형성하며, 생명 활동에 필수적인 요소이다.

- **광합성**: 식물은 광합성을 통해 이산화탄소와 물을 사용하여 포도당과 산소를 생성하고, 이 과정은 지구의 탄소 순환과 에너지 흐름에 핵심적인 역할을 한다.
- **호흡**: 모든 생명체는 호흡을 통해 에너지를 생성하며, 산소를 소비하고 이산화탄소를 배출한다. 이는 대기와 생물권 사이의 화학적 균형을 유지하는 데 중요한다.

5. 인간 활동과 화학적 영향

인간의 산업 활동은 대기, 수권, 지권의 화학적 조성을 변화시킨다. 화석 연료의 연소, 산업 배출, 농업 활동 등은 대기 중 온실가스의 증가, 해양의 산성화, 토양 오염 등의 문제를 초래한다.

- **오염**: 대기 오염 물질에는 일산화탄소(CO), 질소산화물(NOx), 황산화물(SOx), 미세먼지 등이 있으며, 이는 인간의 건강과 환경에 해로운 영향을 미친다.
- **지속 가능한 화학**: 환경 문제를 해결하기 위해 지속 가능한 화학 기술이 개발되고 있으며, 이는 재생 가능 에너지원의 활용, 화학물질의 안전한 관리, 폐기물 최소화를 포함한다.

지구의 화학적 특성은 복잡하고 상호 연결된 시스템을 이루고 있으며, 이를 이해하는 것은 지구 환경을 보호하고 지속 가능한 미래를 위한 중요한 기초를 제공한다.

대기와 화학

지구 대기는 인간을 비롯한 모든 생명체의 생존에 필수적인 요소다. 우리가 매일 숨쉬는 공기는 우리 생활의 근간을 이룬다. 대기는 단순히 호흡을 위한 산소 공급을 넘어 지구 환경의 균형을 유지하고 기후를 조절하는 데도 핵심적인 역할을 한다. 대기의 중요성은 우리가 얼마나 쉽게 그 존재를 간과할 수 있는지 살펴 보면 알 수 있다. 음식 없이 약 4주, 물 없이 4일을 생존할 수 있지만, 공기 없이는 단 4분도 견디기 어렵다는 사실은 공기의 절대적인 중요성을 잘 보여 준다.

지구의 대기는 얇고 취약한 보호막으로, 대부분의 대기 질량은 지표면으로부터 약 30 km 이내에 집중되어 있다. 이는 지구가 사과 크기라고 가정할 때, 대기는 사과 껍질보다도 얇은 수준이라는 비유로 설명할 수 있다. 우주에서 지구를 바라보면 지구를 둘러싼 얇은 푸른 선이 대기임을 알 수 있다. 이 얇은 선이 바로 우리가 숨쉬며 살아가는 공기의 경계이다. 이러한 관점에서 대기의 존재는 우리의 생존이 얼마나 취약한 기반 위에 놓여 있는지를 일깨워 준다.

대기의 중요성은 단순히 생명을 유지하는 데 그치지 않는다. 대기는 지구의 기후 시스템을 조절하고 태양으로부터 오는 유해한 복사선을 차단하며 온도 조절을 통해 생태계를 보호한다. 그러나 인간의 활동은 이러한 대기의 균형을 위협하고 있다. 산업화와 도시화로 인한 대기 오염은 공기 질을 저하시키고 있으며 이는 인간의 건강과 자연환경에 심각한 영향을 미치고 있다. 세계보건기구(WHO)의 보고에 따르면 매년 약 900만 명이 대기 오염으로 인해 사망하는 것으로 추정된다. 이러한 문제는 특히 개발도상국에서 더욱 심각하게 나타난다.

공기의 질은 우리의 건강과 직결되며 이는 단순히 환경 문제가 아니라 인류의 생존과 직결된 문제이다. 따라서 우리는 공기를 보호하고 깨끗한 대기를 유지하기 위한 노력을 기울여야 한다. 지속 가능한 발전을 위한 첫걸음은 대기의 중요성을 인식하고 공기 오염을 줄이기 위한 실질적인 행동을 취하는 것이다. 이러한 노력은 현재뿐만 아니라 미래 세대에게도 건강한 지구를 물려주는 길이며 인류의 지속 가능한 발전을 위한 필수적인 과제라 할 수 있다.

8.1 지구의 대기: 대기의 권역과 조성

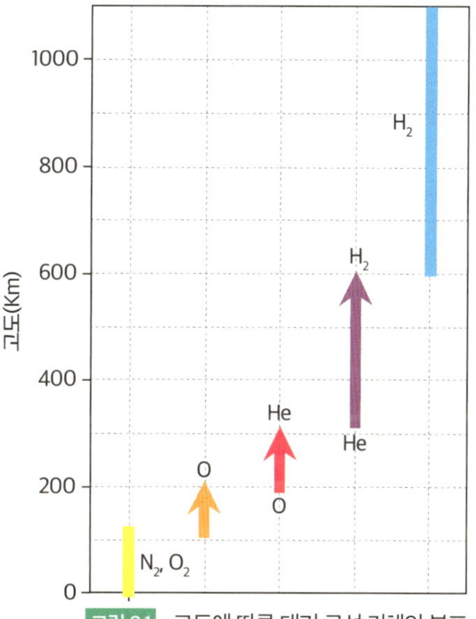

그림 8.1 고도에 따른 대기 구성 기체의 분포

대기의 조성과 분포는 고도에 따라 눈에 띄게 변화한다. 지표면으로부터 약 100 km 상공까지의 대기는 주로 질소(N_2)와 산소(O_2)가 대기의 대부분을 차지하고 있다. 이 구간에서는 대기 조성의 주성분이 질소와 산소로 거의 일정하게 유지되며 그 평균 분자량은 약 28.96이다. 고도가 100 km 이상부터는 산소 원자가 증가하기 시작하며 고도가 약 200 km에 이르면 산소 원자가 대기 중에서 가장 많이 존재하는 구간에 이르게 된다. 그보다 더 높은 300 km 이상의 고도로 올라가면 대기의 주성분은 산소에서 헬륨(He)으로 변하게 되는데, 고도 600 km 이상에서 시작하여 약 1,000 km 이상의 고도에서는 대기가 수소(H_2) 기체로 이루어지게 된다. 이러한 조성의 변화는 확산 현상의 결과이다. 분자 확산(molecular diffusion)이 소용돌이 확산(eddy diffusion)보다 더 크게 작용하기 때문에 이러한 현상이 발생한다. 이 두 확산 현상이 거의 같은 크기를 가지는 고도는 약 105 km이며 이 지점을 난류권계면(turbopause)이라고 부른다. 이 고도 이상에서는 대기를 구성하는 기체들이 중력에 의해 분리되기 시작한다. 따라서, 고도가 높아질수록 대기 중에서 가벼운 기체의 비율이 증가하고 평균 분자량은 점점 감소하게 된다. 또한 고도가 증가함에 따라 대기의 밀도는 감소하게 된다. 이는 대기의 전체 질량 중 약 절반이 지상 5 km

내에 존재한다는 사실로 나타난다. 고도에 따른 이러한 대기 조성 및 밀도 변화는 대기의 물리적 및 화학적 특성이 고도에 따라 어떻게 변하는지를 잘 설명해 준다.

대류권(Troposphere): 대류권은 지구 대기의 가장 낮은 층으로, 기상 현상이 주로 발생하는 곳이다. 이 층은 지표면으로부터 약 14 km까지 확장되며 고도가 상승함에 따라 온도가 점차 감소하는 특징을 가지고 있다. 일반적으로 대류권의 평균 고도는 약 11 km로, 이 지점에서 온도 변화가 역전되는 현상이 처음으로 나타난다. 이러한 고도를 대류권계면이라고 부르며 이 계면 아래의 층을 대류권이라 말한다.

대류권의 고도는 지역에 따라 차이가 있는데, 열대 지방에서는 대류권계면이 15~18 km까지 높아지는 반면 극지방에서는 8~9 km까지 낮아질 수 있다. 또한 하루 중이나 계절에 따라 대류권계면의 높이는 몇 km씩 변동할 수 있다.

대류권계면에서는 온도뿐만 아니라 대기의 혼합비, 즉 특정 기체의 비율도 급격히 변화한다. 특히 일산화탄소(CO)와 오존(O_3) 같은 기체의 혼합비가 고도에 따라 현저한 변화를 보인다. 이는 대기의 화학적 조성이 고도에 따라 어떻게 달라지는지를 보여 준다.

대류권은 날씨의 변동이 활발히 일어나는 층으로 대기 난류가 존재하여 다양한 기상 현상이 발생한다. 즉, 비, 눈, 바람 등의 기상 현상이 대류권에서 주로 일어난다. 고도가 증가할수록 온도는 대략 6.5 K/km의 비율로 하강하는데, 이는 공기가 상승할 때 기압이 감소함에 따라 공기가 팽창하게 되고 이 팽창이 단열적으로 이루어지기 때문이다. 단열 팽창은 공기가 주변 공기와 열 교환 없이 팽창하는 과정을 의미한다.

이러한 특성 때문에 대류권은 대기의 다른 층과 구별되며 지구의 기후와 날씨에 중요한 영향을 미치는 역할을 한다. 대류권의 움직임과 변화는 지구상의 생명체에게 직접적인 영향을 미치며 기상학적 연구의 주요 대상이 되기도 한다.

성층권(Stratosphere): 성층권은 지구 대기의 두 번째 층으로 대류권 위에 위치하며 약 15 km에서 50 km까지의 고도에 걸쳐 있다. 이 층은 온도 변화, 오존층의 존재, 대기 안정성 등 여러 독특한 특성을 가지고 있다. 성층권에서는 고도가 증가함에 따라 온도가 상승하는데 이는 대류권과는 반대의 경향이다. 이러한 온도 상승은 성층권 내의 오존층이 태양으로부터 오는 자외선을 흡수하여 열을 발생시키기 때문이다. 결과적으로, 성층권의 온도는 대류권계면에서 약 -60 ℃에서 시작하여 성층권 상부에서는 약 0 ℃까지 상승한다.

성층권은 오존층이 위치한 곳으로 약 15 km에서 35 km 사이에 집중되어 있다. 오존층은 태양으로부터 오는 자외선을 흡수하여 지구 표면에 도달하는 자외선의 양을 크게 줄여 준다. 이는 생명체에 대한 보호막 역할을 하는데 오존층의 존재가 성층권의 온도 상승을 초래한다.

성층권은 대류가 거의 없고 안정적인 특성을 가지고 있으며 이로 인해 수직적인 대기 운동이 거의 없다. 이러한 안정성은 성층권에서 기상 현상이 거의 발생하지 않는 이유 중 하나이다. 대류가 없기 때문에 성층권에서는 난기류가 거의 발생하지 않으며 이로 인해 장거리 비행기들은 성층권의 하부를 날아 효율적인 비행을 하기도 한다. 또한 과학 연구를 위한 기구도 성층권에 띄워져 대기와 우주에 대한 연구를 수행한다.

중간권(Mesosphere): 중간권은 지구 대기의 세 번째 층으로 성층권 위에 위치하며 약 50 km에서 85 km까지의 고도에 걸쳐 있다. 이 층은 고도가 증가함에 따라 온도가 다시 감소하는 특징을 보이며 대기 중 가장 차가운 부분으로 알려져 있다. 중간권의 온도는 하부에서 약 0 ℃에서 시작하여 상부에서는 -90 ℃까지 급격히 하강한다.

중간권에서는 대류가 거의 발생하지 않으며 대기 밀도가 매우 낮아지는 특징을 가지고 있다. 이로 인해 중간권에서는 기상 현상이 거의 일어나지 않지만 유성들이 대기와 마찰을 일으켜 빛을 내며 타는 현상이 관찰된다. 이러한 유성의 연소 현상은 대기 중의 밀도가 중간권에서 유성을 감속시킬 만큼 충분하기 때문에 주로 이곳에서 발생한다.

중간권의 상부 경계는 중간권계면(mesopause)으로, 이 지점은 대기 중 가장 낮은 온도를 기록하며 약 -90 ℃에 이른다. 이 지점 이후로는 열권이 시작되고 온도가 다시 상승하게 된다.

중간권은 또한 대기 중에서 대류권과 열권 사이의 과도기적 역할을 한다. 이 층에서는 전리층의 하부가 일부 포함되어 있어 전파 반사 및 전리층과 관련된 여러 현상이 일어날 수 있다. 그러나 중간권 자체는 전파 반사에 큰 영향을 미치지는 않는다.

중간권은 지구 대기 연구에서 중요한 층으로 대기권의 다른 층과 비교하여 상대적으로 연구가 덜 이루어져 있다. 이는 중간권이 비행기나 기구로 접근하기 어려운 고도에 위치하고 있고 인공위성은 이보다 훨씬 높은 궤도를 돌기 때문이다. 이러한 이유로 중간권에 대한 연구는 주로 지상에서의 원격 탐사 및 특별한 과학 기구를 통한 데이터 수집에 의존하고 있다. 중간권의 연구는 대기 상층부의 변화와 지구 기후 시스템의 이해를 확장하는 데 중요한 역할을 한다.

열권(Thermosphere): 열권은 지구 대기의 네 번째 층으로 중간권 위에 위치하며 외기권과 접해 있다. 이 층은 약 80 km에서 700 km까지의 높이 범위에 걸쳐 있으며 그 상부 경계는 외기권과의 경계이다. 열권은 태양 복사에 의해 가열되어 온도가 매우 높아질 수 있으며 대기의 밀도가 매우 낮아지는 특징을 가지고 있다.

열권에서는 태양으로부터의 자외선 및 X선 복사가 기체 분자를 이온화시키기 때문에 이온층(ionosphere)이 형성된다. 이온층은 무선 통신 신호를 반사하여 장거리 통신을 가능하게 한다. 또한 열권에서는 오로라가 발생할 수 있는데 이는 태양풍 입자들이 지구 자기장과 상호 작용하여 발생하는 현상이다.

열권의 온도는 태양 활동에 따라 크게 변동할 수 있는데 낮에는 수백 도에서 천 도를 넘을 수 있다. 그러나 열권의 공기 밀도가 매우 낮기 때문에 실제로 체감되는 온도는 매우 낮다. 열권은 인공위성이 궤도를 도는 영역이기도 하며 대기 저항이 거의 없어 위성의 궤도 유지에 유리하다.

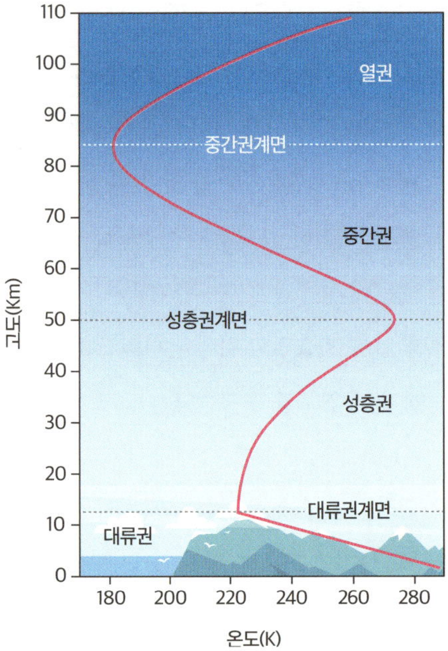

그림 8.2 고도와 온도에 따른 대기권의 분포

8.2 대기의 역할

인간은 음식물이 없으면 1개월, 물이 없으면 7일, 만일 공기가 없으면 5분 이상을 살 수가 없을 만큼 공기는 중요하다. 공기 즉, 대기는 지구를 둘러싸고 있는 기체층으로 여러 가지 중요한 역할을 수행하여 지구 환경을 형성하고 유지한다. 대기의 중요한 역할들 중에서 대표적인 몇 가지를 간단히 요약하면, 다음과 같다.

첫째, 대기는 생명체가 생존하는 데 필수적인 산소와 이산화탄소를 공급한다. 식물은 광합성을 통해 이산화탄소를 흡수하고 산소를 방출하는데 이는 동물과 인간이 호흡하는 데 필수적이다.

둘째, 대기는 지구의 기후와 날씨를 조절하는 역할을 한다. 대기 중의 수증기는 구름을 형성하고 강수 현상을 일으키며 태양 에너지를 분산시켜 지구의 온도를 조절한다. 대기 순환은 열대에서 극지방까지 열을 운반하여 지구 전역의 기후 균형을 유지시킨다.

셋째, 대기는 유해한 태양 복사로부터 지구를 보호한다. 대기의 오존층은 태양의 자외선을 흡수하여 지표에 도달하는 유해한 복사량을 줄여 준다. 이는 생명체의 DNA 손상을 예방하고 피부암 발생을 줄이는 데 중요한 역할을 한다.

넷째, 대기는 지구의 표면을 외부 우주 환경으로부터 보호한다. 대기층은 소행성이나 유성체가 지구에 충돌하기 전에 대기권에서 소멸하게 하여 지표면을 보호한다.

다섯째, 대기는 지구의 에너지를 저장하고 재분배하는데 기여한다. 대기의 온실가스는 지구 표면에서 방출되는 열을 흡수하고 재방출하여 지구가 지나치게 차가워지는 것을 방지하는 온실효과를 일으킨다. 이는 지구의 평균 기온을 일정하게 유지하는 데 도움을 준다.

이러한 다양한 기능을 통해 대기는 지구의 생명체가 번성할 수 있는 환경을 제공하며, 지구 시스템의 중요한 구성 요소로 작용한다.

8.3 대기권의 화학

지구 대기에서 질소와 산소는 각각 78%와 21%를 차지하는 주요 구성 요소로서 대기권의 화학적 과정에서 중요한 역할을 한다. 질소는 주로 이원자 분자인 N_2 형태로 존재하며 화학적으로 매우 안정적이다. 이로 인해 대기 중에서의 직접적인 화학 반응은 드물지만 특정 조건에서는 다양한 형태로 변환된다. 예를 들어, 번개나 산업 공정에서 질소는 산화되어 산화질소(NO_x)로 변할 수 있다. 이러한 산화질소는 대기 오염과 산성비의 주요 원인이 된다. 또한 질소는 생명체의 단백질과 핵산의 필수 구성 요소이지만 대부분의 생명체는 대기 중의 질소를 직접 사용할 수 없다. 따라서 특정 미생물, 특히 뿌리혹박테리아가 질소를 암모니아(NH_3)로 변환하는 질소 고정 과정을 통해 생명체가 이용할 수 있는 형태로 전환한다. 이는 질소순환의 중요한 부분을 이루며 생태계 내에서 질소의 생물학적 이용 가능성을 높인다.

산소는 대기 중에서 두 번째로 많은 기체로 생물학적 호흡과 연소에 필수적이다. 대부분의 생명체는 산소를 이용하여 포도당을 에너지로 전환하는 과정을 통해 생명을 유지한다. 산소는 또한 식물, 조류, 시아노박테리아의 광합성 활동을 통해 대기로 방출된다. 광합성은 이산화탄소와 물을 이용하여 포도당과 산소를 생성하는 과정으로 지구 내의 산소 공급의 주요 경로이다.

산소는 성층권에서 오존(O_3) 형성에도 기여하고 자외선에 의해 산소 분자(O_2)가 산소 원자(O)로 분해된다. 이 원자들이 다른 산소 분자와 결합하여 오존을 형성한다. 오존층은 지구를 유해한 자외선으로부터 보호하는 중요한 역할을 한다.

이처럼 질소와 산소는 대기 중에서 비교적 안정적으로 존재하지만 이들의 화학적 특성과 변환 과정은 지구 생태계와 기후에 큰 영향을 미친다. 특히 인간 활동에 의해 발생하는 질소산화물과 산소 관련 반응은 대기 오염, 산성비, 기후 변화와 같은 환경 문제를 초래할 수 있어 주의가 필요하다.

질소순환

질소순환은 지구 생태계에서 질소가 다양한 형태로 변환되고 이동하는 자연적인 순환 과정을 말한다. 질소는 모든 생명체의 필수 구성 요소인 단백질, 핵산, 그리고 기타 생체 분자를 이루는 중요한 원소이다. 대기 중 질소는 전체 질소의 대부분을 차지하지만, 대부분의 생명체는 이를 직접적으로 사용할 수 없다. 따라서 질소순환은 이러한 대기 중 질소를 생명체가 사용할 수 있는 형태로 변환하고 다시 대기로 되돌리는 일련의 복잡한 과정을 말한다.

질소순환의 첫 번째 단계는 질소 고정(nitrogen fixation)이다. 이 과정은 특정 미생물, 특히 뿌리혹박테리아와 청색 광합성 세균에 의해 수행되며 대기 중의 질소(N_2)를 암모니아(NH_3)나 암모늄 이온(NH_4^+)으로 변환한다. 이러한 형태는 식물에 의해 흡수될 수 있으며, 식물은 이를 단백질과 핵산과 같은 유기 질소 화합물로 전환한다.

두 번째 단계는 질산화(nitrification)이다. 이는 토양의 질산균이 암모늄 이온을 아질산염(NO_2^-)으로, 다시 질산염(NO_3^-)으로 산화시키는 과정이다. 질산염은 식물의 주요 질소 공급원이 되는데 식물은 이를 흡수하여 성장에 필요한 다양한 유기화합물을 만든다. 이러한 과정을 통해 질소는 식물에서 동물로, 그리고 궁극적으로는 식물과 동물을 먹는 다른 생물체로 전달된다.

세 번째 단계는 동화(assimilation)이다. 식물은 토양에서 질산염과 암모늄 이온을 흡수하여 이를 자신들의 조직 내에서 단백질과 핵산으로 합성한다. 이 과정에서 만들어진 유기 질소 화합물은 동물에 의해 섭취되면서 식물에서 동물로 이동한다.

네 번째 단계는 탈질소화(denitrification)이다. 이 과정은 탈질소화 세균에 의해 수행되는데 질산염이 질소 기체(N_2)로 환원되어 다시 대기 중으로 방출된다. 탈질소화는 질소를 대기로 되돌리는 주요 경로 중 하나이며 이는 질소순환을 닫는 역할을 한다.

마지막으로 생물체가 죽거나 배설물을 통해 질소 화합물이 환경으로 돌아가게 되면 이러한 유기 질소는 분해자에 의해 암모니아로 분해된다. 이 과정을 암모니아화(ammonification)라고 하는데 이는 질소가 다시 순환의 초기 단계로 돌아가는 중요한 과정이다.

질소순환은 생태계의 질소 균형을 유지하는 데 중요한 역할을 하며 생명체의 성장과 생존에 필수적이다. 그러나 인간 활동, 특히 농업에서의 비료 사용과 화석 연료의 연소는 질소순환에 큰 영향을 미쳐 과잉 질소 공급을 초래할 수 있다. 이는 토양과 수질 오염, 그리고 생태계의 교란을 유발할 수 있어 주의가 필요하다.

산소순환

산소순환은 지구 생태계에서 산소가 다양한 매개체를 통해 순환하며 이동하는 자연적인 과정이다. 이 순환은 대기, 수권(물), 생물권(생명체) 간의 산소 이동을 포함한다. 산소는 생명체의 호흡과 광합성, 그리고 화학적 산화 과정에서 중요한 역할을 한다.

산소순환의 시작점은 광합성(photosynthesis)이다. 식물, 조류, 시아노박테리아와 같은 광합성 생물들은 태양의 에너지를 사용하여 이산화탄소와 물을 포도당과 산소로 변환시킨다. 이 과정에서 생성된 산소는 대기로 방출된다. 그러므로 광합성은 지구 대기 중 산소의 주요 공급원으로 작용한다. 특히 해양의 식물 플랑크톤은 대기 중 산소의 약 70%를 생산하기 때문에, 이러한 이유로 해양 생태계의 중요성은 더욱 더 강조되고 있다.

생명체의 호흡(respiration) 과정은 산소순환의 또 다른 중요한 부분이다. 동물과 식물, 미생물 등 대부분의 생명체는 호흡을 통해 산소를 소비하고 포도당을 분해시켜 에너지를 얻는다. 이 과정에서 이산화탄소가 생성되어 대기로 방출되는데 이는 다시 광합성에 사용된다. 이렇게 호흡과 광합성은 밀접하게 연결되어 산소와 이산화탄소의 균형을 유지한다.

또한 산소는 연소(combustion)와 산화(oxidation) 과정에서도 사용된다. 화석 연료의 연소와 자연적인 산불은 산소를 소모하고 대기 중에 이산화탄소를 방출한다. 이러한 과정은 인간의 산업 활동에 의해 크게 그 양이 크게 증가하고 있으며 이는 대기 중 산소 농도와 기후 변화에 큰 영향을 미칠 수 있다.

다음은 대기 중에서 자외선에 의해 오존(O_3)이 생성되는 광화학적 반응(photochemical reactions) 과정이다. 오존은 지구의 자외선 차단막을 형성하며 다양한 화학 반응을 통해 산소와 오존 간의 균형을 유지한다.

해양에서는 대기와 해수 간의 산소 교환(oxygen exchange)이 이루어진다. 바닷물의 표면에서 산소가 용해되어 이를 해양 생물이 호흡에 이용하게 된다. 또한 해양의 물리적 순환 과정을 통해 산소는 깊은 해수로 이동해 해양 생태계 전체에 산소를 공급한다.

마지막으로 침전(sedimentation)과 퇴적(deposition) 과정에서 산소는 유기 물질과 함께 지구의 지각에 저장된다. 해양과 육지에서 형성된 유기 물질은 침전되어 퇴적층을 형성하고 이러한 유기 물질의 분해는 산소를 소모한다. 이 과정은 산소가 지구의 생물권 외부로 이동하는 경로 중 하나이다.

산소 순환은 지구상의 모든 생명체의 생존에 필수적이며 생태계의 건강과 균형을 유지하는 데 중요한 역할을 한다. 그러나 인간의 활동, 특히 산업화와 산림 파괴는 산소 순환에 영향을 미치고 있다. 이는 지구의 기후와 생태계에 장기적인 변화를 초래할 수 있다. 따라서 산소 순환의 이해와 보전은 지속 가능한 환경을 유지하기 위해 매우 중요하다.

8.4 자연의 대기와 오염된 대기

자연의 대기는 지구 생태계의 중요한 구성 요소로, 주로 질소와 산소로 이루어져 있으며 이산화탄소, 아르곤, 수증기 등의 기체도 포함되어 있다. 대기는 기후 조절, 자외선 차단, 호흡을 통한 생명 유지, 기상 현상 발생 등 다양한 기능을 수행하여 지구의 생명체와 기후를 유지한다. 성층권의 오존층은 자외선을 흡수하여 지구의 생명체를 보호하고 대기의 순환은 열과 수분을 이동시켜 지구의 기후 균형을 유지한다.

원시 대기의 화학적 조성은 현대 지구 대기와 상당히 달랐으며 대체로 인간 활동의 영향을 받지 않은 상태로 존재했다. 초기 지구의 대기는 주로 화산 활동을 통해 방출된 기체들로 구성되어 있었으며, 다음과 같은 기체들이 포함되었을 것으로 추정된다.

표 8.1 **지구의 원시 대기를 구성하는 기체들**

기체	추정 대기 중 비율(%)
수소(H_2)	약 50 ~ 60
헬륨(He)	약 10 ~ 15
메테인(CH_4)	약 10 ~ 15
암모니아(NH_3)	약 5 ~ 10
수증기(H_2O)	약 10 ~ 20
이산화탄소(CO_2)	약 10 ~ 15
질소(N_2)	미량

이러한 조성은 초기 지구의 대기 상태에 대한 과학적 추정에 기반하고 있으며 정확한 비율은 연구자들 사이에 다소 차이가 있을 수 있다. 원시 대기의 주요 특징은 산소(O_2)가 거의 없었고 수소와 헬륨이 풍부했으며 메테인과 암모니아 같은 환원성 기체들이 포함되어 있었다는 점이다. 시간이 흐르면서 생명체의 출현과 광합성의 시작으로 인해 대기의 조성이 변화하여 현대의 대기로 변화되었다.

인간 활동은 대기 오염의 주된 원인 중 하나인데 이는 기존의 생물학적 및 화학적 순환에 영향을 미칠 수 있는 새로운 물질의 증가로 이어진다. 이러한 물질들은 자연 상태의 대기 조성을 변화시켜 환경과 생명체에 부정적인 영향을 미치는 대기 오염을 초래하고 있다.

대기 오염 물질은 주로 인위적으로 생성되지만 자연적인 과정에서도 발생할 수 있다. 예를 들어, 화산 폭발이나 산불은 자연적으로 오염 물질을 대기로 방출한다. 그러나 인간 활동, 특히 산업화와 도시화는 대기 오염 물질의 양과 종류를 급격히 증가시켰다. 예를 들면 자동차 배기가스, 공장 배출, 화석 연료의 연소 등은 질소산화물(NOx), 황산화물(SOx), 미세먼지, 일산화탄소와 같은 다양한 오염 물질을 발생시킨다.

대기 중 오염 물질은 자정작용에 의해 어느 정도는 제거될 수 있다. 이러한 메커니즘에는 화학적 반응, 침강, 흡착, 식물의 흡수 등이 포함된다. 예를 들어, 일산화탄소는 대기 중에서 산소와 반응하여 이산화탄소로 전환되는데 이는 비교적 무해한 물질이다. 그러나 자연의 정화 능력은 한계가 있으며 인간 활동에 의해 방출되는 오염 물질의 양이 자연적 제거 능력을 초과할 때 대기 오염 문제가 심각해진다.

8.5 대기 오염 물질

대기 오염은 자연적인 요인과 인위적인 요인에 의해 발생할 수 있다. 자연적인 요인으로는 화산 폭발 시 발생하는 미립자, 해염 입자, 우주진 등이 있다. 그러나 최근 인간 활동, 특히 산업화와 에너지 소비의 결과로 인해 인위적으로 생성된 오염 물질이 대기에 축적되면서 대기 오염 문제가 심각해졌다. 인위적인 대기 오염 물질은 크게 두 가지로 나눌 수 있다.

- **1차 오염 물질**(Primary pollutants)은 대기로 직접 배출되는 오염 물질이다. 예를 들어, 자동차 배기가스, 공장 굴뚝에서 나오는 매연 등이 이에 해당한다.
- **2차 오염 물질**(Secondary pollutants)은 1차 오염 물질이 대기 중에서 화학 반응을 거쳐 생성되는 오염 물질이다. 예를 들어, 일산화질소(NO)가 대기 중에서 산화되어 이산화질소(NO_2)로 변하는 과정 등이 있다. 이러한 변환 과정에서는 원래는 인체에 무해했던 물질이 유해한 물질로 변할 수 있다.

대기 오염 물질은 물리적 상태에 따라 입자상 물질, 기체상 물질, 액체상 물질로 구분할 수 있다. 이러한 대기 오염은 환경 용량을 초과할 때 심화되어 인체와 환경에 피해를 줄 수 있다. 특히 20세기 이후 산업화와 에너지 소비 증가로 인한 오염 물질 배출이 주요 문제로 대두되었다. 입자상 오염 물질과 기체상 오염 물질은 대기 오염의 주된 원인이며 각각의 특성과 발생 원리에 따라 그 영향이 다양하다.

입자상 오염 물질(Particulate matter, PM)

입자상 오염 물질은 대기 중에 떠다니는 고체 입자나 액체 방울 형태의 미세한 물질이다. 이러한 입자는 크기에 따라 PM10과 PM2.5로 구분되는데 각각 지름이 10 마이크로미터(㎛) 이하와 2.5 마이크로미터(㎛) 이하의 입자를 의미한다. PM10은 주로 도로 먼지나 건설 현장에서 발생하는 큰 입자들을 포함하고 있으며 상대적으로 무거워서 대기 중에서 비교적 빨리 가라앉는다. 반면 PM2.5는 자동차 배기가스, 공장 굴뚝에서의 연소 과정 등에서 발생하는 매우 미세한 입자로 대기 중에 오래 머무르며 호흡기를 통해 인체 깊숙이 침투할 수 있다. 이러한 미세먼지는 호흡기 질환, 심혈관계 질환, 천식 악화 등의 건강 문제를 유발할 수 있고 대기 중 가시성을 감소시켜 환경에도 부정적인 영향을 미친다.

기체상 오염 물질(Gaseous pollutants)

기체상 오염 물질은 대기 중에 기체 형태로 존재하는 화학 물질로, 그 자체로도 해로울 수 있지만 대기 중에서 화학 반응을 통해 2차 오염 물질을 생성할 수도 있다. 주요 기체상 오염 물질에는 황산화물(SOx), 질소산화물(NOx), 일산화탄소(CO), 휘발성 유기화합물(VOCs) 등이 있다.

황산화물(SOx)은 주로 이산화황(SO_2)과 삼산화황(SO_3)을 포함한 화합물로, 이 중 이산화황이 가장 흔하고 중요한 오염 물질이다. 이산화황은 주로 화석 연료의 연소 과정에서 발생하며, 발전소, 공장, 가정 난방 시스템에서 배출된다. 또한 제련소, 석유 정제소, 화학 공장 등 다양한 산업 공정에서도 이산화황이 방출될 수 있고 화산 폭발과 같은 자연 현상에서도 발생한다.

환경에 미치는 영향으로는 대기 중의 이산화황이 수증기와 반응하여 황산을 형성하고 이를 통해 산성비의 주요 원인이 된다. 산성비는 토양과 수계를 산성화시켜 생태계에 심각한 피해를 줄 수 있으며 건축물과 문화재의 부식을 유발한다. 인체 건강에도 영향을 미치는데 이산화황은 호흡기를 자극하여 기침, 천식 발작, 기관지염 등의 호흡기 질환을 유발할 수 있다. 특히 노인, 어린이, 호흡기 질환자에게 더 큰 위험을 초래하기도 한다.

대기 중의 황산화물은 미세먼지(PM2.5)와 같은 2차 오염 물질을 형성하여 대기 질을 악화시킨다. 이산화황은 대기 중에서 다양한 화학 반응을 통해 황산이나 황산염 에어로졸로 변환될 수 있고 이러한 반응은 기후와 날씨 조건에 따라 영향을 받는다. 황산화물은 대기 중에서 장거리 이동이 가능하여 지역적 문제를 넘어 국제적인 환경 문제로 발전될 수 있다.

이를 해결하기 위해 발전소와 산업 공정에서 탈황 장치를 설치하거나 저황 연료를 사용하는 등의 규제와 정책이 시행되고 있다. 또한 대체 에너지원으로의 전환을 통해 황산화물 배출을 줄이는 노력이 진행되고 있다. 이러한 규제와 관리 노력은 공중 보건 향상과 환경 보호에 중요한 역할을 하며 지속 가능한 발전을 위해 필수적이다.

질소산화물(NOx)은 주로 일산화질소(NO)와 이산화질소(NO_2)로 구성된다. 이는 대기 오염의 주요 원인 중 하나로 다양한 인위적 및 자연적 과정에서 발생한다. 질소산화물은 주로 고온에서의 연소 과정에서 생성되며 이 과정에서 대기 중의 질소와 산소가 반응하여 NOx가 형성된다.

주요 배출원으로는 자동차 엔진이 있으며, 특히 휘발유와 디젤 엔진에서 질소산화물이 다량 배출된다. 이와 함께 발전소, 특히 석탄을 연료로 사용하는 발전소, 그리고 산업 보일러도 주요한 배출원 중의 하나이다. 이러한 시설들은 화석 연료를 연소하는 과정에서 질소산화물을 대기로 방출한다. 또한 화학 공정 및 기타 산업 활동 등에서도 질소산화물이 배출될 수 있으며 번개와 같은 자연 현상에서도 소량 발생될 수 있다.

질소산화물의 환경에 미치는 영향은 다양하다. 대기 중에서 질소산화물은 휘발성 유기화합물(VOCs)과 반응하여 지표면 근처의 오존(O_3)을 형성하는데 이 오존은 광화학 스모그의 주요 구성 요소로 작용한다. 광화학 스모그는 대기 질을 악화시키고 호흡기 질환을 유발할 수 있으며, 특히 어린이와 노약자에게 큰 영향을 미친다. 또한 질소산화물은 대기 중에서 수분과 반응하여 질산(HNO_3)을 형성하는데 이는 산성비의 원인이 된다. 산성비는 토양의 산성화를 초래하여 식물과 수생 생물에 해를 끼치고 호수와 강의 생태계를 파괴할 수 있다. 또한 건축물과 문화재를 부식시키는 원인이 되기도 한다.

일산화탄소(CO)는 무색, 무취의 기체로, 주로 연료의 불완전 연소 과정에서 발생하는 대기 오염 물질이다. 이 물질은 인체에 매우 유해하며 대기 중 농도가 높아질 경우 심각한 건강 문제를 초래할 수 있다. 일산화탄소의 주요 발생원 중 하나는 자동차 배기가스로, 특히 오래된 구형 차량이나 정비가 제대로 이루어지지 않은 차량에서 더 높은 농도의 CO가 배출된다. 산업 활동에서도 철강 제조, 정유 공정 등에서 일산화탄소가 발생될 수 있고 가정에서는 난방기구나 요리 기구를 사용할 때 통풍이 잘 되지 않는 공간에서 CO가 발생될 수 있다. 자연적으로는 산불이나 화산 활동 중에서도 일산화탄소가 소량 방출될 수 있다. 일산화탄소는 혈액 내의 헤모글로빈과 결합하여 산소 운반을 방해하므로 저산소증을 유발할 수 있다. 또한 고농도에 노출되면 두통, 어지러움, 혼란을 일으킬 수 있고 심한 경우 사망에 이를 수 있다. 특히 노인, 임산부, 심혈관 질환자에게는 더 큰 위험을 초래한다. 환경적으로는 일산화탄소 자체가 직접적인 환경 파괴를 일으키지는 않지만, 대기 중에서 다른 화합물과 반응하여 오존 형성에 기여할 수 있다.

휘발성 유기화합물(VOCs)은 다양한 화학 물질로 구성되어 있으며, 이들은 공기 중에서 쉽게 증발하여 대기 오염을 일으킬 수 있는 특성을 가지고 있다. VOCs는 여러 산업 공정과정과 일상 생활에서 발생하는데 환경과 건강에 다양한 영향을 미친다. 주요 발생원으로는 산업 공정, 자동차 배기가스, 가정 및 건물 내 제품과 자연적 발생원이 있다. 산업 공정에서는 페인트, 세정제, 접착제, 용매 등의 사용 과정에서 VOCs가 방출되는데 특히 화학, 석유화학, 제약 산업 등에서 다량 발생될 수 있다. 자동차 배기가스 또한 가솔린 및 디젤 엔진 차량에서 VOCs를 배출하여 도시 지역에서 중요한 대기 오염원이 된다.

가정 및 건물 내에서는 세정제, 에어로졸 스프레이, 방향제, 건축 자재 등에서 VOCs가 방출되어 실내 공기 질에 악영향을 미친다. 자연적으로는 일부 식물과 나무에서 VOCs가 방출되기도 하며, 예로 소나무에서 방출되는 테르펜 등이 있다.

VOCs는 대기 중에서 질소산화물(NOx)과 반응하여 오존(O_3)을 형성하는데 이는 광화학 스모그의 주된 원인 중 하나로 작용한다. 스모그는 대기 질을 악화시키고 호흡기 질환을 유발할 수 있다. 또한 VOCs는 단기 노출 시 두통, 어지러움, 눈, 코, 목의 자극을 유발할 수 있고 장기 노출 시간, 신장, 중추 신경계에 손상을 줄 수 있다. 일부 VOCs는 발암성 물질로 분류되기도 하고 실내 환경에서는 VOCs의 농도가 높아질 수 있어 실내 공기 질을 저하시킨다.

8.6 대기 오염으로 인해 생기는 복합적인 현상들

온실효과(Greenhouse effect)

온실효과는 지구의 대기가 태양으로부터 오는 에너지를 흡수하고, 지구 표면에서 방출되는 열을 온실기체가 다시 흡수하여 지구로 재방출함으로써 지구의 평균 온도를 높이는 자연적 현상이다. 온실효과의 주범이라 할 수 있는 온실기체들은 자연적으로 존재하기도 하고 인간 활동에 의해 추가로 방출되기도 한다. 대표적인 온실기체로는 이산화탄소(CO_2), 메테인(CH_4), 아산화질소(N_2O), 수증기(H_2O)와 불화탄소류(CFCs, HFCs 등)가 있다.

이산화탄소는 화석 연료의 연소와 산림 벌채로 인해, 메테인은 농업과 쓰레기 매립지에서, 아산화질소는 비료 사용과 연료 연소에서 주로 발생한다. 수증기는 자연적으로 존재하지만 온실효과로 인해 대기 중 농도가 증가할 수 있다. 불화탄소류는 냉각제와 산업 공정에서 사용되는 합성 기체로 오존층 파괴와도 관련이 있다.

온실효과는 기후를 유지하는 데 필수적이지만 인간의 활동으로 인해 온실효과가 강화되면서 지구 온난화가 가속화될 수 있다.

특히 이산화탄소가 주목받는 이유는 산업혁명 이후 화석 연료의 대규모 사용과 산림 파괴로 인해 이산화탄소의 농도가 자연적인 수준을 초과하게 되었다. 이는 지구의 온도를 상승시키는 온실효과를 가속화하고 있다. 이산화탄소는 대기 중에 한 번 배출되면 수백 년 동안 머무를 수 있어 그 영향이 지속적이고 장기적으로 나타난다.

대기 중의 이산화탄소(CO_2)는 자연적인 탄소 순환의 일부로서 식물이 광합성을 통해 대기 중의 이산화탄소를 흡수하여 탄수화물과 산소를 생성하는 과정에 포함된다.

$$CO_2 + H_2O \rightarrow 탄수화물(CHO) + O_2$$

이 과정에서 생성된 탄수화물은 식물에 저장되고 산소는 대기로 방출된다. 이후 식물이 자연적으로 분해되거나 동물에 의해 소비되면 탄수화물은 산화되어 이산화탄소가 다시 대기로 방출된다.

$$탄수화물(CHO) + O_2 \rightarrow CO_2 + H_2O$$

이러한 자연적 순환은 인간의 개입 없이도 대기 중 이산화탄소의 농도를 일정하게 유지한다.

그러나 인간 활동, 특히 벌목과 화석 연료의 연소는 이 자연적 순환을 방해한다. 벌목은 대기 중의 이산화탄소를 흡수할 수 있는 식물의 양을 줄이고 화석 연료의 연소는 대기 중 이산화탄소의 농도를 증가시킨다. 또한 시멘트 생산 과정에서도 이산화탄소가 방출되어 대기 중 이산화탄소의 농도를 증가시킨다. 이러한 활동의 결과로 대기 중 이산화탄소 농도는 꾸준히 증가해 왔다. 1958년부터 하와이 마우나 로아 천문대(Mauna Loa Observatory)에서 측정한 월별 평균 이산화탄소를 살펴보면 약 310 ppm이었던 농도가 현재 425 ppm 수준으로 급격히 상승했다. 그리고 이산화탄소 농도가 매년 약 0.7 ppm씩 증가하는 추세를 보인다.

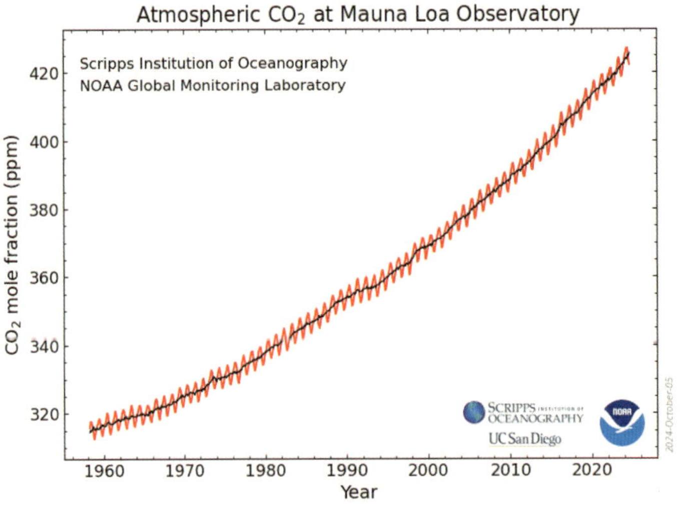

그림 8.3 대기 중 CO_2 농도의 증가 현상(그래프 출처: NOAA의 Earth System Research Laboratories)

학습 활동

하와이 마우나 로아 천문대(Mauna Loa Observatory)에서 측정한 월별 평균 이산화탄소 농도 그래프로부터 얻을 수 있는 정보에 대하여 생각해 보자.

이 그래프는 대기 중 이산화탄소(CO_2) 농도의 변화를 시각적으로 보여 주는 그래프로 시간에 따른 CO_2 농도의 증가 추세와 계절적 변동 추세에 대하여 중요한 정보를 제공한다.

1. **장기적 증가 추세**: 1950년대 후반부터 현재까지의 데이터를 보면, CO_2 농도가 지속적으로 증가하고 있는 추세를 보인다. 이는 화석 연료의 연소, 산림 벌채 등의 인간 활동의 결과로 해석된다.
2. **계절적 변동**: 그래프에는 톱니 모양의 계절적 변동도 나타낸다. 이는 북반구의 식물들이 여름철에 광합성을 통해 대기 중 CO_2를 흡수하여 농도가 감소하고 겨울철에 식물의 활동이 줄어들면서 CO_2 농도가 다시 증가하는 주기적 변화를 반영한다.

이러한 그래프는 기후 과학자들이 대기 중 CO_2 농도의 변화가 기후 변화에 미치는 영향을 연구하는 데 중요한 자료로 활용된다. 마우나 로아 천문대의 측정치는 이산화탄소 농도의 장기적 변화와 계절적 패턴을 이해하는 데 특히 유용하다.

이러한 그래프는 다양한 기후 변화 관련 보고서나 연구 문헌에서 쉽게 찾아볼 수 있으며 NOAA(미국 국립해양대기청) 같은 기관의 웹사이트에서도 접근할 수 있다.

온실효과는 지구로 들어오는 태양 복사 에너지가 지표면에 도달하고, 지구가 이 에너지를 적외선 형태로 방출하는 과정을 통해 발생한다. 이 적외선은 대기 중의 이산화탄소와 수증기에 의해 흡수되고, 흡수된 에너지는 다시 지표면으로 방출되어 대기 온도를 상승시킨다.

이 과정은 지구의 평균 기온을 유지하는 데 필수적이지만, 인간 활동으로 인해 이산화탄소 농도가 증가하면서 온실효과가 강화되고 지구 온난화가 가속화된다.

이산화탄소의 농도가 증가하면 지구 표면의 온도가 상승하고, 이는 극지방의 빙하가 녹아 해수면이 상승하는 결과를 초래할 수 있다. 만약 모든 빙하가 녹는다면 해수면은 61.0~76.2 m 정도 상승할 것으로 추산되며, 이는 많은 해안 도시가 침수될 위험에 있다는 것을 의미한다. 1885년부터 1940년 사이에 지구 평균 기온은 약 0.6 ℃ 상승했지만 1940년 이후로는 약간 하락하는 경향도 관찰되었다. 이러한 온도 변동은 자연적 순환의 결과일 가능성도 있기에 대기 중 이산화탄소 농도의 증가가 온도 변화에 직접적으로 얼마나 영향을 미치는지에 대한 연구가 계속되고 있다.

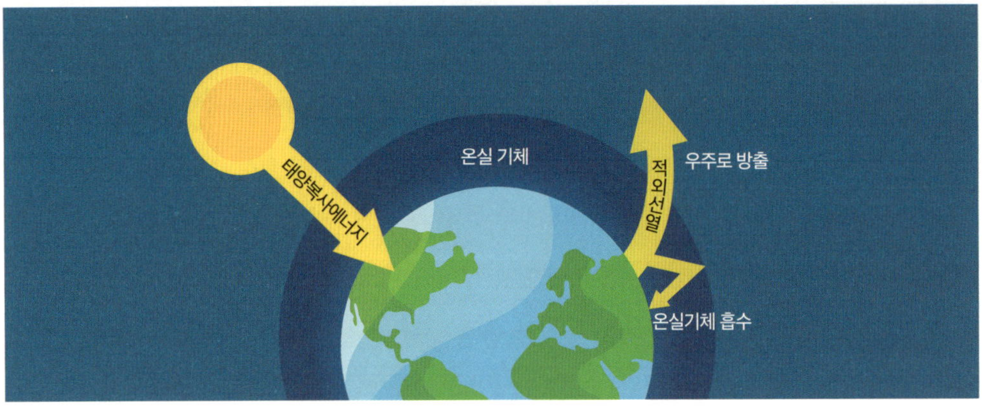

그림 8.4 자연적인 온실 효과

결국 인간의 활동이 기후 변화에 미치는 영향을 완전히 배제할 수는 없으며, 이를 이해하고 대응하기 위해 지속적인 연구와 국제적 협력이 필요하다. 온실효과의 강화로 인한 기후 변화는 생태계, 농업, 인류의 생활 전반에 걸쳐 다양한 영향을 미칠 수 있기 때문에 이에 대한 경각심을 가지고 효과적인 대처 방안을 마련하는 것이 중요하다.

✖ 알아두기: 지구 온난화를 심도 있게 다룬 교토 회담

지구 온난화는 대기 중 온실기체의 농도가 증가함에 따라 지구의 평균 기온이 상승하는 현상을 말한다. 이로 인해 기후 변화, 해수면 상승, 생태계 교란 등의 문제가 발생하고 있으며 이는 인간과 자연 환경에 심각한 영향을 미치고 있다.

교토 의정서는 1997년 교토에서 열린 국제 회의에서 채택된 협약으로, 지구 온난화의 주요 원인인 온실기체 배출을 줄이기 위한 국제적 노력의 일환으로 체결되었다. 이 협약은 선진국들에게 법적 구속력이 있는 온실기체 배출 감축 목표를 설정했으며 2005년에 발효되었다.

교토 의정서는 다음과 같은 주요 특징을 가지고 있다.

1. **감축 목표 설정**: 선진국들은 1990년 대비 평균 5.2%의 온실기체 배출을 줄이기로 합의했다. 그렇지만 각국의 감축 목표는 국가별로 다르게 설정되었다.
2. **배출권 거래**: 온실기체 배출 감축을 위해 배출권 거래 제도를 도입하여 국가 간에 배출 허용량을 사고팔 수 있도록 했다.
3. **청정 개발 메커니즘(CDM)**: 선진국이 개발도상국에서 온실기체 감축 프로젝트를 수행하고 이를 통해 얻은 감축량을 자국의 감축 목표 달성에 활용할 수 있도록 허용했다.

4. **공동 이행**(JI): 두 국가가 공동으로 온실기체 감축 프로젝트를 수행하고 그 성과를 나눌 수 있도록 했다.

교토 의정서는 국제 사회가 기후 변화 문제를 해결하기 위해 공동으로 노력하는 첫 번째 구속력 있는 협약이었으며 이후 파리 협정 등으로 이어지는 기후 변화 대응의 기반을 마련했다. 그러나 교토 의정서의 이행과 효과에 대한 논란도 있어서 일부 주요 배출국이 참여하지 않거나 탈퇴하면서 한계가 지적되기도 했다.

기온 역전과 스모그

기온 역전(temperature inversion)은 대기 오염을 유발하거나 악화시킬 수 있는 중요한 기상 현상이다. 기온 역전은 대기의 온도 분포가 일반적인 상태와 반대로 변하는 기상 현상으로, 이로 인해 대기 하층부에서 오염 물질이 갇히고 분산되지 못하기 때문에 문제가 발생한다. 일반적인 대기 상태에서는 고도가 높아질수록 온도가 낮아진다. 이는 지표면의 공기가 태양 복사 에너지를 흡수하여 따뜻해지고 상승하면서 자연적인 수직 공기 순환을 이루기 때문이다. 그러나 기온 역전이 발생하면 지표면 부근의 공기가 더 차가워지고, 그 위에 위치한 공기가 상대적으로 더 따뜻한 상태가 되어 차가운 공기가 더 이상 상승하지 못하고 따뜻한 역전층에 막히게 된다.

건조한 조건하에서 하강 기류에 의해 형성되거나 지형적 요인에 의해 계곡이나 산으로 둘러싸인 지역에서 더 빈번하게 나타날 수 있다.

기온 역전 현상은 대기의 수직적인 공기 흐름을 방해하여 오염 물질이 지표면 가까이에 갇히게 만든다. 특히 산업 활동이 많은 도시 지역에서는 이로 인해 대기 오염이 심각하게 악화될 수 있다. 기온 역전 상태에서는 오염 물질이 태양광과 반응하여 오존과 같은 2차 오염 물질을 생성하게 되며, 이러한 광화학적 반응은 스모그를 형성하여 대기 질을 크게 저하시킨다. 이러한 역전층은 태양열로 인해 지표면이 다시 가열되면 붕괴되고 이 과정에서 수직 공기 흐름이 회복되고 오염 물질이 분산된다.

기온 역전과 관련하여 잘 알려진 사례는 1952년 12월, 런던에서 발생한 대규모 스모그 사건이다. 당시 런던은 차가운 날씨로 인해 난방을 위해 석탄을 대량으로 연소하고 있었다. 이는 대기 중에 많은 양의 오염 물질을 방출시켰다. 그 시기, 기온 역전이 발생하여 지표면 부근의 공기가 차가

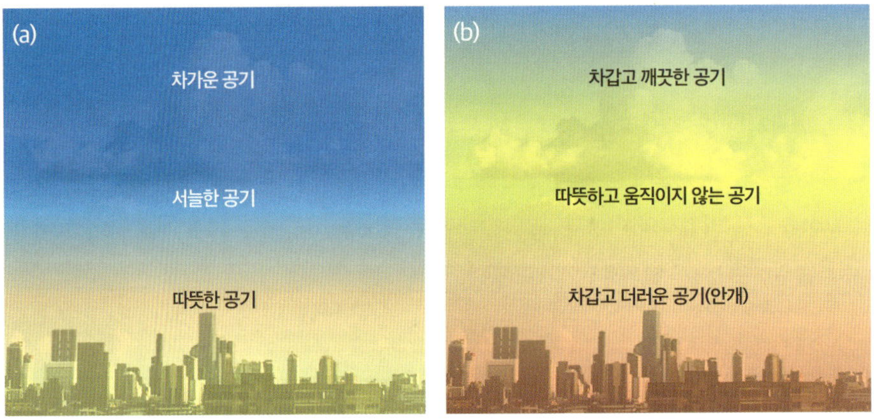

그림 8.5 (a) 기온 역전 현상이 일어나기 전 (b) 기온 역전 현상이 일어났을 때

운 상태로 남아 있었고 그 위의 공기는 상대적으로 더 따뜻한 상태가 되었다. 이로 인해 차가운 공기는 상승하지 못하고 지표면 부근에 머무르게 되었으며 대기오염 물질이 지표 부근에 갇혀 분산되지 못한 채 축적되었다. 이런 상황에서 런던은 짙은 스모그로 뒤덮이게 되었으며 시야가 극도로 제한되고 호흡기 질환이 악화되는 등 시민들에게 심각한 건강 문제를 야기했다. 이 사건으로 인해 약 4,000명 이상의 사망자가 발생한 것으로 추정되었고 이는 공기 질 관리의 중요성을 일깨우는 계기가 되었다. 이 사례는 기온 역전이 대기오염에 어떻게 영향을 미칠 수 있는지를 잘 보여 주는데, 특히 도시 지역에서의 대기오염 관리의 필요성이 강조되었다. 기온 역전 동안에는 오염 물질이 분산되지 못하고 대기 하층에 갇히게 되므로 이러한 상황에서는 오염 물질 배출을 최소화하는 것이 중요하다.

✖ 알아두기: 스모그(Smog)의 유형

스모그는 대기 중의 오염 물질이 특정 기상 조건과 결합하여 형성되는 대기 오염 현상으로 두 가지 유형이 있다.

첫 번째 유형은 런던형 스모그(London-type Smog)이다. 주로 석탄 연소에 의해 발생하는 황색 스모그 또는 황산 스모그로 알려져 있다. 이 스모그는 아황산가스(SO_2)와 입자상 물질이 습기와 결합하여 황산(H_2SO_4)을 형성하며, 특히 겨울철 기온역전 현상에서 더욱 심각해진다. 런던형 스모그는 호흡기 및 심혈관계 질환을 악화시킬 수 있는데, 1952년 런던 대스모그 사건에서 수천 명의 사망자를 발생시키며 공기 질 관리의 중요성을 일깨웠다.

두 번째 유형은 로스앤젤레스형 스모그(Los Angeles-type Smog)로 광화학 스모그라고도 불린다. 이 스모그는 주로 자동차 배기가스에서 배출되는 질소산화물(NOx)과 휘발성 유기화합물(VOCs)이 강한 햇빛과 반응하여 오존(O_3)을 형성함으로써 발생한다. 로스앤젤레스형 스모그는 여름철에 더 빈번하게 발생하며 눈과 목의 자극, 호흡기 문제를 유발할 수 있다. 오존은 특히 폐건강에 유해한 물질로 알려져 있다.

이 두 가지 스모그 유형은 발생 원인과 형성 조건이 다르지만, 모두 환경과 건강에 부정적인 영향을 미친다. 현대 사회에서는 이러한 스모그를 줄이기 위해 다양한 환경 정책과 기술이 도입되고 있다. 특히 차량 배출 규제와 대체 에너지 사용이 강조되고 있는데 이는 대기 질을 개선하고 건강에 미치는 영향을 최소화하기 위한 중요한 노력으로 이어지고 있다.

산성비(Acid rain)

산성비(Acid rain)는 대기 중에 배출된 특정 오염 물질이 빗물과 결합하여 pH가 5.6이하의 산성도를 띠는 비를 말한다. 이는 주로 화석 연료의 연소 과정, 산업 활동, 자동차 배기가스 등을 통해 대기 중으로 방출되는 아황산가스(SO_2)와 질소산화물(NOx) 등에서 비롯된다. 이들 물질은 대기 중에서 수증기와 화학 반응을 일으켜 황산(H_2SO_4)과 질산(HNO_3) 같은 강산을 형성하며 이러한 산성 화합물이 빗물에 녹아 산성비가 형성된다.

산성비는 자연환경과 인공환경에 다양한 부정적인 영향을 미친다. 예를 들면 토양의 산성화를 초래하여 식물의 성장을 방해하고 생태계를 교란시킨다. 그리고 수중 생태계에 영향을 미쳐 호수와 강의 물고기와 수생 생물에 치명적일 수 있다. 또한 산성비는 건축물과 조각상 등의 인공 구조물에 부식 작용을 일으켜 손상을 초래하는데, 특히 대리석과 석회암으로 만들어진 건축물은 산성비에 의해 쉽게 손상된다. 인간 건강에 직접적인 해로움을 주지는 않지만 대기 중의 오염 물질 농도를 높여 호흡기 질환을 유발하거나 악화시킬 수 있다.

오존층의 파괴

성층권의 오존층에 오존이 많은 이유는 주로 태양의 자외선($h\nu$) 복사에 의해 발생하는 화학 반응 때문이다. 이 반응은 다음과 같은 과정으로 이루어진다.

그림 8.6 산성비의 두 가지 주요 원인

$$O_2 \xrightarrow{hv} 2O\cdot$$
$$O_2 + O\cdot + M \longrightarrow O_3 + M$$

이렇게 형성된 오존은 다시 자외선에 의해 분해될 수 있으며

$$O_3 \xrightarrow{hv} O_2 + O\cdot$$
$$O_3 + O\cdot \longrightarrow 2O_2 \quad \Delta H = -398.8\ kJ$$

이러한 생성과 분해의 균형이 오존층 내의 오존 농도를 일정하게 유지하게 한다.

일반적으로 자연 상태에서 오존의 농도는 적도 부근이 가장 낮고, 극지방이 가장 높다. 오존은 성층권에서 태양 복사 에너지에 의해 형성되기 때문에 태양 에너지가 많은 적도의 성층권 오존 농도가 높아야 하나 적도의 성층권에서 형성된 오존이 지구의 대기 순환에 의해 이동하여 극지방 성층권의 오존 농도가 가장 높게 나타난다.

오존층에 존재하는 오존은 지구 환경과 생명체를 보호하는 중요한 역할을 한다. 첫째로, 오존층은 태양으로부터 오는 자외선, 특히 UV-B와 UV-C를 흡수하여 지구 표면에 도달하는 유해한 자외선의 양을 줄인다.

표 8.2 **태양 복사선 중 자외선의 종류와 특성**

자외선의 종류	파장(nm)	특성
UV-A	320 ~ 400	자외선 중 가장 긴 파장을 가지고 있으며 대기의 오존층에 의한 흡수가 거의 없어 지표면에 대부분 도달한다. UV-A는 피부의 진피층까지 침투할 수 있으며 피부 노화와 주름의 주요 원인 중 하나이다. 또한, UV-A는 태닝을 일으키지만 단기적인 피부 화상보다는 장기적인 손상을 초래할 수 있다.
UV-B	280 ~ 320	중간 파장을 가지며 오존층에 의해 부분적으로 흡수되어 지표면에 도달하는 양이 제한된다. UV-B는 피부의 표피에 영향을 주어 피부 화상을 일으킬 수 있으며 장기적으로 피부암의 주요 원인이 될 수 있다. 또한, UV-B는 비타민 D 합성에 중요한 역할을 하지만 과도한 노출은 유해하다.
UV-C	200 ~ 280	가장 짧은 파장을 가지고 있으며 대기의 오존층과 산소에 의해 거의 완전히 흡수되어 지표면에 도달하지 않는다. UV-C는 높은 에너지를 가지고 있어 살균 및 소독에 사용되며 인공적으로 생성된 UV-C는 미생물을 효과적으로 제거할 수 있다.

이는 인간의 피부암, 백내장, 면역 체계 약화와 같은 건강 문제를 예방하는 데 도움을 준다. 둘째로, 오존층은 성층권의 온도를 높여 대기의 순환 패턴에 영향을 미치며 이는 기후 조절에 중요한 역할을 한다. 마지막으로 오존층은 해양과 육상의 생태계를 보호한다. 자외선에 민감한 해양 플랑크톤을 보호하여 해양 생태계를 지탱하고 육상의 식물과 동물도 자외선으로부터 보호하여 생태계의 균형을 유지한다. 이처럼 오존층은 지구의 생명체가 안전하게 생존할 수 있도록 환경적 보호막 역할을 하며 기후와 생태계의 균형을 유지하는 데 필수적이다.

오존층의 파괴는 주로 인간 활동에 의해 발생하는데 특히 염화불화탄소(CFCs)와 같은 오존층 파괴 물질(ODS)에 의해 촉진된다. 이러한 물질은 대기 중으로 방출되어 성층권에 도달하고 자외선에 의해 분해되어 오존 분자를 파괴하는 화학 반응을 일으킨다.

오존층 파괴의 대표적인 사례는 남극 상공의 "오존 구멍(ozone hole)"이다. 오존의 단위는 Dobson 단위(DU)로 사용한다. Dobson의 정의는 특정 영역의 모든 오존이 0 ℃에서 압축되어 1 atm의 압력을 가진 3 mm 두께의 판을 형성할 때 300 DU로 정의한다. 1 DU는 오존 1 ppb의 농도와 같은 의미를 가진다. 매년 9월이 되면 오존층이 얇아져 남극 대륙 상공에 '오존 구멍'이 형성된다. 한편 이 구멍은 오존이 완전히 없다는 의미는 아니다. 과학자들은 남극 대륙 위의 오존 농도가 역사적 임계값인 220 DU보다 훨씬 아래로 떨어지는 지역에 대한 은유로 "오존 구멍"이라는 용어를 사용한다. 과학자들은 1985년에 처음으로 오존 파괴의 증거를 보고했으며 1979년 이래로 매년 남극 오존 수준을 추적하고 있다. NOAA(National Oceanic and Atmospheric Administration, 미국해상대기청)의 측정에 따르면, 2023년 10월 남극 상공의 오존층에서 111 DU의 낮은 값이 관측되었는데 이는 임계 값 220 DU보다 훨씬 낮은 값이므로 상당한 크기의 오존 구멍이 관측되었다고 보고했다.

오존 구멍은 1979년대 이후 매년 남극 상공에서 관찰되었다. 2000년대 초반 오존 구멍의 크기는

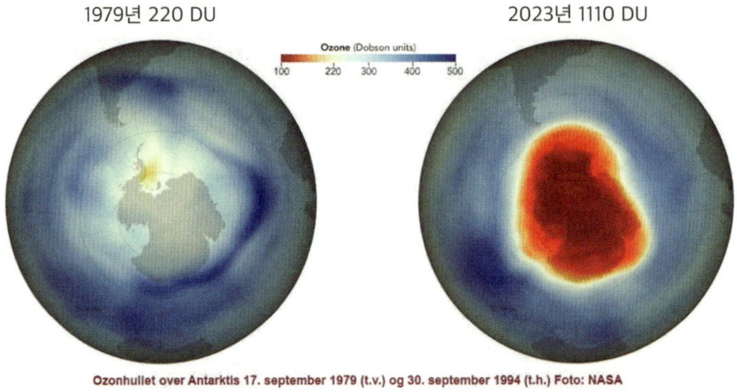

그림 8.7 1979년과 2023년 오존 구멍의 비교

최대에 달했는데 이는 오존층의 두께가 크게 감소하는 현상을 의미한다. 이러한 기후 문제에 대응하기 위해 채택된 몬트리올 의정서(1987년)는 오존층 파괴 물질의 생산과 사용을 규제하기 위해 국제 협약이 이루어져 오존층의 파괴가 상당히 줄어들었다. 현재 과학자들은 오존층이 점진적으로 회복되고 있다고 한다. 만약 규제가 계속된다면 21세기 중반쯤에는 1980년대 이전 수준으로 돌아갈 것으로 기대하고 있다. 하지만 오존층 회복은 지역에 따라 다르게 진행될 수 있다. 여전히 일부 지역에서는 오존층의 두께가 정상 수준보다 얇은 상태가 지속될 수 있다. 따라서 지속적인 관측과 규제가 필요하다.

✖ 알아 두기: 몬트리올 의정서

몬트리올 의정서는 1987년에 채택된 국제 협약으로, 오존층을 파괴하는 물질의 생산과 사용을 규제하기 위한 협약이다. 이 협약의 주요 목표는 오존층을 보호하기 위해 염화불화탄소(CFCs), 할론 그리고 기타 오존층 파괴 물질(ODS)의 사용을 단계적으로 줄이고 최종적으로는 완전히 중단하는 것이다.

주요 특징과 성과는 다음과 같다.

- **국제적인 참여**: 몬트리올 의정서는 전 세계 대부분의 국가가 참여하는 협약으로 환경 분야에서 가장 성공적인 국제 협약 중 하나로 평가받고 있다.
- **단계적 규제**: 협약은 각국이 오존층 파괴 물질의 생산과 소비를 줄이기 위한 구체적인 단계와 시간표를 설정하도록 요구한다. 이는 선진국과 개발도상국의 상이한 경제적 여건을 고려하여 설정되었다.
- **수정 및 강화**: 협약은 과학적 연구와 기술 발전에 따라 여러 차례 수정되어 왔다. 런던(1990),

코펜하겐(1992), 비엔나(1995), 몬트리올(1997), 베이징(1999) 등의 회의를 통해 규제가 강화되었다.

- **성과**: 몬트리올 의정서의 시행으로 오존층 파괴 물질의 사용이 크게 줄어들었고, 이는 오존층의 회복에 기여하고 있다. 과학자들은 오존층이 21세기 중반까지 1980년대 이전 수준으로 회복될 것으로 기대하고 있다.
- **기후 변화 영향**: 오존층 파괴 물질은 또한 강력한 온실가스이기 때문에 이들의 규제는 기후 변화 완화에도 긍정적인 영향을 미치고 있다.

몬트리올 의정서는 국제 사회가 환경 문제에 대해 협력할 수 있는 효과적인 모델을 제시하며 지구 환경 보호에 중대한 기여를 하고 있다.

오존층 파괴의 원인

오존층 파괴의 주요 원인은 인간이 만든 화학 물질, 특히 염화불화탄소(CFCs)와 할론 같은 오존층 파괴 물질(ODS)의 방출이다. 이러한 물질은 다음과 같은 이유로 오존층을 파괴한다.

- **염화불화탄소(CFCs)**: CFCs는 냉장고, 에어컨, 에어로졸 스프레이 등에서 사용되던 화합물이다. 안정적인 특성 때문에 대기 중에 오랫동안 존재할 수 있고 성층권에 도달하면 자외선에 의해 분해되어 염소 원자를 방출한다. 이 염소 원자는 오존과 반응하여 오존 분자를 파괴한다.

$$CCl_2F_2\text{(프레온-12)} \longrightarrow CF_2Cl + Cl$$
$$Cl + O_3 \longrightarrow ClO + O_2$$
$$ClO + O\cdot \longrightarrow Cl + O_2$$
$$ClO + O_3 \longrightarrow ClO_2 + O_2$$

- **할론**: 할론은 소화기에서 사용하는 물질로 CFCs와 비슷한 메커니즘으로 오존층을 파괴한다. 할론도 대기 중에서 염소나 브로민 원자를 방출하여 오존 분해를 촉진한다.
- **산화질소(NO)**: 제트 비행기가 고공을 비행할 때나 핵무기 실험 시에 발생하는 산화질소도 오존층을 파괴한다.

$$NO\cdot + O_3 \longrightarrow NO_2 + O_2$$

$$NO_2 + O\cdot \longrightarrow NO\cdot + O_2$$

- **기타 오존층 파괴 물질**: 메틸 브로마이드, 탄화수소(HCFCs), 탄화불소(HFCs) 같은 화합물도 오존층에 해를 끼칠 수 있다. 이들 물질들도 염소 또는 브로민을 포함하고 있어 오존 분자를 파괴하는 반응을 일으킨다.
- **자연적 요인**: 화산 폭발 등 자연 현상도 일시적으로 오존층에 영향을 미칠 수 있지만 인간 활동에 의한 영향에 비하면 상대적으로 작다.

CFC 대체 물질들

CFC 대체 물질의 필요성은 오존층을 보호하기 위해 매우 중요하다. CFC는 오존층을 파괴하는 주된 원인이기 때문에 이를 대체할 수 있는 물질이 필요하다. 이러한 대체 물질에는 HCFCs, HFCs, HFOs, 자연 냉매가 포함된다.

- HCFCs (Hydrochlorofluorocarbons): HCFCs는 CFCs보다 오존층 파괴 가능성이 낮지만 여전히 오존층에 약간의 영향을 미친다.

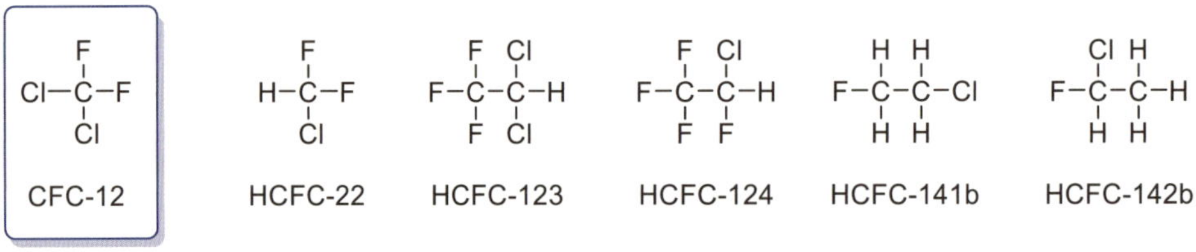

  용도로는 냉장고 에어컨의 냉매로 사용된다. 몬트리올 의정서에 따라 단계적으로 사용이 줄어들고 있으며 완전한 대체를 위해 다른 물질로의 전환이 진행 중이다.
- HFCs (Hydrofluorocarbons): HFCs는 오존층을 파괴하지 않지만 강력한 온실가스로서 지구 온난화에 영향을 미칠 잠재력을 가지고 있다.

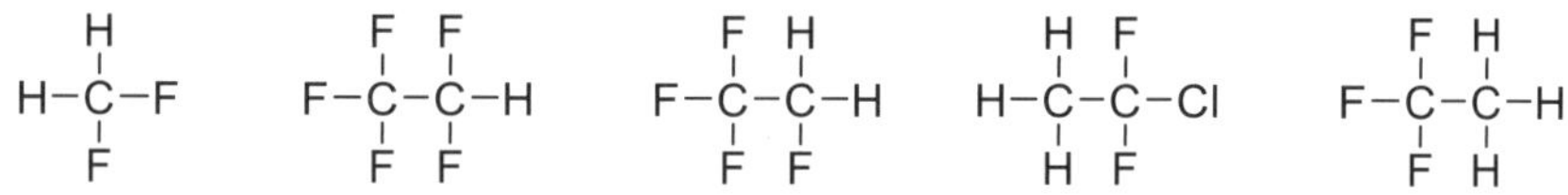

HFC-22 HFC-125 HFC-134a HFC-152a HFC-142b

HFCs는 냉매, 발포제, 에어로졸 추진제로 사용된다. 파리협정과 키갈리 수정안에 따라 HFCs의 사용도 점차 규제되고 있으며 대체 기술 개발이 진행 중이다.

- HFOs (Hydrofluoroolefins): HFOs는 오존층을 파괴하지 않으며 지구온난화 잠재력이 매우 낮은 대체 물질이다.

HFO-1234yf HFO-1234ze(E) HFO-1234ze(Z) HFO-1336mzz(Z)

최신 냉매 및 발포제로 사용되며 에어컨과 냉장고에서 CFC 및 HFC를 대체하고 있다.

- 자연 냉매: 암모니아(NH_3), 이산화탄소(CO_2), 프로페인(C_3H_8) 등이 있다. 이러한 자연 냉매는 오존층 파괴 가능성이 없고 지구 온난화에 영향을 미칠 잠재력도 매우 낮다. 산업용 냉각 시스템, 상업용 냉동 장비 등에서 사용되고 있다.

이처럼 CFC 대체 물질은 환경에 미치는 영향을 최소화하면서도 기술적 요구 사항을 충족시킬 수 있어야 한다. 이러한 물질의 개발과 사용은 환경 보호와 지속 가능한 산업 발전에 필수적이다.

1. 단열 팽창 과정과 대류권에서의 역할을 설명하시오.

2. 런던형 스모그와 로스앤젤레스형 스모그의 형성과 영향을 비교하시오.

3. 질소 순환에서 질소 고정의 과정과 중요성을 설명하시오.

4. 기온 역전 현상이 발생하는 원인과 대기 오염에 미치는 영향을 설명하시오.

5. 전리층이 통신 기술에서 어떤 역할을 하는지 설명하시오.

6. 성층권에서 오존의 생성과 파괴에 관여하는 화학적 과정을 설명하시오.

7. 산성비가 생태계와 인공 구조물에 미치는 영향을 설명하시오.

8. 글로벌 환경 협약의 맥락에서 몬트리올 의정서의 중요성을 분석하시오.

9. 할론이 오존층 파괴에 기여하는 방법과 사용되고 있는 대체 물질은 무엇인지 설명하시오.

10. 지구의 기후와 기상 시스템에서 대기층의 역할을 설명하시오.

11. 인간 활동이 질소 순환에 미치는 영향을 설명하시오.

12. 도브슨 단위의 중요성과 오존 수치 모니터링에의 적용을 설명하시오.

13. 미세먼지가 인간 건강과 환경에 미치는 영향을 설명하시오.

14. 산성비 형성에 관여하는 과정을 설명하시오.

15. 대기 역학을 이해하기 위해 중간권 연구의 중요성을 설명하시오.

물과 화학

지구에 존재하는 물은 지구의 표면 중 약 71%를 덮고 있고 이 중 대다수인 97.5%는 해양수로 이루어져 있다. 나머지 2.5%는 담수로 주로 극지방의 빙하와 만년설(1.74%)로 존재하며 지하수(0.75%)와 호수 및 강(0.01%)에서도 일부 발견된다. 이러한 물은 지구상에 어디에나 존재하는데 모든 형태의 생명체에게 절대적이고 필수적인 구성 요소라고 할 수 있다. 인간의 신체는 약 70%가 물로 이루어져 있으며 물은 생리적 기능을 유지하는 데 필수적인 물질이다. 인간은 음식을 섭취하지 않고도 약 2주일을 버틸 수 있지만, 물 없이 생존할 수 있는 시간은 약 1주일로 제한된다고 한다. 이는 물이 생명 유지에 얼마나 중요한지를 보여 준다.

물은 대기, 육지, 해양 사이를 끊임없이 순환하면서 증발, 응축, 강수, 수류와 같은 과정을 통해 지구의 기후를 조절하고 지형을 변화시키며 식물의 성장을 돕는다. 이러한 물의 순환 과정은 생명체의 대사 활동에도 필수적인 역할을 한다. 또한 물은 온실가스를 흡수하고 열을 조절하여 지구의 기후를 안정화시키는 데 기여한다. 그러나 기후 변화, 수질오염, 수자원 과잉 사용 등의 이유로 인해 지구상의 담수 자원이 위협받고 있는데, 이는 많은 지역에서 물 부족 문제로 이어져 식량 생산과 건강, 경제에 심각한 영향을 미치고 있다. 이러한 이유로 지속 가능한 물 관리와 보호는 인류와 환경의 미래를 위해 필수적이라고 할 수 있다.

물에 대한 연구는 인류의 과학적 탐구와 발전의 역사와 깊이 연결되어 있다. 고대 그리스 철학자 탈레스(Thales)는 물을 만물의 근원으로 보며 모든 물질이 물에서 비롯된다고 주장했고 아리스토텔레스는 물을 네 가지 기본 요소 중 하나로 간주했다. 중세 연금술 시대에는 물을 다양한 물질로 변환하려는 시도가 이루어졌는데, 이는 물의 물리적 성질과 화학적 변화에 대한 초기 관찰로 이어졌다.

18세기 후반 앙투안 라부아지에(Antoine Lavoisier)는 물이 기본 요소가 아니라 수소와 산소로 구성된 화합물임을 증명했다. 그리고 물을 전기분해하여 수소와 산소로 분리할 수 있음을 발견했다. 이 발견은 현대 화학의 기초를 마련했으며 물의 화학적 성질에 대한 이해를 혁신적으로 변화시켰다. 19세기에는 아보가드로(Avogadro)가 분자 이론을 제안하면서 물 분자의 화학식을 H_2O로 정의했다. 그리고 물의 분자 구조와 수소 결합의 개념이 발전하여 물의 물리적 성질을 설명하는 이론적 기반이 마련되었다.

20세기와 현대에 이르러서는 물의 다양한 상태와 물질과의 상호 작용에 대한 연구가 심화되었다. 물의 용해성, 표면 장력, 비열 등의 특성이 정량적으로 측정되고 분석되었다. 현대에는 물의 분자 동역학과 수소 결합 네트워크에 대한 연구가 컴퓨터 시뮬레이션과 고급 실험 기법을 통해 진행되고 있다. 또한 20세기 후반부터는 물의 화학적 오염과 환경적 영향을 다루는 연구가 증가하면서 물의 화학적 처리를 위한 새로운 방법 개발로 이어졌다. 이처럼 물에 대한 연구는 고대 철학에서부터 현대 과학에 이르기까지 다양한 시기에 걸쳐 발전해 왔으며 물의 본질을 이해하고 물이 생명과 환경에 어떻게 작용하는지를 밝히는 데 중요한 기여를 해 왔다고 할 수 있다.

9.1 물의 기본적인 특성

물 분자의 화학적 구조와 결합

물 분자의 화학적 구성은 매우 간단하면서도 독특한 특성을 지니고 있다. 물 분자는 화학식 H_2O로 표현되며 이는 두 개의 수소 원자와 한 개의 산소 원자로 이루어져 있음을 의미한다. 수소 원자와 산소 원자는 공유 결합을 통해 결합되어 있으며 산소 원자는 두 개의 수소 원자와 각각 하나의 전자쌍을 공유한다. 이 공유 결합은 강력하고 안정적이며 물 분자의 기본적인 구조를 형성한다.

물 분자는 삼각형 형태의 구조를 가지고 있다. 산소 원자가 중심에 위치하고 두 개의 수소 원자가 약 104.5°의 결합각을 이루면서 배치된다. 이 결합각은 물 분자가 편재화된 전하를 가지게 하여

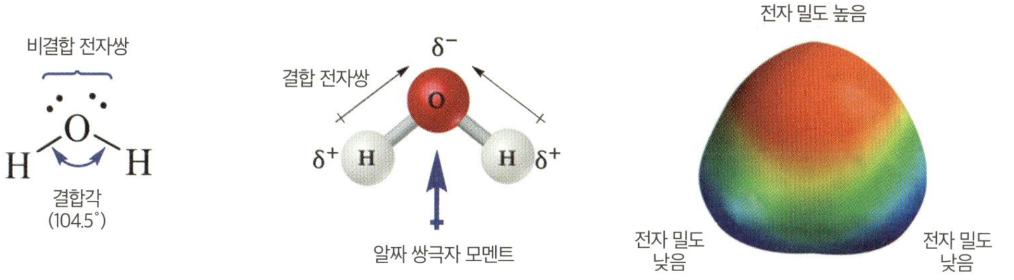

그림 9.1 물의 분자 구조와 극성

극성을 띠게 만든다. 산소 원자는 전기 음성도가 높아 전자를 더 강하게 끌어당기므로 산소 쪽은 부분적으로 음전하를 띠고 수소 쪽은 부분적으로 양전하를 띠게 된다.

이러한 극성은 물이 다양한 물질을 용해할 수 있는 능력을 가지게 하는데 물이 "만능 용매"로 불리는 이유 중 하나이다. 또한 물 분자들 간의 상호 작용에 의해 수소 결합을 형성할 수 있다. 이는 한 물 분자의 수소 원자가 다른 물 분자의 산소 원자와 약하게 결합하는 현상으로, 물의 높은 끓는점, 비열, 표면 장력 등 물의 독특한 물리적 성질에 크게 기여한다. 수소 결합은 여러 가지 분자 간의 힘 중 개별적으로는 약하지만 물 분자 간에 다수 형성되어 물의 집합적 성질에 강한 영향을 미친다.

수소 결합의 중요성

물의 독특한 물리적 및 화학적 성질을 형성하는 데 핵심적인 역할을 하는 것이 수소 결합이다. 물 분자 사이에 존재하는 이들 인력을 수소 결합(hydrogen bond)이라고 한다(그림 9.2).

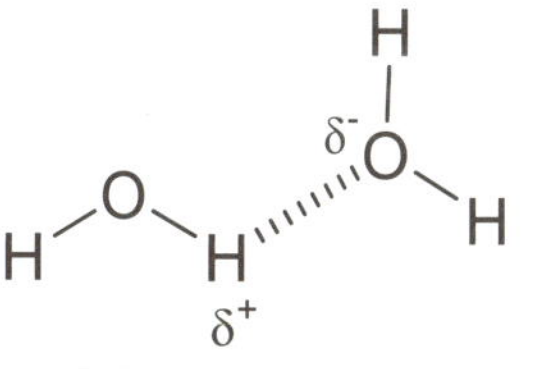

그림 9.2 물 분자 간의 수소 결합

이 수소 결합의 세기는 분자 내에서 원자들을 연결시켜 이루어진 분자 내 공유결합 세기의 1/10에 불과하다. 그럼에도 불구하고 분자 간 인력으로 수소 결합은 굉장히 강하다. 결합의 세기가 물의 끓는점(100 ℃)을 비교적 높게 하고 액체상의 물을 증기로 바꿀 때 큰 에너지(540 cal/g)를 필요로 한다. 이는 물을 끓이기 위해 액체 상태에서 비교적 가깝게 서로 붙어 있는 분자들을 떨어뜨려서 훨씬 멀리 떨어진 기체 상태로 바꾸어야 하므로 분자 간 수소 결합의 세기를 극복해야 하기 때문이다. 반대로 물에서 분자 간의 수소 결합이 약하면 물은 훨씬 낮은 온도에서 끓게 될 것인데, 이때 액체상을 기체상으로 바꾸는 데는 적은 에너지가 소요될 것이다. 만약에 물에서 수소 결합이 없다면 물 분자 간의 인력이 크게 감소하여 물의 끓는점이 대폭 낮아질 것이다. 수소 결합은 물 분자 간의 강한 상호 작용을 제공하여 물의 응집력과 끓는점을 높이는 역할을 한다. 따라서 수소 결합이 없다면 물의 끓는점은 약 -75 ℃로 떨어질 것이다. 이러한 변화는 생명체에 치명적인 영향을 미칠 수 있다. 지구상의 많은 생명체는 물이 액체 상태로 존재할 수 있는 온도 범위 내에서 진화해 왔다. 만약 물이 상온에서 기체 상태라면 생명체는 필수적인 물리화학적 과정(예: 세포 내 화학 반응, 물질 운반)을 수행할 수 없게 된다. 이는 생명체의 생존과 기능에 큰 지장을 초래할 것이다. 물이 수소 결합을 하지 않는다면 생명체의 기본적인 생존 환경이 유지되지 않으므로 생명체는 고통을 당하게 될 것이다.

인체의 정상 체온은 약 37 ℃로, 이 온도에서는 물이 액체 상태를 유지하여 세포, 혈액, 기타 체액에서 필수적인 생리적 기능을 수행할 수 있다. 만약 수소 결합이 없다면 물의 끓는점이 대폭 낮아져 상온에서 물이 기체 상태가 될 것이다. 이는 인체 내에서 물이 액체 상태로 존재하지 못하게 하여 생명 유지에 필요한 화학 반응과 물질 운반 과정에 심각한 영향을 미치게 될 것이다. 따라서 수소 결합은 물을 액체 상태로 존재하게 하여 생명체가 정상적으로 기능할 수 있게 하는 데 필수적이다. 수소 결합이 없으면 인체 내 물은 기체 상태가 되어 생명체의 생리적 기능을 유지할 수 없게 된다.

수소 결합은 물뿐만 아니라 다양한 화합물에서 중요한 역할을 한다. 이는 수소가 산소, 질소, 또는 플루오린과 같은 전기음성도가 높은 원자와 결합할 때 발생하는 상호 작용 인력이다. 이러한 수소 결합은 여러 물질에서 관찰되며 이로 인해 그 물질의 물리적, 화학적 성질에 영향을 미친다.

예를 들어, 암모니아(NH_3)와 플루오린화수소(HF)는 수소 결합을 통해 비정상적으로 높은 끓는점을 가진다. 이들 화합물에서 수소 결합의 세기는 물보다 약하지만 여전히 끓는점과 같은 물리적 특성에 상당한 영향을 미친다.

또한 수소 결합은 생물학적 분자의 구조와 기능을 안정화하는 데 필수적이다. 단백질의 경우 수소 결합은 단백질의 2차 구조인 알파 나선 구조와 베타 병풍 구조를 형성하고 그 구조를 안정화하는 데 중요한 역할을 한다. 단백질 내에서 수소 원자는 산소 또는 질소 원자와 결합하여 이러한 구조를 유지한다. DNA의 경우 이중나선 구조는 염기쌍 간의 수소 결합에 의해 안정화된다. 수소 결합은 두 DNA 가닥을 연결하여 유전 정보를 안정적으로 저장하고 복제할 수 있게 한다. 이러한 예시들은 수소 결합이 생명체의 구조적 안정성과 기능에 필수적임을 보여 준다. 수소 결합은 생명 현상에 본질적인 역할을 하며 다양한 생화학적 과정에서 중요하다.

수소 결합은 얼음이 물 위에 뜰 수 있는 이유를 설명하는 데 중요한 역할을 한다. 대부분의 물질은 액체에서 고체로 변화할 때 분자들이 더 가까워지며 부피가 줄어든다. 그러나 물은 이러한 일반

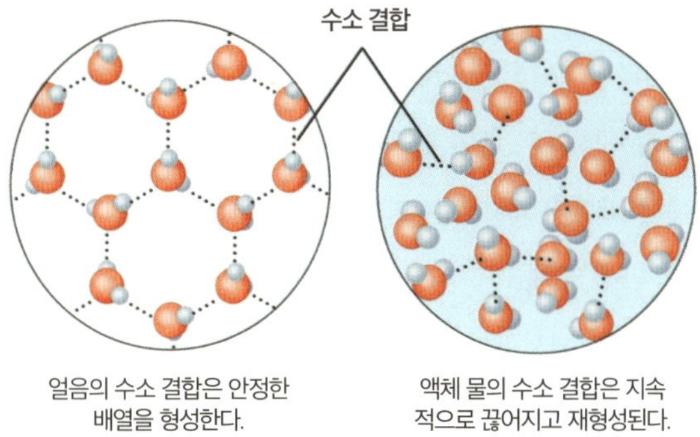

그림 9.3 얼음과 액체 물의 수소 결합

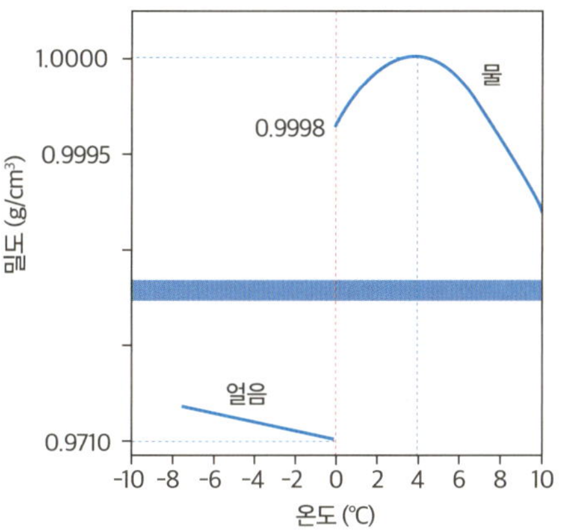

(b)

그림 9.4 (a) 온도에 따른 물의 밀도, (b) 물 위에 떠 있는 빙하

적인 행동과 다르게 작용한다. 물이 액체에서 고체로 변할 때, 즉 얼음이 될 때 부피가 증가한다. 이 현상은 물 분자의 구조적 특성과 수소 결합에 의해 설명될 수 있다. 물이 냉각되면서 물 분자들은 움직임이 줄어들고 규칙적인 배열을 형성하게 된다. 이 배열은 각 물 분자가 네 개의 다른 물 분자와 수소 결합을 형성하여 육각형의 결정구조를 만든다. 이 구조는 물 분자들 사이에 공간을 만들게 되어 물이 고체 상태로 변할 때 부피가 증가하게 된다. 결과적으로 동일한 부피의 물과 얼음을 비교하면 액체 상태의 물이 더 많은 분자를 포함하게 된다. 즉, 물의 밀도가 얼음보다 더 크다. 밀도가 낮은 얼음은 밀도가 높은 물 위에 뜨게 되는 것이다.

또한 물은 0 ℃에서 얼기 시작할 때 부피가 증가하여 밀도가 낮아지지만 0 ℃와 3.98 ℃ 사이에서는 온도가 상승함에 따라 밀도가 약간 증가하여 3.98 ℃에서 최대 밀도에 도달한다. 이때 물의 밀도는 1.00000 g/cm^3로, 이는 미터법에서 질량의 기본 단위로 사용된다. 즉, 3.98 ℃에서 1 cm^3의 물의 질량은 정확히 1 g이다. 이러한 특성은 물이 얼 때 팽창하여 밀도가 낮아진다는 것을 의미한다. 대부분의 물질은 고체 상태에서 밀도가 높아지지만, 물은 고체 상태인 얼음이 액체 상태의 물보다 밀도가 낮기 때문에 얼음이 물 위에 뜨게 되는 것이다. 이러한 특성은 자연환경에 중요한 영향을 미친다. 예를 들어, 겨울철에 호수가 위에서부터 얼기 시작하면 얼음은 물 위에 떠서 단열층을 형성한다. 이로 인해 호수 아래의 물은 상대적으로 따뜻한 상태로 유지되어 수중 생물들이 생존할 수 있는 환경을 제공하게 된다.

물이 얼 때 팽창하는 특성은 실생활에서 불편을 초래하기도 한다. 예를 들어, 겨울철에 물이 얼면 수도관이나 라디에이터가 팽창하여 파열될 수 있다. 이러한 물의 팽창 특성은 건물이나 인프라의 설계에 중요한 고려사항이 된다. 따라서 물의 밀도 특성과 수소 결합에 의한 고체의 부피 증가 현상은 자연계와 인류 생활에 매우 중요한 영향을 미치는 요소이다.

9.2 물의 화학적 성질

산과 염기로서의 물

물은 독특하게도 산과 염기 모두로 작용할 수 있는 양쪽성(Amphoteric) 물질이다. 이는 물이 자체적으로 이온화되어 소량의 수소 이온(H^+)과 수산화 이온(OH^-)을 생성하는 자동 이온화 반응에서 비롯된다. 이 반응은 다음과 같이 나타낼 수 있다.

$$H_2O(l) \rightarrow H^+(aq) + OH^-(aq)$$

다른 관점에서 살펴보면, 물 분자는 양성자를 주개로 작용할 수도 있고, 양성자 받개로 작용할 수 있다.

$$H_2O(l) + H_2O(l) \rightarrow H_3O^+(aq) + OH^-(aq)$$

이 반응에서 물 분자는 하나의 수소 이온을 다른 물 분자에 주어 하이드로늄 이온(H_3O^+)을 형성하여 산으로 작용한다. 반대로 물 분자가 수소 이온을 받아들여 수산화 이온(OH^-)을 형성할 때는 염기로 작용한다. 이러한 양쪽성은 물이 산성 용액과 염기성 용액 모두에서 중요한 역할을 하게 한다.

물의 자동 이온화 반응에서

$$H_2O(l) \rightarrow H^+(aq) + OH^-(aq)$$

25 ℃에서 물의 이온화곱 상수, $K_w = 1.0 \times 10^{-14}$이다.

pH 7에서 물은 중성으로 간주되는데, 이는 물 속의 수소 이온 농도와 수산화 이온 농도가 동일함을 의미한다. 물의 이러한 성질은 다양한 화학 반응에서 물이 산 또는 염기로 작용하여 반응의 진행을 돕고 생물학적 시스템에서의 완충 작용을 통해 체내 pH 균형을 유지하는 데 중요한 역할을 한다. 이러한 이유로 물의 양쪽성은 화학 및 생물학적 시스템에서 매우 중요한 특성 중 하나이다.

물의 전기 분해

물의 전기 분해는 전기 에너지를 사용하여 물 분자(H_2O)를 그 구성 원소인 수소(H_2)와 산소(O_2)로 분해하는 화학 반응이다. 이 과정은 물의 화학적 성질을 이해하는 데 중요한 예시로, 다음과 같은 반응식으로 나타낼 수 있다.

$$2H_2O(l) \rightarrow 2H_2(g) + O_2(g)$$

전기 분해는 전해조라 불리는 장치에서 이루어지는데 이 장치에는 두 개의 전극(양극과 음극)이 물에 잠겨 있다. 전원이 공급되면 양극에서 물이 산소와 수소 이온으로 산화되고 음극에서는 수소 이온이 전자를 받아 수소 기체로 환원된다.

$$\text{양극 반응 (산화 반응)} : 2H_2O(l) \rightarrow O_2(g) + 4H^+(aq) + 4e^-$$
$$\text{음극 반응 (환원 반응)} : 4H^+(aq) + 4e^- \rightarrow 2H_2(g)$$

이 과정의 결과로, 양극에서는 산소 기체가 발생하고 음극에서는 수소 기체가 발생하게 된다. 물의 전기 분해는 수소를 청정 연료로 생산하는 중요한 방법 중 하나로 재생 가능 에너지와 결합하여 환경 친화적인 에너지 시스템을 구축하는 데 기여할 수 있다. 또한 이 과정은 물의 화학적 결합을 분해하는 데 필요한 에너지를 이해하는 데 도움을 주며 물의 분자 구조와 반응성을 탐구하는 데 유용한 실험적 방법이다.

용매로서의 물

물은 "만능 용매"로 불릴 정도로 다양한 물질을 용해할 수 있는 탁월한 용매이다. 이 용매로서의 성질은 물의 극성 및 수소 결합 능력에서 비롯된다. 물 분자는 산소의 높은 전기음성도 때문에 극성을 가지기에 물은 다양한 극성 물질과 이온성 화합물을 용해시킬 수 있다.

물의 극성은 물 분자가 다른 극성 분자와 상호 작용하여 용해시키는 데 도움을 준다. 예를 들어, 설탕과 같은 극성 물질은 물과 수소 결합을 형성하여 쉽게 용해된다.

물은 또한 이온성 화합물을 용해하는 데 매우 효과적이다. 예를 들어, 염화소듐($NaCl$)은 물에 녹아 소듐 이온(Na^+)과 염화 이온(Cl^-)으로 분리된다. 이는 물의 극성이 이온을 둘러싸고 전기적인 상호 작용을 통해 이온 결합을 끊기 때문이다.

물의 용매로서의 기능은 생체 내에서 수많은 화학 반응을 가능하게 한다. 물은 세포 내에서 화학 반응의 매개체로 작용하며 다양한 대사 경로에서 반응물과 생성물의 이동을 촉진한다. 또한 물의 용매 특성은 단백질, 핵산 등의 고분자 물질이 적절한 구조를 형성하고 유지하는 데 필수적이다. 이러한 이유로 물은 생명체의 생리적 과정과 산업적 화학 공정에서 없어서는 안 될 중요한 용매이다. 물의 용매 능력은 생명체의 화학적 균형과 물질 이동을 조절하는 데 핵심적인 역할을 하는데, 이는 물이 지구상의 생명 유지에 필수적임을 보여 준다.

9.3 물과 화학 반응

수화 반응

수화 반응은 물 분자가 화합물과 결합하여 새로운 화학 구조를 형성하는 반응이다. 이 반응은 다양한 형태로 나타나며, 특히 이온성 화합물이나 무기 화합물에서 흔히 발생한다.

수화 반응의 가장 일반적인 예는 이온성 화합물에서 볼 수 있다. 예를 들어 염화소듐(NaCl)이 물에 용해되면 소듐 이온(Na^+)과 염화 이온(Cl^-)이 각각 물 분자로 둘러싸여 안정화된다. 물 분자는 전기적 상호 작용을 통해 이온 주위에 배열되는데 이 과정을 수화라고 한다.

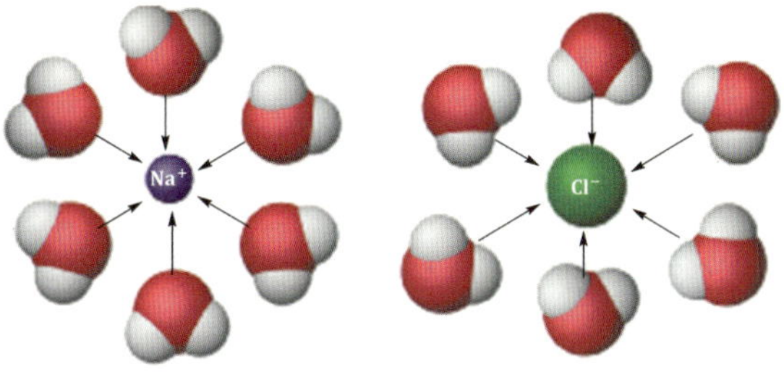

그림 9.5 물에 의한 수화

무기 염의 경우, 수화 반응은 고체 화합물이 물 분자를 포함하여 수화물을 형성하는 과정이다. 예를 들어 황산 구리(II) 무수염($CuSO_4$)이 물과 반응하여 황산 구리(II) 오수화물($CuSO_4 \cdot 5H_2O$)을 형성한다. 이 반응에서 물 분자는 고체 구조에 통합되어 수화물의 형태를 띠게 된다.

수화 반응은 화학 반응의 일환으로 발생할 수도 있다. 이때 일어나는 반응을 가수분해 반응(hydration)이라고 한다. 예를 들어, 알켄의 수화 반응에서는 물이 알켄과 반응하여 알코올을 형성한다.

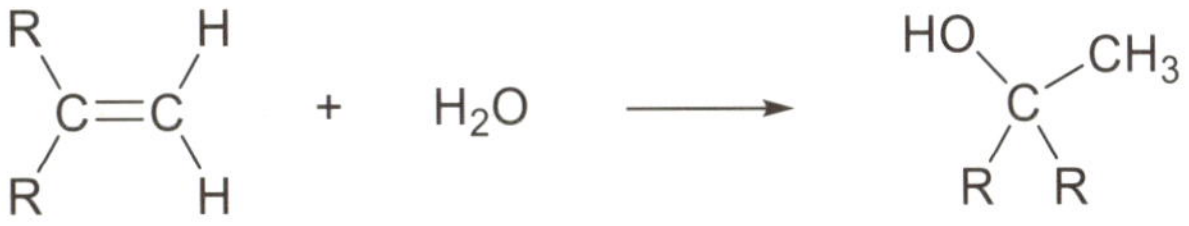

이 반응은 주로 촉매의 존재하에 진행되며 산업적으로 중요한 반응 중 하나이다.

수화 반응은 화합물의 물리적, 화학적 성질을 변화시키고 화학적 안정성을 높이거나 특정 반응성을 부여할 수 있다. 이러한 반응은 생물학적 시스템과 산업적 응용에서 중요한 역할을 한다. 예를 들어, 생물체 내에서 이온의 이동과 안정화, 건축 자재의 경화 과정 등이 수화 반응에 의존한다.

✖ 알아두기: 시멘트의 경화

시멘트의 경화 과정은 물과의 수화 반응을 통해 진행되며, 이 과정에서 시멘트는 단단하고 강한 고체 구조로 변한다. 초기 단계에서 물이 시멘트에 첨가되면, 규산삼칼슘(C_3S)과 삼산화이알루민산칼슘(C_3A)이 빠르게 반응하여 수산화칼슘과 칼슘 실리케이트 수화물(C-S-H)을 형성한다. 이 초기 반응은 시멘트의 응결을 시작하게 하고, 초기 강도를 제공한다. 칼슘 실리케이트 수화물은 미세한 젤 형태의 구조를 형성하여 시멘트의 주된 강도 제공자가 되며 시간이 지남에 따라 점진적으로 강도를 증가시킨다. **경화 과정에서 규산이칼슘(C_2S)도 반응하여 추가적인 C-S-H를 형성하고 이는 장기적인 강도 발달에 기여한다. 수화 반응은 시간이 지남에 따라 점진적으로 진행되어 시멘트의 강도와 안정성이 지속적으로 증가한다. 또한 수화 과정 중 생성된 수산화칼슘은 포졸란 물질과 반응하여 추가적인 C-S-H를 형성함으로써 시멘트의 장기적인 강도와 내구성을 향상시킨다.** 이러한 복합적인 화학 반응을 통해 시멘트는 내구성이 뛰어난 건축 재료로 변하게 되며 수화 과정의 속도와 수분의 양은 최종 물리적 특성에 영향을 미친다.

산화-환원 반응에서 물의 역할

물은 산화-환원 반응에서 중요한 역할을 하며 다양한 방식으로 이러한 반응에 관여할 수 있다. 산화-환원 반응에서는 전자가 이동하는 것에 따라 물이 전자 주개 또는 전자 받개로 작용할 수 있다.

물은 산화제로 작용하여 다른 물질로부터 전자를 받을 수 있다. 예를 들어, 광합성 과정에서 물은 광화학 반응의 원천으로 작용하며 빛 에너지를 받아 산소를 방출하고 전자를 제공하여 에너지를 저장하는 화합물을 생성한다.

$$6CO_2 + 6H_2O \xrightarrow{\text{태양 에너지}} \underbrace{C_6H_{12}O_6}_{\text{포도당}} + 6O_2$$

반대로 물은 금속의 부식 과정에서 환원제로 작용할 수 있는데 금속 이온이 전자를 받아 금속 산화물이 형성된다.

물은 산화-환원 반응에서 중요한 이온인 수소 이온과 수산화 이온을 제공한다. 이러한 이온들은 반응의 매개체로 작용하여 반응의 진행을 돕는다. 예를 들어, 산성 조건에서 물은 수소 이온을 제공하여 환원 반응을 촉진할 수 있으며 염기성 조건에서는 수산화 이온이 산화 반응을 지원한다.

물은 산화-환원 반응의 매개체로 작용하여 반응물과 생성물이 효과적으로 상호 작용할 수 있는 환경을 제공한다. 물의 용매 특성은 이온과 분자가 자유롭게 이동하고 반응할 수 있도록 하여 반응 속도를 증가시키고 반응이 효율적으로 진행되도록 한다.

이러한 방식으로 물은 산화-환원 반응에서 전자 이동을 촉진하고 반응 조건을 조절하며 반응물과 생성물의 상호 작용을 돕는 중요한 역할을 수행한다. 물의 이러한 특성은 생화학적 과정과 다양한 산업적 응용에서 필수적이다.

금속 부식 과정에서 물은 전기화학적 반응을 촉진하는 매개체로서 중요한 역할을 한다. 부식은 일반적으로 금속이 산소와 반응하여 산화물 또는 수산화물 형태로 변화하는 과정이며 물은 이 과정에서 여러 방식으로 관여한다.

물은 이온을 용해하여 전해질 용액을 형성할 수 있는데, 이는 전기화학적 부식 반응의 원활한 진행을 돕는다. 물 속에 녹아 있는 이온들은 금속 표면에서의 전자 이동을 촉진하여 금속의 산화를 가속화한다. 예를 들어, 철이 부식할 때 물에 녹아 있는 수소 이온은 금속 표면에서 전자를 받아들여 환원 반응을 일으킨다.

물은 산화제로서 산소를 용해하여 금속의 산화를 돕는다. 산소가 물에 용해되면 금속과 반응하여 금속 산화물을 형성한다. 이 과정에서 물은 산소의 전달 매개체로 작용하며 전자 수용체로서 산소와 결합하여 금속의 산화를 촉진시킨다.

물은 수소 이온(H^+)과 수산화 이온(OH^-)을 제공하여 부식 반응을 진행시킨다. 수소 이온은 금속에서 전자를 받아 환원 반응을 일으키고 수산화 이온은 금속의 산화물 또는 수산화물을 형성하는데 기여한다. 이러한 이온들은 금속 표면에서의 화학 반응을 촉진하고 부식 산물을 형성한다. 이러한 방식으로 물은 금속 부식 과정에서 필수적인 역할을 수행하며 금속의 화학적 변화를 촉진하여 부식의 진행을 가속화한다. 물의 존재는 부식 반응을 지속시키고 금속의 물리적 성질을 변화시켜 구조적 손상을 초래할 수 있다.

9.4 물의 상전이

물의 상전이는 고체, 액체, 기체 상태 간의 변화를 포함하며 이러한 전이 과정은 열역학적 원리에 의해 설명된다. 물의 상전이에 관련된 열역학적 개념들은 주로 엔탈피, 엔트로피, 자유 에너지와 관련이 있다. 이러한 개념들은 물이 고체, 액체, 기체 상태로 전환되는 과정에서의 에너지 변화와 분자 운동의 무질서도를 설명하는 데 사용된다.

엔탈피(H)는 물질의 내부 에너지와 압력-부피 일을 포함한 열역학적 잠재력을 나타낸다. 물이 얼음에서 물로, 또는 물에서 수증기로 전환될 때 엔탈피 변화(ΔH)가 발생한다. 예를 들어, 물이 얼음으로 변할 때는 잠열이 방출되고 물이 증발할 때는 잠열이 흡수된다. 끓는점에서 물이 증기로 전환될 때 필요한 열량은 증발 엔탈피라고 하며, 이는 수소 결합을 끊는 데 사용되는 에너지를 포함한다.

엔트로피(S)는 시스템의 무질서도 또는 분자의 자유도를 나타내는 척도이다. 물이 고체에서 액체로, 또는 액체에서 기체로 전환될 때 엔트로피가 증가한다. 이는 분자들이 더 자유롭게 움직일 수 있게 되면서 무질서도가 증가하기 때문이다. 예를 들어, 얼음이 녹아 물이 될 때 분자들은 더 많은 운동 자유도를 가지게 되어 엔트로피가 증가한다.

자유 에너지(ΔG)는 시스템이 자발적으로 변화할 수 있는 능력을 나타내며, 이는 엔탈피(ΔH)와 엔트로피(ΔS)의 함수로 정의된다.

$$\Delta G = \Delta H - T\Delta S$$

상전이는 자유 에너지의 변화(ΔG)에 따라 설명할 수 있다. ΔG가 0이 되는 점에서 상전이가 발생하며, 이는 상전이 온도에서 엔탈피 변화(ΔH)와 엔트로피 변화(ΔS)가 정확히 상쇄됨을 의미하고, 이는 열역학적 평형상태에 존재함을 의미한다.

- **융해와 응고**: 물이 고체(얼음)에서 액체(물)로 변하는 융해 과정에서는 열이 흡수된다. 이 과정은 융해 엔탈피(ΔH_{fus})에 의해 설명되며, 이는 물 분자 간의 수소 결합을 깨는 데 필요한 에너지를 나타낸다. 반대로 물이 액체에서 고체로 응고할 때는 동일한 양의 열이 방출된다. 이 과정에서 엔트로피(ΔS)는 감소하며, 이는 물 분자가 보다 무질서도가 감소하는 고체 상태로 이동함을 의미한다.
- **증발과 응축**: 물이 액체에서 기체로 변하는 증발 과정은 상당한 양의 열을 필요로 하며, 이는

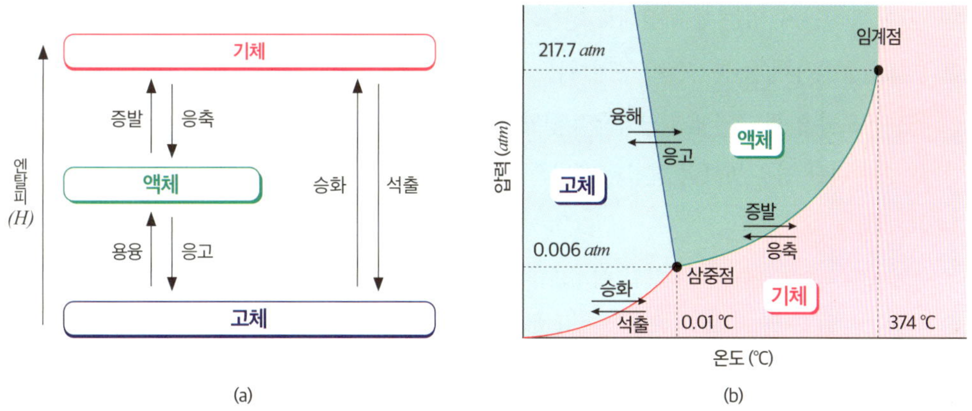

그림 9.6 (a) 상 변화와 상 변화 이름, (b) 물의 일반적인 상도표

증발 엔탈피(ΔH_{vap})에 의해 설명된다. 이 과정은 물 분자가 액체 표면에서 기체로 이동하기 위해 필요한 에너지를 나타낸다. 물이 기체에서 액체로 응축될 때는 이 에너지가 방출된다. 증발 과정에서는 엔트로피가 증가하여 물 분자들이 보다 무질서한 기체 상태로 이동하게 된다.

- **승화와 석출:** 물이 고체에서 직접 기체로 변하는 승화 과정은 승화 엔탈피(ΔH_{sub})로 설명된다. 이 과정은 고체 상태의 물이 수소 결합을 완전히 깨고 기체 상태로 전환되는 데 필요한 에너지를 포함한다. 반대로 물이 기체에서 고체로 직접 변하는 증착은 이 에너지를 방출한다.

상전이의 자발성은 Gibbs 자유 에너지 변화(ΔG)에 의해 결정된다. 자발적인 상전이는 $\Delta G < 0$일 때 발생하며, 이는 온도, 엔탈피 변화, 엔트로피 변화의 함수로 표현된다. 상전이 온도에서 $\Delta G = 0$이 되며, 이는 두 상이 평형 상태에 있음을 나타낸다.

빙하의 형성과 해빙 과정은 물의 상전이와 관련된 열역학적 변화의 좋은 예라고 할 수 있다. 이 과정에서 물은 고체와 액체 상태 사이를 오가며 엔탈피와 엔트로피의 변화가 중요한 역할을 한다. 빙하는 주로 눈이 쌓이고 압축되면서 형성된다. 이 과정에서 눈의 결정 구조가 점차 밀도가 높은 얼음으로 바뀐다. 물이 액체 상태에서 고체 상태로 전환될 때 응고 엔탈피가 방출된다. 이 방출된 열은 주변 환경으로 전달되어 공기나 주변 물질의 온도를 상승시킨다. 이 과정은 엔트로피 감소를 수반하는데, 이는 물 분자들이 보다 규칙적인 고체 결정 구조로 정렬되기 때문이다. 빙하가 녹는 해빙 과정에서 열이 필요하다. 이 열은 환경으로부터 공급되며, 이를 통해 얼음이 다시 물로 전환된다. 해빙 과정에서는 융해 엔탈피가 흡수되는데, 이는 고체 상태의 수소 결합이 깨지고 물 분자들이 보다 자유롭게 움직일 수 있는 액체 상태로 전환되기 위해 필요한 에너지를 나타낸다. 이 과정은 엔트로피 증가를 동반하며 물 분자들이 무질서한 액체 상태로 이동하게 된다. 이처럼 빙하의 형성과 해빙은 특정 온도와 압력 조건에서 열역학적 평형을 이루며 이때 Gibbs 자유 에너지 변화(ΔG)가 0이 된다. 온도가 변할 경우 빙하의 형성과 해빙은 각각 발열 또는 흡열 반응으로 진행되어 평형 상태를 유지하려고 한다.

이러한 열역학적 변화는 빙하의 형성과 해빙 과정에서 에너지의 이동과 변화를 설명하며, 이는 지구의 기후 시스템과 해수면 변화에 중요한 영향을 미친다. 빙하의 대규모 형성과 해빙은 지구의 에너지 균형과 환경 변화에 중대한 역할을 한다.

9.5 물의 오염

물의 오염은 자연적 요인과 인위적 요인에 의해 발생할 수 있으며 각각의 오염원은 독특한 문제점과 해결 방안을 필요로 한다.

자연적 물의 오염

자연적 물의 오염은 주로 홍수, 산사태, 화산 폭발, 토양 침식과 같은 자연 현상에 의해 발생한다. 이러한 현상은 하천과 호수에 토사, 미네랄, 유기물 등을 과도하게 유입시켜 탁도를 증가시키고 수질을 악화시킨다. 이는 수생 생태계에 영향을 미쳐 물속 생물의 서식지를 파괴하고 물의 생물다양성을 감소시킬 수 있다.

화학적 물의 오염

화학적 오염은 주로 산업 활동, 농업, 가정에서 발생하는 유해 화학 물질이 수계로 유입되면서 발생한다. 이러한 물질에는 중금속(예: 납, 수은), 유기화합물(예: 농약, 산업용 화학 물질), 그리고 비료와 같은 화학 물질이 포함된다. 대표적인 예로 산성비를 지적할 수 있다. 산성비는 대기 중의 오염 물질인 황산화물(SOx)과 질소산화물(NOx)이 물과 반응하여 황산과 질산을 형성한 후 강우를 통해 지표로 내려오는 현상이다. 산성비는 호수와 강의 pH를 낮춰 산성화시킨다. 수중 생물은 특정 pH 범위 내에서만 생존할 수 있기 때문에 산성화는 물고기, 양서류, 수중 식물의 생존을 위협한다. 특히 어린 물고기와 수생 곤충들은 pH 변화에 매우 민감하여 개체 수가 급감할 수 있다. 또한 산성비는 토양과 지각에 있는 중금속을 용출시켜 수계로 유입시킬 수 있다. 이러한 중금속은 물속 생물에게 독성을 띠고 식수원을 오염시켜 인간의 건강에도 위험을 초래할 수 있다. 그 예로 오래된 폐광산에서 유출되는 산성수 피해를 들 수 있다.

생물학적 오염

생물학적 오염은 주로 미생물, 바이러스, 기생충과 같은 병원성 생물체가 물에 유입됨으로써 발생할 수 있다. 이러한 오염은 주로 생활하수, 가축 분뇨, 폐수 처리의 미비로 인해 발생한다. 생물학적 오염은 물을 통해 전염병을 확산시킬 수 있으며, 특히 식수로 사용될 경우 인간의 건강에 심각한 위험을 초래할 수 있다.

물과 관련된 수인성 질병에 대하여 살펴보면 다음과 같은 것들이 대표적인 사례이다.

- **콜레라**는 콜레라균(Vibrio cholerae)에 의해 발생하며 주로 오염된 물이나 식수를 통해 전파된다. 이 질병은 심한 설사와 탈수를 유발하며 치료하지 않으면 치명적일 수 있다.
- **이질**은 세균성 이질균(Shigella spp.) 또는 아메바성 이질균(Entamoeba histolytica)에 의해 발생한다. 주로 오염된 물이나 음식물을 섭취함으로써 감염되며 복통, 설사, 발열을 동반한다.
- **장티푸스**는 살모넬라 타이피(Salmonella Typhi) 균에 의해 발생하며 오염된 물과 음식물을 통해 전파된다. 이 질병은 고열, 복통, 발진 등을 일으키므로 걸렸을 경우 적절한 치료가 필요하다.
- **노로바이러스**는 매우 전염성이 높은 바이러스로, 오염된 물이나 음식물을 통해 감염된다. 주로 급성 위장염을 일으키며 구토와 설사를 유발한다.
- **수계 기생충 감염**에는 주혈흡충증(Schistosomiasis)과 람블편모충증(Giardiasis) 등이 있다. 이러한 기생충은 오염된 물에서 서식하며 피부나 소화기를 통해 인체에 침입한다.

또한 물의 생물학적 오염은 주로 유기물의 분해 과정에서 용존산소(DO), 생물학적 산소 요구량(BOD), 화학적 산소 요구량(COD)과 같은 지표로 평가된다. 이 세 가지 지표는 수질을 평가하고 오염 정도를 파악하는 데 중요한 역할을 한다.

- **용존산소(DO)**는 물 속에 용해되어 있는 산소의 양을 나타내는데 수중 생물들이 호흡하는 데 필수적이며 물의 건강 상태를 나타내는 중요한 지표이다. 높은 DO 수준은 수질이 양호하고 생물들이 살기에 적합한 환경임을 나타낸다. 반면에 DO 수준이 낮으면 수중 생물의 생존이 어려워지는데, 이는 종종 물의 오염을 의미한다.
- **생물학적 산소 요구량(BOD)**는 물 속의 미생물이 유기물을 분해하는 데 필요한 산소의 양을 측정한다. 이는 보통 5일 동안의 산소 소비량을 기준으로 측정된다. 높은 BOD 값은 물 속에 유기물이 많고, 미생물이 이를 분해하기 위해 많은 산소를 필요로 한다는 것을 의미이다. 이는 DO를 감소시키고 수질 오염의 지표가 된다. 한편 조류가 죽으면 유기 폐기물이 되고 BOD를 증가시킨다.
- **화학적 산소 요구량(COD)**는 물 속의 유기물질을 화학적으로 산화시키는 데 필요한 산소의 양을 측정한다. 이 과정은 보통 강력한 화학 산화제인 중크롬산포타슘($K_2Cr_2O_7$)이나 과망간산포타슘($KMnO_4$)을 사용한다. 그러나 과망간산포타슘은 유기물의 60% 정도, 중크롬산포타슘은 약 80%를 분해하므로 COD값을 나타낼 때는 사용한 산화제를 명시하는 것을 원칙으로 한다. 일반적으로 COD 값이 높으면 물 속에 화학적으로 산화 가능한 유기물과 무기물이 많다는 것을 의미하며, 이는 또한 수질 오염의 지표로 사용된다.

일반적으로 BOD와 COD 값이 높을수록 DO 값은 낮아진다. 이는 BOD와 COD가 높은 수역에서는 유기물 분해에 많은 산소가 소비되어 DO가 줄어들기 때문이다. 한편 BOD와 COD, 두 지표 모두 물 속 유기물의 양을 나타내지만 BOD는 생물학적 분해 가능한 유기물에, COD는 총 유기물 및 일부 무기물까지 포함한 산화 가능한 모든 물질에 중점을 둔다. 따라서 COD는 일반적으로 BOD보다 높은 값을 가진다.

9.6 물의 화학적 분석

수질 검사에서 물 속의 오염 물질을 분석하는 화학적 방법은 다양한 오염원의 특성과 농도를 파악하여 물의 안전성과 품질을 평가하는 데 필수적이다. 몇 가지 주요 화학적 분석 방법을 설명하면 다음과 같다.

- **적정법**: 적정법은 용액의 농도를 측정하는 데 사용되는 고전적인 화학적 분석 방법이다. 예를 들어, 물 속의 알칼리도나 산도를 측정하기 위해 강산 또는 강염기를 사용하여 중화 반응을 일으키고 종말점을 통해 농도를 계산한다.
- **분광광도법**: 이 방법은 물 속의 특정 화합물의 농도를 측정하기 위해 빛의 흡수를 이용한다. 예를 들어, 질산염(NO_3^-)이나 인산염(PO_4^{3-})의 농도는 자외선-가시광선 분광법을 통해 분석될 수 있다. 시료에 특정 시약을 첨가하여 색 변화를 유도하고 이를 분광광도계로 측정하여 농도를 정량화한다.
- **크로마토그래피**: 액체 크로마토그래피(LC)나 기체 크로마토그래피(GC)는 물 속의 유기 오염 물질을 분리하고 분석하는 데 사용된다. 예를 들어, 휘발성 유기화합물(VOCs)이나 농약의 존재를 확인할 수 있다. 이 방법은 물질의 이동 속도 차이를 이용하여 성분을 분리하고 검출기를 통해 정량 분석을 수행한다.
- **원자 흡광광도법(AAS) 및 유도 결합 플라즈마 질량 분석법(ICP-MS)**: 이 방법들은 물 속의 금속 이온을 분석하는 데 사용된다. AAS는 특정 금속이 빛을 흡수하는 정도를 측정하여 농도를 분석하고 ICP-MS는 금속 이온을 이온화하여 질량 분석을 통해 매우 낮은 농도의 금속까지도 정밀하게 분석할 수 있다.
- **전기화학적 방법**: 전극을 사용하여 물 속의 이온 농도를 측정하는 방법으로 pH, 전도도, 산화환원 전위(ORP) 등을 측정할 수 있다. 이 방법은 신속하고 현장에서 직접 측정할 수 있다는 장점이 있다.

이러한 화학적 방법들은 물의 오염 상태를 모니터링하고 관리하는 데 필수적이며, 각각의 방법은 특정 오염 물질의 특성에 맞게 선택되어 사용된다. 이는 수질 관리 및 환경 보호에 중요한 역할을 한다.

만약에 서부 경남 지역의 식수원으로 이용되고 있는 진양호에 수질 오염이 발생했다고 가정하자. 진양호를 둘러싸고 있는 지역 사회의 수질 오염원으로 다음과 같은 내용들을 유추할 수 있다.

첫 번째, 진양호 주변 지역에서의 농업 활동으로 인해 비료와 농약이 빗물에 씻겨 호수로 유입되는 경우에 농업 유출수는 질소와 인과 같은 영양염류를 증가시켜 부영양화를 초래할 수 있다. 부영양화는 조류 번식을 촉진하여 수질을 악화시키고 산소 부족 현상을 일으켜 수중 생태계에 부정적인 영향을 미친다.

두 번째, 주변 지역의 개발로 인한 인구 증가로 생활하수 및 오수의 양이 증가할 수 있다. 하수 처리 시설이 부족하거나 미흡할 경우 처리되지 않은 하수 및 오수가 진양호로 유입되어 수질 오염을 초래할 수 있다.

세 번째, 진양호 주변에서 이루어지는 축산업도 수질 오염의 원인이 될 수 있다. 축산 폐수에 포함된 유기물과 병원균이 호수로 유입되면 수질을 악화시키고 악취 문제를 야기할 수 있다.

이러한 수질 오염 문제를 해결하기 위해서는 농업 및 축산업의 관리 강화, 하수 처리 시설의 개선, 지역 주민의 환경 보호 의식 제고가 필요하다. 또한 정기적인 수질 모니터링과 관리 계획 수립이 중요하다.

9.7 물의 환경적 측면

오염된 물의 정화에 사용되는 각 화학적 처리 방법은 특정 오염 물질을 목표로 하고 있다. 실제 수처리 플랜트에서는 다양한 화학적 처리 방법이 조합되어 사용되며, 이는 원수의 상태와 최종 용도의 요구 사항에 따라 달라진다. 다음은 일반적인 수처리 플랜트에서의 화학적 처리 사례이다.

- **응집 및 침전 처리 과정**: 원수에 응집제를 첨가하여 물 속의 미세한 입자들을 서로 뭉치게 한다. 일반적으로 황산 알루미늄($Al_2(SO_4)_3$)이나 염화철($FeCl_3$) 같은 응집제가 사용된다. 응집된 입자들은 응결제를 통해 더 큰 덩어리로 형성되고 침전조에서 가라앉힌다. 하수 처리 플랜트에서는 이 방법을 통해 유기물, 부유물질 및 일부 중금속을 제거하고 침전된 슬러지는 추가 처리를 통해 폐기한다.
- **산화/환원 처리 과정**: 염소, 오존, 또는 과산화수소를 주입하여 물 속의 유기물질과 병원성 미생물을 산화시켜 제거한다. 음용수 처리 플랜트에서 염소 소독은 일반적이며 오존 처리는 색도 제거와 맛 개선에 사용된다. 이 과정은 미생물학적 안전성을 확보하는 데 필수적이다.
- **활성탄 흡착 처리 과정**: 활성탄을 사용하여 물 속의 잔류 염소, 유기화합물, 냄새 및 색소를 제거한다. 음용수 처리에서 활성탄은 최종 정제 단계로 사용되어 물의 맛과 냄새를 개선한다.
- **이온 교환 처리 과정**: 이온 교환 수지를 통해 경도 원인 이온이나 중금속 이온을 제거한다. 산

업용 정수 처리에서는 물의 경도를 낮추기 위해 이온 교환법을 사용하여 보일러 수질을 관리한다.

- **막 분리 처리 과정:** 역삼투(RO) 시스템을 통해 물 속의 용해된 염류와 미세한 오염 물질을 제거한다. 해수 담수화 플랜트에서는 RO 시스템을 통해 염수를 식수로 변환시킨다. 이 기술은 또한 산업용 초순수 생산에 필수적이다.
- **생화학적 처리 과정:** 활성 슬러지법을 사용하여 미생물이 유기 오염 물질을 분해한다. 도시 하수 처리 플랜트에서 혐기성 소화조를 통해 유기물을 분해하고, 방류수의 질소 및 인 농도를 감소시킨다.

각 방법은 수처리 플랜트의 특정 요구에 따라 선택되고 조합되어, 물의 품질을 개선하고 환경 기준을 충족시키는 데 사용된다. 이러한 통합된 처리 공정은 물의 오염 정도와 최종 용도에 맞추어 설계된다.

9.8 물의 산업적 사용

화학 공정에서 물은 다양한 기능을 수행하는 필수적인 자원으로 산업 전반에서 폭넓게 활용된다. 물은 많은 화학 반응에서 용매로 사용되어 반응물의 용해와 반응 촉진을 돕고 수용액 상태에서 진행되는 산-염기 반응이나 침전 반응의 매체로 작용한다. 또한 물은 높은 비열과 증발 잠열을 가지고 있어 열 교환기 및 냉각 시스템에서 열 전달 매체로 사용되며, 이는 화학 반응의 온도를 조절하고 과열을 방지하는 데 중요하다. 산업 장비와 생산 라인의 세척에도 물이 활용되어 제품의 품질을 유지하고 오염을 방지하며, 공정에서 발생하는 불순물 제거에도 기여한다. 보일러에서 물은 증기로 변환되어 터빈을 구동하거나 화학 반응에 필요한 열원으로 사용되며, 살균 및 멸균에도 적용된다. 공정에서 발생하는 폐수는 물을 통해 처리 및 정화되어 오염 물질을 제거하고 환경으로의 안전한 방출을 가능하게 한다. 또한 물은 음료, 식품, 의약품 등 다양한 제품의 주요 성분으로 포함되어 최종 제품의 품질과 특성을 결정짓는 중요한 요소로 작용한다. 이와 함께 물은 유압 시스템에서 압력 매체로 사용되어 제품 운반이나 공정 제어에 기여한다. 이러한 다양한 용도로 인해 물은 화학 공정에서 없어서는 안 될 자원으로 지속 가능한 관리와 재사용 기술의 개발이 중요시되고 있다.

대표적인 예로 석유 정제 과정에서 물은 여러 단계에 걸쳐 중요한 역할을 수행하며 정제 공정의 효율성과 안전성을 유지하는 데 필수적이다. 다음은 석유 정제 과정에서 물이 사용되는 대표적인 사례들이다.

정제 과정에서 발생하는 열을 제거하기 위해 대량의 냉각수가 사용된다. 냉각수는 열교환기에서 고온의 유체를 냉각시키며 반응기 및 분리 공정의 온도를 조절하는 데 중요하다. 이는 장비의 과열을 방지하고 안정적인 공정 운영을 가능하게 한다.

물은 보일러에서 증기로 변환되어 다양한 정제 공정에서 사용된다. 증기는 열을 전달하는 매체로 사용되는데 특히 증류 공정에서 원유를 분리하기 위한 열원으로 필수적이다. 증기는 또한 반응 촉매를 활성화하거나 파라핀과 같은 고체 물질을 처리하는 데 사용된다.

물은 정제 공정 중 장비와 배관의 세척에 사용된다. 이는 잔류물과 불순물을 제거하여 장비의 효율성을 유지하고 제품의 순도를 보장하는 데 기여한다.

정제 과정에서 발생하는 폐수는 물을 사용하여 처리된다. 폐수 처리 시설에서는 물 속의 오염 물질을 제거하고 환경 기준에 맞도록 정화하여 안전하게 방출한다. 이는 환경 보호와 규제 준수를 위한 중요한 단계이다.

특정 정제 공정에서는 물이 화학 반응의 매체로 사용되기도 한다. 예를 들어, 수소화 반응에서는 물이 반응 환경을 조절하고 촉매의 성능을 향상시키는 역할을 할 수 있다.

이처럼 석유 정제 과정에서 물은 냉각, 증기 생성, 세척, 폐수 처리 및 화학 반응 매체로 다양하게 사용되며 공정의 효율성과 환경적 지속 가능성을 유지하는 데 핵심적인 역할을 한다.

9.9 생명과학에서의 물

물은 생명체의 구성 요소로서 세포 내에서 다양한 중요한 역할을 수행하며 생명 유지에 필수적이다. 우선 물은 세포 내에서 가장 중요한 용매로 작용하여 다양한 이온, 작은 분자, 단백질과 같은 생체 분자들이 용해되어 생화학적 반응이 일어날 수 있는 환경을 제공한다. 이는 물질의 이동과 반응을 촉진하여 대사 활동을 가능하게 한다. 또한 물은 많은 생화학적 반응의 직접적인 매개체로 작용한다. 예를 들어, 가수분해 반응에서는 물이 반응물에 첨가되어 화합물을 분해하고 광합성과 세포 호흡과 같은 주요 대사 경로에서 전자 및 양성자 이동을 돕는다.

물은 높은 비열을 가지고 있어 세포 내에서 발생하는 열을 흡수하고 방출함으로써 세포의 온도를 일정하게 유지시킨다. 이는 외부 환경의 급격한 온도 변화로부터 세포를 보호하며 효소 반응이 최적의 온도에서 일어날 수 있도록 도와준다.

구조적으로, 물은 세포 내부와 외부의 압력을 조절하여 세포의 구조를 유지하는 데 중요하다. 세포질의 대부분은 물로 구성되어 있으며, 이는 세포의 형태와 기능을 지지한다. 물의 존재는 세포막의 유동성을 유지하고 세포 구조를 안정화하는 데 기여한다.

운반 매개체로서 물은 세포 내외부에서 영양소, 대사 산물, 신호 분자 등을 이동시키는 역할을 하여 세포 간의 소통과 물질 교환을 지원한다. 이는 조직과 기관의 통합적 기능을 가능하게 한다.

마지막으로 물은 세포 내에서 산과 염기의 균형을 유지하는 데 중요한 역할을 하고 완충 시스템의 일부로 작용하여 세포 환경의 pH를 안정적으로 유지시킨다. 이는 효소의 최적 작용과 세포 대사의 원활한 진행을 돕는다.

이러한 역할들은 물이 세포 내에서 생화학적 과정과 구조적 안정성을 유지하는 데 필수적임을 보여 주며 생명체가 환경 변화에 적응하고 효율적으로 기능할 수 있게 하는 데 중요한 요소가 된다.

단백질 구조 형성에서 물은 여러 단계에서 중요한 역할을 하며 단백질의 3차원 구조와 기능을 결정하는 데 필수적인 요소로 작용한다. 단백질 구조 형성에서 물은 단백질의 3차원 구조와 기능을 결정하는 데 핵심적인 역할을 수행한다. 단백질이 폴딩하여 기능적인 구조를 형성하는 과정에서 물은 용매로서의 환경을 제공하여 아미노산 사슬과의 상호 작용을 통해 폴딩 경로에 영향을 미친다. 특히 소수성 아미노산 잔기들이 물과의 접촉을 피하려는 경향은 단백질의 내부로 모여들게 하여 안정적인 핵심 구조를 형성하게 한다. 또한 물은 단백질의 폴딩 과정에서 수소 결합을 형성하여 α-나선 구조와 β-병풍 구조와 같은 2차원 구조를 안정화시킨다. 단백질의 표면에 노출된 극성과 이온성 아미노산 잔기는 물 분자와 강하게 상호 작용하여 단백질의 가용성을 높이고 물 속에서의 안정성을 유지하는 데 기여한다. 그뿐만 아니라 물은 특정 단백질이 기능을 수행하는 과정에서 필요한 구조적 변화를 유도할 수 있는 유연성을 제공한다. 이러한 방식으로 물은 단백질의 구조 형성과 안정성, 기능적 활동에 필수적인 환경을 제공하며 단백질이 생물학적 기능을 수행하는 데 없어서는 안 될 중요한 요소로 작용한다.

9.10 특별한 물의 형태

중수(D_2O)와 삼중수(T_2O)는 일반적인 물과는 다른 동위원소를 포함한 물의 형태로, 각각 독특한 생성 과정과 용도를 가지고 있다.

D_2O(중수, Heavy water)는 두 개의 중수소 원자(Deuterium, D)와 하나의 산소 원자로 구성되어 있다. 중수는 자연 상태의 물에서 약 0.015% 정도 존재하며 주로 물의 전기 분해 또는 증류 과정을 통해 농축된다. 중수소는 수소의 동위원소로 핵에 중성자가 하나 더 있어 일반 수소보다 무겁다. 중수는 물보다 밀도가 높고 약간 더 높은 끓는점과 녹는점을 가진다.

원자력 발전소에서 중수(D_2O)는 주로 중수로형 원자로(CANDU형 원자로 등)에서 중성자 감속재 및 냉각재로 사용된다. 중수는 수소의 동위원소인 중수소(^2H)를 포함하여 일반적인 경수(^1H_2O)와는 다른 특성을 가지고 있다. 중수의 사용은 원자로의 효율성과 안전성을 높이는 데 중요한 역할을 한다.

원자력 발전소에서는 우라늄-235나 플루토늄-239 등의 핵분열성 물질이 연쇄 반응을 통해 에너지를 방출한다. 이 과정에서 방출된 중성자는 매우 높은 에너지를 가지며 연쇄 반응을 지속하기 위해서 중성자의 속도를 낮춰야 한다. 중수는 중성자를 효율적으로 감속할 수 있으며, 이는 연쇄 반응을 지속 가능하게 하는 데 필수적이다.

경수와 달리, 중수는 중성자를 거의 흡수하지 않기 때문에 연료의 농축 없이도 자연 상태의 우라늄을 사용할 수 있게 해 준다. 이는 원자력 연료의 비용을 절감하고 연료 준비 과정을 단순화하는 장점이 있다.

중수는 또한 원자로에서 발생하는 열을 제거하는 냉각재로 사용된다. 원자로에서 발생한 열은 중수를 통해 열교환기로 전달되고 이 열을 이용해 증기를 생성하여 터빈을 돌려 전기를 생산한다. 중수는 높은 비열을 가지고 있어 많은 열을 흡수하여 효과적인 열 전달을 가능하게 한다. 이는 원자로의 열 관리를 효율적으로 하여 안전성을 높이는 데 기여한다. 또한 중수는 과학적 연구에서 특히 핵자기공명(NMR) 분광학에 사용되어 화합물의 구조를 분석하는 데 기여하고 있다.

T_2O(삼중수, Tritiated water)는 두 개의 삼중수소 원자(Tritium, T)와 하나의 산소 원자로 구성되어 있다. 자연에서는 극히 미량 존재하며 주로 대기 중의 질소와 중성자의 반응 또는 리튬-6의 중성자 포획 반응을 통해 생성된다. 인공적으로는 원자력 반응로에서 중성자 조사에 의해 생성된다. 삼중수소는 방사성 동위원소로 핵에 중성자가 두 개 있다. 삼중수도 물보다 무겁고 방사능을 가진다. 삼중수소는 반감기가 약 12.3년으로 자연적으로 붕괴하면서 헬륨-3을 방출한다.

원자력 발전소에서 삼중수소(트리튬)의 오염은 몇 가지 문제점을 야기할 수 있다. 첫 번째, 삼중수소는 물에 잘 녹아 방출 시 쉽게 확산될 수 있다. 이는 주변 환경, 특히 수자원을 오염시킬 수 있어 생태계에 영향을 줄 수 있다.

두 번째, 삼중수소는 방사성 동위원소로 인체에 흡수될 경우 방사선에 의한 세포 손상을 초래할 수 있다. 특히 장기간 노출 시 건강에 해로운 영향을 미칠 수 있다. 세 번째, 삼중수소가 지하수나 식수에 유입될 경우 이를 통한 간접적인 인체 노출이 발생할 수 있다. 이는 식수의 안전성을 위협하는 요소가 된다. 네 번째, 오염된 물이 농업용수로 사용되면 농작물에 삼중수소가 축적될 수 있으며, 이는 식품 먹이사슬을 통해 인간에게 전달될 수 있다. 다섯 번째, 방사성 물질의 오염은 지역 주민과 사회에 큰 불안감을 조성할 수 있으며, 이는 원자력 발전에 대한 신뢰를 저하시킬 수 있다.

삼중수는 주로 과학 연구 및 실험에서 사용되지만 방사성 물질이기 때문에 환경과 건강에 대한 우려가 있다. 특히 원자력 발전소에서 발생할 수 있는 삼중수소 누출은 주변 환경 및 인체에 유해할 수 있다.

✖ 알아 두기: 2011년 일본 후쿠시마 원자력 발전소 재해

삼중수소 오염의 실제 사례 중 하나는 일본 후쿠시마 제1원자력 발전소 사고이다. 이 사고는 2011년 지진과 쓰나미로 인해 발생했는데, 그 결과로 방사성 물질이 대량으로 누출되었다. 이 중 삼중수소는 주요 오염 물질 중 하나였다.

1. **사고 이후 조치**: 후쿠시마 사고 이후 삼중수소를 포함한 방사성 물질이 지하수와 해양으로 유출되는 것을 막기 위한 다양한 조치가 취해졌다. 그러나 삼중수소는 물과 결합하기 쉬운 특성 때문에 제거가 어려워 현재까지도 이 문제는 완전히 해결되지 않았다.
2. **해양 방출 계획**: 일본 정부와 도쿄전력은 삼중수소를 포함한 방사성 물질을 처리한 후 해양에 방출하는 계획을 세웠다. 이 계획은 삼중수소의 농도를 국제 기준 이하로 낮춘 후 방출하는 것이지만 여전히 주변국과 지역 주민들의 우려를 불러일으키고 있다.
3. **장기적 영향**: 삼중수소 오염은 환경과 생태계에 미치는 장기적인 영향에 대한 우려를 낳고 있다. 특히 해양 생물에 대한 영향과 이를 통한 식품 먹이사슬의 오염 가능성은 계속해서 논의되고 있는 문제이다.

이 사례는 삼중수소 오염이 발생할 경우 환경 및 사회적 측면에서 어떤 복잡한 문제를 야기할 수 있는지를 보여 준다.

그림 9.7 2011년 일본의 도호쿠 지역에서 규모 9.0의 지진이 발생했을 때, 이로 인해 발생한 쓰나미로 해안 지역이 침수

1. 물의 화학적 분석에서 적정법이 사용되는 이유와 그 과정에 대해 설명하시오.

2. 삼중수소의 오염이 환경에 미치는 영향에 대해 설명하시오.

3. 빙하의 형성과 해빙 과정에서 엔탈피와 엔트로피의 변화에 대해 설명하시오.

4. 수질 오염을 해결하기 위한 일반적인 화학적 처리 방법에 대해 설명하시오.

5. 물의 상전이에 관련된 열역학적 개념들에 대해 설명하시오.

6. 산성비가 수계에 미치는 영향에 대해 설명하시오.

7. 물의 생물학적 오염의 주요 원인과 그 결과에 대해 설명하시오.

8. 수소 결합의 중요성과 물의 특성에 미치는 영향에 대해 설명하시오.

9. 삼중수소 오염의 장기적인 영향에 대해 설명하시오.

10. 물의 용매 특성과 산화-환원 반응에서의 역할에 대해 설명하시오.

11. BOD와 COD의 차이점에 대해 설명하시오.

12. 중수의 원자력 발전소에서의 역할에 대해 설명하시오.

13. 물의 순환 과정이 지구 기후에 미치는 영향에 대해 설명하시오.

14. 분광광도법의 원리와 물의 화학적 분석에서의 사용에 대해 설명하시오.

15. 수소 결합이 생명체에 필수적인 이유를 설명하시오.

토양과 화학

토양은 지구 생태계의 중심적인 요소로, 우리의 생명 유지에 필수적인 식량 생산, 물 정화, 기후 조절 등의 다양한 기능을 수행한다. 이러한 토양의 역할은 그 화학적, 물리적, 생물학적 특성에 의해 결정되며, 이는 인류의 지속 가능한 발전과 밀접하게 연관되어 있다. 토양의 구성과 구조는 식물의 성장과 건강에 직접적인 영향을 미치며, 이는 다시 인류의 식량 공급 안정성과 연결된다. 따라서 토양의 건강과 비옥도를 유지하는 것은 환경 보존과 경제적 안정성을 확보하는 데 중요한 과제가 된다.

지구 표면에서의 토양 형성과 발달 과정은 복잡하고 장기적인 자연 현상으로 물리적, 화학적, 생물학적 요인들이 상호 작용하여 이루어진다. 암석이 물리적 및 화학적 풍화를 통해 작은 입자로 분해되고 이 입자들이 모여 토양의 모재를 이루며, 식물과 동물의 잔재물, 그리고 미생물의 활동을 통해 유기물이 축적된다. 이는 토양의 구조를 형성하고 영양분을 공급하며 토양의 물리적 및 화학적 특성을 변화시킨다.

토양의 화학적 특성은 주로 양이온과 음이온에 의해 결정되며, 이는 식물에게 영양소를 공급하는 데 중요한 역할을 한다. 토양의 양이온 교환 용량(CEC)은 토양의 비옥도를 평가하는 중요한 지표로, 이는 토양이 양이온을 교환하고 유지할 수 있는 능력을 나타낸다. 높은 CEC를 가진 토양은 영양소를 더 오랜 시간 동안 보유할 수 있어 식물 성장에 유리하다. 그러나 토양의 pH와 밀접한 관계가 있어 적절한 pH 조절은 CEC의 효과를 극대화하는 데 중요하다.

또한 산업 활동, 농업, 도시화 등의 인간 활동은 토양 오염을 초래하며, 이는 생태계와 인간 건강에 심각한 영향을 미칠 수 있다. 토양 오염은 중금속, 유기화합물, 영양소 과잉, 산성화 등 다양한 형태로 나타나며 이를 해결하기 위한 토양 복원과 관리가 필요하다.

이러한 배경에서 토양의 물리적, 화학적 특성을 이해하고 이를 개선하는 방법을 찾는 것은 환경 보전과 지속 가능한 농업을 위한 필수적인 과제이다. 지속 가능한 농업을 위한 전략은 토양 비옥도를 유지하고 생태계의 건강을 유지하며 장기적인 식량 안보를 제공하는 데 중점을 두고 있다. 이를 통해 우리는 미래 세대를 위한 지속 가능한 지구 환경을 마련할 수 있을 것이다.

10.1 토양의 기초 이해

토양의 정의와 구성 요소

옛날 인류문명의 발상지는 큰 강 유역의 하구에 있는 비옥한 토양이었다. 따라서 토양의 좋고 나쁨이 인류 역사의 흥망성쇠에 얼마나 큰 역할을 하고 있는지를 가늠할 수 있다. 토양의 사전적인 의미는 "바위(암석)가 분해되어 지구의 외각을 이루는 가루"라고도 한다. 보다 더 학문적인 의미로는 "암석이 풍화 작용을 받아 부스러지고 분해된 물질을 모재(parent material)라 하고, 이 모재가 다시 토양생성 작용을 받아 토양 층위가 분화됨으로써 비로소 토양"이 형성된다.

다시 말하면 지각을 구성하는 암석의 풍화산물과 이에 분해되어 가는 유기물이 섞이고 기후, 생물들의 작용을 받아 변화된다. 그리고 그 변화는 항상 환경 조건과 평행을 이루기 위해 계속되고 있다. 따라서 토양은 일정한 토양 단면의 형태를 이루는 자연체로서 지구 표면을 덮고 있으며 알맞은 양의 공기와 물이 들어 있는 때에는 기계적으로 식물을 지지하고 양분의 일부를 공급하여 식물이 자라게 하는 곳이라고 할 수 있다.

토양은 지구의 표면을 덮고 있는 자연의 얇은 층으로 다양한 생물과 비생물적 요소들로 구성되어 있다. 무기 물질(mineral particles), 유기 물질(organic matter), 수분(water), 공기(air), 그리고 생물(biota) 등으로 이루어진 토양은 식물의 생장을 지원하고 물과 영양소를 저장하며 공급하는 역할을 한다.

무기 물질은 주로 암석의 풍화 작용을 통해 생성된 모래, 실트, 점토와 같은 다양한 크기의 입자로 구성되어 토양의 물리적 특성에 영향을 미친다. 유기 물질은 식물, 동물, 미생물의 분해 산물로, 토양의 구조를 개선하고 수분을 보유하며 영양소를 공급하는 중요한 역할을 한다. 수분은 토양 내에서 생물의 생존과 화학 반응을 위한 매개체로 작용하고 공기는 토양 입자 사이의 빈 공간에 존재하여 뿌리와 미생물의 호흡에 필수적이다. 또한 토양에는 박테리아, 곰팡이, 곤충 등 다양한 생물이 존재하며, 이들은 유기물 분해, 양분 순환, 토양 구조 형성에 기여한다. 이러한 요소들은 서로 상호 작용하여 토양의 기능과 건강을 유지하며 식물과 생태계에 필수적인 역할을 한다.

토양의 형성과 발달 과정

토양의 형성과 발달 과정은 지구의 표면에서 일어나는 복합적이고 장기적인 자연 현상이다. 이 과정은 다양한 물리적, 화학적, 생물학적 요인들이 서로 상호 작용하면서 이루어진다.

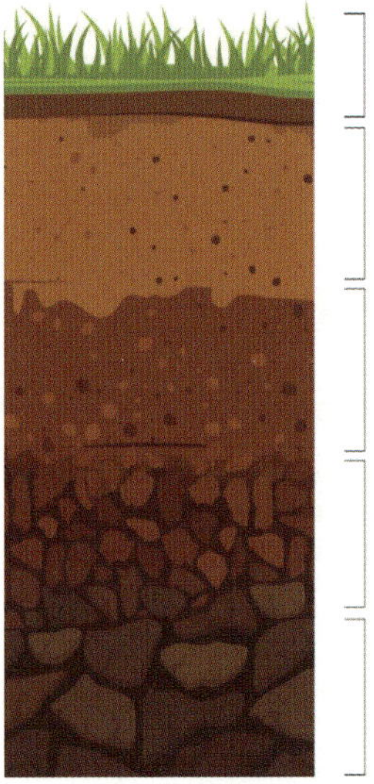

토양 형성의 시작은 암석이 풍화되어 작은 입자로 변하는 과정으로 시작된다. 이 풍화는 물리적, 화학적 작용에 의해 진행된다. 물리적 풍화는 온도 변화, 물, 바람, 식물의 뿌리 등 외부 요인에 의해 암석이 기계적으로 분해되는 과정이고, 화학적 풍화는 물과 공기 중의 화학 물질이 암석의 화학적 성분을 변화시키는 과정이다. 이렇게 작은 입자로 분해된 암석은 토양의 모재가 된다.

토양 발달 과정은 모재가 토양으로 변화하면서 시작된다. 또한 식물과 동물의 잔재물, 미생물의 활동에 의해 유기물이 토양 표면에 축적된다. 이 유기물은 분해되어 토양에 영양분을 공급하고, 토양의 물리적 및 화학적 특성을 변화시킨다. 동시에 토양 입자들은 미생물 활동과 식물 뿌리의 작용으로 응집되어 토양 구조를 형성하게 된다.

이후 물의 이동에 따라 양분이 토양 내에서 이동하고 축적되면서 비옥한 토양이 형성된다. 양이온 교환, 침전, 용탈 등의 과정을 통해 양분이 이동하며, 이는 토양의 비옥도와 화학적 특성에 영향을 미친다. 시간이 지나면 토양은 수직적으로 서로 다른 특성을 가진 층(horizons)으로 구분되기 시작한다.

일반적으로 토양은 유기물 함량이 높은 표층(O층), 유기물과 무기물이 혼합된 상층(A층), 주로 무기물로 구성된 하층(B층), 모재층(C층) 그리고 기반암층(R)으로 구분된다. 각 층은 그 지역의 기후, 생물, 지형, 모재의 종류에 따라 다양한 특성을 나타낸다. 이러한 일련의 과정을 통해 토양은 점차 안정화되며 특정 환경 조건에 적응하여 최종적인 토양 특성을 갖추게 된다. 이 과정은 지역에 따라 수천 년에서 수백만 년에 걸쳐 일어난다.

토양의 물리적 특성

토양의 물리적 특성은 토양의 기능과 생태적 역할을 결정짓는 중요한 요소이다. 토양은 주로 모래, 실트, 점토 입자로 구성되며 각 입자의 크기에 따라 토양의 특성이 달라진다. 모래는 입자가 크고 배수가 잘되어 공극률이 높지만, 물과 양분 보유 능력이 상대적으로 낮다. 실트는 중간 크기의 입자로 모래보다 물과 양분을 더 잘 보유한다. 점토는 가장 작은 입자로 물과 양분을 강하게 보유하며 화학적 활성도도 높다.

토양 구조는 입자들이 결합하여 형성된 집합체의 배열을 의미하며, 이는 토양의 통기성, 배수성, 뿌리 침투성 등에 영향을 미친다. 과립형, 덩어리형, 판상형, 기둥형 등 다양한 구조 유형이 존재한다. 토양의 밀도는 단위 부피당 건조 토양의 질량을 나타내며 밀도가 높으면 뿌리의 성장이 제한될 수 있다. 공극률은 토양 전체 부피 중 공극이 차지하는 비율로 공극률이 높을수록 물과 공기의 이동이 보다 용이해진다.

또한 토양의 수분 보유 능력은 물을 보유할 수 있는 능력으로 입자 크기와 구조에 따라 달라진다. 점토와 유기물이 많은 토양은 일반적으로 높은 수분 보유 능력을 가진다. 마지막으로 토양의 통기성은 토양 내 공기가 순환할 수 있는 능력을 의미하며, 이는 뿌리와 미생물의 호흡에 필수적인 요소가 된다.

10.2 토양의 화학적 특성

토양의 무기 화학: 주로 양이온과 음이온

토양의 무기 화학은 토양 내에 존재하는 다양한 양이온과 음이온을 중심으로 이루어진다. 이러한 이온들은 토양의 화학적 성질을 결정하고 식물에게 영양소를 공급하는 데 중요한 역할을 한다.

토양 내의 주요 양이온으로는 칼슘(Ca^{2+}), 마그네슘(Mg^{2+}), 포타슘(K^+), 소듐(Na^+), 그리고 수소(H^+)가 있다. 이들 양이온은 토양이 보유할 수 있는 교환 가능한 양이온의 총량을 나타내는 양이온 교환용량(cation exchange capacity, CEC)에 영향을 미치며, 이는 토양이 영양소를 보유하고 식물에게 공급하는 능력을 결정한다. 포타슘과 마그네슘은 식물의 구조와 기능에 필수적인 영양소로 식물 세포벽의 안정성과 효소 작용에 관여한다. 포타슘은 세포 내 수분 조절과 효소 활성화에 중요한 역할을 하고 소듐은 염분이 많은 토양에서 문제를 일으킬 수 있지만 일부 식물에서는 필수적이기도 하다. 수소 이온의 농도는 토양의 산도를 결정하며, 이는 다른 양이온의 가용성과 식물의 영양소 흡수에 직접적인 영향을 미친다.

한편 주요 음이온으로는 염화물(Cl^-), 황산염(SO_4^{2-}), 질산염(NO_3^-), 인산염(PO_4^{3-})과 탄산염(CO_3^{2-}) 등이 있다. 이들 음이온은 식물의 성장과 발달에 필수적인 영양소를 제공한다. 질산염은 식물의 질소 공급원으로 단백질 합성과 관련된 중요한 역할을 한다. 황산염은 단백질과 비타민의 구성 요소인 황을 공급하고 인산염은 에너지 전달과 유전 물질의 구성에 필수적인 인을 제공한다. 염화물은 식물의 광합성 과정에 관여하고 탄산염과 중탄산염은 토양의 pH를 조절하는 역할을 한다.

이러한 양이온과 음이온들은 토양 내에서 다양한 화학적 상호 작용을 하며, 그 균형은 토양의 비옥도와 건강에 큰 영향을 미친다.

토양의 pH와 산도 조절

토양의 pH는 토양 내 수소 이온(H^+) 농도의 척도로 토양의 산도와 알칼리도를 나타낸다. pH 값은 0에서 14까지의 범위를 가지는데 7은 중성을 의미하고 pH 값이 7보다 낮으면 산성, 높으면 알칼리성으로 간주된다. 토양의 pH는 식물의 영양소 가용성, 미생물 활동, 그리고 농작물의 생장에 중대한 영향을 미친다.

산성 토양에서는 알루미늄(Al^{3+})과 철(Fe^{2+})과 같은 금속 이온의 용해도가 증가하여 식물에 독성을 유발할 수 있다. 또한 칼슘(Ca^{2+}), 마그네슘(Mg^{2+}), 포타슘(K^+)과 같은 필수 영양소의 가용성이 감소하여 식물의 영양 상태가 악화될 수 있다. 반대로 알칼리성 토양에서는 인산염(PO_4^{3-}), 철, 망간(Mn^{2+}) 등의 가용성이 감소하여 식물의 영양소 흡수가 어려워질 수 있다.

토양의 pH를 조절하는 것은 토양 관리에서 중요한 과제이다. 산성 토양을 개선하기 위해 석회(칼슘 탄산염)를 첨가하여 pH를 높이는 방법이 일반적으로 사용된다. 석회는 토양 내의 수소 이온을 중화하여 pH를 상승시키고 칼슘을 공급하여 양이온 교환 용량을 증가시킨다. 반대로 알칼리성 토양의 경우 황(S)이나 황산철($FeSO_4$) 등의 산성 물질을 첨가하여 pH를 낮출 수 있다. 이러한 물질들은 토양 내에서 산을 생성하여 알칼리도를 줄인다.

또한 유기물의 첨가는 토양의 완충 능력을 향상시킬 수 있으며, 이는 pH 변화를 완화하는 데 도움이 된다. 유기물은 미생물 활동을 촉진하여 유기산을 생성하는데 이는 토양의 pH를 안정화하는 데 기여한다. 토양 pH 조절은 농작물의 생산성과 품질을 향상시키기 위해 중요한 관리 방법이며 적절한 조절을 통해 토양의 건강과 비옥도를 유지시킬 수 있다.

양이온 교환 용량(CEC)과 토양 비옥도

양이온 교환 용량은 토양의 비옥도를 평가하는 중요한 지표로 토양이 양이온을 교환하고 유지할 수 있는 능력을 나타낸다. 이는 주로 토양의 점토와 유기물 함량에 의해 결정되며 토양의 화학적 특성 및 농작물의 영양소 가용성에 큰 영향을 미친다. 토양 입자들은 대개 음전하를 띠고 있어 양전하를 가진 양이온(Ca^{2+}, Mg^{2+}, K^+, Na^+, H^+이온)을 끌어당긴다. 양이온 교환 용량은 이러한 양이온들이 토양 입자 표면에 얼마나 많이 흡착될 수 있는지를 측정하는 척도이다. CEC가 높은 토양은 더 많은 양이온을 보유할 수 있어 식물에게 필요한 영양소를 더 오랫동안 제공할 수 있다. 이는 특히 점토와 유기물이 풍부한 토양에서 두드러진다.

토양의 CEC는 농작물의 영양소 이용 효율과 직접적으로 관련이 있다. 높은 CEC를 가진 토양은 비료를 더 효과적으로 사용할 수 있으며 영양소의 손실을 줄임으로써 비옥도를 유지한다. 반면 CEC가 낮은 토양은 양이온을 쉽게 잃을 수 있어 비료의 효율이 떨어지고 식물 영양소 결핍의 위험이 높아진다.

CEC는 또한 토양의 pH와 밀접한 관계가 있다. 산성 토양에서는 H^+ 이온이 CEC를 차지하여 다른 유익한 양이온의 자리를 빼앗을 수 있으며, 이는 영양소 불균형을 초래할 수 있다. 따라서 적절한 pH 조절을 통해 CEC의 효과를 극대화하는 것이 중요하다.

토양 비옥도를 높이기 위해 농업에서는 유기물의 첨가나 적절한 토양 개량제를 사용하여 CEC를 높이는 전략을 사용한다. 예를 들어, 퇴비나 녹비 작물의 활용은 토양 유기물 함량을 증가시켜 CEC를 높이고 토양의 영양소 보유 능력을 강화한다. 이러한 관리 방법을 통해 농작물의 생산성을 향상시키고 지속 가능한 농업을 실현할 수 있다. CEC는 토양의 영양 관리와 비옥도 유지에 핵심적인 요소이다.

10.3 토양의 유기 화학

토양 유기물의 역할과 분해

유기물은 토양의 건강과 비옥도에 핵심적인 역할을 한다. 유기물은 주로 식물과 동물의 잔해, 그리고 미생물의 분해 산물로 구성되며, 이는 토양의 물리적, 화학적, 생물학적 특성에 긍정적인 영향을 미친다.

유기물은 토양 구조를 개선하여 배수성과 통기성을 향상시킨다. 예를 들어, 퇴비를 주기적으로 첨가하는 농경지에서는 유기물이 토양 입자 간의 결합을 강화하여 더 많은 공극을 형성하고, 이는 물의 침투와 배수를 용이하게 한다. 이러한 구조 개선은 특히 점토 함량이 높은 토양에서 두드러지며 물이 고이는 문제를 해결하는 데 효과적이다.

또한 유기물은 토양의 양이온 교환 용량을 증가시켜 영양소 보유 능력을 높인다. 유기물은 다양한 양이온을 흡착하여 식물에게 필요한 영양소를 서서히 공급할 수 있는 역할을 한다. 예를 들어, 녹비 작물을 경작하여 토양에 남긴 유기물은 포타슘(K^+), 칼슘(Ca^{2+}), 마그네슘(Mg^{2+}) 등의 양이온을 효과적으로 보유하여 작물의 성장에 필요한 영양소를 안정적으로 제공할 수 있다.

유기물의 분해 과정은 주로 미생물에 의해 이루어지며, 이는 토양 생태계의 중요한 부분이다. 미생물은 유기물을 분해하면서 이산화탄소(CO_2), 물, 무기 양이온 및 음이온을 방출한다. 이러한 분해 산물은 식물 영양소로 재활용되며 토양의 비옥도를 유지하는 데 기여한다. 특히 질소 고정 세균은 유기물 분해 과정에서 질소를 고정하여 식물에게 중요한 질소 공급원이 된다.

예를 들어, 콩과 식물의 뿌리혹박테리아는 대기 중 질소를 고정하여 식물과 토양에 질소를 공급하는데 이는 유기물 분해와 영양소 순환에 대한 중요한 예이다.

콩과 식물의 질소고정은 여러 가지 환경 요인에 따라 차이가 있어 어느 콩과 식물에서는 동일하지 않다. 현재까지 알려진 질소고정의 생화학적 과정은 대기 중의 질소가 NHOH(nitrogen hydrate)로 변하고, 이것이 환원되어 NH_2OH(hydroxylamine)이 된다. 환원이 더 진행되면 NH_3 또는 옥살아세트산(oxalacetic acid)과 결합하여 옥시미노삭시닉산(oximinosuccinic acid)이 되고 마지막에는 아스파르트산(aspartic acid)으로 된다고 한다. 그리고 하이드록실아민(hydroxylamine) 대신 하이드라진(hydrazine)을 경유하여 NH_3로 되기도 한다.

질소의 고정은 두 가지 효소 작용에 의하여 이루어진다. 하나는 피루브산을 분해하여 전자와 ATP를 질소활성화 효소에 공급하는 수소 공여계이고, 다른 하나는 N_2를 NH_3로 변화시키는 질소 활성화계이다. 이 활성화계에서는 Fe, Mo, Co, Cu와 같은 성분을 필수적으로 하고 있다.

$$N_2 + 8e^- + 8H^+ \xrightarrow{\text{nitrogenase}} 2NH_3 + H_2$$

$$16MgATP + 16H_2O \rightarrow 16MgADP + 16Pi$$

유기물은 또한 토양의 pH를 안정화하고 독성 물질을 흡착하여 식물의 스트레스를 줄이는 역할을 한다. 이러한 기능은 농업 생산성을 높이고, 지속 가능한 농업을 실현하는 데 중요한 역할을 한다. 따라서 토양 유기물의 관리와 보존은 토양 건강과 작물 생산성을 유지하는 데 필수적이다.

유기 물질의 분해 과정과 미생물의 역할

유기 물질의 분해 과정은 복잡한 생물학적 반응의 연속으로, 주로 미생물의 활동이 주도한다. 유기 물질의 분해는 토양 생태계의 영양소 순환과 토양 비옥도 유지에 핵심적인 역할을 하며, 이 과정은 다양한 미생물 군집이 서로 협력하여 이루어진다.

유기 물질의 분해는 크게 세 단계로 나눌 수 있다. 첫 번째 단계는 가수분해(hydrolysis)로, 복합 유기물이 더 작은 단위로 분해되는 과정이다. 예를 들어, 셀룰로오스와 같은 복합 탄수화물은 셀룰라아제 효소를 분비하는 박테리아와 곰팡이에 의해 단당류로 분해된다. 이 과정은 유기물의 구조를

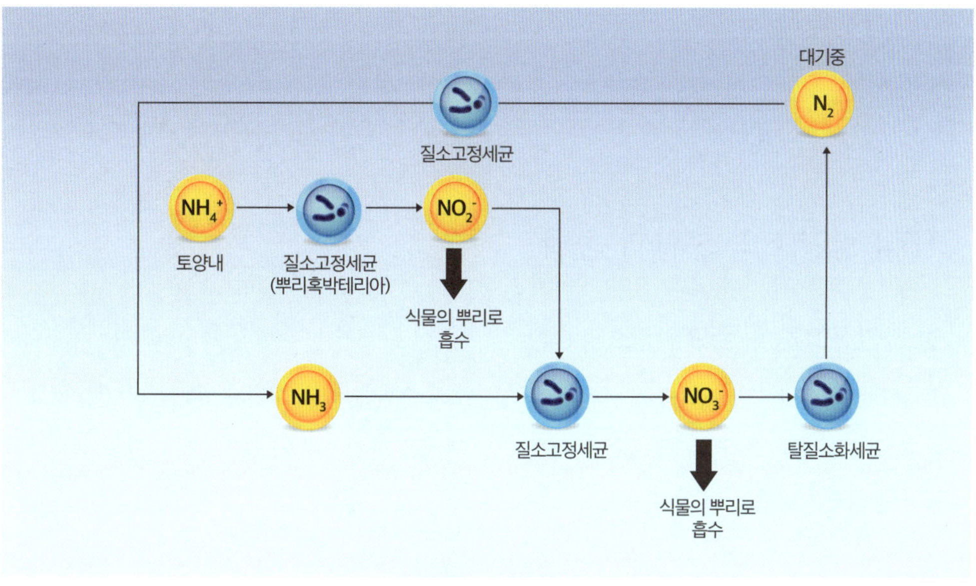

그림 10.1 질소 순환

단순화하여 다음 단계의 분해가 가능하도록 준비한다.

두 번째 단계는 산화 과정(oxidation)으로 단순화된 유기물이 이산화탄소(CO_2), 물(H_2O), 에너지로 전환되는 과정이다. 미생물은 유기 물질을 산화하여 에너지를 획득하는데 이 과정에서 주요 영양소인 질소, 인, 황 등이 방출된다. 예를 들어, 질소 고정 세균은 질소를 포함한 유기물을 분해하여 암모늄(NH_4^+)을 생성하며, 이는 다른 미생물에 의해 질산염(NO_3^-)으로 전환되어 식물에게 이용 가능한 형태로 공급된다.

세 번째 단계는 안정화 과정(stabilization)으로, 분해된 유기물의 일부가 미생물의 생체 물질로 전환되거나 토양의 비활성 유기물로 고정되는 과정이다. 이 과정에서 형성된 부식질(humus)은 토양의 물리적 구조를 개선하고 수분과 영양소를 보유하는 능력을 증가시킨다. 부식질은 또한 토양의 양이온 교환 용량(CEC)을 향상시켜 영양소의 손실을 줄이고 식물 성장에 필요한 영양소를 지속적으로 공급한다.

미생물의 역할은 이러한 분해 과정에서 매우 중요하다. 박테리아, 곰팡이, 방선균 등의 미생물은 각각의 생리적 특성에 따라 다양한 유기물질을 분해하며 서로 다른 환경 조건에서 최적의 활동을 보인다. 예를 들어, 곰팡이는 산성 토양에서 셀룰로오스를 효과적으로 분해할 수 있고 박테리아는 중성 또는 약알칼리성 환경에서 단백질을 분해하는 데 효과적이다.

이러한 미생물의 상호 작용과 유기물 분해 과정은 토양의 비옥도를 유지하고, 지속 가능한 농업을 지원하는 데 필수적이다.

10.4 영양소의 순환과 공급

질소, 인, 포타슘 등 주요 영양소의 순환

토양 내에서 질소, 인, 포타슘과 같은 주요 영양소의 순환은 식물 성장과 생태계의 건강을 유지하는 데 필수적이다. 각각의 영양소는 독특한 순환 과정을 거치는데 이 과정에서 다양한 생물학적, 화학적, 물리적 상호 작용이 일어난다.

질소 순환: 질소는 식물의 단백질, 핵산, 엽록소 등의 구성 성분으로 모든 생명체에 필수적이

다. 질소 순환은 대기 중 질소 기체(N_2)를 식물과 미생물이 이용할 수 있는 형태로 전환하는 과정으로 시작된다. 이 과정에서 질소 고정 세균(예: 뿌리혹박테리아)은 대기 중 질소를 암모니아(NH_3)로 고정한다. 암모니아는 토양에서 암모늄(NH_4^+)으로 변환되어 식물에 의해 직접 흡수되거나 질화 세균에 의해 질산염(NO_3^-)으로 산화된다. 질산염은 식물의 주요 질소 공급원이며 일부는 탈질소 세균에 의해 다시 질소 기체로 환원되어 대기 중으로 방출된다. 이러한 과정은 질소의 지속적인 순환을 통해 토양의 질소 공급을 유지하게 한다.

인 순환: 인은 ATP, DNA, RNA 등의 필수 구성 요소로 에너지 전달과 유전 정보의 저장에 관여한다. 인 순환은 주로 무기 인산염(PO_4^{3-})의 형태로 이루어지며 인산염은 암석의 풍화, 유기물의 분해 등을 통해 토양에 공급된다. 식물은 토양에서 인산염을 흡수하여 생장에 사용하고 식물 잔재물과 동물의 배설물을 통해 다시 토양으로 반환된다. 토양 내에서 인은 쉽게 고정되어 가용성이 낮아질 수 있으므로 인산염의 용해도를 높이기 위한 관리가 필요하다. 예를 들어, pH 조절이나 특정 균류와의 공생(예: 근균류)을 통해 인의 가용성을 높일 수 있다.

포타슘 순환: 포타슘은 식물의 삼투압 조절, 효소 활성화, 광합성에 중요한 역할을 한다. 포타슘은 주로 토양의 광물질로부터 용출되어 이온 형태(K^+)로 존재한다. 식물은 토양에서 포타슘을 흡수하여 성장과 대사 과정에 사용한다. 포타슘은 다른 영양소와 달리 유기물과 결합하지 않고, 주로 물리적 이동에 의해 토양 내에서 순환된다. 비가 오거나 관개할 때 포타슘은 쉽게 용탈될 수 있어 적절한 시비와 토양 관리가 필요하다.

이 세 가지 영양소의 순환은 식물과 미생물의 상호 작용을 통해 이루어지며 토양의 비옥도와 건강을 유지하는 데 중요한 역할을 한다. 효과적인 토양 관리와 지속 가능한 농업을 위해 이들 영양소의 순환을 이해하고 최적화하는 전략이 필요하다.

영양소 부족과 과잉의 문제점 및 해결 방법

토양에서 영양소의 균형은 식물의 건강과 생산성을 결정짓는 중요한 요소이다. 영양소의 부족 또는 과잉은 각각 식물 성장에 부정적인 영향을 미치며 이를 해결하기 위한 적절한 관리가 필요하다.

영양소가 부족하면 식물은 정상적인 생장과 발달에 필요한 필수 요소를 얻지 못하게 된다. 예를 들어, 질소가 부족하면 식물은 엽록소 생산이 감소하여 잎이 황변하고 전체적인 성장 저하를 초래할 수 있다. 인이 부족할 경우 뿌리 발달이 저해되고 꽃과 과일의 생산이 감소한다. 포타슘 결핍은 삼투압 조절과 효소 활성화에 문제를 일으켜 식물의 내재해성이 저하되고 잎 가장자리의 갈변과 말림을 유발할 수 있다.

영양소 부족을 해결하기 위해서는 토양 검사를 통해 부족한 영양소를 정확히 파악하고, 적절한 비료를 사용하여 보충해야 한다. 질소 부족의 경우 질소 비료(예: 요소, 암모늄 황산염)를 사용하고, 인이 부족할 경우 인산염 비료(예: 슈퍼 인산염)를 적용한다. 포타슘 결핍은 염화포타슘이나 황산포타슘을 통해 보충할 수 있다. 또한 유기 비료나 퇴비를 사용하여 토양의 전반적인 영양 상태를 개선하는 것도 효과적이다.

영양소가 과잉일 경우 식물은 그에 따른 독성을 경험하거나 다른 영양소의 흡수를 방해받을 수 있다. 예를 들어, 질소가 과잉되면 식물의 세포벽이 약해져 병충해에 취약해지고 과도한 엽록소 생산으로 질소 비료가 낭비될 수 있다. 과도한 인은 토양에서 미량 원소의 흡수를 방해하여 영양소 불균형을 초래할 수 있다. 포타슘 과잉은 칼슘과 마그네슘의 흡수를 방해하여 이들 영양소의 결핍 증상을 유발할 수 있다.

영양소 과잉을 해결하기 위해서는 비료 사용을 줄이고 물리적 방법(예: 관개를 통한 용탈)을 통해 과잉된 영양소를 제거할 수 있다. 또한 식물의 수확이나 녹비 작물의 경작을 통해 과잉된 영양소를 흡수하여 농도 조절에 도움을 줄 수 있다. 토양 개량제를 사용하여 pH를 조절하고 양이온 교환 용량(CEC)을 높여 영양소의 가용성을 조절하는 것도 필요하다.

토양에 결여된 것을 보충하는 화학 물질: 비료

비료는 토양에 부족한 영양분을 보충하여 작물의 성장을 촉진하는 화학 물질로, 주로 질소(N), 인(P), 포타슘(K), 이 세 가지 주요 영양소를 포함하고 있다. 비료는 크게 유기 비료와 무기 비료로 나눌 수 있다.

유기 비료는 자연에서 얻은 물질로 만들어지며 주로 동물의 배설물, 식물의 잔해, 또는 퇴비 등을 포함한다. 이러한 비료는 토양의 물리적 구조를 개선하고 미생물 활동을 활발하게 하여 장기적인 토양 건강에 기여한다. 예를 들어, 가축의 배설물로 만든 비료는 질소와 인을 풍부하게 제공하며 퇴비는 다양한 미네랄과 유기물을 공급한다.

무기 비료는 화학적으로 합성된 비료로 특정 영양소를 고농도로 제공하여 빠른 작물 성장을 돕는다. 이 비료는 다시 단일 비료와 복합 비료로 나뉜다. 단일 비료는 하나의 주요 영양소만 포함하는데, 예를 들어 요소(urea)는 주로 질소를 공급하고 과인산석회(superphosphate)는 인을 제공한다. 복합 비료는 두 가지 이상의 영양소를 포함하여 균형 잡힌 영양 공급을 목표로 한다. 예를 들어, NPK 비료는 질소, 인, 포타슘을 모두 포함하며 다양한 작물에 광범위하게 사용된다.

이 외에도 특정 영양소의 결핍을 해결하기 위한 미량 원소 비료도 존재한다. 이러한 비료는 아연, 철, 망간과 같은 미량 원소를 공급하여 작물의 특정한 영양 결핍을 해결한다. 비료의 선택과 사용은 작물의 종류, 토양의 상태, 환경적 요인 등을 고려하여 적절히 이루어져야 한다. 과도한 사용은 토양과 환경에 부정적인 영향을 미칠 수 있으므로 주의가 필요하다.

질소비료: 질소비료는 작물의 성장을 촉진하기 위해 토양에 질소를 공급하는 비료로 식물의 생육에 필수적인 영양소 중 하나인 질소를 제공한다. 질소는 식물의 단백질, 효소, 엽록소 형성에 중요한 역할을 하는데, 특히 잎과 줄기의 성장에 직접적인 영향을 미친다. 질소비료는 주로 무기 질소비료와 유기 질소비료로 나뉜다.

무기 질소비료는 화학적으로 합성된 비료로, 대표적으로 요소(urea), 질산암모늄(ammonium nitrate), 황산암모늄(ammonium sulfate) 등이 있다. 요소는 질소 함량이 높아 경제적으로 많이 사용되며 물에 잘 녹아 작물에 빠르게 질소를 공급할 수 있다. 질산암모늄은 흡수 속도가 빠르고 작물의 생장 초기와 같이 질소 요구량이 많은 시기에 효과적이다. 황산암모늄은 산성 토양의 pH를 조절하는 데 도움이 되며 질소와 함께 황을 공급한다.

유기 질소비료는 자연에서 얻은 물질로 이루어지며 동물의 배설물, 녹비작물(green manure), 퇴비 등이 이에 해당한다. 이들 비료는 질소를 천천히 방출하여 장기간에 걸쳐 작물에 공급하며 토양의 물리적, 화학적, 생물학적 특성을 개선하는 데 기여한다.

인산비료: 인산비료는 작물의 성장에 필수적인 인(P)을 공급하는 비료로, 주로 뿌리 발달, 꽃과 과실의 형성, 에너지 전환 과정에 중요한 역할을 한다. 인은 ATP와 같은 에너지 운반체의 구성 요소로 세포 내 에너지 전달과 저장에 관여하며 DNA와 RNA의 핵심 구성 성분이기도 하다. 인산비료는 주로 무기 인산비료와 유기 인산비료로 구분된다.

무기 인산비료는 화학적으로 처리된 광물로부터 제조되는데, 대표적으로 과인산석회(superphosphate), 삼중과인산석회(triple superphosphate), 인산암모늄(ammonium phosphate) 등이 있다. 과인산석회는 인산칼슘을 황산으로 처리하여 만든 비료로 인의 용해도가 높아 빠르게 작물에 흡수된다. 삼중과인산석회는 더 높은 인 함량을 제공하며 토양의 pH 변화에 덜 민감하기 때문에 다양한 토양 조건에서 효과적이다. 인산암모늄은 질소와 인을 함께 공급하는 복합 비료로 작물의 초기 성장 단계에서 중요한 역할을 한다.

유기 인산비료는 자연에서 얻은 유기물로 동물의 뼈가루, 퇴비, 녹비작물 등을 포함한다. 이러한 비료는 천천히 인을 방출하여 장기적으로 토양에 영양을 공급하고 토양의 구조와 미생물 활동을 개선하는 데 도움을 준다.

인산비료의 사용은 작물의 뿌리 발달과 수확량을 크게 향상시킬 수 있지만 무분별한 사용은 환경에 부정적인 영향을 미칠 수 있다. 특히 인의 과잉은 물에 용해되어 수계로 유출되면 부영양화를 초래하여 수질 오염을 유발할 수 있다. 따라서 인산비료는 작물의 필요와 토양의 인 상태를 고려하여 적절한 양을 사용하는 것이 중요하다.

또한 비료의 효율성을 높이고 환경 영향을 줄이기 위해 정밀 농업 기술을 활용하여 비료의 적용을 최적화하는 방법이 권장된다.

식물의 증식과 보호를 위한 화학 물질: 농약

식물 증식과 보호를 위한 화학 물질, 즉 농약은 식물의 성장을 촉진하거나 해충, 질병으로부터 식물을 보호하기 위해 사용된다. 이러한 농약은 크게 제초제, 살충제, 살균제, 성장조절제로 분류할 수 있다.

제초제

제초제는 농업에서 작물과 경쟁하여 자라는 잡초를 제거하거나 그 성장을 억제하기 위해 사용되는 화학 물질이다. 잡초는 작물과 토양의 영양분, 물, 햇빛 등을 경쟁적으로 소비하여 농작물의 생장과 수확량에 부정적인 영향을 미칠 수 있기 때문에 제초제는 이러한 문제를 해결하는 데 중요한 역할을 한다.

제초제는 작용 방식과 대상 잡초의 종류에 따라 다양한 유형으로 나눌 수 있다.

비선택적 제초제: 이러한 제초제는 모든 종류의 식물을 제거하는 데 사용된다. 글리포세이트(Glyphosate)는 가장 널리 사용되는 비선택적 제초제로 잡초뿐만 아니라 비의도적으로 작물까지 제거할 수 있기 때문에 사용 시 주의가 필요하다. 주로 작물 수확 후나 경작 전 토양 정리를 위한 용도로 사용된다.

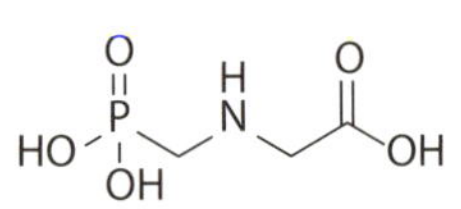

Glyphosate

선택적 제초제: 특정 종류의 잡초만을 목표로 하여 작물에 대한 피해를 최소화하는 제초제이다. 예를 들어, 2,4-D(2,4-디클로로페녹시아세트산)는 광엽 잡초를 선택적으로 제거하는 데 사용되고 옥수수와 같은 협엽 작물에는 영향을 미치지 않는다.

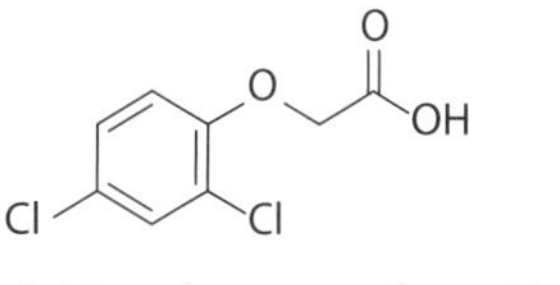

2,4-dichlorophenoxyacetic acid
(2,4-D)

접촉성 제초제: 이 제초제는 식물의 접촉 부위에만 작용하여 빠르게 잡초를 제거한다. 파라콰트(Paraquat)와 같은 접촉성 제초제는 잡초의 잎에 직접 살포하여 효과를 발휘하며 빠른 결과를 원하는 경우에 사용된다.

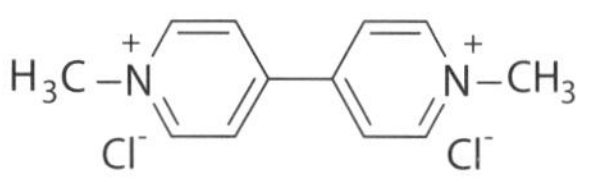

Paraquat

전신성 제초제: 식물체 내부로 흡수되어 전체에 작용하는 제초제이다. 이는 잡초의 뿌리까지 제거할 수 있어 영구적인 잡초 제거에 효과적이다. 글리포세이트(Glyphosate)는 전신성 제초제의 대표적인 예로 식물의 생장 경로를 방해하여 잡초를 제거한다.

살충제

살충제는 농업에서 작물에 피해를 주는 해충을 퇴치하거나 억제하기 위해 사용되는 화학 물질이다. 해충은 식물의 잎, 줄기, 뿌리 등을 갉아먹거나 병원균을 전파하여 작물의 건강과 생산성에 큰 위협이 되기 때문에 살충제는 이러한 문제를 해결하는 데 중요한 역할을 한다.

살충제는 작용 기전과 표적 해충의 종류에 따라 여러 유형으로 나눌 수 있다.

접촉성 살충제: 해충의 외부에 직접 접촉하여 작용하는 살충제이다. 이들 화합물은 해충의 표면에 닿으면 즉시 효과를 발휘하여 빠르게 해충을 제거한다. 예를 들어, 피레스로이드(Pyrethroids) 계열의 살충제는 접촉 시 신경계를 교란하여 해충을 마비시키고 죽인다.

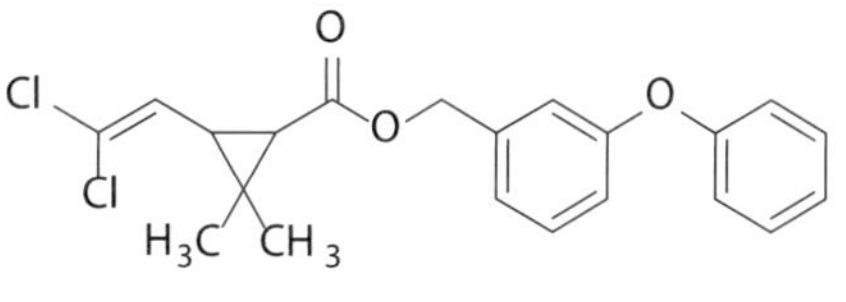

permethrin
[피레스로이드(Pyrethroids) 계열]

소화성 살충제: 해충이 살충제를 섭취했을 때 효과를 발휘하는 유형이다. 이런 살충제는 주로 식물의 표면에 살포되어 해충이 식물을 먹을 때 함께 섭취되도록 한다. 포스포로티오네이트(Phosphorothionate) 계열의 살충제는 이러한 방식으로 작용한다.

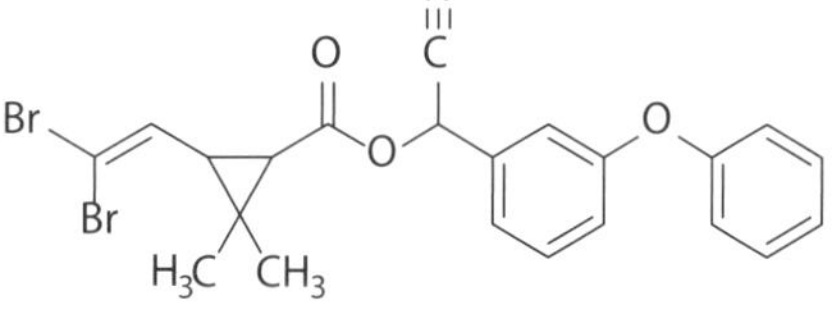

deltarmethrin
[포스포로티오네이트(Phosphorothionate) 계열]

전신성 살충제: 식물체 내로 흡수되어 해충이 식물의 일부분을 먹으면 독성을 발휘하는 살충제이다. 이러한 살충제는 해충이 직접적으로 살충제에 노출되지 않고 식물을 섭취하는 것만으로도 제거할 수 있다. 이미다클로프리드(Imidacloprid)는 대표적인 전신성 살충제이다.

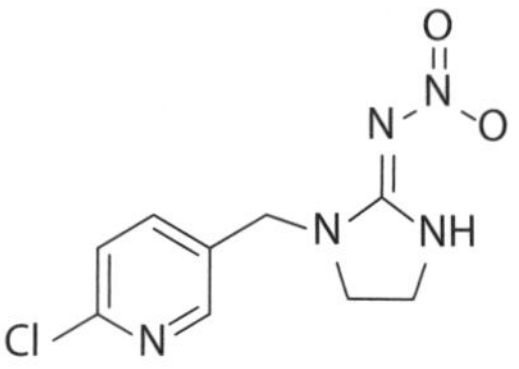

Imidacloprid

기체 살충제: 훈증(fumigation) 방법을 통해 공기 중에 살포하여 해충을 제거하는 유형이다. 이들은 밀폐된 공간에서 사용되어 곤충의 호흡계에 영향을 미쳐 제거한다. 메틸브로마이드(Methyl bromide)는 이러한 훈증제로 저장된 곡물이나 밀폐된 창고에서 해충을 제거하는 데 사용된다.

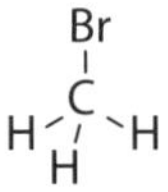

methyl bromide

살균제

살균제는 농작물의 곰팡이, 박테리아, 바이러스 등으로 인한 병해를 예방하거나 치료하기 위해 사용되는 화학 물질이다. 이러한 병원체는 식물의 건강을 해치고 생산성을 저하시킬 수 있기 때문에 살균제는 농업 생산성을 유지하고 질병으로 인한 손실을 줄이는 데 중요한 역할을 한다.

살균제는 주로 작용 방식과 목표 병원체에 따라 여러 유형으로 나눌 수 있다.

예방적 살균제: 이러한 살균제는 병원체가 식물에 침입하기 전에 사용하여 감염을 예방한다. 예방적 살균제는 작물의 표면에 보호막을 형성하여 병원체가 침투하지 못하도록 한다. 예를 들어, 황(Sulfur)과 구리(Copper) 기반의 살균제는 포도나무와 같은 작물에서 곰팡이병을 예방하는 데 효과적이다.

치료적 살균제: 이미 감염된 식물에 사용되어 병원체를 제거하거나 억제하는 살균제이다. 이들은 병원체의 생명 주기를 방해하거나 세포 구조를 파괴하여 효과를 발휘한다. 예를 들어, 아졸(Azole) 계열의 살균제는 곰팡이의 세포막 합성을 억제하여 병원체의 성장을 막는다.

전신성 살균제: 식물체 내부로 흡수되어 전체에 작용하는 살균제이다. 이러한 살균제는 병원체가 이미 식물의 내부에 침투한 경우에도 효과적으로 작용할 수 있다. 메탈락실(Metalaxyl)은 전신성 살균제의 예로 감자와 토마토의 역병을 방제하는 데 사용된다.

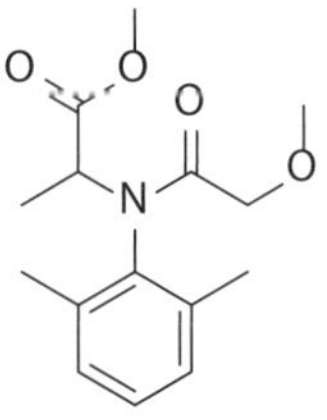

Metalaxyl

보호적 살균제: 작물의 표면에 적용되어 병원체가 접촉하는 것을 방지하는 역할을 한다. 이들은 예방적 살균제와 유사하지만 특정한 병원체에 대한 방어

에 초점을 맞춘다. 클로로탈로닐(Chlorothalonil)은 다양한 곰팡이 질병을 방지하는 데 널리 사용되는 보호적 살균제이다.

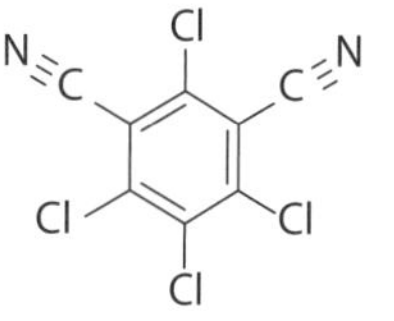

Chlorothalonil

성장조절제

성장조절제는 식물의 생장과 발달을 인위적으로 조절하기 위해 사용되는 화학 물질로 농업 및 원예 분야에서 작물의 품질과 수확량을 최적화하는 데 중요한 역할을 한다. 이러한 물질은 식물의 생리적 과정을 조절하여 특정한 생장 형태나 발육 단계를 유도하거나 억제할 수 있다. 성장조절제는 주로 다음과 같은 기능을 수행한다:

생장 촉진: 식물의 생장호르몬을 모방하거나 강화하여 세포 분열과 신장을 촉진시킨다. 지베렐린(Gibberellin) 유도체는 이러한 역할을 하며 과일의 크기를 키우고 줄기의 신장을 촉진하는 데 사용된다. 예를 들어, 포도의 경우 지베렐린을 사용하여 씨 없는 포도의 크기를 증가시키는 데 활용된다.

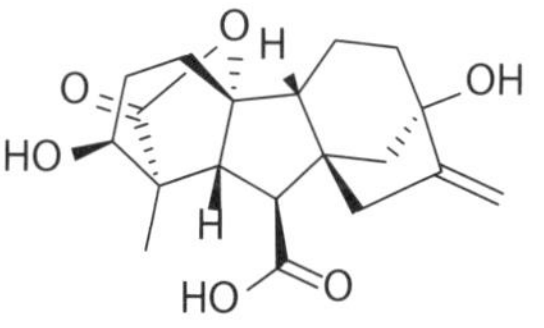

Gibberellin (GAs)

성숙 조절: 과일이나 꽃의 성숙을 촉진하거나 지연시켜 수확 시기를 조절한다. 에틸렌(Ethylene) 유도체는 과일의 숙성을 촉진하는 데 사용되며 사과, 바나나 등의 과일 수확 후 성숙을 조절하는 데 도움을 준다. 반대로 특정 성장조절제는 꽃의 개화를 지연시켜 시장의 수요에 맞춰 출하 시기를 조절할 수 있게 한다.

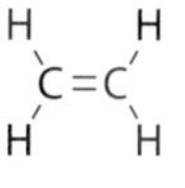

Ethylene

생장 억제: 식물의 신장 생장을 억제하여 더 촘촘한(compact) 형태로 유지하거나 과도한 생장을 방지한다. 이는 특히 관상용 식물이나 잔디 관리에 유용하다. 파클로부트라졸(Paclobutrazol)과 같은 물질은 식물의 신장 생장을 억제하여 더 촘촘하고 균형 잡힌 형태로 자라도록 한다.

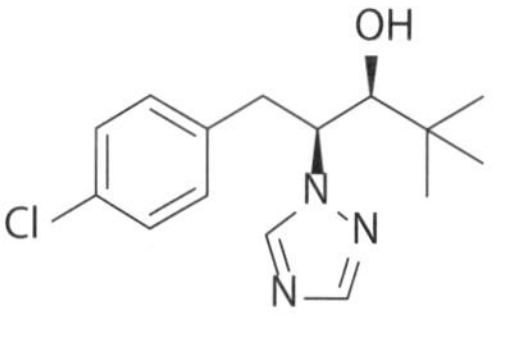

Paclobutrazol

발근 촉진: 뿌리의 발달을 촉진하여 식물의 안정성을 높이고 영양분 흡수를 개선한다. 인돌부티르산(Indole-3-butyric acid, IBA)과 같은 물질은 꺾꽂이와 같은 번식 방법에서 뿌리 형성을 촉진하는 데 사용된다.

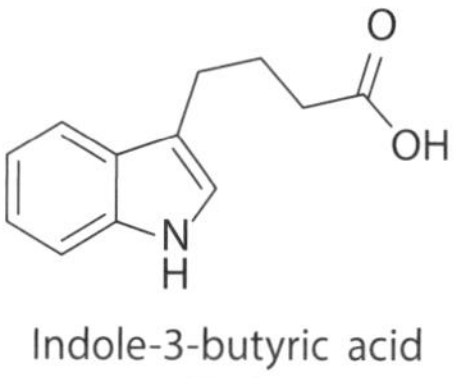

Indole-3-butyric acid
(IBA)

10.5 토양 오염과 복원

토양 오염의 원인과 유형

토양 오염은 인간의 다양한 활동과 자연적 요인에 의해 발생하며, 이는 토양의 기능을 손상시키고 생태계 및 인간 건강에 심각한 영향을 미칠 수 있다. 이러한 오염의 주요 원인은 산업 활동, 농업 활동, 폐기물 처리, 그리고 교통 혼잡 및 도시화이다.

산업 활동은 토양 오염의 주요 원인 중 하나로 제조업과 채광, 화력발전소 등에서 배출되는 중금속과 화학물질이 토양에 축적된다. 이러한 물질은 토양에 잔류하여 식물이나 지하수로 이동하며 결과적으로 생태계에 부정적인 영향을 미친다. 농업 활동에서 사용되는 화학 비료와 살충제, 제초제 등도 토양 오염의 원인으로 장기간 사용 시 토양에 축적되어 미생물 군집을 교란하고 양분 불균형을 초래한다. 특히, 질소와 인 비료의 과도한 사용은 토양 산성화를 유발할 수 있다.

또한 도시와 산업 폐기물의 부적절한 처리와 매립은 토양 오염을 발생시킨다. 매립지에서 발생하는 침출수는 중금속과 유기화합물을 포함하여 토양과 지하수를 오염시킬 수 있으며, 이는 환경에 장기적인 위험을 초래한다. 교통수단에서 배출되는 오염 물질, 예를 들어 납, 기름, 타이어 마모 입자 등은 도로 주변 토양을 오염시키며 도시화로 인한 건설 및 개발 활동은 토양 구조를 파괴하고 오염을 악화시킨다.

토양 오염의 유형은 중금속 오염, 유기화합물 오염, 영양소 과잉에 의한 오염과 토양의 산성화로 나눌 수 있다.

중금속 오염은 산업 배출이나 폐기물, 농약 등에서 비롯되며, 이는 토양에 축적되어 식물과 식품 사슬을 통해 생태계와 인간 건강에 장기적인 위험을 초래한다.

유기화합물 오염은 석유, 살충제, 방부제 등에서 발생하는데 토양에서의 분해가 어렵고 독성이 강하여 생태계에 해로울 수 있다.

질소와 인의 과도한 사용은 토양에 축적되어 지하수로 침투하거나 수계로 유출되어 부영양화를 초래하며, 이는 수질 오염과 수생 생태계의 균형을 위협한다.

또한 산업 배출, 산성비, 과도한 화학 비료 사용에 의한 토양의 산성화는 식물의 영양소 흡수를 방해하고 중금속의 용해도를 증가시켜 독성 문제를 일으킬 수 있다.

오염된 토양의 복원 방법 및 사례

오염된 토양의 복원은 환경 건강과 생태계의 회복을 위해 중요한 과제이다. 토양 복원 방법은 오염의 유형과 정도, 토양의 특성에 따라 다양하게 적용될 수 있는데 주로 물리적, 화학적, 생물학적 기법을 사용하여 오염 물질을 제거하거나 중화한다.

물리적 복원 방법

물리적 복원 방법은 오염 물질을 물리적으로 제거하거나 토양 구조를 변경하여 오염의 영향을 줄이는 방법을 포함한다. 토양 세척은 물이나 용매를 사용하여 오염 물질을 물리적으로 세척해 내는 방법으로, 중금속 오염에 효과적이다. 예를 들어, 광산 지역의 납 오염 토양은 세척 과정을 통해 납 농도를 크게 줄일 수 있다. 토양 교체는 오염된 토양을 제거하고 깨끗한 토양으로 대체하는 방법으로, 특히 심각한 오염 지역에서 사용된다. 이는 신속하고 효과적인 방법이지만 비용이 많이 들고 많은 양의 토양을 필요로 한다.

화학적 복원 방법

화학적 복원 방법은 화학 반응을 통해 오염 물질을 중화하거나 덜 유해한 형태로 전환하는 것을 목표로 한다. 산화 및 환원 반응을 통해 유기 오염 물질을 분해하거나 중금속을 고정화하는 방법이 사용된다. 예를 들어, Fenton 반응을 이용하여 유기 염소화합물을 분해하는 사례가 있다. 고정화는 석회나 인산염을 첨가하여 중금속을 불용성 형태로 변환시켜 식물에 흡수되지 않도록 하는 방법이다.

생물학적 복원 방법

생물학적 복원 방법은 미생물이나 식물을 이용하여 오염 물질을 분해하거나 흡수하는 자연 친화적 기술을 포함한다. 생물정화(bioremediation)는 미생물이 유기 오염 물질을 분해하도록 촉진하는 방법으로 석유 오염 토양 복원에 효과적이다. 예를 들어, 미생물을 활용하여 유류 오염 지역의 토양을 정화한 사례가 있다. 식물정화(phyto-remediation)는 특정 식물이 중금속이나 유기 오염 물질을 흡수 및 축적하도록 하는 방법이다. 해바라기나 갈대와 같은 식물은 납이나 카드뮴 등의 중금속을 효과적으로 흡수하는 데 사용된다.

사례

미국의 Love Canal 사건은 화학 폐기물로 심각하게 오염된 지역을 복원한 사례로, 오염된 토양을 제거하고 캡핑(capping)과 같은 물리적 방법을 통해 오염 확산을 막았다. 또한 인도의 Bhopal 사고 지역에서는 미생물을 이용한 생물정화 기술을 통해 오염된 토양을 복원하고 있다.

이와 같은 다양한 복원 방법들은 오염의 유형과 환경 조건에 따라 조합하여 사용될 수 있으며 복원 과정에서의 모니터링과 평가를 통해 지속 가능한 환경 관리를 달성하는 데 기여한다. 토양 복원은 단순한 오염 제거를 넘어 생태계의 건강과 인간의 삶의 질을 회복하는 중요한 과정이다.

10.6 토양 관리와 지속 가능성

토양 보존 기술

토양 보존 기술은 토양의 침식, 비옥도 저하, 오염 등을 방지하고 지속 가능한 토지 이용을 촉진하기 위해 개발된 다양한 방법들을 포함한다. 이러한 기술들은 농업 생산성을 유지하고 환경적 영향을 최소화하며 생태계의 건강을 보존하는 데 중요한 역할을 한다. 다음은 몇 가지 주요 토양 보존 기술과 그 사례이다.

경사면 경작(Contour farming): 경사면 경작은 경사진 땅에서 작물을 심을 때 경사에 따라 수평으로 줄을 맞추어 경작하는 방법이다. 이는 빗물의 흐름을 줄이고 침식을 방지하며 물의 침투를 촉진한다. 미국의 아이오와주에서는 이 기술을 사용하여 옥수수와 대두를 재배하는 농가들이 토양 침식을 50% 이상 줄이는 성과를 거두었다. 경사면 경작은 특히 강우량이 많은 지역에서 효과적이다.

계단식 농업(Terracing): 계단식 농업은 경사가 급한 지역에 계단 모양의 평지를 만들어 경작하는 방법으로, 물의 유속을 줄이고 침식을 방지하며 물 보유 능력을 향상시킨다. 이 기술은 주로 아시아의 산악 지대에서 쌀과 같은 작물을 재배하는 데 사용된다. 필리핀의 바나우에 계단식 논은 유네스코 세계문화유산으로 지정될 만큼 전통적인 계단식 농업의 뛰어난 사례이다.

피복작물 재배(Cover cropping): 피복작물 재배는 주 작물을 수확한 후나 휴경 기간 동안 토양을 덮는 작물을 재배하는 방법이다. 이는 토양 침식을 방지하고 토양 비옥도를 유지하며 잡초 발생을 억제하는 데 효과적이다. 예를 들어, 호밀이나 클로버와 같은 피복작물은 겨울철 동안 토양을 보호하고, 다음 작기 전에 토양에 질소를 공급한다. 미국의 중서부 지역에서는 피복작물 재배를 통해 토양 유실을 막고 비료 사용을 줄이는 성과를 얻고 있다.

보전 경운(Conservation Tillage): 보전 경운은 전통적인 경운을 최소화하거나 생략하여 토양의 구조와 유기물 함량을 유지하는 방법이다. 이는 토양 침식과 수분 손실을 줄이고 탄소 저장을 증가시키는 효과가 있다. 브라질의 세하두(Cerrado) 지역에서는 보전 경운을 통해 대규모 농업에서 환경적 지속 가능성을 확보하고 있다. 이 지역의 농부들은 최소 경운을 통해 작물 생산성을 유지하면서도 토양의 건강을 보존하고 있다.

바람막이(Windbreaks): 바람막이는 바람에 의한 토양 침식을 줄이기 위해 농지 주변에 나무나 관목을 심는 방법이다. 이는 바람의 속도를 줄이고 토양 유실을 방지하며 농경지의 미세 기후를 조절한다. 캐나다의 대초원 지역에서는 바람막이를 통해 바람 침식을 60% 이상 감소시킨 사례가 있다. 이러한 바람막이는 또한 생물 다양성을 증진시키고 농지의 경관을 개선하는 부가적인 효과가 있다.

이러한 토양 보존 기술들은 토양의 장기적인 건강과 생산성을 유지하기 위한 필수적인 방법들이다. 각 기술은 특정 환경과 농업 조건에 적합하게 적용될 수 있으며 지속 가능한 농업과 환경 관리를 위한 중요한 도구로 활용된다.

지속 가능한 농업과 토양 관리 사례

지속 가능한 농업과 토양 관리는 농업 생산성을 유지하면서 환경적, 경제적, 사회적 측면에서 지속 가능한 발전을 이루기 위한 전략이다. 이러한 접근법은 토양의 비옥도를 보존하고 생태계의 건강을 유지하며 농업의 장기적인 생존 가능성을 확보하는 데 중점을 둔다. 다음은 지속 가능한 농업과 토양 관리의 대표적인 사례이다.

유기 농업(Organic farming): 유기 농업은 합성 화학 비료와 살충제, 제초제를 사용하지 않고 자연적인 방법으로 작물을 재배하는 방식이다. 이 방식은 토양의 생물 다양성을 증진시키고 유기물 함량을 높여 토양 비옥도를 향상시킨다. 예를 들어, 덴마크의 유기 농업 시스템은 지속 가능한 농업의 성공적인 사례로, 유기 비료와 피복작물, 작물 순환을 통해 토양의 건강을 유지하고 있다. 이러한 방법은 토양의 침식과 영양소 유실을 줄이며 자연 생태계를 보호한다.

작물 순환(Crop rotation): 작물 순환은 특정 작물을 매년 다른 위치에 재배하여 토양의 영양소 균형을 유지하고 병해충을 감소시키는 방법이다. 이는 토양의 질소 고갈을 방지하고 다양한 작물의 영양 요구를 충족시켜 토양 생태계의 건강을 증진시킨다. 예를 들어, 인도의 푸니아 지역에서는 쌀,

콩, 밀을 순환 재배하여 토양의 질소 수준을 유지하고 비료 사용을 줄이는 동시에 작물의 수확량을 증가시키고 있다.

보전 농업(Conservation agriculture): 보전 농업은 최소 경운, 피복작물, 상시 식생 유지 등을 통해 토양의 침식과 수분 손실을 방지하는 농업 방법이다. 이 방법은 토양의 구조와 유기물 함량을 보존하여 장기적인 생산성을 확보한다. 예를 들어, 아르헨티나의 팜파스 지역에서는 보전 농업 기술을 도입하여 대규모 농업에서도 토양 침식을 줄이고 수자원 보전을 실현하고 있다. 이러한 시스템은 또한 탄소 저장을 증가시켜 기후 변화 완화에 기여하고 있다.

통합 해충 관리(Integrated pest management): 통합 해충 관리는 화학적 살충제 사용을 최소화하고 생물학적, 물리적, 문화적 방법을 결합하여 해충을 관리하는 방법이다. 이 접근법은 토양과 주변 생태계를 보호하면서 해충으로 인한 피해를 줄이는 데 효과적이다. 예를 들어, 네덜란드의 농부들은 자연적인 해충 방제를 위해 해충의 천적을 활용하고 작물의 저항성을 강화하는 방법을 통해 살충제 사용을 크게 줄이고 있다.

재생 농업(Regenerative agriculture): 재생 농업은 토양을 복원하고 생물 다양성을 증진시키며 생태계의 기능을 회복하는 데 중점을 둔다. 이 접근법은 토양의 유기물 함량을 높이고 생태적 균형을 유지하여 지속 가능한 농업을 추구한다. 예를 들어, 미국의 여러 농장에서는 재생 농업 기법을 통해 토양 생태계의 건강을 개선하고 탄소 발자국을 줄이며 농업의 경제적 지속 가능성을 높이고 있다.

이러한 사례들은 지속 가능한 농업과 토양 관리가 어떻게 농업 생산성을 유지하면서 환경적 지속 가능성을 달성할 수 있는지를 보여 준다. 각 사례는 지역의 환경 조건과 농업 방식에 맞춰 적용되며 지속 가능한 미래를 위한 필수적인 모델로 자리잡고 있다.

연습 문제

1. 토양의 양이온 교환 용량(CEC)이란 무엇이며, 토양 비옥도에 어떻게 영향을 미치는지 설명하시오.

2. 토양의 pH가 식물의 영양소 가용성에 미치는 영향을 설명하시오.

3. 유기물 첨가가 토양의 물리적 특성에 미치는 효과를 설명하시오.

4. 질소 고정 세균의 역할과 그 중요성을 설명하시오.

5. 토양 오염의 주요 유형을 설명하고 각각의 영향을 간략히 서술하시오.

6. 비료 사용의 장점과 잠재적 위험성을 설명하시오.

7. 토양 관리에서 유기물의 역할은 무엇인지 설명하시오.

8. 토양의 산성도를 중화하기 위한 일반적인 방법은 무엇인지 설명하시오.

9 토양 복원 방법 중 화학적 방법의 장단점을 설명하시오.

10. 토양에서 포타슘의 주요 기능을 설명하시오.

11. 양이온 교환 용량(CEC)이 농작물의 영양소 이용 효율에 미치는 영향에 대하여 설명하시오.

12. 인산염 비료 사용의 장기적 환경 영향을 설명하고 이를 최소화할 수 있는 방법을 제안하시오.

13. 토양 오염 복원에서 생물학적 복원 방법의 사례와 그 효과를 설명하시오.

14. 유기물 분해 과정에서 미생물이 수행하는 역할을 상세히 설명하시오.

15. 토양의 pH와 양이온 교환 용량(CEC)의 관계를 설명하고, 이를 관리하는 방법을 제안하시오.

16. 오염된 토양의 복원 방법 중 물리적 복원 방법의 적용 사례를 설명하시오.

17. 질소 순환에서 인간 활동의 영향과 그 결과를 설명하시오.

18. 토양 유기물의 관리와 보존이 농업 생산성에 미치는 영향을 설명하시오.

19. 화학적 비료와 유기 비료의 장단점을 비교하시오.

20. 토양 보존 기술의 중요성을 설명하고, 경사면 경작의 효과를 사례를 들어 설명하시오.

제3부

생명체는 탄소, 수소, 산소, 질소, 인, 황과 같은 다양한 화학 원소로 이루어져 있다. 이들은 생명체의 구조와 기능을 결정하는 데 중요한 역할을 한다. 특히 탄소는 유기 분자를 구성하는 기본 골격으로, 다양한 복잡한 분자를 형성하여 생명체의 복잡한 생리적 기능을 수행할 수 있는 기반을 제공한다.

생활 속 화학의 세계

- 제11장 주거와 화학
- 제12장 주방과 화학
- 제13장 의류와 화학
- 제14장 화장품과 세제의 이해
- 제15장 의약품의 이해
- 제16장 생명과학의 이해

주거와 화학

집은 끊임없이 변화하는 환경과 함께 발전해 왔다. 우리가 사는 집, 즉 주거 환경은 이제 단순한 거주 공간을 넘어서서 과학과 기술의 집합체가 되었다. 이러한 변화의 중심에는 화학이 자리 잡고 있다. 화학은 우리 생활의 기초이기도 하며, 특히 주거 환경에서 더욱 그 역할은 두드러진다. 실내 공기질은 우리의 건강에 직접적인 영향을 미치는 매우 중요한 요소이다. 특히 현대인들은 하루의 대부분을 실내에서 보내기 때문에 실내 공기질의 안전성은 인간의 호흡기 건강 등 우리 생활의 전반적인 삶의 질 향상에 큰 영향을 끼친다. 그러나 많은 사람들이 실내 공기질의 중요성을 간과하고 있다.

실내 공기 오염의 주요 원인

실내 공기 오염의 원인으로는 건축 자재와 가구, 생활용품과 화학제품 사용의 증가, 요리와 난방 등이 있다. 특히 현대 사회의 건축 자재와 가구는 다양한 화학 물질을 포함하고 있다. 예를 들어, 합판, 페인트, 접착제 등에서 방출되는 폼알데하이드와 같은 휘발성 유기 화합물(VOCs, Volatile Organic Compounds)은 실내 공기의 주요 오염원이다. 이러한 물질들은 시간이 지나면서 서서히 방출되어 실내 공기질을 악화시킨다. 가정에서 사용되는 세정제, 방향제, 살충제 등도 다양한 화학 물질을 방출한다. 이러한 제품들은 편리함을 제공하기도 하지만 동시에 실내 공기 질을 매우 악화시킬 수 있다. 주방 요리 과정에서 발생하는 연소 가스 부산물인 미세먼지와 매연, 질소산화물(NOx), 일산화탄소(CO) 등의 유해 물질도 포함될 수 있다. 이는 적절한 환기가 이루어지지 않을 경우 건강상에 심각한 위협이 될 수 있다. 특히나 실내 공기 중의 화학 물질은 서로 상호 작용하기도 하여 새로운 화합물을 형성하거나 기존 물질의 독성을 강화시킬 수 있다. 예를 들어, 실내에서 흔히 사용되는 방향제나 세정제는 오존과 반응하여 폼알데하이드와 같은 유해 물질을 생성할 수 있다. 이러한 화학적 상호 작용은 우리의 호흡기 건강에 악영향을 미치고 알레르기 반응도 유발시킬 수 있다. 실내 공기질을 개선하기 위한 노력은 우리 건강을 지키는 데 필수적이다. 이를 위해서는 우선적으로 실내 공기질을 악화시키는 유해 오염원의 발생을 최소화해야 한다. 저독성, 친환경 제품을 사용하고 환기를 통해 신선한 외부 공기의 유입을 도모하며 공기청정기를 적극 활용하여 유해 물질을 제거하는 것이 중요하다. 또한 실내 공기 정화 식물을 잘 활용하여 실내 공기 중의 일부 유해 화학 물질을 제거하는 데 도움을 줄 수 있다.

주거 환경의 미래

기술의 발전은 우리의 주거 환경 관리 방식에도 혁신을 가져다주고 있다. 예를 들면 스마트 홈 기술은 실내 공기질을 실시간으로 모니터링하고 자동으로 환기 시스템을 운용하여 최적의 공기질을 유지할 수 있도록 도와준다. 또한 건축 기술의 발전은 보다 더 친환경적인 건축 자재를 사용하여 안전한 주거 공간을 설계하는 데 큰 기여를 한다. 이러한 기술 발전은 우리의 삶을 더욱 건강하고 쾌적하게 해 줄 것이다. 결국 우리의 집은 단순한 주거 공간이 아닌, 복잡한 화학적 상호 작용이 일어나는 장소이다. 이러한 환경에서 건강하고 행복한 삶을 영위하기 위해서는 실내 공기질의 중요성을 인식하고, 이를 개선하기 위한 지속적인 노력이 필요하다. 이 장은 주거 환경에서의 화학적 요소들을 이해하고 이를 통해 보다 안전하고 쾌적한 생활 문화를 만들어 나가는 데 도움을 주고자 한다. 이처럼 화학은 더 이상 우리에게 낯선 학문이 아니라 일상 속에서 만나고 활용할 수 있는 친숙한 동반자가 될 것이다.

11.1 실내 공기 오염

실내 공기질 관리의 필요성

최근 현대인의 생활은 직업이나 학교 등 여러 가지 이유로 실내 생활 빈도가 증가하고 있다. 또한 도시화로 인한 토지 부족이나 대형 초고층 빌딩 증가 때문에 에너지 효율성 제고로 인해 닫힌 실내 공간이 증가하고 있고 실내의 여러 가지 유해 요소로 실내 공기질이 매우 많이 악화되고 있다. 이처럼 실내 공간의 특징은 환기가 잘 되지 않으면 확산에 의한 자정 작용 곤란으로 오염 물질 축적에 의한 인체 부작용을 겪기 쉽다. 따라서 이런 시대적 상황을 반영하듯이 최근 실내 공기질 관리의 중요성을 언급하는 각종 매스컴의 보고들을 보면 실내 공기질이 더 위험하다든지 실내 공기질이 악화되면 여러 가지 환경성 질환이 많이 발생하고 특히 심하면 사망에 이르기까지 할 수 있다든지 하는 뉴스를 많이 접할 수 있다. 특히 다중 이용시설 이용 시에는 공기질이 나빠 특별히 주의를 요한다는 보고도 많고 어린이집이나 학교 등의 실내 공기질도 나쁘기 때문에 성장기 어린이나 청소년들도 특히 조심해야 한다. 노약자나 신체 허약자 등 취약 계층의 실내 거주 비율도 높기 때문에 실내 공기질 관리의 중요성을 잘 인식해야 한다. 그러면 왜 실내 공간이 실외 공간보다 더 위험할 수 있는지 알아보자. 보통 농도라는 것은 단위 부피당 질량을 말하는데 일반적으로 같은 양의 오염 물질이 배출되더라도 그 오염 물질의 체적 부피가 작은 실내 공간이 농도가 높고 같은 양에 대해서 실외 공기는 체적 부피가 크기 때문에 상대적으로 농도가 낮다. 그래서 우리가 생각하는 것보다 실내 공간의 오염 물질 농도가 높다는 것이다. 그리고 실내 공간의 특징은 환기가 잘 안되면 오염 물질이 누적되면서 실내 공간에 축적되기 쉽다. 또한 실내에서의 유해 물질 발생 요소가 매우 많기 때문에 항상 관심을 가지고 주의를 기울여야 한다. 최근 세계보건기구(WHO)가 발표한 보고에 따르면 전 세계 공기 오염 사망자가 연간 800만 명 정도 되는데 그중 약 54%에 해당되는 430만 명 정도가 실내 공기 오염에 의한 사망자라고 할 정도로 일반적인 공기질 오염에서 실내 공기 오염 사망자가 대기 오염 사망자보다 그 비율이 높다고 한다.

실내 공기질 오염 피해의 원인

실내 공기질 오염의 원인은 여러 가지가 있는데 과학적 근거를 바탕으로 설명할 수 있다. 첫째, 도시화와 건설기술의 발전으로 인해 최신식 건물과 초고층 빌딩이 급격히 증가하고 있다. 이러한 건물들은 에너지 효율성을 높이기 위해 밀폐 구조로 설계되는 경우가 많다. 밀폐된 건물은 환기가 잘 이루어지지 않아 실내에 유해한 물질들이 축적되기 쉬운 환경을 조성한다. 예를 들어, 사람이 호흡으로 배출하는 이산화탄소, 가전제품에서 나오는 열과 공기 중의 유해 입자들이 실내에 머물며 공기질을 악화시킬 수 있다. 둘째, 현대 건축 자재에는 폼알데하이드와 같은 비친환경적인 화학 물질이 포함되어 있는 경우가 많다. 이러한 물질들은 건축 자재, 내·외장재, 가구 및 다양한 화학제품에서 방출될 수 있다. 특히 새로 지은 건물에서는 이러한 화학 물질의 방출량이 많아질 수 있으며, 이는 실내 공기질에 부정적인 영향을 미친다. 또한 라돈이나 석면과 같은 자연적으로 발생하는 유해 물질도 실내 환경에 존재할 수 있으며 인체에 해로운 영향을 미칠 수 있다. 셋째, 현대인의 생활 패턴은 대부분 실내에서 이루어지며 사람들은 많은 시간을 실내에서 보낸다. 이는 실내 활동의 증가로 이어지면서 실내 공기 중의 유해 물질에 대한 노출 시간을 증가시킨다. 실내에 오랜 시간 머무를 경우 유해 물질이 인체에 축적될 가능성이 높아지며, 이는 다양한 건강 문제를 일으킬 수 있다. 예를 들어, 알레르기, 천식, 그리고 호흡기 질환 등이 실내 공기 오염에 의해 유발될 수 있다. 마지막으로 도시 지역에서는 대기 오염 물질이 실내로 유입되어 정체될 수 있다. 실외 공기 중의 오염 물질이 실내로 들어와 환기가 잘 되지 않는 경우 실내 공기질이 심각하게 악화될 수 있다. 이러한 오염 물질들은 미세먼지, 자동차 배기가스, 산업 활동에서 발생하는 화학 물질 등이 포함될 수 있으며 실내 환경에 장기적으로 부정적인 영향을 미칠 수 있다.

실내 공기 오염 물질의 종류

실내 공기 오염 물질은 다양한 종류가 있으며 그 발생원과 유해성을 이해하는 것이 중요하다. 주요 실내 공기 오염 물질로는 다음과 같은 것들이 있다. 먼저 흡연에서 발생하는 담배 연기는 니코틴, 타르, 일산화탄소와 같은 유해 물질을 포함하고 있다. 이러한 물질들은 흡연자뿐만 아니라 간접흡연에 노출된 사람들에게도 심각한 건강 문제를 야기할 수 있다. 또한 라돈은 시멘트나 지하 암반에서 자연적으로 발생할 수 있는 방사성 물질로 무색, 무취이지만 폐암을 비롯한 다양한 건강 문제를 유발할 수 있다. 석면은 과거 내화성 건축 자재로 널리 사용되었는데 석면 폐증, 규폐증, 폐암 등의 질환을 일으킬 수 있는 심각한 유해 물질로 알려져 있다. 현대의 건축 자재 및 가정용 제품에서 방출되는 폼알데하이드와 휘발성 유기화합물(VOCs)은 실내 공기질을 저하시킬 뿐만 아니라 장기적으로 인체에 유해한 영향을 미칠 수 있다. 이러한 화학 물질들은 특히 환기가 잘 되지 않는 실내 환경에서 농도가 높아질 수 있다. 더불어 화장품이나 생활 화학용품에는 유기용제, 파라벤, 계면활성제, 트리클로산, 프탈레이트 계열의 물질 등이 포함되어 있을 수 있다. 이러한 화학 물질에 반복적으로 노출되면 피부나 호흡기를 통해 인체에 유입되어 만성 질환을 유발할 가능성이 크다.

따라서 실내 공기질을 개선하기 위해서는 주기적인 환기와 함께 유해 화학 물질의 사용을 줄이고, 자연 친화적인 제품을 선택하는 것이 중요하다. 실내 공기 오염 물질의 존재와 그 위험성을 인식하고 일상생활에서 노출을 최소화하기 위한 조치를 취하는 것이 필요하다.

새집증후군(SBS, Sick Building Syndrome)

새집증후군은 최근에 지어진 건물에서 사용된 건축 자재, 벽지 등에서 배출되는 유해 물질로 인해 초기 입주자들이 느끼는 불쾌감이나 그들에게 발생하는 건강상의 문제를 지칭한다. 새집증후군은 주로 실내 공기질 악화와 관련되어 있는데 유해 화학 물질의 방출, 부적절한 환기, 습기 및 곰팡이 문제 등이 주요 원인으로 지목되고 있다. 새집증후군의 가장 일반적인 원인은 건축 자재와 가구에서 방출되는 휘발성 유기화합물(VOCs)이다. VOCs 발생의 대표적인 원인은 페인트, 접착제, 카펫, 벽지, 가구 등이며, 이러한 화합물은 시간이 지나면서 서서히 공기 중으로 방출된다. 폼알데하이드와 벤젠 등은 독성이 크므로 특별히 주의를 요한다. 또한 현대식 건물은 에너지 효율을 높이기 위해 밀폐되어 있는 경우가 많다. 이러한 밀폐된 구조는 실내 공기의 환기 부족으로 오염 물질이 실내에 축적되도록 한다. 만약 충분한 환기가 이루어지지 않으면 실내 공기 중의 유해 물질 농도가 높아짐으로 인해 새집증후군에 의한 피해가 커질 수 있다. 습기와 관련된 생물학적 오염 문제도 곰팡이나 박테리아, 바이러스 등이 실내 공기 질을 악화시키고 건강에 부정적인 영향을 끼친다. 새집증후군의 주요 증상은 다양하며 개인마다 다르게 나타날 수 있다. 일반적인 주요 증상으로는 두통, 피로, 집중력 저하, 눈·코·목의 자극, 피부 발진, 알레르기 반응, 호흡 곤란 등이 있다. 이러한 증상은 실내에 머무는 동안 계속적으로 악화되고 실외로 나가면 개선되는 경향이 있다.

표11.1 WHO가 지정한 새집증후군의 주요 증상

1. 숨쉬기가 곤란하고 가슴이 답답하다.
2. 머리가 지끈지끈하고 아픈 경우가 많다.
3. 온몸이 피곤하고, 일에 집중력이 떨어진다.
4. 피부에 붉은 반점이 생긴다.
5. 눈이 따끔따끔하고, 충혈되기 쉽다.
6. 목이 잘 쉰다.
7. 성격이 예민해지면서 신경과민증을 나타내는 경향이 있다.
8. 어지러우면서 구토 증상이 나타난다.

새집증후군의 예방 및 해결 방안 가운데 가장 효과적인 예방법 중의 하나는 환기이다. 정기적으로 창문을 활짝 열어 자연 환기를 늘리거나 공기정화기나 공기순환기를 도입하여 오염 물질을 정화하거나 외부로 배출시키는 방법이 있다. 또한 친환경 건축 자재를 선택하여 유해 물질 방출을 원천적으로 차단시키는 것이 무엇보다 중요하다. 베이크 아웃(bake-out)을 하는 방법도 도움이 된다고 알려져 있다. 무독성 페인트, 무독성 접착제, 천연 소재의 마감재 등을 적극 활용하는 것도 도움이 된다. 또한 공기정화 식물을 도입하여 식물에 의한 실내 공기 정화 효과를 높일 수 있다. 식물은 자연적으로 오염원을 흡수하고 산소를 방출하여 실내 공기 질을 획기적으로 개선한다. 또한 실내 공기질 관리를 위해 정기적으로 점검, 유지 보수하여 오염 물질이 축적되지 않도록 해야 한다. 특히, 습기 문제를 방지하기 위해 누수나 결로 현상이 발생하지 않도록 세심한 주의가 필요하다.

새집증후군은 현대 생활에서 빈번하게 발생하는 문제로 실내 환경이 건강에 미치는 영향을 잘 반영한다. 새집증후군을 예방하고 피해를 최소화하기 위해서는 건축 시공 단계에서부터 실내 공기질을 고려한 친환경 설계가 필요하다. 건물 사용 중에도 지속적인 실내 공기질 관리와 유지 점검이 필요하다. 이를 통해 건강하고 쾌적한 실내 환경을 조성할 수 있으며 장기적으로 실내 거주자의 건강한 삶에도 도움을 준다.

✖ 알아 두기: 베이크 아웃

베이크 아웃은 새로 지은 건물이나 새집에 입주하기 전 실시하는 방법으로, 창문과 문을 모두 닫아 놓고 내부에 있는 가구의 서랍과 서랍 문을 모두 열어 놓은 다음 시간적인 간격을 두고 2주 이상 보일러를 가동시켜 실내온도를 35~40 ℃로 유지시킨다.

이 과정을 통해서 더워진 실내 공기에 의해서 가구나 벽지, 바닥재 등에서 오염 물질이 다량 방출된다고 한다. 한 번 베이크 아웃을 실시하면 창문을 열어서 1시간 정도 환기를 시키고, 다시 베이크 아웃을 진행하는 식으로 하루에 4번~5번 정도 반복한다. 이렇게 2주 이상 베이크 아웃을 실행하게 되면 새집 속에 있는 오염 물질의 농도가 초기 농도의 절반 이하로 줄어드는데 주의할 것은 베이크 아웃 과정 중에 건물 내에 사람이 있어서는 안 되고 중간에 환기를 하기 위해 집 안으로 들어갈 때는 반드시 KF94 이상의 보건용 마스크를 꼭 착용해야 된다는 점이다.

11.2 주요 실내 오염 물질

석면

석면은 직경이 0.02~0.03 ㎛ 크기의 섬유 모양을 하고 있다. 다른 섬유에 비하여 섬세하고 부드러워 광택이 있으며 항장력이 뛰어나 쉽게 방적할 수 있다. 또한 단열성과 절연성이 우수하여 방화복, 방열 장갑, 전선피복제, 단열재, 온수 파이프, 석유난로 심지, 천장과 바닥의 타일, 자동차의 브레이크 라이닝 등 석면 함유 제품은 3,000여 종이 넘는다. 그러나 강하게 결합되어 떨어지지 않는 것도 있으나 대부분은 오랜 기간이 지나면 마모되어 부러져서 미세한 섬유로 대기 중이나 물로 들어가 환경에 존재하게 된다.

환경에 존재하게 된 석면섬유가 호흡 과정을 통하여 사람의 폐로 들어가게 되면 석면폐증에 걸리게 된다. 석면폐증이란 석면섬유가 폐로 들어가 호흡이 곤란해지고, 기침, 각혈 등의 증세를 보이는 것이다. 이것은 체내에서 들어간 섬유 주위의 조직이 단단해져서 조직에 의하여 산소가 운반되지 못하기 때문이다. 석면폐증은 보통 석면에 노출된 지 20년 이상인 사람에게 많이 나타난다. 심하면 폐를 덮는 막에 암을 유발시킬 수도 있다.

남아프리카의 한 소녀는 어린 시절 석면작업장 근처에 있는 학교를 잠시 다닌 적이 있었는데 그녀는 친구들과 집에 가는 길에 석면폐기물 위에서 미끄럼을 타곤 했다. 그녀는 곧 다른 곳으로 이주한 이후 전혀 석면을 접촉한 일이 없었으나 50년 후에 어릴 때 흡입한 석면 섬유에 의한 중피종(폐암의 일종)으로 사망했다. 석면과 관련된 질병은 석면을 생산하거나 취급하는 사업장에서 일하는 사람들에서만 나타나는 것이 아니며 석면 취급자의 가족에게서도 나타날 수 있다. 석면이 옷에 붙어서 집으로 운반되기 때문이다. 또 대기 중에도 낮은 농도이기는 하지만 석면섬유가 존재하는데 이것은 석면 제품을 사용한 건물을 건설, 붕괴할 때나 석면 제품을 생산하는 과정에서 생성되기 때문인 것이다.

그러나 아직 석면을 완벽히 대체하는 것은 불가능하다. 1973년 미국에서는 방화제로서 석면의 사용을 금지했으며, 건물을 헐거나 고칠 때 작업자들이 석면 방진마스크를 사용하도록 하고 있다. 1976년 스웨덴에서도 특정 시멘트 파이프 이외의 모든 석면 시멘트 생산을 금지시켰다. 우리나라에서는 석면 취급 작업장에서 허용 농도는 0.2 m/cm^{2}이나 대부분의 석면 제품 관련 업자들이 영세하므로 이 기준이 잘 지켜지지 않고 있는 실정이다. 늦었지만 다행스럽게도 우리나라에서는 2015년 이후에는 석면 건축자재는 법적으로 전면 사용 금지가 되었다. 하지만 기존의 석면 건축물을 해제하거나 리모델링 하는 건축물에서 작업하는 작업 인부들은 주의를 요한다.

폼알데하이드

폼알데하이드(formaldehyde)는 무색의 자극성 있는 기체이며 실내용 목재나 가구, 의류, 멜라민 수지, 플라스틱, 포장지, 접착제, 단열재 등에서 발생되며 담배 연기에도 들어 있다. 수용액은 포르말린이라 하여 방부제로 사용되며 대기 중 농도가 1 ppm 이하의 저농도에서는 눈과 코 등의 자극 증상이 있다. 의류상가 또는 포목점이 밀집된 장소에서 간혹 느끼는 눈물 흘림과 기침이 바로 폼알데하이드의 영향이다. 공기 중 농도가 10~20 ppm에서는 두통과 현기증, 흉부압박감, 메스꺼움 등을 느낄 수 있으며, 직업상 수십 ppm 이상에서 장기간 노출될 경우 폐렴과 폐기종뿐만 아니라 발암의 원인으로 작용한다고 보고되어 있다. 실내 공기에 대한 우리나라 환경부의 권고 수치는 일일평균 0.1 ppm 이하이다.

라돈

라돈(Rn)은 천연 우라늄이 방사성 붕괴를 통해 방출하는 무색, 무취의 방사성 기체이고, ^{222}Rn과 ^{220}Rn의 두 가지 동위원소가 있다. ^{222}Rn과 ^{220}Rn의 반감기는 각각 3.8 일과 5405 초이고 최종적으로 납으로 바뀌지만 중간 과정에서 ^{219}Po과 ^{216}Po의 최소 중간 생성물의 형태를 가진다. 라돈은 우라늄광 잔재물이 섞인 골재, 담배 연기, 석탄 연소, 흙, 시멘트, 지하수, 수돗물, 천연가스 등에서 발생하며 중간 생성물인 방사성 물질 폴로늄(Po)은 대기 중 분진에 부착되어 부유하기도 한다. 라돈 가스류는 자연붕괴 과정에서 α 선을 방출하므로 고농도의 체내 흡입은 폐암을 유발한다. 우리나라와 미국의 기준은 라돈의 실내 공기 1 L당 허용치를 4 피코큐리(picocurie, pCi) 이하로 규정하고 있으나 일반적인 건물과 가정의 실내에서 이 수치를 초과하는 경우가 적지 않다. 또한 노르웨이 등 북유럽 국가에서는 그 기준을 20 pCi로 규정하고 있어 근거 있는 위험 농도와 피해 여부가 아직은 불분명하다.

유기 용제

지금까지 유기 용제의 이용은 공장 등에 국한되어 있었으나 최근에는 도료를 비롯한 각종 스프레이, 연료 및 접착제 등 유기 용제를 함유한 상품이 많이 나와 일반 소비자들도 간단히 접촉할 수 있게 되었다. 따라서 사용법이 적절하지 않을 경우 두통이나 눈, 목의 따가움을 호소하는 일이 많이 생겼다. 실내에 깡통식 스프레이로 살충제를 뿌려 미세한 약물이 몇 시간씩 공기 중에 떠 있는 경우가 있으며 그 후에 양탄자나 가구에 내려앉게 된다. 또 헤어 스프레이나 방제용 스프레이 등의 제품들은 화학 물질을 남기는데, 이것이 호흡기를 통해 흡입되어 혈관에 녹아 들어가기도 한다.

에어컨과 난로

냉방에 이용되는 에어컨은 세균, 곰팡이, 바이러스 등 인체에 유해한 미생물이 있어 실내 공기를 오염시킬 수 있다. 특히 에너지 효율을 높이기 위해 창문을 열지 못하게 만든 현대식 빌딩에서는 냉방장치와 가습기가 폐 질환을 만연시키는 원인이 되고 있다. 난방에 이용되는 석유난로는 연소의 부산물로 생기는 화학 물질들이 곧바로 주변 공기 속으로 방출된다. 1982년도 미국 「소비자 보고서」에 따르면 좁은 방에 켜 놓은 석유난로는 평균 13 ppm의 일산화탄소, 1.8 ppm의 이산화질소 및 12 ppm의 아황산가스를 내는 것으로 밝혀졌는데, 이는 EPA가 규정한 허용 한계량보다 상당히 높은 농도이다. 아황산가스의 경우 1 ppm으로도 가벼운 천식환자는 10분 안에 호흡장애를 일으킬 수 있다. 벽난로나 석탄난로의 굴뚝이 기온 역전층 등으로 연기를 잘 뽑아 내지 못하는 때가 있는데, 이런 경우 실내에 이산화탄소 농도가 더 많이 증가하고, 벤조피렌 등 유해 물질도 방출될 수 있다. 또 아무것이나 탈 만한 것들을 난로 속에 넣는 경우가 있는데, 이때 방충제로 처리된 나무 조각 등을 태우면 유독성 가스가 발생할 수 있다.

11.3 흡연의 유해성

흡연이 건강에 좋지 않다는 생각은 누구나 갖고 있다. 많은 흡연자들이 금연을 하기 위해 노력하며 최근에는 금연학교까지 개설되는 실정이다. 그러나 담배의 판매량은 줄지 않고 있으며, 더구나 여성 흡연과 청소년 흡연 인구는 해마다 증가하고 있다. 흡연은 실제로 흡연하는 사람에게만 피해를 입히는 것이 아니라 주위의 공기를 탁하게 만들어 비흡연자들에게도 심한 불쾌감을 준다. 특히 흡연자 주위의 유아, 임산부, 호흡기 질환자 및 과민증 환자에게는 직접적으로 악영향을 미치게 된다. 세계보건기구(WHO)에서도 이런 간접 흡연의 피해를 줄일 수 있도록 국가나 사회가 적절한 조치를 취할 것을 촉구한 바 있으며 많은 나라들이 어떤 형식으로든 공공장소에서의 흡연을 직접 또는 간접적으로 규제하고 있다.

담배 연기는 여러 종류의 가스, 증기 및 작은 미립자들로 구성되어 있다. 담배 잎에 포함되어 있는 여러 가지 화학성분은 담배가 탈 때 생기는 열(800 ℃~900 ℃)로 인하여 연소되며 산화, 탈수소, 축합, 전위, 분해 등 여러 가지 복잡한 화학 변화를 끼치는 물질은 니코틴, 타르 및 일산화탄소 등이고 이외에도 건강에 해가 될 것으로 추정되는 물질들이 수십여 종 더 있다.

흡연량과 사망률 간의 관계는 지난 수십 년간 다양한 연구를 통해 밝혀져 왔으며 흡연이 건강에 미치는 영향은 광범위하다. 흡연과 관련된 주요 질병으로는 발암성 증가이다. 흡연은 폐암의 주요 원인 중 하나로 흡연자의 폐암 발병률은 비흡연자에 비해 크게 증가하는 것으로 알려져 있다. 담배 연기에는 수많은 발암 물질이 포함되어 있어 직접적인 영향을 미친다. 또한 흡연은 심장 질환 및 뇌졸중과 같은 심혈관 질환의 위험을 증가시킨다. 니코틴 등 담배 연기 속 유해 화학 물질은 혈관을 수축시키고 혈압을 높이는데, 이는 심혈관계에 부담을 준다. 또한 만성 폐쇄성 폐질환(COPD, Chronic obstructive pulmonary disease)과 같은 호흡기 질환도 흡연과 밀접한 관련이 있다. 따라서 흡연은 폐 기능을 저하시켜 호흡 곤란을 유발시킬 수 있다. 일반적으로 흡연량이 많을수록 관련 질환의 위험도와 사망률이 증가한다. 하루에 피우는 담배의 양이 많을수록 질병 발병 가능성이 높아지고 이는 결국 사망률 증가로 이어진다. 흡연을 중단하면 관련 질환의 위험이 감소하기 시작하며 금연 시점에 따라 사망률 감소 효과가 다르게 나타난다고 알려져 있어서 금연 후 10년 이상이 지나면 심혈관계 질환의 위험이 비흡연자 수준으로 감소할 수 있다. 흡연과 사망률 간의 관계는 성별, 연령에 따라 다르게 나타날 수 있다. 일반적으로 남성의 흡연율이 여성보다 높으며, 이는 남성의 관련 질환 발병률과 사망률 증가에 기여한다. 소득 수준, 교육 수준 등 사회 경제적 요인도 흡연 습관 및 이로 인한 건강 결과에 영향을 미친다. 낮은 소득 및 교육 수준은 높은 흡연율과 관련이 있고 높은 사망률로 이어질 수 있다. 정부와 공중 보건 기관은 흡연율 감소를 목표로 다양한 정책을 시행하고 있는데 여기에는 담배 가격 인상, 금연 캠페인, 금연 지원 프로그램 등이 포함된다. 공공장소에서의 금연 정책은 간접 흡연으로 인한 건강 위험을 줄이는 데 기여하고 있으며 전체 인구의 사망률 감소와도 직결된다.

니코틴

실제 흡연 시에 체내에 흡수되는 니코틴의 양은 담배 속의 니코틴 함량, 담배의 습기 및 흡연 방법에 따라 다르다. 많은 양의 니코틴은 호흡을 빠르게 하고 맥박 증가, 현기증, 구토 등의 증상을 유발한다. 만성적인 증상으로는 정신 및 육체 활동의 감소, 식욕 부진, 신경과민, 소화 장애 등을 수반한다. 니코틴은 또한 아드레날린의 분비를 촉진하여 일시적으로 혈당량을 상승시키기 때문에 흡연 직후에는 피로가 감소되는 효과가 있으나 그 지속 시간이 짧고 이 기간이 지나면 더 큰 피로가 온다.

타르

담배의 타르는 소위 담배진이라고 불리는 것으로서 황갈색의 끈적끈적한 액체이다. 담배를 피우고 난 필터 부분에 남아 있는 물질이다. 일반적으로 타르는 300여 종 이상의 화학 물질이 들어 있는 혼합물이다. 타르 물질은 그 크기가 미세하여 기관지 표면에 있는 점막의 섬모를 통과하기 때문에 폐 속 깊이 침투하게 된다. 이렇게 흡입된 타르는 호흡기 점막을 자극하고 섬모의 기능을 마비시킨다.

타르 물질 중에서 가장 해로운 것은 벤조피렌이라는 화학 물질로서 발암 물질로 널리 알려져 있다. 타르 속에는 현재 밝혀진 것만 해도 발암 물질이 수십 여종 들어 있다. 타르를 실험동물의 살갗에 바르거나 흡입시키면 여러 종류의 암이 생긴다고 알려져 있다. 이런 사실들을 직접적으로 인간의 암 발생과 연결시키기에는 아직 인과관계가 불분명하지만 타르가 발암의 위험성을 갖고 있는 것만은 분명한 사실이다.

일산화탄소

일산화탄소(CO)는 담배 연기 중에 부피비로 약 5%를 차지하고 있다. 일산화탄소는 체내의 산소 운반 기구에 심한 장애를 일으켜 현기증, 두통을 일으키고 심장 부위의 통증을 유발한다. 동물 실험에 의하면 일산화탄소를 지속적으로 흡입하면 동맥경화 현상이 일어난다고 알려져 있다.

여성 흡연과 태아의 건강

임산부의 여성 흡연은 모체의 혈액 중에 일산화탄소의 양이 증가하면 태반을 통하여 태아에게 영향을 준다. 외국의 통계에 의하면 비흡연 여성이 유산하는 비율은 15.3%인데 비해 흡연 여성은 37.3%로 두 배 이상의 유산율을 나타낸다. 또한 흡연자 쪽의 신생아가 비흡연자의 신생아보다 평균적으로 몸무게가 훨씬 가볍다는 연구 결과도 있어 여성 흡연, 특히 임신 중인 여성의 흡연은 절대적으로 위험하다는 인식이 있다.

간접 흡연

담배에서 나오는 연기의 2/3는 대기로 방출되며 실제로 담배 연기 중에 카드뮴과 니켈은 흡연자 자신이 들이켜는 양보다 담배 연기로 빠져나가는 양이 더 많다. 또한 타르와 니코틴은 흡연자가 들이켜는 연기보다 내뿜는 연기 속에 두 배나 더 많으며, 벤조피렌은 세 배, 일산화탄소는 다섯 배나 더 많다. 그러므로 담배 연기로 가득 찬 방 안에 거주하는 비흡연자는 자신이 담배를 피우지 않더라도 흡연자와 같은 정도로 오염 물질에 노출되게 된다. 그래서 이것을 일반적으로 간접 흡연이라고 한다. 최근 연구에 의하면 담배 연기로 가득 찬 사무실에서 일하는 직장인은 폐 기능에 심각한 영향을 받을 수 있다고 하며 흡연자의 아내는 비흡연자의 아내에 비해 폐암에 걸릴 확률이 두 배나 높다고 한다. 또한 흡연자가 있는 가정의 어린이는 비흡연자가 있는 가정의 어린이에 비하여 호흡기 질환에 걸릴 확률이 더 크다.

11.4 기타 실내 주거환경 유해 요소

부엌 용품

부엌 용품, 특히 가스레인지와 관련된 부작용은 현대식 주방에서 주목할 만한 건강 및 안전 문제로, 이러한 용품들이 일상생활에서 어떠한 부정적 영향을 미칠 수 있는지를 이해하는 것이 중요하다. 일반적으로 가스레인지의 부작용은 주로 LNG나 LPG를 연료로 사용하는 과정에서 이산화질소(NO$_2$), 일산화탄소(CO), 미세먼지(PM) 등과 같은 유해 물질이 방출되는 것이다. 이러한 물질들은 실내 공기질을 악화시켜 호흡기 질환이나 천식, 알레르기 질환 등을 유발할 수 있다. 또한 불완전 연소 시 발생하는 일산화탄소(CO)는 무색, 무취의 가스로 높은 농도로 흡입할 경우 인체에 치명적일 수 있다. 특히 주방 환기가 제대로 되지 않을 경우 일산화탄소가 상당한 농도로 높아질 수 있으며, 이는 두통이나 어지럼증, 피로를 일으키는 것은 물론이고 심한 경우에는 사망에까지 이를 수 있다. 또 가스레인지 사용 중 불이 붙지 않거나 음식물이나 기름이 넘쳐 불이 붙는 경우 화재가 발생할 수 있다. 또한 가능성은 크지 않지만 가스 누출로 인한 폭발 위험성도 존재한다.

기타 부엌 용품 기구 사용의 부작용으로는 일부 조리 기구나 용기의 경우에 높은 온도에서 유해 물질을 방출할 수 있다는 것이다. 예를 들어, 비스페놀 A가 포함된 플라스틱 용기나 과불화 화합물이 코팅된 프라이팬을 가열 시 건강에 해로울 수 있는 물질을 방출할 수 있으며 오래된 비닐 랩이나 플라스틱 용기도 사용 시 유의해야 한다. 또한 부엌에서 사용하는 합성세제나 청소 용품에는 독성이 큰 화학 물질이 일부 포함될 수 있어서 피부에 자극을 주거나 흡입 시 호흡기 질환을 유발할 수 있다. 따라서 이러한 제품 사용 시에는 충분한 환기가 필요하며 친환경 제품을 선택하는 것이 좋다. 또한 금속 식기류나 조리 도구는 부식되거나 긁힘이 발생할 경우 미세한 금속 입자가 식품에 섞일 수 있다. 특히 납이나 카드뮴이 포함된 도자기나 유리 식기는 건강에 해로울 수 있다.

예방 및 개선 방안으로는 먼저 주방에서 가스레인지나 조리 기구를 사용할 때에는 항상 환기를 충분히 하여 유해 물질이 실내에 축적되지 않도록 해야 한다. 경우에 따라서는 후드나 덕트를 이용하여 공기를 순환시키는 것도 매우 중요하다. 또한 주방 용품을 선택할 때는 안전성이 충분히 검증된 제품을 선택하는 것이 좋다. 따라서 친환경 소재나 무독성 제품을 사용하는 것이 좋다. 그리고 가스레인지 및 기타 주방 기기의 정기적인 점검과 유지보수를 통해 가스 누출이나 화재 위험성을 줄여야 한다. 특히 가스 연결 부위나 호스가 손상되지 않았는지 확인하는 것이 중요하다. 주방 기기를 사용할 때는 사용 설명서를 준수하고 과열되지 않도록 주의하며 조리 중에는 자리를 비우지 않는 등 안전사고를 미연에 예방하는 것이 중요하다. 또한 평소 부엌 용품의 올바른 사용법과 안전 수칙을 숙지하도록 하는 것도 중요하다. 특히, 어린이들에게는 주방에서의 안전 수칙을 철저히 가르쳐야 한다. 결론적으로, 부엌 용품의 부작용을 최소화하기 위해서는 안전한 제품 선택과 올바른 사용법, 그리고 충분한 환기와 정기적인 관리가 필수적이다.

멜라민 수지(Melamine resin)

멜라민 수지는 멜라민과 폼알데하이드를 반응시켜 만든 합성 수지로, 내열성, 내구성, 경도가 뛰어나 다양한 산업 현장에서 널리 이용되며, 주로 식기류, 건축 자재, 가구, 전기 제품의 절연체 등에 사용된다. 그러나 멜라민 수지의 제조 및 사용 과정에서 몇 가지 잠재적 위험성이 존재한다.

멜라민 수지의 특성과 용도는 열경화성 수지로 높은 내열성과 내화학성을 자랑한다. 이 때문에 내구성이 필요한 제품, 예를 들어 식기류, 주방 조리대, 가구 표면재 등에 광범위하게 사용된다. 또한 전기 절연성과 안정성이 뛰어나 전기 및 전자 부품의 절연체로도 활용된다. 하지만 멜라민 수지의 생산 공정 과정에서 폼알데하이드와 같은 유해 화학 물질이 배출될 수 있다. 이러한 물질은 대기오염을 유발하여 주변 환경에 부정적인 영향을 미칠 수 있다. 폼알데하이드는 휘발성이 있어 공기 중에 쉽게 확산되며 독성이 있어 장기간 노출 시 주변 생태계에 부정적인 영향을 미칠 수 있다. 또한 멜라민 수지 제품은 자연에서 쉽게 분해되지 않고 잔류되어 폐기물로 처리할 때 환경에 부담을 줄 수 있다. 이는 특히 매립지에서의 장기적인 환경 문제로 이어질 수 있고 재활용이 어려운 특성 때문에 대량의 폐기물이 발생하면 자원 낭비와 환경 오염 문제가 발생할 수 있다. 건강적 위험성도 문제시된다. 멜라민 수지 제품에서 미량의 폼알데하이드가 방출될 수 있는데 폼알데하이드는 국제암연구소(IARC, International Agency for Research on Cancer)에서 인간에게 발암 가능한 물질로 분류된 1군 발암물질로 장기간 노출 시 호흡기 질환이나 피부 자극, 눈 자극 등을 유발할 수 있다. 특히 밀폐된 공간에서 사용하는 경우 농도가 높아질 수 있으므로 각별한 주의를 요한다. 또한 멜라민 자체는 식품에 직접적으로 첨가되지 않지만 멜라민 수지가 사용된 식기류에서 용출될 가능성이 있다. 특히 고온의 식품이나 산성 식품과 접촉할 경우 멜라민 수지 속에 있던 미반응된 폼알데하이드가 용출될 위험성이 있다. 또 멜라민 수지 제품에 포함된 화학 물질은 일부 사람들에게 알레르기 반응을 일으킬 수 있다. 이는 피부 발진, 가려움증, 호흡기 문제 등으로 나타날 수 있다. 멜라민에 오염된 식품을 섭취하는 것은 신장에 많은 부담을 주고 장기적으로 건강에 해로울 수 있다. 2008년 중국에서는 멜라민이 불법적으로 분유에 첨가되어 큰 파문을 일으키기도 했다.

멜라민 수지 사용으로 인한 위험성을 감소하기 위한 대책으로는 멜라민 수지 제조 시 유해 물질의 배출을 최소화하기 위한 기술 개발과 안전한 제조 공정 개선을 들 수 있다. 이를 위해 대기 중 폼알데하이드 농도를 줄이고 작업 환경을 보다 더 안전하게 유지하는 것이 중요하다. 따라서 멜라민

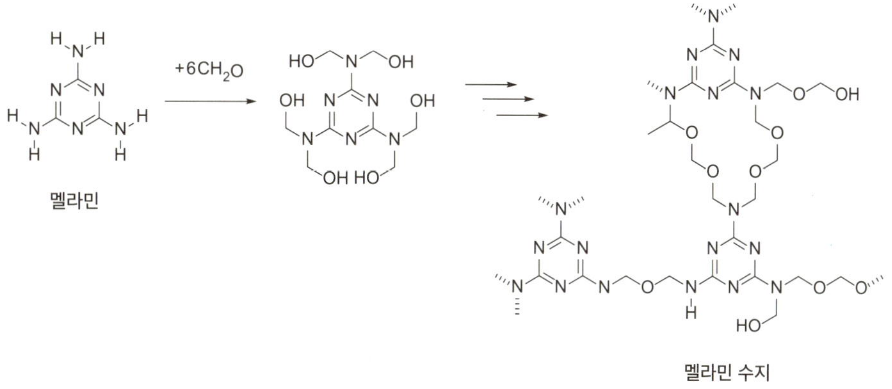

그림 11.1 멜라민 수지의 합성 과정

수지 제조 과정에서 배출될 수 있는 유해 물질을 효과적으로 처리할 수 있는 폐기물 관리 시스템을 구축해야 한다. 또한 멜라민 식기류를 사용할 때는 제조사의 사용 지침을 철저히 준수해야 하는데 고온의 식품이나 산성 식품과의 접촉을 피하고 전자레인지나 오븐에서는 이 식기류 사용을 제한하는 것이 좋다. 또 제품에서 폼알데하이드 냄새가 나는 경우 사용을 중지하고 환기를 철저히 하여 실내 공기 질을 깨끗하게 유지해야 한다. 또한 보다 더 안전하고 친환경적인 대체 소재를 개발하는 것도 중요하다. 이는 특히 식기류와 같은 주방용 제품에서 가장 필요한 대책이다. 예를 들면 자연적으로 생분해 가능한 소재나 재활용이 쉬운 소재를 개발하는 것도 대안이 될 수 있다. 소비자들에게 멜라민 수지 제품의 안전한 사용법과 잠재적 위험성에 대한 정보를 제공하는 것도 중요하다. 이를 통해 소비자들이 제품 선택 시 더 신중하게 판단하고 안전하게 사용할 수 있도록 돕는다. 정부와 관련 기관은 멜라민 수지의 제조 및 사용에 대한 규제를 강화하고 관련 제품의 안전성을 모니터링해야 한다. 이는 소비자 보호와 공공 안전을 증진시키는 데 필수적이다. 관계 기관은 폼알데하이드 방출 수준을 정기적으로 검사하고 기준치를 초과하는 제품에 대해서는 즉각적인 조치를 취해야 한다.

미세 플라스틱

미세 플라스틱은 지름 5 mm 이하의 작은 플라스틱 조각으로 주로 플라스틱 제품의 분해, 세탁 과정에서 합성 섬유의 방출, 산업 공정 등에서 발생한다. 이러한 미세 플라스틱은 생태계와 인체 건강에 다양한 부작용을 끼칠 수 있다. 미세 플라스틱의 환경적 유해성으로는 미세 플라스틱이 이미 해양 환경에 널리 퍼져 있어 해양 생물들이 이를 먹이로 오인하여 섭취할 수 있다는 것이다. 이는 어류의 소화계가 막히거나 영양 흡수가 방해를 받아 성장과 생존에 악영향을 미칠 수 있다. 또한 미세 플라스틱은 먹이 사슬을 통해 상위 포식자에게 전달될 수 있기 때문에 생태계 전반적으로 부정적 영향을 미친다. 또 미세 플라스틱은 해수에서 유기 오염 물질을 흡착하는 특성이 있어 독성 화학 물질이 전이될 수 있다. 이로 인해 미세 플라스틱을 섭취한 생물은 농축된 독성 화학 물질에 노출될 수 있으며 이러한 물질들은 생체 내에서 축적되어 장기적으로 건강에 유해한 영향을 미칠 수 있다. 또한 미세 플라스틱은 토양과 담수 생태계에도 영향을 미친다. 토양에서 미세 플라스틱은 토양의 물리적 구조를 변화시키고 이는 물리, 화학, 생물학적 토양 형성 과정을 방해할 수 있다. 또한 담수 생태계에서 수중 생물에게 미치는 영향은 해양 생태계와 유사하다.

다음은 미세 플라스틱의 인체 유해성이다. 미세 플라스틱은 식품, 음료수, 공기 등을 통해 인체에 섭취될 수 있다. 특히 해산물, 소금, 생수 등에서 미세 플라스틱이 발견된 바 있으며, 이는 직접적인 섭취와 호흡을 통해 인체에 주요 노출 경로가 된다. 또한 현재까지의 연구에 따르면 미세 플라스틱이 인체 소화기관을 통과하면서 대부분 배출되지만 일부는 인체 체내에 축적될 가능성도 제기되고 있다. 이러한 축적은 장기적으로 염증 반응을 일으키거나 조직 손상을 유발할 수 있다. 또한 미세 플라스틱은 플라스틱 생산 과정에서 사용되는 첨가제나 환경 중의 오염 물질을 흡착할 수 있어서 내분비계 교란 물질로 작용할 가능성이 있다. 이는 호르몬 체계 불균형을 초래하고 생식 건강 및 생육 생장에 영향을 미칠 수 있다.

다음은 미세 플라스틱 문제에 대한 대책이다. 가장 근본적인 해결책은 플라스틱 사용을 줄이는 것이다. 개인과 기업 모두 일회용 플라스틱 사용을 줄이고 재사용 가능한 제품을 사용하는 노력이 필요하다. 이는 플라스틱 제품의 수요를 줄여 미세 플라스틱의 발생을 근본적으로 감소시킬 수 있다. 또한 플라스틱 폐기물의 적절한 처리와 재활용을 통해 미세 플라스틱 발생 자체를 줄여야 한다. 이를 위해 폐기물 관리 정책의 개선과 일반 시민의 적극적인 참여가 필요하다. 플라스틱의 회수 및 재활용 체계를 확립하고 폐기물 분류 시스템을 강화하는 것도 중요하다. 또한 생분해성 플라스틱이나 자연에서 빠르게 분해되는 친환경 소재의 개발과 사용을 적극적으로 추진해야 한다. 이는 플라스틱의 환경적 피해를 줄이고 미세 플라스틱의 부작용을 최소화할 수 있다. 또한 정부와 관계기관은 미세 플라스틱의 생산 및 배출을 줄이기 위한 엄격한 규제와 정책을 마련해야 한다. 이는 플라스틱 제품의 사용을 제한하고 재활용을 촉진하며 미세 플라스틱 배출을 줄이는 신기술 개발을 지원하는 것을 포함한다. 또한 미세 플라스틱의 환경적, 신체적 영향을 더 깊이 이해하기 위해 지속적인 연구와 모니터링이 필요하다. 이를 통해 효과적인 정책과 대응 방안을 마련할 수 있으며 미세 플라스틱의 피해를 조기에 감지하고 대처할 수 있다. 또한 미세 플라스틱의 유해성과 문제를 대중들에게 알리고 이를 줄이기 위한 개인적 실천 방법을 교육하는 것이 중요하다. 일반 시민들은 생활 속에서 플라스틱 사용을 줄이고 환경 친화적인 제품을 선택해야 한다.

벤조피렌

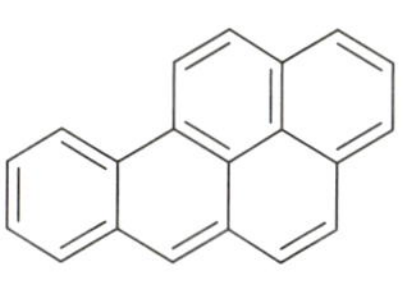
벤조피렌

벤조피렌(Benzo[a]pyrene)은 다환방향족탄화수소(polycyclic aromatic hydrocarbons, PAHs)라는 화합물 군에 속하는 물질로, 주로 화석 연료 등의 불완전 연소 과정에서 생성된다. 또한 담배 연기, 자동차 배기가스, 고온에서 조리된 음식 등에서도 발견될 수 있다. 벤조피렌은 환경과 인체 건강에 심각한 유해성을 가지고 있어 주의가 필요하다.

벤조피렌의 환경적 유해성은 배기가스를 통해 대기 중에 존재하며 특히 산업 단지와 교통량이 많은 대도시 지역에서 농도가 높을 수 있다. 이는 대기 오염의 중요한 요소로 장거리 이동이 가능하여 넓은 지역에 걸쳐 영향을 미친다. 또한 벤조피렌은 농작물 등 식물과 수생 생물들에게도 흡수되어 생태계 전반적으로 악영향을 끼치며 먹이 사슬을 통해 상위 포식자로 이동할 수 있다. 벤조피렌은 환경에서 쉽게 분해되지 않으며 생물체 내에서 생물 농축될 수 있다. 이는 생태계의 생물 종 다양성을 감소시키고 생물체의 정상적인 생리 작용을 방해할 수 있다.

다음은 벤조피렌의 인체 유해성이다. 벤조피렌은 국제암연구소(IARC)에서 인체 발암 가능 물질(Group 1)로 분류하고 있다. 인체 발암 가능 물질이란 인체에 발암성이 있는 것으로 충분히 증명된 물질을 말한다. 주로 폐암, 피부암, 방광암 등과 관련이 있는 것으로 알려져 있다. 벤조피렌의 흡입은 호흡기 질환을 유발할 수 있으며 피부에 직접 접촉할 경우 피부염이나 염증 반응을 일으킬 수 있다. 흡입 경로는 주로 담배 연기, 대기 오염, 산업 단지 등에서 발생한다. 또한 벤조피렌은 체내에서 대사 과정을 거치면서 활성 산화 물질로 변환되며, 이는 DNA와 결합하여 돌연변이를 일으킬 수 있다. 이러한 유전적 손상은 암 발생의 주요한 원인이 되기도 한다. 또한 벤조피렌은 내분비계 교란 물질로 작용할 수 있으며 호르몬 불균형을 초래하고 생식 체계에 영향을 미칠 수 있다. 이는 생식 능력 저하, 태아 성장 발달 이상 등을 유발할 수 있다.

다음은 벤조피렌의 주요 노출 경로이다. 벤조피렌은 숯불구이, 훈제식품, 바비큐 등 고온에서 조리된 음식 등에서 흔히 발견된다. 이는 조리 과정에서 육류 지방이 타면서 발생하는 연기를 통해 호흡기로 흡수된다. 또한 흡연도 벤조피렌 노출의 주요 경로 중 하나이다. 흡연자는 물론 간접 흡연자도 이에 노출될 수 있다. 일부 산업 현장에서는 작업환경 불비로 인해 벤조피렌의 직업적 노출이 발생할 수 있다. 특히 화학 물질 관련 제조업 공장, 제철소, 아스팔트 작업 현장 등에서 주의가 필요하다.

다음은 벤조피렌 피해에 의한 피해 대처 방안이다. 먼저 정부와 산업체 등은 벤조피렌 배출을 줄이기 위한 엄격한 규제와 관리 체계를 확립해야 한다. 이는 공장에서 배출되는 배출물 관리, 자동차 배출 가스 규제 등이 포함된다. 또한 일반 시민들은 벤조피렌에 의한 피해를 줄이기 위해 평소 금연을 실천하고 고온에서 조리된 음식 섭취를 줄이는 등의 생활 습관 개선이 필요하다. 또 음식물 조리 시에는 직화구이보다는 끓이거나 찌는 방법을 사용하고 조리 시 발생하는 연기를 최소화하기 위해 환기를 철저히 해야 한다. 또 벤조피렌의 위험성에 대한 교육과 인식을 높여 개인과 산업체 모두가 함께 피해를 줄이기 위한 노력을 해야 한다.

연소가스

최근 도시 지역에서 가정용으로 사용하는 연료는 LNG(Liquefied Natural Gas)이다. LNG는 일반적으로 LPG(liquefied petroleum gas)나 석탄에 비해 환경에 덜 해로운 것으로 알려져 있다. 하지만 LNG를 연소할 때 발생하는 배기가스는 여전히 여러 가지 유해 물질을 포함하고 있어 환기가 잘되지 않는 실내 공간에서는 특히나 건강과 환경에 잠재적인 위험을 줄 수 있다.

LNG의 특성은 주로 메테인(CH_4)으로 구성된 천연가스를 액화한 것이다. LNG는 연소 시 이산화탄소(CO_2), 수증기(H_2O), 질소산화물(NOx), 일산화탄소(CO) 등을 배출한다. LNG는 연료로서 높은 에너지 효율과 비교적 낮은 오염 물질을 배출하지만, 그 배기가스가 완전히 무해한 것은 아니다. LNG는 다른 화석 연료와 마찬가지로 기본적으로 연소 과정에서 이산화탄소가 배출되며, 이러한 온실가스는 지구 온난화에 악영향을 끼친다. LNG는 다른 화석 연료에 비해 이산화탄소 배출량이 적지만 대량 사용 시 여전히 기후 변화에 영향을 미칠 수 있다. 질소산화물 역시 LNG 연소 시 발생하는 주요 오염 물질 중 하나로 대기 중에서 오존과 미세먼지를 형성하는 원인물질로 작용한다. 이는 대기질을 매우 악화시키고 건강상의 여러 가지 질환을 야기하며 산성비를 유발하여 생태계를 파괴시킨다.

다음은 주방 조리기구 사용 시의 건강에 대한 유해성이다. 먼저 LNG 연소 시 산소가 부족한 조건이 되었을 때 순간적으로 일산화탄소(CO)가 발생할 수 있는데, 이는 무색, 무미, 무취의 가스로 높은 농도로 흡입할 경우 인체에 치명적일 수 있다. 특히 실내 환기가 불충분할 경우 일산화탄소 중독의 위험성이 급격히 증가한다. 또한 연소 시에 발생하는 질소산화물과 미세먼지는 호흡기 질환을 악화시키고 천식과 같은 호흡기 문제를 유발할 수 있다. 특히 어린이와 노약자는 이러한 오염 물질에 더 민감하게 반응할 수 있다. 또한 배기가스에 포함된 일부 유해 물질은 장기간 노출 시 눈과 피부를 자극할 수 있으며 염증 반응을 일으킬 수도 있다.

주방 조리 시 유해환경 개선 방안으로는 먼저 주방 기기를 사용할 때는 충분한 환기 시스템을 설치하여 배기가스가 실내에 축적되지 않도록 해야 한다. 주방 후드나 환기 팬을 사용하여 공기를 순환시키는 것이 중요하다. 또한 가스 기기와 환기 시스템의 정기적인 점검과 유지보수를 통해 누출 사고를 예방할 수 있다. 특히 가스 누출 경보기를 설치하여 일산화탄소 농도를 모니터링하는 것이 바람직하다. 또한 정부나 지자체는 일반 시민들에게 주방기기 사용 시 발생할 수 있는 중독 위험성과 예방 방법에 대한 교육을 실시하여 안전한 사용을 유도해야 한다. 이를 통해 불필요한 사고를 예방하고 우리의 건강 보호에도 기여할 수 있다.

비스페놀 A

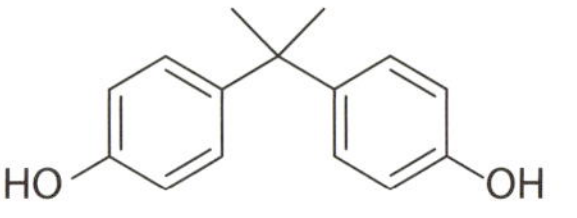

비스페놀 A

비스페놀 A(BPA, Bisphenol A)는 플라스틱 제조에 널리 사용되는 화학 물질로 주로 폴리카보네이트 플라스틱과 에폭시 수지의 생산에 이용된다. BPA는 일상생활에서 다양한 제품, 특히 식품이나 음료수 용기, 물병, 캔 코팅 등에 널리 사용되며, 이러한 사용은 인체와 환경계에 여러 가지 유해성을 초래할 수 있다.

비스페놀 A의 환경적 유해성은 먼저 플라스틱 폐기물이나 처리되지 않은 산업 폐수에서 수생 생태계에 유출될 수 있다. 이는 하천이나 호수 등의 수질 생태계 오염을 유발하며 수생 생물의 생육 생장에 영향을 미칠 수 있다. 또한 BPA는 생물학적 자연 분해가 어려워 환경에 장기간 잔류할 수 있다. 이는 생물의 체내에 축적되어 생태계 전반에 걸쳐 악영향을 미칠 수 있으며, 특히 어류의 생식 생장에 부정적 영향을 미칠 수 있다.

다음은 BPA의 인체 유해성이다. BPA의 인체 유해성은 일단 내분비계 교란 물질로 인체의 호르몬 체계에 나쁜 영향을 끼칠 수 있다. 이는 에스트로겐과 유사한 작용을 하여 호르몬 불균형을 초래할 수 있어서 생식과 발달, 대사 과정에 영향을 미친다. 또한 임신 중 임산부가 BPA에 노출되면 태아의 발달에 부정적인 영향을 미칠 수 있다. 이는 태아의 뇌 발달, 행동 장애, 면역 체계 이상 등을 초래할 가능성이 있다. 또 여성의 경우 유방암, 난소 기능 장애, 생리불순 등 생식 건강 문제의 위험성을 증가시킬 수 있으며 남성의 경우 정자 수 감소, 생식 능력 감퇴 등의 문제가 발생할 수 있다. 또한 만성적 BPA 노출은 비만이나 인슐린 저항성, 당뇨병 등 대사 및 심혈관 질환과 관련이 될 수 있다. 이는 BPA가 지방세포의 기능과 인슐린 작용에 영향을 미치기 때문이다.

다음은 BPA의 노출 경로이다. 먼저 BPA는 폴리카보네이트 용기와 에폭시 수지로 코팅된 캔의 내부에서 음식이나 음료로 용출될 수 있다. 특히 뜨거운 내용물이나 산성 음식이 이 용기에 담겨 있으면 BPA의 용출을 촉진할 수 있다. 또한 영수증 및 감열지의 코팅제로 사용되며 영수증을 통해 피부에 흡수될 수 있다. 이러한 접촉은 일상적으로 발생할 수 있는 주요 노출 경로 중 하나이다. 또한 BPA를 취급하는 산업 현장에서의 노출은 직업적 위험 요소가 될 수 있으며 작업자들이 직접적으로 고농도의 BPA에 노출될 수 있다.

BPA 피해 예방 및 개선 방안으로는 먼저 BPA의 사용을 줄이기 위해 산업계는 BPA를 대체할 수 있는 안전한 물질을 개발하여 사용해야 한다. 지금 현재 많은 제조업체들이 BPA-free 제품을 개발하면서 소비자들에게 더 안전한 선택지를 제공한다. 정부는 BPA 사용을 규제하고 특히 식품에서의 사용을 엄격히 제한하는 법적 조치를 취해야 한다. 이는 BPA 피해를 줄이는 데 효과적일 수 있다. 소비자는 생활 속에서 BPA-free 제품을 선택하여 개인적 노출을 최소화하고 플라스틱 용기 사용을 현격히 줄여야 한다. 특히 뜨거운 음식을 담을 때 유리나 스테인리스 스틸과 같은 대체 용기를 사용하는 것이 바람직하다. 또한 생활 속에서 BPA의 유해성에 대한 교육과 인식을 높여 소비자 스스로가 BPA의 노출을 줄이기 위한 노력을 하는 것이 중요하다.

프탈레이트

프탈레이트(Phthalates)는 플라스틱의 유연성을 높이기 위해 사용되는 화학 물질로, 다양한 산업 및 소비재 제품에서 널리 사용된다. 주로 폴리염화비닐(PVC) 제품, 화장품, 세제, 장난감, 식품 포장재 등에서 발견된다. 프탈레이트의 환경에 대한 유해성은 크게 생태계에 미치는 영향과 환경계 내 잔류성으로 구분할 수 있다.

프탈레이트의 환경적 유해성은 프탈레이트의 경우에 하천이나 호수 및 해양 환경에서 발견될 수 있으며 물고기와 같은 수생 어류에게 축적될 수 있다. 이는 수생 생명체의 생식과 생육에 부정적인 영향을 미치며 먹이 사슬을 통해 상위 포식자에게 전달될 수 있다. 또한 프탈레이트는 플라스틱 폐기물의 분해 과정에서 토양에 침투할 수 있으며 이는 식물의 생장과 토양 미생물의 건강, 토양의 물리적, 화학적 특성에 영향을 미쳐 토양 생태계를 교란할 수 있다. 프탈레이트는 환경에서 쉽게 분해되지 않고 장기간 잔류성이 있어 먹이 사슬을 따라 생물체 내에서 생물 농축될 수 있다. 이는 장기적으로 생태계 내 생물 종다양성을 감소시키고 생물체의 정상적인 생리 작용에 방해를 줄 수 있다.

프탈레이트의 인체 유해성은 인체에 흡수되었을 때 내분비계 교란 물질로 작용하여 호르몬 시스템에 악영향을 끼치며 이로 인해 생식 건강, 발달, 대사 과정에 영향을 미칠 수 있다. 이는 태아나 영유아와 같은 민감한 집단에 특히 더 큰 위험을 초래할 수 있다. 연구에 따르면 프탈레이트의 장기적 인체 노출은 남성의 경우 정자 수 감소, 생식 능력 저하, 여성의 경우 생리불순, 난소 기능 장애 등의 문제와 연관될 수 있다. 특히, 임신 중 노출 시 태아 발달에 매우 부정적인 영향을 미칠 수 있으며 프

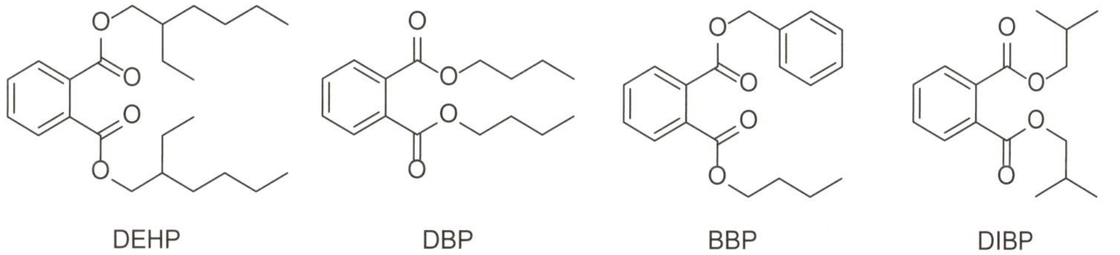

그림 11.2 몇 가지 프탈레이트의 구조

탈레이트가 포함된 제품과의 접촉은 피부염이나 알레르기 반응을 일으킬 수 있고 흡입을 통해 호흡기 건강에도 영향을 미칠 수 있다.

프탈레이트의 인체 노출 경로는 먼저 식품 및 음료 용기이다. 프탈레이트는 식품 포장재나 저장 용기에서 식품으로 용출될 수 있다. 특히 지방 함량이 높은 음식에서 그 용출이 높을 수 있다. 또한 화장품 및 개인 위생 용품 등 향수나 보습제의 성분으로 피부를 통해 체내로 흡수될 수 있다. 기타 가정에서 사용되는 플라스틱 제품, 세제, 장난감 등에서도 프탈레이트가 방출될 수 있으며, 이는 피부 접촉이나 코 흡입으로 인체에 노출될 수 있다. 그러므로 화학물질은 되도록 적게 사용하는 것이 안전하며 특히 영유아나 임산부는 더욱 더 주의를 할 필요가 있다. 임산부는 태반을 가로질러 아기에게도 영향을 줄 수 있다.

프탈레이트 피해 예방 및 관리 방안으로 먼저 정부 기관은 프탈레이트 사용을 제한하거나 금지하는 정책을 강화해야 한다. 특히 어린이 장난감이나 식품 포장재 등 민감한 제품에서의 사용을 엄격히 규제해야 한다. 산업계는 프탈레이트를 대체할 수 있는 안전한 제품을 개발하고 사용해야 한다. 이는 프탈레이트의 환경적 유해성을 줄이는 데 기여할 수 있다. 또한 플라스틱 폐기물의 적절한 처리와 재활용을 통해 프탈레이트의 환경계 유출을 최소화해야 한다. 이는 폐기물 관리 시스템의 개선과 시민의 적극적인 참여가 필요하다. 또한 환경 모니터링을 강화하여 프탈레이트의 유해성에 대한 교육과 인식을 높이고 소비자가 스스로 노출을 줄이기 위한 선택을 할 수 있도록 하는 것이 중요하다. 그리고 프탈레이트 농도를 정기적으로 평가하고 필요한 조치를 취할 수 있도록 해야 한다.

파라벤(Parabens)

파라벤은 화장품, 의약품, 식품 등에 널리 사용되는 방부제의 일종으로, 주로 메틸파라벤, 에틸파라벤, 프로필파라벤, 부틸파라벤 등의 형태로 존재한다. 파라벤은 미생물의 성장을 억제하여 제품의 유통기한을 연장하는 역할을 하지만 최근에는 그 유해성에 대한 우려가 커지면서 논란의 대상이 되고 있다.

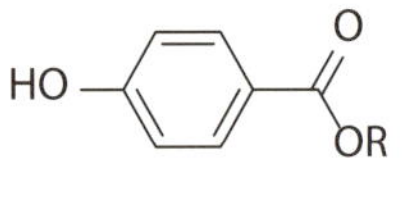

파라벤

파라벤의 환경적 유해성으로는 먼저 생태계에 미치는 영향이다. 파라벤은 주로 하수 처리 과정을 통해 환경에 유입될 수 있는데, 이는 수생 생태계게 큰 영향을 미친다. 연구에 따르면 파라벤은 어류와 같은 수생 생물의 호르몬 체계를 교란시킬 수 있으며 수생 어류의 생식과 생장에 부정적인 영향을 미칠 수 있다. 특히 내분비계 교란 물질로 작용하여 생태계의 균형을 깨뜨릴 수 있다. 또한 파라벤은 환경계에서 비교적 안정하여 장기간 잔류할 수 있어서 토양과 물에서 생물학적 분해가 느리게 진행된다. 따라서 파라벤의 지속적인 사용은 생물체 체내에 잔류되어 축적을 초래할 수 있다.

파라벤의 인체 유해성은 먼저 에스트로겐과 유사한 작용을 하는 내분비계 교란 물질로 인체의 호르몬 체계에 영향을 미칠 수 있다. 이로 인해 인간의 생식 건강 문제, 발달 장애, 대사 작용 저해 등이 발생할 수 있으며 특히 민감한 계층인 임산부와 어린이들에게 위험을 초래할 수 있다. 심지어 일부 연구에서는 파라벤이 유방암 등 특정 암 발생과 관련이 있다는 우려를 제기한다. 즉 파라벤이 체내에서 에스트로겐 수용체와 결합하여 에스트로겐 의존성 암세포의 성장을 촉진할 가능성이 있다는 것이다. 그러나 이에 대한 연구 결과는 아직 명확하게 검증되지 않아 더 많은 연구가 필요할 것으로 생각된다.

하지만 확실한 것은 파라벤이 포함된 제품을 장기적으로 반복 사용할 경우, 일부 사람들은 피부 자극이나 알레르기 반응을 일으킬 수 있다. 특히 민감한 피부를 가진 사람들은 파라벤 노출을 최대한 줄이는 것이 좋다. 파라벤의 지속적 노출은 비만, 당뇨병과 같은 대사성 질환과 관련이 있을 수 있다. 이는 파라벤이 지방세포의 분화와 지방 축적에 나쁜 영향을 미칠 수 있기 때문이다. 또한 면역계 이상을 초래할 가능성도 제기되고 있다.

일상생활 속 파라벤의 주요 노출 경로는 화장품, 로션, 샴푸, 치약 등 주로 다양한 개인 위생 용품의 방부제이다. 이는 피부를 통해 체내로 경피 흡수될 수 있으며, 일상생활에서 생활 화학 제품 사용으로 광범위하게 노출될 수 있다. 파라벤은 일부 식품과 의약품에도 방부제로 사용된다. 이러한 제품을 섭취하거나 사용하는 과정에서 체내로 흡수될 수 있다.

다음은 파라벤에 의한 피해 예방법을 소개하겠다. 먼저 기업은 파라벤을 대체할 수 있는 안전한 대체 방부제를 개발하는 것이 중요하다. 최근에는 파라벤 프리(paraben-free) 제품이 증가하고 있으며, 이는 소비자에게 더 안전한 선택지를 제공한다. 정부는 파라벤 사용을 제한하거나 금지하는 법적 조치를 강구해야 한다. 특히 독성 물질에 취약한 계층인 영유아나 어린이, 임산부가 사용하는 제품에 대한 선제적 조치가 필요하다. 소비자는 파라벤 프리 제품을 선택하고 제품 라벨을 주의 깊게 읽어 표기된 성분을 확인하는 습관이 필요하다. 또한 불필요한 화장품 사용이나 개인 위생용품 사용을 줄이는 것도 피해를 줄이는 한 방법이다.

노닐페놀

노닐페놀(Nonylphenol)은 주로 계면활성제로 사용되는 화학 물질로 다양한 소비재와 산업 제품에서 발견된다. 이 물질은 환경과 건강에 다양한 부정적 영향을 미칠 수 있으며 특히 내분비계 교란 물질로 잘 알려져 있다. 노닐페놀은 주로 세제, 섬유 유연제, 농약, 플라스틱 제조, 산업용 세척제 등에 사용되는 화학 물질이다. 이 물질은 계면활성제의 일종으로 물과 기름을 섞이게 하거나 물질 표면의 장력을 줄이는 데 사용된다. 또한 노닐페놀은 다양한 화학 반응의 중간체로도 사용된다.

노닐페놀

노닐페놀은 하수 처리 과정에서 완전히 제거되지 않아 수생 생태계로 배출될 수 있으며, 이는 자연 환경에 광범위한 오염을 초래할 수 있다. 특히 수생 생물에게 미치는 영향이 커서 이들이 노닐페놀에 노출되면 생존과 번식에 부정적인 영향을 일으킬 수 있다. 노닐페놀은 자연적으로 분해되기 어려운 특성을 가지며 생물체 내에서 농축되어 먹이 사슬을 통해 상위 포식자에게 전달되어 생태계 전반에 악영향을 미칠 수 있다. 예를 들어, 수생 생물이나 어류의 경우 노닐페놀의 축적은 생식과 성장 발달에 심각한 문제를 일으킬 수 있으며, 이는 생태계의 먹이사슬 불균형과 생물 다양성 감소로 이어질 수 있다.

건강적 위험성 측면에서, 노닐페놀은 에스트로겐과 유사한 구조를 가지고 있어 호르몬 수용체와 결합하여 내분비계를 교란시킬 수 있다. 이는 호르몬 불균형을 초래하여 생식 건강 문제, 발달 장애, 대사 문제 등을 유발할 수 있으며 특히 태아나 어린이와 같은 민감한 계층에 더 큰 영향을 미칠 수 있다. 일부 연구에서는 노닐페놀에 장기간 노출될 경우 발암 가능성이 높아질 수 있다고 우려하고 있다. 또한 노닐페놀은 면역계와 신경계에도 부정적인 영향을 미쳐 면역 기능 저하나 신경계 발달 장애를 초래할 수 있으며, 이는 장기적으로 만성 질환으로 이어질 수 있다.

노닐페놀의 노출 경로는 세제, 섬유 유연제, 화장품 등 일상 소비재 제품을 통한 경피 흡수, 흡입, 소화기 경로가 있으며 오염된 수돗물이나 농작물을 통한 간접 흡수도 가능하다. 산업 현장에서의 직업적 노출도 중요한 경로로, 직접적인 흡입이나 피부 접촉을 통해 이루어질 수 있다.

위험을 줄이기 위한 대책으로는 노닐페놀 대신 친환경적이고 안전한 대체 물질 개발, 정부와 관련 기관의 규제 강화, 오염된 환경 정화 기술 개발 및 적용, 소비자 교육과 인식 제고, 작업 환경 개선 등이 있다. 이러한 대책은 노닐페놀의 환경적 배출을 줄이고 안전한 사용을 촉진하며 직업 관련 질환의 발병 위험성을 줄이는 데 기여할 수 있다. 마지막으로 노닐페놀의 환경적 영향을 지속적으로 연구하고 모니터링하여 새로운 정보를 바탕으로 정책과 대응 방안을 마련해야 한다.

가습기 살균제 파동

가습기 살균제 파동은 우리나라에서 발생한 대규모 공중보건 사건으로 가습기 살균제 사용으로 인한 건강 피해가 사회적으로 큰 파장을 일으켰다. 이 사건은 살균제가 인체에 미치는 위험성을 제대로 인식하지 못한 채 제품이 오랜 기간 사용되면서 많은 피해자를 초래한 사건이다. 가습기 살균제는 가습기의 물에 첨가하여 물속 세균 및 곰팡이를 제거하는 목적으로 1990년대 후반부터 판매되었다. 그러나 2011년, 원인 불명의 폐 질환으로 인한 환자들이 속출하면서 공중보건 당국의 조사가 시작되었다. 당시 병원에서는 급성 호흡기 질환을 앓고 있는 환자들이 급증했고 특히 임산부와 어린이의 피해가 두드러지게 나타났다. 피해 조사 결과, 가습기 살균제 사용과 폐 질환 및 사망 간의 연관성이 확인되었다. 피해자들은 주로 호흡 곤란, 폐 손상, 천식 악화 등의 증상을 보였으며 일부는 사망에 이르기도 했다. 정부의 공식 집계에 따르면 수백여 명의 사망자가 발생했고 수천 명의 피해자가 건강 문제를 호소했다. 피해는 특히 임산부, 영유아, 노인 등 면역력이 약한 계층에서 심각하게 나타났다. 가습기 살균제의 원인은 가습기 살균제의 주요 성분으로 사용된 화학물질인 폴리헥사메틸렌구아니딘(PHMG, polyhexamethylene guanidine)과 5-클로로메틸이소티아졸리논(CMIT, 5-Methylchloroisothiazolinone) /메틸이소티아졸리논(MIT, Methylisothia-zolonone)은 독성이 강한 물질로 밝혀졌다. 이들 화합물은 흡입 시 폐에 직접적인 손상을 줄 수 있으며 장기간 노출 시 심각한 호흡기 질환을 유발할 수 있다. 문제는 이러한 물질들이 인체에 미치는 영향에 대한 충분한 연구와 검증 없이 시중에 유통되었다는 점이다.

이 사건 이후, 피해자들은 피해에 대한 책임과 보상을 요구하며 법적 절차를 진행했다. 일부 제조사들은 법원의 판결에 따라 피해자들에게 보상금을 지급하게 되었으나, 법적 해결이 모두 이루어진 것은 아니다. 이와 함께 정부는 화학 물질의 안전성을 강화하기 위한 법적, 제도적 개선을 추진했다. 가습기 살균제 사건 이후, 정부는 화학 물질의 관리 및 규제를 대폭 강화했다. '화학 물질의 등록 및 평가 등에 관한 법률'과 '화학 물질관리법'이 제정되어, 제품에 사용되는 화학 물질의 안전성 검사를 의무화하고 사전 예방 원칙을 강조하는 방향으로 개정되었다. 또한 이 사건은 소비자들에

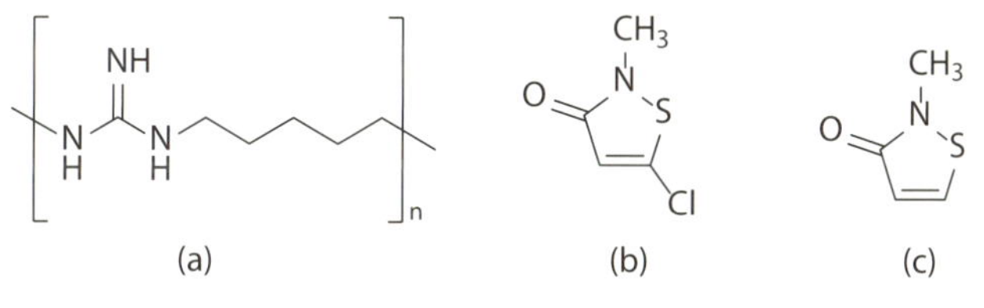

그림 11.3 (a) 폴리헥사메틸렌구아니딘(PHMG) (b) 5-클로로메틸이소티아졸리논(CMIT) (c) 메틸이소티아졸리논(MIT)

게 화학 물질의 위험성에 대한 경각심을 일깨웠다. 소비자들은 제품 구매 시 성분과 안전성에 대한 정보를 더 주의 깊게 확인하게 되었고, 친환경 및 무독성 제품에 대한 수요가 증가했다. 기업들도 제품 안전성에 대한 경각심을 가지게 되었고, 제품 개발 시 안전성을 최우선으로 고려하는 방향으로 변화했다. 이는 기업의 사회적 책임(Corporate Social Responsibility, CSR)에 대한 인식을 높이는 계기가 되기도 했다. 가습기 살균제 파동은 공중보건 시스템의 취약점을 드러냈으며, 이를 개선하기 위한 노력이 이어졌다. 정부도 신속한 대응 체계를 마련하고 공중보건 위기 상황에서의 대응 능력을 강화하기 위한 정책들을 추진했다. 가습기 살균제 파동은 인체에 대한 화학 물질의 위험성을 경시한 결과로 발생한 참사였다. 이 사건을 계기로 화학 물질 관리와 소비자 보호에 대한 사회적, 법적 기준이 강화되었으며 소비자와 기업, 정부 모두가 안전성을 중시하는 방향으로 변화했다. 이러한 노력은 앞으로 유사한 사건을 방지하고, 보다 안전한 환경을 구축하는 데 기여할 것이다.

역삼투압 정수기

역삼투압(Reverse Osmosis, RO) 정수기는 물 속의 불순물을 제거하기 위해 높은 압력을 이용해 반투막을 통과시키는 방식으로 깨끗한 물을 얻기 위한 강력한 정수 기술로 널리 알려져 있다. 그러나 이러한 역삼투압 정수기는 몇 가지 문제점도 있다.

역삼투압 정수기의 첫 번째 문제점은 바로 물 속에 있는 대부분의 무기질과 미네랄을 제거한다는 것이다. 예를 들어 Ca, Mg, K와 같은 필수 미네랄 성분이 제거되면, 물의 영양학적 가치가 현저히 낮아질 수 있다. 특히 장기간 미네랄이 제거된 물을 섭취할 경우 인체에 필요한 미네랄이 부족하게 되어 건강에 나쁜 영향을 끼칠 수 있다. 또한 역삼투압 정수기는 정수 과정에서 상당한 양의 물을 폐수로 버린다. 일반적으로 사용된 물의 50~80%가 폐수로 배출되어 물 낭비가 심각할 수 있다. 또한 역삼투압 정수기는 고압 펌프를 사용하여 물을 반투막으로 통과시키기 때문에 상당한 양의 전기 에너지를 소비한다. 이는 에너지 비용을 증가시키고 환경에도 부정적인 영향을 미칠 수 있다. 또한 역삼투압 정수기는 정기적인 필터 교체와 유지보수가 필요하다. 필터가 막히거나 수명이 다할 경우 정수기 성능이 저하될 수 있기 때문에 사용자에게 추가적인 비용과 노력을 요구한다.

결론적으로 역삼투압 정수기는 불순물을 효과적으로 제거하여 깨끗한 물을 제공하는 유용한 장치이긴 하지만 몇 가지 문제점을 동반한다. 과도한 미네랄 제거, 물 낭비, 에너지 소모, 유지보수, 정수 속도, 초기 비용, 환경적 영향 등이다. 이러한 문제를 해결하기 위해서는 기술적 개선, 효율적인 사용, 정기적인 유지보수, 그리고 환경 친화적인 접근이 필요하다. 이를 통해 역삼투압 정수기의 장점을 극대화하고 단점을 최소화하여 보다 건강하고 지속 가능한 물 사용을 실현할 수 있을 것이다.

11.5 바디버든

바디버든의 주요 원인

바디버든(Body Burden)이란 우리 몸에 축적된 합성 화학 물질과 중금속 등 유해 물질의 총량을 의미한다. 이는 우리가 일상생활 속에서 노출되는 다양한 화학 물질들이 시간이 지나면서 체내에 축적되는 것을 가리킨다. 현대 산업사회에서 우리는 식품, 공기, 물, 화장품, 가정용 화학 제품 등 여러 경로를 통해 많은 화학 물질에 노출되어 있는데 그중 일부는 인체 체내에 축적되어 건강에 부정적인 영향을 미칠 수 있다. 지금까지 알려져 있는 바디버든의 주요 원인은 식품, 대기 오염, 수질 오염, 가정용 화학 제품, 플라스틱 용기 등의 사용이다. 특히 농약, 방부제, 인공 첨가물 등이 포함된 식품은 바디버든의 주된 원인이 될 수 있다. 또한 실내 공기 오염 물질(예: 폼알데하이드, VOCs 등)이 호흡기를 통해 체내로 들어올 수 있다. 수돗물에 포함된 잔류 화학 물질이나 중금속, 낡은 배관에서 녹아 나오는 물질들도 바디버든을 증가시킬 수 있다. 또한 화장품, 샴푸, 바디워시 등 생활 화학 제품에는 파라벤, 프탈레이트, 트리클로산 등의 유해 화학 물질이 포함될 수 있으며 세정제, 살충제, 방향제 등에서도 다양한 유해 화학 물질이 방출될 수 있다.

바디버든이 미치는 영향

바디버든은 우리의 건강에 여러 가지 부정적인 영향을 미칠 수 있다. 특히나 인체에 축적된 유해 화학 물질은 내분비계 교란, 면역계 기능 약화, 발암 위험성 증가, 신경계 손상 등을 유발할 수 있으며, 어린이와 임산부는 이러한 화학 물질에 더욱 민감하게 반응할 수 있다.

바디버든 줄이기

생활 속 바디버든 줄이기 실천 방안으로는 먼저 유기농 식품 섭취이다. 예를 들어, 우리가 평소에

먹는 식품은 친환경 유기농 식품을 선택하여 체내 화학 물질 축적을 줄여야 하며 방부제, 인공 색소, 향료가 첨가된 가공식품의 섭취도 줄여야 한다. 또한 신선한 과일과 채소를 많이 섭취하여 해독 작용을 돕는 디톡스(detox) 식품을 충분히 섭취한다. 또한 수돗물에 포함된 잔류 화학 물질을 제거하기 위해 평소 잘 정제된 정수기를 사용한다. 필자의 생각으로는 음용수를 선택할 때 가급적이면 미네랄을 거르지 않는 압축 활성탄 방식의 정수기가 적절하다고 생각한다. 또한 평소에 플라스틱 용기 대신에 유리나 스테인리스 용기를 사용하여 플라스틱으로부터 유출될 수 있는 유해 화학 물질 노출도 줄여야 한다. 또한 실내에 거주할 때에는 평소 실내 공기를 자주 환기하여 실내 오염 물질의 농도를 낮춘다. 필요시에는 공기청정기나 공기순환기를 사용하여 미세먼지와 유해 화학 물질을 제거한다. 또한 공기 정화 식물을 도입하여 오염 물질을 흡착 제거할 수 있다. 또한 합성 화학 물질이 포함되지 않은 천연 성분의 화장품과 위생용품을 사용한다. 이런 제품 구매 시에는 표시된 성분 라벨을 잘 확인하여 유해 화학 물질이 포함되지 않은 제품을 선택한다. 또한 가정에서 사용하는 세제는 합성 화학 물질이 포함되지 않은 친환경 세제를 사용하여 청소한다든지 식초, 베이킹 소다 등 자연 유래 성분으로 만들어진 제품으로 청소용품을 대체한다. 평소 생활습관도 규칙적인 운동을 통해 땀을 배출하고 체내 축적된 화학 물질을 배출하며 충분한 수면을 통해 신체 회복과 해독 기능을 강화하도록 한다. 또한 스트레스는 면역력을 약화시키고 바디버든에 부담을 줄 수 있으므로 평소 요가나 명상, 취미 활동이나 레크리에이션 활동 등을 통해 스트레스를 잘 해소한다. 바디버든은 현대인의 건강에 중대한 영향을 미칠 수 있는 문제이지만 일상적인 생활습관 개선을 통해 그 영향을 충분히 줄일 수 있다. 다시 말하지만 화학 물질에 대한 노출을 최소화하고 건강한 생활습관을 유지함으로써 바디버든의 위험성을 줄여야 한다. 이러한 노력은 개인의 건강뿐만 아니라 환경 보호에도 일조할 것이다. 이러한 생활 속의 작은 실천을 통해 바디버든을 줄이고 우리의 삶의 질을 향상시킬 수 있다. 이는 단순히 개인의 노력을 넘어서서 사회 전체의 인식 변화와 국가적 차원의 제도적 지원책이 필요한 부분이다.

1. 폼알데하이드(Formaldehyde)는 주로 어떤 제품에서 발생하며, 실내 공기 중 폼알데하이드 농도를 줄이기 위한 방법은 무엇인지 설명하시오.

2. 휘발성 유기화합물(VOCs)이란 무엇이며, 실내 환경에서 VOCs의 주요 발생원은 무엇인지 설명하시오.

3. 벤젠 노출은 건강에 어떤 영향을 미칠 수 있으며, 주거 환경에서 벤젠 노출을 줄이기 위한 방법은 무엇인지 설명하시오.

4. 라돈(Radon)은 어떤 경로로 실내에 들어오며, 이를 줄이기 위한 효과적인 방법이 무엇인지 설명하시오.

5. 석면(Asbestos)이 포함된 건축 자재가 손상될 경우 어떤 건강 문제가 발생할 수 있으며, 안전한 제거 방법은 무엇인지 설명하시오.

6. 주거 환경에서 중금속(Heavy Metals) 오염의 주요 원인은 무엇이며, 이를 줄이기 위한 방안은 무엇인지 설명하시오.

7. 다이옥신(Dioxins)은 어떤 경로로 인체에 노출될 수 있으며, 이를 최소화하기 위한 식이 요법은 무엇인지 설명하시오.

8. 플라스틱 제품에 사용되는 첨가제(Plastic Additives) 중 건강에 유해한 것으로 알려진 물질은 무엇이며, 이를 피하기 위한 방법에 대해 설명하시오.

9. 가정에서 살충제 잔류물(Pesticide Residues)을 줄이기 위한 효과적인 방법은 무엇인지 설명하시오.

10. 가정용 가스 연소기구 사용 시 발생할 수 있는 유해 물질(Combustion Products)은 무엇이며, 이를 줄이기 위한 방법은 무엇인지 설명하시오.

주방의 화학

우리 삶 속의 화학, 그 중심에 있는 주방은 현대인의 삶이 어느 때보다도 과학과 밀접하게 연결되어 있음을 보여 준다. 그중에서도 화학은 우리의 일상생활과 떼려야 뗄 수 없는 관계를 맺고 있다. 이처럼 화학과 가장 친숙하면서도 중요한 장소가 바로 주방이다. 주방은 단순히 음식을 준비하고 조리하는 공간을 넘어 화학의 놀라운 세계가 펼쳐지는 무대라 할 수 있다. 우리는 매일 주방에서 다양한 화학 반응을 경험하며 그 결과물을 통해 맛과 영양, 그리고 동시에 즐거움을 얻는다.

음식은 우리에게 단순한 생존의 수단을 넘어 문화와 역사를 담고 있는 중요한 요소이다. 각 나라와 지역의 음식은 그 지역의 자연환경이나 문화적, 사회적 배경을 반영하며 이러한 음식이 만들어지는 과정에는 수많은 화학적 원리가 숨어 있다. 예를 들어, 빵을 굽는 과정에서는 효모가 설탕을 발효시켜 이산화탄소(CO_2)를 발생시키고 이 기체가 반죽을 부풀게 하여 부드럽고 폭신한 질감을 만들어 낸다. 이러한 발효는 미생물과 화학이 함께 어우러져 만들어 내는 예술 작품이라 할 수 있다.

주방은 화학 실험실이다. 우리는 조리 과정에서 열을 가하거나 다양한 재료를 혼합하여 새로운 맛과 향을 만들어 낸다. 이러한 과정은 모두 화학 반응을 포함하고 있으며 때로는 복잡한 과학적 현상들이 숨어 있다. 예를 들어, 고기를 굽는 동안 발생하는 마이야르 반응(Maillard reaction)은 아미노산과 당이 반응하여 고유의 풍미와 갈색을 만들어 내는 과정이다. 이 반응은 단순한 조리를 넘어 우리의 미각을 자극하고 음식을 더욱 매력적으로 만든다.

음식의 보존 역시 화학의 중요한 응용 분야이다. 냉장과 냉동, 건조, 절임 등의 방법은 음식을 신선하게 유지하고 유통기한을 늘리기 위한 보존제 사용은 다양한 화학적 원리에 기반하고 있다. 소금에 절이는 방법은 삼투압 원리를 이용하여 세균의 증식을 억제하고 냉동은 미생물의 성장을 저해하는 온도를 유지함으로써 식품을 보존한다. 이러한 보존 기술들은 우리의 식생활을 풍성하게 하고 계절과 지역의 한계를 넘어 다양한 음식을 즐길 수 있게 해 준다.

최근에는 식품안전에 대한 관심이 높아지면서 식품에 포함된 화학 물질에 대한 경각심도 커지고 있다. 식품 첨가물, 잔류 농약, 중금속 등은 우리의 건강에 직접적인 영향을 끼칠 수 있으며 이러한 요소들을 관리하고 최소화하기 위한 화학적 연구와 규제는 매우 중요하다. 우리는 매일 식탁에서 수많은 화학 물질과 만나고 있으며, 이들이 우리 건강에 미치는 영향을 이해하는 것은 안전한 식생활을 위한 첫걸음이다.

미래의 주방과 관련된 화학은 기술의 발전과 함께 주방에서도 새로운 화학적 혁신이 일어나고 있다. 분자 요리법은 전통적인 요리법을 넘어 새로운 맛과 질감을 탐구하며 나노기술을 활용한 식품 포장재는 음식의 신선도를 더욱 오래 유지할 수 있게 해 준다. 또한 식물 기반의 대체 단백질 개발은 지속 가능한 식량 공급을 위한 중요한 화학적 연구 분야로 떠오르고 있다. 이러한 혁신들은 우리의 식탁을 더욱 다채롭고 지속 가능하게 만들어가고 있다.

주방에서의 화학은 우리의 삶을 풍요롭게 만든다. 우리는 매일의 식사를 통해 화학의 세계를 경험하고 그 과정을 통해 삶의 질을 높인다. 이 장은 음식, 요리, 주방에서의 화학적 원리를 이해하고 이를 통해 더욱 건강하고 즐거운 식생활을 만들어 나가는 데 도움을 줄 수 있을 것이다. 화학은 더 이상 우리에게 낯선 학문이 아니라 일상 속에서 만나고 활용할 수 있는 친숙한 동반자가 될 것이기 때문이다. 이 장을 통해 주방이라는 화학의 세계에서 새로운 발견과 유익한 정보를 찾을 수 있기를 바란다.

12.1 식품 첨가물

식품 첨가물의 종류

미국 식품의약품국(Food and Drug Administration, FDA)의 정의에 의하면 식품 첨가물(food additive)이란 식품의 일부가 되거나 직접 또는 간접적인 사용을 통해 식품의 특성에 영향을 주는 물질로 규정되어 있다. 첫째는 식품 생산물의 특성을 고의적으로 바꿀 목적으로 식품에 직접 첨가하는 화학 물질이 식품 첨가물이다. 둘째는 환경으로부터 식품의 원료 물질이 되는 생물의 생장 기간이나 식품 생산 과정의 처리에서 부수적으로 식품에 유입되지만 최종 산물에는 불필요한 화학 물질은 식품 오염 물질이다. 식품 첨가물은 최종적으로 생산되는 식품에 다양한 특성을 갖도록 하기 위한 것으로 맛, 색깔, 소질, 모양 혹은 촉감을 좋게 하고 영양가를 높이고 소비자들이 보관하기 편리하며 쉽게 요리할 수 있도록 하기 위해 사용된다. 식품첨가물은 발효제, 절임제, 감미제, 유화제, 정화제, 안정제, 거품방지제, 산화방지제, 곰팡이 방지제 등과 같이 다양한 목적을 위해 사용된다. 현대 사회에서 사용되고 있는 식품 첨가물은 소금, 양념, 식물성 수지 등 자연적인 것과 방부제로 쓰이는 칼슘 프로피오네이트, 향료로 사용되는 벤질 알코올, 비타민으로 사용되는 니코틴아마이드처럼 합성 물질도 있다. 식품 첨가물을 사용하는 목적은 적어도 수십 가지 항목이나 되며 우리나라에서 사용되고 있는 식품 첨가물 가운데 몇 가지를 소개하면 다음과 같다.

합성 감미료

부유한 나라에 사는 사람들의 대부분은 설탕을 식량으로 사용하는 것이 아니라 감미료로 사용한다. 하지만 설탕을 다량으로 섭취하면 비만이나 건강에 해로운 영향이 나타나기 때문에 이러한 해로운 효과가 없이 단맛을 즐기려는 사람들에게는 칼로리가 낮은 합성 감미료(synthetic sweetener)가 절실히 필요했다. 또한 의학적인 이유로 당뇨병과 같이 설탕의 섭취를 피해야 하는 환자들을 위해서라도 새로운 감미료가 필요하게 되었다. 이와 같은 두 가지의 목적을 위해 합성 화학 물질인 사카린과 사이클라메이트가 만들어졌다. 최근에는 청량음료에 아스파탐이 인공 감미료로 널리 쓰이고 있다.

사카린(saccharin)은 최초의 합성 감미료인데 1879년 독일의 젊은 화학자 콘스탄틴 팔베르크(Constantin Fahlberg)가 존스 홉킨스(Johns Hopkins) 대학의 실험실에서 우연히 이 물질의 단맛을 발견하게 되었다. 이 물질은 설탕보다 200~500배의 단맛을 가지며 십만 배로 희석할 경우에도 단맛을 느낄 수 있다. 식품과 청량음료에 사용되는 것은 사카린의 소듐염과 칼슘염이다.

우리나라에서 사카린은 식품공전에 소듐염으로 등재되어 있다. 식품공전에 따르면 사카린소듐염(식품공전 표기: 삭카린소듐)은 수용성 사카린으로 불리고, 무색에서 백색의 결정 또는 백색의 결정성 분말이다. 식품공전에 의해 정해진 허용 기준은 다음과 같다.

- 김치, 절임 식품: 1.0 g/kg 이하. 다만, 김치류는 0.2 g/kg 이하
- 음료류(발효음료류 제외): 0.2 g/kg 이하 (다만, 5배 이상 희석하여 사용하는 것은 1.0 g/kg 이하)
- 어육 가공품: 0.1 g/kg 이하

- 특수 의료 용도 등 식품: 0.2 g/kg 이하
- 체중 조절용 조제식품: 0.3 g/kg 이하
- 시리얼류 : 0.1 g/kg 이하
- 뻥튀기: 0.5 g/kg 이하

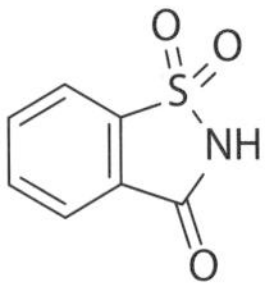

사카린

과거 잘못된 발암성 문제(실험 동물에서 유방암 또는 방광암 발생 결과)로 여러 국가에서 사용이 금지되다가 현재는 다시 허용되어 점차 합법적으로 사용되고 있다. 2010년 미국 환경보호청(EPA, Environmental Protection Agency)은 미국의 저열량 식품 업체 모임인 열량통제협회(CCC, Calorie Control Council)의 청원에 따라 합성 감미료 사카린을 '인간 유해 우려 물질' 리스트에서 삭제했다.

사카린이 발견된 지 거의 60년이 지난 1937년에 일리노이 대학의 루드비히 아우드리트(Ludwig Audrieth) 박사 실험실에서 연구하던 대학원생 마이클 스베다(Michael Sveda)에 의해 우연히 사이클라메이트의 단맛이 발견되었다. 사이클라메이트(cyclamate)는 단맛이 사카린보다 훨씬 못하며 사탕수수에서 정제한 설탕보다는 30배 정도 더 달다. 따라서 사이클라메이트의 장점은 쉽게 인정받지 못했다. 이 물질의 단맛이 발견된 후 13년이 지날 때까지 식품이나 청량음료에 사용되지 않았으며 연구와 개발에 1백만 달러를 소비한 후에야 비로소 상업적인 목적으로 그 이용이 가능하게 되었다. 사이클라메이트는 소듐염이나 칼슘염 또는 사이클라민산(cyclamic acid)의 형태로 사용된다.

사카린과 사이클라메이트는 맛이 서로 다르고 설탕과도 다르다. 설탕의 감미는 즉시 느낄 수 있고 비교적 신속히 사라진다. 이와는 반대로 합성 감미료는 천천히 감미를 느낄 수 있으며 그 감각이 오래 지속된다. 따라서 후미(after taste), 미각피로(taste fatigue) 및 맛의 싫증(satiate) 등 원하지 않는 전이 효과를 나타낸다. 사이클라메이트는 이러한 좋지 않은 전이 효과 면에서 사카린보다 우수하다는 평을 받아 사용되기 시작했다. 두 화합물을 혼합해서 사용하면 더 좋은 효과를 나타내는데, Sucaryl이라는 상표로 판매된 것은 사이클라메이트 10에 사카린 1을 혼합한 것이다.

아스파탐은 최근 널리 사용되는 인공 감미료로 설탕보다 약 200배 정도 더 강한 단맛을 가지고 있다. 칼로리가 거의 없기 때문에 다이어트 제품이나 당 섭취를 제한해야 하는 사람들을 위한 식품에 주로 된다. 아스파탐은 두 개의 아미노산인 아스파르트산과 페닐알라닌으로 구성된 디펩타이드의 메틸 에스터이다. 이 화합물은 물에 쉽게 용해되며 단맛이 매우 강하면서도 설탕과 유사한 맛을 제공한다. 아스파탐은 열에 약하기 때문에 고온에서 조리하는 식품에는 적합하지 않다. 아스파탐은 다양한 식품과 음료에 첨가된다. 예를 들면 칼로리를 줄이기 위한 무설탕 탄산음료에 자주 사용된다. 그 외에 저칼로리 디저트인 아이스크림, 젤라틴 등에도 많이 쓰인다. 일부 영양 보조제에서도 단맛을 내기 위해 사용된다. 아스파탐은 여러 국제 보건 기구에 의해 안전성이 평가되었다. 미국 식품의약국(FDA), 유럽 식품안전청(EFSA), 세계보건기구(WHO) 등은 아스파탐을 일반적으로 안전하다고 평가했으며, 일일 섭취 허용량(ADI)을 체중 1 kg당 40~50 mg으로 설정했다. 하지만 아스파탐의 안전성에 대한 논란도 존재한다. 일부 연구에서는 아스파탐이 두통, 알레르기 반응, 기분 변화 등의 증상을 유발할 수 있다고 보고되었다. 특히 아스파탐은 페닐케톤뇨증(PKU) 환자에게 유해할 수 있는 것으로 보인다. 페닐케톤뇨증(PKU)은 페닐알라닌을 대사하지 못하는 유전 질환으로, 아스파탐 섭취 시 혈중 페닐알라닌 수치가 위험 수준까지 증가할 수 있다. 따라서 페닐케톤뇨증(PKU) 환자들은 아스파탐이 포함된 식품을 피해야 한다. 아스파탐에 대한 대중의 인식은 혼재되어 있다. 일부 소비자들은 체중 관리와 당 섭취 제한을 위해 아스파탐이 유용하다고 생각하는 반면, 다른 소비자들은 인공 감미료의 장기적 사용에 대한 안전성에 대해 의구심을 가지고 있다. 이러한 이유로 자연 감미료나 대체 감미료에 대한 관심이 증가하고 있으며 제품 선택 시 첨가물에 대한 정보를 꼼꼼히 확인하는 소비자들이 늘고 있다. 아스파탐 등은 여전히 인공 감미료 시장에서 중요한 위치를 차지하고 있지만 건강에 대한 관심이 높아지면서 대체 감미료에 대한 연구와 개발도 활발히 이루어지고 있다. 스테비아, 에리스리톨 등 자연 유래 감미료가 대안으로 주목받고 있으며 이들은 기존 인공 감미료와 함께 또는 이를 대체하여 다양한 식품에 사용되고 있다. 이와 같이 인공 감미료는 칼로리를 줄이면서 단맛을 제공하는 효과적인 감미료로 많은 식품에 사용되고 있지만 장기적인 섭취와 관련된 반복적 노출은 개인의 건강 상태와 필요에 따라 적절한 선택이 필요하다. 그래서 식품 선택 시 첨가물 정보에 주의를 기울이는 것이 중요하다.

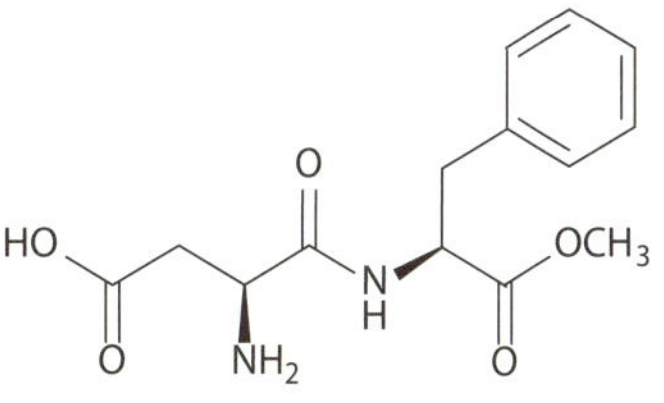

아스파탐

조미료

글루타민산 소듐(monosodium glutamate, MSG)은 오늘날 조미료(flavor enhancer) 중 가장 잘 알려진 물질로서, 고기와 생선이 포함된 냉동식품, 건조시킨 분말스프, 각종 통조림 등 많은 종류의 식품에 사용되고 있다. 특히 단백질성 식품에 유용하게 사용된다. 이 첨가물은 고단백 식품의 맛을 돋우는데 특히 유용하며, 같은 목적으로 간장의 성분으로도 사용된다. 그러나 곡류, 과일, 과자 등의 탄수화물 식품군에서는 맛을 개선시키지 못한다.

맛은 미각, 방향 및 기타 감각이 복합된 것으로서 혀, 입술, 인두, 코, 입 등에 있는 각종 감각 수

용기에 의해 인식된다. 혀에는 수천 개의 감각 수용기가 있으며 코에는 수백만 개의 수용기가 있다. 열, 냉각, 따가움, 수렴성, 상쾌함, 얼얼한 맛, 아린 맛, 마비, 신선함, 접촉, 압력, 질감 등도 미각을 돋운다.

일본인들은 스프와 기타 식품의 맛을 높이기 위해 오랫동안 다시마(Laminaria japonica)를 사용해 왔다. 동경대학의 화학자 이케다 기쿠나에(Kikunae Ikeda)는 다시마의 어떤 성분이 식품의 맛을 높이는지 알아내기 위해 실험한 결과 단백질성 식품의 맛을 향상시키는 글루타민산 소듐을 발견했다. 그는 1908년 글루타민산 소듐을 발견하고 곧 이어 밀가루에서 이 아미노산을 추출하는 방법을 개발했다. 그는 한 화학회사와 공동으로 1909년 글루타민산 소듐의 생산을 시작했다. 오늘날 전 세계적으로 연간 1억 톤 이상의 글루타민산 소듐이 사용되고 있다. 글루타민산 소듐이 식품의 맛을 증진시키는 원인은 정확하게 밝혀지지 않았다. 글루타민산 소듐이 작용을 하기 위해서는 소금이 필요하며, 글루타민산 소듐의 최적 농도는 식품의 0.2~0.5% 정도이다. 1% 이상의 농도에서 글루타민산 소듐은 단맛을 낸다. 이 첨가물은 고유의 맛을 가지고 있는데 많은 사람들이 약간 짜고도 단 맛을 느낀다. 글루타민산 소듐은 자신의 맛과 식품의 맛을 조합시켜 조미 효과를 내는 것으로 생각된다.

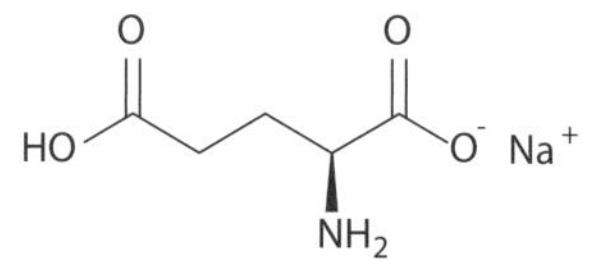

글루타민산 소듐
(흔히 MSG라고 함)

글루타민산 소듐의 생체에 대한 영향은 1957년에 글루타민산 소듐이 어린 생쥐의 안구 망막에 심한 상해를 유발시킨다는 보고가 있었다. 이러한 효과는 10년 후에 다른 조사팀에 의해 다시 확인되었다. 갓 태어난 생쥐에게 글루타민산 소듐을 주입한 결과 뇌의 시상하부에 손상을 초래한다는 사실이 드러났다. 시상하부는 체내의 호르몬계를 조절하는 뇌의 중요한 부분이다. 어린 붉은 털 원숭이에서도 이와 유사한 결과가 나타났다. 그러나 어린 쥐를 대상으로 한 실험에서는 뇌에 아무런 손상이 없었다. 이러한 사실은 종에 따라 글루타민산 소듐에 대한 감수성에 차이가 있거나 쥐에는 손상된 조직을 수리하는 기작이 있을 가능성을 시사하는 것이다.

어린 일본 원숭이에게 글루타민산 소듐을 먹이면 뇌에 손상이 없지만 같은 연구팀이 어린 생쥐에 글루타민산 소듐을 투여한 결과 뇌에 손상이 온다는 것을 다시 확인했다. 더구나 어릴 때 글루타민산 소듐을 처리한 쥐가 성체가 되면 글루타민산 소듐을 처리하지 않은 쥐에 비해 난소와 뇌하수체 전엽의 무게가 1/2 정도밖에 되지 않았다. 워싱턴대학의 존 올니(John Olney)는 사람의 유아에게 허용된 글루타민산 소듐 양의 5배 정도를 실험 동물에게 투여했을 때 뇌세포에 손상이 나타나는 것을 알았다. 성인이나 다 자란 동물에게 많은 양의 글루타민산 소듐을 투여해도 손상이 나타나지 않았는데, 이것은 나이에 따른 글루타민산 소듐의 감수성에 차이가 있음을 의미한다.

1968년 글루타민산 소듐이 중화요리 증후군을 유발시킨다는 또 다른 문제점이 나타났다. 중화요리에는 많은 양의 글루타민산 소듐이 사용되기 때문에 붙은 이름이다. 중화요리 증후군(CRS, Chinese restaurant syndrome)은 심한 두통이나 타는 듯한 감각, 안면 압각, 심장 통증 등의 증상을 나타낸다. 개인에 따라 감수성에 차이가 있으며 항상 위가 비어 있는 상태에서 음식을 먹고 난 후 그 증상이 나타난다. 증상의 강도는 섭취한 글루타민산 소듐의 양과 관련이 있다. 이러한 증세는 로버트 쿼크(Robert Kwok) 박사가 처음 보고했으므로 쿼크 병(Kwok's diesease)이라고 한다.

그러나 이러한 연구 결과들에도 불구하고 글루타민산 소듐은 현재까지 널리 사용되고 있으며 글루타민산 소듐의 포함 여부와 함량을 식품 포장에 표기할 것을 권고하는 것 외에는 별다른 조치가 없이 우리의 식품 속에 포함되어 섭취되고 있다.

질산염과 아질산염

질산염(NO_3^-)과 아질산염(NO_2^-)은 육류, 닭고기, 생선 등의 보존을 위해 사용되는 식품 첨가물이다. 특히 절인 쇠고기, 비엔나 소시지, 스모크 소시지, 훈제 생선과 같은 훈제 및 저장 육류에 널리 사용된다. 이들 화합물은 산소와 질소로 이루어진 원자단을 포함하며 항미생물 작용을 통해 식중독균의 성장을 억제하는 역할을 한다.

미국 FDA는 이러한 화합물의 사용이 클로스트리디움 보툴리눔(Clostridium botulinum)과 같은 식중독균을 억제하여 식중독을 예방하는 데 필요하다고 보고 있다. 이는 질산염과 아질산염의 독성보다 식중독으로 인한 위험이 더 크다고 판단하기 때문이다. 그러나 질산염과 아질산염의 사용을 반대하는 측에서는 이들이 방부제로서의 가치가 제한적이라고 주장한다. 이는 이러한 화합물들이 항상 많은 양의 소금과 함께 사용되어야만 충분한 효과를 발휘하기 때문이라고 지적한다. 아질산염은 질산염보다 독성이 강하지만 여전히 많이 사용되는데 그 이유는 식품의 보존과 안전성을 높이는 데 기여하기 때문이다.

질산염과 아질산염의 또 다른 주요한 장점은 고기의 신선한 색상을 유지하여 외관을 더욱 매력적으로 만드는 데 있다. 이 화합물들은 고기 내 헤모글로빈과 마이오글로빈과 반응하여 아질산 화합물을 형성한다. 이 과정에서 고기는 안정적인 적색 또는 분홍색을 띠게 되며 이러한 색상은 소비자에게 신선한 이미지를 제공한다. 이러한 이유로 질산염과 아질산염은 발색제(color fixative)로도 사용된다.

우리나라에서는 식품의약품안전처가 질산염과 아질산염의 사용을 규제하고 있다. 질산염

($NaNO_3$)은 저장육류 및 훈제 및 저장 생선에 대해 최대 70 ppm까지 허용되기도 하지만 국내에서는 이보다 낮은 수준으로 규제하는 경향이 있다. 아질산염($NaNO_2$)은 훈제 또는 저장된 육류 제품에 대해 보통 50 ppm에서 70 ppm까지 사용이 허용되지만 특정 육류 제품에 대해 더 낮은 ppm 수준으로 규제할 수도 있다. 이와 같은 수치들은 일반적인 예시에 해당하며 실제 규격은 각국의 식품 안전 기관에서 발표하는 최신 지침에 따라 달라질 수 있다.

질산염을 다량으로 섭취한 가축의 중독은 오래 전부터 알려져 왔다. 1895년 캔자스주에서 한 떼의 가축이 죽은 사건을 조사하는 과정에서 이 가축들이 고농도의 질산염을 함유하고 있는 옥수수 줄기를 먹었기 때문에 중독된 것으로 밝혀졌다. 이 옥수수는 질소 함량이 아주 높은 토양에서 재배된 것이다. 중독된 가축의 혈액이 검은 색을 띠고 있었으나 그 당시에는 그 원인을 알 수 없었다. 질산염 중독은 체내에서의 생리적 변화를 통해 나타나며 그 주요 증상 중 하나는 청색증(cyanosis)이다. 이는 피부와 점막이 푸르게 변하는 현상으로 적혈구의 산소 운반 능력 상실에 기인한다. 정상적으로, 적혈구 내의 헤모글로빈은 산소와 결합하여 조직에 산소를 공급하는 역할을 한다. 그러나 중독 상태에서는 헤모글로빈이 산소와 결합할 수 없는 메트헤모글로빈(methemoglobin)으로 전환된다. 이 전환 과정은 헤모글로빈 분자 내 철(Fe)의 산화에 의해 발생한다. 아질산염은 제일철(Fe^{2+})을 제이철(Fe^{3+})로 산화시켜 메트헤모글로빈을 형성한다. 메트헤모글로빈은 산소와 결합할 수 없으므로 혈액의 산소 운반 기능이 저하되어 혈액이 검은색으로 변하고 조직은 산소 부족 상태에 빠진다. 결과적으로 산소 공급이 원활하지 않아 동물은 호흡 곤란을 겪고 심한 경우 질식으로 사망에 이를 수 있다.

$$\underset{\text{(산소와 결합 가능)}}{\text{헤모글로빈}(Fe^{2+})} \longrightarrow \underset{\text{(산소와 결합 불가능)}}{\text{메트헤모글로빈}(Fe^{3+})}$$

이러한 현상은 질산염이 아질산염으로 전환된 후 발생하는 반응으로 체내의 산소 운반 체계에 중대한 영향을 미친다. 따라서 질산염 중독을 예방하기 위해서는 질산염의 섭취를 관리하고 특히 가축이나 사람의 식단에서 이들의 농도를 모니터링하는 것이 중요하다.

질산염 중독은 메트헤모글로빈혈증(methemoglobinemia)으로 알려져 있으며, 이는 질산염이 체내에서 아질산염으로 전환될 때 발생한다. 이 전환 과정은 특정 미생물의 작용에 의해 촉진되며 특히 소와 같은 반추동물의 위에서 이러한 미생물이 많이 서식하고 있어 전환이 활발히 일어날 수 있다. 질산염이 강한 독성을 발휘하기 위해서는 아질산염으로의 전환이 필수적이다.

$$\underset{\text{질산염}}{NO_3^-} \xrightarrow{\text{미생물에 의한 환원}} \underset{\text{아질산염}}{NO_2^-}$$

질산염 중독은 사람을 포함한 여러 동물에서 발생할 수 있으며 특히 소에서 더 심각하게 나타난다. 이는 소의 위 환경이 질산염을 아질산염으로 전환시키기 쉬운 조건을 가지고 있기 때문이다. 반면에 성인의 경우는 장의 환경이 질산염을 아질산염으로 전환시키기에 적합하지 않아 중독이 드물고 심각하지 않다. 그러나 유아는 질산염 중독에 매우 민감하다. 이는 유아의 위액이 적어 질산염의 환원이 더 쉽게 일어날 수 있기 때문이다. 유아들이 섭취하는 고탄수화물 식품과 장내 미생물의 구성도 이러한 전환을 촉진하는 요인이 될 수 있다. 실제로 비정상적으로 높은 5,000 ppm의 아질산염이 포함된 소시지를 섭취한 2~3세 유아들이 중독된 사례가 보고되었다.

또한 최근에는 질산염과 아질산염의 세포 수준에서의 잠재적 독성이 문제로 주목받고 있다. 아질산성 질소를 포함한 아질산(nitrous acid)은 1953년 이후로 돌연변이 유발원으로 알려져 있으며, 이는 돌연변이, 기형, 암을 유발할 수 있는 니트로소아민의 형성을 통해 그 독성을 발휘하는 것으로 생각된다. 이러한 잠재적 위험성 때문에 질산염과 아질산염의 사용과 노출에 대한 주의가 요구된다.

보존제(Preservatives)

보존제는 일반적으로 방부제로 알려져 있으며 식품의 부패를 유발하는 미생물의 성장을 억제하는 역할을 한다. 미생물의 성장을 막거나 산화 과정을 지연시키는 방법은 모두 식품 보존에 효과적이다. 예를 들어, 곡류, 과일, 육류의 건조는 가장 오래된 보존 기술 중 하나이다. 이는 미생물의 성장과 산화 반응에 필수적인 수분을 제거하여 보존 효과를 얻는 방식이다.

화학 물질 또한 보존제로 사용될 수 있다. 소금에 절인 육류나 설탕 용액에 저장된 과일은 용해된 소금이나 설탕이 고장액(hypertonic solution)을 형성하여 삼투현상(osmosis)을 일으킨다. 이로 인해 미생물 내부의 수분이 외부로 빠져나가 탈수되면서 미생물의 성장이 억제된다. 이는 건조법과 유사한 효과를 가져온다.

보존제가 식품의 유통 기간 동안 미생물의 증식을 억제할 수 있다면 그것은 효과적인 보존제로 간주된다. 일반적으로 식품은 미생물의 분비하는 독성 물질에 의해 부패된다. 가열이나 방사선 조사에 의한 살균법 또는 냉동에 의한 미생물 불활성화는 종종 식품의 질을 손상시킬 수 있어 바람직하지 않다. 반면 화학 물질을 첨가하여 식품을 오랜 기간 보존하는 것은 가능하다.

포장 식품에서 흔히 사용되는 화학 보존제에는 비알코올성 음료, 과일 주스, 시럽, 마가린, 피클, 렐리쉬, 올리브, 샐러드 드레싱, 파이 속, 잼, 젤리 및 저장 식품에 사용되는 벤조산 소듐이 있다. 또한 빵, 초콜릿 제품, 치즈, 파이 껍질과 파이 속에 사용되는 프로피온산 소듐도 있다. 이들 보존제는 미생물의 성장을 억제하고 식품의 부패를 방지하는 데 중요한 역할을 한다.

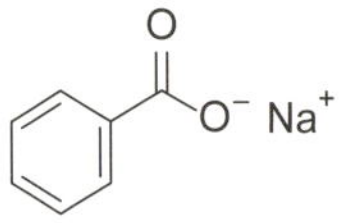

벤조산 소듐

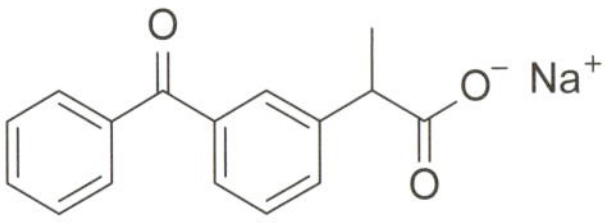

프로피온산 소듐

산화 방지제(Antioxidants)

식품에서 산화와 미생물(박테리아, 곰팡이 등)은 식품을 변질시키는 최대의 적이다. 특히 지방의 구성 성분인 불포화 지방산은 산화되기 쉬우며 산화되면 고약한 냄새가 날 뿐만 아니라 독성이 강한 과산화 지질을 생성한다. 그러므로 산화를 방지하기 위해 산화 방지제를 첨가하는데 식용 유지를 함유한 식품에는 BHA(butylated hydroxy anisole), BHT(butylated hydroxy toluene) 및 α-토코페롤 등이 사용된다.

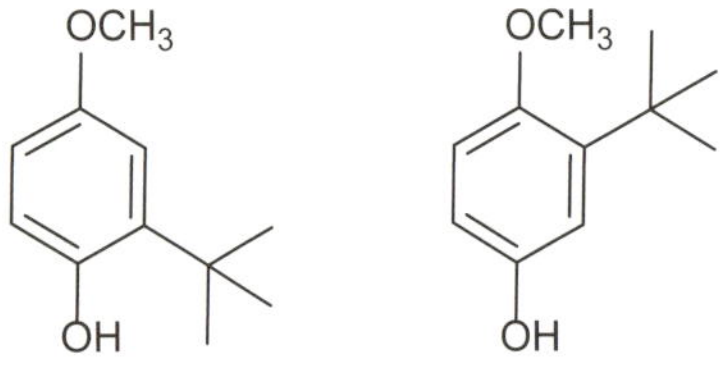

Butylated Hydroxy Anisole
(BHA)

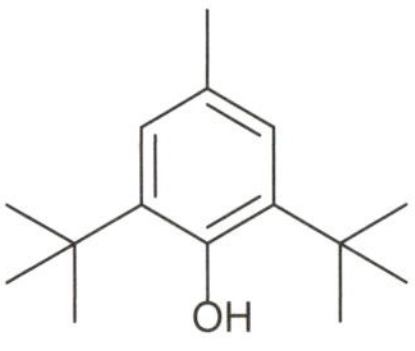

Butylated Hydroxy Toluene
(BHT)

강화제

강화제는 식품 가공 과정에서 손실된 비타민을 보충하기 위해 첨가되는 물질이다. 예를 들어, 흰빵을 제조하는 과정에서 손실되는 티아민과 리보플라빈을 보충하거나 곡류 제품에 비타민을 추가하는 방법이 있다. 이러한 비타민 보충은 영양가를 높이기 위한 목적이지만 비타민 A와 D와 같은 지용성 비타민을 과량 섭취할 경우 체내에 축적되어 건강에 해로운 영향을 미칠 수 있다. 특히 비타민이 첨가된 다양한 식품을 동시에 다량 섭취할 경우 이러한 과잉 섭취가 발생할 수 있다. 이로 인해 비타민 과잉으로 인한 부작용이 나타날 수 있으며, 이는 신체의 이상을 초래할 수 있다. 따라서 소비자들은 비타민이 강화된 식품을 피할 필요는 없지만 가공되지 않은 자연 식품이 건강에 유익하다는 점을 인식하고 다양한 식단을 통해 균형 잡힌 영양 섭취를 유지하는 것이 중요하다. 적절한 비타민 섭취량을 유지하기 위해서는 강화된 식품의 라벨을 주의 깊게 읽고 일일 권장 섭취량을 초과하지 않도록 유의하는 것이 좋다.

유화제(emulsifier)

마가린이나 마요네즈에서와 같이 물과 기름을 유화시켜 장기간 유상을 보존하기 위해서는 유화제가 필요하다. 유화제 분자는 친수기와 소수기를 함께 가지고 있어야 한다. 유화제로서는 레시틴(lecithin), 프로필렌 글리콜(proylene glycol), 모노글리세이드(monoglyceride)와 디글리세이드(diglyceride) 등이 사용된다.

금속제거제

곡물의 수확과 가공 과정에서 흙이나 기계로부터 금속 성분이 식품에 유입될 수 있다. 구리, 철, 니켈 등은 이온 상태로 지방 산화에 촉매 작용을 한다. 소위 금속제거제(sequestrant)는 식품 중의 미량원소들과 반응하여 복합체를 형성하여 금속원소가 식품의 분해 촉매로서 사용하지 못하도록 한다. 촉매 작용을 하는 금속을 제거하면 BHA와 BHT는 더 효과적으로 항산화 작용을 할 수 있다.

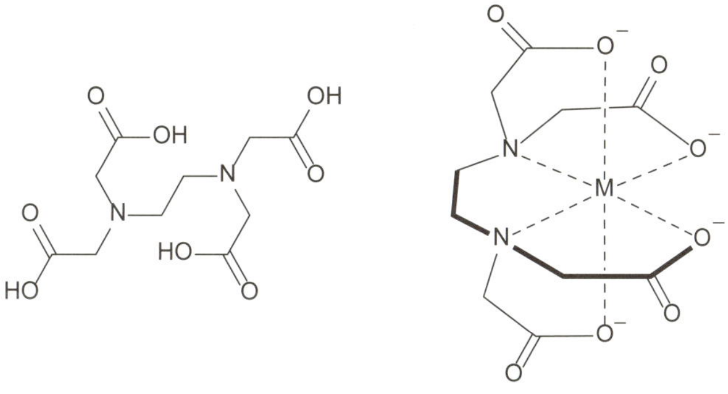

(a) EDTA (b) EDTA- 금속이온 복합체

그림 12.1 (a) EDTA 와 (b) EDTA-금속 이온 복합체

EDTA(ethylenediaminetetraacetic acid) 분자는 '금속 제거 작용' 효과가 큰데, 금속 이온을 6개의 결합을 형성하여 제거한다. 이때, 2개는 아미노기(-NH)의 질소 원자와, 4개는 카복실기($-COO^-$)의 산소 원자와 결합한다. EDTA의 소듐염과 칼슘염은 많은 식품과 음료에 보편적인 금속제거제로 사용된다.

향미제

식품의 맛을 느끼는 데 중요한 역할을 하는 것은 주로 냄새로, 이는 향기로운 휘발성 화합물들에 의해 결정된다. 예를 들어, 커피의 풍미는 약 500여 가지의 휘발성 화합물이 혼합되어 만들어진 향에 크게 의존한다. 이러한 향 성분들은 주로 식물에서 추출되며 향수 제조에 사용되는 성분과 유사한 방법으로 얻어진다. 식물에서 향을 추출하는 과정은 다음과 같은 단계로 이루어진다.

- **식물 분쇄**: 먼저 식물을 잘게 분쇄하여 추출에 적합한 상태로 만든다.
- **유기용매 추출**: 에탄올이나 사염화탄소(CCl_4)와 같은 유기용매를 사용하여 향 성분을 추출한다. 이 방법은 식물의 세포벽을 통해 용매가 스며들어 향기 성분을 용해시키는 원리이다.
- **복합 화합물 추출**: 한 가지 물질이 추출되기도 하지만 대개는 여러 가지 화합물이 복합적으로 추출된다. 이를 통해 복합적인 향을 가진 추출물을 얻는다.
- **정제 과정**: 추출 과정을 여러 번 반복하여, 불순물을 제거하고 비교적 순수한 형태의 물질을 얻는다.

이러한 방법으로 얻은 윈터그린(wintergreen), 페퍼민트, 오렌지, 레몬, 생강 기름 등은 식품에 단독으로 또는 혼합하여 첨가되어 원하는 향을 제공한다. 이러한 천연 향료는 식품의 풍미를 높이는 데 중요한 역할을 한다.

최근에는 천연 향료뿐만 아니라 화학적으로 합성된 향료도 널리 사용되고 있다. 합성 향료는 특정 향을 대량으로 생산할 수 있어 비용 효율적이며 안정적인 공급이 가능하다. 이러한 합성 화학 물질은 천연 향료와 유사한 향을 제공하며, 다양한 식품에 적용되어 소비자에게 풍부한 맛 경험을 제공한다. 이러한 혁신적인 방법들은 식품 산업에서 중요한 위치를 차지하고 있으며 풍미 개선 및 다양성 증가에 기여하고 있다.

향미 증진제(Flavor enhancers)

향미 증진제는 자체적으로는 거의 맛이 없지만 다른 물질의 향을 증진시키는 역할을 한다. 이들은 두 가지 주요 효과를 통해 작용한데 상승 효과와 강화 효과이다. 상승 효과(synergism)는 서로 다른 물질들이 협력하여 개별적으로 사용될 때보다 더 큰 효과를 내는 현상을 말한다. 강화제(potentiators)는 그 자체로는 효과가 없지만 다른 화합물들의 효과를 더 강하게 만들어 주는 물질이다. 예를 들어, 일부 뉴클레오타이드는 자체적으로는 맛이 없지만 육류 식품의 풍미를 강화하고 소금의 효과를 감소시킨다. 향미 증진제는 원래 육류와 어류의 풍미를 향상시키기 위해 사용되었으나 현재는 채소, 빵, 케이크, 과일 음료 등의 다양한 식품에 적용되어 풍미를 강화하고 원치 않는 냄새를 가리는 데에도 사용된다.

가장 많이 사용되는 향미 증진제로는 글루탐산 소듐(monosodium glutamate, MSG), 5'-뉴클레오타이드, 말톨(maltol) 등이 있다. 이들 물질은 식품의 풍미를 개선하고 소비자에게 더욱 만족스러운 맛 경험을 제공하기 위해 다양한 식품에 널리 사용된다.

식용색소

식용색소로 사용되는 화합물은 대략 30여 종류에 달하며 이 중 절반은 실험실에서 합성된 것이고 나머지 절반은 천연 물질에서 추출한 것이다. 대부분의 식용색소는 여러 개의 이중결합과 방향족 고리를 포함하는 고분자 유기 화합물이다. 이러한 화학 구조는 특정 파장의 빛을 흡수하고 나머지 파장을 투과시키는 전자들을 가지고 있어 투과된 빛의 파장에 의해 고유의 색깔을 나타낸다. 예를 들어, β-카로틴은 주황색을 띠는 천연색소로 당근 및 다른 식물에서 발견된다. 이 색소는 식품에 자연스러운 색을 부여하는 데 사용된다. 한편 합성 색소의 예로는 황색 5호가 있으며, 이는 민감한 사람들에게 알레르기 반응을 일으킬 수 있다. 이러한 반응은 주로 발진과 코 훌쩍임으로 나타날 수 있다. 따라서 미국 식품의약국(FDA)은 황색 색소 5호를 사용한 식품에 대해 반드시 그 사용 사실을 라벨에 명시하도록 규정하고 있다. 이는 소비자에게 알레르기 유발 가능성을 알리고 안전한 선택을 할 수 있도록 돕기 위한 조치이다.

pH 조정제

pH 조정제는 식품에 적절한 신맛을 부여하고 맛의 균형을 맞추기 위해 사용된다. 치즈, 음료, 드레싱 등에는 약한 유기산이 첨가되어 깔끔하지 못한 뒷맛을 가리면서 신맛을 조절한다. 이러한 유기산들은 식품의 풍미를 개선하는 데 도움을 준다.

빵을 굽는 과정에서는 약산과 그 염이 탄산수소염과 반응하여 이산화탄소(CO_2)를 발생시켜 발효와 팽창을 돕는다. 이 과정은 빵의 질감을 개선하는 데 중요한 역할을 한다. 또한 식품의 pH를 정확히 맞추고 유지하기 위해 완충제(buffer)가 사용되기도 한다.

완충제의 예로 주석산 포타슘(potassium acid tartrate)이 있는데, 이는 산이나 염기로 모두 작용할 수 있는 유기산 염이다. 이러한 완충제는 식품의 pH를 안정적으로 유지하여 맛과 품질을 일관되게 유지하는 데 기여한다. 이와 같은 pH 조정제와 완충제의 사용은 식품의 안정성과 맛을 보장하는 중요한 요소이다.

산성 제제(acidulants)

산성 제제는 식품에서 다양한 기능을 수행하며 그 역할은 다음과 같이 세분화될 수 있다.

- **보존제 역할**: 산성 제제는 식품의 pH를 낮춰 미생물의 성장을 억제함으로써 보존제 역할을 한다. 이는 식품의 부패를 방지하고 유통기한을 연장하는 데 도움을 준다.
- **항산화제 역할**: 산성 제제는 산패를 억제하여 식품의 신선도를 유지한다. 특히 갈변 반응을 억제하여 식품의 색상을 보호하고 영양가와 외관을 유지하는 데 기여한다.
- **반죽의 점도 변형제**: 빵이나 다른 반죽 제품에서 산성 제제는 반죽의 점도를 조절하여 질감을 개선한다. 이는 반죽의 탄력성을 높이고, 최종 제품의 식감을 향상시키는 데 중요하다.
- **융점 조정제 역할**: 산성 제제는 바르는 치즈와 알사탕과 같은 제품의 융점을 조정한다. 이는 제품의 물리적 특성을 조절하여 원하는 질감과 녹는 특성을 제공하는 데 사용된다.

이와 같은 다양한 기능을 통해 산성 제제는 식품의 품질과 안전성을 유지하는 데 중요한 역할을 한다. 이러한 제제의 사용은 식품의 맛, 질감, 보존성 등을 개선하여 소비자에게 보다 나은 식품 경험을 제공하는 데 기여한다.

응고 억제제(Anticaking agents)

응고 억제제는 습한 환경에서 흡습성(hygroscopic) 식품이 덩어리지는 현상을 방지하기 위해 사용된다. 이러한 식품에는 소금과 같은 결정성 물질이 포함되며 습기가 많은 날씨에는 쉽게 덩어리지기 쉽다. 소금, 즉 염화소듐(NaCl)은 공기 중의 수분을 흡착하여 표면이 축축해지는 경향이 있다. 이로 인해 소금 결정들이 서로 달라붙어 덩어리를 형성할 수 있다. 응고 억제제는 이러한 현상을 방지하기 위해 첨가되며 보통 1% 이내의 소량으로 사용된다.

예를 들어, 규소산 마그네슘(magnesium silicate)과 같은 응고 억제제는 소금 주변의 수분과 결합하여 수화수(hydrate)를 형성한다. 이 과정에서 응고 억제제는 수분을 흡수하여 소금 결정의 표면을 건조하게 유지한다. 결과적으로 소금 결정들이 녹지 않으며 서로 달라붙는 것을 방지하여 덩어리지는 현상을 막는다.

응고 억제제의 이러한 기능은 소금과 같은 흡습성 식품의 품질을 유지하는 데 중요한 역할을 하며 제품의 유통 및 사용 중에도 균일한 상태를 유지할 수 있도록 돕는다. 이러한 과학적 원리를 통해 응고 억제제는 다양한 식품에서 실용적인 응용을 가능하게 한다.

안정제 및 증점제

안정제(stabilizers)와 증점제(thickeners)는 식품의 질감을 개선하고 성분이 잘 혼합되도록 돕는 역할을 한다. 이러한 첨가물들은 주로 다당류로 구성되어 있으며 구조 내에 여러 개의 수산화기(-OH)를 포함하고 있다. 수산화기는 물과 수소 결합을 형성하여 식품 내의 물과 기름이 더 잘 혼합될 수 있도록 한다.

카라기닌(carrageenan)은 이러한 안정제와 증점제의 한 예로, 수산화기를 통해 수분과 상호 작용하여 식품의 질감을 부드럽게 하고 성분의 분리 현상을 방지한다. 안정제와 증점제는 다양한 식품에서 사용되며 특히 제과류에 입힌 설탕, 아이스크림, 샐러드 드레싱, 휘핑크림, 제과류, 치즈 등의 제조 과정에서 효과적으로 활용된다.

저지방 식품에서는 지방에 의해 제공되는 매끄러운 질감이 부족할 수 있는데 안정제와 증점제를 첨가함으로써 이를 보완할 수 있다. 이러한 첨가물들은 식품의 질감을 향상시켜 소비자에게 더욱 만족스러운 식감을 제공한다.

증점제로 사용되는 식물성 검질(아라비아 검, 구아 검, 메뚜기콩 검, 트라칸스 검 등)은 수용성 식이섬유의 좋은 공급원으로 건강에도 긍정적인 영향을 미칠 수 있다. 이러한 검질들은 물에 용해되어 점성을 증가시키고 식품의 물리적 특성을 개선하여 다양한 식품에서 활용된다. 안정제와 증점제의 사용은 식품의 질감, 안정성, 혼합성을 개선하여 소비자에게 더 나은 식품 경험을 제공하는 데 기여한다.

12.2 식중독

식중독이란 음식물에 함유된 미생물, 유독 물질, 화학 물질이 음식물에 섞여 섭취되면서 생리적 이상을 일으키는 것으로, 주로 구토, 복통 및 설사 등의 위장염과 같은 소화기계의 증상을 일으키는 것이 많으며 보툴리누스 중독과 같은 신경 중독인 것도 있다. 식중독을 일으키는 물질에 따라 다음과 같이 크게 나눌 수 있다.

세균성 식중독

1. 감염형 식중독

감염형 식중독은 병원성 미생물, 주로 세균이나 바이러스가 식품을 통해 인체에 들어와 감염을 일으키는 식중독의 한 유형이다. 이 유형의 식중독은 병원체가 체내에서 증식하면서 독소를 생성하거나 직접 장기나 조직에 염증을 일으켜 증상을 유발한다. 감염형 식중독은 일반적으로 잠복기가 있으며 증상은 병원체에 따라 다양할 수 있다. 주요 증상으로는 복통, 설사, 구토, 발열 등이 있으며 증상이 나타나기까지 몇 시간에서 며칠이 걸릴 수 있다. 대표적인 감염형 식중독의 원인균은 다음과 같다.

① 살모넬라(Salmonella)

1885년 돼지콜레라에서 분리한 것으로, 살모넬라균 속에 속하는 특징의 균형은 장티푸스균, 파라티푸스균 등이 있다. 쥐, 소, 돼지 및 어류 등에 광범위하게 분포하며 하수나 하천, 인가 부근에서 쉽게 검출된다. 특히 동물에서는 장내균의 일종이나 사람에게서는 급성 장염을 일으킨다. 주로 여름철 및 가을철에 많이 발생하는데 어육제품, 수육제품, 유제품, 어패류, 달걀, 콩제품 등을 매개로 일어나며 살모넬라 보균자, 가축, 쥐의 분뇨에 의해서 오염된 식품이 감염원이다. 일단 감염되면 구토, 설사, 복통, 발열을 일으키며 열은 2~5일간 계속된다. 균은 열에 약하므로, 식품은 충분히 가열 조리 후 즉시 섭취하거나 냉장 보관하는 것이 바람직하다.

② 캠필로박터(Campylobacter)

그람 음성의 나선형 세균으로 주로 사람과 동물에게 감염을 일으키는 병원체이다. 이 세균은 특히 선진국에서 세균성 위장염의 주요 원인으로 알려져 있으며 감염은 주로 오염된 가금류, 육류, 비살균 우유, 오염된 물을 통해 이루어진다. 또한 감염된 동물과의 직접 접촉을 통해서도 전파될 수 있다. 캠필로박터에 의한 감염은 보통 감염 후 2~5일 정도의 잠복기를 거친 후 발열, 복통, 설사(때

때로 혈변 포함), 메스꺼움, 구토 등의 증상을 유발한다. 대부분의 경우 증상은 경미하며 1주일 이내에 자연적으로 회복되지만 드물게 길랭-바레 증후군과 같은 신경계 합병증을 일으킬 수 있다. 예방을 위해서는 가금류와 육류를 충분히 익혀서 섭취하고 교차 오염을 방지하기 위해 주방 도구를 철저히 세척하는 것이 중요하다. 또한 개인 위생을 철저히 하고, 특히 조리 전후에 손을 깨끗이 씻으며 안전한 물을 마시는 등의 방법으로 감염을 예방할 수 있다. 캠필로박터 감염은 대개 자가 치료로 회복되지만 증상이 심하거나 면역력이 약한 사람들은 의료적인 치료가 필요할 수 있다.

③ 노로바이러스(Norovirus)

사람에게 급성 위장염을 일으키는 매우 전염성이 강한 바이러스로 전 세계적으로 흔한 식중독의 원인 중 하나이다. 특히 겨울철에 발생률이 높으며 모든 연령대에서 감염을 일으킬 수 있다. 감염은 주로 오염된 음식이나 물의 섭취, 감염된 사람과의 직접 접촉 또는 오염된 표면을 만진 후 손을 입에 대는 방식으로 전파된다. 감염 후 12~48시간의 잠복기를 거친 후 구토, 설사, 복통, 메스꺼움 등의 증상이 나타나며 때로는 발열, 두통, 근육통을 동반하기도 한다. 이러한 증상은 일반적으로 13일 동안 지속되며 대부분의 사람들은 자연적으로 회복된다. 노로바이러스는 매우 전염성이 높아 감염된 사람이 있는 환경에서는 쉽게 집단 발병을 일으킬 수 있다. 예방을 위해서는 개인 위생을 철저히 하고 화장실 사용 후나 식사 전후에는 손을 깨끗이 씻는 것이 중요하다. 또한 음식은 철저히 익혀 먹고 안전한 물을 마시는 것이 필요하며 감염된 사람이 사용한 물건이나 표면을 소독하여 바이러스 전파를 막아야 한다. 노로바이러스 감염은 대개 특별한 치료 없이 회복되지만 탈수증을 예방하기 위해 충분한 수분 섭취가 중요하다.

④ 장염 비브리오(Vibrio parahaemolyticus)

주로 해산물에 의해 전파되는 세균으로 사람에게 위장염을 일으키는 병원체이다. 이 세균은 따뜻한 해양 환경, 특히 염분이 있는 물에서 자연적으로 발견되며 여름철 따뜻한 물에서 그 수가 증가하여 해산물 섭취와 관련된 식중독의 주요 원인 중 하나로 작용한다. 감염은 주로 오염된 해산물, 특히 생굴이나 덜 익힌 조개류를 섭취함으로써 이루어지며 덜 익힌 해산물을 섭취하는 것이 주된 감염 경로이다. 감염 후 4~96시간의 잠복기를 거친 후 급성 위장염 증상이 나타나며 복통, 설사, 메스꺼움, 구토, 발열 등의 증상이 주로 발생한다. 이러한 증상은 대개 23일 이내에 자연적으로 회복된다. 예방을 위해서는 해산물을 충분히 익혀서 섭취하고, 특히 생굴이나 덜 익힌 조개류를 피하는 것이 중요하다. 또한 해산물을 조리할 때 주방 도구와 표면을 철저히 세척하여 교차 오염을 방지하고 해산물을 구매할 때 신선도를 확인하며 적절히 보관하는 것이 필요하다. 장염 비브리오 감염은 대개 자가 치료로 회복되지만 증상이 심하거나 면역력이 약한 사람들은 의료적인 치료가 필요할 수 있으며 충분한 수분 섭취로 탈수를 예방하는 것이 중요하다.

2. 독소형 식중독

독소형 식중독은 식품 내에서 세균이 증식하면서 생산되는 독소에 의해 중독을 일으킨다. 따라서 식품에 세균이 없어도 독소가 있으면 중독된다. 이 독소는 위산에도 독성이 약해지지 않고 장에 도달한다.

① 포도상 구균(staphylococcus aureus)

이 균은 자연환경에 저항력이 강하기 때문에 사람이나 동물의 피부, 비, 구강 및 실내에 분포하며 비공, 후두, 오염된 수건 등을 통하여 음식물이 오염될 기회가 많다. 그러나 그 상태는 무해하며 이 균이 식품에 부착하여 증식하면 장독소(enterotoxin)를 생성하는데, 이 독소가 식중독의 원인이 된다.

두통, 설사, 구토, 복통 등의 위장장애 증세가 있으며 발열은 없고 사망하는 경우는 드물다. 장독소는 저항력이 강해서 100 ℃에서 30분간 가열해도 독성을 잃지 않으며 산과 알칼리에도 저항성이 강하다. 균의 증식을 억제하기 위해 냉장이 필요하며 손과 몸에 화농이 있는 사람은 식품 취급을 금하고 식품 기구의 멸균 및 조리장 내의 청결이 필요하다.

② 보툴리누스균(clostridium botulism)

이 균에 의한 식중독의 발생 건수는 적으나 한번 발생하면 사망률이 높다. 토양 중에 널리 분포하고 있는 혐기성균으로 식품이 토양에 오염되면 혐기성 상태에서 독소가 산출되어 중독의 원인이 된다. 이 균은 아포를 형성하는데 내열성이 강해서 100 ℃에서도 사멸하지 않는다. 자가 병조림 및 통조림을 하는 경우에 살균 조작이 불충분하면 잘 발생한다. 사람에게 식중독을 일으키는 균형은 A, B, C, D, E, F 중에서 A, B 및 E형으로 알려져 있다. 증상은 특유의 신경증상으로, 처음에는 복통, 구토가 있으며 후에 설사, 복부 팽만감, 언어장애, 기립 곤란, 시력장애가 일어나며 나중에는 호흡 중추마비로 사망할 수 있다. 보툴리누스균의 독소는 열에 불안정하므로 먹기 전에 가열하면 어느 정도 예방이 가능하다.

3. 기타

① 웨치균(Clostridium perfringens, 과거명 Clostridium welchii)

식중독의 원인균 중 하나로 일반적으로 독소형 식중독으로 분류되는 경향이 있다. 이 균은 돼지나 가축의 장내에 존재하며 내열성이 있어 가열 조리 후에도 아포(spore) 형태로 생존할 수 있다. 식품과 함께 섭취된 후 소장 상부에서 증식하면서 아포를 형성하고 장독소를 생성한다. 균체의 용해와 함께 독소가 유리되면 장의 연동 운동이 증가하여 설사를 유발한다. 주요 독소 중 하나인 엔테로톡신(enterotoxin)은 장 점막에 작용하여 수분과 전해질의 분비를 촉진, 설사를 유발한다. 클로스트리디움 퍼프린젠스는 혐기성 세균으로 산소가 없는 환경에서 잘 증식하므로 대량으로 조리한 음식, 특히 스프나 스튜와 같이 두껍게 쌓여 있는 음식에서 식중독을 일으킬 가능성이 높다. 감염 후 6~24시간 내에 복통과 수양성 설사가 주로 나타나며 일반적으로 24시간 이내에 자연 회복된다. 예방을 위해서는 조리된 음식을 실온에 오랫동안 방치하지 말고 빠르게 냉각시켜 저온에서 보관하는 것이 중요하다. 대량으로 조리한 음식은 작은 용기에 나누어 빠르게 식히는 것이 좋으며 음식은 충분히 가열하여 아포가 발아할 수 없도록 해야 한다. 웨치균에 의한 식중독은 대개 자가 치료로 회복되지만 탈수를 방지하기 위해 충분한 수분을 섭취하는 것이 중요하다.

자연독에 의한 식중독

1. 식물성 자연독에 의한 중독

① 감자에 의한 중독

감자의 씨눈 및 녹색 부분에 함유된 솔라닌(solanine)이 중독을 일으킨다. 이것은 복통, 위장 장애, 허탈, 현기증 등을 일으킬 수 있다.

② 독버섯에 의한 중독

버섯은 식용버섯과 독버섯 등 여러 종류가 있다. 색이 선명한 것, 줄기가 세로로 갈라지지 않는 것, 줄기에 테가 있는 것, 악취가 나는 것 등, 독버섯의 식별법은 여러 가지가 있으나 어느 경우나 절대적인 것이 되지 못하며 자칫 오판으로 버섯 식중독에 걸릴 수도 있다. 독버섯은 종류에 따라 유독 성분이 다르고 이에 의한 중독 증상도 다르다. 주요 유독 성분은 무스카린(muscarin), 무스카리딘(muscari dine), 팔린(phalin) 등이다. 중독은 위장계 증상이 많으나 무스카린은 부교감신경 말초를 흥분시켜 각종 분비액을 증진시킨다.

2. 동물성 자연독에 의한 중독

① 복어 중독

복은 장기의 종류에 따라 유독 성분의 함유량이 각각 다르다. 난소가 독성이 가장 많고 다음은 아가미와 간장 및 표피 등에 있으며 육질에는 독 성분이 극히 소량으로 존재한다. 복의 독성 물질은 테트로도톡신(tetrodotoxin)으로 열에 대한 저항성이 강해서 100 ℃에서 4시간 동안 가열해도 파괴되지 않는다. 중독 증상은 입술 및 혀끝의 지각 마비, 사지의 운동 마비, 언어장애, 호흡 마비 등이 있으며 잠이 온다. 중증이면 호흡 불능으로 24시간 이내에 사망한다. 조리자에게 충분한 식품안전 교육을 실시하며 조리사 자격이 없는 사람은 조리하지 못하도록 하고 있으나 현실적으로는 무자격자에 의한 조리도 이루어지고 있다고 한다.

② 독 꼬치고기에 의한 중독

유독 성분은 알려져 있지 않으나 복과 달리 육질부에 독 성분이 함유되어 있다. 식후 30분에서 수 시간 이내에 안면 및 입술 주변의 마비와 언어장애, 보행 곤란 등의 증세가 있다. 이 독 성분은 열에 약해서 조리할 때 가열 처리로 파괴된다.

화학 물질에 의한 식중독

앞에서도 기술한 바와 같이 식품의 정상 성분 이외에 화학 물질에 의하여 식중독이 발생하는 경우가 있는데 이는 각종 화학 물질의 고의 혹은 우연, 잘못에 의해 유독 화학 물질이 식품에 혼입됨에 따라 발생할 수 있다. 근래에 발생된 사례로 보아 세균성 식중독에 비해 그 발생 건수는 훨씬 적으나 한번 발생하면 대규모로 발생되며 환자에게 후유증을 남기는 등 비참한 결과를 가져오는 수가 많다. 화학 물질에 의한 식중독을 원인별로 살펴보면 다음과 같다.

1. 제조, 가공, 저장 시의 혼입

1955년 6월 일본의 오카야마현과 히로시마현을 중심으로 한 지역에서 분유를 먹은 아기들이 식욕부진, 빈혈, 설사, 미열, 간장 확대, 색소 침착 등의 증상을 나타냈다. 원인은 모리나가 유업의 분유 제조 과정에서 유질 안정제로 제2 인산소듐($Na_2HPO_4 \cdot 12H_2O$)을 첨가했는데 이 중에 다량의 비소(As)가 함유되어 있었던 것이다.

2. 용기, 포장 재료로부터 혼입

1963년 일본에서 과즙 음료를 담은 블리크 캔(강철에 주석을 도금한 것)으로부터 주석이 용출되어 이것을 먹은 사람들에게서 식중독이 발생했다. 블리크 캔 내면은 주석 도금이 있어 산성 식품을 장기 보존할 경우 주석이 서서히 용출된다. 또 사용물이나 내용 식품 중의 질산 농도가 높을 때나 캔을 연 후 공기에 의해 산화되면 급격히 주석이 용출되어 중독을 일으킬 수 있다.

용기 및 식기류에 다량의 납(Pb)이나 안티몬(Sb)이 첨가된 경우에 식품에 혼입되어 식중독을 일으키는 경우가 있다. 납이 10% 이상, 안티몬이 5% 이상 함유된 금속으로 식기 및 조리 기구를 제조하는 것을 금해야 한다. 구리(Cu)로 제조된 식기는 녹청인 염기성 탄산구리가 생길 수가 있는데 이것이 심한 경우에 중독을 일으킨다. 구리나 구리합금으로 되어 있는 식기류는 식품이 접촉되는 부분만이라도 도금하여 녹청이 생기지 않도록 하는 것이 좋다.

나무나 종이로 된 용기는 재료 자체가 흡습성이 크기 때문에 부패균, 병원균의 침투가 용이하고 플라스틱, PVC 등을 재료로 한 용기는 그 수지의 합성 과정에서 첨가된 PCB, Pb, Hg 등이 음식에 침투할 가능성이 있다. 또한 요즈음 일회용으로 많이 사용되는 종이 용기는 물기에 젖지 않도록 파라핀 처리를 하게 되므로 뜨거운 물이나 음식을 담게 될 경우 녹아 나올 우려가 있다.

3. 무허가 식품 첨가물의 사용

식품 첨가물 중 허용되지 않는 것이 식품에 섞여 인체에 섭취될 경우에 건강 장해를 일으킨다. 1966년 11월에 식품 첨가가 금지된 둘신(dulcin)은 감미가 설탕의 250배이나, 섭취되면 소화효소를 억제하며 장기간 사용하면 혈액 독성을 일으키며, 동물 실험 결과에서는 간 종양이 발생했다. 에틸렌글리콜은 원래 엔진의 냉각수 부동액으로 사용되는데, 수용액은 감미가 있고 알코올 같은 감도가 있어 설탕이 부족할 때 감미료로 사용된 적이 있다. 일본에서는 에틸렌글리콜을 5배 희석하여 먹은 후 자주 오줌이 마렵고 호흡곤란, 구토, 의식불명, 거동 불능 등이 일어나 3명이 사망하기도 했다.

4. 식품 첨가물의 일시 다량 섭취

허용된 식품 첨가물이라 하더라도 너무 많은 양을 일시에 섭취하면 식중독의 원인이 될 수 있다. 1968년 미국의 중화요리점에서 완단스프를 섭취한 후 두통, 작열감, 안면 압박감, 흉통을 호소했는데 이것을 중화요리 증후군(CRS, chinese restaurant syndrome)이라 한다. 1971년 일본에서도 중화요리나 조미 다시마를 먹고 비슷한 증상이 나타났다. 이는 다시마 값이 비싸, 값싼 글루타민산 소듐을 증량한 것인데, 공복 시에 한꺼번에 화학 조미료인 글루타민산 소듐을 다량 섭취했기 때문이다.

알코올 발효 시에 펙틴으로부터 생성되는 메탄올은 포도주, 사과주의 과실주와 부정주류 그리고 증류수에 미량 함유되어 있다. 주류의 메탄올은 0.5 mg/mL를 넘어서는 안 되며 개인별로 차이가 있으나 중독량은 5~10 mL이고 치사량은 30~100 mL이다. 중독 증상은 두통, 복통, 설사가 일어나며 시신경염, 시신경 위축으로 실명하는 경우도 있다. 심하면 호흡장애, 심장마비로 사망할 수 있다. 메탄올 독성의 원인은 체외로 배출되는 시간이 늦고 체내에서 독성이 큰 지방산이 생기기 때문이다.

5. 독성 물질의 취급 부주의

농약 사용 시 취급 부주의로 인한 중독사고 등이 가장 빈번한 독성 물질에 의한 식중독의 예이다. 1956년 경북에서는 농약인 파라티온을 파리약으로 오인하여 실내에 살포한 후 10~20시간 후에 10명의 환자가 발생했다.

12.3 식품 관련 유해 요소

육류 가공식품

육류 가공식품, 특히 소시지, 베이컨, 햄과 같은 제품들은 전 세계적으로 인기 있는 식품이지만, 이러한 식품의 섭취는 여러 가지 건강상의 위험성이 있다. 이 절에서는 육류 가공식품 섭취의 위험성과 그에 대한 대책을 논의한다. 먼저 육류 가공식품 섭취의 위험성이다. 최근 세계보건기구(WHO, World Health Organization) 산하 국제암연구소(IARC, International Agency for Research on Cancer)는 육류 가공식품을 1군 발암 물질로 분류했다. 이는 가공육 섭취가 인간에게 발암성이 있다는 근거로 충분하다는 것을 의미한다. 특히 대장암의 위험성이 증가하는 것으로 보고되었다. 이 발암성은 육류 식품 가공 과정에서 사용되는 보존제, 특히 아질산염과 질산염이 고온에서 조리될 때 발암성 물질인 니트로소아민으로 전환될 수 있기 때문인 것으로 보인다. 육류 가공식품은 보통 높은 수준의 포화 지방과 소듐을 함유하고 있어 심혈관 질환의 위험을 증가시킨다. 또한 고지방 식단은 혈중 콜레스테롤 수치를 높여 동맥경화를 촉진하며 높은 소듐 섭취는 고혈압을 유발할 수 있다. 이처럼 가공육의 과도한 섭취는 비만이나 당뇨병과 같은 대사 질환의 위험성 증가와 관련이 있는데, 주로 높은 칼로리, 지방, 첨가물로 인한 것이다. 이러한 성분들은 인슐린 저항성을 증가시키고 체중을 증가시킬 수 있다. 또한 육류 가공식품은 종종 섬유질이 부족하여 소화기계 건강 문제를 일으킬 수 있다. 충분한 섬유질 섭취는 대장 건강에 필수적이며 가공된 육류의 과도한 섭취는 변비나 기타 소화기 질환을 유발시킬 수 있다. 그리고 가공육의 생산 과정에서 사용되는 항생제는 항생제 내성을 증가시킬 수 있다. 이는 인체의 감염병 치료를 어렵게 하고 공중 보건에 심각한 위협을 줄 수 있다.

육류 가공식품 섭취에 대한 대책으로는 먼저 가장 직접적인 대책인 육류 가공식품의 섭취를 줄이는 것이다. 이는 다른 단백질 공급원, 예를 들어 생선, 가금류, 콩류, 두부 등의 대체 섭취를 통해 균형 잡힌 식단을 유지하는 것이 좋다. 또한 육류 가공식품 대신 신선한 육류를 선택하고 이를 직접 조리하여 소듐과 지방 함량을 줄이는 것이 좋다. 또한 식물성 단백질 식품을 포함하여 식단의 다양성을 높이는 것도 우리 몸의 건강 유지에 필수적이다. 또한 식품을 구매할 때는 제품 라벨을 주의 깊게 살펴보고 소듐, 포화 지방, 첨가물의 함량이 낮은 제품을 선택하는 것이 중요하다. 이를테면 '무첨가' 또는 '저염' 표시가 되어 있는 제품을 우선적으로 선택할 수 있다. 육류를 조리할 때는 고온에서의 조리를 피하고 굽기보다는 찌거나 삶는 방법을 선택하여 발암성 물질의 생성을 최소화하는 것이 좋다. 또한 조리 시 다양한 허브나 향신료를 사용하여 맛을 더하고 소금 사용을 줄이는 것이 바람직하다. 또한 과일, 채소, 통곡물, 견과류 등 여러 가지 식물성 위주의 식품군을 포함하여 영양소가 균형 잡힌 식단을 유지하는 것이 중요하다. 이러한 식품군은 섬유질, 비타민, 미네랄을 충분히 제공하여 가공육 섭취로 인한 부정적인 영향을 완화할 수 있다. 그리고 평소 육류 가공식품에 대한 위험성을 교육시켜 소비자가 보다 더 현명한 선택을 할 수 있도록 도와주는 것도 필요하다. 이는 개인의 건강뿐만 아니라 사회 전반의 건강 수준을 향상시키는 데 크게 기여할 것이다.

감자튀김

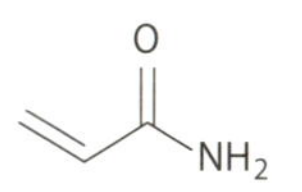

아크릴 아마이드

감자튀김은 전 세계적으로 사랑받는 간식이지만 과다한 섭취는 건강상의 여러 문제를 유발할 수 있다. 감자튀김은 기름에 튀기는 과정에서 높은 칼로리와 지방을 함유하게 된다. 이는 체중 증가와 비만의 주요 원인이 될 수 있으며 과도한 지방 섭취는 심혈관계 질환의 위험을 높인다. 특히 포화지방과 트랜스 지방은 LDL(Low-density lipoprotein) 콜레스테롤 수치를 높여 동맥경화와 관련된 문제를 일으킬 수 있다. 또 감자튀김은 고온에서 튀기는 과정에서 아크릴 아마이드라는 화학 물질이 생성될 수 있다. 아크릴 아마이드는 국제암연구소(IARC, International Agency for Research on Cancer)에서 잠재적 발암물질로 분류했는데 장기간 노출 시 암 발생 위험성을 증가시킬 수 있다. 감자튀김에는 많은 양의 소금이 첨가될 수 있어서 고혈압, 심혈관 질환, 신장 문제 등을 유발할 수 있다. 일반적으로 소듐의 과잉 섭취는 체내 수분 균형을 깨뜨려 다양한 건강 문제를 초래할 수 있다. 감자는 자체적으로 혈당 지수(GI, glycemic index)가 높은 식품인데 튀기는 과정에서 그 지수가 더욱 증가한다. 높은 혈당 지수는 혈액 중 혈당 수치를 급격히 상승시켜 인슐린 저항성과 관련된 대사 질환 위험성을 높인다. 또 감자튀김은 비타민, 미네랄, 섬유질과 같은 필수 영양소가 부족하다. 이로 인해 감자튀김을 주식으로 먹을 경우 영양 불균형을 초래할 수 있으며, 이는 전반적인 신체 건강 약화로 이어질 수 있다.

감자튀김 섭취에 대한 대책으로는 먼저 감자튀김의 섭취량을 줄이고 과도한 소비를 피해야 한다. 간식으로 즐기더라도 적당한 양을 섭취하고 주식으로 삼는 것을 피하는 것이 좋다. 두 번째로는 감자튀김을 조리할 때는 튀기는 대신 구워서 조리하는 방법을 고려할 수 있다. 오븐에 구운 감자튀김은 기름 사용을 최소화하여 칼로리와 지방 함량을 줄일 수 있다. 또한 조리 시 건강한 식용유를 사용하고 트랜스 지방이 생성될 수 있는 식용유는 피해야 한다. 세 번째로는 감자튀김에 첨가되는 소금의 양을 줄여 소듐 섭취를 최소화해야 한다. 다양한 허브나 향신료를 사용하여 소금 대신 다른 재료로 맛을 더하는 방법도 고려할 수 있다. 네 번째로는 감자튀김 대신 고구마 튀김이나 채소 스틱과 같은 영양가 있는 대체품을 선택할 수 있다. 이러한 대체품은 더 많은 영양소를 제공하며 혈당 지수도 상대적으로 낮출 수 있다. 다섯 번째로는 감자튀김을 섭취할 때는 다른 식품군과의 균형 잡힌 영양 식단을 유지하여 영양소가 적절히 유지되도록 한다. 과일, 채소, 단백질, 통곡물 등 다양한 식물성 위주의 식단을 포함하여 전반적인 영양 상태를 개선할 수 있다. 여섯 번째로는 감자튀김과 같은 고칼로리, 저영양 식품의 섭취를 줄이고 정기적인 운동과 함께 건강한 식습관으로 개선, 유지하는 것이 중요하다. 이는 일상 중의 체중 관리와 전반적인 건강 개선에 도움이 된다. 일곱 번째로는 감자튀김의 유해성과 건강한 대체 식품 선택에 대한 교육과 인식 제고를 통해 소비자가 보다 현명한 선택을 할 수 있도록 돕는 것이 필요하다.

숯불구이

숯불구이는 육류나 생선 등 식재료를 숯불 위에서 직접 구워 내는 조리 방식으로, 독특한 풍미와 향으로 많은 사람들에게 사랑받고 있다. 그러나 숯불구이는 조리 과정에서 발생하는 몇 가지 유해 물질로 인해 건강에 해로울 수 있다.

숯불구이의 유해성은 먼저 숯불구이 과정에서 발생하는 연기에는 다환방향족탄화수소(PAHs, polycyclic aromatic hydrocarbons)라는 발암 가능 물질이 포함될 수 있다. PAHs는 지방이 숯불에서 연소할 때 발생할 수 있으며 고기 표면에 흡착될 수 있다. 대표적인 발암 물질에는 방향족 화합물 중의 하나인 벤조피렌(benzopyrene)이 있다. 이러한 화합물은 인체 내 DNA 손상을 유발하여 암 발생 가능성을 증가시키는 것으로 알려져 있다. 두 번째로는 고온에서 고기를 조리할 때, 특히 숯불구이

시 육류 속의 아미노산과 크레아틴이 반응하여 헤테로사이클릭아민(HCAs, heterocyclic amines)이 형성된다. 이 물질은 발암 가능 물질로 알려져 있으며 특히 소화기 계통의 암과 관련이 있을 수 있다. 세 번째로는 숯불구이 과정에서 발생하는 연기에는 미세먼지와 일산화탄소(CO), 질소산화물(NOx)과 같은 유독 가스가 포함될 수 있다. 이러한 물질들은 호흡기 건강에 악영향을 미치고, 장기간 노출 시 심혈관계 질환의 위험성을 증가시킬 수 있다. 네 번째로 숯불구이 요리는 일반적으로 소금과 양념이 많이 사용되며 지방이 과다 섭취될 가능성도 있다. 이는 고혈압, 심혈관 질환, 비만 등의 위험성을 증가시킬 수 있다.

숯불구이 섭취에 대한 대책은 먼저 숯불구이를 할 때 고기가 직접 불에 닿지 않도록 간접적인 열을 이용하는 방법과 같은 조리법 개선이 필요하다. 고기를 그릴에서 약간 높이거나 알루미늄 호일을 사용하여 지방이 불에 떨어지지 않도록 하는 것이 좋다. 이는 PAHs와 HCAs의 생성을 줄이는 데 도움이 된다. 두 번째로는 고기를 조리하기 전 마리네이드에 재워 두면 HCAs의 형성을 줄일 수 있다. 특히 식초, 레몬즙, 허브, 향신료 등이 포함된 마리네이드는 보호 효과가 있는 것으로 알려져 있다. 세 번째로는 고기를 너무 오래 또는 높은 온도에서 조리하지 않도록 주의해야 한다. 예를 들면 중간 정도의 열에서 천천히 조리하는 것이 좋으며 고기가 검게 탄 부분은 제거해 섭취하지 않는 것이 필요하다. 네 번째로는 기름기가 적은 고기나 해산물, 채소와 같이 건강한 식재료를 선택하여 숯불구이를 하면 포화지방과 고칼로리 섭취를 줄일 수 있다. 또한 다양한 채소를 함께 구워 먹으면 영양소 섭취를 균형 있게 할 수 있다. 또한 실내에서 숯불구이를 할 경우 충분한 환기 시설을 사용하여 발생하는 연기와 유독가스 농도를 낮추는 것이 중요하다. 실외에서 조리하는 것도 좋은 방법이다. 다섯 번째로는 소금과 양념의 사용을 최소화하고, 자연의 맛을 살릴 수 있는 향신료를 활용하여 건강한 요리를 지향한다. 또한 숯불구이 요리는 가능한 한 가끔씩 즐기고, 일상적인 식단에서는 과일, 채소, 통곡물, 견과류 등 다양한 식품군을 포함하여 영양소가 풍부한 균형 잡힌 영양식사를 하는 것이 중요하다. 또한 숯불구이의 유해성과 건강한 대체 조리법에 대한 인식을 높여 소비자가 보다 건강한 선택을 할 수 있도록 돕는 것이 필요하다.

결론적으로 숯불구이는 맛있고 즐거운 조리 방법이지만 건강에 미칠 수 있는 잠재적인 위험성을 줄이기 위해 조리 방법을 개선하고 섭취를 적절히 조절하는 것이 필요하다. 건강한 식재료 선택과 조리법 개선을 통해 숯불구이의 부정적인 영향을 최소화하고 균형 잡힌 식단과 건강한 생활 방식으로 식생활을 유지하는 것이 전반적인 건강 개선에 도움이 될 것이다.

나무젓가락

나무젓가락은 전 세계적으로 널리 사용되는 식사 도구로, 특히 아시아권에서 일회용으로 많이 사용된다. 하지만 나무젓가락의 과다 사용은 환경적, 건강적 측면에서 몇 가지 문제점이 있다.

나무젓가락의 유해성은 먼저 환경적 유해성이다. 나무젓가락의 대량 생산은 산림 벌채와 밀접한 관련이 있다. 매년 수십억 개의 나무젓가락이 생산되고 폐기되면서 산림의 감소와 생태계 파괴를 초래할 수 있다. 지속적인 산림 벌채는 생물 종 다양성 감소와 기후 변화에 악영향을 끼칠 수 있다. 두 번째로는 나무젓가락이 주로 일회용으로 사용되기 때문에 대량의 폐기물을 발생시킨다. 이러한 폐기물은 매립지에서 썩는 데 시간이 오래 걸리며 일부는 플라스틱 포장재와 함께 버려져 더 큰 환경 문제를 야기할 수 있다. 세 번째는 건강적 유해성이다. 일부 저가의 나무젓가락은 제조 과정에서 표백제나 방부제와 같은 독성 화학 물질이 같이 혼입 제조될 수 있다. 이러한 화학 물질은 그 사용 시 인체에 유해할 수 있으며, 특히 장기간 사용 시에는 건강에 부정적인 영향을 끼칠 수 있다. 또한 나무젓가락은 잘못 보관되거나 위생적인 처리가 부족할 경우 세균 번식의 위험성도 있다. 이는 식중독과 같은 위생 문제를 일으킬 수 있어서 제품의 신뢰성을 확신하기 어려운 경우가 많다.

나무젓가락 사용에 대한 대책은 먼저 나무젓가락 대신 재사용 가능한 금속, 대나무, 플라스틱 재질의 젓가락을 사용하는 것이 좋다. 이러한 대체품은 장기간 사용할 수 있으므로 환경적, 경제적 이점이 있다. 두 번째로는 어쩔 수 없이 나무젓가락을 사용해야 하는 경우 지속 가능한 방식으로 생산된 제품을 선택하는 것이 중요하다. 예를 들어, FSC(Forest Stewardship Council) 인증을 받은 제품은 지속 가능한 방식으로 관리된 숲에서 생산된 것을 의미하기 때문에 우리는 이를 우선적으로 선택할 수 있다. 세 번째로는 나무젓가락 사용 시 위생에 주의해야 한다. 특히 외식 시 제공되는 나무젓가락은 포장 상태와 위생 상태를 꼼꼼히 확인하고 필요시에는 소독제를 사용하여 깨끗이 닦아 내는 것이 좋다. 네 번째로는 정부와 관련 기관은 일회용 나무젓가락 사용을 줄이기 위한 정책을 철저히 시행해야 한다. 이는 일회용 플라스틱 사용을 줄이기 위한 캠페인과 유사하게 나무젓가락의 사용을 줄이고 대체품 사용을 장려해야 한다. 또한 나무젓가락 사용의 환경적 유해성을 대중들에게 알리고 대체품의 사용을 촉진하기 위한 교육과 캠페인이 필요하다. 다섯 번째로 나무젓가락의 재활용이 가능하도록 폐기물 관리 시스템을 개선하는 것도 중요하다. 나무젓가락은 생분해성이지만, 분해 속도가 생각보다는 느리기 때문에 적절한 폐기 및 재활용 시스템이 갖춰지도록 해야 한다.

결론적으로 나무젓가락의 사용은 여러 환경적, 건강적 문제를 유발할 수 있지만 이를 해결하기 위한 다양한 대책이 존재한다. 대체품 사용, 지속 가능한 제품 선택, 위생적인 사용 습관을 통해 나무젓가락의 부정적인 영향을 최소화할 수 있으며 정책적 노력과 교육을 통해 사회 전반에 걸친 책임감 있는 소비문화를 조성하는 것이 중요하다.

살충제 계란 파동

살충제 계란 파동은 2017년에 유럽과 아시아를 중심으로 발생한 식품 안전 관련 사건으로 계란에서 살충제 성분이 검출되면서 소비자들에게 큰 충격을 안겨 주었다. 이 사건은 농업 및 식품 안전 관리 시스템에 커다란 문제점을 드러냈으며 각국 정부와 관련 산업에 도 큰 영향을 미쳤다. 계란에서 피프로닐이라는 살충제 성분이 검출되면서 문제가 처음 불거졌다. 피프로닐은 가금류의 기생충을 제거하기 위해 사용되지만 식용 동물에는 사용이 금지된 물질이다. 이후 독일, 프랑스, 영국 등 유럽 전역으로 확산되었고 아시아 일부 국가에서도 문제가 발생했다.

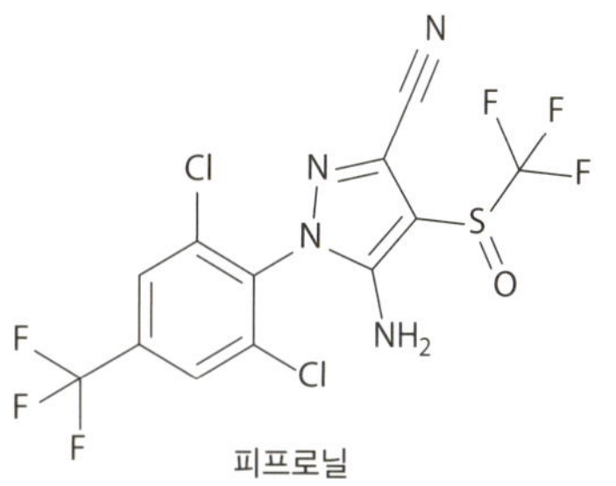

피프로닐

살충제 계란 파동의 핵심 원인은 피프로닐의 불법 사용이었다. 일부 농가에서는 닭의 이나 진드기와 같은 기생충을 제거하기 위해 피프로닐을 사용했는데, 이는 법적으로 금지된 행위였다. 이 과정에서 피프로닐이 계란으로 전이된 것이다. 농업과 식품 안전 관리 시스템의 허점도 원인 중 하나로 지적되었다. 살충제 사용에 대한 관리 감독이 제대로 이루어지지 않으면서 농가에서는 규제를 무시하고 불법 살충제를 사용하게 되었다. 계란의 복잡한 유통 경로도 문제를 키웠다. 생산된 계란이 여러 중간 단계를 거쳐 소비자에게 전달되면서 오염된 계란이 널리 퍼지게 되었다. 이로 인해 오염 계란의 원천을 추적하는 데 어려움이 있었다.

살충제 계란 파동의 영향으로 소비자들에게 큰 불안을 불러일으켰다. 피프로닐은 인간의 건강에 유해할 수 있는 물질로, 특히 장기간 노출 시 간, 신장, 갑상선 등에 영향을 미칠 수 있다. 이에 따라 많은 소비자들이 계란 섭취를 꺼리게 되었다. 이 사건은 유럽 전역의 양계 산업에 막대한 경제적 손실도 초래했다. 수백만 개의 계란이 리콜되었고, 많은 농가가 생산을 중단해야 했다. 이로 인해 계란 가격이 급등하고 대규모의 계란 공급 부족 사태가 발생했다. 살충제 계란 파동은 국제 무역에도 부정적 영향을 미쳤다. 여러 국가가 유럽산 계란과 계란 가공품의 수입을 제한하거나 금지하면서 유럽의 계란 수출 산업이 타격을 입었다.

이 사건을 계기로 각국 정부는 식품 안전 관리 시스템을 재검토하고 강화하는 조치를 취했다. 살충제 사용에 대한 규제를 강화하고 농가에 대한 감독을 강화하는 등의 정책 변화가 이루어졌다. 각국 정부는 살충제 사용에 대한 규제를 강화하고 불법 사용을 엄격히 단속하기 위한 조치를 마련했다. 이는 농가에 대한 정기적인 검사와 감독을 포함한다. 또한 식품 안전 관리 시스템의 개선이 이루어졌다. 농장에서 소비자에 이르는 전 과정을 투명하게 관리하고 문제가 발생했을 때 신속히 대응할 수 있는 체계를 구축했다. 또한 소비자들이 식품 안전에 대한 정보를 쉽게 얻을 수 있도록 교육과 정보 제공을 강화했다. 이는 식품 라벨링을 통해 원산지 및 생산 과정을 명확히 하고 소비자들이 안전한 식품을 선택할 수 있도록 돕는 것이다. 이 사건은 국제적인 문제로 발전했기 때문에 각국은 국제 협력을 강화하여 유사한 사건의 재발을 방지하고 식품 안전 문제에 공동으로 대처하기 위한 노력을 기울였다.

농가에서는 피프로닐과 같은 화학 살충제 대신 자연 친화적인 방법으로 기생충을 관리하기 위한 대체 방안을 모색하고 있다. 이는 안전한 식품 생산을 위한 지속 가능한 방법을 개발하는 데 기여할 것이다. 결론적으로 살충제 계란 파동은 식품 안전 관리의 중요성을 일깨운 사건으로, 이를 계기로 각국은 식품 안전 규제와 관리 시스템을 강화했다. 소비자, 정부, 산업체가 협력하여 지속 가능한 농업과 안전한 식품 공급망을 구축하는 것이 중요하다. 이러한 노력을 통해 식품 안전성을 향상시키고 소비자의 신뢰를 회복할 수 있을 것이다.

트랜스 지방

트랜스 지방은 일반적으로 식물성 기름을 경화(hydrogenation)하여 고체 상태로 만드는 과정에서 생성된다. 이 과정은 식품의 유통 기한을 늘리고, 맛과 질감을 개선하기 위해 사용된다. 하지만 트랜스 지방은 건강상의 여러 가지 심각한 영향을 미칠 수 있기 때문에 이에 대한 우려가 나날이 커지고 있다.

트랜스 지방은 식품에 자연적으로 소량 존재하기도 하지만 대부분은 산업적으로 만들어진다. 식물성 기름에 수소를 첨가하여 고체 형태의 지방으로 만드는 과정에서 생성된다. 이 과정은 식품의 보존성을 높이고 특정한 식감과 맛을 제공하기 위해 사용된다. 마가린, 쇼트닝, 일부 베이커리 제품, 패스트 푸드 등에서 흔히 발견된다.

트랜스 지방의 건강적 유해성은 먼저 트랜스 지방이 나쁜 콜레스테롤(LDL, low-density lipoprotein)의 수치를 높이고 좋은 콜레스테롤(HDL, High-density lipoprotein)의 수치를 낮춰 심혈관 질환의 위험성을 증가시킨다는 것이다. 이는 동맥경화를 촉진하고 심장마비나 뇌졸중의 가능성을 높인다. 연구에 따르면 트랜스 지방 섭취는 관상동맥질환의 주요 위험 요소로 작용하며 장기적 섭취량이 증가할수록 위험도는 증가하는 것으로 나타났다. 또한 트랜스 지방 과다 섭취는 대사 증후군의 위험성을 증가시킬 수 있다. 일반적으로 대사 증후군은 비만, 고혈압, 인슐린 저항성 등의 증상을 포함하며, 이는 제2형 당뇨병과 심장 질환의 위험성을 높인다. 트랜스 지방은 체내에서 쉽게 지방으로 축적되며 체중 증가와 비만의 주요 원인이 될 수 있다. 이는 특히 내장 지방 증가와 관련이 있다. 비만은 다양한 건강 문제의 근원적 원인이며 트랜스 지방은 이러한 문제를 악화시킬 수 있다. 또한 트랜스 지방은 체내 염증 반응을 촉진할 수 있다. 만성 염증은 심장병, 당뇨병, 관절염 등 여러 만성 질환의 발병에 중요한 역할을 한다. 기타 건강 문제상의 문제로는 태아 발달에 부정적인 영향을 미칠 수 있으며 우울증과 같은 정신 건강 문제와도 관련이 있다는 연구 결과가 있다.

다음은 트랜스 지방 유해성에 대한 대책이다. 먼저 트랜스 지방 섭취를 줄이기 위해서는 가공식품, 패스트 푸드, 베이커리 제품 등 식단에서의 섭취를 줄이고 신선한 식품을 선택하는 것이 중요하다. 식품 라벨을 확인하여 트랜스 지방 함량이 적거나 없는 제품을 선택하는 것도 필요하다. 또한 식품 제조업체는 트랜스 지방을 대체할 수 있는 건강한 식품을 사용해야 한다. 불포화 지방산이 풍부한 올리브 오일, 아보카도 오일, 견과류 등의 대체품이 가능한 선택지가 될 것이다. 정부는 트랜스 지방 사용을 제한하거나 금지하는 법적 조치를 강구해야 한다. 이는 식품 산업의 변화를 촉진하고 소비자의 건강을 보호하는 데 일조할 것이다. 또한 트랜스 지방의 위험성과 건강한 식단 선택의 중요성에 대한 소비자 교육을 강화하여 국민들이 보다 건강한 선택을 할 수 있도록 해야 한다. 이는 학교 교육과 공공 캠페인 등을 통해 이루어질 수 있다. 식품 제조업계에서는 트랜스 지방 사용을 줄이고, 대체 지방을 사용하여 건강한 제품을 시판할 수 있도록 개발해야 한다. 이는 기업의 사회적 책임(CSR, Corporate Social Responsibility)과도 관련이 있다.

결론적으로 트랜스 지방은 심혈관 질환, 대사 증후군, 비만 등 다양한 건강 문제를 유발할 수 있는 위험한 물질이다. 이를 줄이기 위해서는 식단에서의 섭취 감소, 대체 지방 사용, 정책 및 규제 강화, 소비자 교육, 식품 산업의 책임 강화 등이 필요하다. 이러한 노력을 통해 트랜스 지방의 부정적인 영향을 최소화하고 보다 건강하고 지속 가능한 식생활을 실현할 수 있을 것이다.

테플론 프라이팬

테플론(Teflon)으로 잘 알려진 폴리테트라플루오로에틸렌(PTFE)은 비점착성 코팅제로 널리 사용되며 주로 프라이팬과 같은 주방 조리 기구 등에 사용된다. PTFE는 그 비점착성, 내열성, 화학적 안정성 때문에 많은 이점을 제공하지만 특정 조건하에서는 건강 및 환경에 잠재적인 유해성을 가질 수 있다.

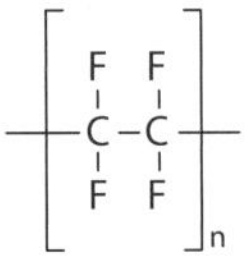

폴리테트라플루오로에틸렌 (PTFE)

테플론(PTFE)은 고분자 화합물로 매우 낮은 마찰 계수와 높은 내열성을 가지고 있다. 이러한 특성 때문에 프라이팬, 냄비, 베이킹 시트 등 조리 기구에서 널리 사용된다. 테플론 코팅은 음식을 쉽게 조리하고 세척을 용이하게 하며 기름 사용을 줄일 수 있게 해 준다.

테플론 코팅 프라이팬의 유해성은 먼저 고온에서의 유해 가스 방출이다. PTFE 코팅은 일반적으로 260 ℃ 이상의 온도에서 분해되기 시작하여 유해한 휘발성 화학물질을 방출할 수 있다. 이러한 물질들은 인체에 흡입될 경우 해로울 수 있으며 특히 조류에게 치명적일 수 있다. 조류는 이러한 휘발성 물질에 매우 민감하여 급격한 호흡기 문제를 일으킬 수 있다.

또한 테플론 코팅의 제조 과정에서 사용되는 일부 물질은 폴리플루오로알킬 물질(PFAS)로 알려져 있다. 이들은 환경에서 분해되지 않고 축적될 수 있는 화합물이다. PFAS는 내분비계 교란, 발암 가능성, 면역 체계 억제 등과 관련된 건강 문제를 일으킬 수 있다. PFAS는 환경에서 매우 안정적이고 비분해성이며 잔류성이 있어서 수질과 토양 오염을 초래할 수 있으며 먹이 사슬을 통해 생물에 농축될 수 있다. 일상적인 사용에서 테플론 코팅이 손상되거나 벗겨지면 코팅 속 성분이 음식에 섞일 수 있다. 이론적으로 이러한 물질을 섭취하는 것은 인체에 해롭지 않다고 여겨지지만 코팅이 심하게 손상된 경우에는 조심할 필요가 있다.

테플론 코팅 프라이팬의 안전 사용 대책으로는 먼저 조리 온도를 260 ℃ 이하로 유지하는 것이 중요하다. 대부분의 조리 작업은 중간 열로 충분히 가능하며, 빈 프라이팬을 고온에서 예열하는 것을 피해야 한다. 또한 프라이팬을 사용할 때는 주방의 실내 환기를 철저히 하여 코팅 속 휘발성 화학 물질이 실내에 축적되지 않도록 해야 한다. 후드를 켜거나 창문을 여는 것도 큰 도움이 된다. 또한 금속 조리 도구는 PTFE 코팅을 긁을 수 있으므로 나무나 실리콘, 플라스틱 등으로 된 조리 도구를 사용하는 것이 좋다. 이는 코팅의 수명을 연장하고 코팅이 벗겨지는 것을 방지한다. 코팅이 벗겨지거나 오래되고 손상된 프라이팬은 교체하는 것이 좋다. 이것은 손상된 부분이 음식에 섞이는 것을 방지하기 위해서이다. 스테인리스 스틸, 주철, 세라믹 코팅과 같은 대체 제품을 고려해 보는 것도 좋다. 이러한 소재는 고온에서도 안전하게 사용할 수 있으며 테플론의 유해성을 피할 수 있다. 또한 PFAS를 포함하지 않는 환경 친화적인 제품을 선택하는 것도 좋다. 많은 기업들이 이러한 대체 제품을 개발하고 있으며, 이는 우리의 건강과 환경에 많은 도움이 된다.

테플론(PTFE) 코팅 프라이팬은 그 사용상의 편리함에도 불구하고 특정 조건에서 건강과 환경에 유해할 수 있다. 따라서 고온에서의 사용을 피하고 적절한 조리 도구를 사용하며 손상된 조리 기구를 제때 교체하는 등의 안전 대책을 통해 이러한 위험성을 줄일 수 있다. 또한 대체 조리 기구 사용을 고려해 보는 것도 좋다. 소비자들은 제품 선택 시 이러한 정보를 바탕으로 현명한 선택을 해야 하며, 정부와 기업은 조리 기구의 안전한 제품을 규제하고 공급하는 데 주의를 기울여야 한다.

알루미늄 조리 기구

알루미늄 조리 기구는 가볍고 열 전도성이 뛰어나며 가격이 저렴하여 전 세계적으로 널리 사용되고 있다. 하지만 알루미늄이 인체에 미치는 잠재적 건강 영향에 대한 우려가 제기되면서 알루미늄 조리 기구 사용에도 문제가 있다.

알루미늄은 가볍고 내구성이 강하며 열 전도율이 높아 조리 기구로서 이상적인 특성을 갖추고 있다. 이러한 특성 때문에 냄비, 프라이팬, 베이킹 트레이 등 다양한 주방 용품에 사용된다. 또한 가공이 용이하여 다양한 형태로 제작될 수 있다. 알루미늄 조리 기구의 건강적 우려는 먼저 음식 조리 과정에서 알루미늄이 음식물 내로 용출될 수 있다는 점이다. 특히 산성이나 염기성 식품을 조리할 때 알루미늄 용출이 증가할 수 있다. 이러한 용출은 조리 기구의 코팅이 손상되거나 부식되었을 때 더욱 심해질 수 있다. 또한 알루미늄이 체내에 과도하게 축적되면 신경계에 부작용을 미칠 수 있다는 연구 결과가 있다. 이는 알츠하이머병과 같은 신경퇴행성 질환과의 연관성이 제기되었으나 인과관계는 명확히 확립되지 않았다. 그러나 일부 연구들은 알루미늄 노출이 뇌 조직에 축적되어 신경 독성을 유발할 수 있음을 시사한다. 일반적으로 몸 속으로 들어간 알루미늄은 신장을 통해 배설된다. 따라서 신장 기능이 약한 사람들은 알루미늄 배설 능력이 저하될 수 있으며 이로 인해 알루미늄이 체내에 축적될 수 있다. 만성 신부전 환자에게는 더욱 더 주의가 필요하다. 또한 알루미늄은 칼슘과 경쟁하여 뼈에 영향을 미칠 수 있다. 이는 장기적으로 골밀도를 감소시키고 골다공증의 위험성을 증가시킬 수 있다.

알루미늄 조리 기구의 안전 사용을 위한 예방책으로는 먼저 코팅된 알루미늄 조리 기구의 표면을 불활성 코팅하여 알루미늄의 용출을 줄일 수 있다. 이러한 코팅은 조리 기구의 내구성을 높이고, 음식과의 직접적인 접촉을 방지한다. 또한 산성 식품을 조리할 때는 알루미늄 조리 기구 사용을 가급적 피하고, 스테인리스 스틸이나 유리, 세라믹과 같은 대체 조리 기구를 사용하는 것이 좋다. 이는 알루미늄의 용출 피해를 최소화하는 데 도움이 된다. 또 조리 기구의 코팅이 벗겨지거나 손상된 경우, 알루미늄이 쉽게 용출될 수 있으므로 즉시 교체 사용하는 것이 필요하다. 세척 시에는 조리 기구를 부드러운 수세미로 세척하고 철 수세미 등 금속 도구 사용을 피하여 코팅이 손상되지 않도록 주의해야 한다. 그리고 평소 다양한 식품을 균형 있게 섭취하여 알루미늄의 체내 흡수를 줄이는 것이 중요하다. 충분한 미네랄 식품 섭취는 알루미늄 흡수를 억제하는 데 도움이 될 수 있다. 또한 조리 기구를 선택할 때는 품질이 보증된 제품을 선택하고 제조사의 사용 지침을 따르는 것이 중요하다. 이는 안전한 사용을 보장하고 건강에 미치는 영향을 최소화할 수 있다.

미나마타 사건의 교훈

중금속에 오염된 생선 섭취의 위험성을 일깨워 주는 대표적인 사건 하나가 있다. 그것은 바로 미타마타병을 일으켰던 사건이다. 미나마타병은 일본에서 발생한 심각한 환경 오염 사건으로, 중금속 중 하나인 수은에 의한 중독으로 발병한 것이라고 알려져 있다. 이 병은 20세기 중반에 일본 구마모토현 미나마타시에서 처음 발견되었는데 수은 중독의 위험성과 환경 보호의 중요성을 전 세계에 알리는 계기가 되었다. 미나마타시는 일본 구마모토현에 위치한 작은 해안 도시로 전통적으로 어업과 농업이 주요 산업이었다. 이 지역은 풍부한 해양 자원을 바탕으로 경제 활동이 이루어졌다.

미나마타병의 주요 원인은 미나마타 만에 위치한 치소(Chisso) 화학공장에서 배출된 메틸수은이었다. 치소 공장은 1932년부터 아세트알데하이드 생산 공정 과정에서 메틸수은을 부산물로 배출하기 시작했다. 이 유독성 화학 물질은 미나마타 만으로 흘러 들어가 해양 생물에 축적되었다. 이 병은 1950년대 초반에 미나마타 주민들과 어부들 사이에서 원인을 알 수 없는 신경학적 증세로 나타나기 시작했다. 초기 증상으로는 손발의 저림, 근육 약화, 시야 협착, 언어 장애, 청력 손실 등이 있었다. 이러한 증상은 시간이 지남에 따라 더욱 더 심각해졌으며 결국 사망에 이르는 경우도 있었다. 이 질병은 미나마타 만에서 잡힌 생선을 섭취한 사람들 사이에서 확산되었다. 이 지역 주민들은 주로 어업에 종사하거나 해산물을 주요 식량원으로 삼고 있었기 때문에 수은 등 중금속에 오염된 생선을 장기간 섭취한 것으로 보였다.

1956년 5월, 미나마타병이 공식적으로 보고되었고 일본 정부와 의료 기관이 원인 규명에 나섰다. 여러 연구 끝에 1959년에야 미나마타병의 원인이 메틸수은이라는 결론이 내려졌다. 메틸수은은 치소 공장에서 배출된 후 해양 생태계에 축적되어, 먹이사슬을 통해 생물 농축되어 사람에게 전달되었다. 초기에는 치소 공장과 일본 정부 모두 문제의 심각성을 인정하지 않아 배출을 중단하지 않았다. 이는 피해를 더욱 확산시켰다. 1968년이 되어서야 일본 정부는 미나마타병의 원인이 치소 공장의 수은 배출임을 공식 인정하고, 공장은 폐쇄되었다.

미나마타병에 걸린 환자들은 심각한 신경학적 손상을 입었으며 많은 사람들이 평생 장애를 안고

살아가야 했다. 임신 중 수은에 노출된 경우에는 태아에게도 심각한 영향을 미쳐 선천성 미나마타병이 발생했다. 이는 지적 장애, 성장 지연, 심각한 운동 장애 등을 유발했다. 피해자들은 치소 공장과 일본 정부를 상대로 소송을 제기하여 보상을 요구했다. 법정 공방 끝에 일부 피해자들은 보상을 받았지만 절차는 매우 길고 복잡했다. 미나마타병 사건은 전 세계적으로 환경 오염의 위험성과 화학 물질 관리의 중요성을 깨닫게 한 사건이었다. 특히 미나마타병은 생물 농축된 생선을 통해 전달되어 먹이사슬 최상층에 위치한 인간에 미치는 심각한 영향을 보여 주는 대표적인 사례이다.

12.4 로컬 푸드

로컬 푸드 운동의 필요성

로컬 푸드 운동은 근거리 지역에서 생산된 농산물을 지역 내에서 소비하자는 취지의 운동으로, 식품의 생산과 소비 사이의 거리를 줄여 환경적, 경제적 이익을 얻기 위해 시작되었다. 이 운동은 전 세계적으로 많은 지역에서 주목받고 있으며, 지속 가능한 식품 시스템을 구축하는 데 중요한 역할을 하고 있다.

먼저 로컬 푸드는 식품 운송 거리를 줄임으로써 화석 연료 사용과 이산화탄소 배출을 감소시킨다. 이는 기후 변화 완화에 기여할 수 있다. 전 세계적으로 식품의 평균 이동 거리는 수천 킬로미터(km)에 달할 수 있으며 이러한 긴 운송 과정에서 많은 양의 온실가스가 배출된다. 또한 로컬 푸드는 종종 소규모 농업과 친환경 유기농법을 촉진한다. 이는 화학 비료와 살충제 등 농약 사용량을 줄이고 토양 생태계의 건강과 생물종 다양성을 유지하는 데 기여한다. 또한 로컬 푸드를 소비함으로써 지역 농부와 생산자에게 직접적인 수익이 돌아간다. 이는 지역 경제를 활성화시키고 일자리 창출과 함께 지역 사회의 경제적 자립을 지원한다. 또한 지역에서 식량을 생산하고 소비하는 것은 식량 주권을 강화하고 지역 사회가 외부 식품 시스템에 대한 의존도를 줄이는 데 큰 도움을 준다. 그뿐만 아니라 지역 사회 연대를 강화해 주기도 한다. 농산물 직거래 장터, 농부와 도시민의 교류는 지역 사회의 유대감을 높이고 공동체 의식을 강화한다. 또한 지역 특산물을 소비함으로써 지역의 고유한 음식 문화를 보존하고 전통적인 식생활을 계승·발전시킬 수 있다. 또한 신선하고 영양가 높은 식품은 수확 후 빠르게 소비되어 신선도를 유지할 수 있으며 이는 영양소 손실을 줄이고 소비자에게 더 건강한 식품을 제공한다.

하지만 로컬 푸드는 계절에 따라 생산이 제한될 수 있기 때문에 소비자의 선택 폭이 줄어들 수 있다. 이를 극복하기 위해서는 계절별 식단 계획과 보존 기술이 필요하다. 또한 대량 생산 시설과 유통망을 갖춘 글로벌 식품과 경쟁하기 어려운 경우도 있다. 로컬 푸드의 가격 경쟁력을 높이기 위해서는 지방자치단체 차원의 지원과 소비자 인식 제고가 필요하다. 또 로컬 푸드 유통을 위한 기반 시설이 부족한 경우 생산자와 소비자 간의 직거래가 어려울 수 있다. 이를 해결하기 위해 지역 내 유통 인프라 구축이 필요하다.

로컬 푸드 운동의 미래

먼저 정보통신기술(ICT, Information and Communications Technology)을 활용하여 로컬 푸드의 유통과 소비를 촉진할 수 있다. 온라인 플랫폼을 이용하여 소비자는 쉽게 지역 농산물을 구매할 수 있고, 생산자는 더 넓은 고객층에 접근할 수 있다. 그리고 로컬 푸드를 활성화하기 위해서는 교육 프로그램과 캠페인 전파가 필요하다. 이는 소비자의 인식을 높이고 로컬 푸드 소비를 촉진하는 데 기여할 것이다. 경우에 따라서는 정부와 지방자치단체가 로컬 푸드 운동을 지원하기 위한 정책을 마련해야 한다. 이는 지역 농가 지원, 유통망 구축, 소비 촉진을 위한 재정적 지원 등이 포함될 수 있다.

로컬 푸드 운동은 환경적 지속 가능성, 지역 경제 활성화, 사회적 연대 강화, 건강 증진 등 여러 측면에서 중요한 이점을 제공한다. 이러한 운동을 통해 우리는 보다 더 지속 가능한 식품 시스템을 구축하고 지역 사회의 경제적, 사회적 안녕을 도모할 수 있다. 로컬 푸드 운동은 단순히 식품 소비를 넘어 지역 사회의 삶의 질을 향상시키고 미래 세대를 위한 지속 가능한 환경을 마련하는 데 크게 기여할 것이다. 이러한 이점을 극대화하기 위해서는 지역 사회 모든 시민의 참여와 협력이 필수적이며 정부와 민간 부문의 지원도 필요하다. 로컬 푸드 운동은 우리 미래의 삶과 환경을 지키기 위한 지속 가능한 선택으로 자리 잡아야 한다.

연습 문제

1. 테플론(PTFE)으로 코팅된 프라이팬을 과열하면 발생할 수 있는 유해 물질은 무엇이며, 이를 방지하기 위한 방법은 무엇인지 설명하시오.

2. 알루미늄 조리기구 사용 시 우려되는 건강 문제는 무엇이며, 이를 줄이기 위한 방법은 무엇인지 설명하시오.

3. 플라스틱 용기에서 발견되는 비스페놀 A(BPA)의 건강 위험성은 무엇이며, 이를 피하기 위한 방법은 무엇인지 설명하시오.

4. 아크릴 아마이드는 주로 어떤 조리 과정에서 발생하며, 이를 줄이기 위한 방법은 무엇인지 설명하시오.

5. 주방 가구나 조리대에서 발생할 수 있는 폼알데하이드의 주된 원인은 무엇이며, 이를 줄이기 위한 방법은 무엇인지 설명하시오.

6. 트랜스 지방이 건강에 미치는 영향은 무엇이며, 요리 시 이를 최소화하기 위한 방법은 무엇인지 설명하시오.

7. 염화비닐은 주방에서 주로 어떤 제품에서 발생하며, 건강에 미치는 위험은 무엇인지 설명하시오.

8. 질산염과 아질산염은 주로 어떤 식품에서 발견되며, 이들의 건강 위험성은 무엇인지 설명하시오.

9. 다환방향족탄화수소(PAHs)는 주로 어떤 요리 방법에서 생성되며, 이를 줄이기 위한 방법은 무엇인지 설명하시오.

10. 염화수소와 관련된 화학 물질은 주방에서 어떤 상황에서 발생할 수 있으며, 이를 방지하기 위한 방법은 무엇인지 설명하시오.

의류와 화학

의류의 역사는 인류의 역사와 깊이 얽혀 있으며 인간이 자연환경에 적응하기 위해 개발한 필수적인 도구 중 하나이다. 초기 인류는 추위와 더위로부터 몸을 보호하기 위해 동물의 가죽이나 식물의 잎을 사용하여 몸을 감쌌다. 시간이 흐르면서 의류는 단순한 보호의 기능을 넘어 사회적, 문화적 역할을 수행하게 되었다.

고대 문명에서는 다양한 천연 섬유를 이용한 직물 제작 기술이 발전했다. 예를 들어, 이집트에서는 아마 섬유로 만든 린넨, 중국에서는 누에고치를 이용한 실크가 발전했다. 이러한 직물은 단순한 의복의 기능을 넘어 부와 권력의 상징으로 자리 잡았다. 중세와 르네상스 시대에는 유럽에서 직물 산업이 크게 발전했고 다양한 염색 기술과 직물 패턴이 개발되었다. 산업 혁명 이후 방적 및 직조 기술의 기계화는 대량 생산을 가능하게 하여 의류의 접근성을 크게 향상시켰다. 20세기 중반 이후 합성 섬유의 발명과 발전은 의류 산업에 혁신을 가져왔으며 오늘날 의류는 패션과 기능성 모두를 추구하는 중요한 산업 분야로 자리 잡고 있다. 여기서는 의류와 관련된 의류 화학에 대하여 살펴보고자 한다.

13.1 의류 화학의 중요성

의류 화학은 섬유, 직물, 의류 제품의 개발, 생산, 가공, 마감 처리에 관련된 화학적 원리와 기술을 연구하는 학문 분야이다. 이 분야는 의류의 품질과 기능을 향상시키고 새로운 소재와 기술을 개발하여 의류 산업의 발전을 도모하는 데 핵심적인 역할을 한다.

우선 의류 화학은 섬유의 물리적 및 화학적 특성을 개선하는 데 집중한다. 이러한 개선은 의류의 내구성, 촉감, 색상 고정력 등을 포함하며 소비자들이 요구하는 다양한 특성을 구현하는 데 필수적이다. 예를 들어, 면 섬유의 주름 방지 처리나 양모의 축소 방지 처리는 의류 화학의 응용 사례이다.

또한 의류 화학은 기능성 의류의 개발을 가능하게 한다. 이는 방수, 방화, 항균 등 특정 기능을 부여하는 화학적 처리 및 소재 개발을 포함한다. 이러한 기능성 의류는 특정 작업 환경이나 활동에서 사용자의 안전과 편안함을 보장하는 데 중요한 역할을 한다.

의류 화학은 환경적 측면에서도 중요한 역할을 한다. 의류 생산 과정에서 발생하는 환경적 영향을 최소화하기 위해 지속 가능한 화학 공정과 친환경 소재의 개발이 이루어지고 있다. 이는 유해 화학 물질의 사용을 줄이고 폐수 처리 및 재활용 가능한 소재의 활용을 촉진함으로써 달성된다. 이러한 친환경적 접근은 의류 산업이 지속 가능한 방향으로 나아가는 데 기여한다.

의류 화학은 직물의 생산, 가공, 및 마무리 과정에서 사용되는 화학적 물질과 그 적용 방법을 연구하는 분야로 산업 및 환경적 측면에서 중요한 의미를 갖고 있다.

산업적 관점에서 의류 화학은 직물의 품질 향상, 생산 효율성 증대 그리고 다양한 기능성 부여에 기여한다. 염색, 방수, 방오, 항균 등 다양한 특성을 부여하기 위해 다양한 화학적 처리가 필요하다. 이러한 처리는 소비자의 요구에 맞춘 다양한 기능성 의류를 생산할 수 있게 해 준다. 예를 들어, 스포츠웨어는 땀 흡수 및 배출이 잘 되도록 설계되어야 하며 이러한 기능을 부여하기 위해 특별한 화학적 처리가 필요하다. 또한 화학적 처리를 통해 원단의 내구성을 높이고 세탁 시 색상이 바래지 않게 하며 주름이 생기는 것을 방지할 수 있다.

환경적 관점에서 의류 화학은 지속 가능성과 직결된다. 의류 산업에서 사용되는 많은 화학 물질은 환경에 유해할 수 있으며, 특히 염색 과정에서 사용되는 염료와 화학 약품은 수질 오염의 주요 원인이 된다. 이러한 문제를 해결하기 위해 친환경적인 화학 물질의 개발과 사용이 요구되고 있다. 예를 들어, 물 사용량을 줄이는 건식 염색 기술이나 생분해성 화학 물질의 개발이 이에 해당된다. 또한 폐수 처리 기술의 발전을 통해 방출되는 오염 물질을 최소화하고 재생 가능한 자원을 사용하는 것이 중요하다.

13.2 섬유의 화학적 구조

천연 섬유의 화학적 구조

천연 섬유는 자연에서 얻어지는 섬유로 주로 식물이나 동물에서 유래한다. 이들 섬유는 각기 다른 화학적 구성을 가지고 있어 특유의 물리적, 화학적 특성을 띠고 있다.

먼저 면(cotton)은 주로 셀룰로오스로 구성된 식물성 섬유이다. 셀룰로오스는 글루코오스 분자가 β-1,4-글리코시드 결합(Glycosidic bond)으로 연결된 고분자 화합물로 식물 세포벽의 주요 구성 성분이다. 면은 흡습성이 뛰어나고 촉감이 부드러우며 통기성이 좋아 의류 소재로 널리 사용된다. 그러나 셀룰로오스는 산과 알칼리에 약하므로 화학적 처리 시 주의가 필요하다.

양모(wool)는 주로 케라틴(Keratin)이라는 단백질로 이루어진 동물성 섬유이다. 케라틴은 아미노산 사슬이 폴리펩타이드(polypeptide) 결합으로 연결된 구조를 가지며 이황화 결합(S-S)을 통해 안정적인 구조를 형성한다. 이러한 화학적 구성 때문에 양모는 뛰어난 보온성과 신축성을 가지며 자연적으로 주름이 잘 생기지 않는다. 또한 양모는 흡습성이 높아 착용 시 쾌적함을 제공하지만 알칼리에 약해 세탁 시 주의가 필요하다.

실크(silk)는 주로 피브로인(Fibroin)이라는 단백질로 구성된 동물성 섬유이다. 피브로인은 글리신, 알라닌, 세린과 같은 아미노산으로 이루어져 있는데 이들이 반복적으로 배열된 구조를 가진다. 실크는 자연적으로 광택이 뛰어나고 부드러운 촉감을 제공하며 견고하면서도 가벼운 특성을 지닌다. 그러나 실크는 자외선 및 습기에 민감하여 관리가 필요하다.

이와 같이 천연 섬유는 각기 다른 화학적 구성을 통해 고유의 물리적 및 화학적 특성을 지닌다. 이러한 특성은 섬유의 용도와 관리 방법에 큰 영향을 미친다.

합성 섬유의 화학적 구조

합성 섬유는 화학적 합성을 통해 인위적으로 만들어진 섬유로 주로 석유 화학 제품에서 유래한다. 이들 섬유는 특정한 성능과 기능을 제공하기 위해 설계되어 다양한 산업에서 널리 사용된다. 폴리에스터(polyester)와 나일론(nylon)은 대표적인 합성 섬유로 각각의 화학적 구조와 합성 과정을 통해 특정한 물리적 특성을 지니게 된다.

- **폴리에스터(Polyester)**는 주로 테레프탈산(terephthalic acid)과 에틸렌 글리콜(ethylene glycol)의 중합 반응에 의해 생성되는 고분자 물질이다. 이 반응은 에스터 결합을 형성하는 축합 중합 과

정으로 물 분자가 부산물로 생성된다. 폴리에스터의 주된 화학적 구조는 에스터 결합으로 연결된 반복적인 에틸렌 테레프탈레이트 단위로 이루어진다. 폴리에스터 섬유는 높은 강도와 내구성을 가지고 있으며 주름이 잘 생기지 않고 형태 안정성이 뛰어나다. 이러한 특성 때문에 다양한 의류 및 산업용 직물에 널리 사용된다. 또한 폴리에스터는 염색이 용이하고 습기에 강하며 건조가 빠른 장점을 가진다.

- **나일론**(Nylon)은 주로 아디프산(adipic acid)과 헥사메틸렌다이아민(hexamethylenediamine)의 축합 중합을 통해 생성되는 고분자 물질이다. 이 과정은 아미드 결합을 형성하는 축합 중합으로 물이 부산물로 생성된다. 나일론의 주된 화학적 구조는 아미드 결합으로 연결된 반복적인 아디프아마이드 단위로 이루어진다. 나일론은 높은 인장 강도와 탄력성을 가지고 있으며 마모에 강하고 내구성이 뛰어나다. 또한 나일론은 가볍고 세탁이 용이하며 다양한 형태로 가공될 수 있어 의류, 카펫, 산업용 필터 등 다양한 분야에 사용된다. 나일론 섬유는 흡습성이 낮아 건조가 빠르지만 고온에서는 변형될 수 있어 주의가 필요하다.

이와 같이 합성 섬유는 고유의 화학적 구조와 합성 과정을 통해 특유의 물리적 성질을 갖추게 되며, 이는 다양한 용도에 맞추어 활용될 수 있다. 이들 섬유의 특성은 설계 단계에서 조절 가능하기 때문에 특정 요구에 맞춘 맞춤형 소재 개발이 가능하다.

13.3 염색과 염료

염색의 기본 원리

의류 염색은 섬유에 색상을 부여하는 과정으로, 주로 염료와 섬유 간의 화학적 또는 물리적 상호작용을 통해 이루어진다. 염색의 기본 원리는 염료가 섬유에 흡착되고 고정되는 과정을 포함하며, 이는 염료의 종류와 섬유의 화학적 성질에 따라 다르게 나타난다.

- **염료와 섬유의 상호 작용**: 염색의 핵심은 염료가 섬유에 부착되는 방식이다. 이는 염료와 섬유 간의 화학적 결합, 물리적 흡착 또는 둘의 조합에 의해 이루어진다. 염료 분자는 섬유의 표면이나 내부에 침투하여 결합한다. 이 결합은 이온 결합, 공유 결합, 수소 결합, 반데르발스 힘

등을 포함할 수 있다. 예를 들어, 면과 같은 셀룰로오스 섬유는 반응성 염료와 공유 결합을 형성할 수 있으며 양모나 실크와 같은 단백질 섬유는 산성 염료와 이온 결합을 형성할 수 있다.

- **염색 과정**: 염색 과정은 일반적으로 염료 용액에 섬유를 담그고 적절한 시간 동안 일정한 온도와 pH 조건에서 반응시키는 방식으로 진행된다. 이 과정에서 염료 분자는 섬유 내부로 확산되고 섬유와 결합하여 색상을 고정하게 된다. 염색의 효율성을 높이기 위해 염색 조제나 매염제를 사용하기도 한다. 매염제는 염료와 섬유 간의 결합을 강화하여 색 견뢰도를 향상시킨다.
- **염색의 종류**: 염색은 사용되는 염료의 종류에 따라 여러 가지로 나뉜다. 대표적인 염색 방법으로는 직접 염색, 반응성 염색, 산성 염색, 염기성 염색, 분산 염색 등이 있다. 직접 염색은 염료가 물리적으로 섬유에 흡착되는 방식이고 반응성 염색은 염료가 섬유와 화학적으로 결합하는 방식이다. 산성 염색은 단백질 섬유에 적합하며 염기성 염색은 아크릴 섬유와 같은 합성 섬유에 주로 사용된다. 분산 염색은 폴리에스터와 같은 소수성 합성 섬유에 적합하다.
- **환경적 고려**: 염색 과정은 대량의 물과 화학 물질을 사용하므로 환경에 미치는 영향이 클 수 있다. 최근에는 물 사용량을 줄이고 환경에 미치는 영향을 최소화하기 위한 건식 염색 기술, 친환경 염료 및 폐수 처리 기술 등이 개발되고 있다.

염료의 종류와 화학적 특성

의류 염료는 섬유에 색을 부여하기 위해 사용되는 화학 물질로, 섬유의 종류와 염색 방식에 따라 다양한 종류가 존재한다. 각 염료는 특정한 화학적 특성을 가지며, 이는 염색 공정에서의 적용 방식과 섬유에 부여되는 색상의 내구성에 영향을 미친다. 주요 염료의 종류와 그 화학적 특성을 살펴보자.

- **직접 염료**(Direct dyes)는 물에 용해되어 셀룰로오스 섬유(예: 면, 레이온)에 직접 적용될 수 있는 염료이다. 이들은 주로 아조(Azo) 염료로 염료 분자가 섬유와 물리적으로 흡착하여 색을 부여한다. 직접 염료는 사용이 간편하고 비용이 저렴하지만 세탁 및 일광 견뢰도가 낮을 수 있다. 이러한 단점을 보완하기 위해 염색 후 고정제 처리를 통해 견뢰도를 향상시킬 수 있다.
- **반응성 염료**(Reactive dyes)는 셀룰로오스 및 단백질 섬유와 화학적 결합을 형성하여 색상을 고정하는 염료이다. 이들은 보통 염료 분자 내에 반응성 기를 가지고 있어 섬유의 하이드록실기나 아미노기와 공유 결합을 형성한다. 반응성 염료는 높은 세탁 및 일광 견뢰도를 제공하며 면과 같은 셀룰로오스 섬유에 주로 사용된다. 대표적인 예로 프로시온(Procion) 염료가 있다.

- **산성 염료**(Acid dyes)는 주로 단백질 섬유(예: 양모, 실크)와 나일론에 사용되며 산성 조건에서 염색이 이루어진다. 이들은 염료 분자 내에 음이온성 기를 가지고 있어 섬유의 양이온성 기와 이온 결합을 형성한다. 산성 염료는 색상이 선명하고 다양한 색조를 제공하지만 염색 과정 중 pH와 온도 조절이 중요하다. Acid Red 88과 같은 염료가 여기에 속한다.
- **염기성 염료**(Basic dyes)는 주로 아크릴 섬유 및 일부 합성 섬유에 사용되며 염료 분자가 양이온성 기를 가지고 있어 섬유의 음이온성 기와 결합한다. 염기성 염료는 색상이 매우 밝고 선명하나 견뢰도가 낮아 적절한 후처리가 필요하다. 염기성 염료의 예로는 메틸 바이올렛(Methyl Violet)이 있다.
- **분산 염료**(Disperse dyes)는 소수성 합성 섬유(예: 폴리에스터)에 적합하며 물에 불용성이지만 작은 입자로 분산되어 섬유에 침투한다. 이들은 주로 고온에서 염색이 이루어지며 염료 분자가 섬유 내로 확산되어 색상을 부여한다. 분산 염료는 높은 세탁 및 일광 견뢰도를 제공하며 Disperse Yellow 3와 같은 염료가 이에 해당한다.

이와 같이 각 염료는 특정 섬유에 적합한 화학적 특성을 가지고 있으며 이를 통해 다양한 색상과 견뢰도를 구현할 수 있다. 염료의 선택은 염색하려는 섬유의 종류와 원하는 색상의 내구성에 따라 결정된다.

염색 공정과 기술

염색 공정과 기술은 섬유에 색을 부여하기 위한 여러 단계와 방법으로 구성되며 사용되는 염료와 섬유의 종류에 따라 다르게 진행된다. 여기서는 몇 가지 주요 염색 공정과 기술을 사례로 들어 설명한다.

- **배치 염색**(Batch dyeing)은 가장 전통적인 염색 방식으로, 일정량의 섬유를 염료 용액에 담가 염색하는 방법이다. 대표적인 예로 패드-스팀 염색(Pad-Steam Dyeing)이 있으며 이 과정에서는 섬유가 염료 용액을 흠뻑 적신 후 스팀으로 처리되어 염색이 고정된다. 이 방법은 소량의 섬유나 다양한 색상 요구에 적합하다. 하지만 염색의 균일성을 확보하기 위해 시간과 온도 조절이 중요하다.
- **연속 염색**(Continuous dyeing)은 대량 생산을 위한 방법으로 섬유가 연속적으로 염료 용액을 통과하면서 염색된다. 패드-드라이-패드-스팀(Pad-Dry-Pad-Steam) 공정이 대표적인 예이다. 이 방법

에서는 섬유가 염료 용액에 패딩된 후 건조되고 다시 염료 용액에 패딩된 후 스팀 처리되어 염색이 고정된다. 연속 염색은 대량 생산에 적합하며, 생산성이 높고 색상의 일관성을 유지하기 쉽다.

- **솔루션 염색**(Solution dyeing)은 합성 섬유의 생산 과정에서 섬유를 형성하기 전에 폴리머 용액에 염료를 첨가하는 방법이다. 예를 들어, 폴리에스터 섬유의 경우, 폴리에스터 칩에 염료를 혼합하여 방사 전 용융 상태에서 염색이 이루어진다. 이 방법은 염색 견뢰도가 매우 높고 환경 친화적이며 물 사용량이 적다. 하지만 초기 비용이 높고 색상 변경이 어렵다는 단점이 있다.
- **디지털 텍스타일 프린팅**(Digital Textile Printing)은 잉크젯 프린팅 기술을 이용하여 섬유에 직접 염료를 분사하는 방법이다. 이 기술은 복잡한 패턴과 다채로운 색상을 구현하는 데 탁월하며 소량 생산에 적합하다. 디지털 프린팅은 빠른 디자인 변경이 가능하고 염료 사용이 효율적이며 폐기물이 적다는 장점이 있다. 그러나 초기 장비 비용이 높고 특정 섬유에만 적합할 수 있다.
- **생물학적 염색**(Biological dyeing)은 미생물이나 효소를 이용하여 염색하는 방법으로 환경 친화적인 접근법이다. 예를 들어, 특정 박테리아를 이용하여 인디고 염료를 생산하거나 효소를 사용하여 염료의 침투성을 높이는 방법이 있다. 이 기술은 환경 오염을 줄이고 지속 가능성을 높이는 데 기여할 수 있지만 상업적 규모로 확장하기 위한 기술 개발이 필요하다.

이와 같이 염색 공정과 기술은 각기 다른 장점과 단점을 가지고 있으며 생산 규모, 섬유 종류, 환경적 영향 등을 고려하여 적절한 방법을 선택하는 것이 중요하다. 최근에는 지속 가능한 염색 방법을 개발하기 위한 연구가 활발히 진행되고 있다.

13.4 직물의 처리와 마감

방수, 방화, 방오 처리

직물의 처리와 마감 과정에서 방수, 방화, 방오 처리는 직물의 기능성을 향상시키고 다양한 환경에서의 사용성을 높이기 위해 중요하다. 이러한 처리 기술들은 화학적 또는 물리적 방법을 통해 직물에 특정한 성능을 부여한다.

- **방수 처리**(Waterproofing)는 직물에 물이 침투하는 것을 방지하는 기술로 주로 야외 활동용 의류나 장비에 적용된다. 방수 처리는 일반적으로 직물의 표면에 발수제(DWR, Durable Water Repellent)를 코팅하여 물이 직물 표면에서 구슬처럼 흘러내리도록 한다. 이러한 발수제는 불소 화합물이나 실리콘 화합물로 이루어져 있으며 직물의 통기성을 유지하면서도 물에 대한 저항성을 제공한다. 또한 라미네이션이나 코팅 방법을 통해 직물의 내부에 방수막을 형성하기도 한다. 이러한 방법은 비와 같은 환경에서도 직물을 건조하게 유지해 준다.
- **방화 처리**(Flame Retardant Finishing)는 직물이 불에 타거나 불꽃을 전파하는 것을 방지하는 기술로 주로 산업용 작업복, 커튼, 가구 직물 등에 사용된다. 방화 처리는 화학적 처리에 의해 이루어지며 인화성 물질의 분해를 억제하거나 불꽃의 전파를 차단하는 역할을 한다. 대표적으로 인(P)-계 및 브로민(Br)-계 화합물이 사용된다. 이러한 화학 물질은 직물의 표면이나 내부에 적용되어 고온에서 발생하는 화학 반응을 통해 직물을 보호한다. 방화 처리는 안전 규정에 부합하기 위해 필수적으로 적용되며 직물의 물리적 특성에 영향을 미치지 않도록 조절해야 한다.
- **방오 처리**(Stain Repellent Finishing)는 직물이 오염 물질에 의해 얼룩지는 것을 방지하는 기술로, 일상복, 가정용 섬유, 산업용 섬유 등에 적용된다. 방오 처리는 직물의 표면에 오염 물질이 쉽게 부착되지 않도록 하는 코팅을 통해 이루어진다. 불소 화합물이나 실리콘 화합물이 주로 사용되며 이들은 직물의 표면 에너지를 낮추어 물기나 기름기 있는 물질이 직물에 스며들지 않고 쉽게 닦이도록 한다. 방오 처리된 직물은 청결함을 오래 유지할 수 있으며 세탁 시 물과 세제에 의해 쉽게 얼룩이 제거된다.

결론적으로 방수, 방화, 방오 처리는 직물의 기능성을 크게 향상시키며 각각의 처리 방법은 직물의 용도와 환경에 맞춰 선택된다. 이러한 처리 기술은 직물의 사용 수명과 안전성을 높이는 데 기여하며 다양한 산업 분야에서 필수적으로 활용되고 있다. 최근에는 환경 친화적인 처리제를 개발하기 위한 연구도 활발히 진행되고 있다.

직물의 물리적 및 화학적 마감 처리

직물의 마감 처리는 직물의 외관, 촉감 및 기능성을 향상시키기 위해 수행되는 다양한 물리적 및 화학적 처리 방법을 포함한다. 이러한 마감 처리는 직물의 사용 목적과 특성에 따라 선택되며 여러 가지 구체적인 사례를 통해 이해할 수 있다.

물리적 마감 처리

- **캘린더링**(Calendaring)은 직물을 압축 롤러 사이에 통과시켜 표면을 매끄럽고 윤기 있게 만드는 물리적 처리이다. 이 과정은 직물의 밀도를 높이고 광택을 부여하며 일반적으로 셔츠나 블라우스와 같은 의류에 적용된다. 캘린더링은 직물의 두께를 조절하고 표면을 평탄하게 만들어 직물의 외관을 개선한다.
- **샌딩**(Sanding) **및 브러싱**(Brushing)은 직물 표면을 부드럽게 만드는 처리로 플란넬이나 기모된 직물에 주로 사용된다. 샌딩은 미세한 사포로 직물 표면을 가공하여 부드러운 촉감을 제공하며 브러싱은 직물 표면의 섬유를 일으켜 세워 따뜻하고 포근한 느낌을 준다. 이러한 처리는 겨울철 의류나 침구류에 주로 적용된다.

화학적 마감 처리

- **방축 처리**(Anti-Shrink Finishing)는 세탁 후 직물이 수축하는 것을 방지하는 화학적 처리이다. 주로 울이나 면과 같은 천연 섬유에 적용되며 폴리머 수지나 가교제(cross-linking agent)를 사용하여 섬유 구조를 안정화시킨다. 이를 통해 의류의 형태 안정성을 유지할 수 있다. 대표적인 예로는 면직물에 적용되는 상업적 방축 처리인 "산포라이징(Sanforization)"이 있다.
- **주름 방지 처리**(Wrinkle-Resistant Finishing)는 직물이 쉽게 주름지는 것을 방지하는 화학적 처리이다. 주로 셀룰로오스 섬유에 적용되며 수지와 같은 화학 물질을 사용하여 섬유 간의 결합을 강화한다. 이 처리로 인해 직물은 세탁 후에도 주름이 덜 생기고 다림질이 필요 없는 상태를 유지할 수 있다. "퍼머넌트 프레스(Permanent Press)" 가공이 대표적인 사례이다.
- **항균 처리**(Antimicrobial Finishing)는 직물에 항균제를 적용하여 박테리아나 곰팡이의 성장을 억제하는 화학적 처리이다. 의료용 직물이나 스포츠웨어에 주로 사용되며 은 나노 입자나 트리클로산 같은 항균 물질이 사용된다. 항균 처리된 직물은 냄새를 억제하고 위생적인 상태를 유지하는 데 도움이 된다. 이와 같이 직물의 물리적 및 화학적 마감 처리는 다양한 기능적 요구를 충족시키기 위해 설계되며 의류 및 산업용 직물의 품질과 사용자 경험을 향상시킨다. 이러한 처리 기술은 직물의 내구성, 외관, 촉감 등을 개선하며 각각의 특성에 맞춰 적절히 적용된다.

13.5 환경과 지속 가능성

의류 화학의 환경적 영향

의류 화학은 의류의 생산과 가공 과정에서 다양한 화학 물질이 사용되며, 이는 환경에 여러 가지 부정적인 영향을 미칠 수 있다. 이러한 과정에서 가장 큰 문제는 폐수 오염이다. 염색과 마감 처리 과정에서 사용되는 염료와 화학 물질이 적절히 처리되지 않고 방출될 경우, 이는 수질 오염을 초래할 수 있으며 중금속과 같은 유해 물질이 수생 생태계에 해를 끼칠 수 있다. 또한 대기 오염도 중요한 문제로 의류 생산 과정에서 휘발성 유기화합물(VOCs)과 같은 대기 오염 물질이 방출되어 대기질을 저하시킬 수 있다. 이러한 물질은 인체 건강에 유해할 뿐만 아니라 지구 온난화에도 영향을 끼칠 수 있다.

자원 소비 측면에서도 의류 화학은 상당한 영향을 미친다. 염색 및 마감 처리 과정에서 대량의 물이 사용되므로 물 부족 문제를 야기시킬 수 있다. 또한 이러한 공정은 많은 에너지를 소모하기 때문에 탄소 발자국이 증가한다. 더불어 의류 화학 처리 과정에서 발생하는 폐기물은 적절히 관리되지 않을 경우 토양 오염 및 생태계 교란을 초래할 수 있다. 사용된 화학 물질의 용기, 처리 과정에서 발생하는 고체 폐기물 등은 환경에 부정적인 영향을 미칠 수 있다.

합성 섬유의 경우 화석 연료를 기반으로 생산되기 때문에 지속 가능성에 문제가 있으며 자연 분해되지 않는 특성 때문에 미세플라스틱 형태로 환경에 축적될 수 있다. 이는 해양과 육상 생태계에 장기적인 영향을 미친다. 이러한 환경적 영향을 최소화하기 위해 의류 산업은 친환경 염료 및 화학 물질의 개발과 사용, 물과 에너지의 효율적 사용, 폐수 및 폐기물의 적절한 관리 및 처리, 재생 가능 자원의 활용 등 다양한 지속 가능한 실천을 도입하고 있다. 이러한 노력은 환경 보호와 더불어 소비자들의 지속 가능한 제품에 대한 요구를 충족시키기 위해 필수적이다.

지속 가능한 화학 공정 및 친환경 염료

지속 가능한 화학 공정과 친환경 염료는 환경에 미치는 영향을 최소화하고 자원 효율성을 극대화하며 안전한 작업 환경을 조성하기 위해 의류 산업에서 점점 더 중요해지고 있다. 이러한 접근 방식은 전통적인 화학 공정의 대안으로서 여러 혁신적인 방법과 재료를 포함한다.

지속 가능한 화학 공정

- **물 절약 염색 기술.** 전통적인 염색 공정은 대량의 물을 소비하므로 이를 줄이기 위한 기술 개발이 활발하다. 건식 염색 기술(Dry Dyeing)은 물을 거의 사용하지 않고 염색하는 방법으로, 초임계 이산화탄소(SC-CO_2)를 사용하여 염료를 섬유에 전달한다. 이 기술은 물 절약뿐만 아니라 에너지 사용도 줄여 준다.
- **폐수 재활용 및 재사용.** 염색 공정에서 발생하는 폐수를 정화하여 재활용하는 시스템이 도입되고 있다. 이를 통해 물 사용량을 줄이고, 오염 물질의 환경 방출을 감소시킨다. 고급 여과 및 역삼투압(RO) 시스템을 사용하여 폐수를 처리하고 염료와 화학 물질의 회수를 통해 자원을 효율적으로 사용할 수 있다.
- **에너지 효율적인 공정.** 저온에서 염색이 가능한 화학 물질의 개발로 에너지 소비를 줄이는 노력이 진행 중이다. 이러한 공정은 온실가스 배출을 줄이고 생산 비용을 절감하는 데 기여한다.

친환경 염료

- **천연 염료.** 식물, 곤충, 광물에서 추출한 천연 염료는 화학 합성 염료의 대안으로 주목받고 있다. 예를 들어, 쪽(Indigofera tinctoria)에서 추출한 인디고 염료, 코치닐에서 얻은 빨간색 염료가 있다. 천연 염료는 생분해성이 뛰어나고, 환경에 유해한 부산물이 적다. 그러나 색상 견뢰도가 낮고 대량 생산이 어려운 단점이 있다.
- **저독성 합성 염료.** 환경 및 인체에 무해한 저독성 합성 염료의 개발이 지속되고 있다. 이러한 염료는 중금속이나 발암성 물질을 포함하지 않으며 염색 후 폐수 처리가 용이하다. 또한 색상 견뢰도가 높아 실용적이다.
- **바이오 기반 염료.** 미생물을 활용하여 염료를 생산하는 바이오 기반 염료 기술이 발전하고 있다. 예를 들어, 특정 박테리아를 사용해 인디고 염료를 생산하는 방법이 연구되고 있다. 이 방법은 화석 연료 의존도를 줄이고 지속 가능한 염료 생산을 가능하게 한다.

지속 가능한 화학 공정과 친환경 염료의 도입은 환경 보호와 자원 절약을 실현하며 소비자들에게 더 안전하고 친환경적인 제품을 제공할 수 있게 한다. 이러한 노력은 의류 산업의 지속 가능성을 높이는 데 필수적이며 앞으로도 지속적인 연구와 혁신이 요구된다.

13.6 의류 관리와 화학

세탁 및 관리에서의 화학적 원리

의류 관리와 세탁 과정에서의 화학적 원리는 세제와 물리적 작용을 통해 섬유에 묻은 오염 물질을 효과적으로 제거하는 데 기초한다. 이 과정은 주로 세제의 화학적 성분과 그 작용 원리를 이해함으로써 더 효율적인 세탁을 가능하게 한다.

세탁의 핵심은 세제의 역할이다. 세제는 계면활성제를 포함하고 있어 물과 기름이 섞이게 하는 역할을 한다. 계면활성제는 친수성(물과 잘 섞임)과 소수성(기름과 잘 섞임) 부분을 모두 가지고 있어 직물에 붙어 있는 기름기 있는 오염 물질을 물에 용해시킬 수 있게 한다. 예를 들어, 요리에 사용된 기름이 묻은 셔츠를 세탁할 때 세제의 소수성 부분이 기름에 결합하고 친수성 부분이 물에 결합하여 기름을 물로 씻어 내는 과정을 돕는다.

또한 세제에는 다양한 보조 성분이 포함되어 있다. 예를 들어, 표백제는 옷감의 색상을 밝게 하고 얼룩을 제거하는 데 사용된다. 산소계 표백제는 표백제에 들어 있는 과탄산소다가 물에 녹아 과산화수소를 생성하고 색소를 산화시켜 얼룩을 제거한다. 특히 흰색 셔츠에 커피나 와인 얼룩이 생겼을 때 효과적이다.

세탁 과정에서 물의 온도와 pH도 중요한 역할을 한다. 높은 온도는 세제가 더 잘 작용하도록 도와주며 기름이나 단백질 기반의 얼룩을 제거하는 데 효과적이다. 그러나 온도가 너무 높으면 특정 섬유, 특히 단백질 기반 섬유(예: 양모, 실크)가 손상될 수 있다. 알칼리성 환경은 기름기 있는 오염 물질을 효과적으로 제거하지만, 중성이나 약산성 세제가 필요한 섬유도 있다.

마지막으로 헹굼 과정은 세탁 후 세제와 오염 물질을 제거하는 중요한 단계이다. 적절한 헹굼이 이루어지지 않으면 세제가 직물에 남아 피부에 자극을 줄 수 있으며 직물의 장기적인 손상을 유발할 수 있다.

이와 같이 의류 관리에서의 세탁은 다양한 화학적 원리를 바탕으로 오염 물질을 효과적으로 제거하고 의류의 외관과 수명을 유지하는 데 필수적이다. 세제의 선택과 사용 조건을 적절히 조절함으로써 세탁 효율을 높이고 섬유를 보호할 수 있다.

세제와 섬유 유연제의 화학적 구성

세제와 섬유 유연제는 각각의 화학적 구성과 기능을 통해 의류 세탁과 관리에 중요한 역할을 한다. 세제는 주로 계면활성제, 세척 보조제, 효소, 표백제와 물 연화제로 구성된다. 계면활성제는 세제의 핵심 성분으로 물과 기름이 섞이게 하여 섬유에 붙어 있는 기름기 있는 오염 물질을 물에 용해시키는 역할을 한다. 라우릴 황산 소듐(Sodium Lauryl Sulfate)은 이러한 계면활성제의 일종으로 강력한 세정력을 제공하기 때문에 주방 세제나 세탁 세제에 널리 사용된다.

효소는 단백질, 지방, 전분과 같은 특정 오염 물질을 분해하는 데 효과적이다. 예를 들어, 프로테아제(Protease)는 단백질을 분해하여 혈액이나 음식물 얼룩을 제거하는 데 사용된다. 또한 표백제는 색소를 산화시켜 얼룩을 제거하고 직물을 밝게 하는 역할을 하며 과탄산소다(Sodium Percarbonate)는 물에 녹아 산소를 방출하여 이러한 기능을 수행한다. 물 연화제는 물의 경도를 낮추어 세제가 더 효과적으로 작용하도록 돕는데 예를 들어 제올라이트는 칼슘 및 마그네슘 이온을 제거하여 물을 연화시키는 데 사용된다.

한편 섬유 유연제는 양이온 계면활성제, 향료, 방부제로 구성되어 있다. 양이온 계면활성제는 섬유 표면에 부드러운 코팅을 형성하여 정전기 발생을 줄이고 촉감을 개선하는 역할을 한다. 예를 들어, 디메틸 디스테아릴 암모늄 클로라이드(Dimethyl Distearyl Ammonium Chloride)는 일반적인 양이온 계면활성제로 섬유에 부드러움과 항정전기 특성을 부여한다. 향료는 세탁 후 섬유에 향기를 남기며 라벤더 오일이나 시트러스 향 등 다양한 향료가 사용된다. 또한 벤조산 소듐(Sodium Benzoate)과 같은 방부제는 제품의 안정성을 유지하고 미생물의 성장을 억제하여 섬유 유연제의 변질을 방지한다.

이와 같이 세제와 섬유 유연제는 각각의 화학적 성분을 통해 세탁 및 의류 관리에서 필수적인 역할을 하며 각기 다른 요구에 맞추어 다양한 제품이 사용된다. 세제는 주로 오염 물질 제거에 중점을 두며 섬유 유연제는 의류의 촉감을 개선하고 정전기를 줄이는 데 초점을 맞춘다.

13.7 미래의 의류 화학

혁신적인 섬유 화학 기술

미래의 혁신적인 섬유 화학 기술은 지속 가능성과 기능성 향상을 중심으로 발전하고 있으며, 이는 환경 보호와 소비자 요구를 동시에 충족시키기 위한 다양한 연구와 개발을 포함한다. 이러한 기술들은 의류 산업의 전반적인 변화를 예고하며 여러 혁신적인 접근 방식을 통해 실현되고 있다.

첫째, 바이오 기반 섬유 및 염료의 개발이 주목받고 있다. 이는 화석 연료에 대한 의존도를 줄이고 생분해성을 높이기 위한 노력의 일환으로 미생물이나 식물을 활용하여 섬유와 염료를 생산하는 기술을 포함한다. 예를 들어, 특정 박테리아를 이용해 인디고 염료를 생산하거나 생분해성 폴리에스터를 만드는 방법이 연구되고 있다. 이러한 기술은 환경에 미치는 영향을 최소화하면서도 기존 화학 물질의 성능을 유지하는 데 기여할 수 있다.

둘째, 스마트 섬유의 개발은 의류의 기능성을 극대화하는 데 중점을 두고 있다. 스마트 섬유는 전도성 물질이나 감지 센서를 통합하여 의류에 전기적, 감지적 특성을 부여한다. 이러한 섬유는 온도 변화에 반응하여 열을 조절하거나 사용자의 생체 신호를 모니터링할 수 있다. 특히 의료 분야에서는 환자의 상태를 실시간으로 감지하고 데이터를 전송할 수 있는 웨어러블 기술의 발전에 기여하고 있다.

셋째, 나노 기술을 활용한 섬유 처리는 섬유의 물리적, 화학적 특성을 개선하는 혁신적인 방법을 제공한다. 나노 입자를 사용하여 섬유에 항균성, 방수성, 방오성 등을 부여할 수 있으며, 이러한 처리는 기존의 화학적 처리 방법보다 적은 양의 화학 물질을 사용하면서도 더 높은 효율성을 제공한다. 예를 들어, 은 나노 입자를 사용한 항균 처리는 세탁 후에도 지속적인 효과를 발휘하며 의류의 위생 상태를 유지하는 데 도움을 준다.

넷째, 친환경 염색 기술의 발전은 물과 에너지 소비를 줄이고 유해 화학 물질의 사용을 최소화하는 방향으로 진행되고 있다. 초임계 이산화탄소(SC-CO_2) 염색법은 물을 사용하지 않고 염료를 섬유에 전달하는 혁신적인 방법으로 염색 공정에서 발생하는 폐수를 획기적으로 줄일 수 있다. 또한 디지털 텍스타일 프린팅 기술은 잉크젯 기술을 활용하여 복잡한 패턴과 다채로운 색상을 구현하는 데 탁월하며 소량 생산에 적합해 폐기물을 줄이는 데 기여한다.

이와 같이 미래의 섬유 화학 기술은 지속 가능한 발전을 목표로 하며 환경 친화적이면서도 고성능의 기능성을 제공하는 방향으로 나아가고 있다. 이러한 기술들은 의류 산업의 패러다임을 변화시키고 새로운 시장 기회를 창출하며 소비자들에게 더 나은 제품을 제공할 수 있는 잠재력을 가지고 있다.

스마트 텍스타일 및 기능성 의류

스마트 텍스타일과 기능성 의류는 첨단 기술을 통해 의류에 새로운 기능을 추가함으로써 사용자에게 향상된 경험과 편리함을 제공하는 혁신적인 분야이다. 이들은 단순한 착용감을 넘어 다양한 센서, 전자 장치 및 특수 소재를 통합하여 의류가 다양한 환경적 및 생리적 신호에 반응하도록 설계되어 있다.

스마트 텍스타일은 전도성 섬유, 센서, 액추에이터 등을 의류에 통합하여 다양한 전기적 및 전자적 기능을 수행할 수 있도록 한다. 이러한 기술은 주로 두 가지 범주로 나뉜다.

- **패시브 스마트 텍스타일** 패시브 스마트 텍스타일은 환경 변화나 사용자의 상태를 모니터링하지만 이를 제어하거나 변화시키지 않는다. 예를 들어, 온도나 습도를 감지하는 섬유가 여기에 해당한다. 이러한 섬유는 피트니스 및 건강 관리에 유용하며 사용자의 운동 강도, 심박수, 체온 등을 실시간으로 모니터링할 수 있다.
- **액티브 스마트 텍스타일** 액티브 스마트 텍스타일은 감지된 정보를 기반으로 환경이나 사용자의 상태에 반응하는 기능을 가지고 있다. 예를 들어, 온도 조절 기능이 있는 의류는 사용자의 체온 변화에 따라 열을 발산하거나 보존하여 체온을 일정하게 유지할 수 있다. 또한 근육 피로를 줄이기 위해 압력을 조절하는 의류도 개발되고 있다.

기능성 의류는 특정한 환경이나 활동에서 착용자의 편안함과 성능을 향상시키기 위해 특별히 설계된 의류이다. 이는 주로 소재의 물리적 및 화학적 특성을 활용하여 다양한 기능을 제공한다.

- **방수 및 통기성** 기능성 의류는 방수성과 통기성을 동시에 제공하기 위해 고어텍스(GORE-TEX)와 같은 멤브레인 기술을 사용한다. 이러한 의류는 외부의 물은 막아 주면서 내부의 습기는 배출하여 쾌적한 착용감을 유지한다. 등산복이나 스포츠웨어에 널리 사용된다.
- **자외선 차단** UV 차단 기능이 있는 의류는 자외선으로부터 피부를 보호하기 위해 특수한 섬유 구조나 코팅을 사용한다. 이는 야외 활동 시 피부 손상을 줄이고, 피부암 예방에 도움을 준다.
- **항균 및 방취 기능** 항균 기능성 의류는 은 나노 입자나 항균제가 포함된 섬유를 사용하여 세균 번식을 억제하고 냄새를 줄이는 데 효과적이다. 이는 특히 운동복이나 양말과 같은 제품에서 유용하다.
- **압박 기능** 압박 기능성 의류는 혈액 순환을 개선하고 근육의 피로와 부상을 줄이기 위해 설계되었다. 이는 운동 선수나 장시간 서서 일하는 사람들에게 유용하며 의료용으로도 사용된다.

결론적으로 스마트 텍스타일과 기능성 의류는 각각의 기술적 혁신을 통해 의류의 역할을 크게 확장시키고 있으며, 이는 착용자의 삶의 질을 개선하고, 다양한 활동에서의 성능을 향상시키는 데 기여하고 있다. 이러한 발전은 의류 산업에 새로운 가능성을 열어 주며 지속 가능한 미래를 위한 첨단 솔루션을 제공할 것이다.

1. 천연 섬유와 합성 섬유의 화학적 구조의 차이점을 설명하시오.

2. 염색 공정에서 환경에 미치는 영향을 줄이기 위한 최신 기술 두 가지를 설명하시오.

3. 반응성 염료의 특징과 장점을 설명하시오.

4. 방수 처리의 원리와 사용 사례를 설명하시오.

5. 지속 가능한 의류 생산을 위해 의류 화학에서 고려해야 할 세 가지 요소를 설명하시오.

6. 세탁 과정에서 물의 온도와 pH가 중요한 이유를 설명하시오.

7. 생분해성 천연 염료의 장점과 단점을 설명하시오.

8 항균 처리의 원리와 주로 사용되는 분야를 설명하시오.

9. 지속 가능한 화학 공정의 중요성을 설명하시오.

10. 의류 산업에서 폐수 관리의 중요성을 설명하시오.

11. 방화 처리의 화학적 원리와 필요성을 설명하시오.

12. 디지털 텍스타일 프린팅의 장점과 단점을 설명하시오.

13. 섬유 유연제의 화학적 구성과 역할을 설명하시오.

14. 방오 처리의 원리와 효과를 설명하시오.

15. 물 절약 염색 기술의 필요성과 이점을 설명하시오.

화장품과 세제 화학의 이해

14.1 화장품의 필요성

신체를 외부의 자극으로부터 보호하기 위해서 인간은 화장을 시작했으며 스스로 아름다움을 표현하기 위한 목적과 자연을 숭상하기 위해서 화장이 활용되었다. 현대에 와서 화장은 사회 활동에서 개인의 외적인 매력을 발산하는 도구로 활용되고 있다.

화장품은 인체를 청결 또는 미화하고 매력을 증강시키며 용모를 밝게 변화시키고 피부, 모발의 건강을 유지 또는 증진하기 위하여 신체에 도포, 산포, 기타 이들에 유사한 방법으로 사용되는 것을 목적으로, 인체에 대한 작용이 완화된 것을 말한다. 이러한 제품들은 얼굴의 결점을 커버하여 더욱 매력적으로 보이도록 하며 이를 바르는 행위를 화장이라고 한다.

화장품의 유형은 화장품법 시행규칙에서 확인할 수 있으며 영유아용, 목욕용, 인체 세정용, 눈화장용, 방향용, 두발 염색용, 색조 화장용, 두발용, 손발톱용, 면도용, 기초 화장용, 체취 방지용 및 체모 제거용 등 13가지로 분류하고 있다.

표14.1 **화장품법 시행규칙에 따른 화장품의 분류**

분류	제품
영유아용	만 3세 이하의 영유아용 샴푸, 린스, 로션, 목욕용 제품 등
목욕용	샤워와 목욕 시에 사용, 사용 후 바로 씻어내는 제품
인체 세정용	손, 얼굴에 사용 후 바로 씻어내는 제품
눈 화장용	눈 주위에 매력을 더하기 위해 사용하는 제품
방향용	몸에 지니거나 뿌려서 향을 내는 제품
두발 염색용	모발의 색을 변화시키거나 탈색시키는 제품
색조 화장용	얼굴과 신체에 매력을 더하기 위해 사용하는 메이크업 제품
두발용	모발의 세정, 컨디셔닝, 정발, 웨이브 형성, 스트레이팅, 증모 효과에 사용하는 제품
손발톱용	손발톱의 관리 및 메이크업에 사용하는 제품
면도용	면도할 때와 면도 후에 피부 보호 및 피부 진정 등에 사용하는 제품
기초 화장용	피부의 보습, 수렴, 유연, 영양 공급, 세정 등에 사용하는 스킨 케어 제품
체취 방지용	몸에서 나는 냄새를 제거하거나 줄여 주는 제품
체모 제거용	몸에 난 털을 제거하는 제품

또한 화장품의 사용 목적에 따라 기초, 바디, 모발, 기능성, 메이크업, 방향 화장품으로 분류할 수 있다. 표14.2에 사용 목적에 따른 화장품의 분류와 특징을 나타내었다.

표14.2 **사용 목적에 따른 화장품의 분류와 특징**

분류	제품
기초 화장품	세안, 피부 정돈, 피부 보호를 위한 제품
바디 화장품	탈모, 제모, 피부 보호, 세정 등을 위한 제품
모발 화장품	모발의 세정, 정발, 웨이브, 증모 효과 등을 위한 제품
기능성 화장품	피부의 미백, 주름 개선, 피부 태닝, 자외선 차단 등을 위한 제품
메이크업 화장품	피부색의 변화 및 결점을 보완하고 부분적인 색상의 변화로 미적 변화에 사용되는 제품
방향 화장품	향취를 부여하여 심미적 효과를 위한 제품

화장품의 구성 성분으로는 크게 수상계, 유상계, 계면활성제 및 기타 첨가물로 분류해 볼 수 있다. 대부분의 화장품의 구성 성분은 앞에서 설명했던 분류와 크게 다르지 않다.

표14.3 **화장품의 구성 성분**

구분	성분	기능	예시
수상계	정제수	수분 공급	증류수
	보습제	보습 유지 및 공급	폴리올(polyol), 아미노산
유상계	오일	피부 보호	식물성 오일, 실리콘 류
	왁스	형태 유지 및 점도, 경도 조절	식물성 왁스, 밀랍
계면활성제	유화제 분산제	유화, 가용화, 안정화	소듐라우릴설페이트
첨가물	보존제	오염 방지	파라벤, 이미다졸리디닐 계, 유레아 류
	색재	색	무기, 유기 안료
	기능성 재료	특정 기능 향상	비타민, 레티놀
	향료	향	천연향, 조향

그림 14.1 화장품의 효과

화장품의 효과로는 외부 자극으로부터 피부를 보호하고 피부를 건강하게 정돈해 주며 피부의 거칠어짐을 개선하는 효과뿐만 아니라 피부나 두피 모발의 청결을 유지, 노화 방지 효과, 피부나 모발의 기능 개선 등의 효과가 있다. 그림 14.1은 관련된 효과를 나타낸 것이다.

화장품과 의약품의 차이는 의약품의 경우 사용 전에 안정성이 검증되어야 하나 화장품은 위험성이 밝혀지면 그때 사용이 금지되고 있기 때문에 화장품과 관련된 화학적인 지식에 대한 이해는 위험성으로부터 벗어날 수 있도록 도와준다.

화장품과 관련된 화학적 지식의 이해는 우리에게 다음과 같은 도움을 줄 수 있다. 첫째, 화장품을 선택하는 데 도움이 될 수 있다. 둘째, 특정 상표로 판매되고 있는 화장품들 중에는 같은 성분의 화장품이라 할지라도 우수한 화장품이 다른 상표의 제품보다 몇 배의 가격으로 판매되는 경우도 있기 때문에 현명한 소비가 가능하게 도울 수 있다. 마지막으로 화학 약품으로 만든 화장품을 사용할 때 알레르기 반응에 대한 안정성 여부에 대해서도 개인적으로 판단할 수 있게 도움을 줄 수 있다.

14.2 피부의 구조와 기능

피부는 신체의 가장 외부에 위치하며 장기를 보호하고 전신을 덮고 있는 신체 기관이다. 피부는 크게 표피, 진피, 피하조직 층으로 나누어진다. 부속 기관으로는 손톱과 발톱, 모낭, 모발(털), 땀샘, 피지샘, 혈관, 신경 등이 포함된다. 피부의 넓이는 성인을 기준으로 평균 1.6 m^2이고 피부의 pH는 4~6인 약산성을 띠며 외부의 자극으로부터 피부를 보호하는 역할을 한다. 피부의 주요 기능으로는 보호, 감각, 발한, 체온조절 등이 있다. 피부의 표피는 가장 바깥에 위치해서 외부로부터 신체를 보호해 주고 있다. 신체 부위에 따라 두께가 다르지만 평균적으로 0.1~0.2 mm 정도이다. 표피의 바깥층은 각질층으로 외부의 물리적 및 화학적 위험 요소로부터 피부를 보호하는데, 이곳에 화장품을 바르게 된다. 정상적인 피부의 수분 함량은 약 10~20%이며 10% 미만일 경우 건성 피부로 간주한다. 표피 세포를 구성하는 물질은 단백질 27%, 수분 및 수용성 물질 70.5%, 지방 2% 및 무기질 염 0.5%로 구성되어 있다. 피부를 구성하는 단백질은 알부민, 글로블린, 엘라스틴, 뮤코이드, 콜라겐과 케라틴 등이다.

또한 피부 색을 결정하는 주요 요소는 멜라닌 색소이며 각질층의 두께, 헤모글로빈 및 케로틴의 양도 복합적으로 작용한다. 멜라닌 색소가 많은 흑인에 비해 백인과 황인종은 멜라닌 색소의 양이 적으며 황인종의 경우 케로틴이 소량 존재하여 피부에 영향을 준다.

표피의 구조는 물에 용해되지는 않지만 물이 약간 침투할 수 있도록 되어 있다. 표피에서는 죽은 세포들이 떨어져 나감에 따라 피부의 안쪽에서 새 세포들이 형성되어 위로 이동한다. 피부과 의사들은 바람과 빛에 노출되어 노화된 표피를 화학적 방법으로 제거하는데 삼염화아세트산(CCl_3COOH)을 사용하여 이러한 표피 제거를 한다. 삼염화아세트산은 표피의 늙은 바깥쪽 세포들을 제거하며 이 과정에서 피부가 빛에 그을린 것과 같은 느낌을 받을 수 있다.

현대에는 글리콜산과 같은 α-하이드록시산(α-hydroxy acids)을 함유한 스킨크림과 스킨로션이 널리 사용되고 있다. 이러한 산들은 표피의 노화 세포를 녹이는 역할을 하지만 약산성으로 작용하여 피부에 부드럽게 작용한다. 또한 일반 비누도 세안 시 노화 세포를 제거하는 데 도움이 된다. 비누로 세척 후 피부가 매끄러워지는 것은 새 세포층 위의 억센 노화 세포들이 제거되었기 때문이다.

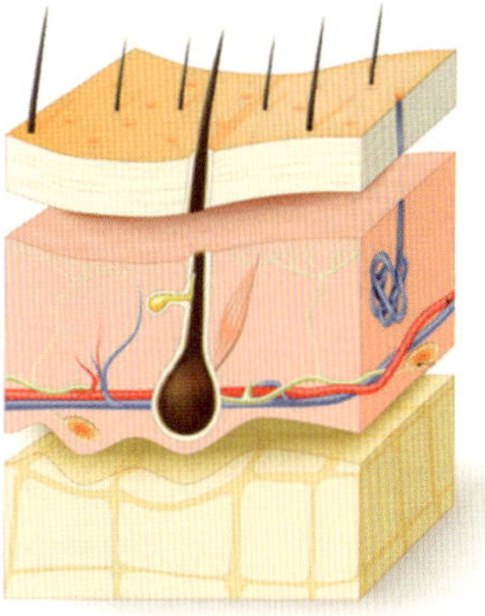

그림 14.2 피부의 구조

진피층에는 기름샘이 있어 기름을 분비하여 과도한 수분 손실을 막고 피부의 보습을 유지한다. 피부가 건강하려면 약 10%의 수분을 함유해야 한다. 건성 피부는 기름이 적게 분비되어 불편하고 갈라지기 쉬워 감염의 위험이 있다. 반대로 피부에 수분이 지나치게 많으면 박테리아나 곰팡이가 자랄 수 있다. 세안이나 목욕은 과도한 기름을 제거하여 적절한 수분을 유지하는 데 도움을 주지만 빈번한 목욕은 건성 피부를 유발할 수 있다.

진피에는 두 가지 유형의 땀샘이 존재한다. 첫 번째는 약 200만 개의 누출 분비선으로 주로 물로 구성된 땀을 생성한다. 이 땀샘은 체온 조절을 위해 열이나 운동 시 땀을 기화시켜 체온을 낮추는 역할을 한다. 두 번째는 이출 분비선으로 주로 겨드랑이와 생식기 주위에 위치하며 사춘기부터 활동을 시작하고 강한 감정에 의해 자극된다. 이 두 가지 땀샘에서 생성된 땀은 자체적으로는 냄새가 없지만 피부 표면의 박테리아와 접촉할 경우 냄새를 유발할 수 있다. 일반적으로 사람들은 하루에 약 0.47 L의 땀을 흘리며 스트레스가 심하거나 더운 날씨, 격렬한 운동 시에는 하루에 최대 11.4 L까지 땀이 방출될 수 있다.

크림과 로션

세안 후 건성 피부에 오일을 바르면 충분한 양의 자연적인 피지가 생성될 때까지 피부를 보호할 수 있다. 이러한 오일은 동물성 지방, 식물성 지방, 또는 미네랄 오일(석유 기반)에서 얻을 수 있다. 밍크 오일과 같은 희귀한 동물성 지방이 사용되기도 하지만, 이는 비용이 많이 들고 효과는 식물성 또는 미네랄 오일보다 떨어진다. 오일이 함유된 제품을 선택할 때 중요한 점은 제품이 피부에 잘 맞고 자극을 주지 않는지 확인하는 것이다.

피부의 수분을 유지하는 모든 물질은 습윤제로 이들은 지방질이어서 피부에 윤활 작용을 하고 부드럽고 편안하게 만든다. 이러한 물질을 피부 연화제라고도 부르며 앞절에서 언급한 오일들은 피부에 수분을 유지시켜 주므로 피부 연화제로 볼 수 있다.

피부 연화제를 골고루 바르는 것은 쉽지 않다. 샤워 후 몸에 오일을 직접 붓는 것보다 피부 연화제가 포함된 혼합물을 사용하는 것이 더 효과적일 수 있다. 이러한 혼합물에는 두 가지 유형이 있는데 지방 성분에 물과 다른 성분들을 섞어 만든 고형화된 크림과 액화된 로션이 있다. 이들을 에멀젼(emulsion)이라 하며 물과 지방처럼 서로 섞이지 않는 두 성분을 유화제(물과 지방 모두에 녹는 화합물)를 첨가하여 안정된 혼합물을 만든다. 크림은 높은 지방 성분을 함유하지만 섞여 있는 수분 덕분에 미끌미끌한 느낌이 들지 않는다. 피부에 크림을 바르면 크림 속의 수분은 피부에 흡수되고 지방은 피부에 남아 수분을 유지한다.

에멀젼은 콜로이드의 일종으로 연기, 거품, 우유 같은 식품, 분무기처럼 일상에서 흔히 볼 수 있는 형태이다.

표14.4 **콜로이드의 종류**

연속상	분산상	종류	예
기체	액체	에어로졸	안개, 구름, 에어로졸 분무기
기체	고체	에어로졸	연기, 공기에 퍼진 바이러스, 매연
액체	기체	거품	면도크림, 휘저어 생긴 거품
액체	액체	에멀젼	마요네즈, 우유, 세면크림
액체	고체	졸	마그네시아유, 진흙
고체	액체	겔	젤리, 치즈, 버터
고체	고체	고체졸	우유컵, 보석, 합금

콜로이드 혼합물은 분산상(입자)이 연속상(용매와 같은 기질)에 골고루 분산된 상태로 분산상의 크기는 용액의 용질인 분자나 이온보다 훨씬 크다. 이는 용액과 콜로이드를 구별하는 특징 중 하나이다.

지방과 물로부터 두 가지 유형의 에멀젼이 형성된다. 첫 번째는 콜로이드 크기의 지방 방울들이 물에 분산되는 경우로 수용액과 유사한 특성을 가진다. 대표적인 예로는 우유가 있다. 두 번째는 같은 크기의 물방울들이 지방에 분산된 경우로 지방과 유사하게 미끌거리는 특성을 갖는다. 천연석유나 버터가 그 예이다.

지방이 물에 분산된 콜로이드는 피부에 바르면 물에 잘 씻긴다. 반면에 물이 지방에 분산된 콜로이드는 물에 잘 씻기지 않는다. 이러한 에멀젼을 적절히 조합하면 독성 물질로부터 효과적으로 보호하는 보호크림을 제조할 수 있다. 화학자들은 실험실에서 독성 물질로부터 손을 보호하기 위해 이러한 보호크림을 사용한다.

크림이나 로션의 성분 표기를 통해 에멀젼의 종류를 알 수 있다. 성분 목록에서 물이 첫 번째로 표기되어 있으면 이는 지방이 물에 분산된 에멀젼을 의미한다. 반대로 지방이 첫 번째로 표기되면 물이 지방에 분산된 에멀젼이다.

로션과 크림은 같은 종류의 습윤제를 포함할 수 있지만 사용하는 유화제와 물 및 지방의 함유 비율이 다르다. 습윤제가 피부에 얼마나 고르게 발리는지는 크림이나 로션의 효과를 판단하는 기준이 아니라 사용자가 얼마나 잘 맞느냐에 따라 달라진다.

모든 크림과 로션에는 사용 기한이 있는데, 이는 시간이 지남에 따라 콜로이드 특성으로 인해 지방과 물이 분리되기 때문이다. 용액에서는 이러한 현상이 발생하지 않는다.

콜드크림은 AD 2세기경 그리스의 물리학자인 갈렌(Galen)에 의해 처음 만들어졌다. 그는 아몬드유, 올리브유, 밀랍을 혼합한 뒤, 장미꽃 액을 분산시켜 에멀젼을 만들었다. 이 혼합물은 피부에 바를 때 수분이 증발하면서 피부가 차가워지는 느낌을 주기 때문에 "cold"라는 이름이 붙었다. 콜드크림의 주요 성분은 식물성 기름(아몬드유와 올리브유)과 밀랍으로, 이들은 피부에 보습 효과를 제공하며 보호막을 형성한다. 장미꽃 액은 향을 더하고 약간의 수분을 제공한다. 시간이 지나면서 더 안정적인 에멀젼을 만들기 위해 다른 성분들이 콜드크림에 첨가되었다. 이러한 추가 성분들은 크림의 유화 안정성을 높이고 피부에 더욱 부드럽고 균일하게 발리도록 도와준다.

시판되는 콜드크림의 정확한 성분은 제조사에 따라 다를 수 있으며, 구체적인 성분 비율은 일반적으로 공개되지 않는 경우가 많다. 표14.5는 전통적인 콜드크림의 기본적인 구성 성분이다.

표14.5 **콜드크림의 구성 성분**

구성 성분	퍼센트(%)	기능
아몬드유	약 50	습윤제
장미꽃 농축액	약 20 ~ 30	향료
밀랍	약 10 ~ 15	습윤제
라놀린	약 5 ~ 10	유화제
경랍유(향유고래에서 얻은)	약 5 ~ 10	습윤제

요즘 시판되는 콜드크림들은 다양한 보습제와 유화제가 포함되어 있으며 피부를 진정시키고 보호하는 동시에 보습을 유지하는 데 도움을 준다. 이는 피부의 청결과 보습을 동시에 제공하여 특히 건조한 날씨나 환경에서 유용하게 사용된다.

립스틱과 분

입술 피부는 지방샘이 거의 없는 얇은 각질층으로 덮여 있어 쉽게 건조해질 수 있다. 입술의 수분은 주로 침을 통해 공급된다. 립스틱은 입술 피부의 건조함을 방지하는 동시에 미적인 역할을 수행한다.

립스틱은 주로 분자량이 큰 탄화수소(왁스) 또는 그 유도체에 색소를 첨가한 서스펜션이다. 립스틱의 중요한 특성은 다양한 온도 범위에서 일관된 성질을 유지하는 것이다. 이러한 특성에는 기능의 일관성, 일정한 보습력, 피부 온도에서 색소의 흘러내림 방지 등이 포함된다. 이를 위해 립스틱에는 향료와 향미가 포함되어 있어 좋은 향기와 맛을 제공한다.

립스틱의 색깔은 주로 테트라브로모플루오레세인(tetrabromofluorescein)과 같은 염료로부터 비롯된다. 이 염료는 Fe^{3+}, Ni^{2+}, Co^{3+}와 같은 금속 이온과 침전물을 형성하여 색을 발현한다. 금속 이온은 염료의 자연색을 약간 변화시키고 색의 선명도를 높인다. 또한 금속 이온은 지방질에 녹아 있는 염료를 고정시켜 색깔이 흘러내리지 않도록 도와준다. 이와 같은 조성은 립스틱이 다양한 환경에서도 안정적으로 작용하게 하며 입술에 지속적으로 색상과 보습을 제공하도록 설계되어 있다. 립스틱의 전형적인 성분은 왁스, 색소, 향료, 보습제 등으로 구성되어 있다.

표14.6은 립스틱의 전형적인 성분들이다.

표14.6 **전형적인 립스틱의 성분**

성분	퍼센트(%)	기능
야채 또는 미네랄 오일 또는 왁스	56	습윤제
라놀린	25	유화제, 습윤제
카르누바 또는 밀랍	18	녹는점 향상; 경도 높임
염료	4 ~ 8	색깔
향료	약간	향기
향미	약간	맛

대부분의 화장품 분은 피부를 부드럽고 매끄럽게 보이도록 하며 동시에 건조한 느낌을 주기 위해 사용된다. 얼굴에 바르는 분은 색을 내거나 피부의 명암을 조절하기 위해 염료를 포함할 수 있다. 몸에 바르는 분의 주성분은 활석(Talc, $Mg_3(OH)_2Si_4O_{10}$)이라는 천연 무기질이다. 활석은 넓은 표면적과 이온 정전기 때문에 수분을 잘 흡수한다. 활석 외에도 옥수수 전분과 탄산칼슘이 사용된다. 옥수수 전분의 경우 활석과 유사한 유기화합물로, 많은 물 분자와 결합할 수 있으며 표면적을 넓히는 성질을 갖고 있다. 탄산칼슘($CaCO_3$)은 대리석과 석회석에서도 발견되며 박테리아가 땀을 분해할 때

생기는 지방산과 반응하는 성질이 있다.

또한 스테아린산 아연과 같은 결합체는 분가루가 피부에 잘 달라붙도록 한다. 산화아연(ZnO)은 분 속에 첨가되어 지성 피부에서 과도한 지방이 분비되지 않도록 피부 세포를 수축시키는 역할을 한다. 이러한 작용을 하는 물질을 수렴제(astringents)라고 한다. 수렴제는 단백질 내에서 전하를 띤 부분을 극성화시켜 그 단백질을 포함하는 세포를 수축시킨다. 산화아연 및 스테아린산 아연과 같은 아연 화합물은 해로운 부작용이 없어 이러한 용도로 사용된다.

이와 같은 성분들은 화장품 분이 피부에 안정적으로 작용하도록 하며 피부를 건강하게 유지할 수 있도록 돕는다. 일반적인 분의 성분에는 활석, 옥수수 전분, 탄산칼슘, 산화아연 등이 포함된다. 일반적인 신체용 분의 성분은 표14.7에 나타내었다.

표14.7 **신체용 분의 일반적인 구분**

성분	퍼센트(%)	목적
생석회	56	흡수제
산화아연(ZnO)	20	수렴제
순수한 석회($CaCO_3$)	10	흡수제
스테아린산 아연	6	결합제
염료	소량	색깔
향료	소량	냄새

자외선 차단제

자외선(UV)은 지구상의 모든 생명체에 해로운 영향을 미칠 수 있는 충분한 에너지를 가지고 있다. 성층권의 오존층은 파장이 285 nm보다 짧은 매우 해로운 자외선을 거의 흡수하지만 여전히 긴 파장의 자외선은 지표면에 도달한다. 자외선의 강도는 가장 강한 시기인 정오를 기준으로 3시간 전후에 절반으로 줄어든다. 눈, 모래, 물과 같은 표면에서 자외선은 반사되어 노출 강도가 증가한다. 또한 자외선 노출 강도는 적도나 고지대에서 더 높게 나타난다. 자외선은 일반적으로 두 가지로 분류된다. 자외선 A(UVA)는 330 nm 이상의 파장을 가지며 자외선 B(UVB)는 285 nm에서 330 nm 사이의 파장을 가진다. UVA는 UVB보다 덜 해로운 것으로 알려져 있지만 피부에 더 깊게 침투할 수 있다. 자외선에 노출되면 피부가 검어지는데, 이는 자외선이 피부 내 멜라닌 색소의 농도를 증가시키기 때문이다. 멜라닌은 자외선 에너지를 흡수하여 이를 열로 변환함으로써 피부의 분자 구조 손상을 방지한다. 그러나 멜라닌의 보호에도 불구하고 자외선은 여전히 피부의 분자 구조를 파괴하여 피부암을 유발할 수 있다. 멜라닌 색소가 적은 무색 인종에서는 이러한 문제가 더 심각하게 나타난다. 일반적으로 백인은 자외선에 노출되면 피부가 붉어지는 홍반이 생기며 흑인도 마찬가지지만 그 정도는 덜하다. 홍반이 생기기 시작할 때까지 필요한 태양광의 양, 즉 최소홍반수치는 빛의 파장에 따라 다르다. 예를 들어 UVB에 비해 UVA의 최소홍반수치는 더 높다. 그러나 UVA는 UVB보다 피부에 더 깊게 침투하기 때문에 최소홍반수치는 시간에 따른 피해 정도를 정확히 반영하지 못한다.

1944년 국가해양대기청(NOAA)과 환경청(EPA)은 선별된 미국 내 58개 도시에서 일기예보에 "자외선 지수(UV Index)"를 발표했다. 자외선 지수는 태양으로부터 오는 자외선(UV) 복사량을 측정하여 사람들이 자외선 노출 위험을 쉽게 이해할 수 있도록 도와주는 지표이다. 이 지수는 특정한 지역과 시간대에서 사람의 피부가 자외선에 노출될 때의 위험 수준을 나타낸다. 현재 자외선 지수는 국가별, 지역별 약간의 차이를 보이지만 일반적으로 0에서 11까지의 숫자로 표시되며 숫자가 높을수록 자외선 노출에 따른 위험이 크다.

표14.8 자외선 지수에 따른 위험성

단계	지수 범위	설명	주의 사항
위험	11 이상	수십 분 이내 피부 화상 가능	외출을 자제하고, 실내에 머무름. 긴 소매 옷, 모자, 선글라스 착용, 자외선 차단제를 사용해야 함.
매우 높음	8 ~ 10	피부 화상 위험이 매우 높음	오전 10시부터 오후 3시 사이 외출을 피하고, 그늘에서 머무름. 보호 장비 착용 및 자외선 차단제 사용해야 함.
높음	6 ~ 7	1~2시간 내 피부 화상 가능	한낮에는 그늘에서 머무르고, 외출 시 긴 소매 옷, 모자, 선글라스 착용, 자외선 차단제를 사용해야 함.
보통	3 ~ 5	몇 시간 내 피부 화상 가능	모자, 선글라스를 착용하고, 자외선 차단제를 발라야 함.
낮음	1 ~ 2	피부 화상 위험 낮음	햇볕이 민감한 피부를 가진 경우 자외선 차단제를 발라야 함.

자외선에 노출될 수밖에 없는 상황에서는 몸을 가능한 한 자외선으로부터 보호해야 한다. 이를 위해 물리적 방법과 화학적 방법이 있다. 긴 팔 셔츠나 넓은 챙이 있는 모자와 같은 의복을 착용하면 자외선을 물리적으로 차단할 수 있다. 또한 자외선 차단제를 사용하는 것도 중요한데, 이는 자외선을 흡수하거나 반사하여 피부를 보호하는 화학 물질로 구성되어 있다. 자외선 차단제는 오일, 크림, 또는 로션 형태가 있으며 효과를 발휘하기 위해서는 충분한 양을 피부에 도포해야 한다. 또한 차단제가 피부에서 얼마나 오래 지속되는지를 확인해야 하는데, 자외선 B(UVB)와 같은 유해한 자외선을 얼마나 잘 흡수하는지도 중요하다. 자외선 차단제는 멜라닌처럼 자외선 에너지를 흡

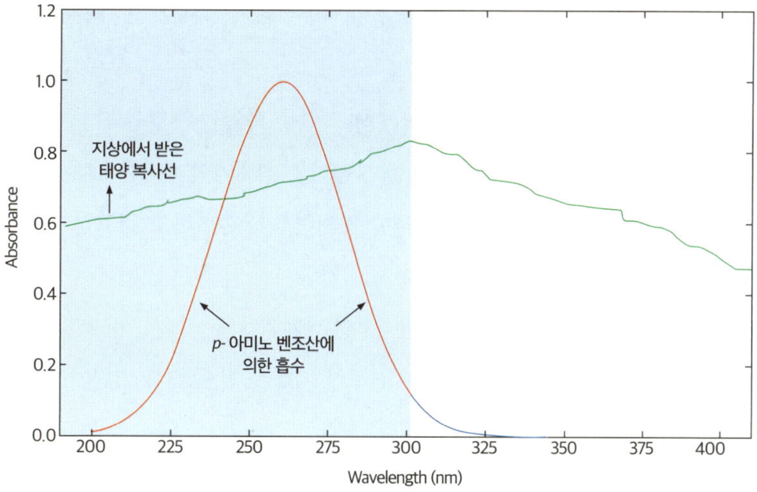

그림 14.3 *p*- 아미노벤조산의 흡수 스펙트럼과 지상에서 받은 태양의 자외선과의 상호 관계

수하여 이를 열로 변환시킴으로써 피부 손상을 방지한다. 최초의 자외선 차단제는 아미노벤조산(p-aminobenzoic acid, PABA)과 같은 화합물을 포함하여 UVB를 효과적으로 흡수했다. 이러한 자외선 차단제는 피부암 예방과 자외선으로 인한 기타 피부 손상을 줄이는 데 중요한 역할을 한다. 과학적 연구에 따르면 적절한 사용은 자외선 노출로 인한 위험을 효과적으로 감소시킬 수 있다. 그림 14.3에서는 아미노벤조산의 UV 흡수 스펙트럼을 나타내었다. 이 화합물, 그리고 구조가 비슷한 다른 물질들도 자외선 B를 상당량 흡수한다.

오늘날 대부분의 자외선 차단제는 병에 자외선 차단지수(SPF, Sun Protection Factor)를 표기하고 있다. SPF는 자외선 차단제가 없는 상태에서 최소한의 홍반이 발생하는 시간과 차단제가 발라진 상태에서 홍반이 나타나는 시간의 비율을 나타낸다. 예를 들어 SPF 값이 4라면, 차단제가 없는 상태에서 피부가 타는 것과 같은 양의 자외선에 노출되었을 때 차단제를 바르면 4배의 시간이 걸린다는 것을 의미한다. 따라서 주어진 자외선 지수와 사용 중인 자외선 차단제의 SPF 값을 통해 안전한 노출 시간을 추정할 수 있다.

태양에 민감한 사람이 SPF 4의 자외선 차단제를 사용하면 자외선 지수가 0에서 2일 때 약 2시간 동안 태양에 노출되어도 괜찮다. 하지만 다른 태양광 차단 도구를 사용한다면 이를 고려해야 한다. 일반적으로 SPF 값이 12 이상일 경우 자외선 A(UVA)와 자외선 B(UVB) 모두를 흡수하는 성분이 포함되어야 효과적이다. 미국 식품의약국(FDA)은 SPF 값이 30 이상인 제품에 대한 광고를 제한하고 있다. SPF 값과 안전한 태양 노출 시간을 결정할 때는 개인의 피부색과 태양광에 대한 반응 정도를 고려해야 한다.

자외선에 과다 노출되면 위험이 있음에도 불구하고 일부 사람들은 멋진 갈색 피부를 얻기 위해 UVA와 UVB를 동시에 방출하는 자외선 램프를 사용하는 침대에서 피부를 태운다. 피부학자들은 이러한 장치가 자연 태양광보다 훨씬 강한 유해한 자외선을 방출한다고 경고한다. 반복적인 태양광 노출 또한 위험하며 처음에는 피부가 거칠어지고 가죽처럼 변형된다. 이어서 피부 노화와 주름이 생기고 부주의한 노출은 광선 각질화와 같은 암 전 단계의 피부 상태를 유발할 수 있다. 이러한 상태는 피부암의 초기 단계로 발전할 수 있으며 신속한 치료가 필요하다. 그렇지 않으면 암이 전신으로 퍼져 생명을 위협할 수 있다.

향수

향수는 다른 사람들에게 보다 좋은 느낌을 주기 위하여 남녀가 모두 사용한다. 향수가 제대로 된 기능을 발휘하려면 피부 표면의 온도에서 액체 상태가 기체 상태로 변화하는 능력, 즉 휘발성이 있어야 한다.

전형적인 향수는 세 종류의 휘발성 성분을 포함하고 있다. 가장 먼저 향기를 뿜는 첫 번째 성분은 휘발성이 가장 강하며 향수를 뿌렸을 때 나타나는 특징적인 향이다. 천연 향수에서 이 성분은 감귤오일이나 로즈메리와 라벤더 등의 식물로부터 얻으며 짓이긴 꽃잎에서 추출한다. 두 번째 성분은 중간 단계에서 향기를 뿜으며 장미, 백합, 제비꽃, 그리고 쟈스민과 같은 꽃에서 얻어지는 지방 성분인데 휘발성이 약간 떨어진다. 이 성분은 시간이 지나도 오래 향기가 지속된다. 마지막 단계에서 향기를 뿜는 세 번째 성분은 나무, 사향, 호박, 발삼으로부터 얻어지는 수지나 끈끈한 중합체이다. 세 번째 성분 분자들은 분자량이 크며 첫 번째와 두 번째 성분 분자들과 결합을 형성하여 이들이 너무 빨리 휘발하는 것을 방지함으로써 피부에 향수가 존재하는 기간 동안 전체적인 향기를 조절한다. 일부 과학자들은 세 번째 성분이 성적 유혹물(성페르몬)로 작용한다고 생각하지만 사향이나 다른 향료들이 인간에 대하여 이러한 작용을 한다는 증거는 없다. 그럼에도 불구하고 다양한 향료에 이와 같은 광고가 행해지고 있다.

백 년 전만 해도 향수는 부유층의 전유물이었다. 지금은 일반화되어 비누, 세제, 세척용품, 심지어 표백제에도 향수가 포함된다. 유명 디자이너 향수의 값싼 복제품들이 시장과 다른 장소의 할인 매장과 화장품 매장에서 팔리고 있다. 이러한 복제품들은 천연성분이나 그 유도체들을 더욱 우수하게 합성하는 유기 합성과 200개 이상의 화합물이 섞여 있는 재스민 향을 분석하는 기법의 발전에 이바지했다. 1921년에 제조된 샤넬 5번 향수는 합성된 화합물을 사용한 첫 번째 향수이다. 그 이후로 첫 번째, 중간 마지막 향기를 내는 방향제들 모두가 합성 물질도 대체되었다. 천연 향료만을 고집하거나 그것을 살 만한 부유한 사람들을 위해서만 제조된다. 비록 몇몇 사람들이 천연 향료와 합성 향료를 구별할 수 있다고 하지만 실제 그러한 능력을 가진 사람은 거의 없다.

각 성분들이 어떻게 각각의 향을 내는가? 서로 다른 화합물의 분자들은 성분, 분자량, 그리고 모양이 서로 다르다. 이러한 모든 상이점들이 화합물별로 다른 냄새를 나게 하는 역할을 한다. 실험 결과 사람에게 느낌을 주는 여러 가지 기본 냄새가 있는데 이들은 장뇌, 사향, 꽃, 박하, 에터, 자극성, 그리고 부패 시의 악취 등이다. 대부분의 사람들이 어떤 냄새를 위에서 언급한 한 종류와 비슷한 냄새로 표현하지만 소수의 사람들은 이러한 기본 냄새들 중 하나 또는 그 이상을 전혀 느끼지 못한다(냄새를 느끼지 못하는 사람에게 향수로 유혹하려는 시도는 낭비이다!).

같은 냄새 군에 포함된 물질들의 분자와 그 구조가 항상 같을 수는 없지만 그래도 비슷한 분자 형태와 크기를 나타내기도 한다. 이 분자들은 코의 후각 세포에 있는 몇몇 수용체 부분과 상호 작용을 한다. 수용체 부분에 어떤 분자의 크기와 형태가 딱 들어맞으면 특정한 후각 작용이 시작된다. 전형적인 향수는 10~25%의 향료와 75~90%의 알코올, 그리고 향료를 안정화시키고 용액 상태로 유지시키는 정착액으로 구성된다. 면도 후 바르는 로션과 코롱은 향수를 약 10배로 희석한 것이며 이 향기는 여성보다는 남성이 더 좋아하는 것이다. 향수는 알코올을 함유하기 때문에 항균성과 방부성을 나타낸다.

냄새 제거제

몸 냄새는 주로 땀의 일부 성분이 세균에 의해 분해되면서 발생하는데, 이 성분들은 지방산, 아크롤레인, 기타 화합물들이다. 땀 자체는 냄새가 없지만 세균이 땀의 성분을 분해하면서 냄새를 유발하는 물질들이 생긴다. 발한 작용은 체온 조절 및 신체 기능의 적절한 유지를 위한 정상적이고 필수적인 과정이다. 냄새 제거제는 일반적으로 세 가지 방식으로 작용한다.

- **수렴제 작용.** 수렴제는 땀구멍을 막아 땀이 나는 것을 줄인다. 이 작용을 하는 화합물로는 황산알루미늄 육수화물($Al_2(SO_4)_3 \cdot 6H_2O$), 염화알루미늄 육수화물($AlCl_3 \cdot 6H_2O$), 수산화염화알루미늄 이수화물($Al_2(OH)_5Cl \cdot 2H_2O$) 등이 있다. 이러한 물질들은 땀구멍을 수축시켜 땀의 분비를 억제한다. 효과적인 사용을 위해서는 땀이 나기 몇 시간 전에 발라야 한다.

- **향으로 덮기.** 냄새 제거제 중 일부는 향기를 포함하여 땀 냄새를 덮는다. 이런 제품들은 식물에서 추출한 지방과 향료를 사용한다. 사용 시 얼마나 오래 지속되는지를 알아 두는 것이 중요하며, 이는 개인별로 시행착오를 통해 확인할 수 있다.
- **화학적 제거.** 특정 화학 물질은 냄새의 원인이 되는 성분을 화학 반응을 통해 제거한다. 예를 들어, 과산화아연(ZnO_2)은 땀에서 발생하는 지방산과 아민을 산화시켜 냄새를 제거한다. 또한 트리클로산과 같은 항균제는 세균의 증식을 억제하여 냄새를 예방할 수 있다. 트리클로산은 0.03 ppm의 농도로도 대장균과 포도상구균의 증식을 효과적으로 막는다.

냄새 제거제를 선택할 때 각 제품의 작용 방식을 이해하는 것이 중요하다. 수렴제는 시간이 지나야 효과를 발휘하므로 미리 사용하는 것이 좋다. 향기 기반 제품은 지속 시간을 고려하여 선택해야 한다. 최근에는 투명한 냄새 제거제가 인기를 끌고 있으며, 이는 착색되지 않아 민감한 피부에 덜 자극적일 수 있다. 그러나 색이 없는 제품이 더 효과적이라는 과학적 증거는 없으며 개인의 선호와 피부 타입에 따라 선택하는 것이 바람직하다.

14.3 세제

옛날에는 가까운 시냇물에서 의류를 돌로 쳐서 세탁했다. 때로는 유럽의 비누풀, 열대 아메리카의 무환자나무(soapberry) 같은 식물이 세탁제로 사용되기도 했다. 비누풀과 무환자나무의 잎은 비누 같은 거품을 내는 화합물인 사포닌을 함유한다. 사포닌은 첫 번째 세제였는지도 모른다.

식물의 재는 탄산포타슘(K_2CO_3)과 탄산소듐(Na_2CO_3)을 함유하고 있다. 이 화합물들의 탄산이 온은 물과 반응하여 세제의 성질이 있는 염기성 용액을 형성한다. 이런 염기성 식물의 재는 최소한 4000년 전 바빌로니아 사람들에 의해 세척제로 사용되었다. 유럽에서는 100년 전만 해도 옷을 세탁하는 데 식물의 재를 이용했다. 탄산소듐은 지금도 세탁용 소다로 팔리고 있다.

비누가 알려진 지는 수백 년이 되었지만 처음에는 주로 의료용으로 사용되었다. 병을 일으키는 미생물의 발견과 공중위생 관행은 18세기에 청결에 대한 관심을 증가시켰다. 19세기 중반에 이르러 비누는 일반화되었다.

비누에 대한 첫 기록은 로마 원로인 플리니우스(G.S. Plinius)의 글에서 발견된다. 그는 페니키아 인들이 염소 기름과 재를 사용하여 비누를 합성하는 것을 기술했다. C.E. 2세기까지 탄산소듐(염기성 물을 증발시켜 얻었음)을 석회(석회석이나 조개껍데기로부터 얻었음)와 함께 가열하면 수산화소듐(NaOH, 양잿물이라고 부르기도 함)을 얻었다.

$$Na_2CO_3 + Ca(OH)_2 \rightarrow 2NaOH + CaCO_3$$

수산화소듐을 동물성 지방이나 식물성 기름과 가열하면 비누가 얻어진다. 비누(soap)는 사슬이 긴 카복실산의 염임을 기억하자.

미국의 개척자들도 같은 방법으로 비누를 만들었다. 큰 쇠주전자에 있는 동물성 지방에 잿물을

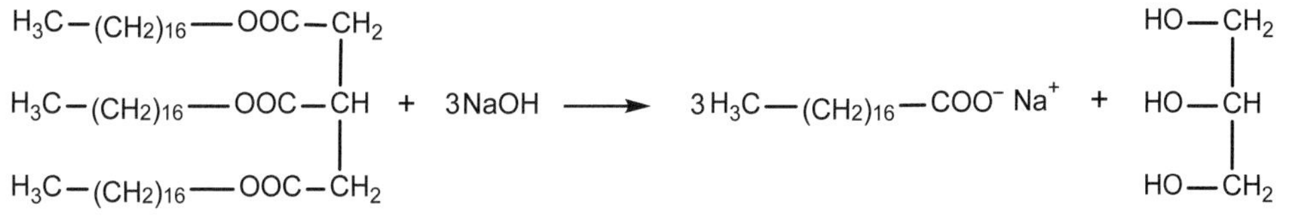

트라이스테아린 (동물성 지방) 스테아르산소듐 (비누) 글리세롤 (글리세린)

붓고 장작불로 몇 시간 가열한다. 비누가 표면 위로 올라온 뒤 식히면 굳는다. 주전자 바닥에는 글리세롤 액체가 남는다. 비누와 글리세롤 모두에 반응하지 않는 염기가 남는데 이는 피부를 상하게 한다.

현대의 상업적인 비누 제조는 일반적으로 지방이나 기름을 뜨거운 증기로 가수분해한 뒤 생성된 지방산을 중화하여 비누를 만든다. 화장실용 비누는 보통 염료, 향수, 크림, 기름 등이 첨가된다. 광택용 비누에는 실리카나 부석 같은 연마제가 들어 있다. 일부 비누는 물에 뜨게 하기 위해 굳기 전에 공기를 불어넣어 밀도를 낮춘다. 어떤 비누는 합성세제가 들어 있다. 이들의 작용은 비슷하고 소비자들은 비누와 합성 세제를 구분하지 않는다.

포타슘 비누는 소듐 비누보다 부드럽고 더 미세한 거품을 만든다. 이들은 별도로 쓰이기도 하고 액체 비누나 면도용 크림에 소듐 비누와 혼합하여 사용되기도 한다. 그러나 손세탁용 액체는 대부분 합성 세제이다. 비누는 또한 지방산과 트라이에탄올아민을 반응시켜 만들어진다. 이런 물질들은 샴푸나 다른 화장품에 쓰인다.

비누는 어떻게 작용하는가?

먼지와 때가 피부나 옷의 표면에 붙는 주된 이유는 기름과 그리스의 소수성 특성 때문이다. 소수성 물질은 물과 잘 섞이지 않으며, 이는 주로 피부의 피지선에서 자연적으로 분비되거나 요리 및 산업용 윤활제와 같은 외부 소스로부터 형성된다. 대기 중에 떠다니는 고체 먼지 입자들은 이러한 기름과 그리스가 있는 표면에 쉽게 달라붙는다. 이는 기름과 먼지 입자 사이의 약한 물리적 힘, 즉 반데르발스 힘에 의해 발생한다.

기름과 그리스가 소수성이기 때문에 물만으로는 먼지를 효과적으로 제거할 수 없다. 이러한 소수성 물질을 제거하기 위해서는 계면활성제가 포함된 세정제를 사용해야 한다. 계면활성제는 분자 구조상 이중성을 가진다. 이는 소수성 꼬리와 친수성 머리를 가지고 있어 물과 기름 사이의 상호 작용을 도와준다. 소수성 꼬리는 기름과 결합하고, 친수성 머리는 물과 결합하여 기름과 먼지를 물에 용해시켜 제거할 수 있게 한다.

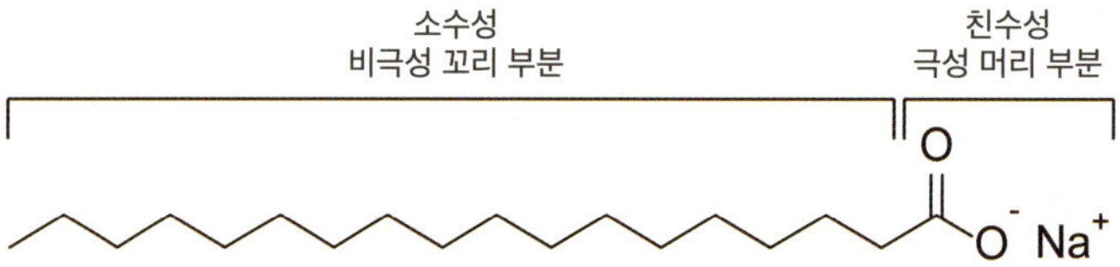

스테아르산소듐
(비누)

비누 분자 또한 이중성을 가지고 있다. 비누의 한쪽 끝은 극성의 이온성을 띠어 친수성(hydrophilic, 물을 좋아하는)이고, 다른 쪽 끝은 비극성의 탄화수소 구조로 소수성(hydrophobic, 물과 반발하는)이다. 이러한 구조 덕분에 비누는 물과 기름 사이에서 작용하여 기름과 같은 비극성 물질을 물에 녹여 세정하는 데 효과적이다.

비누의 세척 작용을 그림 14.4에 나타내었다. 그림에서 보듯이 분자들이 구형으로 모인 것을 미셀(micelle)이라고 한다. 탄화수소 꼬리는 기름에 꽂혀 있고 이온성 머리는 물 층에 남아 있다. 이런 방식으로 기름은 작은 방울로 나누어지고 용액 전체에 분산된다. 작은 방울들은 표면의 전하를 띤 카복실 음이온 사이의 반발력 때문에 합쳐지지 않는다. 기름과 물은 비누가 에멀젼제(emulsifying agent)로 작용하여 에멀젼(emulsion)을 형성한다. 기름이 더 이상 표면에 '붙지' 않으므로 먼지는 쉽게 제거된다. 비누를 포함하여 물에 기름이나 그리스 같은 비극성 물질의 현탁액(suspension)을 안정화시키는 물질을 계면활성제(surfactant)라고 한다.

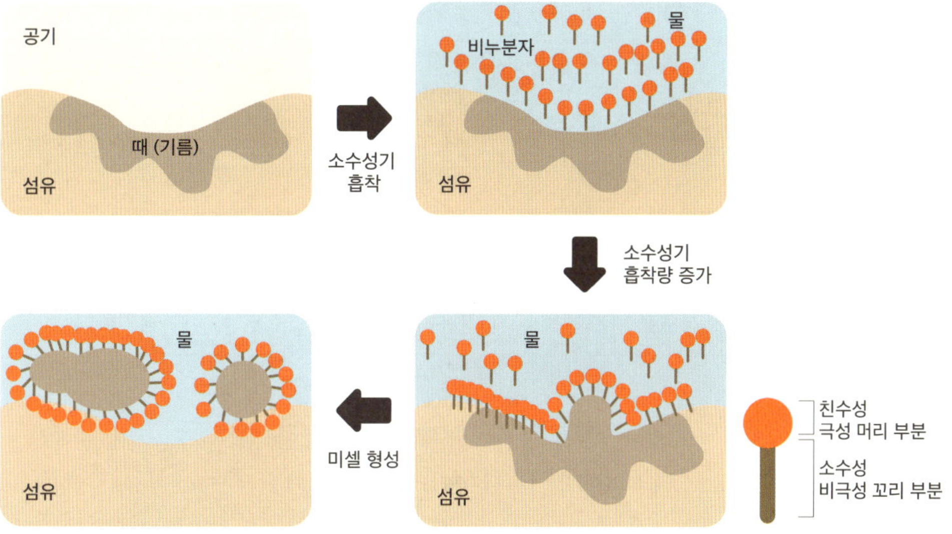

그림 14.4 비누의 세척 작용

비누의 단점

비누의 단점은 경수(센물)에서는 잘 작용하지 않는다는 것이다. 경수는 칼슘, 마그네슘, 철 이온 같은 금속 이온을 함유한 물이다. 비누 음이온은 이런 금속 이온들과 작용하여 기름기 있는 불용성 덩어리를 만든다. 칼슘 이온과의 반응은 다음과 같다.

$$2CH_3CH_2CH_2CH_2CH_2CH_2CH_2CH_2CH_2CH_2CH_2CH_2CH_2CH_2CH_2COO^-Na^+ (aq)$$

소듐비누(수용성)

$$(CH_3CH_2CH_2CH_2CH_2CH_2CH_2CH_2CH_2CH_2CH_2CH_2CH_2CH_2CH_2COO^-)_2Ca_2^+(s) + 2Na^+ (aq)$$

칼슘비누(불용성)

이런 침전물은 욕조에 흔히 보이는 때를 만든다. 이들은 감은 머리카락을 끈끈하게 만들고 세탁한 옷에 회색빛이 돌게 한다. 따라서 머리카락이나 옷감이 부드럽지 못하다. 세탁이나 많은 다른 목적으로 비누는 주로 합성 세제로 바뀌었다.

경수 연화제

비누의 작용을 돕기 위해 다양한 경수 연화제와 장치가 사용된다. 경수 연화제는 '경수'로 만드는 칼슘, 마그네슘, 철 이온을 제거하는 데 사용된다. 효과적인 경수 연화제는 세척용 소다인 탄산소듐($Na_2CO_3 \cdot 10H_2O$)이다. 탄산 이온은 물과 반응하여 물을 염기성으로 만들어 pH를 높게 만들고 지방산의 침전을 막는다.

$$CO_3^{2-}(aq) + H_2O(l) \rightarrow HCO_3^-(aq) + OH^-(aq)$$

또한 탄산 이온은 물을 경수로 만드는 이온과 반응하여 불용성 염으로 이들을 제거한다.

$$Mg^{2+}(aq) + CO_3^{2-}(aq) \rightarrow MgCO_3(s)$$
$$Ca^{2+}(aq) + CO_3^{2-}(aq) \rightarrow CaCO_3(s)$$

세척용 소다처럼 인산소듐(Na_3PO_4)은 물을 염기성으로 만들고 칼슘과 마그네슘 이온을 침전시킨다.

$$PO_4^{3-}(aq) + H_2O(l) \rightarrow HPO_4^{2-}(aq) + OH^-(aq)$$
$$2\,PO_4^{3-}(aq) + 3Mg^{2+}(aq) \rightarrow Mg_3(PO_4)_2(s)$$

인산염은 또한 세척 과정을 도와주는 것처럼 보이지만 그 방법은 잘 알려져 있지 않다.

가정용이나 산업용 경수 연화 탱크도 있다. 이 탱크는 칼슘, 마그네슘, 철 이온을 표면으로 끌어당기고 이들을 소듐 이온으로 교체하여 연수를 만드는 불용성 고분자 물질을 함유한다. 일정 기간 사용 후에 고분자는 포화되기 때문에 NaCl을 넣어 수지를 소듐 이온으로 교체하여 재생한다.

연수에서 비누는 훌륭한 세척제이다. 비누는 상대적으로 독성이 없으며 재생 가능한 원료(동물성 지방과 식물성 기름)로 만들어진다. 그리고 비누는 생분해된다.

14.4 합성 세제

비누의 문제와 관련한 두 번째 기술적 접근법은 새로운 합성 세제를 개발하는 것이다. 합성 세제 분자들은 비누 분자와 같은 세척 작용을 할 정도로 충분히 비슷하고 산과 경수에 저항할 만큼 충분히 다르다. 2차 세계대전이 끝나자 비누 제조를 위한 원료가 바로 부족해지고 비싸졌다. 합성 세제 산업은 2차 세계대전 이후 빠르게 성장했다.

계면활성제(surfactant)

ABS(Alkylbenzen-sulfonate) 세제는 프로필렌(CH_2=$CHCH_3$), 벤젠(C_6H_6), 황산(H_2SO_4)으로 만들어진다. 생성된 설폰산(RSO_3H)은 염기로 중화하여 최종 생성물을 만드는데 보통 탄산소듐이 사용된다. ABS 세제의 판매는 치솟아 한 10년 동안 거의 모든 사람이 행복해했다. 그러나 비누 거품이 하수처리장에 쌓여 가기 시작했다. 거품은 강에도 많아지기 시작했고 어떤 지역에서는 마시는 물에도 거품이 보였다. ABS 분자의 가지가 달린 구조는 하수처리장의 미생물에 의하여 쉽게 분해되지 않았고 지하수 공급도 위협받았다. 대중의 항의는 법을 통과시켜 제조법을 바꾸게 했다. 생분해성 세제가 빠르게 시장에 나왔고 비생분해성 세제는 금지되었다.

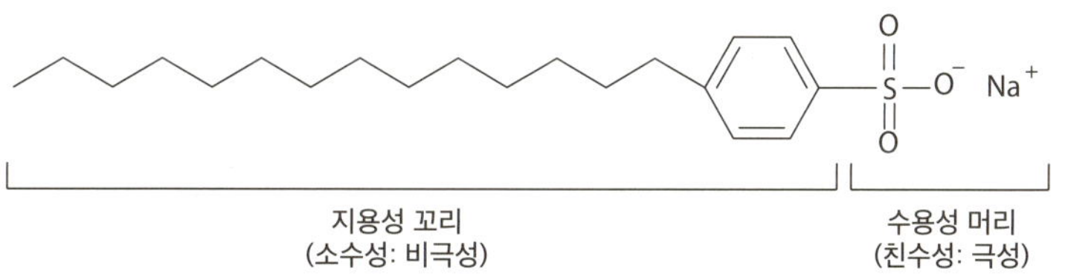

그림 14.5 LAS(linear alkylsulfonates) 합성 세제 구조

LAS(linear alkylsulfonates)라고 불리는 생분해성 세제는 직선형 탄소 사슬을 갖는다. 미생물은 LAS 분자의 탄소 원자들을 한 번에 2개씩 분해하는 효소를 생산하여 LAS 분자를 분해할 수 있다. ABS 분자의 가지가 있는 사슬은 이 효소의 작용을 막아 분해가 되지 않는다. 따라서 강에 거품이 생기는 문제는 기술에 의해 해결되었다.

합성 세제의 세척 작용은 비누와 매우 비슷하다. 그러나 합성 세제는 산성 용액이나 경수에서 비누보다 세척력이 뛰어나다. 비누와는 달리 합성 세제의 칼슘이나 마그네슘은 수용성이어서 심지어 매우 강한 경수에서도 침전되지 않는다.

가정이나 세탁소에서 쓰이는 세탁용 합성 세제는 보통 다양한 성분을 포함한다. 주성분은 계면활성제이지만 특정한 얼룩이나 표면에 대하여 세척 능력을 증가시키는 것과 같은 다양한 기능을 제공하기 위하여 다른 물질들도 첨가된다. 어떤 첨가물들은 제품의 안전성을 지켜준다. 다른 첨가물들은 특정한 제품에 독특한 성질을 제공한다. 일반적인 첨가물들에는 세척 강화제(builder), 형광 발광제(optical brightener), 섬유 유연제(fabric softener), 떨어진 오물이 다시 붙지 않게 하는 물질, 단순히 원가를 줄이기 위해 첨가하는 물질들이 있다.

계면활성제는 세척 용액이 표면을 적셔 표면이 세척되게 한다. 계면활성제는 보통 기계적인 작용의 도움을 받아 오물을 느슨하게 하여 제거한다. 계면활성제는 오물을 에멀젼화하고 퍼져서 부유하게 하여 표면에 다시 붙는 것을 방지한다. 많은 세제 제품들은 두 가지 이상의 계면활성제를 포함한다.

계면활성제는 보통 물질의 작용 부분에 있는 이온 전하에 의하여 분류된다. 이온성 세제는 항상 반대 이온(counter ion)이라고 불리는 반대 전하를 띤 작은 이온과 결합하고 있다. 비누, ABS, LAS 모두 음이온성 계면활성제(aninonic surfactant)이다. 이들은 활성 부분에 음전하를 갖는다. 다른 종류의 음이온 계면활성제에는 도데실황산소듐(sodium dodecyl sulfate), 에톡시황산알코올(alcohol ethoxysulfate, AES) 같은 알킬황산염(alkyl sulfate)이 있다. 대부분의 음이온성 세제의 반대 이온은 Na^+이다.

$$CH_3(CH_2)_nOSO_3^-Na^+$$

알킬 황산염
n=11~13

$$CH_3(CH_2)_mO(CH_2CH_2O)_nSO_3^-Na^+$$

에톡시 황산알코올
m=6~13, n=7~13

음이온성 계면활성제는 세탁, 식기 세척용 세제, 가정용 세척제, 개인용 청결 제품 등에 사용된다. 이들은 세척력이 좋으며 일반적으로 많은 거품을 낸다.

비이온성 계면활성제(nonionic surfactant)는 전하가 없다. 이들은 거품이 작고 경수에 저항성이 있다. 이들은 대부분의 오물을 잘 씻어 내기 때문에 세탁용이나 자동 식기세척기 등에 사용된다. 가장 널리 쓰이는 비이온성 계면활성제는 알코올 에톡실레이트(alcohol ethoxylate)이다.

$$CH_3(CH_2)_mO(CH_2CH_2O)_nH$$

알코올 에톡실레이트
m = 6~13, n = 7~13

양이온 계면활성제(cationic surfactant)는 활성 자리에 양전하가 있다. 이들은 좋은 세제는 아니지만 살균 작용이 있어서 식품과 유가공산업에서 세척제 겸 살균제로 쓰이고 일부 가정용 세제의 소독 성분으로 사용된다. 가장 일반적인 양이온 계면활성제는 4차 암모늄염(quatenary ammonium salt)이다. 4차 암모늄염은 양의 전하를 띤 질소 원자에 4개의 탄화수소기를 갖고 있다.

$$CH_3(CH_2)_nCH_2N^+(CH_3)_3Cl^-$$

4차 암모늄염(quatenary ammonium salt)
n = 10~16

때때로 양이온성 계면활성제는 비이온성 계면활성제와 같이 쓰인다. 양이온성 계면활성제와 음이온성 계면활성제는 결코 같이 쓰이지 않는다. 반대 전하의 이온이 서로 결합하여 용액에서 침전을 만들어서 두 계면활성제의 세제로서의 성질을 모두 파괴하기 때문이다.

양쪽성 계면활성제(amphoteric surfactant)는 양전하와 음전하를 모두 갖고 있다. 이들은 산, 염기와 모두 반응하며 부드럽고 거품이 잘나며 안정한 것으로 유명하다. 이들은 유아용 샴푸 같은 개인용 청결 제품이나 손 닦는 액체 비누 같은 가정용 청결 제품이 사용된다. 전형적인 양쪽성 계면활성제는 베타인(betaine) 같은 화합물이 있다.

$$CH_3(CH_2)_nCH_2NH_2^+CH_2COO^-$$

베타인(betaine)
n = 10~16

세척강화제(연수제)

세탁력을 높이기 위해 계면활성제에 첨가되는 물질을 세척강화제(builder)라고 한다. 세척강화제의 주기능은 물의 경도를 줄이는 것이다. 시트르산소듐($Na_3C_6H_5O_7$)과 삼인산소듐($Na_5P_3O_{10}$), 육메타인산소듐(sodium hexametaphosphate, $[Na_6[(PO_3)_6]$) 같은 인산염은 Ca^{2+}와 Mg^{2+}에 결합하여 가용성 복합체를 만드는데 이를 격리(sequestration)라고 한다. 인산염 복합체는 또한 서로 돕는 과정에 의해 세정력을 증가시켜 준다. 예를 들어 세척 용액에 1.00 g/L의 알킬 황산염 세제가 있다면 일정한 세척 작용을 할 것이다. 유사하게 세척 용액에 1.00 g/L의 삼인산소듐이 있다면 일정한 세정력을 가질 것이다. 그러나 세척 용액에 0.50 g/L의 알킬 황산염 세제와 0.50 g/L의 삼인산소듐이 있다면 그 용액에 세탁한 옷은 처음 두 용액 중 하나에 세척한 것보다 더 깨끗하고 밝게 세탁된다.

그러나 인산염은 호수의 부영양화를 촉진한다. 일부 지역에서는 세제에 있는 인산염이 이 과정에 어느 정도 기여한다.

탄산소듐은 경수의 이온과 반응하여 불용성 물질을 형성한다. 자동 세탁기는 $CaCO_3$와 $MgCO_3$ 침전물에 의해 손상이 일어날 수 있다. 이런 세척강화제는 약한 염기성을 띠기 때문에 세척을 도와주고 특히 산성 오물의 세척을 돕는다.

제올라이트(zeolites)라고 불리는 알루미노규산염 복합체가 흔히 세척강화제로 쓰인다. 제올라이트 음이온은 이온교환(ion exchange)에 의해 칼슘 이온을 포획한다. 제올라이트는 소듐 이온과 칼슘 이온을 교환한다.

$$Ca^{2+}(aq) + Na_2Al_2Si_2O_8(s) \rightarrow 2Na^+(aq) + CaAl_2Si_2O_8\,(s)$$

칼슘과 마그네슘 이온은 (침전되기보다는) 제올라이트에 의해 용액 속에 부유하게 된다.

형광 발광제

거의 모든 세제에는 형광 염료, 즉 형광 발광제(optical brightener)가 들어 있다. 흰색 옷을 몇 번 입으면 흔히 옷이 누렇게 되고 옅은 갈색으로 보인다. 형광 발광제는 태양의 자외선을 흡수하여 푸른색 광선으로 내보낸다. 이 푸른색은 누런색을 위장하여 옷을 '흰색보다 더 희게' 보이게 한다. 형광 발광제로 처리한 옷은 표면의 아래쪽은 더러울지 몰라도 새 옷보다도 더 희고 밝게 보인다. 형광 발광제는 화장품, 종이, 비누, 플라스틱, 기타 제품들에도 사용된다.

형광 발광제는 일부 사람들에게 피부 발진을 일으키지만 인간에게 독성이 낮아 보인다. 이들은 성장이나 생식에 영향을 줄지도 모른다. 하지만 이를 인정하거나 반박하기 위한 추가 실험이 필요하다. 많은 양의 형광 발광제가 하수로 방류됨에도 불구하고 호수나 강에 대한 효과는 아직 모른다. 이 물질의 유일한 이익은 미용이다. 무색염료(blancophor)로 불리는 형광 발광제는 눈에 보이지 않는 자외선을 눈에 보이는 푸른색으로 전환하여 섬유를 더 밝게 보이게 하고 누런색을 가린다. 그리고 형광 발광제가 들어간 세제로 세탁한 옷은 자외선 램프에서 나오는 빛에 빛을 발한다.

액체 세탁용 세제

초기의 세탁용 세제는 가루였다. 그러나 이제는 액체 세탁용 세제가 시장에서 대부분을 차지한다. 일반적으로 가루가 더 농축된 것이고 더 깨끗하게 세탁된다. 그러나 많은 소비자들은 액체가 더 편리하다고 생각한다. 어떤 액체 세정제에는 시트르산소듐, 탄산소듐, 제올라이트가 세척강화제로 들어 있다. 세척강화제가 없는 세제는 계면활성제의 농도가 높다.

LAS 계면활성제는 액체 세탁 세제 중 가장 싸다. 세척강화제가 없는 조성에서는 LAS는 보통 소듐염이나 트라이에탄올아민[$N(CH_2CH_2OH)_3$]염으로 쓰인다.

액체 세제에 쓰이는 다른 인기 있는 계면활성제는 AES다. AES는 알코올(또는 알킬페놀)로부터 유도된 탄화수소 부분과 에틸렌 옥사이드에서 유도된 극성 부분, 황산염으로 이루어져 있다. AES 계면활성제는 효과적이지만 LAS보다 비싸다.

AES와 LAS 모두 음이온 계면활성제이다. 일부 액체 세제는 알코올 에톡실레이트(alcohol ethoxylate), 알킬페놀 에녹실레이트(alkylphenol ethoxylate) 같은 비이온성 계면활성제를 쓴다. 비이온성 계면활성제의 산소 원자는 물과 수소 결합을 하여 음이온성 계면활성제의 이온말단처럼 분자의 말단을 수용성으로 만든다. 비이온성 계면활성제는 섬유에서 기름 성분 오물을 효과적으로 제거한다. 그러나 이들은 오물 입자를 부유하게 하는 데는 음이온성 계면활성제보다 좋지 않다. 알코올 에톡실레이트는 더운물보다 찬물에 더 잘 녹는 특이한 성질을 가져서 특별히 찬물 세탁에 적당한 세제이다.

가루 세제처럼 액체 세제도 다양한 다른 성분을 갖는다. 표백제, 향수, 섬유 연화제, 형광 표백제, 거품 안정제 등 액체 세제에는 다른 성분들의 분리를 막고 기름기 있는 오물을 잘 녹게 하기 위해 에탄올, 아이소프로필 알코올, 프로필렌 글라이콜 같은 용매가 첨가될 수도 있다.

어떤 세제에는 지방과 기름을 제거하는 것을 돕기 위해 리파아제(lipase, 지질에 작용하는 효소)와 피 같은 단백질 성분의 얼룩을 제거하는 것을 돕기 위해 프로테아제(protease, 단백질에 작용하는 효소) 같은 효소가 첨가된다.

식기 세척용 세제

손으로 식기를 씻는 액체 세제는 보통 한 가지 이상의 계면활성제를 주성분으로 포함한다. 액체 세탁 세제처럼 LAS의 소듐이나 트라이에틸아민염이 계면활성제이다.

어떤 것은 지방산과 다이에탄올아민[$HN(CH_2CH_2OH)_2$]으로 만들어진 아미드인 코카미도 DEA(cocamido DEA) 같은 비이온성 계면활성제를 사용한다.

식기 세척용 세제에는 세척강화제를 넣지 않는데, 넣는다고 해도 아주 적은 양만을 넣는다. 기름, 단백질, 냄새, 방부제, 용매, 표백제와 기타 성분을 제거하는 것을 돕기 위한 효소가 첨가되어 있을 수 있다. 대부분의 액체 식기 세척 세제는 계면활성제의 농도나 효과만이 다르다.

$CH_3(CH_2)_nCON(CH_2CH_2OH)_2$

코카미도 DEA(cocamido DEA)
n = 8~12

자동 식기세척기용 세제는 상당히 다른 물질이다. 이들은 보통 상당히 염기성이라 손을 씻는 데 사용해서는 절대로 안 된다. 자동 식기세척기용 세제에는 삼인산소듐($Na_5P_3O_{10}$), 탄산소듐, 규산소듐(Na_2SiO_3), 황산소듐, 염소나 산소 표백제, 보통 비이온성 형태의 계면활성제가 적은 양 들어 있다. 어떤 것에는 수산화소듐도 들어 있다. 이들은 주로 강염기성과 기계의 강한 휘젓기에 세척을 의존한다. 자동 식기 세척기에 반복적으로 세척되는 접시는 세제의 강한 염기성 때문에 영구히 흠이 생기는데 이것이 보통 섬세한 크리스털 잔을 손으로 씻는 이유이다.

섬유 유연제: 4차 암모늄염

위에서 양이온 계면활성제는 작용하는 부분이 양이온이고 대부분이 4차 암모늄염(quatenary ammonium slat)이라는 것을 배웠다. 이 양이온은 양의 전하를 가진 질소에 4개의 탄화수소기를 갖는다. 탄화수소기의 하나는 12~18 탄소 원자를 가진 긴 사슬이고 나머지 3개는 보통 메틸기이다. 이러한 양이온 계면활성제의 예는 옥타데실트라이메틸암모늄 클로라이드(octadecyltrimethylammonium chloride)이다.

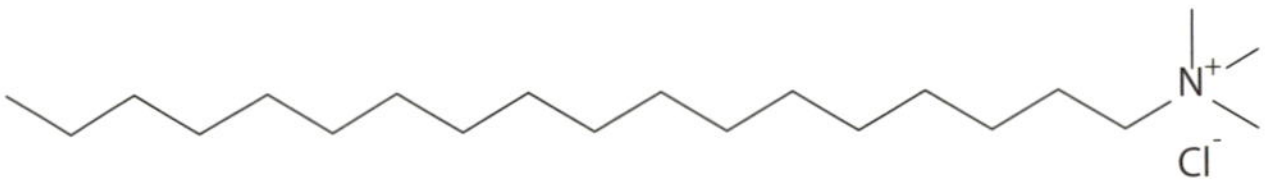

옥타데실트라이메틸암모늄 클로라이드

양이온 계면활성제는 계면활성제 시장의 작은 부분만을 차지한다. 그러나 2개의 긴 탄소 사슬과 2개의 가진 기가 질소에 있는 4차 염(quatemary salt)은 섬유 연화제로 쓰인다. 그 예는 다이옥타데실다이메틸암모늄 클로라이드(dioctadecyldimethylammonium chloride)이다. 이런 화합물은 섬유에 강하게 흡착되어 표면에 단분자층을 만든다. 긴 탄화수소 사슬은 섬유를 매끄럽게 만들어 섬유에 유연성과 부드러움을 증가시킨다.

세탁 표백제

표백제(bleache)는 섬유에서 색깔 있는 얼룩을 제거하는 산화제이다. 가장 친숙한 염소 표백제(Clorox와 Purex)는 5% 차아염소산소듐(NaOCl) 용액으로 가격만 다르다. 새롭게 나온 '울트라' 염소 표백제는 NaOCl의 농도만이 다르다. 차아염소산염 표백제는 염소를 빠르게 방출한다. 염소의 농도가 높으면 섬유에 손상을 입힐 수 있다. 이런 표백제들은 폴리에스터 섬유에는 잘 듣지 않아서 원하는 대로 하얗게 되지 않고 종종 누렇게 되기도 한다.

고체 형태인 다른 표백제는 염소를 물에 천천히 방출해 섬유 손상을 최소화한다. 심클로센(Symclosene)은 트라이클로로아이소사이아누리산(Trichloroisocyanuric acid, $(CONCl)_3$)이라도 하며 과립 형태 표백제의 예이다. 산소방출 표백제는 보통 과탄산소듐($2Na_2CO_3 \cdot 3H_2O_2$) 또는 과붕산소듐($NaBO_2 \cdot H_2O_2$)을 포함한다. 화학식에서 알 수 있듯이 이 화합물들은 $NaBO_2$ 또는 Na_2CO_3와 과산화수소(H_2O_2)의 복합체이다. 뜨거운 물에서 과산화수소는 방출되어 표백제로 작용한다.

붕산염은 독성이 어느 정도 있다. 과붕산염 표백제는 염소 표백제보다 활성이 떨어져서 같은 효과를 내기 위해서는 더 높은 온도, 더 강한 염기성, 더 높은 농도가 필요하다. 이들은 주로 흰색의 폴리에스터 수지로 처리된 목화 섬유를 표백하는 데 쓰인다. 과탄산 표백제는 과산화수소와 탄산소듐을 조합하여 놓은 것처럼 작용한다. 과붕산 표백제보다 독성이 작기 때문에 과탄산 표백제는 빠르게 산소 표백제의 주류가 되고 있다. 적절히 사용하면 산소 표백제는 염소 표백제보다 섬유를 더 하얗게 만든다.

다목적 세척제

벽, 마루, 주방의 조리대, 가전제품, 기타 단단하고 내구성이 있는 표면에 사용할 수 있는 다양한 다목적 세척제들을 구할 수가 있다. 수용액 형태로 사용되는 것들은 계면활성제, 탄산소듐, 암모니아, 용매 형태의 기름 제거제, 살균제, 표백제, 냄새 제거제 기타 성분 등을 함유할 수 있다. 어떤 것이 특정한 일에 좋다고 해서 다른 일에도 좋지는 않다. 어떤 표면에는 손상을 주지만 다른 표면에는 특별히 잘 작용한다. 가장 중요한 것은 바르게 사용하지 않으면 해로울 수도 있다는 것이다. 라벨을 읽는 것이 중요하다.

병에서 바로 따라 쓰게 되어 있는 가정용 암모니아 용액은 탄 기름때와 음식을 제거하는 데 효과적이다. 물에 묽힌 암모니아 용액은 거울, 유리창, 기타 유리 표면을 닦는 데 사용된다. 세제와 함께 사용되면 암모니아는 비닐 마루에서 기름기를 빠르게 제거할 수 있다. 암모니아 증기는 매우 자극적이어서 이런 세척 용액은 밀폐된 방 안에서 사용해선 안 된다. 암모니아는 아스팔트 타일, 나무 표면 또는 알루미늄에 사용해서는 안 된다. 왜냐하면 암모니아는 이런 물질들에 얼룩이 생기게 하거나 구멍을 내거나 부식시킬 수 있기 때문이다.

박스에서 바로 꺼낸 베이킹 소다(탄산수소소듐 또는 중탄산소듐, $NaHCO_3$)는 부드러운 연마 세제이다. 이 물질은 냄새를 쉽게 제거하기 때문에 냉장고의 내부를 닦는 데 좋다. 식초(아세트산)는 기름 막을 벗겨 낸다. 그러나 대리석에 사용되어서는 안 된다. 식초(CH_3COOH)는 대리석($CaCO_3$)과 반응하여 표면에 구멍을 낸다.

$$CaCO_3(s) + 2CH_3COOH(aq) \rightarrow Ca(CH_3COO)_2(aq) + CO_2(g) + H_2O(l)$$

특수 목적의 세척제

시장에는 매우 특별한 용도만을 위한 세척제들이 많이 있다. 금속용으로는 다양한 크롬 세척제, 놋쇠 세척제, 구리 세척제, 은 세척제 등이 있고 석회 제거제, 녹 제거제, 기름 제거제가 있다. 나무 표면, 비닐 마루, 도자기 타일을 위한 세척제들도 있다.

14.5 머리카락

피부처럼 머리카락도 주로 섬유 단백질 케라틴으로 이루어져 있다. 단백질 분자는 수소 결합, 이온 결합, 이황화 결합, 분산력 등 네 종류의 힘에 의해 결합된 아미노산 사슬로 만들어진다. 이 중에 수소 결합과 이온 결합은 샴푸와 컨디셔너의 작용을 이해하는 데 중요하다. 단백질 사슬 사이의 수소 결합은 물에 의해 파괴된다. 이온 결합은 pH를 변화시키면 파괴된다. 이황화 결합은 머리카락을 영구히 웨이브 퍼머를 하든지 스트레이트 퍼머를 할 때 끊어지고 복원된다.

또한 케라틴의 2차 구조는 α-나선 구조인데, 단백질이 감겨 올라간 나선 구조를 갖는다는 것을 뜻한다. 그리고 이 구조는 수소 결합에 의해 유지된다. 각각의 머리카락은 서로의 주위를 휘감고 있

는 몇 가닥의 케라틴으로 이루어진다. 머리카락이 말랐을 때 케라틴 단백질은 단단히 감겨 있으므로 α-나선은 마른 머리카락의 정상적인 길이를 하고 있다. 그러나 머리카락이 젖으면 물 분자가 α-나선 구조를 유지하는 수소 결합을 방해한다. 그 결과 α-나선 구조가 이완되고 머리카락 섬유의 길이가 길어진다. 완전히 젖은 머리카락은 마른 머리카락보다 10 ~ 20% 더 길다.

샴푸

샴푸는 깨끗하고 건강한 모발을 유지하기 위하여 요구되는 많은 성분들을 함유하기에 단순한 비누에 비해 성분 구조가 복잡하다. 만일 비누로 머리를 감으면 완전히 비누가 씻기지 않기 때문에 머릿결에 "비누막"이 형성되어 머릿결이 답답해 보인다. 특히 센물에서 비누로 머리를 감으면 눈에 보일 만큼 막이 형성되며 이 막은 잘 제거되지 않는다. 또한 비누는 용액을 염기성으로 만들며 이러한 조악한 환경은 모발에 손상을 입힌다.

대부분의 샴푸에는 음이온 세제가 들어 있다. 음이온 세제는 일반적으로 양이온과 비이온성 세제에 비해 거품을 잘 내므로 샴푸가 거품을 잘 발생시키는 특성을 갖게 해 준다. 다이에탄올아민과 로르산의 반응 생성물 같은 비이온성 계면활성제도 샴푸에 들어 있다. 무이온성은 음이온만큼 좋은 계면활성제가 아니지만 거품안정제나 농축제(thickener)로 유용하다. 이들은 병에서 샴푸를 따를 때 천천히 흐르도록 하며 거품의 농도가 오랫동안 높게 지속되도록 만든다.

$$HN(CH_2CH_2OH)_2 + CH_3(CH_2)_{10}COOH \longrightarrow CH_3(CH_2)_{10}-\overset{\overset{\displaystyle O}{\|}}{C}-N(CH_2CH_2OH)_2 + H_2O$$

다이에탄올아민 로르산 로르산 다이에탄올아미드 (아마이드 세제)

머리 샴푸, 식기 세척, 또는 세탁할 때 약간의 화학 지식이 깊이 관여되어 있다. 물만 사용하여 기름 낀 머리를 감으면 머리를 말린 후에도 기름 낀 상태가 되므로 기름과 물은 잘 섞이지 않는다는 것을 재확인할 수 있다. 그러나 샴푸를 약간 사용하면 문제가 해결된다.

샴푸로 머리를 감으면 머리의 소수성 기름과 때는 마이셀의 소수성 내부로 녹아든다. 흐르는 물에 머리를 헹구면 이 기름과 때는 씻긴다. 머리를 감은 후 샴푸가 완전히 제거되어야 머릿결의 손질이 쉽고 광택이 나며 정전기가 발생하지 않는다. 음이온 세제를 모발에서 제거하기 위해 린스 또는 컨디셔너를 사용하는데 이들은 4차 암모늄 화합물(quaternary ammonium compounds)과 같은 양이온 희석액을 함유한다. 이 화합물들은 전기적으로 음이온과 결합하여 이들이 쉽게 제거되도록 한다. 4차 암모늄 계면활성제의 양전하 끝은 손상된 모발(부서진 단백질 사슬로부터 나온 -COOH기)의 음전하를 중화시키며 알킬 사슬은 모발에 붙어 부드러운 느낌을 준다.

샴푸 후 사용하는 컨디셔너는 세제에 의해 기름이 제거된 모발에 약간의 기름을 다시 공급한다. 전형적인 컨디셔너에는 피부 유연제(softener), 지방, 왁스, 수지(resins)와 모발에 부착되어 건조와 대기 조건의 영향을 막아 유연하고 탄력 있는 모발을 유지시키는 짧은 아미노산 고분자뿐만 아니라 물과 알코올의 분산 매질이 들어 있다. 모발의 상태는 흡착된 수분의 양에 의존하는데 수분이 지나치면 모발이 축 늘어지며 너무 적으면 머리카락에 정전기가 발생한다. 많은 모발용품에 함유된 각종 단백질과 기타 좋은 성분들이 모발 속으로 파고들어 손상된 머릿결을 복구하거나 강화한다고 직접 혹은 간접적으로 주장하나 과학적인 근거는 없다. 예를 들면 단백질 분자들은 모발의 표면을 뚫고 통과하기에는 너무 크다. 오직 작은 분자에게만 이것이 가능하다.

사실 모발용품이 이런 작용을 한다면 이들은 FDA에 의해 약품으로 분류되어야 한다. 라놀린과 미네랄 기름(또는 그들의 대용품)은 샴푸에 첨가되어 머리를 감을 때 두피의 천연 기름을 대체하여 두피가 건조해지거나 벗어지는 것을 막는다. 함유된 기름 첨가제와 안정제는 샴푸가 진주 빛을 띠도록 한다. 이러한 성분들은 샴푸의 거품을 감소시키기도 한다.

머리카락 염색

머리카락과 피부는 갈색이 나는 검은색인 멜라닌(melanin)과 붉은색이 나는 갈색 머리카락과 붉은 머리카락을 가진 사람의 피부색의 색을 띠게 하는 페오멜라닌(phaeomelanin)이라는 두 가지 안료의 상대적인 양에 의해 결정된다. 짙은 갈색 머리카락은 멜라닌이 피부에 많고 금발은 어느 쪽 색소도 없다. 갈색 머리카락은 색을 띠는 안료를 산화시켜 무색 생성물로 만들면 금발이 될 수 있다. 머리를 탈색하기 위하여 과산화수소가 보통 사용된다.

머리카락 염색은 탈색보다 더 복잡하다. 수용성 염료를 사용한 염색은 물에 씻기기 때문에 일시적이고 머리카락에 스며들어 남아 있는 염료를 사용하면 더 오래간다. 이런 염료들은 흔히 수용성, 무색 형태로 사용되고 머리에 흡수된 뒤 과산화수소에 의해 유색 화합물로 산화된다.

영구적 염료로는 파라-페닐렌다이아민(*p*-phenylenediamine)이라고 불리는 방향족 아민의 유도체가 많이 쓰인다. 이 분자에 치환체를 붙이면 다양한 색을 얻을 수 있다. 파라-페닐렌다이아민 자체는 검은색이다. 파라-페닐렌다이아민설폰산(*p*-aminodiphenylaminesulfonic acid)은 금발 염색용이다.

다른 유도체를 사용하면 중간색을 얻을 수 있다. 한 가지 유도체인 MMPD(para-methoxy-meta-phenylenediamine)는 쥐와 생쥐에게 먹였을 때 발암성이 있다. 그러나 이 물질이 머리카락 염색용으로 사용하는 사람들에게 해로운지는 알려지지 않았다. MMPD 대용으로 EMPD(para-ethoxy-meta-phenylenediamine)가 있는데 박테리아에 돌연변이를 일으킨다. 이런 돌연변이 유발 물질 역시 대개 발암 물질이다.

유색 산화 생성물의 화학은 상당히 복잡하다. 이들 생성물에는 퀴논이나 나이트로 화합물이 포함되는데 이들은 방향족 아민이 산화되어 생기는 것으로 잘 알려져 있다.

영구적 염색도 머리카락의 바깥 부분에만 영향을 끼친다. 새롭게 자라는 머리카락은 자연적인 색을 갖는다.

Grecian Formula®같이 점차적으로 머리카락을 변하게 하는 머리 염색 약품은 비교적 간단한 화학을 이용한다.

무색 아세트산납[$Pb(CH_3COO)_2$]용액을 머리카락에 문지른다. 이 용액이 머리카락에 스며들면서 Pb^{2+}이온은 머리카락의 황 원자와 반응하여 황화납(PbS)을 형성한다. 반복적으로 사용하면 더 많은 황화납이 생기게 됨에 따라 더 검은색을 띠게 된다.

퍼머: 머리카락을 곱슬거리게 하는 화학

모발은 주로 케라틴(keratin)으로 구성되었다. 모발 케라틴과 다른 단백질과의 차이점은 곁사슬에 -SH기를 지닌 시스테인이 많다는 것이다. 시스테인은 단백질 사슬 사이에 이황화 결합(-S-S-)을 형성해서 모발의 구조에 중요한 역할을 한다. 이 단백질 사슬들이 나선형으로 꼬이고 이들이 다발을 형성해서 모발 한 올을 만든다.

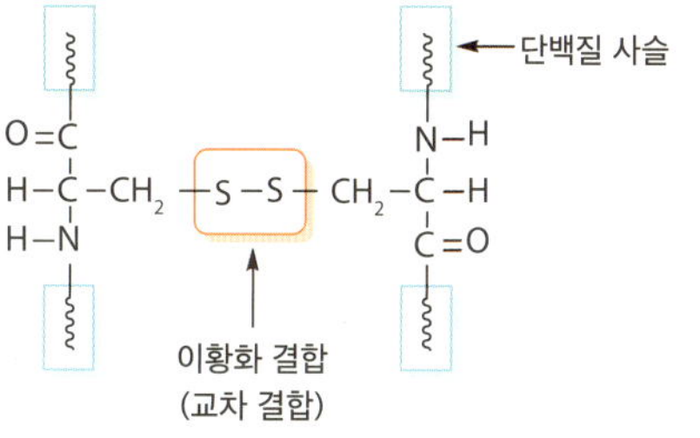

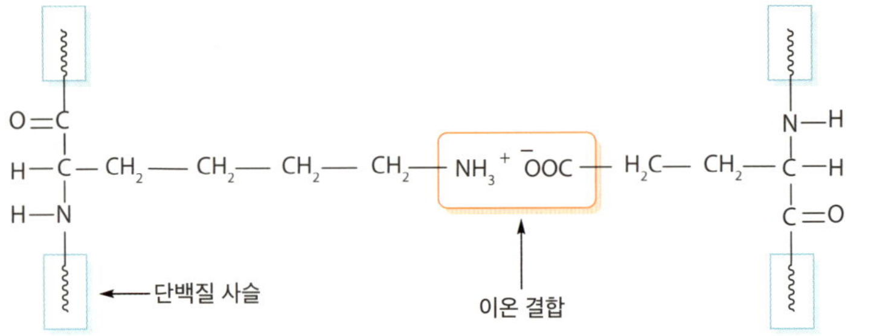

두 단백질 사슬 사이의 이온결합

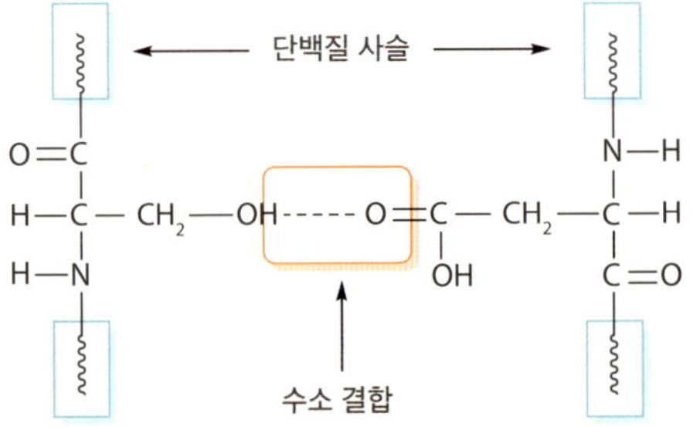

두 단백질 사슬 사이의 수소결합

모발 단백질 구조 사이의 이황화 결합과 함께 단백질 곁사슬 사이의 이온결합이나 수소 결합이 모발의 상태에 영향을 미친다. 사실 이들 결합이 머릿결이 나쁜 날을 설명해 준다. 예를 들어, 이웃한 단백질 사슬에서 라이신의 $-NH_2$기와 글루탐산의 -COOH기 사이의 결합을 생각하자. 산성인 -COOH기는 양성자를 잃고 음전하를 띤 $-COO^-$로 되며 염기성 $-NH_2$기는 양성자를 받아 양전하를 띤 $-NH_3^+$가 된다. 이웃한 사슬의 $-NH_3^+$와 $-COO^-$이 서로 근접하면 두 단백질 사슬 사이에 이온결합이 형성된다.

또는 곁가지 사이에 수소 결합이 형성될 수도 있다. 습기는 단백질 사슬 간의 수소 결합에 영향을 미치며 수소 결합의 수와 배열이 변하면 머릿결도 변한다. 머리가 젖으면 건조할 때 길이보다 1.5배 늘어난다. 아주 습한 날에는 많은 결합이 동시에 깨져서 곱슬곱슬한 형태가 없어진다. 아주 건조한 날에는 머리카락 한 올 한 올에 정전기가 발생하여 서로 반발한다. 사람마다 머리카락의 결합 형태가 서로 다르므로 머릿결이 나쁜 날이 서로 다르다.

보다 곱슬곱슬한 머리 모양을 위해서는 더 많은 모발 구조의 화학적 변형이 필요하다. 단백질 사슬 간의 이황화 결합이 자연적인 머리 모양을 유지시킨다. 퍼머를 하게 되면 사슬 간의 장력을 완화

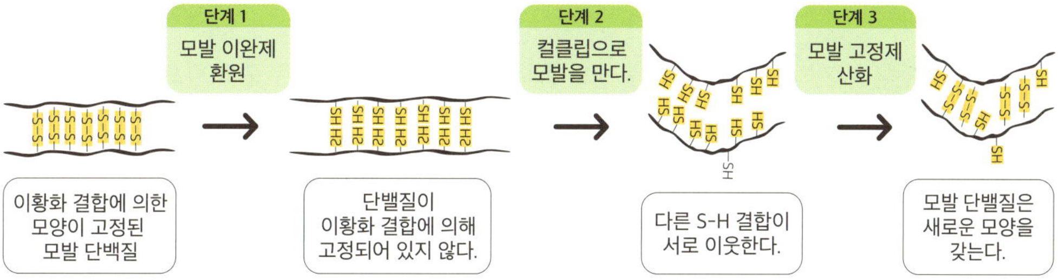

그림 14.6 퍼머에서 화학적 산화-환원 과정. 단계1. 모발 단백질에서 이황화 결합이 환원제에 의해 파괴된다. 단계 2. 단백질 사슬이 곱슬곱슬한 형태로 꼬인다. 단계 3. 이황화 결합을 다시 형성시켜 주는 산화제에 의해 새로운 모양으로 고정된다.

시키는 환원제에 의해 이 교차결합이 깨진다(그림 14.6의 단계 1). 산화제는 새로운 교차결합을 형성시키는데 이때 머리를 둥글게 말면 그 모양이 유지되어 곱슬곱슬해진다.

가장 널리 사용되는 퍼머용 환원제는 황화글라이콜산의 암모늄염($HSCH_2COO^-NH_4^+$)이다. 전형적인 퍼머 용액에는 5.7% 황화글라이콜산, 2.0% 암모니아, 92.3% 물이 들어 있다. 산화제로는 보통 과산화수소(H_2O_2) 또는 용액에서 과산화수소를 방출하는 과산화붕소 화합물($NaBO_3 \cdot 4H_2O$)이 사용된다.

손톱과 발톱은 밀도가 아주 높은 단단한 케라틴으로 되어 있다. 손발톱의 상피세포는 하얀 초생달 밑의 손발톱 성장 끝점에 있는 상피세포로부터 자란다. 모발과 마찬가지로 성장세포 바깥의 손발톱 조직은 죽어 있다.

헤어 스프레이

머리카락은 수지(resin)에 의해 고정될 수 있다. 수지는 고체 또는 반고체 유기 물질로 머리카락에 끈적끈적한 막을 형성한다. 머리카락에 사용되는 일반적인 수지는 PVP(polyvinylpyrrolidone)와 그의 공중합체(copolymer)이다. 수지를 용매에 녹여 머리카락에 뿌리면 용매는 날아간다. 보통 사용되는 추진제는 휘발성 탄화수소로 인화성이 있다.

수지는 무스 형태로도 사용 가능하다. 무스(mousse)는 단순히 거품이다. 활성 성분은 헤어 스프레이처럼 PVP 같은 수지이다. 착색제와 컨디셔너로 무스 형태로 사용할 수 있다. 실리콘 고분자는 머리카락에 광택을 내기 위해 흔히 사용된다.

탈모제

원치 않는 털을 제거하는 화학 물질을 탈모제(depilatory)라고 한다. 대부분의 탈모제는 황화소듐이나 티오글리콜산 칼슘[$Ca(O_2CCH_2SH)_2$] 같은 수용성 황화합물로 크림이나 로션 형태로 만들어진다. 이들은 강 염기성 혼합물로 털의 일부 펩타이드 결합을 파괴하여 털을 없어지게 한다. 피부도 단백질로 만들어져 있으므로 털을 파괴하는 화학 물질은 피부에도 손상을 입힌다.

발모제

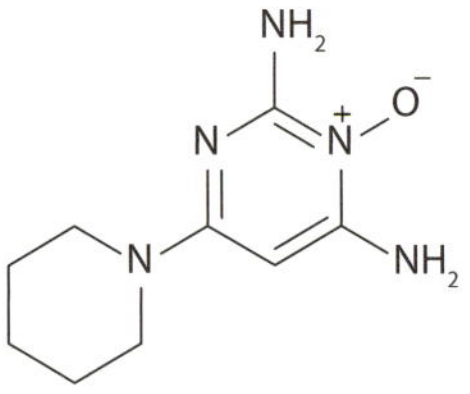

미녹시딜

오랫동안 인류는 머리가 빠진 자리에 머리카락을 나게 하는 방법을 찾아왔다. 여성들도 탈모로 고통받지만, 남성들보다 가발 사용에 대한 거부감이 덜한 것 같다.

미녹시딜(Minoxidil)은 고혈압을 치료하기 위한 약으로 혈관을 확장시킨다. 사람들이 이 약을 먹기 시작했을 때 몸의 곳곳에 털이 자라기 시작했다. 이 약은 고혈압 치료제로 개발되었지만 남성형 탈모증 치료제로 널리 사용되고 있다. 미녹시딜은 모낭이 있는 피부라면 어디에서든 털이 자라게 할 수 있다. 이 약물은 로게인®(Rogaine)이라는 상품명으로 판매되며, 효과를 유지하려면 지속적인 사용이 필요하다. 연간 비용은 약 1,000달러 정도이다.

1. 화장품의 기본 구성 성분을 크게 4가지 성분으로 구분해 볼 수 있는데, 각각의 구성 성분에 대해 설명하시오.

2. 지방 성분에 물과 다른 성분들을 섞어 안정한 혼합물을 만드는데 고형화한 것이 크림이고 액화한 것이 로션이다. 이런 혼합물들을 무엇이라고 하는지 설명하시오.

3. 단백질 간의 결합 중 어떤 결합이 모발의 형태를 유지할 수 있게 하는지 두 종류의 결합에 대해 설명하시오.

4. 표피에 존재하면서 사람의 피부색을 결정하는 데 중요한 역할을 하는 색소에 대해 설명하시오.

5. 합성 세제의 세척 작용은 비누와 매우 비슷하다. 그러나 합성 세제는 산성 용액이나 경수에서 비누보다 세척력이 뛰어난 이유에 대해서 설명하시오.

6. 비누를 포함하여 물에 기름이나 그리스 같은 비극성 물질의 현탁액(suspension)을 안정화시키는 물질을 무엇이라고 하는지 설명하시오.

7. 비누의 어떠한 구조가 세척 작용이 가능하게 하는지 설명하시오.

8. 자외선 차단 제품을 선택하는 데 중요한 지표가 되는 것은 무엇인지 설명하시오.

9. 다음 중 화장품에 해당하는 것을 고르시오.

(a) 치약 (b) 구강청결제 (c) 손소독제 (d) 염색약

10. 피부의 기능에 대해서 설명하시오.

의약품의 이해

의약품은 약사법에 따라 의사 처방전이 있어야만 구매 가능한 전문 의약품과 처방전 없이도 구매 가능한 일반 의약품이 있다. 처방 의약품으로는 항생제, 항고혈압제, 고콜레스테롤 혈증 치료에 사용되는 스타틴, 항우울제, 경구용 혈당 강하제, 프로톤펌프 억제제, 천식 치료제, 항불안제 등이 있다. 비처방 의약품에는 아스피린, 타이레놀 등이 잘 알려져 있다. 의약품은 약품의 주성분에 대해 표기하는 성분명이 있으며, 의약품을 판매할 때 사용하는 상품명이 있다. 그 예로 우리가 주변에서 흔히 사용하고 있는 아스피린이 있다. 아스피린이란 미국 바이엘사의 상품명이며 성분명은 아세틸살리실산이다. 대한민국에서 2024년도에 처방된 의약품 순위 중 상위 11개 정도의 의약품을 살펴보면 뇌기능 개선제, 심혈관 치료제, 위식도 역류 치료제 등이 포함되어 있으며 각각에 대해서 아래에서 살펴보고 비처방 의약품에 대해서도 추가적으로 살펴보고자 한다.

표15.1 2024년도 1분기 품별 원외 처방 매출 순위

순위	제품명	성분	판매사
1	로수젯	ezetimibe, rosuvastatin calcium	A사
2	리피토	atorvastatin calcium	B사
3	케이캡	tegoparazan	C사
4	글리아타민	choline alfoscerate	D사
5	플라빅스	clopidogrel	E사
6	F사 글리아티린	choline alfoscerate	F사
7	타그리소	osimertinib mesylate (as Osimertinib)	
8	릭시아나	edoxaban tosylate suffix	G사
9	아토젯	atoravastatin calcium trihydtrate	H사
10	아리셉트	donepezil hydrochloride	I사
11	트윈스타	amlodipine besylate, telmisartan	J사
		이하 생략	

출처: 유비스트/정리: 메디포뉴스/순위: 2024년 1분기 제품별 매출 순

15.1 처방약

뇌기능 개선제

콜린알포세레이트(Choline Alfoscerate)는 뇌 기능을 개선하는 약물로, 특히 뇌신경 손상으로 인해 저하된 신경전달 기능을 정상화하는 데 도움을 준다. 이 약물은 뇌로 직접 작용하여 손상된 뇌세포의 기능을 개선하는 역할을 하며 장기 복용 시에도 큰 부작용이 없는 것으로 알려져 있다.

콜린알포세레이트는 뇌혈관 장벽을 통과하여 뇌에 도달한 후 콜린과 인산글리세릴 탈수소 효소라는 두 가지 물질로 분리된다. 콜린은 기억과 학습의 중요한 역할을 하는 아세틸콜린이라는 신경전달 물질의 전구체이다. 아세틸콜린은 신경전달 기능을 정상화하여 뇌기능 장애가 있는 환자들의 부족한 아세틸콜린을 보충해야 한다. 인산글리세릴 탈수소 효소는 신경세포의 기능을 정상화하는 인지질로 전환된다.

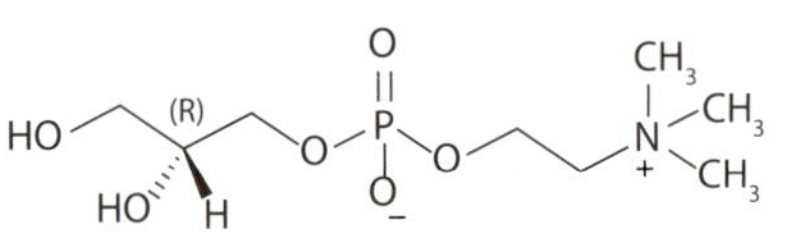

알포세레이트

알츠하이머병이나 치매 환자들은 콜린과 아세틸콜린 수치가 낮기 때문에 콜린알포세레이트 섭취를 통해 아세틸콜린의 생성을 증가시켜 증상 개선을 기대할 수

있다.

도네페질(Donepezil)은 알츠하이머병과 같은 치매를 치료하는 약물로 '아리셉트'라는 이름으로 판매되고 있다. 이 약물은 환자의 정신적 기능과 능력을 조금 개선하는 데 도움을 줄 수 있지만 질병의 진행을 늦추지는 못하는 것으로 알려져 있다. 만약 효과가 나타나지 않으면 치료를 중단하는 것이 권장된다. 도네페질은 경구로 복용하거나 경피 패치를 통해 투여할 수 있다.

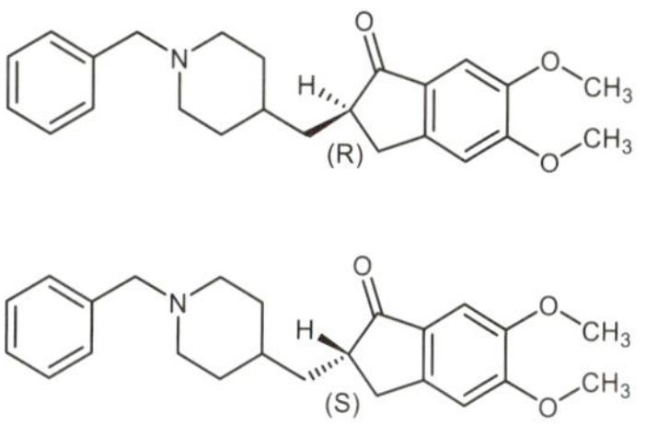

도네페질 약제

일반적인 부작용으로는 구역질, 수면 장애, 공격성, 설사, 피로, 근육 경련 등이 있다. 드물게는 부정맥, 요폐, 발작 같은 심각한 부작용이 발생할 수 있다. 도네페질은 중추신경계에 작용하는 아세틸콜린에스터레이스 억제제이다. 이 약물은 1996년에 미국에서 사용이 승인되었으며 현재는 복제약으로도 이용할 수 있다. 2019년에는 미국에서 5백만 건 이상 처방되어 매우 흔히 사용되는 약물 중 하나로 기록되었다. 도네페질 약제는 라세미 혼합물이다.

✖ 읽어 보기: 광학 이성질체

광학 이성질체(optical isomer)는 서로 거울 대칭 관계에 있는 두 분자를 말하며, 이러한 관계 때문에 광학 활성을 가진다. 광학 이성질체는 일반적으로 거울상 이성질체(enantiomer)와 동의어로 사용된다. 이 분자들은 서로 회전시켜도 겹쳐지지 않으며 카이랄 중심(chirality center)이라고 불리는 입체 중심(예: 탄소, 질소, 황)을 가지고 있다.

광학 이성질체는 자신을 이등분하는 대칭면을 가지고 있으며 이러한 성질 때문에 특유의 광학적 성질을 나타낸다. 이러한 이성질체를 구분하기 위해 Cahn-Ingold-Prelog 순위 규칙을 사용하여 R/S로 명명하거나 회전 편광 현상을 측정하여 D/L로 구분한다. R/S로 구분하는 것은 치환기의 순서에 따라 시계 방향은 R 형태, 반시계 방향은 S 형태로 구분한다. D/L(Dextrorotation(시계 방향), Levorotation(반시계 방향)) 구분은 빛의 회전 방향에 따라 각각 명명된다.

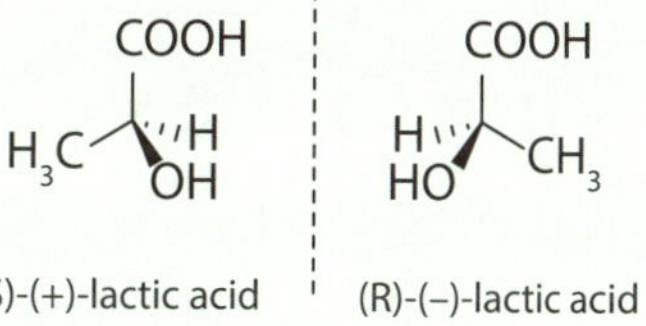

(S)-(+)-lactic acid (R)-(−)-lactic acid

해열제인 이부프로펜과 같이 R과 S 형태가 섞여 있는 혼합물을 라세미 혼합물이라고 한다.

심혈관계 치료제

심혈관계 치료제는 심장 및 혈관과 관련된 질환의 예방 및 치료를 위해 사용되는 약물을 말한다. 이러한 약물은 다양한 질환에 대응하기 위해 여러 종류로 나뉘어 있으며 각기 다른 작용 기전을 가지고 있다.

고지혈증은 혈중 지질, 특히 콜레스테롤과 중성지방의 수치가 비정상적으로 높은 상태를 말한다. 이는 심혈관계 질환의 주요 위험 인자로 작용할 수 있으며 적절한 관리가 필요한다. 대표적인 고지혈증 치료제에는 아토바스타틴과 로바스타틴이 있다.

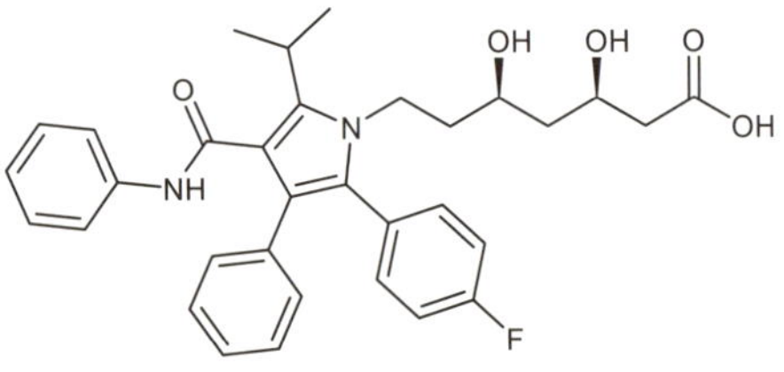

아토바스타틴

아토바스타틴(Atorvastatin)은 스타틴계 약물로 주로 고지혈증과 심혈관 질환 예방에 사용된다. 우리 몸에는 좋은 콜레스테롤과 나쁜 콜레스테롤이 있는데 이 약물은 HMG-CoA 환원 효소를 억제하여 혈중에 있는 나쁜 콜레스테롤(LDL 콜레스테롤) 수치를 낮춘다. 나쁜 콜레스테롤이 많으면 혈관에 쌓여서 심장 질환이나 뇌졸중 같은 문제가 생길 수 있기 때문에 이 약을 통해 콜레스테롤 수치를 관리하면 건강에 도움이 될 수 있다.

스타틴계 약물은 이름이 "~스타틴"으로 끝나며, 아토바스타틴 외에도 피타바스타틴(Pitavastatin), 로바스타틴(Lovastatin), 심바스타틴(Simvastatin), 프라바스타틴(Pravastatin), 플루바스타틴(Fluvastatin), 로슈바스타틴(Rosuvastatin) 등이 있다.

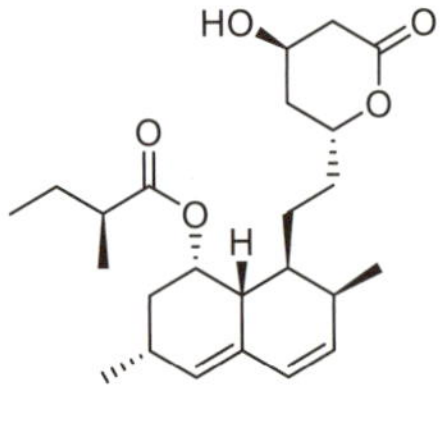

로바스타틴

로바스타틴(Lovastatin)은 고지혈증 치료와 심혈관 질환 예방에 사용되는 약물로 '메바코'라는 상품명으로도 알려져 있다. 이 약물은 경구로 복용하며 건강한 생활습관의 개선과 함께 사용될 때 그 효과가 극대화된다. 로바스타틴은 간에서 콜레스테롤 생성에 관여하는 HMG-CoA 환원효소를 억제하여 혈중 콜레스테롤 수치를 낮추는 방식으로 작용한다. 일반적인 부작용으로는 두통, 설사, 변비, 발진, 근육통, 수면 문제가 보고되고 있으며 드물게는 간 문제, 근육 파괴(횡문근 융해증), 신부전 같은 심각한 부작용도 발생할 수 있다. 따라서 임신 중이나 수유 중에는 사용이 금지된다. 로바스타틴은 1979년에 특허를 받았으며 1987년에 사용이 승인된 이후, 현재는 복제약으로도 널리 이용되고 있다. 2018년에는 미국에서 8백만 건 이상의 처방이 이루어질 정도로 흔히 사용되는 약물이다. 이 약물은 생활습관 변화, 즉 다이어트, 운동, 체중 감량 등의 방법을 시도한 후에도 콜레스테롤 수치가 개선되지 않을 때 사용하도록 권장된다. 로바스타틴의 사용은 콜레스테롤 수치를 낮추어 심혈관 질환의 위험을 줄이는 데 기여한다.

흥미로운 점은 로바스타틴이 자연에서도 발견된다는 것이다. 보이차, 느타리 버섯, 홍국 같은 식품에 저농도로 존재하며, 이는 자연에서 발견된 성분을 활용하여 개발된 약물의 사례 중 하나이다.

항응고제

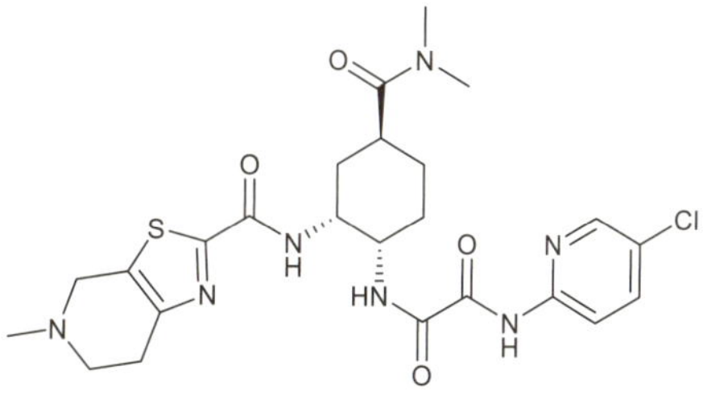
에독사반

에독사반(Edoxaban)은 릭시아나(Lixiana)라는 브랜드 이름으로 판매되는 항응고제로 직접 인자 Xa 억제제에 속한다. 이 약물은 경구 복용이 가능하며 와파린과 비교하여 약물 상호 작용이 적다는 장점을 가지고 있다. 에독사반은 일본의 다이이치 산쿄(Daiichi Sankyo)에서 개발되었다. 2011년 7월, 일본에서 하지 정형외과 수술 후 정맥 혈전 색전증 예방을 위한 용도로 처음 승인되었다. 이후 2015년 1월 미국 식품의약국(FDA)에서 뇌졸중 및 비중추신경계 전신 색전증 예방을 위한 용도로 승인받았으며 같은 해 6월 유럽 연합에서도 사용 승인을 받았다. 에독사반은 세계보건기구(WHO)의 필수 의약품 목록에 등재될 만큼 중요한 의약품이다.

미국에서 에독사반은 비경구 항응고제로 초기 치료 5~10일 후 심부정맥 혈전증 및 폐색전증의 치료에 사용된다. 또한 비판막성 심방세동이 있는 환자들의 혈전 위험을 줄이는 데 도움을 준다. 유럽연합(EU)에서는 뇌졸중, 고혈압, 진성 당뇨병, 울혈성 심부전 등의 위험 요인이 있는 비판막성 심방세동 환자의 혈전 예방에 사용되며 심부정맥 혈전증 및 폐색전증의 치료 및 재발 방지에도 사용된다. 에독사반은 다양한 혈전 관련 질환의 예방과 치료에 효과적이며, 특히 심방세동 환자의 뇌졸중 예방에 중요한 역할을 한다.

클로피도그렐(Clopidogrel)은 심혈관계 질환과 뇌졸중의 위험을 줄이기 위해 사용되는 항혈소판제로 혈소판의 응집을 억제하여 혈전 형성을 방지한다. 이 약물은 '플라빅스®'라는 상품명으로 1998년 국내에서 허가를 받은 이후 전 세계 1억 2천만 명 이상에게 처방된 대표적인 항혈전제이다. 특히 심근경색 환자에서는 아스피린과 함께 사용하여 관상동맥 스텐트의 대안으로 활용되기도 한다. 경구로 복용되며 복용 후 약 2시간 내에 효과가 나타나고 그 효과는 약 5일간 지속된다. 일반적인 부작용으로는 두통, 메스꺼움, 타박상, 가려움, 속쓰림 등이 있으며 심각한 부작용으로는 출혈 및 혈전성 혈소판 감소성 자반증이 발생할 수 있다. 임신 중 사용에 대한 명확한 연구는 부족하지만 위험이 있다는 증거는 없다.

클로피도그렐은 티에노피리딘계 항혈소판제로 혈소판의 P2Y12 수용기를 억제하여 작용한다. 1982년에 특허를 받고 1998년에 의학용으로 승인되었으며 세계보건기구(WHO)의 필수 의약품 목록에 포함되어 필수적이고 안전한 의약품으로 인정받았다.

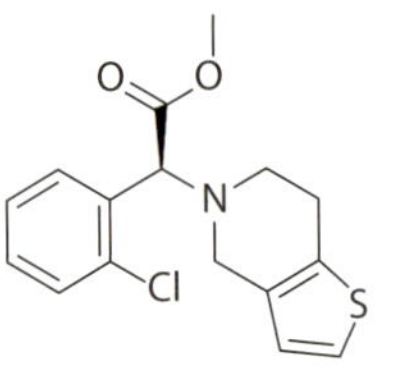
플라빅스

플라빅스는 아스피린보다 심근경색, 뇌졸중, 혈관성 사망 등의 심장혈관질환 발병률을 추가적으로 감소시키는 효과가 있는 것으로 알려져 있다.

암로디핀(Amlodipine)은 고혈압과 협심증 치료에 사용되는 지속성 작용의 칼슘 통로 차단제이다. 디히드로피리딘 계열에 속하며 한국에서는 '노바스크(Norvasc)'라는 이름으로 잘 알려져 있는 의약품이다. 이 약물은 다른 칼슘 통로 차단제와 마찬가지로 동맥벽의 평활근을 이완시켜 혈관의 저항을 줄임으로써 혈압을 낮추는 데 도움을 주며 협심증 환자에게는 심장의 근육으로 가는 혈류를 증가시켜 증상을 완화시켜 주는 데 사용된다. 그러므로 암로디핀은 혈압 조절과 심혈관계 질환의 관리에 중요한 역할을 한다.

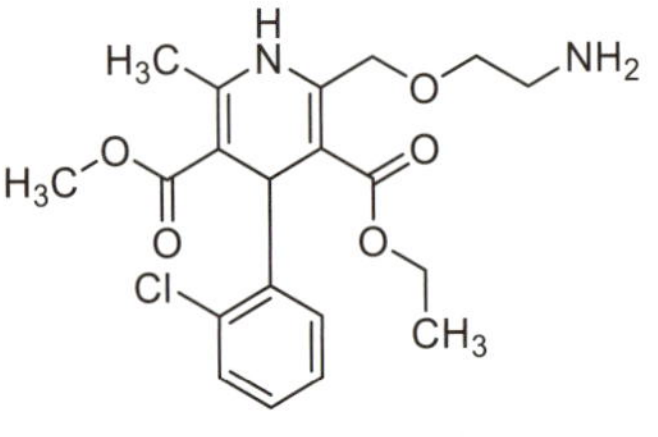
암로디핀

위식도 역류 질환 치료제

테고프라잔(Tegoprazan)은 케이캡이라는 상품명으로 판매되며 위식도 역류 질환(GERD) 치료에 사용되는 약물이다. GERD는 위산이나 위 내용물이 식도로 역류하여 가슴에 타는 듯한 통증이나 쓰림을 유발하는 질환이다. 일반적으로 식도와 위 사이의 식도 조임근이 역류를 방지하지만 이 근육이 약해지거나 부적절하게 열리면 역류가 발생한다. 빈번한 역류는 식도 점막에 자극을 주어 식도염, 식도궤양, 협착 등의 합병증을 유발할 수 있다.

GERD의 일반적인 증상으로는 가슴 쓰림, 위산 역류, 만성 기침, 연하곤란, 가슴 통증 등이 있다. 이러한 증상 치료에는 포타슘경쟁적 위산분비 억제제(PCAB)와 양성자펌프 억제제(PPI)가 사용되는데 두 가지 모두 초기 치료에 효과적이다.

테고프라잔은 한국에서 사용되는 PCAB 중 하나로 미란성 및 비미란성 위식도 역류 질환, 위궤양 치료에 사용된다. 또한 소화성 궤양이나 만성 위축성 위염 환자에서 헬리코박터 파일로리 제균을 위한 항생제 병용요법에도 사용된다. 테고프라잔은 PPI와 유사한 benzimidazole carboxamide 구조를 가지고 있다.

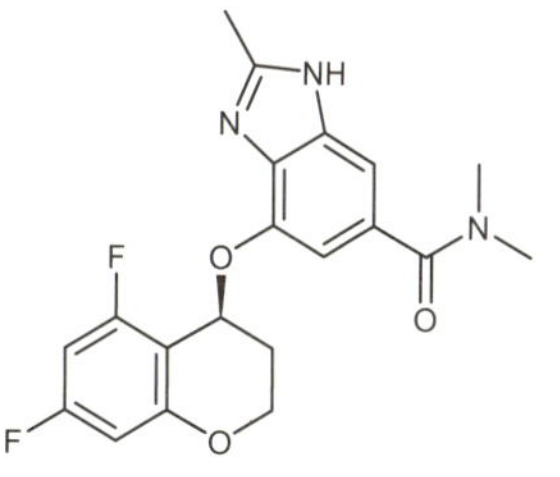

테고프라잔

당뇨병 치료제

메트포르민(metformin)은 1920년대에 처음 개발된 당뇨병 치료제로, 특히 2형 당뇨병 관리에 널리 사용되고 있다. 이 약물은 간에서 포도당의 생성을 억제하고 말초 조직에서 인슐린 감수성을 증가시켜 혈당을 효과적으로 조절한다. 이러한 작용 기전 덕분에 메트포르민은 당뇨병 치료에 중요한 역할을 하고 있다.

메트포르민의 주요 장점 중 하나는 혈당 조절에 효과적이면서도 저혈당의 위험이 거의 없다는 것이다. 이는 인슐린 분비를 직접적으로 증가시키지 않기 때문이다. 일반적으로 경미한 부작용이 있을 수 있는데, 가장 흔한 부작용으로는 위장관 증상(설사, 변비 등)이 있다. 그러나 이러한 부작용은 대개 일시적이며 중대한 부작용은 드물다.

특히 메트포르민은 신장 기능이 많이 저하되지 않은 환자에게 적합하다. 신장 기능이 저하된 경우에는 메트포르민의 배설이 지연되어 젖산산증의 위험이 증가할 수 있기 때문에 주의가 필요하다. 이 약물은 비용이 저렴하고 오랜 기간 사용되어 안전성과 유효성이 입증된 약물로 체중 감소를 유도할 수 있어 비만이 동반된 제2형 당뇨병 환자에게 특히 유리하다.

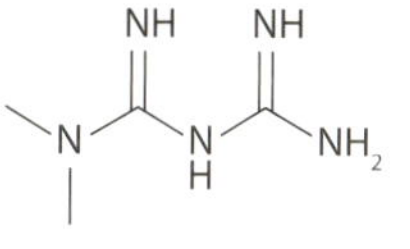

메트포르민

항생제(Antibiotic)

항생제는 현대 의학의 발전에 큰 기여를 했는데 항생제의 도입 이전에는 많은 사람들이 전염병으로 인해 사망했다. 항생제란 다른 미생물의 성장을 억제하거나 파괴하는 물질로 일반적으로 미생물에 의해 생성된다. 가장 잘 알려진 항생제 중 하나는 페니실린이다.

페니실린(Penicillin)은 1928년 알렉산더 플레밍(Alexander Fleming)에 의해 발견되었다. 그는

Penicillium notatum이라는 곰팡이가 페니실린이라는 항균 물질을 생성한다는 사실을 밝혀 냈지만, 당시에는 활성 성분을 분리하지는 못했다. 이후 1940년에 하워드 플로리(Howard Florey)와 어니스트 체인(Ernst Chain)이 페니실린의 활성 물질인 페니실린 G (벤질페니실린)를 성공적으로 분리했다. 1944년에는 페니실린이 일반인들에게 사용되기 시작했으며, 1945년 플레밍, 플로리, 체인은 이 업적으로 노벨 생리학·의학상을 공동 수상했다.

페니실린은 이후 다양한 유도체가 개발되었으며, 그중 아목시실린(amoxicillin)은 우리나라에서 가장 많이 처방되는 항생제 중 하나이다. 페니실린의 활성에 필요한 기본 구조는 β-락탐 고리와 황을 포함하는 5-원자 싸이아졸 고리로 구성되어 있다. β-락탐 고리는 4개의 원자가 결합한 고리형 아마이드 구조로 항균 작용의 핵심이다.

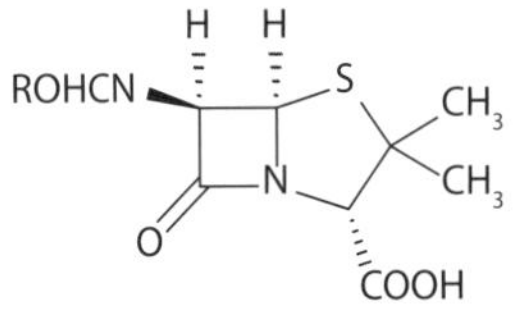

페니실린의 공통적 구조

페니실린	G	$R = C_6H_5CH_2^-$
페니실린	V	$R = C_6H_5OCH_2^-$
암피실린		$R = C_6H_5CH(NH_2)^-$
아목시실린		$R = (p)HOC_6H_5CH(NH_2)^-$

이러한 구조적 특징 덕분에 페니실린은 세균의 세포벽 합성을 저해하여 세균을 사멸시킨다. 이로 인해 페니실린과 그 유도체는 다양한 세균 감염 치료에 효과적으로 사용되고 있다.

세팔로스포린(Cephalosporin)은 페니실린과 유사한 구조를 가진 항생제로 독성이 낮고 광범위한 항균 작용을 지니고 있어 병원에서 널리 사용된다. 이 항생제는 β-락탐 고리를 포함하고 있어 페니실린과 함께 β-락탐 항생제 계열에 속한다. β-락탐 항생제는 세균의 세포벽 합성을 저해하여 세균을 사멸시키는 기전으로 작용한다.

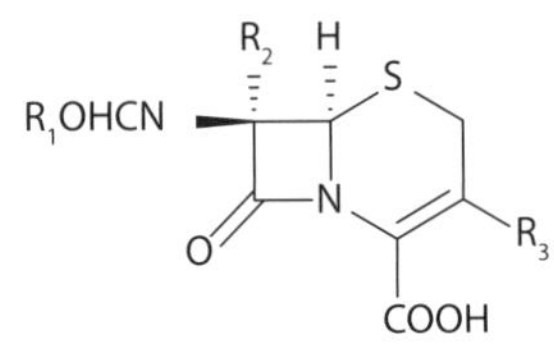

세팔로스포린의 필수 구조

세팔로스포린의 구조적 특징은 다양한 치환기를 가질 수 있는 R_1, R_2, R_3의 위치를 포함하고 있다. 이 치환기들의 변화를 통해 여러 유도체가 개발되었는데 각 유도체는 서로 다른 항균 스펙트럼과 약리학적 특성을 가질 수 있다. 이러한 유도체들은 다양한 세균 감염에 대응할 수 있도록 설계되었으며 임상적으로 사용되는 세팔로스포린은 여러 세대에 걸쳐 분류된다. 세대별로 세균에 대한 항균 스펙트럼과 베타-락타마제(β-lactamase) 저항성 등이 차별화되어 있다. 예를 들어, 초기 세대의 세팔로스포린은 주로 그람 양성균에 효과적이지만 후속 세대는 그람

음성균에 대한 효과가 강화되었다. 이러한 특성 때문에 세팔로스포린은 다양한 감염증 치료에 중요한 역할을 하고 있으며, 특히 페니실린에 알레르기가 있는 환자들에게 대체 항생제로도 사용된다.

마약류: 진통제

모르핀(Morphine)은 아편에서 추출된 마약성 진통제로 중추 신경계에 작용하여 통증을 경감시키는 데 사용된다. 이 약물은 통각 신호를 전달하는 신경전달 물질의 분비를 억제함으로써 진통 효과를 발휘한다. 또한 모르핀은 진정, 진해(기침 억제), 그리고 최면 효과도 지니고 있으며 급성 및 만성 통증 치료에 모두 사용할 수 있다.

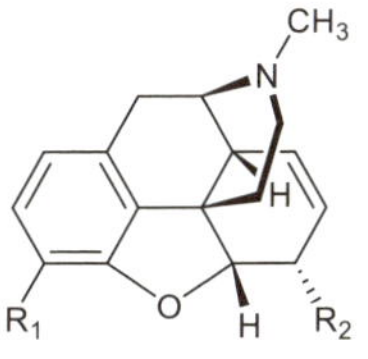

아편류 구조

	R_1	R_2
모르핀	$-OH$	$-OH$
코데인	$-OCH_3$	$-OH$
헤로인	$-O-\overset{O}{\overset{\Vert}{C}}-CH_3$	$-O-\overset{O}{\overset{\Vert}{C}}-CH_3$

모르핀은 1805년 프리드리히 제르튀르너(Friedrich Sertürner)에 의해 아편에서 분리되었다. 이는 현대적인 방법으로 순수한 성분의 마약을 발견한 최초의 사례로, 이름은 그리스 신화의 꿈의 신 모르페우스(Morpheus)에서 유래되었다. 이후 1827년 머크 그룹(Merck Group)에 의해 상업화되었으며 주사기의 발명과 함께 널리 사용되기 시작했다.

모르핀과 유사한 계열의 물질로는 진해제로 사용되는 코데인(Codeine)과 마약으로 잘 알려진 헤로인(Heroin)이 있다. 코데인은 자연적으로 존재하며 모르핀의 수산화기 중 하나의 수소를 메틸기로 치환하여 합성할 수도 있다. 코데인은 모르핀보다 중독성이 덜하고 진통 효과도 약하지만 여전히 중요한 약물로 사용된다. 헤로인은 모르핀의 두 수산화기 수소를 아세틸기(CH_3-C=O-)로 치환하여 합성한 유도체로, 중독성이 매우 강해서 법적으로 금지되어 있다. 모르핀, 코데인, 헤로인은 구조적으로 유사하지만 작은 화학적 차이로 인해 서로 다른 약리 작용을 나타낸다.

15.2 비처방약

아스피린(Aspirin)

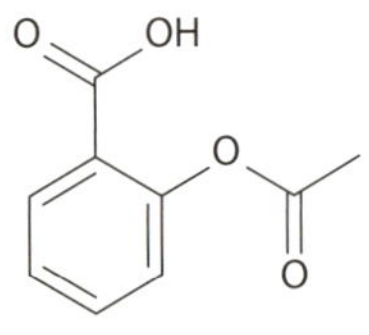

아스피린

아스피린은 아세틸 살리실산의 상품명으로, 진통제와 해열제로 오랜 역사를 지닌 약물이다. 기원전 1500년경에 작성된 이집트 파피루스에는 버드나무 껍질이 진통, 해열, 소염 효과를 가진다는 기록이 있다. 버드나무 껍질의 유효 성분인 방향족 화합물 살리신은 1820년경 이탈리아 화학자 라파엘레 피리아(Raffaele Piria)에 의해 분리되었다. 이후 여러 화학 반응을 통해 아스피린의 전구체인 살리실산이 합성되었다.

살리실산은 진통 및 해열 효과를 나타냈으나 위벽 자극으로 인한 구토와 설사 등의 부작용이 있었다. 1897년, 펠릭스 호프만(Felix Hoffmann)은 살리실산의 하이드록시기의 수소를 아세틸기로 치환하는 에스테르화 반응을 통해 아스피린을 합성했다. 이는 최초의 합성 의약품 중 하나로 합성 과정이 비교적 간단하여 교육용 실험으로도 사용된다.

아스피린은 살리실산의 부작용을 상당히 개선했으며, 이후 가루에서 알약 형태로 만들어져 더 널리 사용되었다. 아스피린은 진통 및 해열 작용 외에도 항응고 작용을 통해 혈전 예방에 사용된다. 이는 급성 심장마비 환자에게 유용하지만 과다 복용 시 위궤양을 유발할 수 있다. 또한 수술이나 치과 치료 며칠 전에는 출혈 위험을 줄이기 위해 아스피린 복용을 중단해야 한다.

아세틸 살리실산은 대학의 학부과정 실험에서 살리실산과 아세트산 무수물을 인산 촉매하에서 쉽게 합성하여 얻을 수 있다.

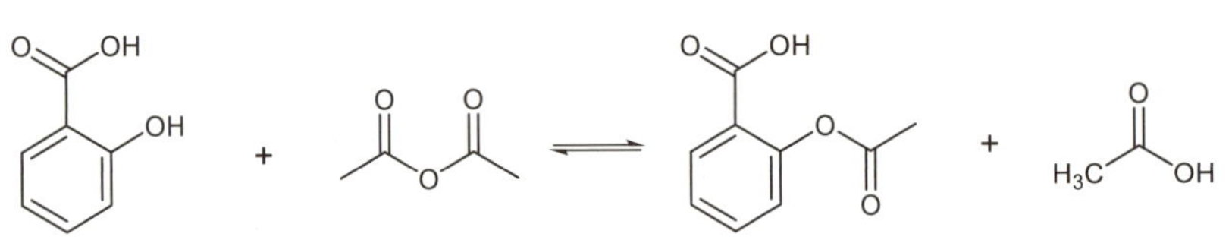

살리실산 아세트산 무수물 아세틸 살리실산 (아스피린) 아세트산

타이레놀(Tylenol)

타이레놀은 아세트아미노펜(acetaminophen)의 상품명으로 아스피린의 대체제로 널리 사용되는 진통 및 해열제이다. 타이레놀은 통증과 발열을 효과적으로 완화하는 동시에 아스피린과 달리 위장 출혈을 일으키지 않는다는 장점이 있다. 타이레놀은 관절통, 치통, 생리통 등 다양한 통증 완화에

효과적이다. 또한 다른 약물과의 상호 작용이 비교적 적어 안전성이 높다. 그러나 간에서 대사되는 과정에서 독성을 나타낼 수 있기 때문에 간 독성의 위험이 존재한다. 특히 음주 후에는 간에 대한 부담이 증가할 수 있어 타이레놀 복용이 권장되지 않는다.

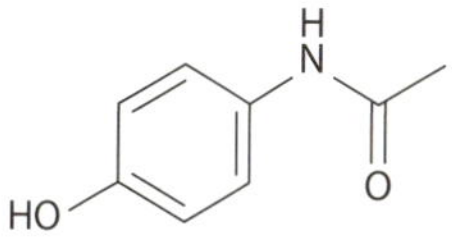

아세트아미노펜

타이레놀의 과다 복용은 심각한 간 손상을 초래할 수 있으므로 권장 복용량을 초과하지 않도록 주의해야 한다. 간 질환이 있는 환자나 알코올 소비가 많은 사람들은 사용 전 의료 전문가와 상의하는 것이 좋다. 이러한 특성 때문에 타이레놀은 일반적인 통증 및 발열 관리를 하는 데 신중히 사용해야 하는 약물이다.

이부프로펜(Ibuprofen)

이부프로펜은 비스테로이드성 소염진통제(NSAID)로 해열과 소염, 진통에 사용되는 합성 의약품이다. 이부프로펜의 대표적인 상품명 중 하나는 부루펜(Brufen)이다. 화학적으로 이부프로펜은 (R, S)-2-(4-(2-Methylpropyl)phenyl)propanoic acid로 명명되며 하나의 카이랄 탄소를 가지고 있어 두 개의 거울상 이성질체, 즉 R-이부프로펜과 S-이부프로펜이 가능하다.

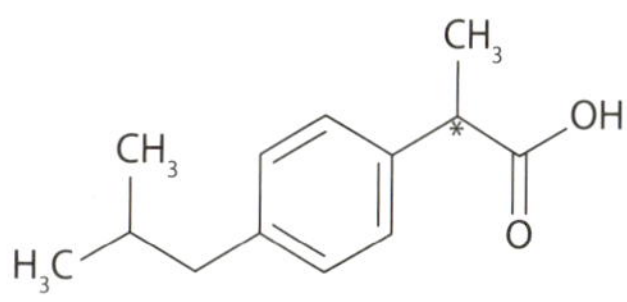

이부프로펜

시중에 판매되는 이부프로펜은 일반적으로 이 두 이성질체가 섞인 라세미 혼합물 형태로 제공된다. 이 중 S-이부프로펜이 진통 및 항염증 효과를 나타낸다. R-이부프로펜은 체내에서 점진적으로 S-이부프로펜으로 전환되기 때문에 혼합물이 그대로 사용된다. 이부프로펜의 일반적인 부작용으로는 위경련과 위장 장애가 포함되며, 이는 NSAID의 공통적인 부작용이다.

덱시부프로펜(dexibuprofen)은 이러한 문제를 해결하기 위해 개발된 약물로 S-이부프로펜만을 포함하고 있다. 덱시부프로펜은 순수한 S-이성질체로 보다 직접적으로 효능을 발휘하며, 이로 인해 부작용이 줄어들 수 있는 장점이 있다. 국내에서는 덱시부프로펜을 기반으로 한 제품들이 이지엔6프로, 덱시부펜 등의 이름으로 판매되고 있다.

이부프로펜은 염증 반응과 통증을 유발하는 프로스타글란딘의 생성을 억제하는 기전으로 작용한다. 이부프로펜 및 그 유도체는 다양한 통증 관리와 염증 감소를 위해 널리 사용되며 사용 시 권장 복용량을 준수하여 부작용을 최소화하는 것이 중요하다.

항히스타민제

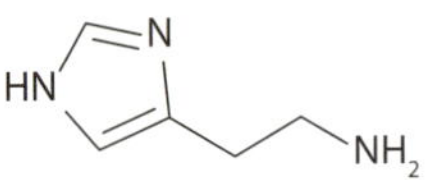

히스타민
(알레르기 반응을 유발하는 신경전달물질)

알레르기는 열 명 중 한 명 정도가 경험하는 흔한 건강 문제로 주로 히스타민의 방출에 의해 발생한다. 히스타민은 코나 호흡기의 세포가 방출하는 신경전달 물질로, 고초열, 기관지 천식 등 다양한 알레르기 증상의 원인이다. 히스타민의 농도가 인체 내에서 증가하면 혈관이 확장되어 염증과 불쾌감을 유발하고 위산 과다를 초래할 수 있다.

이러한 히스타민 관련 증상은 항히스타민제를 통해 완화할 수 있다. 항히스타민제는 히스타민의 작용을 차단하여 재채기, 가려운 눈, 콧물 등 알레르기 증상을 줄여 준다. 많은 감기약에는 클로로페니라민(chlorpheniramine), 디펜히드라민(diphenhydramine), 트리프롤리딘(triprolidine) 등의 항히스타민제가 포함되어 있으며, 이는 감기 증상을 직접 치료하지는 않지만 일시적으로 완화시킬 수 있다.

항히스타민제의 부작용 중 하나는 졸음을 유발할 수 있다는 점이다. 이는 항히스타민제가 뇌에 들어가 잠을 조절하는 세포에 영향을 미치기 때문이다. 그러나 로라타딘(loratadine, Claritin®), 펙소페나딘(fexofenadine, Allegra®), 데슬로라타딘(desloratadine, Clarinex®)과 같은 항히스타민제는 뇌에 영향을 미치지 않아 졸음을 유발하지 않는다. 특히 처방약 중 세트리진(cetirizine, Zyrtec®)은 다른 비졸음 항히스타민제보다 약간의 진정 효과가 있을 수 있다.

이러한 약물들은 알레르겐이 세포 표면에 결합하여 히스타민을 방출시키는 과정을 방해함으로써 알레르기 증상을 관리한다. 각 약물의 선택은 개인의 증상과 필요에 따라 이루어져야 하며 의사나 약사와 상담하는 것이 좋다.

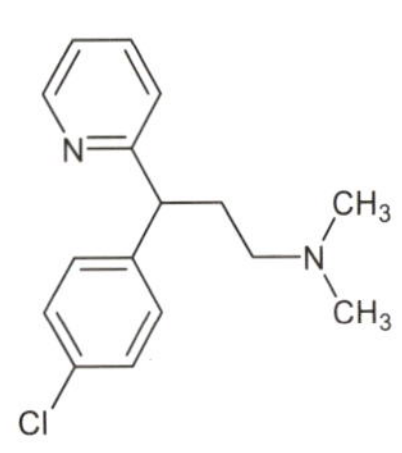

클로로페니라민(Chlorpheniramine)
(비염, 코감기약에 많이 포함된 성분)

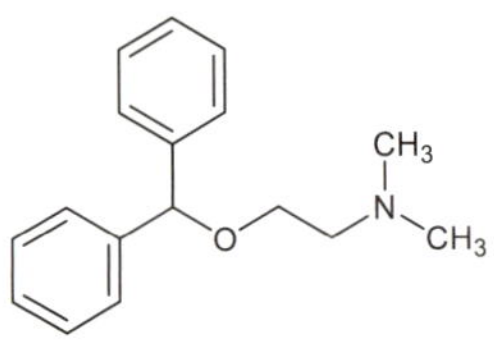

디펜히드라민(Diphenhydramine)
(불면증에 사용하는 항히스타민)

진해제(antitussive) 및 코막힘 완화제(decongestant)

진해제(antitussive)는 기침을 억제한다. 진해제(antitussive, 기침 억제제)에는 다이펜히드라민(diphenhydramine)과 덱스트로메토르판(dextromethorphan)이 있다. 아편류도 진해효과를 가지고 있으므로 코데인도 흔히 진해제로 쓰인다. 덱스트로메토르판(dextromethorphan)은 진해효과를 가진 아편류이지만 아편류의 진정 작용과 다른 작용이 없다. 보통 기침에는 기능이 있다. 호흡기관에서 호흡관이 막히는 것을 막기 위해 기침을 한다. 그러나 마른기침이 나고 호흡하는 것을 방해한다면 일시적인 기침 억제는 권장할 만하다.

코막힘 완화제(decongestant)는 코 안을 수축시켜 알레르기와 감기에 의한 코막힘을 완화시킨다. 충혈완화제는 에피네프린(감기약의 한 성분)과 유사한 신경전달물질이 수용체를 활성화시킨다. 그러나 반복적으로 사용하면 비도가 붓고 코막힘을 더 심하게 한다. 장시간 지속되는 코막힘 제거제는 옥시메타졸린(oxymetazoline)과 자일로메타졸린(xylometazoline)이다. 이들은 몇 분에서 6시간이나 12시간까지 지속된다. 짧은 시간만 지속되는 코막힘 제거제는 나파졸린(naphazoline)과 페닐에프린(phenylephrine)이 있다. 거담제(expectorant)는 기관지로부터 점액을 끌어올리는 것을 도와주는 물질이다. 안전하면서 효과적이라고 평가받는 거담제는 글리세릴 구아이아콜레이트(glyceryl guaiacolate, guaifenesin)뿐이지만 이것도 효과는 작다.

피임약

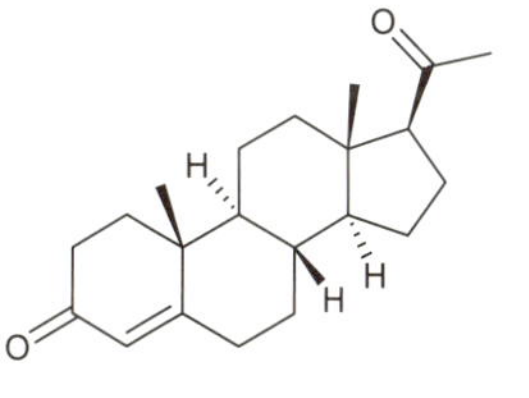

프로게스테론

1950년대의 가장 혁신적인 의약 발전 중 하나는 전 세계적으로 도입된 피임약의 사용이다. 피임약은 여성들이 출산을 효과적으로 조절할 수 있게 해 주었다. 프로게스테론(progesterone)은 이러한 피임약의 핵심 성분으로 가짜 임신 상태를 유도하여 배란을 억제함으로써 임신을 방지한다. 임신 중에는 배란이 일어나지 않으며 프로게스테론에 의해 유도된 가짜 임신 상태에서도 마찬가지로 배란이 억제된다. 프로게스테론의 구조는 1934년 아돌프 부테난트(Adolf Butenandt)에 의해 규명되었으며, 그는 1939년에 노벨 화학상을 수상했다. 이후 경구용 피임약을 개발하기 위해 합성 여성 호르몬의 유사체가 만들어졌다.

오늘날 사용되는 대부분의 경구용 피임약은 두 가지 합성 호르몬을 포함한다. 하나는 에스트로겐과 유사한 작용을 하는 에티스테론(ethisterone)이고 다른 하나는 노르에틴드론(norethindrone)으로, 이는 프로게스테론과 유사하게 작용하여 배란을 억제한다.

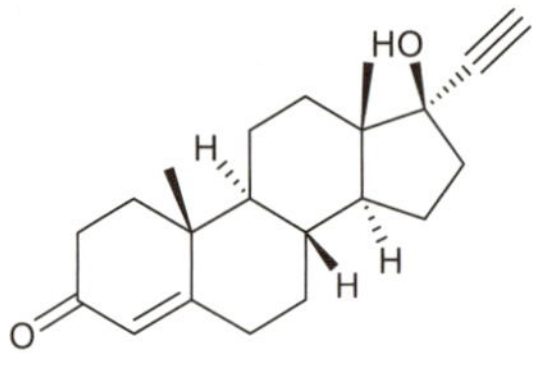

에티스테론(ethisterone)

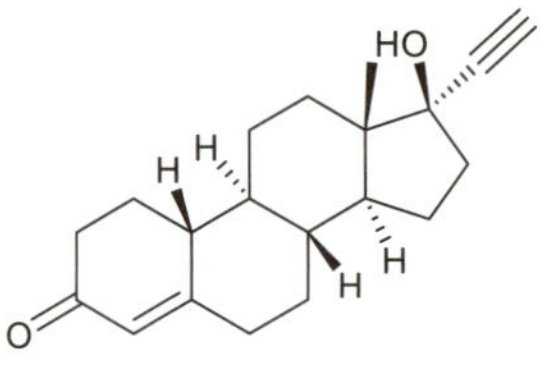

노르에틴드론(norethindrone)

피임약은 천연 분자와 구조적으로 유사하며 약리 작용도 유사하게 설계되었다. 피임약의 사용은 임신에 관련된 위험보다 건강상 위험이 낮다. 그러나 피임약의 부작용으로 고혈압, 여드름, 비정상적인 출혈 등이 발생할 수 있으며 일부 경우 혈전 위험을 증가시킬 수 있다. 이는 동맥을 막아 뇌졸중이나 심장병을 유발할 수 있다. 피임약과 관련된 사망률은 출산으로 인한 사망률보다 낮지만 흡연자는 위험이 더 크다. 40세 이상이면서 하루에 15개비 이상의 담배를 피우는 여성은 뇌졸중이나 심장마비의 위험이 크게 증가한다. 따라서 FDA는 40세 이상의 흡연 여성에게 다른 피임 방법을 권장하고 있다. 경구 피임약의 부작용은 주로 에스트로겐 성분에 기인하며 이를 줄이기 위해 에스트로겐 함량이 크게 감소되었다. 현재는 에스트로겐이 포함되지 않은 미니 피임약도 사용할 수 있다.

한편 코르티솔(cortisol) 또는 하이드로코르티손(hydrocortisone)은 스테로이드 호르몬으로 관절 주사나 피부에 바르는 항염제로 사용된다. 에스트로겐과 유사한 작용을 하는 합성 스테로이드는 폐경 후 또는 자궁 적출 수술 후의 호르몬 결핍을 보충하는 데 사용되며 골다공증의 진행을 지연시키는 데 효과적이다.

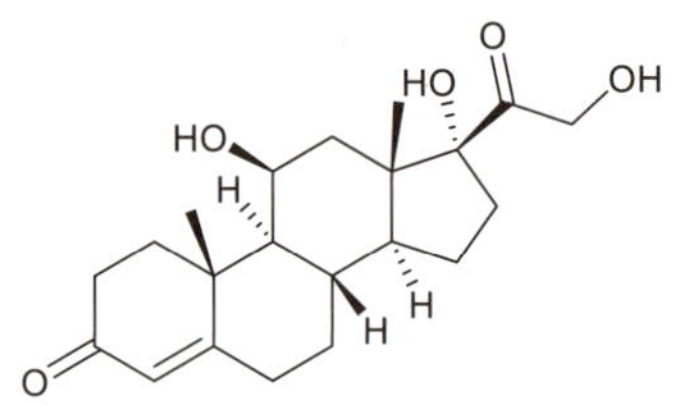

코르티솔(cortisol)

제산제

사람의 위벽에는 다양한 위샘이 분포되어 있으며 성인을 기준으로 하루 약 400~800 mL의 위액을 분비한다. 위샘에는 벽세포, 주세포, 점액 분비세포의 세 가지 주요 세포가 포함되어 있다. 위액은 묽고 강한 산성을 띠는 소화성 유동액으로, pH는 약 1.0~1.5이다. 이러한 산성 환경은 대부분의 박테리아가 생존하기 어렵게 만든다. 위액의 강한 산성은 주로 벽세포에서 분비하는 염산에 기인한다.

염산은 단백질 소화효소인 펩신의 활성을 극대화하는 역할을 한다. 펩신은 pH 1.5~2.5일 때 가장 활성이 크며 pH 4~5로 올라가면 소화 능력을 잃게 된다. 그러나 염산이 과도하게 분비되면 위산

과다로 인해 신물이 올라오거나 위벽이 손상될 수 있다. 이러한 증상을 완화하거나 치료하기 위해 제산제를 사용한다.

제산제는 위액을 완전히 중성(pH 7)으로 만드는 것이 아니라 염산의 농도를 적절하게 조절하여 소화불량이나 위통을 완화하고 위가 정상적인 소화 능력을 유지하도록 돕는다. 제산제는 산을 중화하고 완충하는 기능 외에도 흡착 및 피복 작용을 통해 위벽을 보호한다.

제산제는 정제, 산제, 과립제, 현탁액 등 다양한 형태로 제공된다. 일반적으로 알칼리토금속의 수산화물이 사용되며, 이는 물에 대한 용해도가 낮아 사람의 입, 식도, 위에 해를 끼치지 않기 때문이다. 수산화물은 위산과 반응하여 염기를 공급함으로써 위산을 중화한다. 제산제에는 주로 알루미늄 제제와 마그네슘 제제가 사용되며 두 제제가 혼합된 제품이 많이 사용된다. 이러한 제산제는 위 속에서 염산과 반응하여 위산 과다로 인한 증상을 완화한다.

흔하게 사용되는 몇 가지 제산제의 종류와 위 속에서의 반응을 표15.2에 나타내었다.

표15.2 **제산제의 종류와 반응**

화합물	위 속에서의 화학 반응
수산화마그네슘	$Mg(OH)_2 + 2H^+ \rightarrow Mg^{2+} + H_2O$
산화마그네슘	$MgO + 2H^+ \rightarrow Mg^{2+} + H_2O$
탄산마그네슘	$MgCO_3 + 2H^+ \rightarrow Mg^{2+} + H_2O + CO_2$
탄산칼슘	$CaCO_3 + 2H^+ \rightarrow Ca^{2+} + H_2O + CO_2$
탄산수소나트륨	$NaHCO_3 + 2H^+ \rightarrow Na^+ + H_2O + CO_2$
시트르산나트륨	$Na_3C_6H_5O_7 \cdot H_2O + 3H^+ \rightarrow 3Na^+ + H_3C_6H_5O_7 + H_2O$
수산화알루미늄	$Al(OH)_3 + 3H^+ \rightarrow Al^{3+} + 3H_2O$
이수산화알루미늄 탄산나트륨	$NaAl(OH)_2CO_3 + 4H^+ \rightarrow Na^+ + Al^{3+} + 3H_2O + CO_2$

위산의 중화와는 달리, 위산 분비는 히스타민, 아세틸콜린, 가스트린(gastrin) 등의 신호 물질에 의해 조절된다. 이러한 신호는 위벽의 양성자 펌프(ATPase)를 통해 위산을 분비하는 메커니즘을 활성화한다. 이 과정을 이해함으로써 위산 분비를 억제하는 다양한 약물이 개발되었다. 이러한 약물에는 히스타민 수용체 길항제, 항무스카린 제제, 그리고 양성자 펌프 억제제가 포함된다. 히스타민 수용체 길항제는 히스타민의 작용을 차단하여 위산 분비를 감소시킨다. 항무스카린 제제는 아세틸콜린의 작용을 억제하여 위산 분비를 줄인다. 양성자 펌프 억제제는 양성자 펌프의 작용을 직접 억제하여 위산 분비를 효과적으로 차단한다. 이러한 약물들은 위산 과다로 인한 질환의 관리에 중요한 역할을 하고 있다.

의약품의 부작용

세계보건기구(WHO)는 약물의 부작용을 '일반적인 사용량에서 나타나는 바람직하지 않은 유해 반응'으로 정의한다. 이는 자살 목적으로 약물을 과다 복용하거나 실수로 다량 복용한 경우는 포함되지 않는다. 일본에서는 '약해'라는 용어를 사용하여 개별 환자보다 사회적으로 중대한 피해를 주는 경우를 설명하기도 한다.

약물은 본질적으로 단순한 화학 물질로 선하거나 악한 것이 아니다. 약물은 질병 치료에 도움이 되는 작용을 발견하여 사용하지만 동시에 인체에 해로운 성질도 가질 수 있다. 부작용은 약물이 인체와 상호 작용할 때 나타날 수 있는 바람직하지 않은 반응으로, 이는 약물 자체, 사용법, 환자의 상태에 따라 다르게 나타날 수 있다.

역사적으로 약물 개발은 독성이 낮고 효과가 높은 성분을 식물에서 추출하거나 합성하여 이루어졌다. 예를 들어, 코카인(국소 마취제), 디기탈리스(심장약), 로울피아 알칼로이드(혈압 강하제) 등이 있다. 그러나 완전하게 안전한 약물은 없으며 약물은 우리 몸에 이물질로 작용할 수 있기 때문에 항상 부작용의 위험이 존재한다. 예를 들어, 살바르산은 매독 치료제로 사용되었으나 간 손상과 황달을 유발할 수 있었다. 이러한 이유로 페니실린이 발견되어 더 안전하고 효과적인 대안으로 자리 잡았다.

탈리도마이드 사건은 약물 부작용의 심각성을 극명하게 보여 준다. 1957년 독일의 제약회사에서 개발된 탈리도마이드는 입덧 완화제로 사용되었으나 임산부에게 심각한 기형아 출산을 초래했다. 이는 충분한 안전성 시험이 이루어지지 않았고 부작용에 대한 경고가 부족했던 결과였다. 1962년 탈리도마이드의 생산과 판매가 중단되었지만 이미 전 세계적으로 약 10,000여 명의 기형아가 태어났다. 이후 탈리도마이드는 한센병 치료에 다시 사용되기 시작했다.

부작용은 약물 사용 시 불가피한 측면이 있기 때문에 약물의 이점과 부작용을 균형 있게 평가하여 사용해야 한다. 약물 사용 시 허용 가능한 부작용과 허용할 수 없는 부작용을 구분하는 것이 중요하며, 이는 약물의 안전한 사용을 위해 필수적이다. 약물은 작은 용량으로 단기간 사용 시 별다른 부작용이 없을 수 있지만 과량 또는 장기간 사용 시 중대한 부작용을 일으킬 수 있다. 이러한 이유로 약물 사용 시에는 항상 신중한 판단과 관리가 필요하다.

1. 의약품은 약사법에 따라 크게 어떻게 구분할 수 있는지 설명하시오.

2. 아스피린은 상품명이다. 아스피린의 성분명을 설명하시오.

3. 제산제는 화학 반응 중 어떤 반응을 활용한 의약품인지 설명하시오.

4. 항생제인 페니실린과 세팔로스포린의 구조에 공통적으로 질소가 포함된 구조는 무엇인지 설명하시오.

5. 진통제 중 전문의약품인 것은 어느 것인지 고르시오.

(a) 아스피린　(b) 타이레놀　(c) 모르핀　(d) 이부프로펜

6. 이부프로펜의 구조식에 카이랄 중심을 찾아서 표시하시오.

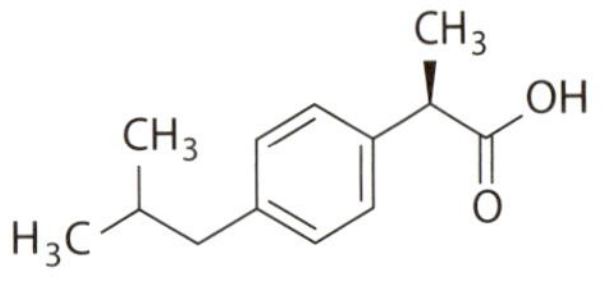

7. 히스타민은 외부자극(스트레스, stress)에 대하여 신체가 빠른 방어 행위를 하기 위하여 분비하는 유기 물질 중의 하나이다. 즉, 상처가 난 곳이 붉게 부어오르며 통증을 느끼게 되는 염증반응(inflammation)이 일어나게 하는 물질이다. 히스타민 구조식을 보고 물음에 답하시오.

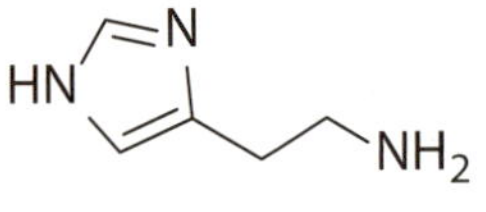

(a) 히스타민의 분자식을 쓰시오.

(b) 히스타민의 아민 작용기를 찾아서 표시하시오.

(c) 히스타민은 물에 잘 녹는데 화합물의 구조 중 어떠한 부분의 영향 때문에 그런지 설명하시오.

8. 성 호르몬과 코르티솔에 공통적으로 포함된 고리 구조를 그리시오.

9. 헤로인, 모르핀, 코데인 중에서 천연에서 얻은 의약품은 무엇인지 설명하시오.

10. 의사들은 입덧이 심한 임산부들에게 이를 완화시키기 위해 처방해 주었고 일반 가정에서는 가정상비약으로 비치될 정도로 흔하게 사용되었으나 후에 이 약을 복용한 임산부에게 기형아가 출생하는 등의 심각한 부작용을 초래한 의약품은 무엇인지 설명하시오.

생명과학의 이해

생명체는 탄소, 수소, 산소, 질소, 인, 황과 같은 다양한 화학 원소로 이루어져 있다. 이들은 생명체의 구조와 기능을 결정하는 데 중요한 역할을 한다. 특히 탄소는 유기 분자를 구성하는 기본 골격으로, 다양하고 복잡한 분자를 형성하여 생명체의 복잡한 생리적 기능을 수행할 수 있는 기반을 제공한다. 생체 분자들, 즉 탄수화물, 단백질, 지질, 핵산은 각각 고유한 구조와 기능을 가지고 있으며, 이들은 생명체의 다양한 생리적 과정에 필수적이다. 이들 분자들은 에너지원으로 사용되거나 세포 구조를 형성하며 유전 정보를 저장하고 전달하는 역할을 한다.

유전 정보의 복제와 전달을 담당하는 DNA와 RNA는 생명체의 유전적 특성을 보존하고 다음 세대로 전달함으로써 생명체의 연속성과 진화를 가능하게 한다. 특히 CRISPR-Cas9과 같은 유전자 편집 기술은 특정 유전자를 정확히 수정할 수 있는 혁신적인 도구로 생명과학의 발전에 기여하고 있다. 또한 면역계의 작동 원리와 백신의 역할은 인체가 외부 병원체에 대항하여 어떻게 방어하는지를 설명하며 백신은 장기적인 면역성을 제공하여 공중 보건에 중요한 역할을 한다.

이러한 주제들은 생명과학의 이해를 돕기 위해 복잡한 과학적 개념을 체계적으로 설명하고 있으며 이를 통해 생명 현상의 본질과 다양한 생명 시스템 간의 상호 작용을 이해할 수 있다.

16.1 생명체의 화학적 구성

생명체를 구성하는 기본 원소

생명체는 다양한 화학 원소로 구성되어 있으며, 이들 원소는 생명체의 구조와 기능을 결정하는 데 중요한 역할을 한다. 생명체를 이루는 기본 원소는 주로 탄소(C), 수소(H), 산소(O), 질소(N), 인(P), 황(S)으로 알려져 있다. 이들을 주된 구성 요소로 하는 이유와 그 역할을 자세히 살펴보자.

- **탄소**(C): 탄소는 생명체의 유기 분자를 이루는 기본 골격이다. 탄소 원자는 네 개의 결합을 형성할 수 있어 다양한 구조의 복잡한 분자, 예를 들어 탄수화물, 지방, 단백질, 핵산 등을 형성할 수 있다. 이러한 구조적 다양성은 생명체가 복잡한 생리적 기능을 수행할 수 있는 기반이 된다.
- **수소**(H): 수소는 물(H_2O)의 구성 요소로서 생명체에 매우 중요한다. 또한 수소는 유기화합물에서 다른 원소들과 결합하여 생명체의 에너지 대사에 필수적인 역할을 한다. 예를 들어, 세포호흡에서 에너지를 생성하는 과정에는 수소 이온이 필수적이다.
- **산소**(O): 산소는 물과 같은 중요한 화합물의 구성 요소일 뿐만 아니라 세포 호흡에서 에너지를 생성하는 데 사용된다. 산소는 호기성 생물에서 대사 활동을 통해 에너지를 얻기 위한 최종 전자 수용체로 작용하며, 이 과정에서 방출되는 에너지는 ATP의 형태로 저장된다.
- **질소**(N): 질소는 단백질과 핵산의 주성분이다. 단백질은 아미노산으로 구성되어 있으며 아미노산의 중심에는 질소가 포함되어 있다. 또한 질소는 유전 정보를 저장하고 전달하는 역할을 하는 DNA와 RNA의 구성 요소인 뉴클레오타이드(nucleotide)에도 존재한다.
- **인**(P): 인은 핵산(DNA, RNA)의 구조적 구성 요소이며 에너지를 저장하고 전달하는 분자인 ATP에도 포함되어 있다. 인은 또한 세포막의 주요 성분인 인지질의 구성 요소로 세포막의 구조와 기능을 유지하는 데 중요한 역할을 한다.
- **황**(S): 황은 특정 아미노산과 비타민의 구성 요소로 단백질의 구조와 기능에 기여한다. 특히 시스테인의 경우 이황화 결합을 통해 단백질의 3차 구조를 안정화하는 데 중요한 역할을 한다.

16.2 생체 분자의 구조와 기능

생체 분자는 생명체의 구조적 및 기능적 단위를 이루는 주요 화합물로 탄수화물, 단백질, 지질, 핵산의 네 가지 주요 유형으로 나눌 수 있다. 각 유형의 생체 분자는 고유한 구조와 기능을 가지며 생명체의 다양한 생리적 과정에 필수적이다.

16.3 탄수화물(Carbohydrate)

탄수화물은 탄소, 수소, 산소로 이루어져 있으며, 일반식은 $C_n(H_2O)_m$이다. 탄수화물에서 탄소, 수소, 산소는 1차원적으로 다음 세가지 유기 작용기로 배열되어 있다.

탄수화물은 단량체 몇 개가 축중합되어 결합되어 있는가에 따라 단당류, 이당류, 다당류로 나눌 수 있다.

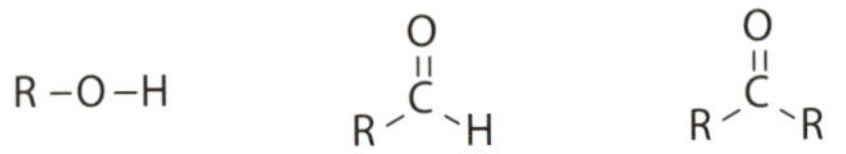

알코올 알데하이드 케톤

단당류

단당류(monosaccharide)는 가장 간단한 당으로 탄소, 수소, 산소 원자를 포함하는 단위의 탄수화물 분자로 구성되어 있다. 단위 탄수화물 분자당 탄소의 개수가 5개인 경우 5탄당이라고 하면 탄소의 개수가 6개인 것을 6탄당이라고 한다. 단당류는 더 이상 가수분해 되지 않는다. 세 가지 잘 알려진 당은 글루코오스(glucose, 덱스트로오스(dextrose), 포도당, 혈당이라고도 불림), 프룩토오스(fructose, 과당), 갈락토오스(galactose, 락토오스의 성분, 유당)이다.

글루코오스는 단당류로서 더 이상 쪼개질 수 없는 탄수화물이다. 글루코오스와 같은 단당류는 수용액 내에서 재배열이 일어나 고리 구조를 형성한다

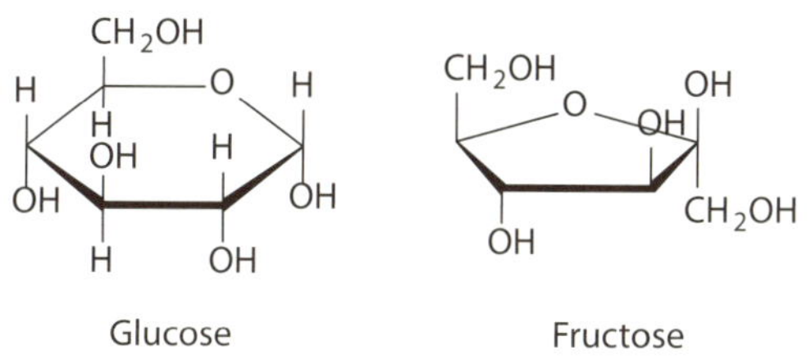

그림 16.1 대표적인 단당류

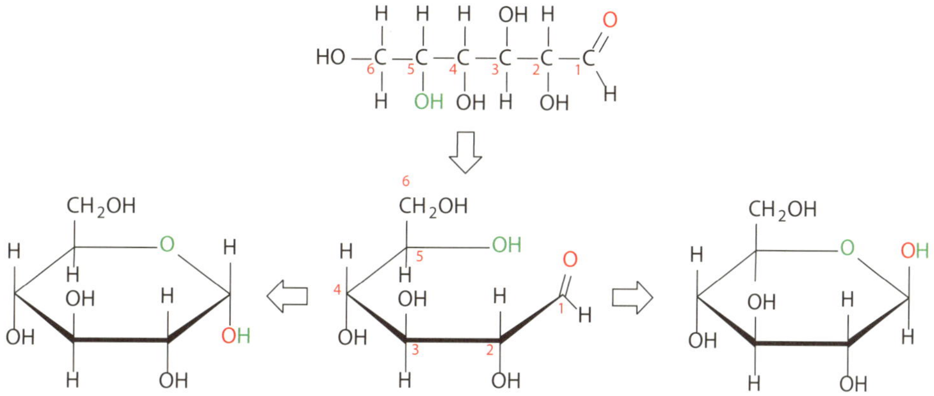

그림 16.2 선형 사슬 구조로부터 고리 구조로 재배열되는 글루코스

이당류

이당류(Disaccharide)는 두 개의 단당류 분자가 결합한 형태의 당류이다. 즉, 두 개의 단당류가 반응하여 물이 빠져나가면서 두 고리를 연결하는 C-O-C 결합, 즉 O-글리코사이드 결합(glycoside linkage)을 형성한다. 대표적인 이당류로는 사카로오스(sucrose), 락토오스(lactose), 말토오스(maltose)가 있다.

또한 이당류는 두 개의 단당류로 가수분해되는 탄수화물인데 소화 과정에서 체내 흡수가 용이한 단당류로 분해되어 체내에 흡수된다.

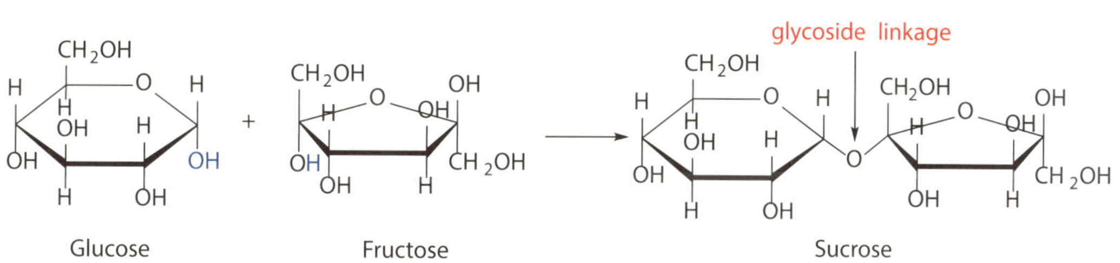

그림 16.3 이당류 형성 메커니즘

다당류

다당류(Polysaccharide)는 여러 개의 단당류 분자가 결합하여 형성된 다당체이다. 다당류는 긴 체인 형태로 구성되며 수많은 단당류 분자가 O-글리코시드 결합으로 연결되어 있다. 이러한 이유로 다당류는 가수분해되었을 때 많은 수의 단당류를 만들어 내는 큰 분자이다. 다당류에는 녹말(starch)과 셀룰로오스(cellulose)가 있다.

녹말(starch)은 많은 식물에서 에너지 저장을 위해 사용되고 셀룰로오스(cellulose)는 식물의 구조를 이루는 물질이다. 그림 16.4에서는 녹말과 셀룰로오스 분자 구조의 일부를 제시했다. 녹말 분자는 보통 100~6,000개의 글루코오스 단위를 갖고 있으며, 셀룰로오스 분자는 1,800~3,000개 또는 그 이상의 글루코오스 단위를 갖고 있다. 이런 의미에서 녹말과 셀룰로오스는 글루코오스 단위체를 가진 고분자라고 한다.

또한 녹말(starch)과 셀룰로오스(cellulose)의 중요한 구조적 차이는 글루코오스 단위가 연결된 방법이다. 녹말의 경우 위쪽으로 향한 CH_2OH를 기준으로 글루코오스를 연결한 산소 원자는 아래쪽을 향하고 있다. 이런 배열을 알파 결합(alpha linkage)이라고 한다. 셀룰로오스의 경우, CH_2OH를 위쪽으로 향한 기준으로 보면 글루코오스를 연결한 산소 원자는 위쪽을 향하고 있다. 이런 배열을 베타 결합(beta linkage)이라고 한다. 미묘하지만 중요한 결합의 차이는 물질이 소화가 될 수 있는지를 결정한다.

식물 녹말에는 두 종류가 있다. 하나는 아밀로오스(amylose)이고 글루코오스 단위가 마치 줄에 꿰인 구슬처럼 연속적인 사슬로 결합되어 있다. 다른 하나인 아밀로펙틴(amylopectin)은 사슬에 글루코오스 가지가 붙어 있다.

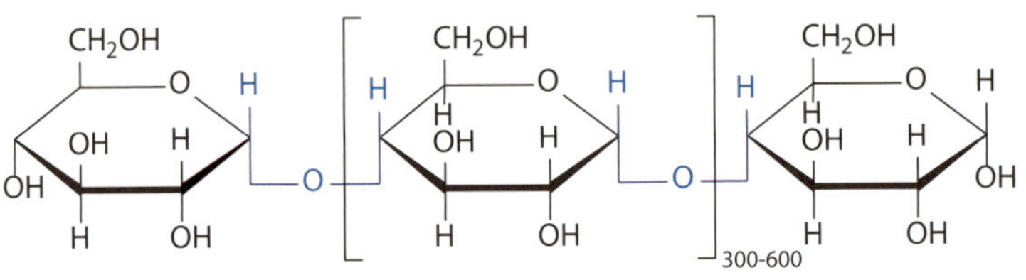

Amylose

동물의 전분은 글리코겐(glycogen)이라고 불린다. 아밀로펙틴처럼 글루코오스 단위를 가진 가지가 있다.

셀룰로오스와는 다르게 근육과 간에 있는 글리코겐은 작은 알갱이 모양으로 배열한다. 반면에 식물의 녹말은 큰 알갱이를 만든다. 식물의 녹말은 찬물에서는 거의 녹지 않지만 뜨거운 물에서는

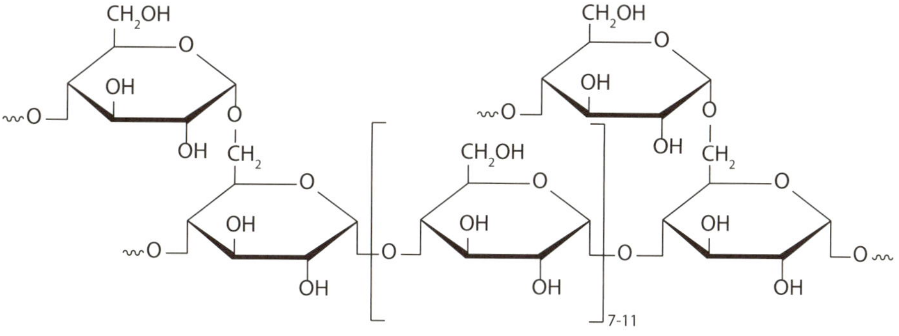

Glycogen

녹아 죽같이 되고 식히면 겔(gel) 형태가 되는데, 감자와 곡물은 이런 종류의 곡물 알갱이를 만든다.

이러한 탄수화물의 주요 기능은 주로 에너지원으로 사용된다. 포도당은 세포 호흡을 통해 에너지를 생성하는 데 사용되며 글리코겐은 동물의 몸에서 에너지 저장용으로 쓰인다. 간과 근육에서 주로 만들어지고 뇌에서도 만들어져 세포질 속에 과립으로 저장된다. 또한 셀룰로오스는 식물 세포벽의 구조적 구성 요소로 작용한다.

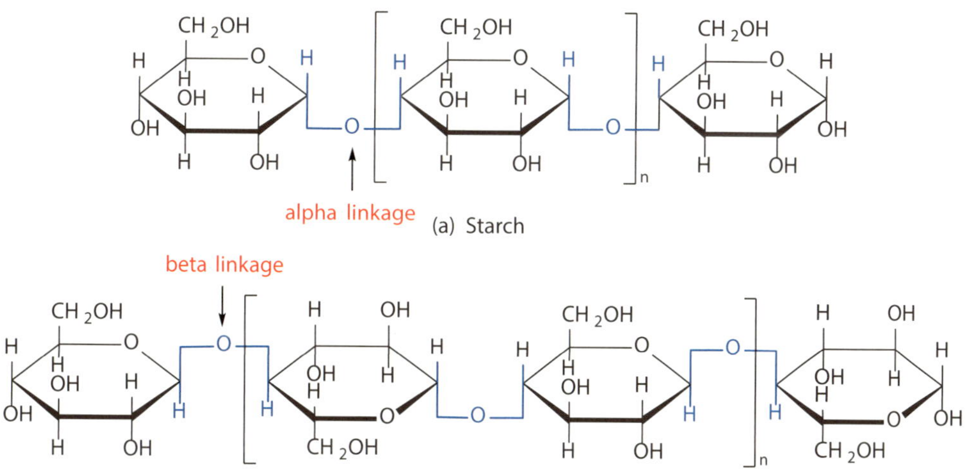

(a) Starch

(b) Cellulose

그림 16.4 (a) 녹말과 (b) 셀룰로오스의 구조. 녹말은 α 형태로 연결되어 있고 셀룰로오스는 β 형태로 연결되어 있다.

일상생활에서 단당류와 다당류의 활용

단당류와 다당류는 일상생활에서 다양하게 활용되고 있다. 음식 조리, 식품 제조, 의약품 등 다양한 분야가 포함된다.

음식을 조리할 때 단당류는 단맛을 주는 역할로 사용되며 신선한 과일, 꿀, 각종 단맛 첨가제 등에 포함되어 다양한 음식과 음료에 사용된다. 다당류를 함유한 식재료는 음식의 질감과 안정성을 개선하는 데 사용된다. 예를 들어, 전분의 경우 음식의 점착성을 증가시켜 구조를 유지하고 텍스처를 개선하는 역할을 한다.

식품 제조에서 단당류는 음식의 감미료로 사용되며 간식, 음료, 디저트, 제과 등의 제조에 널리 활용된다. 단맛을 주는 성질을 이용하여 제품의 맛을 향상시키는 역할을 한다. 다당류는 식품의 안정성, 텍스처, 점착성 등을 개선하는 데 사용된다. 예를 들어, 셀룰로오스의 경우 식품의 구조를 강화시켜 안정성을 높이는 역할을 한다.

의약품에서도 탄수화물은 활용 범위는 넓다. 단당류는 의약품의 주요 성분 중 하나로 포도당은 혈액의 급속한 당분해를 돕기 위해 혈액 내로 주입되는 경우에 사용된다. 다당류는 약물의 안정성을 향상시키고 약물의 흡수를 조절하거나 지속적인 효과를 유지하는 데 도움을 줄 수 있다.

단당류는 화장품 제조에도 사용된다. 단맛을 주는 성질을 이용하여 제품의 향과 맛을 개선하는 데 사용될 수 있으며 다당류는 화장품의 점착성, 수분 보유, 안정성 등을 개선하는 데 사용된다. 예를 들어, 피부 보습제 또는 화장품의 점착성을 개선하기 위해 다당류가 사용된다.

16.4 단백질

단백질은 모든 살아 있는 세포에 존재하는 거대 분자로 생명체의 다양한 기능에 필수적인 역할을 한다. 신체의 건조 질량 중 약 50%가 단백질로 구성되어 있으며, 이는 단백질이 생물체의 구조적 및 기능적 요소로서 중요한 역할을 한다는 것을 의미한다.

단백질은 여러 종류가 있는데 그중 일부는 구조적 역할을 한다. 예를 들어, 피부, 손톱, 연골, 근육 등의 동물 조직은 단백질로 구성되어 있으며 이러한 구조적 단백질은 신체의 형태를 유지하고 보호하는 기능을 수행한다. 단백질은 또한 기능적 역할을 수행하는데 그중 하나는 효소로서의 촉매 작용이다. 효소는 생화학적 반응을 촉진하여 신속하게 진행되도록 돕는 단백질이다. 효소는 매우 특이적인 반응을 수행하며 각각의 효소는 특정 기질과 반응한다. 또한 단백질은 산소 운반에 중요한 역할을 한다. 예를 들어, 헤모글로빈은 적혈구에 존재하는 단백질로, 폐에서 조직으로 산소를 운반한다. 이와 같은 운반 기능은 생명 유지에 필수적이다. 단백질은 호르몬으로도 작용하여 특정 생체 과정을 조절한다. 인슐린과 같은 단백질 호르몬은 혈당 수치를 조절하여 에너지 대사를 관리한다.

모든 단백질은 기본적으로 화학적으로 유사한 구조를 가지며 아미노산이라는 작은 분자들로 이루어져 있다. 아미노산은 단백질의 기본 단위로 서로 결합하여 긴 사슬을 형성한다. 이 사슬은 특정한 3차원 구조를 가지게 되며, 이 구조는 단백질의 기능을 결정한다. 아미노산의 배열과 상호 작용은 단백질의 특이성과 기능을 결정하는 중요한 요소이다.

아미노산(amino acid)

아미노산은 생명체의 기본 구성 요소 중 하나, 단백질을 구성하는 단위체이다. 아미노산은 중앙에 있는 탄소 원자에 아미노기(-NH_2), 카복실기(-COOH), 수소 원자와 특유의 곁사슬(R)이 결합된 구조를 가지고 있다. 이 곁사슬의 종류에 따라 아미노산의 성질과 기능이 달라진다.

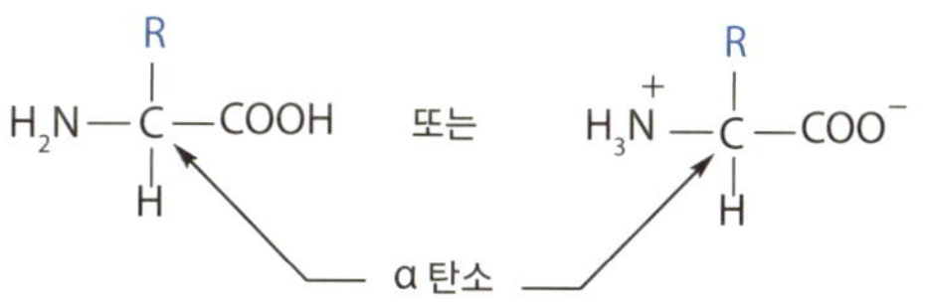

중성 pH에서는 주로 쯔비트 이온(zwitterion)이라고 하는 이중으로 이온화된 구조로 존재한다. 자연계에는 20가지의 표준 아미노산이 존재하며, 이들은 각각 고유한 R기를 가지고 있어 다양한 화학적 특성을 나타낸다. 글라이신(glycine)을 제외한 알파(α) 탄소는 입체 중심이다. 표 16.1에서는 R기가 무극성인지, 극성인지, 산성인지, 염기성인지에 따라 아미노산을 분류했다.

아미노산은 또한 필수 아미노산(* 표시됨)과 비필수 아미노산으로 나눌 수 있다. 필수 아미노산은 체내에서 합성되지 않기 때문에 음식물로부터 섭취해야 하는 반면에 비필수 아미노산들은 체내에서 합성할 수 있다.

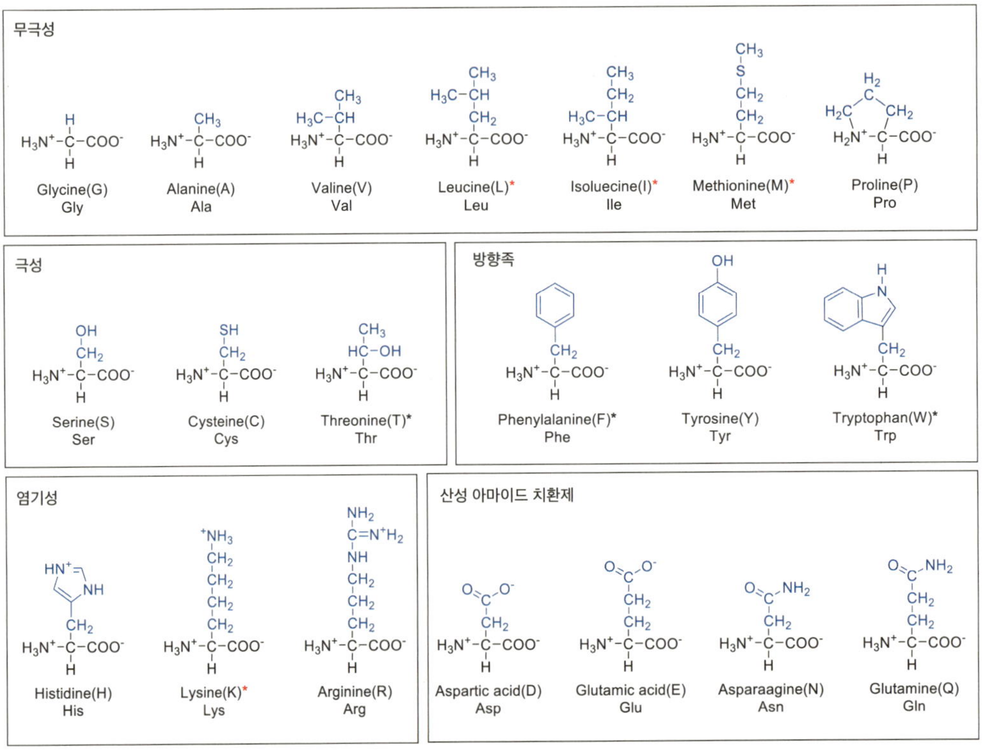

표 16.1 **단백질에서 발견되는 공통적인 아미노산**

펩타이드 결합

펩타이드 결합(peptide bond)과 단백질은 생명체의 구조와 기능을 이해하는 데 핵심적인 개념이다. 이들은 아미노산이라는 기본 단위로부터 시작되어 복잡한 생체 구조를 이루고 다양한 생리적 역할을 수행한다.

펩타이드 결합은 아미노산들이 연결되어 폴리펩타이드 사슬(polypeptide chain)을 형성할 때 나타나는 중요한 화학 결합이다. 이 결합은 한 아미노산의 카복실기(-COOH)와 다른 아미노산의 아미노기($-NH_2$) 사이에서 물 분자(H_2O)가 제거되면서 형성된다. 이 과정을 탈수 축합 반응이라고 하며 결과적으로 두 아미노산 간에 강력한 공유 결합이 형성된다. 예를 들어, 알라닌과 글라이신이 결합하여 다이펩타이드인 글라이실알라닌(glycylanine, GA)을 생성한다.

펩타이드 결합은 단백질의 1차 구조를 안정적으로 유지하는 데 필수적이며 단백질의 구조적 연속성을 제공한다.

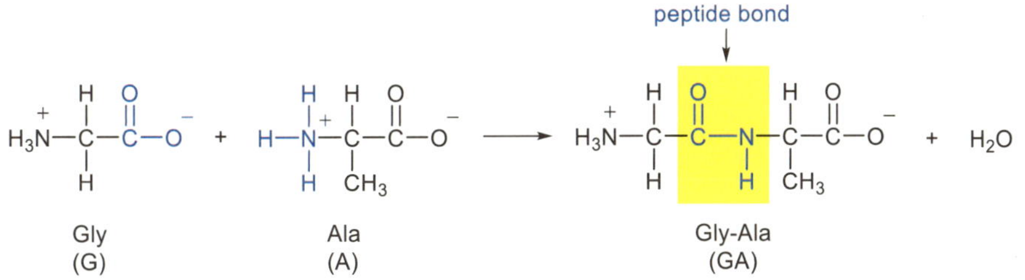

단백질은 50개 이상의 아미노산이 펩타이드 결합으로 연결된 폴리펩타이드 사슬로 구성되며 생물체 내에서 매우 다양한 기능을 수행한다. 단백질은 효소, 호르몬, 항체, 구조 단백질 등으로서 기능하며 세포의 구조 유지, 생화학적 반응 촉매, 신호 전달, 면역 방어 등 다양한 생리적 역할을 한다. 단백질의 구조는 1차 구조, 2차 구조, 3차 구조, 4차 구조로 나눌 수 있다.

1차 구조(Primary structure): 1차 구조는 단백질의 아미노산 서열로, 단백질은 아미노산이라는 작은 분자들이 펩타이드 결합에 의해 연결된 폴리펩타이드 사슬로 구성한다. 1차 구조는 단백질의 기능과 구조를 결정짓는 기본적인 요소로 다른 구조적 수준들이 형성되는 기초이다. 아미노산의 순서는 유전정보에 의해 결정되며 단백질의 특정 기능을 수행하기 위한 필수적인 정보가 담겨 있다.

2차 구조(Secondary structure): 2차 구조는 폴리펩타이드 사슬의 국소적 배열을 의미하며 주로 알파 나선(α-helix)과 베타 병풍(beta-sheet) 형태로 나타난다. 이러한 구조는 주로 수소 결합에 의해 안정화되며 알파 나선은 폴리펩타이드 사슬이 나선형으로 꼬여 있는 형태이다. 베타 병풍은 사슬이 평행하거나 반평행으로 배열되어 있는 구조이다.

3차 구조(Tertiary structure): 3차 구조는 단백질의 전체적인 3차원 형상을 의미하며, 이는 2차 구조 요소들이 공간상에서 어떻게 배열되는지를 설명한다. 3차 구조는 다양한 상호 작용에 의해 형성되는데, 여기에는 소수성 상호 작용, 이온결합, 수소 결합, 반데르발스 힘, 그리고 이황화 결합(disulfide bond) 등을 포함하고 있다.

4차 구조(Quaternary structure): 4차 구조는 여러 개의 폴리펩타이드 사슬들이 모여 만들어진 복합체 구조를 의미한다. 각각의 단위체들은 독립적인 3차 구조를 가지며 이들이 모여 단백질의

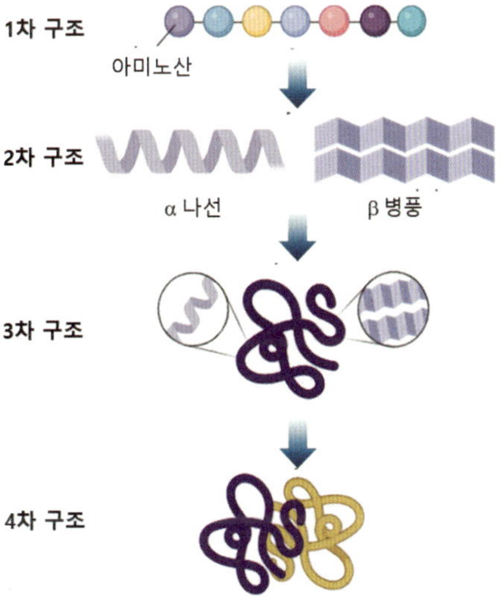

그림 16.4 4가지 수준의 단백질의 구조

최종적인 기능적 구조를 이룬다. 예를 들어, 헤모글로빈은 네 개의 폴리펩타이드 단위체로 구성되어 있으며, 이들이 함께 결합하여 산소를 운반하는 기능을 수행한다.

단백질은 다양한 생물학적 기능을 수행한다. 효소는 화학 반응을 촉매하며 구조 단백질(예: 콜라겐)은 조직의 형태를 유지한다. 또한 항체는 면역 반응에서 병원체를 인식하고 중화하며 수송 단백질(예: 헤모글로빈)은 산소를 운반한다.

16.5 지질

지질(Lipids)은 생명체에서 매우 중요한 역할을 하는 생체 분자이다. 그 특성 중 하나는 물에 잘 녹지 않고 비극성 용매에 잘 녹는다는 점인데, 이는 지질이 세포막의 중요한 구성 요소로 기능하게 한다.

지질은 다양한 화학적 구조를 가지는 생체 분자로 주로 탄소(C), 수소(H), 산소(O) 원자로 구성되어 있다. 지질의 다양한 종류는 각기 다른 구조적 특성을 가지기 때문에 다양한 생리적 기능을 수행할 수 있다.

지방산(Fatty acids)

지방산은 지질의 기본 구성 단위 중 하나로 일반적으로 긴 탄화수소 사슬과 카복실기(-COOH)로 구성된다.

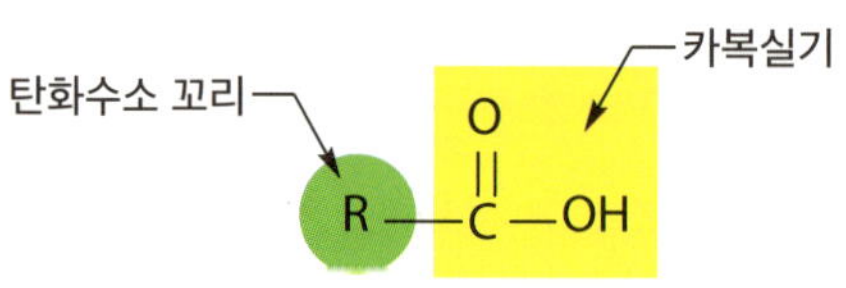

지방산의 일반적인 구조식

지방산은 포화 지방산과 불포화 지방산으로 나눈다. 포화 지방산은 탄소 사슬에 이중 결합이 없는 구조로 주로 고체 상태의 지방에서 발견된다. 반면 불포화 지방산은 하나 이상의 이중 결합을 가지며 이중 결합의 위치와 수에 따라 단일불포화와 다중불포화로 구분된다. 불포화 지방산은 일반적으로 액체 상태의 기름에서 발견된다.

표 16.2 **여러 가지 포화 지방산**

이름	탄소원자수	구조	출처
부틸산	4	$CH_3CH_2CH_2COOH$	우유지방
카프릭산	10	$CH_3(CH_2)_8COOH$	우유지방, 고래기름
마이리스트산	14	$CH_3(CH_2)_{12}COOH$	버터지방, 코코넛기름
팔미틱산	16	$CH_3(CH_2)_{14}COOH$	소고기지방, 버터지방
스테아르산	18	$CH_3(CH_2)_{16}COOH$	소고기지방, 버터지방

표 16.3 **여러 가지 불포화 지방산**

이름	탄소원자의 수	이중결합의 수	구조	출처
올레인산	18	1	$CH_3(CH_2)_7CH=CH(CH_2)_7COOH$	올리브오일, 땅콩기름
리놀레인산	18	2	$CH_3(CH_2)_4(CH=CHCH_2)_2(CH_2)_6COOH$	아마씨기름, 옥수수기름
리놀레닌산	18	3	$CH_3CH_2(CH=CHCH_2)_3(CH_2)_6COOH$	아마씨기름, 옥수수기름

트라이글리세리드(Triglyceride)

트라이글리세리드는 가장 흔한 형태의 지질로, 하나의 글리세롤 분자와 세 개의 지방산이 에스터 결합을 통해 연결된 구조이다. 이들은 에너지 저장 및 단열 기능을 하는 주요 지질 형태로 체내 지방세포에 저장된다.

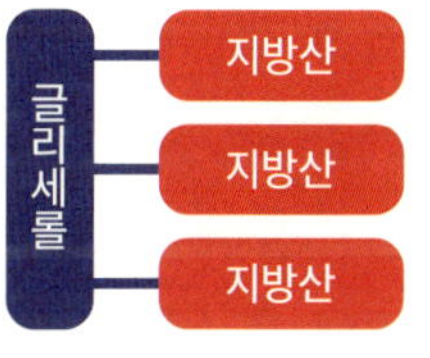

인지질(Phospholipid)

인지질은 세포막의 주요 구성 성분으로 글리세롤 분자에 두 개의 지방산과 하나의 인산기가 결합된 구조이다. 인산기에는 추가적으로 다양한 극성 머리가 붙어 있을 수 있다. 인지질은 친수성 머리와 소수성 꼬리를 가지며 물리적 환경에서 이중층을 형성하여 세포막을 구성한다.

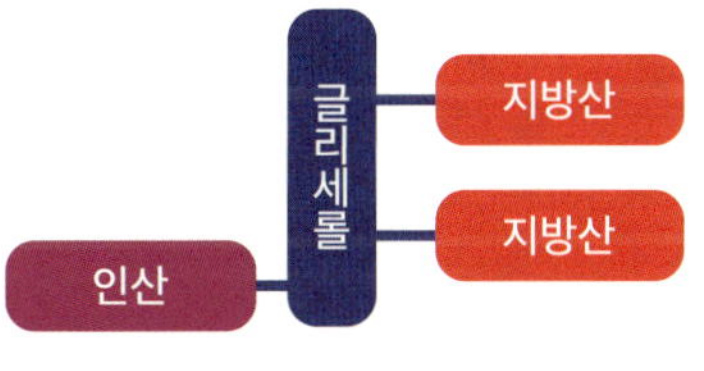

스테로이드(Steroids)

스테로이드는 네 개의 융합된 고리 구조를 가진 지질이다. 콜레스테롤은 가장 잘 알려진 스테로이드로 세포막의 유동성을 조절하고 스테로이드 호르몬의 전구체 역할을 한다. 스테로이드 호르몬은 신체의 여러 생리적 과정을 조절하는 데 중요한 역할을 한다.

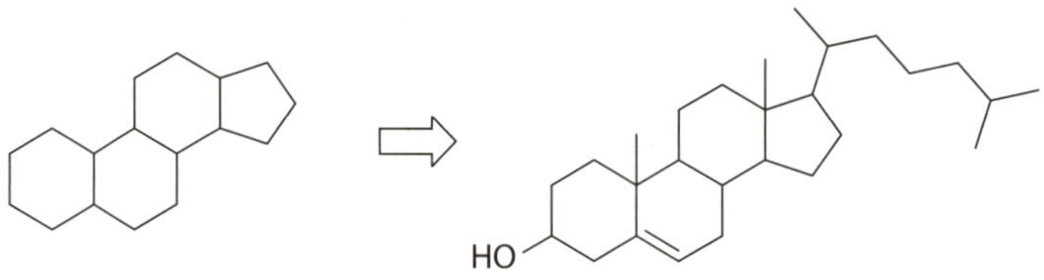

스테로이드 빼대 구조　　　　콜레스트롤(Cholesterol)

당지질(Glycolipids)

당지질은 하나 이상의 당 분자가 결합된 지질로 세포막의 외부 표면에 주로 존재하며 세포 인식과 신호 전달에 관여한다.

특히 인지질은 세포막의 이중층을 형성하여 세포 내부와 외부를 분리하고 물질의 출입을 조절하는 데 기여한다. 지질은 또한 고에너지 밀도를 가지고 있어 생명체가 에너지를 장기간 저장하는 데 사용된다. 지방은 특히 지방세포에 저장되어 필요시 에너지원으로 활용된다. 이러한 저장된 지방은 또한 신체의 단열재로 작용하여 체온을 유지하는 데 도움을 준다. 더불어 스테로이드 지질은 성 호르몬과 같은 중요한 생리적 조절자의 전구체로 작용하며 콜레스테롤은 이러한 호르몬의 합성에 필수적이다. 또한 비타민 A, D, E, K와 같은 지용성 비타민은 지질 내에 용해되어 체내에서 흡수되며, 이는 시력, 뼈 건강, 항산화 작용 등 다양한 생리적 기능을 수행하는 데 필수적인 요소이다. 이처럼 지질은 세포 구조의 유지, 에너지의 저장, 생리적 조절자의 생성 등 다양한 기능을 통해 생명체가 환경에 적응하고 생존하는 데 필수적인 역할을 수행한다.

16.6 핵산

핵산(nucleic acids)은 생명체의 유전 정보를 저장하고 전달하는 중요한 생체 고분자로 주로 DNA(디옥시리보핵산)와 RNA(리보핵산)로 나눈다. 이들은 뉴클레오타이드라는 기본 단위가 중합된 구조를 가지며 각 뉴클레오타이드는 질소 염기, 5탄당(펜토오스), 인산기로 구성된다. 질소 염기는 아데닌(A), 구아닌(G), 사이토신(C), 티민(T, DNA의 경우), 우라실(U, RNA의 경우) 중 하나이다.

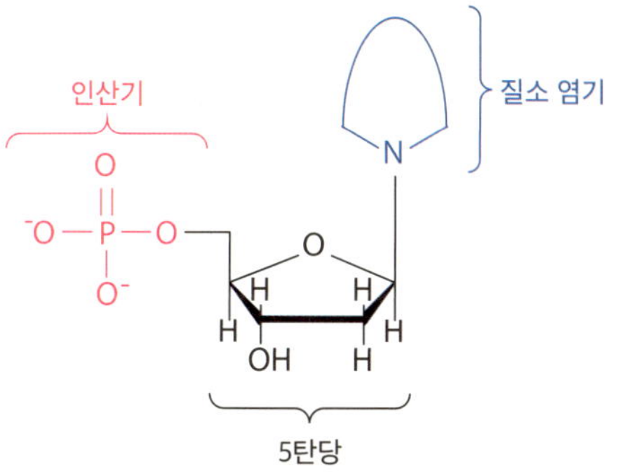

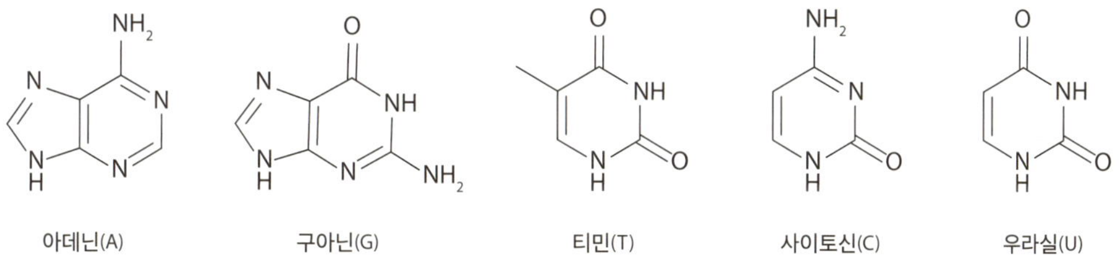

DNA는 이중 나선 구조로 두 개의 폴리뉴클레오타이드 사슬이 반대 방향으로 꼬여 있는데 염기쌍(A-T, G-C)에 의해 안정화되며 염기쌍은 수소 결합으로 연결된다.

이러한 구조는 유전 정보의 안정적 저장과 복제를 가능하게 한다. 반면 RNA는 일반적으로 단일 가닥 구조로 존재하며 다양한 형태(mRNA, tRNA, rRNA)로 기능적 다양성을 가진다.

기능적으로 DNA는 유전 정보를 저장하고 자손에게 전달하는 역할을 하며 RNA는 단백질 합성 과정에서 중요한 역할을 한다. mRNA는 DNA의 유전 정보를 전사하여 리보솜으로 전달하고 tRNA는 아미노산을 운반하여 단백질 합성을 촉진한다. 또한 rRNA는 리보솜의 구조적 및 기능적 구성 요소로 작용하여 단백질 합성을 위한 플랫폼을 제공한다.

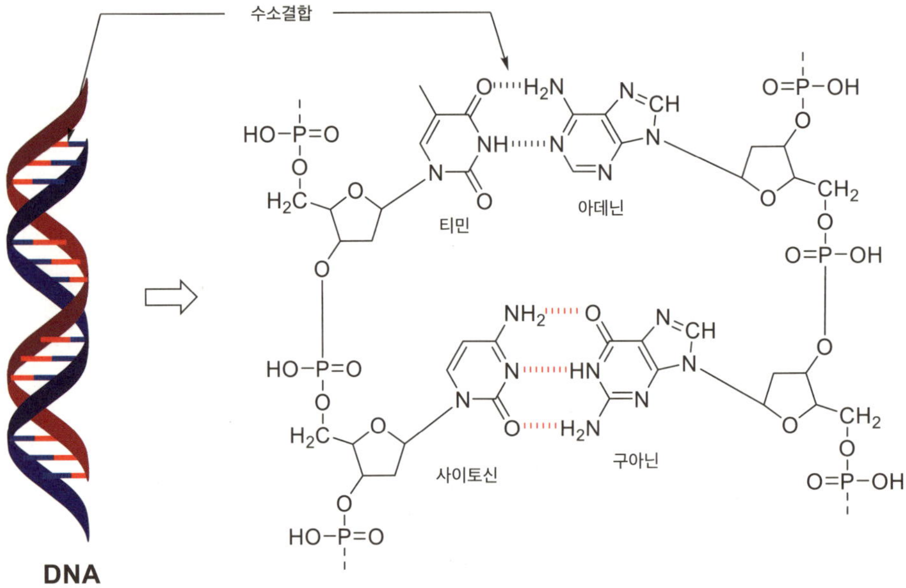
수소결합
티민
아데닌
사이토신
구아닌
DNA

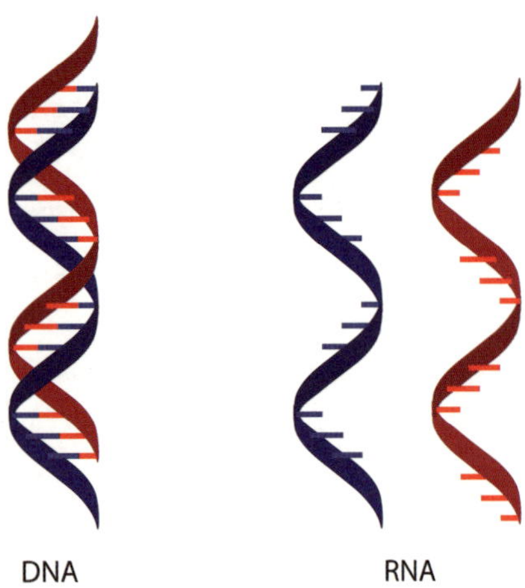
DNA
RNA

핵산의 기능적 특성은 다음과 같이 요약할 수 있다.

유전 정보 저장 및 전달: DNA는 세포의 유전 정보를 저장하고 이 정보를 자손에게 전달하는 역할을 한다. DNA의 염기 서열은 단백질 합성을 위한 지침을 제공하며 유전적 다양성과 종의 연속성을 보장한다.

단백질 합성: RNA는 단백질 합성 과정에서 중요한 역할을 한다. mRNA는 DNA의 유전 정보를 전사하여 리보솜으로 전달하며 tRNA는 아미노산을 운반하여 리보솜에서 단백질 합성을 촉진한다. rRNA는 리보솜의 구조적 및 기능적 구성 요소로 단백질 합성을 위한 플랫폼을 제공한다.

유전자 발현 조절: RNA는 유전자 발현의 조절에도 관여하며 특정 RNA 분자는 유전자 발현을 증가시키거나 억제하는 역할을 하며 세포의 기능과 반응을 조절한다.

16.7 DNA 복제: 유전

DNA는 생명체의 유전 정보를 저장하고 전달하는 중요한 분자이다. 이중 나선 구조로 이루어진 DNA는 뉴클레오타이드라는 작은 단위들로 구성되며, 이들은 당, 인산 아데닌, 티민, 구아닌, 사이토신이라는 네 가지 염기로 이루어져 있다. DNA의 염기 서열은 유전자라는 단위로 조직되어 특정 단백질이나 RNA 분자의 합성을 위한 정보를 담고 있으며 생물체의 유전적 특성을 결정한다.

단백질 합성은 DNA의 염기 서열이 전사되어 mRNA로 복사되고 이 mRNA가 리보솜에서 번역되어 단백질로 합성됨으로써 이루어진다. DNA의 염기 서열은 유전 암호에 의해 아미노산 서열로 변환되며 각 코돈(codon)은 특정 아미노산을 지정한다. 코돈은 유전 정보의 기본 단위로서 세 개의 연속적인 뉴클레오타이드로 구성되어 있으며 단백질 합성 과정에서 특정 아미노산을 지정하거나 번역 과정을 시작하거나 종료하는 역할을 한다. 64개의 가능한 코돈 중 61개는 20개의 아미노산을 지정하며, 이는 여러 코돈이 동일한 아미노산을 지정할 수 있는 '유전 암호의 퇴화성'을 나타낸다. 개시 코돈으로는 주로 AUG가 사용되며 메싸이오닌을 지정한다. 종결 코돈인 UAA, UAG, UGA는 단백질 합성을 멈추게 한다.

DNA의 유전 정보는 세포가 분열할 때 정확하게 복제되어 전달된다. 복제는 DNA의 두 가닥이 풀리면서 시작되어 각각의 가닥이 주형이 되어 새로운 상보적인 가닥이 합성되는 방식으로 진행된다. 이 과정은 헬리케이스, DNA 폴리메라제, 리가아제 등의 효소에 의해 정확하고 효율적으로 이루어진다. DNA 복제는 매우 정밀하며 오류 수정 시스템이 있어 세포가 건강하게 유지될 수 있도록 돕는다.

유전 정보의 전달은 생식 세포인 정자와 난자를 통해 이루어지며 감수 분열을 통해 형성된 이 세포들은 부모의 유전 정보의 절반을 포함한다. 이 과정에서 유전자 재조합, 돌연변이, 독립적 분배 등의 메커니즘을 통해 유전적 다양성이 증가하며, 이는 생물의 진화와 적응에 기여한다. DNA는 안정적인 구조로 오랜 시간 동안 유전 정보를 보존할 수 있지만 돌연변이와 같은 변화가 발생하여 유전적 다양성을 높이고 진화의 원동력이 되기도 한다. 결과적으로 DNA는 생명체의 유전적 특성을 보존하고 다음 세대로 전달함으로써 생명체의 연속성과 진화를 가능하게 한다.

✖ 읽을 거리: 유전자 가위_CRISPR-Cas9

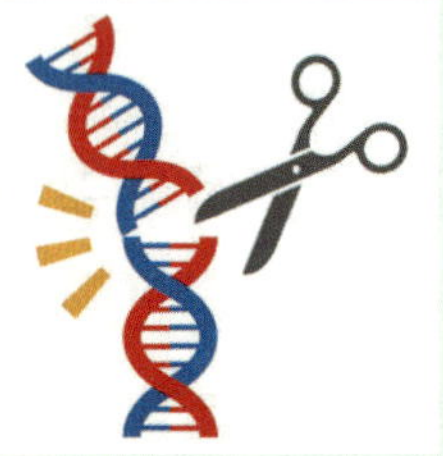

유전자 가위, 특히 CRISPR-Cas9 시스템은 유전자 편집을 위한 혁신적인 도구로 특정 유전자를 정확하고 효율적으로 수정할 수 있는 기술이다. CRISPR-Cas9은 원래 박테리아의 면역 체계에서 유래된 것으로 박테리아가 바이러스의 침입에 대응하기 위해 사용하는 방어 메커니즘이다. 이 시스템은 두 가지 주요 구성 요소로 이루어져 있다. 첫째는 Cas9이라는 효소로, DNA를 절단하는 역할을 한다. 둘째는 가이드 RNA(gRNA)로 Cas9이 자를 DNA 서열을 정확하게 인식할 수 있도록 안내한다. 가이드 RNA는 특정 염기 서열에 상보적으로 결합하여 Cas9이 정확한 위치에서 DNA를 절단하도록 한다.

유전자 편집 과정은 연구자가 편집하려는 DNA 서열에 맞춰 가이드 RNA를 설계하는 것으로 시작된다. 이 가이드 RNA는 Cas9과 결합하여 세포 내로 도입된다. Cas9-gRNA 복합체가 목표 DNA 서열을 찾아 결합하면 Cas9은 그 위치에서 DNA의 이중 나선을 절단한다. 세포는 손상된 DNA를 복구하기 위해 두 가지 주요 경로인 비상동성 말단 연결(NHEJ)과 상동 재조합(HDR)을 사용할 수 있다. NHEJ는 DNA 절단 부위를 즉시 연결하는 방식으로 종종 염기 서열의 삽입이나 결실을 초래하여 유전자의 기능을 비활성화시킬 수 있다. 반면에 HDR은 제공된 주형 DNA를 사용하여 정확하게 DNA를 복구하는 방법으로 이를 통해 특정 유전자를 삽입하거나 교체할 수 있다.

유전자 가위는 다양한 분야에서 응용되고 있다. 연구 분야에서는 특정 유전자의 기능을 연구하기 위해 유전자 가위를 사용하여 유전자 기능을 이해하고 질병 모델을 만드는 데 활용된다. 의료 분야에서는 인간 질병의 유전적 원인을 치료하기 위한 가능성을 열었으며 특정 유전 질환을 일으키는 돌연변이를 직접 수정하는 연구가 진행되고 있다. 농업 분야에서는 작물의 유전자 편집을 통해 병충해 저항성, 수확량 증가 및 환경 적응성을 개선하는 데 사용된다.

그러나 유전자 편집 기술은 생명체의 유전자를 직접 수정할 수 있는 능력 때문에 윤리적 논쟁을 불러일으키고 있다. 특히 생식세포의 유전자 편집은 다음 세대에 영향을 미칠 수 있어 더욱 신중한 접근이 필요하다. 또한 안전성과 예측되지 않은 결과에 대한 우려도 있으며, 이러한 기술의 적용에는 사회적 합의와 규제가 중요하다. 결과적으로 유전자 가위는 생명과학과 의학에서 혁신을 가져온 강력한 도구로 다양한 분야에서 응용 가능성을 가지고 있지만, 그 사용에는 신중한 윤리적 고려가 필요한다.

16.8 면역계의 화학적 방어

우리 몸을 질병과 감염으로부터 보호하는 중요한 역할을 하는 세포들을 면역 세포라고 한다. 이들은 면역 체계의 일부로 다양한 종류의 세포들이 각기 다른 기능을 수행한다. 대표적인 면역 세포는 다음은 종류들이 있다.

- **백혈구**(White Blood Cells): 일반적으로 면역 세포를 지칭하는 용어로 혈액에서 발견되며 감염과 싸우는 역할을 한다.
- **림프구**(Lymphocytes): 특정 병원체를 인식하고 대응하는 세포로 B세포와 T세포가 포함된다.
- **B세포**: 항체를 생성하여 병원체를 무력화한다.
- **T세포**: 직접적으로 병원체를 공격하거나 다른 면역 세포들을 활성화시킨다.
- **대식세포**(Macrophages): 병원체나 죽은 세포를 삼켜서 소화하는 세포로 면역 반응을 시작하는 역할을 한다.
- **호중구**(Neutrophils): 가장 흔한 백혈구로 감염 부위로 빠르게 이동하여 병원체를 공격한다.
- **자연 살해 세포**(Natural Killer Cells): 감염된 세포나 암세포를 즉각적으로 파괴하는 역할을 한다.

면역계는 우리 몸을 외부의 침입자(병원체 또는 유해 물질)로부터 보호하는 복잡하고 정교한 방어 시스템을 말한다. 이 시스템은 다양한 세포와 기관, 단백질로 구성되어 있으며 주로 선천 면역과 적응 면역이라는 두 가지 주요 방어 메커니즘으로 나눌 수 있다.

선천 면역(Innate Immunity)은 외부 물질이 몸에 침입했을 때 즉각적으로 반응하는 비특이적 방어 시스템을 말한다. 이는 특정 병원체에 맞춰진 것이 아니라 일반적인 침입자를 차단하는 데 초점을 맞추고 있다. 예를 들어, 피부와 점막은 물리적 장벽을 형성하여 외부 병원체의 침입을 물리적으로 막는다. 또한 침이나 눈물, 위산과 같은 화학 물질은 병원체를 화학적으로 파괴한다. 대식세포와 호중구 같은 면역 세포들은 이러한 방어에 중요한 역할을 하며 침입자를 삼키거나 파괴하여 신속하게 반응한다.

반면에 적응 면역(Adaptive Immunity)은 특정 병원체에 맞춰진 정교한 방어 시스템을 말한다. 이 시스템은 선천 면역보다 반응이 느리지만 특정 병원체를 인식하고 이에 맞게 대응한다. 적응 면역의 중요한 특징 중 하나는 기억 능력이 있다는 것이다. 면역계는 이전에 만난 병원체를 기억하여 같은 병원체가 다시 침입하면 더 빠르고 강력하게 반응할 수 있다. 이 과정에서 림프구라는 세포들이 핵심적인 역할을 한다. B세포는 항체를 생성하여 병원체를 무력화하고 T세포는 감염된 세포를 직접적으로 파괴하거나 다른 면역 세포들을 조율하여 효과적인 면역 반응을 이끌어낸다.

이러한 면역계의 상호 협력적인 작동에 의해 우리는 대부분의 질병으로부터 보호받을 수 있다. 그러나 면역계가 제대로 작동하지 않거나 과민하게 반응할 경우 알레르기나 자가면역질환과 같은 문제를 일으킬 수 있다. 따라서 면역계는 우리 몸의 건강을 유지하는 데 필수적인 역할을 한다.

항원과 항체의 상호 작용

항원과 항체의 상호 작용은 면역 반응의 핵심 요소로 병원체에 대한 방어를 가능하게 한다.

- **항원**(Antigen): 면역 반응을 유발할 수 있는 물질로 주로 병원체의 표면에 존재하는 단백질이나 다당류이다. 항원은 우리 몸에 유해 물질로 인식되어 면역 반응을 촉진한다. 항원은 특정한 부위인 항원 결정기(에피토프)를 가지고 있으며, 이는 항체가 인식하고 결합할 수 있도록 하는 역할을 한다.
- **항체**(Antibody): B세포에 의해 생성되는 단백질로 항원과 결합하여 이를 무력화하거나 제거하는 역할을 한다. 항체는 Y자 형태를 가지고 있으며 항원의 특정 부분인 항원 결정기(에피토프)

와 결합할 수 있는 부위를 가지고 있다. 각각의 항체는 특정 항원에만 결합하도록 설계되어 있다.

항체는 병원체를 중화하거나 우리 몸을 병원체로부터 보호하는 데 핵심적인 역할을 하는 보체 시스템을 활성화하여 병원체를 파괴하며 포식세포가 병원체를 제거하도록 돕는다. 항체와 항원의 결합은 수소 결합, 이온 결합 등 비공유 결합으로 이루어져 강력하고 선택적이다.

항체가 병원체 표면의 항원에 결합하면 병원체의 세포 침입과 독소 작용을 막아 기능을 중화시킨다. 또한 여러 항원을 연결하여 응집시킴으로써 병원체를 비활성화하고 제거를 용이하게 한다.

면역 반응의 활성화로 항체가 항원에 결합하면 보체 시스템이 활성화되어 병원체를 파괴하고 포식세포가 병원체를 제거하도록 돕는다. 면역 기억을 통해 일부 B세포는 기억세포로 분화하여 동일한 항원이 다시 침입할 때 신속하고 강력한 반응을 유도한다.

항원과 항체의 상호 작용은 면역계가 병원체를 인식하고 제거하는 필수적인 메커니즘을 제공하며 이를 통해 면역계는 특이성과 적응성을 갖추고 외부 침입자로부터 효과적으로 방어할 수 있다.

백신과 면역 반응의 화학적 원리

이렇게 항원이 우리 몸에 침입하고 이에 맞서 면역세포가 항체를 만들어 싸우는 것을 항원-항체 반응(antigen-antibody reaction)이라고 한다. 항체는 항원과 결합해 항원의 기능을 억제하며 다양한 화학적 상호 작용을 일으킨다. 이 과정을 거치며 우리 몸은 한 번 항체를 만들면 그 항체를 만드는 법을 기억했다가 다시 그 항원이 들어왔을 때 빠르게 항체를 만들어 대응한다.

예를 들어, 처음 대상포진에 걸리는 경우 대상포진 바이러스에 대한 항체가 만들어지고 우리 몸은 이 항체를 학습하고 기억해 둔다. 대상포진 바이러스가 다시 침입하면 질병으로 이어지지 않도록 재빠르게 항체를 만들어 바이러스를 공격한다.

이러한 항원-항체 반응 원리를 이용해 개발한 것이 예방 백신이다. 질병을 일으키지 못할 정도로 미량의 항원을 체내에 주입해 항체를 만들고 질병을 막을 수 있도록 미리 학습시키는 것이다.

백신의 구성 요소: 백신은 일반적으로 병원체의 항원을 포함한다. 이 항원은 전체 병원체가 아닌 단백질, 다당류, 또는 병원체의 특정 부분(예: 단백질 조각)으로 면역 반응을 유도하지만 질병을 일으키지 않는다. 일부 백신에는 보조제가 포함되어 있어 면역 반응을 강화한다. 보조제는 면역계에 추가적인 자극을 제공하여 항원의 효과를 높이고, 더 강력하고 지속적인 면역 반응을 유도한다.

백신 접종과 면역 반응: 백신이 접종되면 항원이 체내로 들어가 면역계의 항원 제시 세포(APCs)에 의해 포획된다. APCs는 항원을 처리하고 이를 조각 내어 세포 표면에 제시한다. APCs가 제시한 항원은 T세포와 B세포 같은 림프구에 의해 인식된다. T세포는 세포성 면역을 매개하며 B세포는 항체를 생성하여 체액성 면역을 담당한다. B세포는 항원에 특이적인 항체를 생성한다. 생성된 항체는 혈류로 방출되어 동일한 항원이 다시 침입할 경우 이를 인식하고 중화한다.

면역 기억의 형성: 백신 접종 후 일부 B세포와 T세포는 기억세포로 분화된다. 기억세포는 동일한 병원체가 다시 체내에 들어왔을 때 신속하고 강력한 면역 반응을 유도하여 감염을 예방한다. 이러한 면역 기억은 수년 또는 평생 동안 지속될 수 있으며, 이는 백신이 감염성 질병으로부터 오랜 기간 동안 보호할 수 있게 한다.

면역 반응의 화학적 원리: 백신을 통해 형성된 항체는 병원체의 항원에 특이적으로 결합하여 이를 중화한다. 이 과정은 병원체의 세포 침입을 차단하고, 면역계가 이를 효율적으로 제거하도록 돕는다.

백신에 의해 활성화된 면역 세포는 신호 분자(사이토카인)를 분비하여 다른 면역 세포를 활성화하고 면역 반응을 조절한다. 이러한 신호 전달은 면역계의 조화로운 작동을 보장한다.

백신의 종류와 특성:

- **약독화 생백신:** 병원체를 약화시켜 체내에 주입하는 방식으로 강력한 면역 반응을 유도한다. 예를 들어 MMR 백신(홍역, 볼거리, 풍진)이 있다.
- **불활성화 백신:** 병원체를 사멸시켜 안전하게 만든 백신으로 약독화 백신보다 안전하지만 종종 부스터 접종이 필요하다. 예를 들어 소아마비 백신이 있다.
- **서브유닛 백신:** 병원체의 일부를 사용하여 면역 반응을 유도하는 백신으로 안전성이 높다. 예를 들어 B형 간염 백신이 있다.
- **mRNA 백신:** 병원체의 단백질을 암호화하는 mRNA를 주입하여 면역 반응을 유도하는 최신 기술의 백신이다. 예를 들어 COVID-19 백신(화이자, 모더나)이 여기에 속한다.

백신은 감염성 질병의 예방에서 중요한 도구로 면역계의 자연 방어 메커니즘을 활용하여 장기적인 면역성을 제공한다. 이로 인해 백신은 공중 보건과 개인 건강을 보호하는 데 필수적인 역할을 한다.

1. DNA 복제가 생명체에 중요한 이유를 설명하시오.

2. 단백질 합성 과정에서 mRNA의 역할을 설명하시오.

3. 백신이 면역 반응을 유도하는 화학적 원리에 대해 설명하시오.

4. CRISPR-Cas9 시스템의 구성 요소와 그 기능을 설명하시오.

5. 항체와 항원의 상호 작용이 면역계에서 중요한 이유를 설명하시오.

6. 생명체의 화학적 구성을 이루는 기본 원소 중 탄소의 역할을 설명하시오.

7. 단백질의 1차 구조가 무엇인지 설명하시오.

8. 유전자 편집 기술이 윤리적 논쟁을 불러일으키는 이유를 설명하시오.

9. 면역 기억의 형성이 백신의 효과에 어떻게 기여하는지 설명하시오.

10. 펩타이드 결합의 형성 과정과 중요성에 대해 설명하시오.

11. 합성 화학이 의약품 개발에서 가지는 역할을 설명하시오.

12. 백신의 종류 중 서브유닛 백신의 특징을 설명하시오.

13. DNA와 RNA의 구조적 차이를 설명하시오.

부록

연습문제 답안

연습 문제 답안

제1장 ··· 화학 들어가기

1. 화학은 비누, 세제, 의약품, 식품 첨가물 등 일상에서 사용되는 다양한 물질의 원리를 설명한다. 또한, 화학을 통해 물질의 구성과 변화를 이해하고, 이를 바탕으로 새로운 물질을 개발하거나 에너지 사용을 효율화하는 등의 혁신적인 해결책을 제공한다.

2. 질량은 물체에 들어 있는 물질의 양으로 위치에 상관없이 일정하다. 반면에 무게는 중력에 의해 물체에 작용하는 힘으로, 중력의 크기에 따라 변할 수 있다.

3. 물리적 성질은 물질의 유형을 변화시키지 않고 관찰 또는 측정할 수 있는 특성이다. 반면에, 화학적 성질은 물질이 화학 반응을 통해 새로운 물질로 변할 수 있는 능력을 나타낸다.

4. 화합물은 두 개 이상의 원소가 일정한 비율로 화학적으로 결합한 물질이며, 화학적 방법으로만 분리할 수 있다. 혼합물은 물리적 방법으로 분리할 수 있는 물질로, 그 구성 성분이 화학적으로 결합되어 있지 않다.

5. 과학적 표기법은 매우 큰 숫자나 매우 작은 숫자를 간단하고 명확하게 표현할 수 있게 해주며, 숫자의 크기를 쉽게 비교할 수 있게 해 주기 때문이다.

6. 원소는 화학적 방법으로 더 단순한 물질로 분해할 수 없는 순수한 물질이다. 예로는 산소(O), 탄소(C) 등이 있다. 화합물은 두 개 이상의 원소가 일정한 비율로 결합한 물질로, 물(H_2O)이나 염화소듐(NaCl)이 그 예이다.

7. 에너지는 물질을 물리적 또는 화학적으로 변화시킬 수 있는 능력이다. 자발적으로 일어나지 않는 일을 일으키기 위해 에너지가 필요하며, 물질의 변화는 거의 항상 에너지의 변화를 수반한다.

8. 켈빈 척도는 절대 온도를 측정하는 척도로, 물의 어는점을 273.15 K라 하고 물의 끓는점을 373.15 K로 설정하고, 이 구간을 100등분하여 만든 온도계이다.

9. 물리적 변화는 물질의 외형이나 상태가 변하지만, 화학적 조성은 변하지 않는다. 반면에 화학적 변화는 물질의 본질이 다른 물질로 변하는 과정을 포함한다.

10. 밀도는 부피 단위당 질량의 양으로, 물질의 특성을 설명하는 데 사용된다. 예를 들어, 기름과 물의 밀도 차이로 인해 기름이 물 위에 뜨게 된다.

11. 혼합물은 균일 혼합물과 불균일 혼합물로 나눌 수 있다. 균일 혼합물은 모든 부분이 동일한 조성을 가지며, 불균일 혼합물은 각 부분이 다른 조성을 가진다.

12. 화학적 변화는 원자 간의 결합을 끊고 새로운 결합을 형성하여 새로운 물질로 변환하는 과정을 포함한다. 예로는 물(H_2O)의 전기 분해를 통해 수소(H_2)와 산소(O_2)로 분리하는 것이 있다.

13. 온도는 물체가 얼마나 뜨겁거나 차가운지를 측정하는 척도이며, 열은 에너지가 더 따뜻한 물체에서 더 차가운 물체로 흐르는 과정이다.

14. 화학적 성질은 물질이 화학 반응을 통해 새로운 물질로 변할 수 있는 능력을 나타내며, 예로는 산화 상태, 반응성 등이 있다.

15. 물질의 상태는 고체, 액체, 기체로 구분된다. 고체는 고유의 모양과 부피를 유지하며, 액체는 부피를 유지하나 모양은 용기에 따라 변하고, 기체는 모양과 부피가 일정하지 않으며 용기를 채운다.

제2장 ··· 원자에서 화학반응식까지

1. 반응물은 화학 반응의 시작점에 있는 물질로, 반응식의 왼쪽에 표기한다. 생성물은 반응의 결과로 생성되는 물질로, 반응식의 오른쪽에 표기한다.

2. 화학반응식에서 계수는 각 화학 물질의 분자나 원자의 개수를 나타내어, 반응의 양적 균형을 맞춘다.

3. 몰질량은 어떤 물질 1몰의 질량을 말하며, 화학에서 물질의 양을 측정하는 데 사용된다.

4. 돌턴의 원자론은 모든 물질이 원자로 구성되어 있으며, 같은 원소의 모든 원자는 동일한 크기와 질량을 가지고 있다는 것이 주요 개념이다.

5. 아보가드로수는 1몰의 물질에 포함된 입자 수로, 약 6.022×10^{23}이다.

6. 보어의 원자 모형은 전자가 일정한 궤도를 따라 원자핵 주위를 돌며, 특정 에너지를 흡수하거나 방출할 때만 다른 궤도로 이동할 수 있다는 개념이다.

7. 화학식은 물질의 화학적 조성을 나타내며, 화학 반응

을 이해하는 데 필수적이다.

8. 이온결합은 전자를 주고받아 형성되는 결합이며, 주로 금속과 비금속 간에 발생한다. 공유결합은 전자를 공유하여 형성되는 결합으로, 주로 비금속 간에 나타난다.

9. 주기율표는 원소들이 화학적 성질에 따라 배열된 표로, 원소의 발견과 새로운 원소의 예측에 중요한 역할을 한다.

10. 중성자는 원자핵의 질량을 구성하는 중요한 요소로, 1932년에 제임스 채드윅에 의해 발견하였다.

11. 몰 개념은 화학에서 물질의 양을 측정하는 기본 단위로, 실험 결과를 원자 및 분자 수준에서 해석할 수 있게 해준다.

12. 상태 기호는 각 물질의 물리적 상태를 나타내며, 물질이 고체, 액체, 기체, 또는 수용액 상태인지를 명확히 한다.

13. 물의 화학반응식에서 수소 2몰이 산소 1몰과 반응하여 물 2몰이 생성되며, 반응물 간의 비율은 2:1이다.

14. 전자의 발견은 J. J. Thomson의 음극선관 실험을 통해 이루어졌으며, 전자의 존재와 전하-대-질량비를 밝혔다.

15. 촉매는 반응 속도를 증가시키지만, 반응식에 직접적으로 나타나지 않으며, 반응의 배경에서 작용한다.

16. 원자는 양성자와 중성자로 구성된 핵과 전자가 차지하는 영역으로 나눈다.

17. 이산화 질소(NO_2)는 기체 상태로 나타낼 수 있다.

18. 돌턴의 원자론은 현대 화학의 기초 이론으로, 물질의 기본 구성 단위가 원자라는 개념을 제시했다.

19. 화학 반응에서 반응 전후의 총 질량이 동일하다는 원리이다.

20. 주기율표의 족별 특성은 원소들의 화학적 및 물리적 성질을 예측하는 데 중요한 정보를 제공한다.

제3장 ··· 분자 간의 힘과 용액의 이해

1. 용해도는 특정 온도에서 일정량의 용매에 녹을 수 있는 최대 용질의 양을 의미한다. 용액의 상태는 용질의 양에 따라 포화, 불포화, 과포화로 나뉜다. 포화 용액은 용매에 최대한의 용질이 녹아 있는 상태이며, 불포화 용액은 아직 용질이 더 녹을 수 있는 상태이다. 과포화 용액은 포화 상태를 넘어 용질이 용액에 녹아 있는 불안정한 상태이다.

2. 수소 결합은 분자 간의 강한 인력을 제공하여 녹는점과 끓는점을 높인다. 예를 들어, 물(H_2O)은 수소 결합을 통해 같은 주기의 다른 화합물보다 훨씬 높은 끓는점을 가진다.

3. 삼투압은 용액의 농도 차이에 의해 물이 이동하는 현상을 설명한다. 예를 들어, 저장 용액에 세포를 넣으면 물이 세포 안으로 들어가 세포가 부풀어 오르거나 터질 수 있다. 반대로, 고장 용액에서는 세포의 수분이 빠져나가 수축하게 된다.

4. 용질과 용매 사이의 분자 간 상호 작용은 용해도를 결정하는 주요 요인이다. "비슷한 것이 비슷한 것을 용해시킨다"는 격언은 극성 용질은 극성 용매에 잘 녹고, 비극성 용질은 비극성 용매에 잘 녹는다는 것을 의미한다.

5. 총괄성은 용액의 성질 중에서 용질의 종류가 아닌 용질 입자의 수에만 의존하는 성질을 말한다. 예를 들어, 증기압 내림은 용질 입자가 용매의 증발을 방해하여 용액의 증기압을 낮추는 현상이다.

6. 용매화는 용질과 용매 분자 사이의 상호 작용을 의미하며, 수화는 물이 용매일 때 이러한 상호 작용을 특별히 지칭하는 용어이다. 물은 이온 화합물과 극성 분자를 용해할 수 있는 뛰어난 용매로, 수화 과정을 통해 다양한 물질의 용해를 촉진한다.

7. 모세관 현상은 액체와 고체 표면 간의 상호 작용에 의해 발생한다. 이는 주로 액체의 분자들 간의 응집력과 고체 표면과의 부착력 간의 균형에 따라 결정된다.

8. 분산력은 비극성 분자들 간의 상호 작용을 설명하는 힘으로, 전자 구름의 변동에 의해 순간적으로 형성되는 쌍극자 간의 인력이다. 이는 분자 크기와 전자 구름의 분극성에 크게 의존한다.

9. 고체가 액체로 변하는 과정은 용융이라고 하며, 이 과

정이 발생하는 특정 온도를 녹는점이라고 한다. 열 에너지가 고체 입자들에게 전달되어 입자들이 더 자유롭게 움직일 수 있게 되면 고체는 액체로 변한다.

10. 혈액의 점성도는 혈액 순환에 영향을 미치며, 너무 높으면 혈류 저항이 증가하여 혈압이 상승할 수 있다. 이는 심혈관 질환과 관련될 수 있으며, 혈액 점성도의 측정은 특정 질병의 진단에 사용될 수 있다.

11. 표면 장력은 액체 표면이 수축하여 최소 면적을 유지하려는 경향을 나타내는 힘으로, 주로 액체 분자들 간의 인력에 의해 발생한다. 이는 물방울이 구형을 유지하는 이유와 소금쟁이가 물 위를 걷는 현상을 설명한다.

12. 포화 용액은 용매에 최대한의 용질이 녹아 있는 상태이며, 불포화 용액은 용질이 더 녹을 수 있는 상태이다. 과포화 용액은 포화 상태를 넘어 용질이 용액에 녹아 있는 불안정한 상태로, 작은 충격이나 불순물에 의해 용질이 석출될 수 있다.

13. 몰 농도는 용액에서 용질이 용매에 녹아 있는 정도를 나타내는 척도로, 용질의 몰 수를 용액의 부피로 나누어 계산한다.

14. ppm과 ppb는 매우 희석된 용액에서의 농도를 나타내는 단위로, 수질 오염 물질 농도나 대기 중의 오염 물질 농도를 표현할 때 사용된다. ppm은 백만 분의 일, ppb는 십억 분의 일을 나타낸다.

15. 용해도는 용질과 용매의 특성, 온도, 압력에 따라 달라질 수 있다. 일반적으로 온도가 증가하면 고체 용질의 용해도가 증가하며, 이는 용해 과정이 흡열 반응인 경우가 많기 때문이다.

제4장 ··· 산-염기 반응

1. 완충 용액은 약산과 그 짝염기(또는 약염기와 그 짝산)를 포함하는 용액으로, 산이나 염기가 첨가되었을 때 pH 변화를 최소화하는 기능을 한다. 이는 약산과 짝염기가 산과 염기를 중화시키는 반응을 통해 이루어진다.

2. Henderson-Hasselbalch 식은 $pH = pKa + \log([A^-]/[HA])$로 나타내며, 이는 약산 HA와 그 짝염기 A^-를 포함하는 완충 용액의 pH를 계산하는 데 사용된다. 이 식은 산 해리 상수와 농도를 기반으로 pH를 예측할 수 있게 한다.

3. 생체 내 완충계는 체내 pH를 안정적으로 유지하여 생리적 기능을 지원한다. 주요 완충계로는 혈액 내 탄산-중탄산 완충계, 단백질 완충계, 인산 완충계가 있으며, 각각 산과 염기의 첨가에 대응하여 pH를 조절한다.

4. Arrhenius에 따르면, 산은 수용액에서 수소 이온(H^+)을 내놓는 화학종이며, 염기는 수산화 이온(OH^-)을 내놓는 화학종이다. 이 정의는 물을 용매로 사용하는 수용액에서의 반응에만 적용된다.

5. pH는 용액의 산성 또는 염기성을 나타내는 척도로, 수소 이온 농도의 음의 로그값으로 정의된다. pH는 생리적 기능, 생물학적 반응, 환경 건강 등 다양한 분야에서 중요한 역할을 한다.

6. 산-염기 중화 반응은 산과 염기가 반응하여 물과 염을 형성하는 반응이다. 예를 들어, 염산(HCl)과 수산화소듐(NaOH)이 반응하여 물과 염화소듐(NaCl)을 생성한다.

7. 강산은 물에서 완전히 이온화되어 수소 이온을 방출하는 반면, 약산은 부분적으로만 이온화된다. 예를 들어, 염산은 강산이며 아세트산은 약산이다.

8. 완충 용액의 농도가 높을수록 더 많은 산이나 염기를 중화할 수 있어 pH 변화에 대한 저항성이 증가한다. 이는 완충 용량의 증가로 인해 외부 변화에 더 잘 대응할 수 있음을 의미한다.

9. 생리적 pH는 생명 유지에 필수적이며, 급격한 변화는 생리적 기능에 심각한 영향을 미친다. 신체는 호흡과 신장을 통해 pH를 조절하여 이러한 변화를 억제하고 정상 범위로 유지한다.

10. 인산 완충계는 이수소인산($H_2PO_4^-$)과 일수소인산(HPO_4^{2-})으로 구성되어 있으며, 산과 염기 첨가 시 각각 수소 이온을 받아들이거나 수산화 이온과 반응하여 pH 변화를 억제한다.

11. 브뢴스테드-로우리는 산을 양성자(H^+)를 주는 화학종으로, 염기를 양성자를 받는 화학종으로 정의한다. 이는 전자쌍의 이동을 중심으로 설명한다.

12. 탄산-중탄산 완충계는 혈액의 pH를 약 7.4로 유지하는 데 중요하며, 산 첨가 시 탄산으로 전환하여 중화하고, 염기 첨가 시 중탄산 이온이 수산화 이온과 반응하여 pH

를 조절한다.

13. 물의 자체이온화는 H_2O가 H^+와 OH^-로 분해되는 반응으로, 평형 상수(K_w)는 25 ℃에서 1.0×10^{-14}이다. 이는 중성 용액의 수소 이온과 수산화 이온 농도가 같음을 의미한다.

14. 단백질 완충계는 아미노산 잔기의 작용기를 통해 수소 이온을 받아들이거나 방출하여 pH를 조절한다. 이는 세포 내외의 pH를 안정적으로 유지하는 데 중요한 역할을 한다.

15. 아세트산(CH_3COOH)과 아세트산 소듐(CH_3COONa)을 혼합하여 CH_3COOH/CH_3COO^- 완충 용액을 만들 수 있다. 이는 약산과 그 짝염기가 산과 염기를 중화하여 pH 변화를 최소화한다.

제5장 ··· 산화-환원 반응

1. 산화-환원 반응은 전자의 이동에 의해 일어나는 화학 반응으로, 산화는 전자를 잃는 과정이고 환원은 전자를 얻는 과정이다. 이 반응은 산화제와 환원제 사이에서 전자가 교환되며, 산화제는 전자를 받으면서 환원되고, 환원제는 전자를 잃으면서 산화된다.

2. 산화수는 원자가 전자를 잃거나 얻은 정도를 나타내는 수치이다. 산화수의 변화는 전자의 이동을 추적하는 데 사용되며, 반응 전후 산화수의 변화를 통해 어떤 원자가 전자를 잃거나 얻었는지를 파악할 수 있다.

3. 전기화학 전지는 화학 에너지를 전기 에너지로 변환하는 장치로, 산화 반응과 환원 반응이 전지 내에서 일어나며 전자를 외부 회로로 이동시켜 전류를 생성한다. 전해질을 통해 이온이 이동하며 전기 화학 반응을 유지한다.

4. 연료 전지는 화학 에너지를 전기 에너지로 변환하는 장치로, 수소와 산소를 사용하여 물을 생성하는 반응을 통해 전기를 생성한다. 주로 자동차, 발전소, 가정용 전력 공급에 사용된다.

5. 금속의 부식 방지 방법에는 표면 도장 및 코팅, 희생 양극 사용 등이 있다. 도장 및 코팅은 물리적으로 외부 환경과의 접촉을 차단하며, 희생 양극은 더 쉽게 산화되는 금속을 사용하여 주 금속을 보호한다.

6. 리튬 전지는 리튬 금속이나 리튬 화합물을 사용하여 에너지를 저장하고 공급하는 전지이다. 높은 에너지 밀도와 긴 유효 수명을 가지며, 극한 온도에서도 안정적으로 작동한다.

7. 산화-환원 반응은 에너지 저장 및 방출 과정에 필수적이다. 환원된 형태의 물질은 높은 에너지를 가지고 있으며, 산화 과정에서 에너지를 방출하여 생명체의 활동에 필요한 에너지를 제공한다.

8. NiMH 전지는 높은 에너지 밀도를 가지며 메모리 효과가 적어 충전 시의 자유도가 높다. 그러나 자기 방전율이 높고 극한의 온도에서 성능이 저하될 수 있다.

9. 수소-PEM 연료 전지는 높은 효율성과 친환경성을 가지며, 전기차 및 발전 분야에서 주목받고 있다. 그러나 고가의 백금 촉매 사용으로 인한 경제적 한계가 있다.

10. 산화-환원 반응은 오염 물질의 분해 및 정화, 폐수 처리 등 환경 문제 해결에 사용된다. 특정 화학종의 독성을 줄이는 반응이 환경적으로 중요하다.

11. 전기 분해는 물의 전기 분해를 통한 수소 연료 생산, 금속의 정제 및 도금, 염소 및 수산화소듐 생산 등 다양한 산업 분야에 응용된다.

12. 납-축전지는 높은 전류를 짧은 시간 동안 제공할 수 있어 자동차 시동에 적합하다. 그러나 무겁고 환경 오염 물질인 납과 황산을 포함하여 적절한 처리가 필요하다.

13. 메탄올 연료 전지는 높은 효율성을 가지지만, Pt 촉매 사용량이 많고 CO_2 배출로 인해 환경 친화적이지 못하다는 단점이 있다.

14. 산화-환원 반응은 생명체의 에너지 대사에서 핵심적인 역할을 하며, 음식물이 산화되면서 에너지를 방출하여 생명 활동에 필요한 에너지를 제공한다.

15. 수은 전지는 작은 크기와 긴 저장 수명을 가지며 정밀한 전압이 필요한 기기에 유리하지만, 수은의 독성으로 인해 환경 문제가 발생할 수 있다.

연습 문제 답안

제6장 ··· 에너지 화학

1. 생산 비용 측면에서, 수소를 경제적으로 대량 생산하는 것은 아직 높은 비용이 소요된다. 특히, 재생 가능한 에너지를 이용한 수소 생산은 초기 투자 비용이 높다. 저장 및 운송 측면에서, 수소는 가볍고 부피가 커서 저장과 운송이 어렵다. 이를 해결하기 위해 고압 저장, 액화 수소, 금속 수소화물 등이 연구되고 있다. 인프라 구축 측면에서, 수소 연료의 효과적인 활용을 위해 충전소 등 관련 인프라의 구축이 필요하다.

2. 물의 전기분해 과정에서 물(H_2O)은 수소(H_2)와 산소(O_2)로 분해된다. 이 과정에 필요한 전기는 태양 에너지를 통해 얻을 수 있다. 태양광 발전을 통해 생성된 전기로 물을 분해하여 수소를 생산함으로써, 청정 에너지를 사용할 수 있다. 이는 화석 연료 의존도를 줄이고 장기적으로 에너지 자립을 가능하게 한다.

3. 1차 전지는 전기화학적 반응이 비가역적이어서 한 번 방전되면 재충전이 불가능하다. 주로 일회용 전자기기에 사용된다. 2차 전지는 전기화학 반응이 가역적이어서 방전 후에도 재충전이 가능하며, 스마트폰, 노트북, 전기차 등에서 널리 사용된다.

4. 에너지는 일상 생활의 필수적인 부분으로, 전기를 사용하여 집을 밝히고, 난방을 통해 따뜻함을 유지한다. 자동차 운전에 필요한 힘을 제공한다. 에너지는 현대 사회의 기본적 편의를 유지하는 데 없어서는 안 될 요소이다.

5. 태양 에너지는 지구에 도달하는 방대한 에너지를 활용할 수 있는 대체 에너지원이다. 이는 지속 가능한 에너지 생산에 기여하며, 기후와 생태계 형성에도 중요한 역할을 한다.

6. 발열 반응은 반응이 진행되는 동안 에너지를 방출하는 반응으로써, 연소 반응이 이에 해당하고, 흡열 반응은 반응이 진행되는 동안 에너지를 흡수하는 반응으로, 식물의 광합성을 예를 들 수 있다.

7. 옥탄가는 연료가 내연기관에서 노킹 없이 연소할 수 있는 능력을 나타내는 척도이다. 높은 옥탄가는 연료의 성능을 향상시키고 엔진의 효율성을 증가시켜 고성능 엔진에서 특히 중요하다.

8. 에탄올은 음료, 연료, 소독제 등으로 사용된다. 특히, 대체 연료 및 산소-주입 연료의 첨가제로도 주목받고 있다. 에탄올은 알코올 음료의 활성 성분이며, 에탄올 전용 차량의 연료로도 사용된다.

9. (a) LED 전구 사용: 백열등이나 형광등에 비해 적은 에너지를 소비하면서 긴 수명을 자랑한다. (b) 집의 단열 강화: 이중 유리를 사용하거나 단열재를 추가하여 난방 및 냉방 에너지를 절약할 수 있다. (c) 대중교통 이용: 자동차에 비해 연료 소비를 줄이고 탄소 발자국을 감소시킨다.

10. 태양광, 풍력, 수소가 재생 가능한 에너지원으로 주목받고 있다. 이들은 에너지 공급의 안정성을 확보하고 환경 보호를 실현할 수 있는 대안으로 제시된다.

11. 석탄은 단위 질량당 더 많은 열을 발생시켜 나무보다 에너지 효율이 높았기 때문에 산업혁명 당시 주요 에너지원으로 부상했다. 이는 영국뿐만 아니라 전 세계적으로 산업화를 촉진하는 데 중요한 역할을 했기 때문이다.

12. 화석 연료 사용은 이산화탄소 배출을 증가시켜 기후 변화를 유발할 수 있다. 이를 해결하기 위한 기술로는 청정 석탄 기술과 이산화탄소 포집 및 저장(CCS) 기술이 있다.

13. 전지는 내부에 저장된 화학 물질이 전기화학적 반응을 통해 전자를 생성하고, 이 전자가 외부 회로를 통해 이동하면서 전기를 공급한다.

14. 줄(Joule)은 에너지가 물체를 이동시키는 데 필요한 에너지의 양을 나타내며, 국제단위계에서 기본 단위로 사용된다. 킬로와트시(kWh)는 전기 에너지를 측정하는 데 주로 사용되는 단위로, 1 kW의 일률로 1 시간 동안 하는 일의 양을 나타낸다.

15. 산업혁명 당시 영국에서는 나무를 연료로 사용하는 것이 어려워졌다. 이로 인해 석탄이 나무를 대체하는 에너지원으로 부상하였고, 산업과 운송 분야에서 혁신적인 변화를 이끌었다.

제7장 ··· 유기화합물과 고분자

1. 플라스틱 재활용은 환경 문제 해결의 중요한 수단으로, 플라스틱 폐기물을 줄이고 원유 사용을 감소시키며, 새로운 플라스틱을 생산하는 데 필요한 에너지를 절약할 수 있

다. 이는 탄소 배출량을 줄이고 기후 변화에 대응하는 데 기여하며, 경제 성장과 일자리 창출에도 긍정적인 영향을 미친다.

2. 첨가 고분자는 단량체 단위들이 직접 연결되어 형성되며, 물이 부산물로 생성되지 않는다. 반면에, 축합 고분자는 물이 부산물로 생성되며 단량체들이 결합한다.

3. 폴리프로필렌은 에틸렌의 한 수소 원자가 메틸기로 치환된 프로필렌을 단량체로 하는 고분자이다. 이 고분자는 내열성과 내화학성이 뛰어나며, 주로 포장재, 섬유, 의료 기기 등에 사용된다.

4. 셀룰로이드는 코끼리 상아를 대체하는 최초의 합성 플라스틱으로, 당구공 제조와 영화 필름의 주요 소재로 사용되었다. 이는 플라스틱 산업의 시작을 알리는 중요한 사건이었다.

5. 케블라는 방탄복, 헬멧, 항공우주 및 자동차 산업, 스포츠 장비 등에서 사용되며, 높은 강도와 경량성을 갖는다.

6. 나노구조 고분자는 나노미터 크기의 구조를 가지며, 향상된 기계적, 열적, 광학적 특성을 가지며, 이들은 고기능성 코팅, 센서, 촉매, 의료용 재료 등 다양한 분야에서 응용된다.

7. PAN은 높은 인장 강도와 내구성, 열 안정성을 가지며, 산과 염기에 저항성을 보여 다양한 환경에서 활용된다. 주로 아크릴 섬유의 제조와 탄소 섬유의 전구체로 사용된다.

8. 플라스틱 재활용 기호는 플라스틱 제품에 사용된 재료의 종류를 식별하고 재활용 가능성을 알려주는 표시로, 소비자와 재활용 산업 종사자에게 중요한 정보를 제공한다.

9. 폴리스타이렌은 에틸렌의 한 수소 원자가 페닐기로 치환된 구조로, 높은 투명성과 단단한 물성을 가진다. 포장재, 일회용 용기, 전기 절연 부품 등으로 사용된다.

10. 그래핀은 탄소 원자들이 육각형의 2차원 구조로 이루어져 있으며, 전기 전도성, 열 전도성, 기계적 강도가 뛰어나다. 그래핀 기반 고분자는 전자기 차폐, 센서, 에너지 저장 장치 등에 활용된다.

11. 첨가 고분자의 합성 과정에서 자유 라디칼은 홀전자에 대한 짝을 찾기 위해 탄소-탄소 이중결합을 포함한 분자와 반응하여 새로운 자유 라디칼을 형성한다. 이 과정은 고분자 형성의 개시 단계이다.

12. 플라스틱 재활용 기술은 인공지능과 머신러닝을 활용한 자동 분리 시스템 및 화학적 재활용 기술의 발전으로 효율성이 크게 향상되고 있다. 이는 플라스틱을 원료 단계로 분해하여 품질 손실 없이 재생산할 수 있게 한다.

13. 천연 고무는 고무 나무에서 추출하며 뛰어난 탄성과 신축성을 가지고, 타이어, 신발 밑창 등에 사용된다. 합성 고무는 석유 화학물질에서 제조되며 내화학성과 내열성이 뛰어나, 산업용 호스, 전기 절연체 등에 사용된다.

14. PVC는 염소 원자 덕분에 뛰어난 내화학성과 내구성을 가지며, 불에 잘 타지 않는 난연성을 나타낸다. 건축 자재, 파이프, 전선 피복 등 다양한 분야에서 활용된다.

15. 바이오 기반 고분자에는 폴리락타이드(PLA)와 폴리히드록시알카노에이트(PHA)가 있으며, PLA는 생분해성이 뛰어나 포장재 등에 사용되고, PHA는 미생물에 의해 생성되어 의료 및 농업 분야에서 응용된다.

제8장 … 대기와 화학

1. 단열 팽창은 공기 덩어리가 주변과 열 교환 없이 팽창하고 냉각되는 과정을 말한다. 대류권에서 공기가 상승할 때 압력이 낮아져 팽창하면서 약 6.5 K/km의 비율로 냉각하며, 이 과정은 구름 형성과 강수에 영향을 미치며, 기상 현상에 중요한 역할을 한다.

2. 런던형 스모그는 석탄 연소에서 발생하는 이산화황과 입자가 안개와 결합하여 형성되며, 기온 역전 현상에 의해 악화된다. 호흡기 문제를 유발할 수 있다. 로스앤젤레스형 스모그는 태양광과 질소산화물, 휘발성 유기화합물이 반응하여 오존을 생성하며, 눈 자극과 호흡기 문제를 유발한다.

3. 질소 고정은 대기 중의 질소(N_2)를 암모니아(NH_3) 또는 관련 화합물로 전환하여 생물에 이용 가능하게 하는 과정이며, 주로 특정 박테리아와 남세균에 의해 수행되며, 이들은 토양에서 자유롭게 살거나 식물 뿌리와 공생 관계를 맺는다. 이는 아미노산과 뉴클레오타이드 생성에 필수적인 요소이다.

4. 기온 역전은 따뜻한 공기층이 지표면의 차가운 공기 위

에 위치하여 정상적인 공기의 상향 이동을 막을 때 발생한다. 이 현상은 오염 물질을 지면 근처에 가두어 농도를 증가시키고 건강에 해로운 영향을 미칠 수 있다.

5. 전리층은 태양 복사에 의해 생성된 이온을 포함하는 열권의 일부이다. 이 이온들은 라디오파를 지구로 반사하여 장거리 무선 통신(AM 라디오 방송 및 기타 통신 시스템)을 가능하게 한다.

6. 성층권의 오존은 자외선(UV) 빛이 산소 분자(O_2)를 분해하여 개별 산소 원자를 생성하면, 이 원자가 다른 O_2 분자와 반응하여 오존(O_3)을 형성한다. 이 오존은 UV 복사를 흡수하여 지구 생명체를 보호한다. 그러나 CFC와 같은 인공 화합물에서 나오는 염소와 브롬 원자와 반응하여 오존 분자를 분해할 수 있다.

7. 산성비는 이산화황과 질소산화물이 수증기와 반응하여 형성되며, 토양과 수생 환경을 산성화하여 식물과 수생 생물에 해를 끼치고 생태계를 파괴한다. 또한, 석회암과 대리석으로 만든 건물과 기념비 등을 부식시킨다.

8. 몬트리올 의정서는 CFC와 같은 오존층 파괴 물질의 생산을 단계적으로 중단하기 위해 설계된 국제 조약으로, 오존층의 상당한 회복을 이끌어냈으며, 글로벌 환경 문제 해결을 위한 국제 협력의 모범이 되고 있다.

9. 할론은 성층권에서 분해될 때 브롬 원자를 방출하여 오존 분자를 파괴한다. 대체 물질로는 HFC 및 천연 냉매가 있으며, 이는 오존층을 해치지 않지만 온실 효과를 유발할 수 있다.

10. 대류권은 역동적 특성 때문에 대부분의 기상 현상이 발생하는 곳이며, 성층권은 온도를 조절하고 UV 복사로부터 보호하는 오존층을 포함한다. 중간권과 열권은 운석 소멸 및 전리층 라디오 통신과 같은 과정에 관여한다.

11. 질소 비료의 광범위한 사용과 화석 연료 연소와 같은 인간 활동은 질소 순환을 크게 변화시켜 영양소 오염, 수계의 부영양화, 온실가스 배출 증가를 초래한다.

12. 도브슨 단위(DU)는 대기 중의 오존 총량을 측정하는 단위이다. 이는 오존 농도 변화를 추적하고 남극의 오존 구멍과 같은 현상을 모니터링하여 정책과 환경 보호 노력을 안내한다.

13. 특히 PM2.5는 폐 깊숙이 침투하여 호흡기 및 심혈관 문제를 일으킬 수 있다. 또한 시야를 감소시키고 산성비 및 기후 변화와 같은 환경 문제에 기여한다.

14. 산성비는 주로 산업 활동과 차량에서 방출되는 이산화황(SO_2)과 질소산화물(NOx)이 대기 중 수증기와 반응하여 황산 및 질산을 형성하면서 발생한다.

15. 중간권은 접근성이 낮아 덜 연구되었지만, 대기 조석과 파도의 전파를 포함한 상층 대기 역학을 이해하는 데 중요하다. 이는 또한 열권과 전리층에 영향을 미치는 전이 구역으로 작용한다.

제9장 … 물과 화학

1. 적정법은 용액의 농도를 측정하는 데 사용되는 고전적인 화학적 방법으로, 물 속의 알칼리도나 산도를 측정하기 위해 강산 또는 강염기를 사용하여 중화 반응을 일으키고, 종말점을 통해 농도를 계산한다.

2. 삼중수소는 물에 잘 녹아 방출 시 쉽게 확산되어 주변 환경, 특히 수자원을 오염시킬 수 있다. 이는 생태계에 영향을 줄 수 있으며, 인체에 흡수될 경우 방사선에 의한 세포 손상을 초래할 수 있다.

3. 빙하가 형성될 때는 응고 엔탈피가 방출되고, 물이 고체 상태로 변하면서 엔트로피가 감소한다. 반대로 해빙 과정에서는 융해 엔탈피가 흡수되며, 물 분자들이 무질서한 액체 상태로 이동하게 되어 엔트로피가 증가한다.

4. 수질 오염 해결을 위해 응집 및 침전 처리, 산화/환원 처리, 활성탄 흡착 처리, 이온 교환 처리, 막 분리 처리, 생화학적 처리 등이 사용된다.

5. 물의 상전이는 엔탈피, 엔트로피, 자유 에너지와 관련된다. 엔탈피 변화는 물의 상태 전환에 필요한 열량을 나타내며, 엔트로피 변화는 물질의 무질서도 변화를 나타낸다. 자유 에너지는 시스템의 자발적 변화 가능성을 나타낸다.

6. 산성비는 토양과 지각에 있는 중금속을 용출시켜 수계로 유입시킬 수 있으며, 이는 물속 생물에게 독성을 나타내고 식수원을 오염시켜 인간 건강에 위험을 초래할 수 있다.

7. 생물학적 오염은 주로 미생물, 바이러스, 기생충과 같은 병원성 생물체가 물에 유입됨으로써 발생하며, 이는 전염병 확산과 인간 건강에 심각한 위험을 초래할 수 있다.

8. 수소 결합은 물 분자 간의 강한 상호 작용을 제공하여 물의 응집력과 끓는점을 높인다. 수소 결합이 없다면 물의 끓는점은 대폭 낮아질 것이며, 이는 생명체의 생존에 치명적인 영향을 미칠 수 있다.

9. 삼중수소 오염은 환경과 생태계에 미치는 장기적인 영향에 대한 우려를 낳고 있으며, 특히 해양 생물에 대한 영향과 이를 통한 먹이 사슬의 오염 가능성은 지속적인 문제로 남아 있다.

10. 물은 산화-환원 반응에서 중요한 이온인 수소 이온과 수산화 이온을 제공하여 반응의 매개체로 작용하며, 반응물과 생성물이 효과적으로 상호 작용할 수 있는 환경을 제공한다.

11. BOD는 생물학적 분해 가능한 유기물의 양을 나타내며, COD는 총 유기물 및 일부 무기물까지 포함한 산화 가능한 모든 물질의 양을 나타낸다.

12. 중수는 원자로에서 발생하는 열을 제거하는 냉각재로 사용되며, 높은 비열을 가지고 있어 많은 열을 흡수하여 열 전달을 가능하게 하여 안전성을 높인다.

13. 물은 대기, 육지, 해양 사이를 순환하면서 지구의 기후를 조절하고 지형을 변화시키며, 식물의 성장을 돕고 온실가스를 흡수하여 기후를 안정화시키는 데 기여한다.

14. 분광광도법은 물 속의 특정 화합물의 농도를 측정하기 위해 빛의 흡수를 이용하며, 자외선-가시광선 분광법을 통해 분석된다.

15. 수소 결합은 물이 액체 상태로 존재하게 하여 생명체가 정상적으로 기능할 수 있게 하며, 생물학적 분자의 구조와 기능을 안정화하는 데 필수적이다.

제10장 ··· 토양과 화학

1. 양이온 교환 용량(CEC)은 토양이 양이온을 교환하고 유지할 수 있는 능력을 나타내는 지표로, 주로 토양의 점토와 유기물 함량에 의해 결정된다. 높은 CEC를 가진 토양은 더 많은 양이온을 보유할 수 있어, 식물에게 필요한 영양소를 더 오래 제공할 수 있다.

2. 토양의 pH는 식물의 영양소 가용성에 중대한 영향을 미친다. 산성 토양에서는 알루미늄과 철 이온의 용해도가 증가하여 식물에 독성을 유발할 수 있고, 필수 영양소의 가용성이 감소한다. 반대로, 알칼리성 토양에서는 일부 영양소의 가용성이 감소하여 흡수가 어려워질 수 있다.

3. 유기물 첨가는 토양의 구조를 개선하여 배수성과 통기성을 향상시킨다. 이는 토양 입자 간의 결합을 강화하여 더 많은 공극을 형성하고, 물의 침투와 배수를 용이하게 한다.

4. 질소 고정 세균은 대기 중 질소를 암모니아로 고정하여 식물과 토양에 질소를 공급한다. 이는 식물에게 중요한 질소 공급원이 되어 영양소 순환과 토양 비옥도 유지에 핵심적인 역할을 한다.

5. 토양 오염은 중금속 오염, 유기화합물 오염, 영양소 과잉에 의한 오염, 그리고 산성화로 나눌 수 있다. 중금속 오염은 생태계와 인간 건강에 장기적인 위험을 초래하고, 유기화합물 오염은 독성이 강하여 생태계에 해로울 수 있다. 영양소 과잉은 부영양화를 초래하며, 산성화는 식물의 영양소 흡수를 방해한다.

6. 비료는 토양에 부족한 영양분을 보충하여 작물의 성장을 촉진하지만, 과도한 사용은 환경 오염과 영양소 불균형을 초래할 수 있다. 이는 토양 산성화를 유발하고, 수질 오염을 초래할 수 있다.

7. 유기물은 토양의 물리적, 화학적, 생물학적 특성을 개선하는 데 기여하며, 토양의 양이온 교환 용량을 증가시켜 영양소 보유 능력을 높인다.

8. 산성 토양을 개선하기 위해 석회(칼슘 탄산염)를 첨가하여 pH를 높이는 방법이 일반적으로 사용된다.

9. 화학적 복원 방법은 화학 반응을 통해 오염 물질을 중화하거나 덜 유해한 형태로 전환한다. 장점은 오염 물질의 신속한 처리 가능성이며, 단점은 화학 물질 사용으로 인해 추가적인 환경 문제가 발생할 수 있다.

10. 포타슘은 식물의 삼투압 조절, 효소 활성화, 광합성에 중요한 역할을 하며, 주로 물리적 이동에 의해 토양 내에서 순환한다.

11. 양이온 교환 용량(CEC)이 높은 토양은 더 많은 양이온을 보유하여 영양소 손실을 줄이고, 비료의 효율성을 높여 비옥도를 유지한다. 반면에, CEC가 낮은 토양은 양이온을 쉽게 잃어 식물 영양소 결핍의 위험이 높아진다.

연습 문제 답안

12. 인산염 비료의 과도한 사용은 환경에 부정적 영향을 미치며, 이는 수질 오염과 부영양화를 초래할 수 있다. 이를 최소화하기 위해, 비료 사용을 적절히 조절하고, pH 조절이나 근균류와의 공생을 통해 인의 가용성을 높이는 방법을 사용할 수 있다.

13. 생물학적 복원 방법은 미생물이나 식물을 이용하여 오염 물질을 분해하거나 흡수하는 기술을 포함한다. 예를 들어, 미생물을 활용하여 유류 오염 지역의 토양을 정화하는 사례가 있으며, 이는 자연 친화적이고 지속 가능한 복원 방법으로 평가받고 있다.

14. 미생물은 유기물을 분해하면서 이산화탄소, 물, 무기 양이온 및 음이온을 방출한다. 이는 식물 영양소로 재활용되며, 토양의 비옥도를 유지하는 데 기여한다. 특히, 질소 고정 세균은 유기물 분해 과정에서 질소를 고정하여 식물에게 중요한 질소 공급원이 된다.

15. 산성 토양에서는 H^+ 이온이 CEC를 차지하여 다른 유익한 양이온의 자리를 빼앗을 수 있으며, 이는 영양소 불균형을 초래할 수 있다. 적절한 pH 조절을 통해 CEC의 효과를 극대화하는 것이 중요하며, 석회 또는 산성 물질을 첨가하여 pH를 조절할 수 있다.

16. 물리적 복원 방법은 오염 물질을 물리적으로 제거하거나, 토양 구조를 변경하여 오염의 영향을 줄이는 방법이다. 예를 들어, 토양 세척은 중금속 오염 토양에서 오염 물질을 제거하는 데 효과적이다.

17. 인간 활동, 특히 비료 사용은 질소 순환에 영향을 미쳐 토양 산성화와 수질 오염을 초래할 수 있다. 질소의 과잉은 대기와 지하수로 유출되어 환경 문제를 일으킨다. 이를 해결하기 위해 비료 사용을 적절히 조절하고, 친환경적인 농업 방식을 도입할 필요가 있다.

18. 토양 유기물의 관리는 토양의 물리적, 화학적, 생물학적 특성을 개선하여 농업 생산성을 높인다. 유기물은 영양소 보유 능력을 높이고, 토양 구조를 개선하여 작물의 성장에 긍정적인 영향을 미친다.

19. 화학적 비료는 고농도로 영양소를 제공하여 빠른 작물 성장을 돕지만, 장기적 사용은 토양의 비옥도를 저하시킬 수 있다. 반면, 유기 비료는 토양의 구조와 미생물 활동을 개선하여 장기적으로 건강한 토양 환경을 조성한다.

20. 토양 보존 기술은 토양의 침식, 비옥도 저하, 오염 등을 방지하여 지속 가능한 토지 이용을 촉진한다. 경사면 경작은 경사진 땅에서 작물을 심을 때 경사에 따라 수평으로 줄을 맞추어 경작하는 방법으로, 빗물의 흐름을 줄이고, 침식을 방지하며, 물의 침투를 촉진한다. 미국 아이오와 주에서는 이 기술을 사용하여 토양 침식을 50% 이상 줄이는 성과를 거두었다.

제11장 … 주거와 화학

1. 폼알데하이드는 주로 합판, 가구, 바닥재 등 건축 자재에서 발생한다. 폼알데하이드 농도를 줄이기 위해서는 환기를 충분히 하고, 저폼알데하이드 제품을 사용하는 것이 좋다.

2. 휘발성 유기화합물(VOCs)은 쉽게 증발하여 공기 중으로 방출되는 유기화합물이다. 실내 환경에서 주로 페인트, 세정제, 접착제, 에어로졸 제품 등이 주요 발생원이다.

3. 벤젠 노출은 백혈병 등의 혈액암을 유발할 수 있다. 주거 환경에서 벤젠 노출을 줄이기 위해 환기를 강화하고, 벤젠 함유 제품의 사용을 줄이는 것이 중요하다.

4. 라돈은 주로 지반을 통해 건물로 침투한다. 이를 줄이기 위해서는 바닥과 벽의 균열을 수리하고, 환기를 통해 실내 라돈 농도를 낮추는 것이 효과적이다.

5. 석면이 손상될 경우 석면 섬유가 공기 중으로 방출되어 흡입 시 폐암이나 석면폐증을 유발할 수 있다. 안전한 제거는 전문적인 석면 제거 업체에 의뢰해야 한다.

6. 중금속 오염은 납이 포함된 오래된 페인트, 수돗물의 납관 등에서 발생할 수 있다. 이를 줄이기 위해서는 납이 포함된 페인트를 제거하고, 정수기 사용으로 수질을 개선해야 한다.

7. 다이옥신은 주로 오염된 식품을 통해 인체에 노출된다. 이를 최소화하기 위해 지방이 많은 육류와 유제품의 섭취를 줄이고, 다양한 식품을 균형 있게 섭취하는 것이 중요하다.

8. 비스페놀 A(BPA)와 프탈레이트는 건강에 유해한 플라스틱 첨가제이다. 이를 피하기 위해 BPA 프리 제품을 선택하고, 유리나 스테인리스 용기를 사용하는 것이 좋다.

9. 살충제 잔류물을 줄이기 위해서는 유기농 식품을 선택하고, 과일과 채소를 철저히 씻거나 껍질을 벗기는 것이 효과적이다.

10. 일산화탄소, 이산화질소 등이 발생할 수 있으며, 이를 줄이기 위해서는 환기를 철저히 하고, 정기적으로 연소기구를 점검 및 유지 보수하는 것이 중요하다.

제12장 ··· 주방과 화학

1. 과열 시 테플론 코팅이 분해되어 유독가스가 발생할 수 있다. 이를 방지하기 위해서는 팬을 중간 온도 이하에서 사용하고, 빈 팬을 가열하지 않는 것이 중요하다.

2. 알루미늄은 산성 식품과 반응하여 용출될 수 있으며, 장기 노출 시 신경계에 악영향을 미칠 수 있다. 이를 줄이기 위해 산성 식품을 조리할 때는 스테인리스 스틸이나 유리 용기를 사용하는 것이 좋다.

3. 비스페놀 A(BPA)는 내분비계 교란 물질로, 호르몬 불균형을 초래할 수 있다. 이를 피하기 위해 BPA 프리 제품을 선택하고, 유리나 스테인리스 용기를 사용하는 것이 좋다.

4. 아크릴 아마이드는 고온에서 감자, 빵 등 탄수화물이 많은 식품을 튀기거나 구울 때 발생한다. 이를 줄이기 위해서는 조리방법을 튀기거나 굽는 것 보다는 삶거나 저온조리를 하고, 조리 시간을 줄이는 것이 중요하다.

5. 폼알데하이드는 합판이나 MDF에서 방출될 수 있다. 이를 줄이기 위해서는 저농도 배출 폼알데하이드 제품을 선택하고, 주방 환기를 철저히 하는 것이 중요하다.

6. 트랜스 지방은 심혈관 질환의 위험을 증가시킨다. 이를 최소화하기 위해서는 트랜스 지방이 적거나 없는 식용유를 사용하고, 가공식품 섭취를 줄이는 것이 좋다.

7. 염화비닐은 PVC 랩이나 플라스틱 용기에서 발생할 수 있으며, 발암성이 있다. 이를 피하기 위해서는 식품 포장 시 비닐랩 대신 유리나 실리콘 뚜껑을 사용하는 것이 좋다.

8. 질산염과 아질산염은 주로 가공육에서 식품첨가물 중 발색제와 방부제로 사용되며, 청색증으로 인한 호흡곤란증과 니트로소 아민과 같은 발암성 물질로 전환될 수 있다. 가공육 섭취를 줄이고 식품첨가물이 들어 있지 않은 신선한 육류를 섭취하는 것이 좋다.

9. 다환방향족탄화수소(PAHs)는 숯불구이와 같이 직접 불에 굽는 과정에서 생성된다. 이를 줄이기 위해서는 간접적인 열을 이용하여 조리하거나, 조리 시 발생하는 연기를 최소화하는 것이 좋다.

10. 염화수소와 관련된 화학 물질은 주로 세제나 청소제 사용 시 발생할 수 있으며, 특히 염소계 세제와 산성 세제가 혼합될 때 위험하다. 이를 방지하기 위해서는 세제를 혼합하지 않고, 사용 후 충분히 환기하는 것이 중요하다.

제13장 ··· 의류와 화학

1. 천연 섬유는 주로 식물이나 동물에서 유래하며, 면은 셀룰로오스로, 양모는 케라틴으로 구성되어 있다. 반면, 합성 섬유는 화석 연료 기반의 폴리머로 만들어지며, 자연 분해되지 않고 환경에 미세플라스틱으로 축적될 수 있다.

2. 건식 염색 기술은 물 사용량을 줄이기 위해 초임계 이산화탄소를 사용하며, 폐수 재활용 시스템은 염색 공정에서 발생하는 폐수를 정화하여 재사용한다.

3. 반응성 염료는 셀룰로오스 및 단백질 섬유와 화학적 결합을 형성하여 세탁 및 일광 견뢰도가 높다. 대표적으로 Procion 염료가 있으며, 면과 같은 섬유에 주로 사용된다.

4. 방수 처리는 직물의 표면에 발수제를 코팅하여 물이 직물 표면에서 구슬처럼 흘러내리도록 한다. 주로 야외 활동용 의류에 사용된다.

5. 첫째, 친환경 염료 및 화학 물질의 개발, 둘째, 물과 에너지의 효율적 사용, 셋째, 폐수 및 폐기물의 적절한 관리가 중요하다.

6. 높은 온도는 세제가 더 잘 작용하도록 하며 기름이나 단백질 기반의 얼룩을 제거하는 데 효과적이다. 반면에, 특정 섬유는 높은 온도에서 손상될 수 있으므로 주의가 필요하다.

7. 장점은 생분해성이 뛰어나고 환경에 유해한 부산물이 적다는 점이다. 단점은 색상 견뢰도가 낮고 대량 생산이 어렵다는 점이다.

8. 항균 처리는 직물에 항균제를 적용하여 박테리아나 곰

팡이의 성장을 억제한다. 주로 의료용 직물이나 스포츠웨어에 사용된다.

9. 지속 가능한 화학 공정은 환경에 미치는 영향을 최소화하고 자원 효율성을 극대화하여 의류 산업에서 안전한 작업 환경을 조성한다.

10. 폐수가 적절히 처리되지 않으면 수질 오염을 초래할 수 있으며, 중금속과 같은 유해 물질이 생태계에 해를 끼칠 수 있다.

11. 방화 처리는 인화성 물질의 분해를 억제하거나 불꽃의 전파를 차단하는 화학적 처리로, 안전 규정에 부합하기 위해 필수적이다.

12. 장점은 복잡한 패턴과 다채로운 색상을 구현할 수 있으며, 소량 생산에 적합하다는 것이다. 단점은 초기 장비 비용이 높고 특정 섬유에만 적합할 수 있다는 것이다.

13. 섬유 유연제는 양이온 계면활성제, 향료, 방부제로 구성되어 있으며, 섬유 표면에 부드러운 코팅을 형성하여 정전기 발생을 줄이고 촉감을 개선한다.

14. 방오 처리는 직물의 표면에 오염 물질이 쉽게 부착되지 않도록 하는 코팅을 통해 얼룩을 방지한다. 불소 화합물이나 실리콘 화합물이 주로 사용된다.

15. 전통적인 염색 공정은 대량의 물을 소비하므로, 이를 줄이기 위한 물 절약 염색 기술은 환경 보호와 자원 절약에 기여한다.

제14장 ··· 화장품과 세제의 이해

1. 수상계, 유상계, 계면활성제, 첨가물

2. 에멀젼

3. 이황화 결합, 이온 결합

4. 멜라닌 색소

5. 합성세제의 칼슘이나 마그네슘은 수용성이어서 심지어 매우 강한 경수에서도 침전되지 않기 때문이다.

6. 계면활성제

7. 분자의 친수성, 이온성 부분은 물과 강하게 상호 작용한다. 분자의 소수성, 탄화수소 부분은 물을 피해 때의 기름 부분으로 끌린다. 교반에 의해 기름때가 조각나면 그 조각들은 비누 분자에 의해 둘러싸이게 되어 서로 고립된다. 따라서 이 조각들은 서로 다시 결합하지 못하며 물에 씻긴다.

8. 자외선 차단지수(SPF)

9. (d) 염색약

10. 장기를 보호하고, 감각, 발한 그리고 체온을 조절한다.

제15장 ··· 의약품의 이해

1. 전문의약과 일반의약품

2. 아세틸살리실산

3. 중화 반응

4.

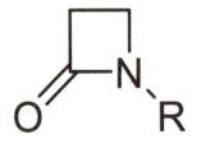

β-락탐고리

5. (c) 모르핀

6.

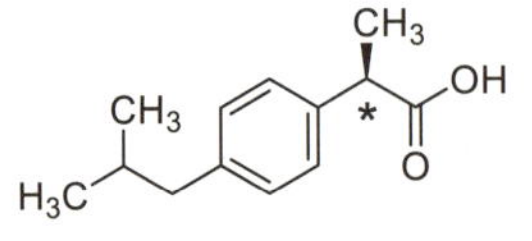

7. (a) $C_5H_9N_3$

(b)

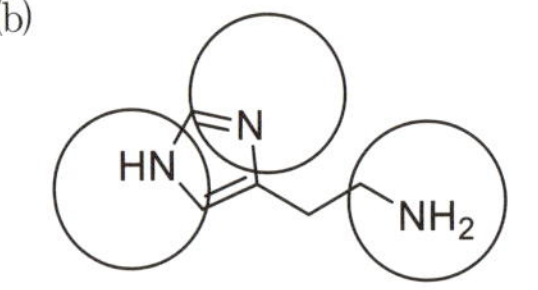

(c) 아민 작용기가 존재하기 때문에 수소 결합이 가능하다.

8.

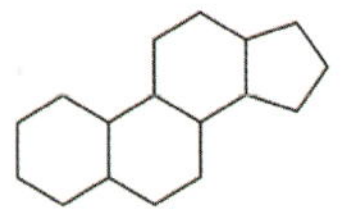

9. 모르핀

10. 탈리도마이드(thalidomide)

연습문제 답안

제16장 … 생명과학의 이해

1. DNA 복제는 세포가 분열할 때 유전 정보를 정확하게 복제하여 다음 세대로 전달함으로써 생명체의 연속성과 진화를 가능하게 하기 때문이다.

2. mRNA는 DNA의 염기 서열이 전사되어 형성된 것으로, 리보솜에서 번역되어 단백질로 합성되는 과정에서 아미노산 서열을 지정하는 역할을 한다.

3. 백신은 병원체의 항원을 체내에 주입하여 면역계가 이를 인식하고 기억하도록 한다. 항체는 항원에 특이적으로 결합하여 병원체의 세포 침입을 차단하고 면역계가 이를 제거하도록 돕는다.

4. CRISPR-Cas9 시스템은 DNA를 절단하는 역할을 하는 Cas9 효소와, Cas9이 자를 DNA 서열을 인식하도록 안내하는 가이드 RNA(gRNA)로 구성된다.

5. 항체와 항원의 상호 작용은 면역계가 병원체를 인식하고 제거하는 필수적인 메커니즘을 제공하며, 이를 통해 면역계는 특이성과 적응성을 갖추고 외부 침입자로부터 방어할 수 있다.

6. 탄소는 생명체의 유기 분자를 이루는 기본 골격으로, 다양한 구조의 복잡한 분자를 형성하여 생명체가 복잡한 생리적 기능을 수행할 수 있는 기반을 제공한다.

7. 단백질의 1차 구조는 아미노산의 서열로, 펩타이드 결합에 의해 연결된 폴리펩타이드 사슬로 구성되며, 단백질의 기능과 구조를 결정짓는 기본적인 요소다.

8. 유전자 편집 기술은 생명체의 유전자를 직접 수정할 수 있는 능력 때문에 생식세포에 대한 편집은 다음 세대에 영향을 미칠 수 있어 신중한 접근이 필요하며, 안전성과 예측되지 않은 결과에 대한 우려가 있기 때문이다.

9. 백신 접종 후 형성된 기억세포는 동일한 병원체가 다시 체내에 들어왔을 때 신속하고 강력한 면역 반응을 유도하여 감염을 예방한다. 이는 백신이 질병으로부터 오랜 기간 동안 보호할 수 있게 한다.

10. 펩타이드 결합은 한 아미노산의 카복실기와 다른 아미노산의 아미노기 사이에서 물 분자가 제거되며 형성되는 강력한 공유 결합으로, 단백질의 구조적 연속성을 제공한다.

11. 합성 화학은 새로운 화합물을 설계하고 합성하는 데 있어 핵심적인 역할을 하며, 다양한 화합물의 구조를 설계하여 원하는 생물학적 활성을 가진 약물을 개발한다.

12. 서브유닛 백신은 병원체의 일부를 사용하여 면역 반응을 유도하는 백신으로, 안전성이 높으며 병원체 자체가 아닌 특정 부분(예: 단백질 조각)을 사용한다.

13. DNA는 이중 나선 구조로, 두 개의 폴리뉴클레오타이드 사슬이 반대 방향으로 꼬여 있으며, 염기쌍에 의해 안정화된다. 반면에, RNA는 일반적으로 단일 가닥 구조로 존재하며 기능적 다양성을 가진다.

화학, 생활 속 비밀을 풀다

2025년 9월 1일 초판 1쇄 발행

지은이	최호준, 하광수, 황재영
펴낸이	권진회
부장	김경민
팀장	김성중
편집	이가람
디자인	이희은

펴낸곳	경상국립대학교출판부 | 출판등록 1989년 1월 7일 제16호
주소	경남 진주시 진주대로 501
전화번호	055) 772-0801(편집), 0802(디자인), 0803(도서 주문)
팩스	055) 772-0809
전자우편	gspress@gnu.ac.kr
홈페이지	http://gspress.gnu.ac.kr
페이스북	https://www.facebook.com/gnupub
블로그	https://blog.naver.com/gnupress12
인스타그램	@gnupress
ISBN	978-89-6257-407-4(03570)

책값은 뒤표지에 있습니다.